普通高等教育"十一五"国家级规划教材

信号与系统

第二版

于慧敏　等编著

化学工业出版社

·北京·

本书全面系统地论述了信号与线性时不变系统分析的基本概念、基本理论和基本分析方法及其应用。本书在第一版的基础上，增加了大量 Matlab 程序，系统地论述了如何用 Matlab 对信号与系统进行分析和仿真。全书共 9 章，内容包括：信号与系统的基本概念，LTI 系统的时域分析，连续时间信号与系统傅里叶分析，离散时间信号与系统傅里叶分析，调制与采样，S 域分析，Z 变换，系统理论，状态变量分析。

全书在取材上注重内容和结构的完整性，着重于信号分析和系统分析，加强了与信号处理和系统设计等领域的联系，增加了一些在工程上有着广泛应用背景的基本概念和基本分析方法，尤其是著名仿真软件的引入。同时，在取材上也体现了课程应用领域的演变，课程教学和内容安排上的发展，注重经典理论与新技术的融合。教材内容适用于不同学时的教学课程，可根据不同学时和教学要求，灵活组合授课内容。

本书可作为通信工程专业、信息工程专业、电子信息工程专业、自控类和计算机专业等工科或理科信号与系统课程的教材，也可以供从事信息获取、处理、传输等相关专业学习和工作的研究生、教师和科技工作者参考。

图书在版编目（CIP）数据

信号与系统/于慧敏等编著．—2 版．—北京：化学工业出版社，2007.8（2025.6 重印）
普通高等教育“十一五”国家级规划教材
ISBN 978-7-5025-9596-8

Ⅰ．信…　Ⅱ．于…　Ⅲ．信号系统-高等学校-教材
Ⅳ．TN911.6

中国版本图书馆 CIP 数据核字（2007）第 133078 号

责任编辑：唐旭华　郝英华　　装帧设计：潘　峰
责任校对：王素芹

出版发行：化学工业出版社（北京市东城区青年湖南街 13 号　邮政编码 100011）
印　　装：北京科印技术咨询服务有限公司数码印刷分部
787mm×1092mm　1/16　印张 24¾　字数 678 千字　2025 年 6 月北京第 2 版第 16 次印刷

购书咨询：010-64518888　　售后服务：010-64518899
网　　址：http://www.cip.com.cn
凡购买本书，如有缺损质量问题，本社销售中心负责调换。

定　　价：49.00 元　

前 言

本书在第一版的基础上，对内容做了些调整，其体系层次与第一版基本相同，仍然坚持以讲述确定性信号经由线性时不变系统处理或变换的基本概念、基本原理和分析方法为主的方针，以通信、信息、电子信息、控制工程和计算机科学为主要应用背景，理论阐述和实例分析并重，体现课程应用领域的演变和与新技术的融合。内容包括连续时间信号与系统和离散时间信号与系统，在许多内容的阐述和分析过程中，使用了 Matlab 软件工具，使得通过本书的学习，读者能够较全面掌握信号与系统基本分析方法和 Matlab 软件工具在信号与系统分析中的应用。

在全书内容的处理上，沿用了第一版的处理方法，即用统一概念来处理全书，在连续时间信号与系统和离散时间信号与系统的内容安排上，采用并行的方式，以一种统一的方式将两者概念糅合在一起。在教材内容安排上，将原来分散的内容，通过其共性内在联系，安排在一起讲述，这样做，一方面可以用统一方法处理一些有内在联系的重要概念和分析方法，另一方面可以使教材更为紧凑。为了适应日益发展的信号与系统分析、设计和实现技术及其应用范围，书中增加了一些具有广泛应用背景的重要概念与方法，较全面地讨论了 Matlab 软件工具在信号与系统中的应用，以适应信号与系统课程教学和内容安排上的发展。

要全面掌握信号与系统这门课程，没有一定数量且能应用这些基本方法的习题是不能达到的。因此，在各章安排一定数量的习题。习题主要以各章的基本概念和方法的应用为主，辅以一定数目的提高型习题，以综合各章所提到的基本概念和方法。

本书的编写，假定读者已具有基本微积分方面的知识，有进行复数运算的能力，接触过微分方程方面的基本内容以及学习过电路原理课程。

全书分为 9 章。第 1 章信号与系统的基本概念，论述了信号与系统的数学描述及其相关的基本概念。第 2 章线性时不变（LTI）系统的时域分析，着重论述了线性时不变系统的卷积表示方法，还讨论了线性时不变系统的时域经典求解方法以及响应的零状态响应和零输入响应分解。第 3 章连续时间信号与系统的频域分析和第 4 章离散时间信号与系统的频域分析，全面论述了连续和离散时间线性时不变系统的频域分析方法。第 5 章采样与调制的论述，是建立在第 4 章和第 5 章讨论的基础之上的，利用傅里叶变换的调制特性，研究了连续时间和离散时间信号的时域采样定理、通信系统中的调制和复用。在第 5 章还讨论了连续时间信号的离散化处理和表示，以及现代通信中信号的正交表示。第 6 章信号与系统的复频域分析，全面论述了连续时间线性时不变系统的 S 域分析方法。第 7 章 Z 变换，全面论述了离散时间线性时不变系统的 Z 域分析方法。第 8 章系统理论，在前几章论述的基础上，针对线性时不变系统分析和综合中的一些基本问题，进一步讨论系统分析和设计中的一些基本方法和概念，特别是用系统函数的概念讨论系统的时域和频域特性、稳定性和滤波器设计，深化课程的基本概念，加强课程的工程应用。第 9 章状态变量分析，较全面地介绍了现代系统与控制理论的状态变量分析法。

本书较全面地论述了信号与系统所涉及的相关内容，全书内容丰富，有利于授课教师选材，为学生的自学开创了较好的条件，也为学生后续课程的学习打下了很好的基础。授课教师可根据课程要求，按照不同章节的选取与组合，构成深度和学时不同的课程。从目前国内高等院校的教学需要来看，推荐以下三种组课方案供参考（下列数字为章节）：

① 1-2-3-4-5-6-7；

② 1-2-3-4-5-6-7-8；

③ 1-2-3-4-5-6-7-8-9。

上述方案中，第 2 章中有关时域经典求解方法内容可适当删减。第 3 章和第 4 章中有关电路的变换域求解方法应注重基本方法的讲授，有关内容可适当删减。第一种方案适合于课时少，本课程后又开设数字信号处理课程的相关专业。第二种方案适合于课时较充裕的信号与系统课程的教学。第三种方案适合于本课程后不再开设控制理论课程的相关专业。

为方便教学，本书配套的电子教案可免费提供给采用本书作为教材的相关院校使用。如有需要，请发电子邮件至 txh@cip. com. cn。本书还配有《信号与系统学习指导》，供有需要的院校选用。

本书第一版由浙江大学于慧敏教授主编，浙江大学凌明芳教授和武汉工程大学胡中功教授为副主编。本书第一版的第 1 章和第 6 章由凌明芳教授执笔，第 7 章和第 9 章由胡中功教授执笔，其余各章由于慧敏教授执笔。

本书的第二版在第一版的基础上对内容作了些修改和调整，全书由浙江大学于慧敏教授负责编著，参与编写的老师有浙江大学的凌明芳教授、杭国强副教授和史笑兴博士，武汉工程大学胡中功教授和冯先成副教授。第 1 章和第 6 章由凌明芳教授执笔；第 2 章、第 3 章和第 5 章由于慧敏教授执笔；第 4 章和第 8 章由史笑兴博士与于慧敏教授共同编著，由史笑兴博士执笔，Matlab 部分由史笑兴博士著；第 7 章和第 9 章由杭国强副教授与胡中功教授共同编著，由杭国强副教授执笔，Matlab 部分由杭国强副教授著。赵璐同学校对了部分章节的习题。全书由于慧敏教授负责统稿。

本书第一版承浙江大学荆仁杰教授审阅，并与作者共同研讨并校阅了全书，提出了许多指导性修改意见，保证了书稿的编写质量，也为第二版的顺利编著提供了保障，作者再次表示衷心的感谢。

作者感谢浙江大学信息科学与工程学院同事崔宁老师、王慧教授、金文光副教授、倪旭翔副教授以及浙江大学计算机学院姚敏教授对本书编写的支持。

由于作者的水平有限，书中的内容、体系安排、文字表述等方面难免有不妥之处，敬请读者指正。

编　者

2007 年 6 月于求是园

目　录

1 信号与系统的基本概念

1.0 引言

随着以微电子技术为基础的计算机技术、信息技术和通信技术的高度发展和广泛应用，人们已进入了信息化时代，这是一个通过信息的流通、信息的积累、信息的处理以及信息的利用导致经济社会形态均发生质的变化的社会。通过信息高速公路连接的四通八达的网络，高速的信息处理系统及高度可靠的信息管理系统为各种社会团体和个人提供多种多样的信息服务，满足了各种人群的生产经济、社会活动、生活质量提高的需要。现在，生活在信息化时代的人们无论谁，无论在何地，无论在何时，都与信号与系统息息相关：从个人电脑、手机、家用电器、汽车，到银行的自动取款机、公交车的刷卡机、超市收银员的扫描仪等无一不是信号与系统的典型例子。今天人们已经充分认识到信息是现代社会中与能源、材料同样重要的、人们生存发展必不可少的三大资源之一。信息像其他资源一样，要使它产生经济或社会效益，形成人们的有形或无形资产，需要一个完整的运作环节，那就是采集和生成信息、处理和加工信息、存储和管理信息、传送和交换以及操作和应用信息等。广义地说信息是以一定的规则组织在一起的事实的集合。信息的表现形态有数据、文字、声音、图像四种，但它不能直接传送，必须将它转换成易传输和处理的信号，因此信号与信息不同，它是信息的载体。神舟 6 号宇宙飞船上的宇航员在太空遨游时传回地面的太空情景图像、声音等都是由宇航员用摄像机把太空的各种信息转换成可以远距离传送的电信号，再经过专门的发送系统发送，这些电信号通过一定的通信频道后，最后由地面的接收系统把它们转换成人们可看见的电视信号、可听见的声音信号。可见信息是要靠信号来携带的。

信号有各种不同的表现形式，如古代传送烽火的光信号，击鼓鸣金的声信号，无线电广播和电视发射的电磁波信号等。在各种信号中电信号是最便于存储、传输、处理和再现的，应用也最广泛，在实际应用中，常通过各类传感器将各种物理量如声波、光波强度、机械运动的位移或速度等转变为电信号。

有关信号和系统分析的概念和方法在很多科学和技术领域起着极其重要的作用。尽管在通信、航空与宇航、生物工程、化学过程控制与语音等方面各个领域中信号与系统的物理性质各不相同，但这些系统都具有两个基本的相同点，一是作为一个或几个独立变量函数的信号都包含了有关某些现象特性的信息，二是系统总是会对给定的信号产生出另一种期待的响应信号。

信号和系统的分析方法不仅可用于已有系统的分析，还可用于系统的设计，有时还需要从设计的系统中提取信号中某些特定的信息，例如可从一组以往的经济数据来预测它将来的趋势和其他一些特性，从而对走向做出判断。此外，这种分析方法还可用于改变或控制某一已知系统的性能。如通过安装各种传感器来检测化工厂内某生产线上温度、湿度、化学成分等物理信号，然后控制系统根据测得的这些传感器信号大小调节像流速和温度这些物理量以控制正在进行的化学过程。

本章将对本课程要用到的有关信号与系统的基本概念如信号、系统分类、常用基本信号、系统的模型、线性时不变系统（Linear Time Invariant System，LTIS）的性质作简要的叙述。

1.1 信号与系统的基本概念

1.1.1 信号的描述与信号的分类

广义地说信号是指任何待传送某种信息的随时间变化的物理信号，如人的声音、鸟的鸣叫声、手语、红绿灯等，现代高速信号中包括无线通信设备或电视发射机发出的电磁波等。它是随时间或某几个自变量变化的某种物理量，是携带信息的载体。信息是不能直接传送的，必须借助于一定形式的信号（如光信号、电信号等）才能远距离快速传输并进行各种处理。本课程将主要讨论目前应用广泛的电信号，一般是随时间、位置变化的电流或电压，有时也可以是电荷或磁通。随时间或位置变化的信号，在数学上可以用时间和表示位置变化的多变量的函数来表示。例如，一个语音信号可以表示为声压随时间变化的函数；一张黑白照片可以用亮度随二维空间变量变化的函数 $I(x,y)$ 表示，而彩电屏上显示的图像亮度则是一个既与红、绿、蓝三色，又与时间和二维坐标有关的函数，即 $I=[I_r(x,y,t),\ I_b(x,y,t),\ I_g(x,y,t)]$。本书仅限于对单一变量函数的分析，通常是对时间变量 t 的讨论，并把信号与函数视为同义词。

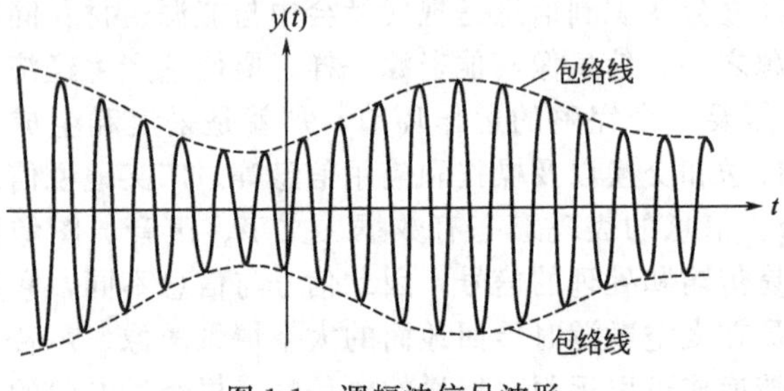

图 1-1 调幅波信号波形

信号与时间的函数关系通常用数学表达式、数据表格、波形图等表示，其中波形图和数学表达式是最常用的表达形式。

图 1-1 中表示的是一个幅值随时间变化的高频正弦信号，即为调幅波信号，其中调制信号是音乐或语音信号。图 1-2 表示的是单词“signal”发音时的声压时域波形图。

信号的特性通常可以从两个方面来描述，一是从时间特性，二是从频率特性。信号是时间 t 的函数，故具有一定的波形，表现出一定的时间特性，如信号出现时间的先后、持续时

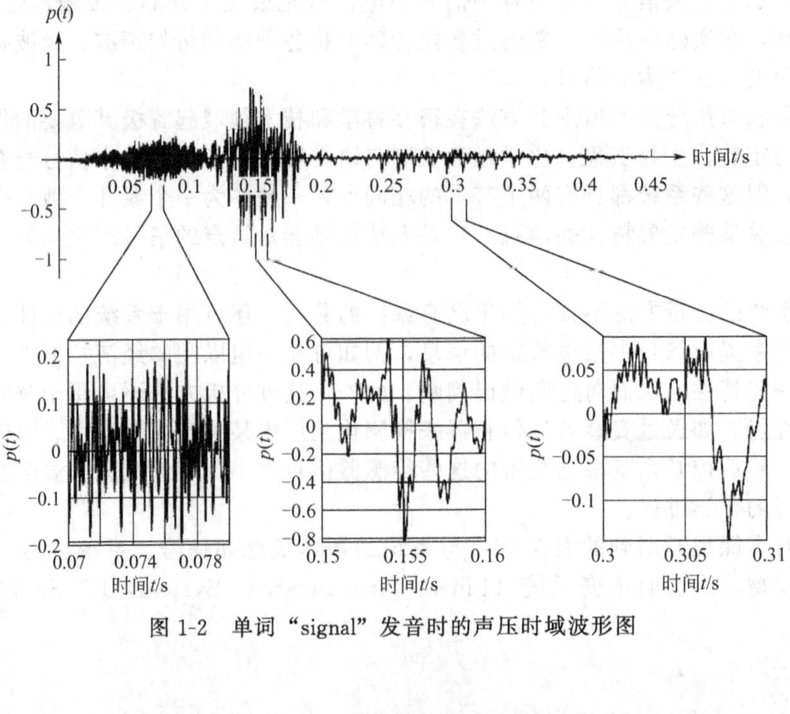

图 1-2 单词“signal”发音时的声压时域波形图

间的长短、重复周期的大小以及随时间变化的快慢等。此外有很大一类的信号总是可以分解为许多不同频率的正弦波分量之和，因而信号又表现出具有一定的频率特性，如各频率分量的相对大小，主频分量占有的范围。不同的信号形式就在于它们有不同的时间特性和频率特性，不同的时间特性会导致不同的频率特性。

信号有很多种分类方法。

（1）确定性信号与随机性信号

确定性信号可用时间 t 的确定函数表示，对于指定的某一时刻，都有一确定的函数值相对应，如 $\cos\omega t$ 信号就是确定性信号。随机信号则不是时间 t 的确定函数，例如雷达发射机发射一系列脉冲到达目标又反射回来被接收机收到的回波信号就是随机信号。因为它与目标性质、大气条件和外界干扰等种种因素有关，不能用确定的函数式表示而只能用统计规律来描述。图 1-3 表示的是随机信号，在一定条件下，随机信号会表现出某种统计确定性，故可以近似地看成确定信号，使分析简化，以便于工程上的实际应用。此外在传输信息过程中，除了人们所需要的带有信息的信号外，还夹杂着干扰和噪声，它们一般具有更大的随机性。对确定性信号的分析是研究随机信号的基础，本书只分析确定性信号，随机信号则留到后续课程中研究。

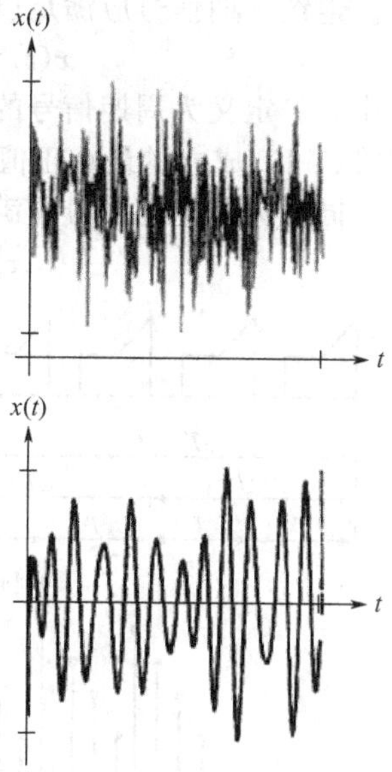

图 1-3　随机信号

（2）连续时间信号与离散时间信号

信号按自变量的取值是否连续可以分为连续时间信号和离散时间信号，简称连续信号、离散信号。连续信号在任何时刻除了若干个不连续点外都有定义，图 1-1 表示的调幅波信号就是连续时间信号；离散时间信号仅在一些离散时刻上有定义，在相邻的两个时间点之间没有定义，一般自变量只取整数值，通常也称它为序列，因为它实质上是一组按顺序排列的数据。图 1-4 表示的是中国近十年来高校招生人数的波形图。

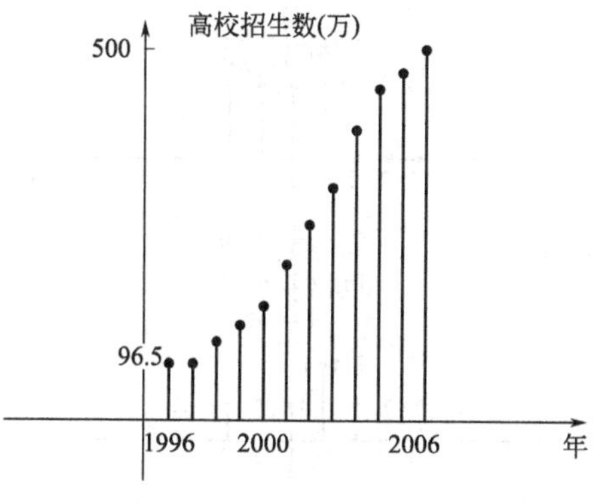

图 1-4　中国近十年高校招生人数离散信号

一般也把连续信号称为模拟信号，离散信号在一定条件下可以由连续信号经采样得到，但并不一定是连续信号的采样，因为有许多信号与系统本身在时间上就是离散的，如金融系统。如果将离散信号加以量化，并编码表示，就可以把这种经量化后的信号称之为数字信号。随着数字技术的不断普及，数字信号变得愈加重要，因为它具有较强的抗干扰能力。为区分连续、离散这两类信号，一般用 t 表示连续时间变量，而用 n 表示离散时间变量，连续信号用圆括号（·）把自变量括在里面，而离散信号则用方括号［·］来表示。有些很重要的离散信号是通过对连续信号的采样（抽样）而得到的，这时该离散信号 $x[n]$ 则代表了一个自变量是连续变化的连续信号在相继的离散时刻点上的样本值。许多实际系统如数字音频系统都是利用代表连续信号经采样后的离散时间信号样本序列来实现其功能的。本书将并行介绍这两类信号，以便能加深对这两种信号概念的理解。

（3）周期信号与非周期信号

连续信号与离散信号按信号随时间变量 t 或 n 变化的规律都可分为周期信号与非周期信

号。连续周期信号应满足以下条件。

$$x(t)=x(t+mT),\ m=0,\ \pm1,\ \pm2,\ \cdots,\ T>0 \tag{1-1}$$

式中，T 定义为周期信号的周期，可以证明 $2T$，$3T$，$4T$，…也都是信号的周期。一般把能使式(1-1) 成立的最小正值 T 称为 $x(t)$ 的基波周期 T_0。

同样离散周期信号应满足以下条件。

$$x[n]=x[n+mN],\ m=0,\ \pm1,\ \pm2,\ \cdots \tag{1-2}$$

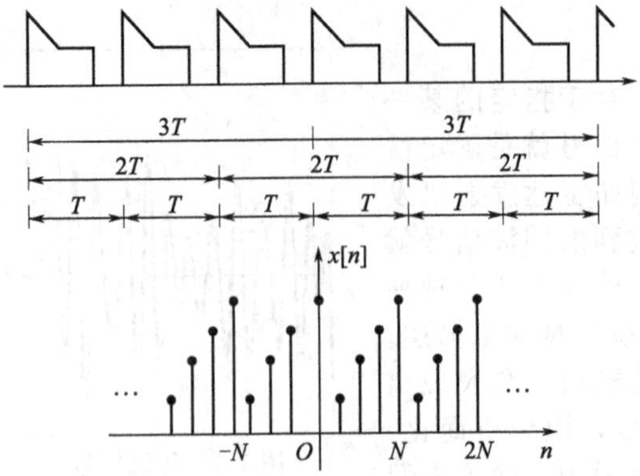

图 1-5　周期信号

其中周期 N 是正整数。通常把能使式(1-2) 成立的最小正整数 N 称为 $x[n]$ 的基波周期 N_0。不满足上述关系的信号则称为非周期信号。图 1-5 中表示的是周期信号。只要给出此信号在任一周期内的变化过程，便可知它在任一时刻的数值。若令周期信号的周期趋于无限大，则成为非周期信号。

(4) 奇信号与偶信号

按信号是关于原点对称或关于坐标纵轴对称，又可分为奇信号与偶信号，即满足

$$x(t)=-x(-t)\quad 或\quad x[n]=-x[-n] \tag{1-3}$$

为奇信号；满足

$$x(t)=x(-t)\quad 或\quad x[n]=x[-n] \tag{1-4}$$

为偶信号。

图 1-6 中分别表示了连续时间奇信号与偶信号。

任何一个信号都可分解成其奇分量与偶分量之和。其中偶分量为偶函数，满足

$$x_e(t)=x_e(-t) \tag{1-5}$$

奇分量为奇函数，满足

$$x_o(t)=-x_o(-t) \tag{1-6}$$

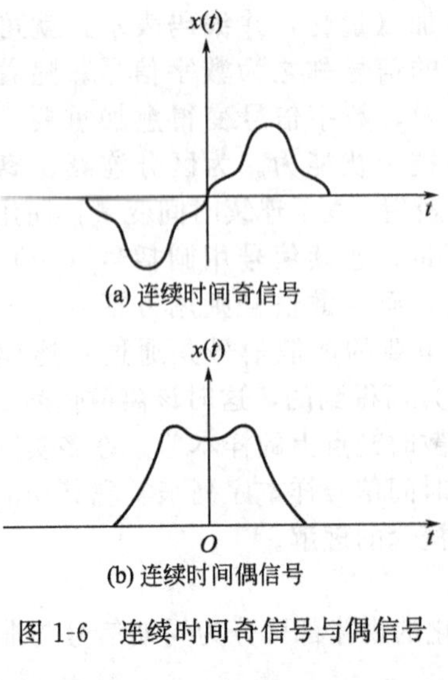

图 1-6　连续时间奇信号与偶信号

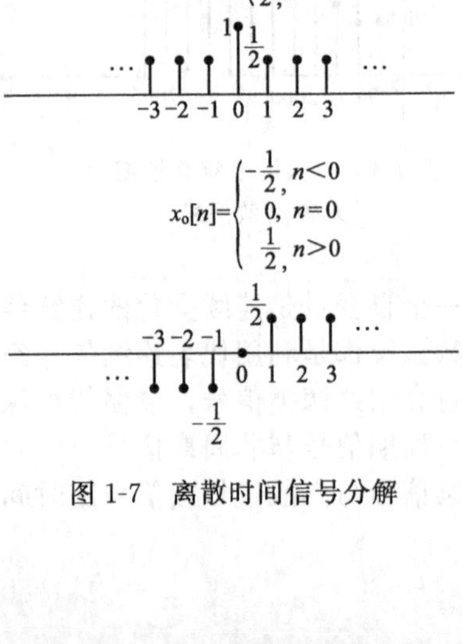

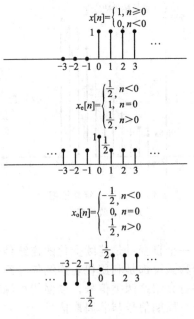

图 1-7　离散时间信号分解

因为

$$x(t)=\frac{1}{2}[x(t)+x(t)+x(-t)-x(-t)]=\frac{1}{2}[x(t)+x(-t)]+\frac{1}{2}[x(t)-x(-t)]$$
$$=x_e(t)+x_o(t) \tag{1-7}$$

故
$$x_e(t)=\frac{1}{2}[x(t)+x(-t)] \tag{1-8}$$

$$x_o(t)=\frac{1}{2}[x(t)-x(-t)] \tag{1-9}$$

以上分解方法同样适用于离散时间信号，即

$$\begin{aligned} x_e[n]&=\frac{1}{2}\{x[n]+x[-n]\} \\ x_o[n]&=\frac{1}{2}\{x[n]-x[-n]\} \\ x[n]&=x_o[n]+x_e[n] \end{aligned} \tag{1-10}$$

图 1-7 中表示了离散时间信号分解的例子。

(5) 功率信号和能量信号

一个信号的能量和功率是这样定义的，假设信号 $x(t)$ 为电压或电流，则它在 1Ω 电阻上的瞬时功率为 $P(t)=|x(t)|^2$，在 $t_1\leqslant t\leqslant t_2$ 内消耗的能量为 $E=\int_{t_1}^{t_2}|x(t)|^2\mathrm{d}t$。当 $T=t_2-t_1$ 时，总能量 E 和平均功率 P 分别定义为

$$E=\int_{t_1}^{t_2}|x(t)|^2\mathrm{d}t \tag{1-11}$$

$$P=\frac{1}{T}\int_{t_1}^{t_2}|x(t)|^2\mathrm{d}t \tag{1-12}$$

由于式(1-11)、式(1-12) 中被积函数是 $x(t)$ 的模的平方，故信号的能量 E 和功率 P 都是非负实数。相类似，在 $n_1\leqslant n\leqslant n_2$ 内的离散时间 $x[n]$ 的总能量是

$$E=\sum_{n=n_1}^{n=n_2}|x[n]|^2 \tag{1-13}$$

$$P=\frac{1}{n_2-n_1+1}\sum_{n=n_1}^{n=n_2}|x[n]|^2 \tag{1-14}$$

在很多系统中关心的是信号在一个无穷大区间内的功率和能量，这时，将能量与功率在离散和连续分别定义成式(1-15) 和式(1-16)。

连续时间系统
$$E_\infty=\lim_{T\to\infty}\int_{-T}^{T}|x(t)|^2\mathrm{d}t=\int_{-\infty}^{\infty}|x(t)|^2\mathrm{d}t \tag{1-15a}$$

$$P_\infty=\lim_{T\to\infty}\frac{1}{2T}\int_{-T}^{T}[x(t)]^2\mathrm{d}t \tag{1-15b}$$

离散时间系统
$$E_\infty=\lim_{N\to\infty}\sum_{n=-N}^{N}|x(n)|^2=\sum_{n=-\infty}^{\infty}|x[n]|^2 \tag{1-16a}$$

$$P_\infty=\lim_{N\to\infty}\frac{1}{2N+1}\sum_{n=-N}^{N}|x[n]|^2 \tag{1-16b}$$

如果信号 $x(t)$ 的能量 E 满足 $0<E<\infty$，而 $P=0$，则称 $x(t)$ 为能量有限信号（简称能量信号）；如果信号 $x(t)$ 的功率满足 $0<P<\infty$，而 $E=\infty$ 则称 $x(t)$ 为功率信号。图 1-8(a)中表示了一个能量信号，图 1-8(b) 则表示了一个功率信号。

一般，周期信号都是功率信号，属于能量信号的非周期信号也称为脉冲信号，它除了在有限时间范围有一定幅值而在其余时间范围幅值均为 0 或很小可以忽略不计。

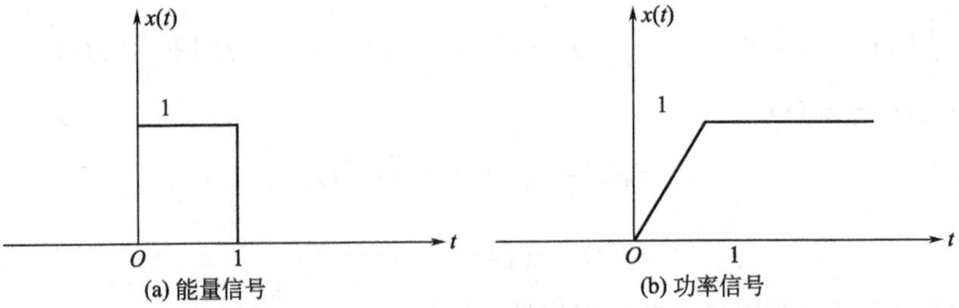

图 1-8　能量信号和功率信号

1.1.2　系统的表示与分类

什么是系统？广义地说系统是由一组相互间有联系的事物组成，小至一个原子，大至一个工厂、一个社会都是一个系统。本书主要讨论的是物理系统。一个实际的物理系统可以是一个简单的 RC 电路，也可以是一个包含了成千上万个元部件的系统。通常，一个系统是由不同功能的子系统组合而成，如卫星通信系统，就包含有发射机、接收机、卫星、计算机、天线等子系统，它能将信号无失真地从一个地方传送到另一个地方。图 1-9 表示的是一个通信系统中信号变换过程的示意图。电视摄像机中的光电传感器（摄像头）将图像（人、场景）转换成视频信号，话筒则将声音信号转换成音频信号。视频信号和音频信号一起送入发射系统，该系统将它们转换成能适合于天线发射和传播的信号（调制波），这个新信号中仍包含有图像和声音的信息。这些信号经一定的信道传播（如大气、光纤、电缆、卫星）后由家用接收天线接收到这种电信号，在接收系统中实现了把经调制的信号又转换成原来进入发射机的视频电信号与音频电信号，并分别送往显像管和扬声器，从而恢复了图像和声音信号。

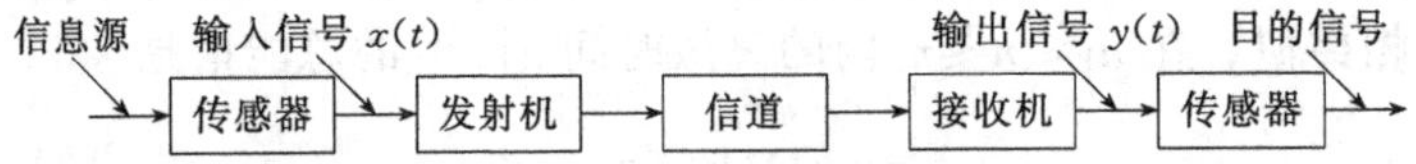

图 1-9　通信系统的信号变换过程

综上所述，系统是一个能实现某种功能的整体，现在对系统的理解又有了新的认识，它不只是指某种装置（硬件），目前大量使用的数字系统，都是采用软件实现信号处理的功能。故系统的概念已引申到对信号执行某些操作的软件或算法的总称。因此，系统也可以看作是对一组输入信号或数据进行变换或处理的过程，并产生另一组信号或数据作为输出。

系统有各种分类方法：如按系统的特性来分则可分为连续时间系统和离散时间系统（简称连续系统和离散系统），线性系统和非线性系统，因果系统和非因果系统，可逆系统和不可逆系统，记忆系统和无记忆系统，时变和时不变系统，稳定系统和非稳定系统。连续系统是指输入和输出均为连续信号的系统，它作用的对象是连续信号。离散系统则是指输入输出均为离散信号的系统，它作用的对象是离散信号。连续时间系统与离散时间系统的定义如图 1-10 所示。

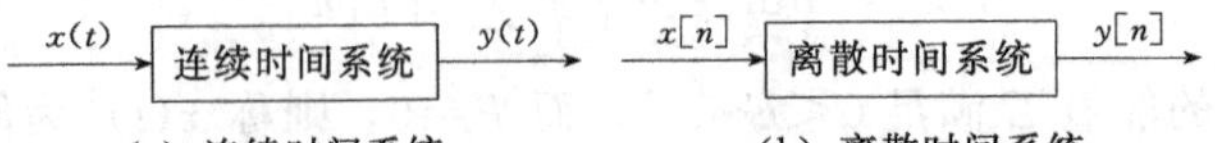

图 1-10　连续时间系统与离散时间系统

许多实际应用的系统通常是一个混合系统，既包含连续系统，又包含离散系统，例如，现代通信系统就是一个典型的混合系统。

1.2 基本的连续时间信号

上节已经指出，信号是一个或几个变量的函数，本书中这个变量是指时间，因此信号可以用数学表达式或波形来描述，在本节中将介绍在信号与系统分析中用得较多的基本信号，它们不仅经常会出现，更重要的是用这些基本信号可以构成许多其他的信号。

1.2.1 连续时间复指数信号与正弦信号

连续时间复指数信号具有下列形式

$$x(t)=Ce^{st} \tag{1-17}$$

式中，C 和 s 一般为复数；$s=\sigma+j\omega_0$。根据 C 和 s 的不同，复指数信号可分为以下几种。

(1) 实指数信号

图 1-11 中表示的是连续时间实指数信号，C 和 s 均为实数，如 s 为正实数，即 $\omega_0=0, s=\sigma$，那 $x(t)$ 随 t 的增加而指数增长；如 s 为负实数，则 $x(t)$ 随 t 的增加而指数衰减；当 $\sigma=0$ 时，$x(t)=C$ 成为直流信号。指数 σ 绝对值的大小反映了信号增长或衰减的速率，$|\sigma|$ 越大，信号增长或衰减的速率越快。实指数信号的一个重要特性是它对时间的微分和积分仍然是指数形式。

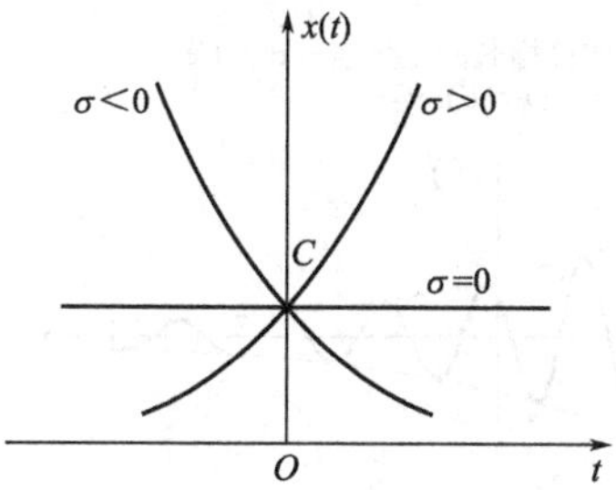

图 1-11 连续时间实指数信号

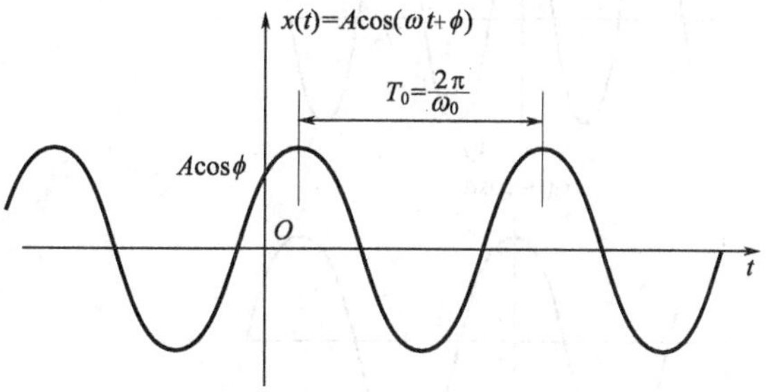

图 1-12 具有初始相位的正弦信号

(2) 周期复指数信号和正弦信号

当 $\sigma=0$ 时，即 $s=j\omega_0$ 为纯虚数时，式(1-17) 中

$$x(t)=e^{j\omega_0 t} \tag{1-18}$$

这个信号的一个重要性质在于它是周期信号。根据前面讲述周期信号的性质，如果能确定一个 T，满足 $x(t)=x(t+T)$，即 $e^{j\omega_0(t)}=e^{j\omega_0(t+T)}=e^{j\omega_0 t}\cdot e^{j\omega_0 T}$，这说明为了满足 $e^{j\omega_0 t}$ 信号的周期性要求，必须有

$$e^{j\omega_0 T}=1 \tag{1-19}$$

显然当 $T\omega_0=2n\pi$ 时能满足这个条件。把能使式(1-19) 成立的最小正 T 值称为基波周期 T_0，它等于

$$T_0=\frac{2\pi}{|\omega_0|} \tag{1-20}$$

正弦信号和余弦信号仅在相位上相差 $\frac{\pi}{2}$，常统称为正弦信号，由欧拉公式可知，正弦信号

$$\sin\omega_0 t=\frac{1}{2j}(e^{j\omega_0 t}-e^{-j\omega_0 t}) \tag{1-21}$$

$$\cos\omega_0 t=\frac{1}{2}(e^{j\omega_0 t}+e^{-j\omega_0 t}) \tag{1-22}$$

可见都可由周期复指数信号构成。

一个具有初始相位的正弦信号

$$x(t)=A\cos(\omega_0 t+\varphi) \tag{1-23}$$

如图 1-12 所示，由式(1-22) 可知

$$A\cos(\omega_0 t+\varphi)=\frac{A}{2}e^{j\varphi}e^{j\omega_0 t}+\frac{A}{2}e^{-j\varphi}e^{-j\omega_0 t}=A\cdot \mathrm{Re}\{e^{j(\omega_0 t+\varphi)}\} \tag{1-24}$$

$$A\sin(\omega_0 t+\varphi)=A\cdot \mathrm{Im}\{e^{j(\omega_0 t+\varphi)}\} \tag{1-25}$$

从式(1-20)可以看到连续时间正弦信号或一个周期复指数信号的基波周期 T_0 与 $|\omega_0|$ 成反比。图 1-13 表示了连续时间正弦信号基波频率与周期之间的关系。从图 1-13 可以看到，随着基波频率 ω_0 的不断增加，正弦信号基波的周期 T_0 逐步减小。

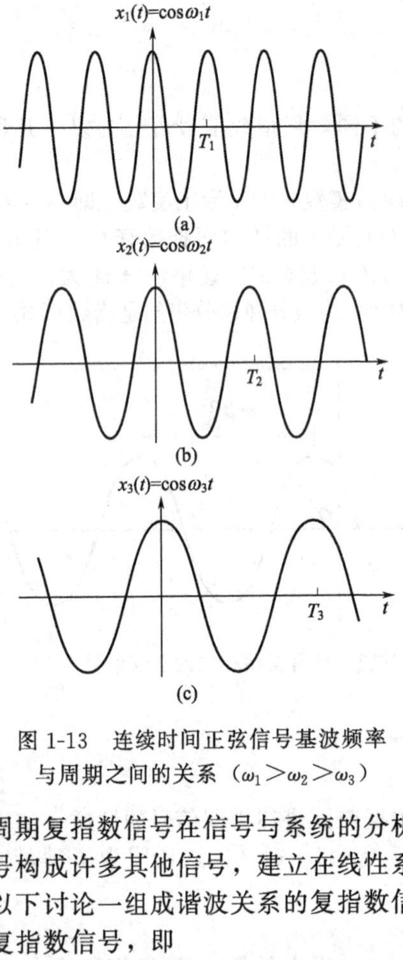

图 1-13 连续时间正弦信号基波频率与周期之间的关系（$\omega_1>\omega_2>\omega_3$）

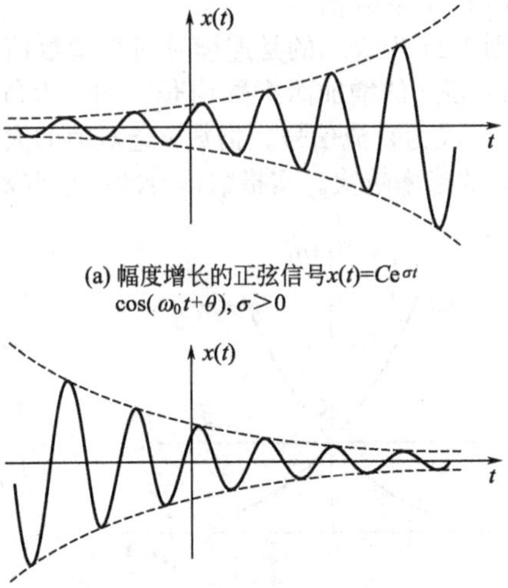

(a) 幅度增长的正弦信号 $x(t)=Ce^{\sigma t}\cos(\omega_0 t+\theta)$, $\sigma>0$

(b) 幅度衰减的正弦信号 $x(t)=Ce^{\sigma t}\cos(\omega_0 t+\theta)$, $\sigma<0$

图 1-14 振幅呈指数增长或指数衰减的正弦信号

周期复指数信号在信号与系统的分析中起着十分重要的作用，这是因为它可作为基本单元信号构成许多其他信号，建立在线性系统基础上的信号与系统的频域分析机理就在于此。

以下讨论一组成谐波关系的复指数信号的集合，即一组频率是某一频率 ω_0 的整倍数的周期复指数信号，即

$$\varphi_k(t)=\{e^{jk\omega_0 t}\},\quad k=0,\ \pm1,\ \pm2,\ \cdots \tag{1-26}$$

若 $k=0$，$\varphi_k(t)$ 为一个常数；而对其他的任何 k 值，$\varphi_k(t)$ 是周期的，其基波的频率为 $|k|\omega_0$，基波周期为

$$\frac{2\pi}{|k|\omega_0}=\frac{T_0}{|k|} \tag{1-27}$$

从式(1-27)可知，这个函数集中的各个信号具有共同的周期 T_0。

(3) 一般复指数信号

当 $x(t)=Ce^{st}$，将 C 用极坐标表示，s 用直角坐标表示，分别有

$$C=|C|e^{j\theta}$$

$$s=\sigma+j\omega_0$$

$$Ce^{st}=|C|e^{\sigma t}e^{j(\omega_0 t+\theta)}=|C|e^{\sigma t}\cos(\omega_0 t+\theta)+j|C|e^{\sigma t}\sin(\omega_0 t+\theta) \tag{1-28}$$

由此可见，如 $\sigma=0$ 时，则复指数信号其实部与虚部都是正弦型的；而当 $\sigma>0$ 时，其实部与虚部则是振幅呈指数增长的正弦信号；$\sigma<0$ 时为振幅呈指数衰减的正弦信号，如图 1-14 所

示，图中的虚线对应于函数$\pm|C|e^{\sigma t}$，它是复数信号的振幅，起着一种振荡变化的包络作用，可看到振荡幅度的变化趋势。

虽然，实际上不能产生复指数信号，但是，由于可利用复指数信号来描述许多其他基本信号，如直流信号、正弦或余弦信号以及增长或衰减的正弦与余弦信号。因此，在信号分析理论中，复指数信号是一个非常重要的基本信号。

Matlab 提供了大量用于生成基本信号的函数，如最常用的指数信号、正弦信号等就是不需安装任何工具箱可直接调用的函数。

① 指数信号 Ae^{at}　指数信号 Ae^{at} 在 Matlab 中可用 exp() 函数表示，其调用形式为

y=A * exp(a * t)

【例 1-1】 用 Matlab 画出 $x_1(t)=e^{-0.6t}u(t)$ 的波形。

解
```
A=1; a=-0.6;
t=0: 0.01: 10;
x1=A * exp(a * t); plot(t, x1);
axis([0, 10, 0, 1]); title('指数信号')
xlabel('t'); ylabel('x1(t)');
```
波形如图 1-15 所示。

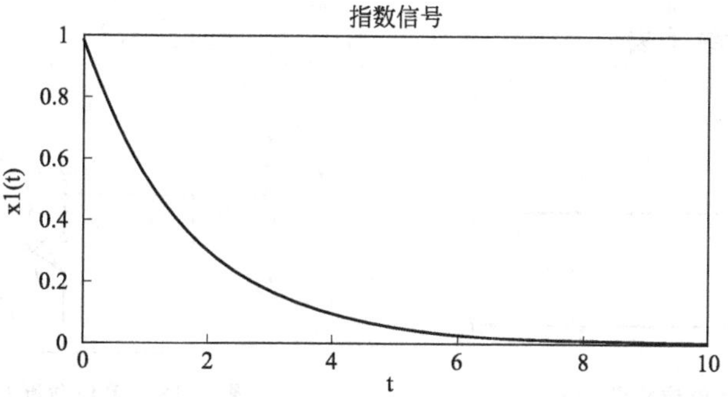

图 1-15　指数信号（例 1-1 图）

② 正弦信号　正弦信号 $A\cos(\omega_0 t+\varphi)$ 和 $A\sin(\omega_0 t+\varphi)$ 分别用 Matlab 的内部函数 sin()和 cos() 表示。

其调用形式为

A * sin(ω0 * t+phi)，　A * cos(ω0 * t+phi)

【例 1-2】 用 Matlab 画出正弦信号 $\cos(2\pi t+\pi/6)$ 的波形。

解
```
A=1; w0=2 * pi; phi=pi/6; t=0: 0.001: 8;
x2=cos(w0 * t+phi); plot(t, x2);
axis([0, 8, -1, 1]); title('正弦信号');
xlabel('t'); ylabel('x2(t)');
```
波形如图 1-16 所示。

1.2.2 奇异信号

在信号与系统分析中，经常用到一些函数本身有不连续点或导数、积分有不连续的情况，这类函数统称为奇异函数，这些典型的信号都是由实际的物理现象经数学抽象而定义的，虽与实际信号不同，但只要把实际信号按一定的条件理想化，即可用这些信号来分析，其中冲激信号和阶跃信号是最重要的两个理想信号模型。

(1) 连续时间单位阶跃信号、冲激信号及其相关函数

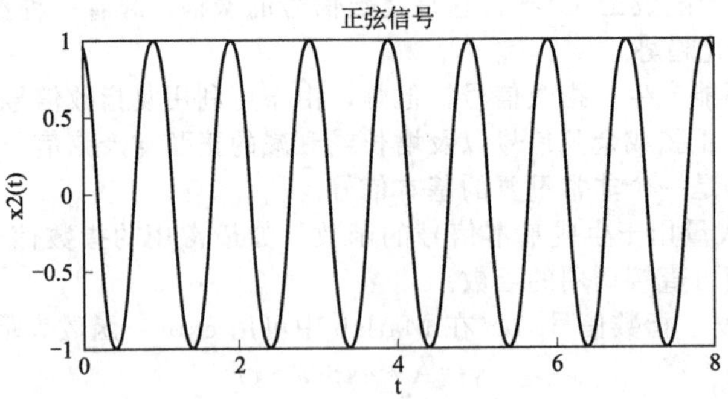

图 1-16　正弦信号波形（例 1-2 图）

单位阶跃信号的波形如图 1-17 所示，记作 $u(t)$，其定义为

$$u(t)=\begin{cases}0, & t<0\\ 1, & t>0\end{cases} \tag{1-29}$$

式(1-29) 在跳变点 $t=0$ 处无定义，可根据实际的物理意义，定义 $u(t)$ 在 $t=0$ 处的函数值可为 0，1，或$\frac{1}{2}$。单位阶跃信号的物理意义可用图 1-18 说明，在 $t=0$ 时刻，对某一电路接入单位电源，无限持续下去。

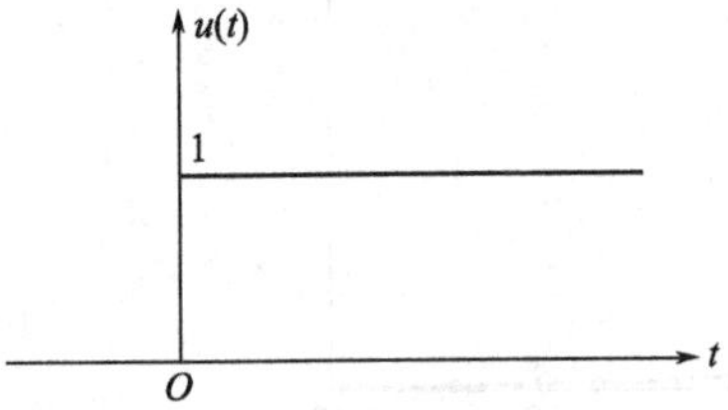

图 1-17　单位阶跃信号

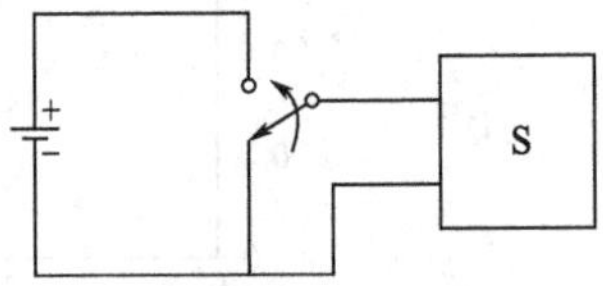

图 1-18　单位阶跃信号的物理意义

如果接入单位电源推迟了 t_0 时刻（$t_0>0$），则可以模拟一个延时的单位阶跃信号，其表示式为

$$u(t-t_0)=\begin{cases}0, & t<t_0\\ 1, & t>t_0\end{cases} \tag{1-30}$$

其波形如图 1-19 所示。

$u(t)$ 在信号与系统分析中有着很重要的作用，任意一个双边信号与阶跃信号相乘后就变成了单边信号，如图 1-20 所示的就是 $\sin t u(t)$ 的波形。

此外还可以用阶跃信号与延迟的阶跃信号之差表示一个矩形脉冲，其波形如图 1-21 所示。

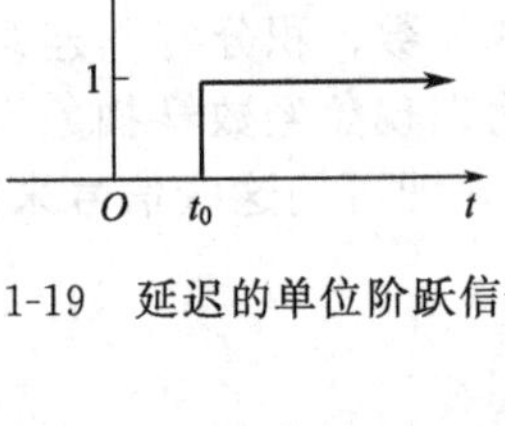

图 1-19　延迟的单位阶跃信号

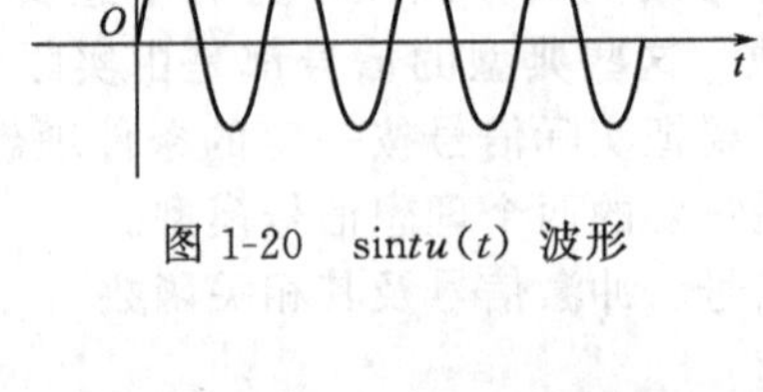

图 1-20　$\sin t u(t)$ 波形

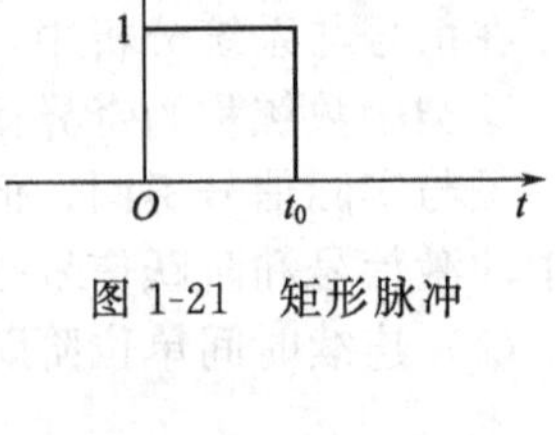

图 1-21　矩形脉冲

$$G(t)=u(t)-u(t-t_0) \tag{1-31}$$

在 Matlab 的信号处理工具箱中还提供了如抽样信号、矩形脉冲、三角波、符号函数等信号处理中常用的函数，可直接调用。

矩形脉冲信号在 Matlab 中用 rectpuls 函数表示，其调用形式为

y=rectpuls(t，width)

用于产生一个幅度为 1，宽度为 width，相对于 $t=0$ 点左右对称的矩形脉冲信号。width 的默认值为 1。

【例 1-3】 用 Matlab 画出 $x=u(t-1)-u(t-3)$ 信号的波形。

解

```
t=0：0.001：4；x=rectpuls(t-2，2)；plot(t，x)；
axis([0，4，-0.2，1.2])；title('矩形信号')；
xlabel('t')；ylabel('x(t)')；
```

波形如图 1-22 所示。

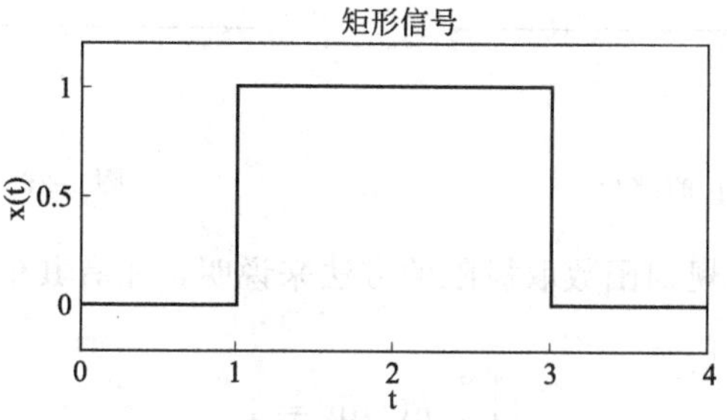

图 1-22　矩形脉冲信号（例 1-3 图）

符号函数 sgn(t) 的定义如下

$$\mathrm{sgn}(t)=\begin{cases}1, & t>0\\ -1, & t<0\end{cases} \tag{1-32}$$

波形如图 1-23。也可以将它用 $u(t)$ 表示为

$$\mathrm{sgn}(t)=u(t)+u(-t) \tag{1-33}$$

$$\mathrm{sgn}(t)=2u(t)-1 \tag{1-34}$$

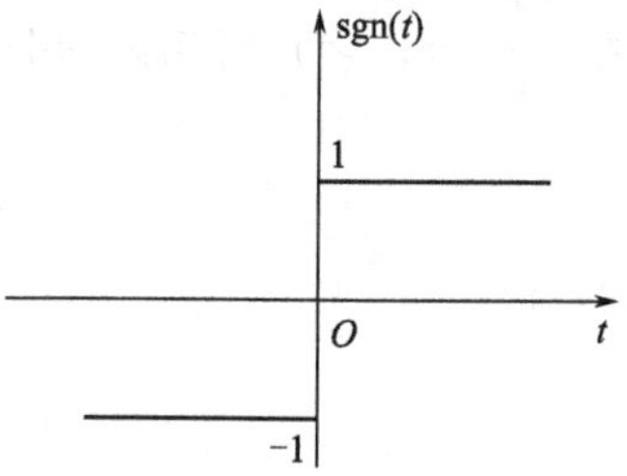

图 1-23　符号函数 sgn(t)

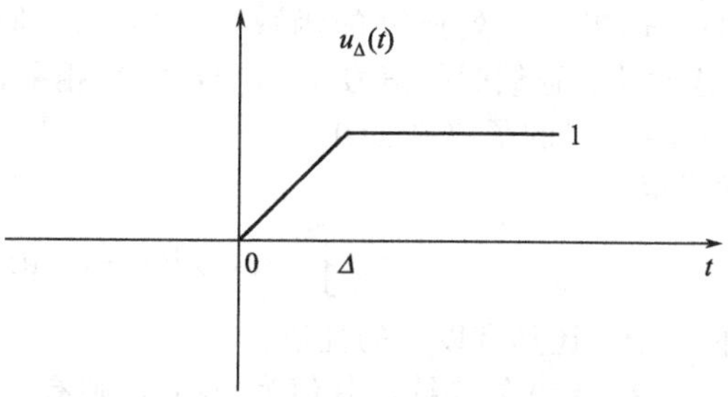

图 1-24　斜平信号 $u_\Delta(t)$

阶跃信号 $u(t)$ 还可以看成是一个斜平信号 $u_\Delta(t)$（如图 1-24）的极限，即

$$u(t)=\lim_{\Delta\to 0}u_\Delta(t) \tag{1-35}$$

将 $u_\Delta(t)$ 求导后的波形如图 1-25，用 $\delta_\Delta(t)$ 表示，即

$$\delta_\Delta(t)=\frac{\mathrm{d}u_\Delta(t)}{\mathrm{d}t} \tag{1-36}$$

从图 1-25 可知，$\delta_\Delta(t)$ 是一个持续期为 Δ 的短脉冲，其高度为$\frac{1}{\Delta}$，对任何 Δ 值，其面

积都为 1，随着 $\Delta\to 0$，$\delta_\Delta(t)$ 变得越来越窄，脉冲高度越来越高，但面积始终保持单位面积，此极限情况即为单位冲激信号，记为 $\delta(t)$，即

$$\delta(t)=\lim_{\Delta\to 0}\delta_\Delta(t)=\frac{\mathrm{d}u}{\mathrm{d}t} \tag{1-37}$$

常用 $t=0$ 处箭头表示单位冲激信号，箭头旁边用 1 表示该冲激信号 $\delta(t)$ 的强度，其面积为 1，如图 1-26 所示。$\delta(t)$ 函数的引入是以自然界中存在的物理现象为依据的，这种物理现象发生的时间极短，而物理量取值又极大，如雷电、冲击力、电容经小电阻充电等，很难用一个函数表达式来描述，冲激信号能表示这类物理现象的性质。

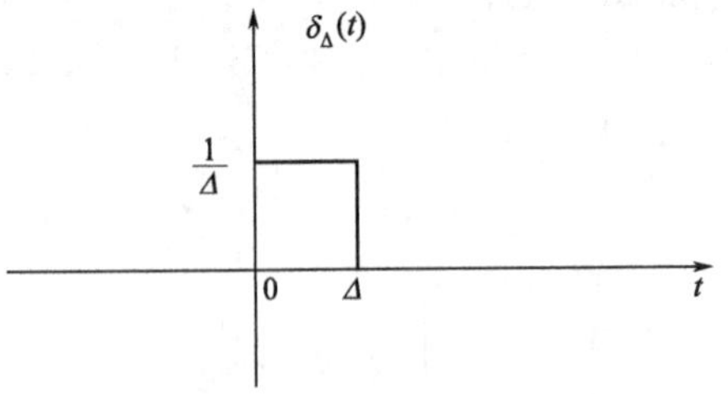

图 1-25　$\delta_\Delta(t)$ 的波形

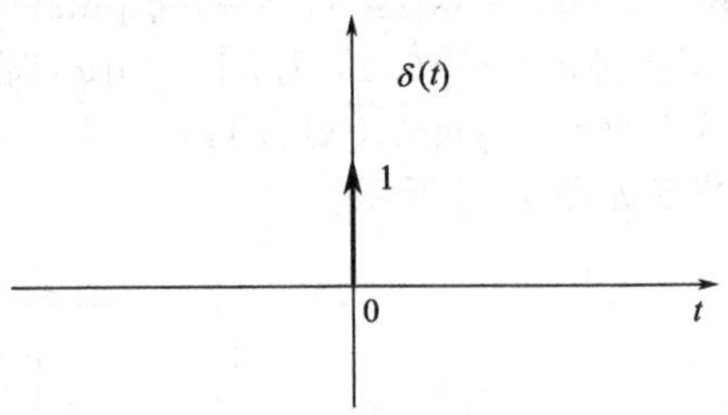

图 1-26　冲激信号 $\delta(t)$

冲激信号除了以上用规则函数取极限的方法来说明，还有其他定义方法，狄拉克定义的方法如下

$$\begin{cases}\int_{-\infty}^{\infty}\delta(t)\mathrm{d}t=1\\ \delta(t)=0,\quad t\neq 0\end{cases} \tag{1-38}$$

用同样方法可以定义在 $t=t_0$ 时刻出现的冲激信号 $\delta(t-t_0)$

$$\begin{cases}\int_{-\infty}^{\infty}\delta(t-t_0)\mathrm{d}t=1\\ \delta(t-t_0)=0,\quad t\neq t_0\end{cases} \tag{1-39}$$

冲激信号严格的定义要利用广义函数或分配函数的理论给出，按照这种理论，$\delta(t)$ 定义为

$$\int_{-\infty}^{\infty}x(t)\delta(t)\mathrm{d}t=x(0) \tag{1-40}$$

其中，$x(t)$ 是在 $t=0$ 处连续的函数，式(1-40) 同时也给出了 $\delta(t)$ 的一个重要性质，即 $\delta(t)$的筛选性质。连续时间信号 $x(t)$ 与 $\delta(t)$ 相乘，并在 $(-\infty,\infty)$ 时间内积分，可以得到 $x(t)$ 在 $t=0$ 时的函数值 $x(0)$。

同样可得

$$\int_{-\infty}^{\infty}x(t)\delta(t-t_0)\mathrm{d}t=x(t_0) \tag{1-41}$$

此外，$\delta(t)$ 还具有以下的性质。

如 $x(t)$ 在 $t=0$ 处连续，其值为 $x(0)$，则有

$$x(t)\delta(t)=x(0)\delta(t) \tag{1-42}$$

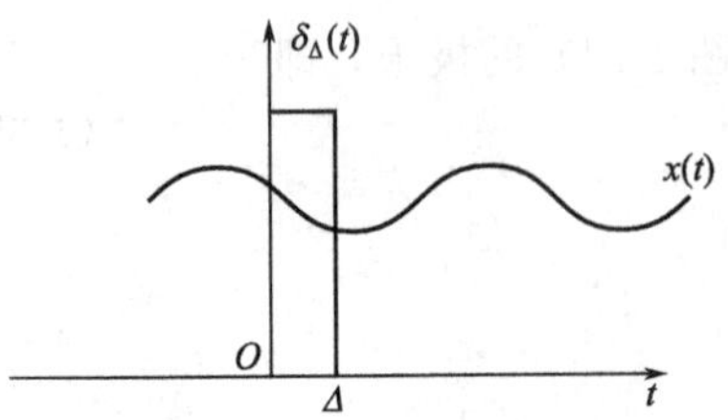

图 1-27　$x(t)$ 与 $\delta_\Delta(t)$ 的乘积

证明见图 1-27。$\delta_\Delta(t)$ 函数是持续期为 Δ 的方形短脉冲，其面积为 1，令

$$x_1(t)=x(t)\delta_\Delta(t)\approx x(0)\delta_\Delta(t)$$

显然，当 $\Delta\to 0$ 时，$\delta_\Delta(t)$ 趋近于 $\delta(t)$，故有

$$x(t)\delta(t)=x(0)\delta(t)$$

同理可得　$$x(t)\delta(t-t_0)=x(t_0)\delta(t-t_0) \tag{1-43}$$

同样，还可以证明冲激信号是偶函数，即

$$\delta(t)=\delta(-t) \tag{1-44}$$

证明如下。令 $t=-\tau$，则

$$\int_{-\infty}^{\infty}\delta(-t)x(t)\mathrm{d}t=\int_{\infty}^{-\infty}\delta(\tau)x(-\tau)\mathrm{d}(-\tau)=\int_{-\infty}^{\infty}\delta(\tau)x(0)\mathrm{d}\tau=x(0)$$

如 $x(t)$ 在 $t=0$ 处连续。

另外，从式(1-38) 可知单位冲激信号 $\delta(t)$ 的积分是单位阶跃信号 $u(t)$，即

$$\int_{-\infty}^{t}\delta(\tau)\mathrm{d}\tau=u(t) \tag{1-45}$$

下面从一个简单电路问题来进一步理解 $\delta(t)$ 信号的物理意义。

设电压源 $v_c(t)$ 是斜平信号，如图 1-28(b)，接入理想电容 C，这时

$$v_c(t)=\begin{cases}0, & t<-\dfrac{\tau}{2}\\ \dfrac{1}{\tau}\left(t+\dfrac{\tau}{2}\right), & |t|<\dfrac{\tau}{2}\\ 1, & t>\dfrac{\tau}{2}\end{cases}$$

$$i_c(t)=C\frac{\mathrm{d}v_c(t)}{\mathrm{d}t}=\frac{C}{\tau}\left[u\left(t+\frac{\tau}{2}\right)-u\left(t-\frac{\tau}{2}\right)\right]$$

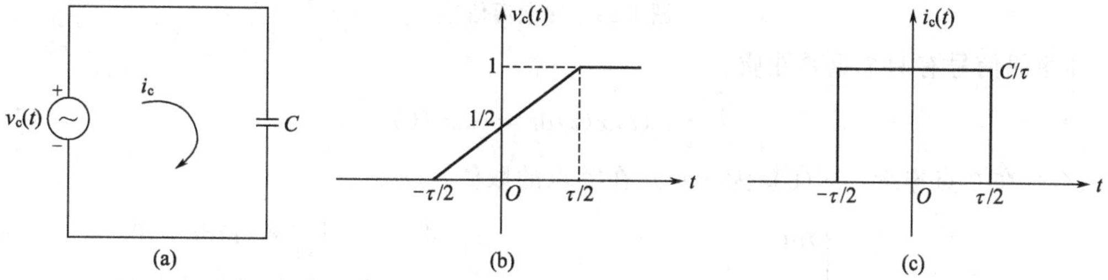

图 1-28 $\delta(t)$ 信号的物理意义

这个电流为矩形脉冲，减小 τ 时，则 i_c 的脉冲宽度也随之减小，而其高度则相应加大，脉冲面积保持不变，当取 $\tau\to 0$ 的极限状态时，则 $v_c(t)$ 即为阶跃信号，而它的微分 $i_c(t)$ 就成为 $C\delta(t)$，于是

$$i_c(t)=\lim_{\tau\to 0}\left[C\frac{\mathrm{d}}{\mathrm{d}t}v_c(t)\right]=C\delta(t)$$

以上结果表明，若要使电容器两端的电压发生跳变，即在短时间内建立一定的电压，那在无限短的时间里必须提供足够的电荷，这就需要一个冲激电流，也可以说由于冲激电流的出现，允许电容两端的电压发生跳变。

已知，单位冲激信号 $\delta(t)$ 的一次积分为阶跃信号，即

$$u(t)=\int_{-\infty}^{t}\delta(\tau)\mathrm{d}\tau$$

如果以 $u_{-2}(t)$ 表示 $\delta(t)$ 的二次积分，则有

$$u_{-2}(t)=\int_{-\infty}^{t}\int_{-\infty}^{\tau}\delta(\lambda)\mathrm{d}\lambda\mathrm{d}\tau=\int_{-\infty}^{t}u(\tau)\mathrm{d}\tau=tu(t) \tag{1-46}$$

$tu(t)$ 是一个斜坡函数，用类似的方法可以推广至 $\delta(t)$ 的 n 次积分，则有

$$u_{-n}(t)=\underbrace{\int_{-\infty}^{t}\cdots\int_{-\infty}^{\tau}}_{n个}\delta(\lambda)\underbrace{\mathrm{d}\lambda\cdots\mathrm{d}\xi}_{n个}=\frac{t^{n-1}}{(n-1)!}u(t) \tag{1-47}$$

(2) 冲激偶信号

冲激信号 $\delta(t)$ 的微分将呈现正、负极性的一对冲激，称为冲激偶信号，以 $\delta'(t)$ 表示。可利用规则函数取极限的概念引出。如图 1-29(a) 所示的三角形脉冲系列 $s(t)$，其底宽为 2τ，高度是$\frac{1}{\tau}$，显然，当 $\tau \to 0$ 时，$s(t)$ 成为 $\delta(t)$，将 $s(t)$ 求导后可得到正负极性的两个矩形脉冲，其宽度都为 τ，高度分别为$\pm\frac{1}{\tau^2}$，面积均是$\frac{1}{\tau}$，见图 1-29(b)。随着 τ 的减小，脉冲偶对宽度变窄，幅度增高，面积为$\pm\frac{1}{\tau}$。当 $\tau \to 0$ 时，形成正、负极性的两个冲激函数，其强度均为无限大，如图 1-29(c) 所示。该图表明，冲激偶信号包含的面积为零。

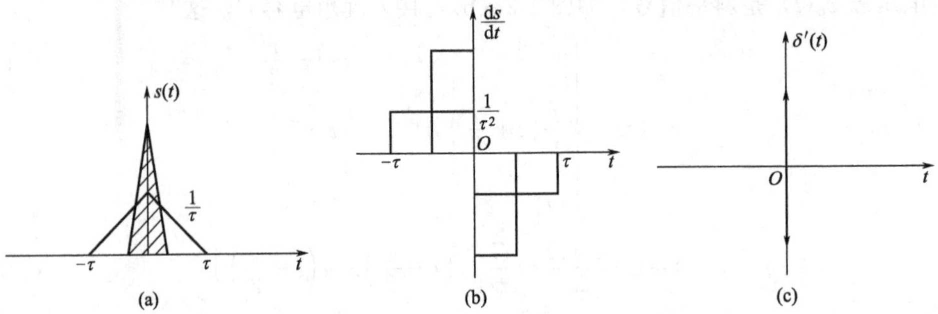

图 1-29　冲激偶信号

冲激偶信号有两个重要性质。

① $$\int_{-\infty}^{\infty} \delta'(t)x(t)\mathrm{d}t = -x'(0) \tag{1-48}$$

$x(t)$ 在 0 点连续，$x'(0)$ 为 $x'(t)$ 在零点的取值。

② $$\int_{-\infty}^{\infty} \delta'(t)\mathrm{d}t = 0 \tag{1-49}$$

(3) 单位连续冲激串信号

单位连续冲激串信号也是一个非常重要的信号，其定义为

$$\delta_{\mathrm{T}}(t) = \sum_{-\infty}^{\infty}\delta(t-nT) \tag{1-50}$$

波形如图 1-30 所示。

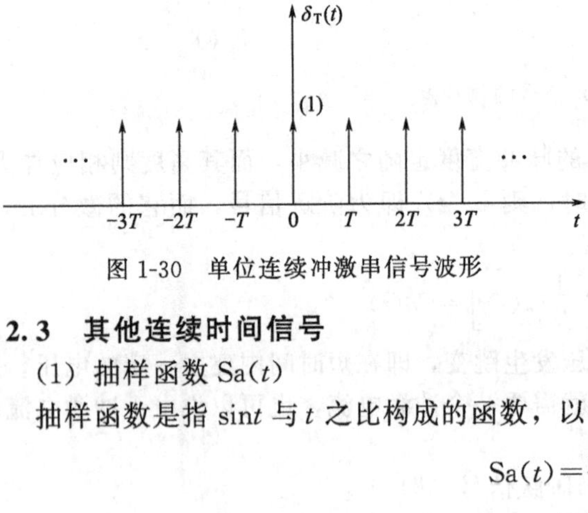

图 1-30　单位连续冲激串信号波形

1.2.3　其他连续时间信号

(1) 抽样函数 Sa(t)

抽样函数是指 $\sin t$ 与 t 之比构成的函数，以符号 Sa(t) 表示

$$\mathrm{Sa}(t) = \frac{\sin t}{t} \tag{1-51}$$

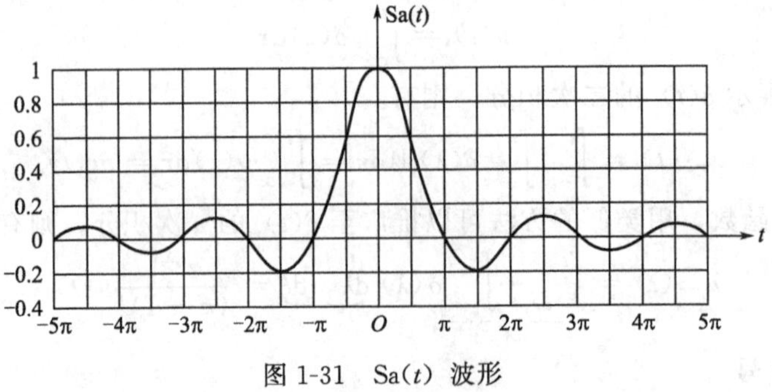

图 1-31　Sa(t) 波形

其波形示于图 1-31，可以看出，它是一个偶函数，当 $t=\pm\pi$，$\pm2\pi$，…，$\pm n\pi$ 时，函数值等于零，振幅沿 t 的正、负两方向逐渐衰减。

Sa(t) 函数具有以下性质。

$$\int_0^{\infty}\mathrm{Sa}(t)\mathrm{d}t=\frac{\pi}{2} \tag{1-52}$$

$$\int_{-\infty}^{\infty}\mathrm{Sa}(t)\mathrm{d}t=\pi \tag{1-53}$$

在 Matlab 的信号处理工具箱中。抽样信号 Sa(t) 在 Matlab 中用 sinc(t) 表示，其定义是

$$\mathrm{sinc}(t)=\frac{\sin(\pi t)}{\pi t} \tag{1-54}$$

调用形式为

$$y=\mathrm{sinc}(t)$$

【例 1-4】 用 Matlab 画出 $\mathrm{Sa}(t)=\dfrac{\sin t}{t}$信号的波形。

解

```
t=-3*pi：pi/100：3*pi；
x=sinc(t/pi)；plot(t，x)；
axis([-3*pi，3*pi，-0.5，1.2])；title('抽样信号')；
xlabel('t')；ylabel('x(t)')；
```

波形如图 1-32 所示。

(2) 高斯函数

高斯函数或称钟形脉冲信号，其定义式为

$$x(t)=E\mathrm{e}^{-\left(\frac{t}{\tau}\right)^2} \tag{1-55}$$

其波形如图 1-33 所示，令 $t=\dfrac{\tau}{2}$代入上式可求得

$$x\left(\frac{\tau}{2}\right)=E\mathrm{e}^{-\frac{1}{4}}=0.78E$$

这表明，函数式中的参数 τ 是当 $x(t)$ 由最大值 E 下降到 $0.78E$ 时，所占据的时间宽度。

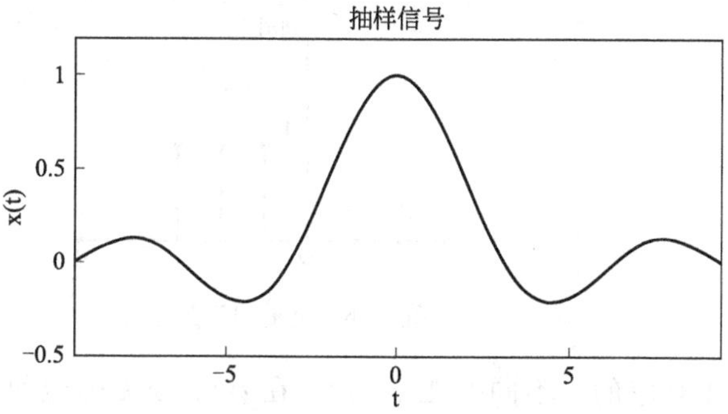

图 1-32 抽样信号（例 1-4 图）

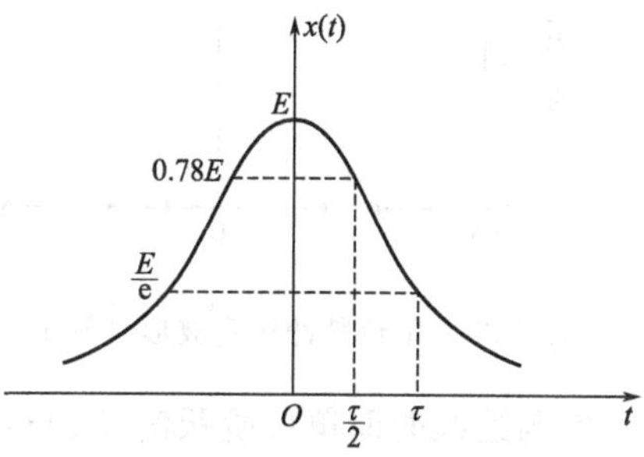

图 1-33 钟形脉冲信号

钟形脉冲信号在随机信号分析中占有重要地位。

1.3 基本的离散时间信号

1.3.1 单位脉冲序列和单位阶跃序列及其相关序列

(1) 单位脉冲序列 $\delta[n]$

最简单的离散时间信号之一是单位脉冲序列，定义为

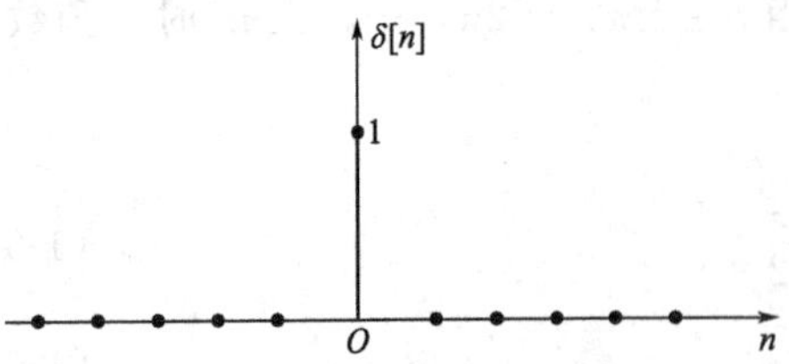

图 1-34 离散单位脉冲序列 $\delta[n]$

$$\delta[n]=\begin{cases}0, & n\neq 0\\ 1, & n=0\end{cases} \tag{1-56}$$

如图 1-34。与连续时间冲激信号 $\delta(t)$ 的不同之处在于 $\delta[n]$ 在 $n=0$ 处有确定的值 1，而 $\delta(t)$ 在 $t=0$ 处的值是∞，箭头旁边的 1 表示的是冲激的面积。

单位脉冲序列 $\delta[n]$ 在 Matlab 中可利用关系运算符==来实现，写为

```
n=[n1: n2];
fn=[(n-n0)==0]
stem(n, fn);
```

上面程序中，n1，n2 为时间序列的起始及终止序号，n0 为 $\delta[n]$ 在时间轴上的位移量。关系运算 (n－n0)＝＝0 的结果是一个仅由 0 和 1 两个数字组成的矩阵，即 n＝n0 时返回"真值" 1，n≠n0 时返回"非真值" 0。

【例 1-5】 画出 $\delta[n]$ 在 $-5\leqslant n\leqslant 5$ 区间的波形。

解 Matlab 程序如下。

```
n=[-5:5];delta=[n==0];
stem(n,delta,'filled','k');title('单位脉冲序列');
xlabel('n');ylabel('delta(n)')
```

波形如图 1-35 所示。

(2) 单位阶跃序列 $u[n]$

单位阶跃序列 $u[n]$ 定义为

$$u[n]=\begin{cases}0, & n<0\\ 1, & n\geqslant 0\end{cases} \tag{1-57}$$

如图 1-36 所示。

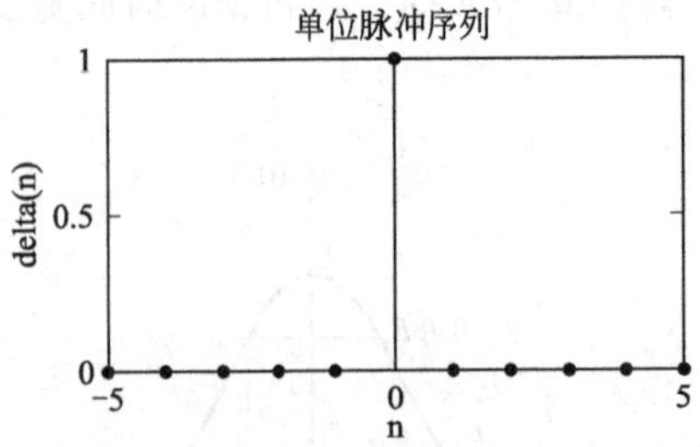

图 1-35 单位脉冲序列波形（例 1-5 图）

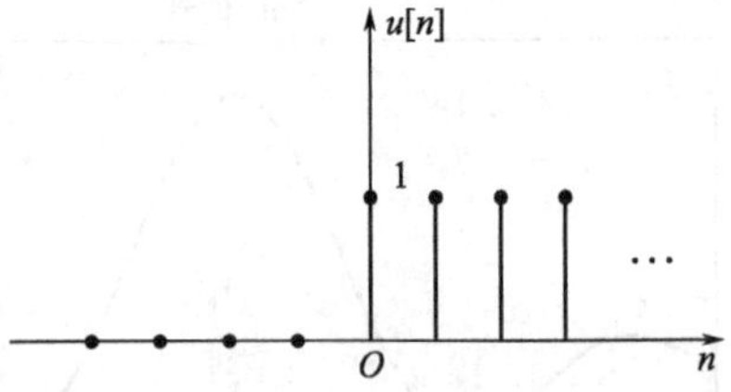

图 1-36 $u[n]$ 信号

它与连续时间单位阶跃信号 $u(t)$ 是相对应的，不同处在于 $u(t)$ 在 $t-0$ 处无确定的定义，而 $u[n]$ 在 $n=0$ 处是有定义的，其值为 1。

与单位脉冲序列 $\delta[n]$ 的 Matlab 表示相似，利用关系运算符>＝可以将单位阶跃序列 $u[n]$ 写成 Matlab 函数形式。单位阶跃序列程序如下。

```
n=[n1,n2];fn=[n-n0)>=0];
stem(n,fn);title('单位阶跃序列');
```

程序中关系运算符 n－n0>＝的结果是一个由"0"和"1"组成的向量，即 n≥n0 时返回值为 1，n<n0 时，返回值为 0。

【例 1-6】 画出 $u[n]$ 在 $-1\leqslant n\leqslant 6$ 区间的波形。

解 程序如下。

```
n=[-3:6];un=[n>=0];
stem(n,un,'filled','k');title('单位阶跃序列');
xlabel('n');ylabel('u(n)');
axis([-3,6,0,1]);
```

波形如图 1-37 所示。

从它们的定义式可以很容易得出以下的公式

$$x[n]\delta[n]=x[0]\delta[n] \tag{1-58}$$

$$x[n]\delta[n-n_0]=x[n_0]\delta[n-n_0] \tag{1-59}$$

$$\delta[n]=u[n]-u[n-1] \tag{1-60}$$

$$u[n]=\sum_{k=0}^{\infty}\delta[n-k]=\sum_{k=-\infty}^{n}\delta[k] \tag{1-61}$$

式(1-58) 表示，单位脉冲序列可用于信号在 $n=0$ 时值的采样，式(1-60)、式(1-61) 分别表示离散时间单位脉冲序列是离散时间单位阶跃序列的一次差分，离散时间单位阶跃序列是单位脉冲序列的求和函数。

(3) 矩形序列 $G_N(n)$

矩形序列 $G_N[n]$ 定义为

$$G_N[n]=\begin{cases}1, & 0\leqslant n\leqslant N-1\\ 0, & n\geqslant N\end{cases} \tag{1-62}$$

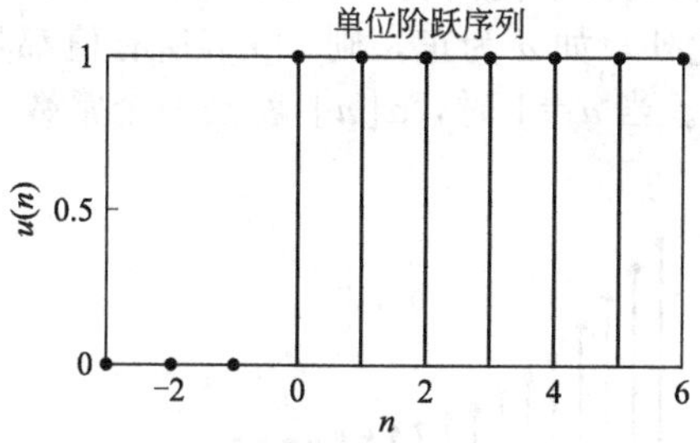

图 1-37 单位阶跃序列波形（例 1-6 图）

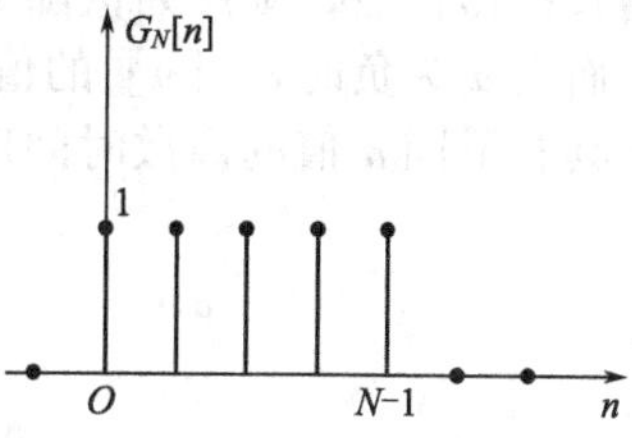

图 1-38 矩形序列

如图 1-38 所示。它还可以用阶跃序列表示为

$$G_N[n]=u[n]-u[n-N] \tag{1-63}$$

(4) 单位斜坡序列 $r[n]$

单位斜坡序列 $r[n]$ 定义为

$$r[n]=\begin{cases}n, & n\geqslant 0\\ 0, & n<0\end{cases}=nu[n] \tag{1-64}$$

如图 1-39 所示。

(5) 单位离散冲激串序列 $\delta_N[n]$

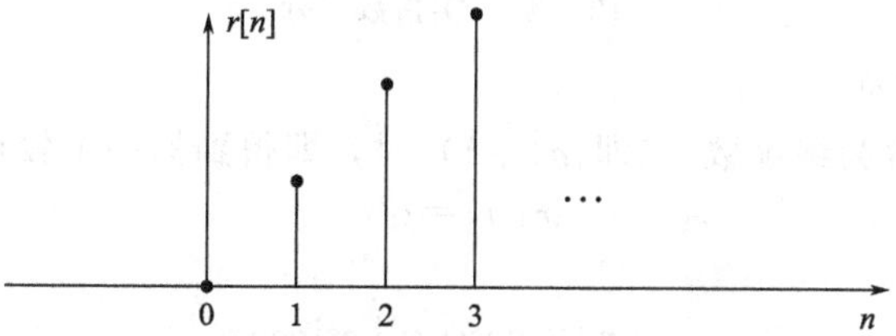

图 1-39 单位斜坡序列 $r[n]$ 的波形

单位离散冲激串序列 $\delta_N[n]$ 的定义是

$$\delta_N[n] = \sum_{-\infty}^{\infty}\delta[n-kN] \tag{1-65}$$

如图 1-40 所示。

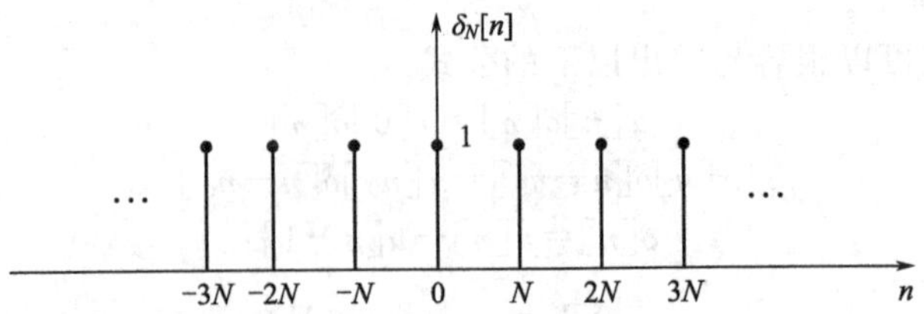

图 1-40　单位离散冲激串序列的波形

1.3.2　离散时间复指数信号与正弦信号

离散时间复指数序列的一般形式为

$$x[n] = ca^n \tag{1-66}$$

式中，c 和 a 一般均为复数。若令 $a=e^{\beta}$，则上式可表示为

$$x[n] = ce^{\beta n} \tag{1-67}$$

它与式(1-17) 表示的连续时间复指数信号具有相似的形式。

(1) 实指数序列

如果 c 和 a 均为实数，随$|a|$的变化，信号有几种不同的特性。如 $|a|>1$，序列值随 n 指数增长；$|a|<1$，则序列值随 n 指数衰减。此外，如 a 为正，则 $x[n]$ 所有值都具有相同符号；而当 a 为负时，$x[n]$ 的值符号交替变化。当 $a=1$ 时，$x[n]$ 就是一个常数，图 1-41 表示了具有不同 a 值的离散时间序列 $x[n]$。

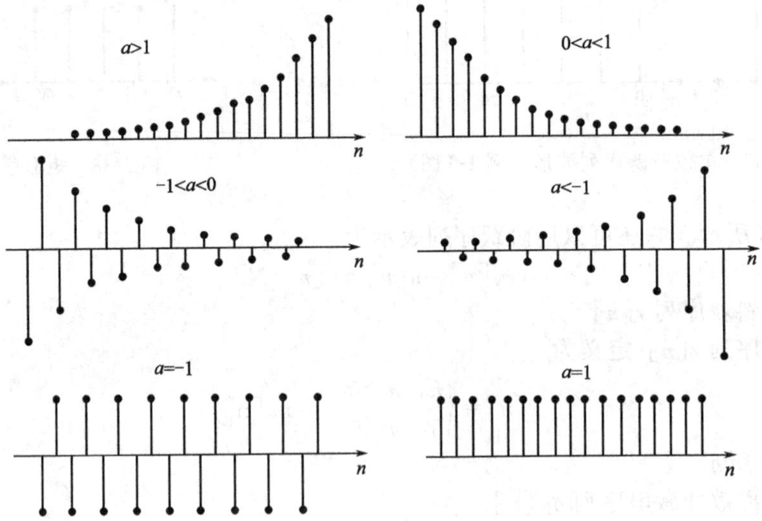

图 1-41　实指数序列

(2) 纯虚数指数序列

若式(1-67) 中的 β 为纯虚数，(即$|a|=1$) 时，即得到另一个较重要的纯虚数指数序列

$$x[n] = e^{j\omega_0 n} \tag{1-68}$$

由欧拉公式可知

$$x[n] = \cos\omega_0 n + j\sin\omega_0 n \tag{1-69}$$

显然正弦序列可用复指数序列表示，即

$$A\cos(\omega_0 n+\varphi)=\frac{A}{2}e^{j(n\omega_0+\varphi)}+\frac{A}{2}e^{-j(n\omega_0+\varphi)}=A\mathrm{Re}\{e^{j(n\omega_0+\varphi)}\} \tag{1-70}$$

(3) 复指数序列的周期性

连续时间和离散时间信号有很多相似点，但也存在一些重要的差别。$e^{j\omega_0 t}$对任何ω_0值都是周期信号，但是$e^{j\omega_0 n}$并不一定是周期信号，只有当ω_0满足一定条件时才成立，证明如下。

要使$e^{j\omega_0 n}$是周期信号，周期为N，必须有下式成立

$$e^{j\omega_0(n+N)}=e^{j\omega_0 n} \tag{1-71}$$

即要求

$$e^{j\omega_0 N}=1 \tag{1-72}$$

故$\omega_0 N$必须是2π的整数倍，即满足

$$\omega_0 N=2m\pi \tag{1-73}$$

或

$$\frac{\omega_0}{2\pi}=\frac{m}{N} \tag{1-74}$$

式(1-74) 表明，只有当$\frac{\omega_0}{2\pi}$为一有理数时，$e^{j\omega_0 n}$才是周期信号，图 1-42 中 (a)，(b) 信号是周期的，而 (c) 信号是非周期的。

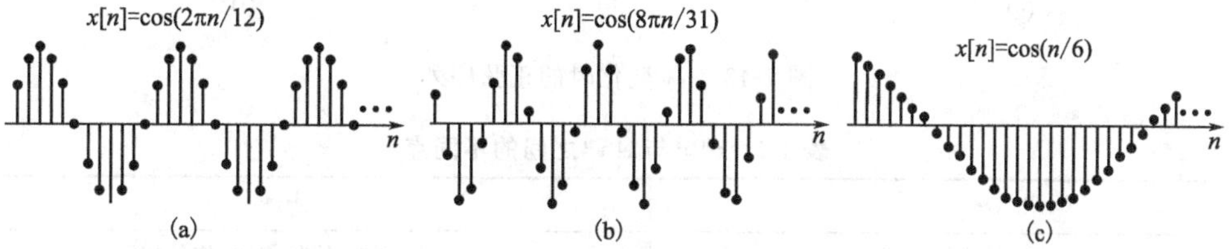

图 1-42　周期与非周期序列

离散时间复指数周期序列的基波频率的定义与连续时间情况一样，即如果$x[n]$是一个周期序列，基波周期为N，则它的基波频率为$\frac{2\pi}{N}$

$$\frac{2\pi}{N}=\frac{\omega_0}{m} \tag{1-75}$$

基波周期可表示为

$$N=m\left(\frac{2\pi}{\omega_0}\right) \tag{1-76}$$

$e^{j\omega_0 t}$与$e^{j\omega_0 n}$另一个重要区别是，对$e^{j\omega_0 t}$信号来说，不同的ω_0即表示不同的连续信号，ω_0越大，信号振荡的速率愈高；而$e^{j\omega_0 n}$则不同，试研究一下频率为$\omega_0+2\pi$的离散时间信号

$$e^{j(\omega_0+2\pi)n}=e^{j\omega_0 n}e^{j2\pi n}=e^{j\omega_0 n} \tag{1-77}$$

式(1-77) 表明，离散复指数序列在频率为$\omega_0+2\pi$与频率为ω_0时的值是完全一样的。即$e^{j\omega_0 n}$是ω_0的周期函数，其周期为2π。

因此，在分析$e^{j\omega_0 n}$这类复指数序列时，仅仅只要分析ω_0在2π间隔内即可。虽然从式(1-77) 来看，任何2π间隔均可，但在大多数情况下常选用$0\leqslant\omega_0<2\pi$，或$-\pi\leqslant\omega_0<\pi$的区间。

由于$e^{j\omega_0 n}$具有对ω_0的周期性，使它不具有与$e^{j\omega_0 t}$随ω_0值的增加而不断增加其振荡速率的特性，图 1-43 表示了$e^{j\omega_0 n}$随ω_0变化的序列变化。可以看出，当ω_0从 0 增加到π时，其振荡速率随之增加，而继续增加ω_0后，其振荡速率就不断下降，直到$\omega_0=2\pi$为止，与$\omega_0=0$时的序列相同。因此离散时间复指数的低频部分对应于ω_0在 0，2π和π的偶数倍值附近，而高频部分则位于$\omega_0=\pm\pi$以及其他任何π的奇数倍数附近。

表 1-1 给出了$e^{j\omega_0 t}$与$e^{j\omega_0 n}$之间的不同点。

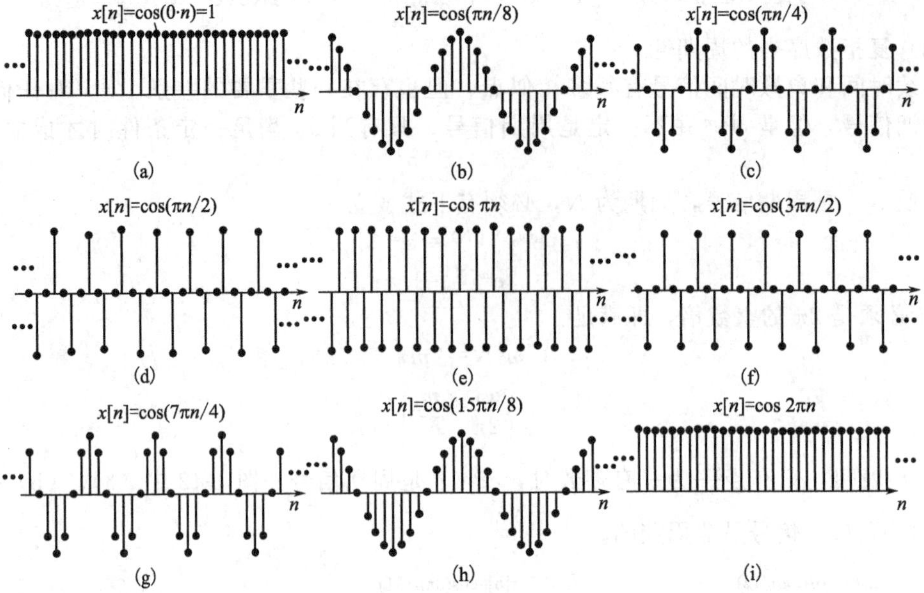

图 1-43　ω_0 变化时的正弦序列

表 1-1　$e^{j\omega_0 t}$ 与 $e^{j\omega_0 n}$ 之间的不同点

$e^{j\omega_0 t}$	$e^{j\omega_0 n}$
ω_0 不同，信号不同	ω_0 相差 2π 的整倍数，信号相同
基波角频率为 ω_0	基波角频率为 $\frac{\omega_0}{m}$
基波周期为 $\frac{2\pi}{\omega_0}$	基波周期 $\frac{2\pi m}{\omega_0}$

（4）一般复指数序列

当式(1-66) 中 c，a 均为复数，并用极坐标表示时

$$c=|c|e^{j\theta},a=|a|e^{j\omega_0}$$

一般复指数序列

$$\begin{aligned}x[n]&=|c|e^{j\theta}\cdot|a|^n e^{j\omega_0 n}=|c||a|^n e^{j(\omega_0 n+\theta)}\\&=|c||a|^n\cos(\omega_0 n+\theta)+j|c||a|^n\sin(\omega_0 n+\theta)\end{aligned}\tag{1-78}$$

图 1-44 给出了 $|a|<1$ 和 $|a|>1$ 时，衰减的正弦序列和增长的正弦序列。

（5）复指数序列集

与连续时间情况一样，把一组成谐波关系的离散时间周期复指数序列组成一个信号集，

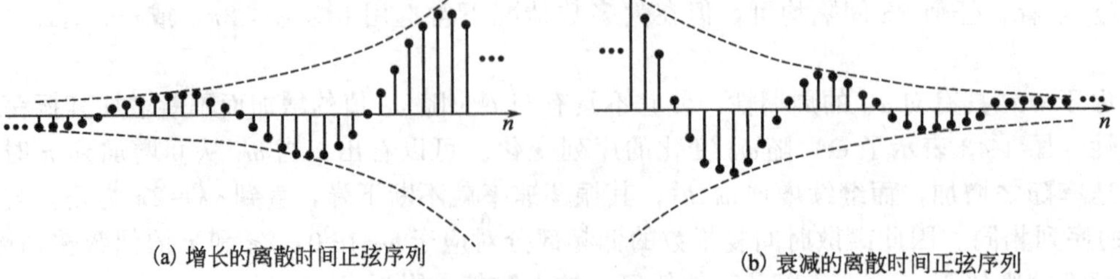

图 1-44　衰减的正弦序列和增长的正弦序列

记作

$$\varphi_k[n]=\{e^{jk(2\pi/N)n}\},\ k=0,\ \pm1,\ \pm2,\ \cdots \tag{1-79}$$

与连续时间谐波信号集不同的是，连续时间复指数信号集中的信号 $e^{jk(\frac{2\pi}{T})t}$ 对应于不同的 k 是不相同的信号，而由于式(1-77)，在式(1-79)所给出的信号集中，仅有 N 个是互不相同的周期复指数序列。这是因为

$$\varphi_{k+N}[n]=e^{j(k+N)\frac{2\pi}{N}n}=e^{jk(\frac{2\pi}{N})n}\cdot e^{j2\pi n}=\varphi_k[n] \tag{1-80}$$

故有

$$\varphi_0[n]=1,\ \varphi_1[n]=e^{j\frac{2\pi}{n}N},\ \varphi_2[n]e^{j\frac{4\pi}{n}N},\ \cdots,\ \varphi_{N-1}[n]=e^{j2\pi(N-1)n/N} \tag{1-81}$$

它们是互不相关的，而 $\varphi_k[n]$ 都与式(1-81)中的一个相同，因此在一个离散复指数谐波信号集中只有 N 个谐波信号是互不相关的。

1.4　信号的组合运算与自变量变换

1.4.1　信号的组合运算

实际工程应用时，常需分析信号的组成，将其分解成基本的时间信号，有时也需要将某些信号变换成便于应用的形式，或构成其他形式的信号，这就需要对信号进行处理或运算，本节主要讨论信号处理中的一些基本运算。

(1) 信号的组合运算

描述信号有时只要用一个数学表达式，如正弦波，但大部分情形下，一个信号往往要用几个信号的组合来描述。这些组合可以是几个信号之间的相加、相减、相乘和相除。组合后的信号值就是几个信号在同一时刻 t 时的相应数值的相加、相减、相乘和相除。图 1-45 表示了一些信号组合的例子。

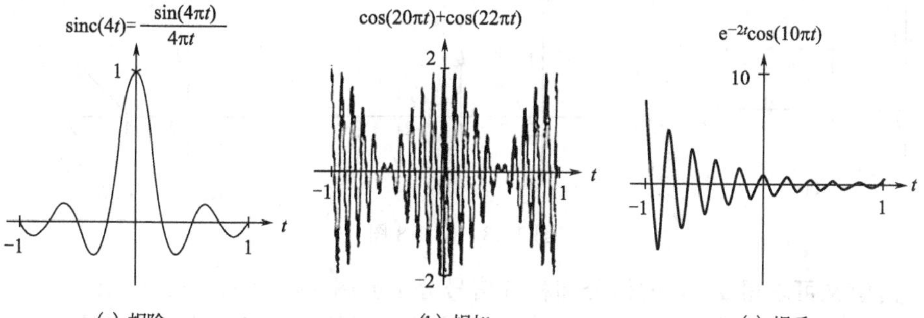

(a) 相除　　(b) 相加　　(c) 相乘

图 1-45　信号的组合

信号的组合运算与自变量变换都可用 Matlab 语言实现，下面举例说明信号的组合运算。

【例 1-7】 使用 Matlab 语言画出以下函数。

解　$x(t)=e^{-t}\sin(20\pi t)+e^{-t/2}\sin(19\pi t)$

```
%画图表示连续时间信号组合的程序
t=0:1/120:6;x=exp(-t).*sin(20*pi*t)+exp(-t/2).*sin(19*pi*t);
p=plot(t,x);grid on;
xlable('t');ylable('x(t)');
```

程序运行后的波形如图 1-46 所示。

(2) 信号的微分与积分运算

对信号进行微分、积分也是实际系统中常用的信号处理运算。Matlab 中可以用 diff 和

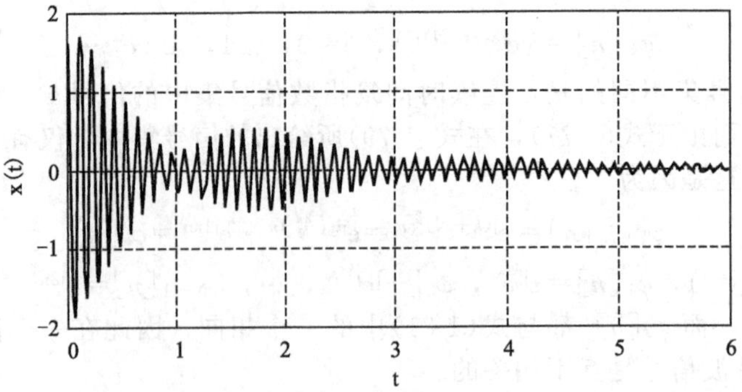

图 1-46　连续时间信号组合（例 1-7 图）

int 命令直接求信号的微分和积分。

信号的微分与积分运算，只对连续时间信号有效，运算符号如图 1-47 所示。

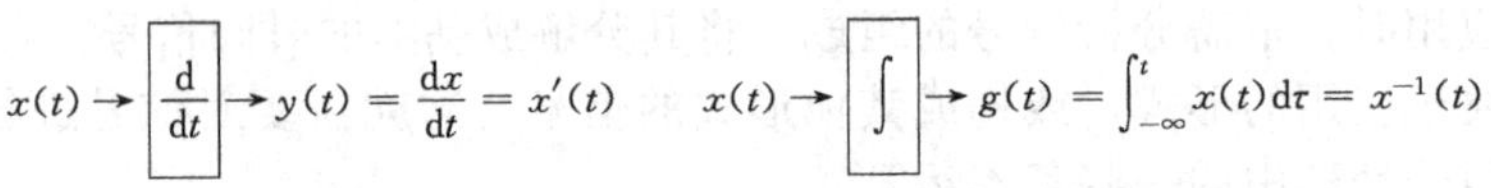

$$x(t) \rightarrow \boxed{\dfrac{\mathrm{d}}{\mathrm{d}t}} \rightarrow y(t) = \dfrac{\mathrm{d}x}{\mathrm{d}t} = x'(t) \qquad x(t) \rightarrow \boxed{\int} \rightarrow g(t) = \int_{-\infty}^{t} x(t)\mathrm{d}\tau = x^{-1}(t)$$

$\qquad\qquad$ (a) 微分器 $\qquad\qquad\qquad\qquad\qquad\qquad\qquad\qquad$ (b) 积分器

图 1-47　微分、积分运算符号

【例 1-8】　已知信号 $x(t)$ 如图 1-48(a) 所示，求它的微分、积分信号。

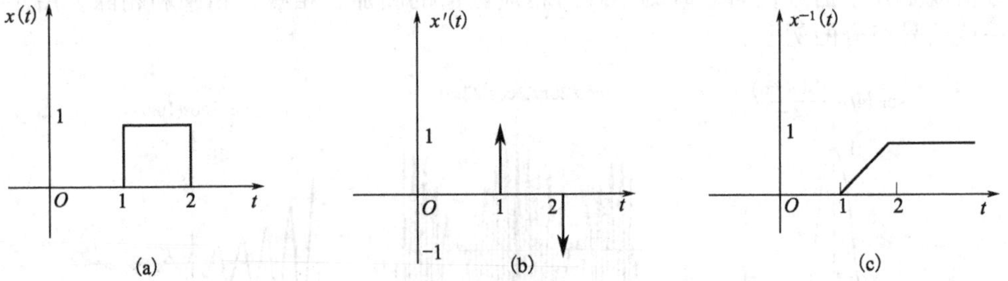

图 1-48　例 1-8 图

解　由定义可求得 $x(t)$ 的微分和积分信号分别如图 1-48(b)、(c) 所示。

由于引入了奇异信号的概念，不仅使普通连续时间信号可以微分，具有第一类间断点的信号也可以微分，它们在间断点的一阶微分是一个冲激，强度为原信号在该时刻的跳变量，在其他连续区间的微分就是常规意义上的导数。

【例 1-9】　求如图 1-49 所示信号 $x(t)$ 的微分信号。

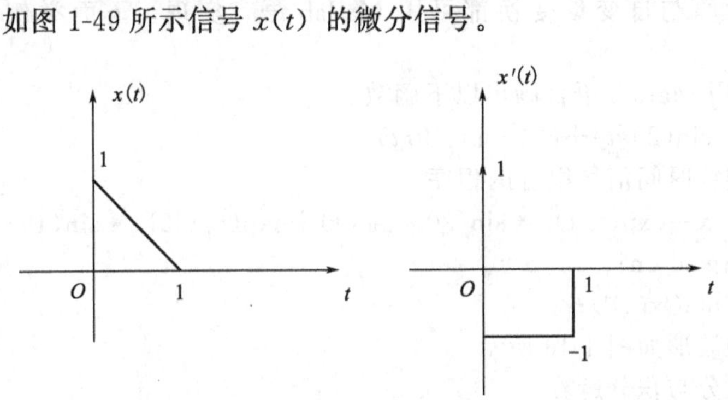

图 1-49　例 1-9 图

解 由于 $t=0$ 是间断点，故 $x(t)$ 在此应出现一个冲激，由于 $x(0^-)=0$，$x(0^+)=1$，故冲激强度为 1。

$$x'(t)=\delta(t)+g(t)$$

$$g(t)=\begin{cases}-1, & 0<t<1\\ 0, & \text{其他}\end{cases}$$

1.4.2 信号的自变量变换

信号与系统分析中一个重要的概念是关于信号的变换概念，如在高保真度音频系统中，为了增强所要求的特性，要除去录制噪声，对录制在磁带或唱片上的音乐信号也要作变换。本节讨论的变换只涉及自变量的简单变换也就是时间轴的变换，实现信号的平移、反褶、尺度等变换。

(1) 信号的时移

信号的时移对应的实际应用就是信号的延时，如闪电与雷声之间的延时。在远距离双向通信中延时是一个难题，但有时却很有用，如在前面提到的雷达就是利用了发射脉冲和反射脉冲到达之间的延时才能测定出一架飞机离发送点的距离。

设 $t_0>0$，则连续时间信号 $x(t-t_0)$ 就是将 $x(t)$ 沿 t 轴正方向即向右平移 t_0；$x(t+t_0)$ 是把 $x(t)$ 沿 t 轴负方向即向左平移 t_0，如图 1-50 所示。对离散信号，如 n_0 为正整数，则 $x[n-n_0]$是将 $x[n]$ 沿 n 轴正方向平移 n_0 个序号，如图 1-51 所示；$x[n+n_0]$ 是将 $x[n]$ 沿 n 轴负方向平移 n_0 个序号。

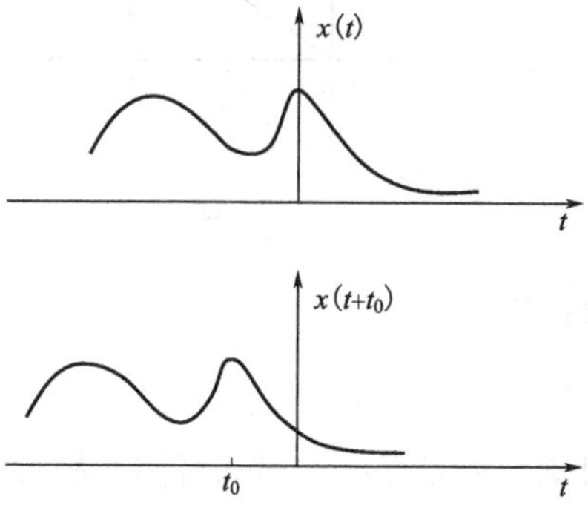

图 1-50 连续时间信号的平移

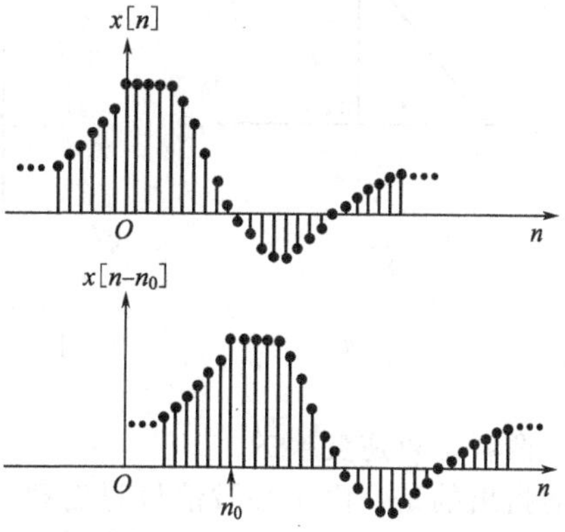

图 1-51 离散信号的平移

(2) 信号的反褶

连续时间信号 $x(-t)$ 是 $x(t)$ 以纵轴（$t=0$ 为轴）的反褶，如图 1-52，离散信号 $x[-n]$是将 $x[n]$ 以 $n=0$ 为轴反褶后得到的，如图 1-53。如果 $x(t)$ 是代表一盘录制的声音磁带的话，那么 $x(-t)$ 就代表同样一盘磁带倒过来放的结果。

(3) 信号的尺度变换

信号的尺度变换是指自变量由 t 变为 at，a 为任意实数。

若 $a>1$，则 $x(at)$ 是将 $x(t)$ 在时间轴线性压缩 a 倍，如 $0<a<1$，则 $x(at)$ 是将 $x(t)$ 在时间轴线性展宽 $1/a$ 倍。图 1-54 表示了这种尺度变换。

一般情况下，信号的时移和时间尺度变换可以同时进行。当已知 $x(t)$ 求 $x(at+b)$ 的波形时，如 $a>0$，则只要进行尺度与平移变换；如 $a<0$，则要同时进行反褶、平移等变换。一般可写成 $x\left[a\left(t\pm\frac{b}{a}\right)\right]$的形式，可以先展缩再平移，最后反褶。也可以先将 $x(t)$ 延时或超前，然后根据 a 值进行尺度变换或时间反转。同样也可从已知的 $x(at+b)$ 波形求出 $x(t)$

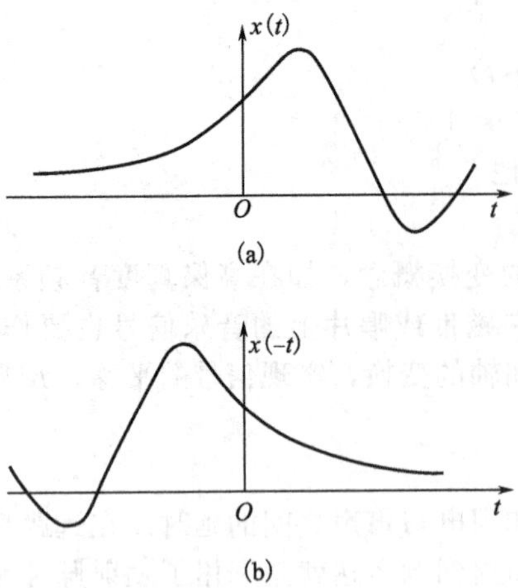

(a)

(b)

图 1-52　连续信号的反褶

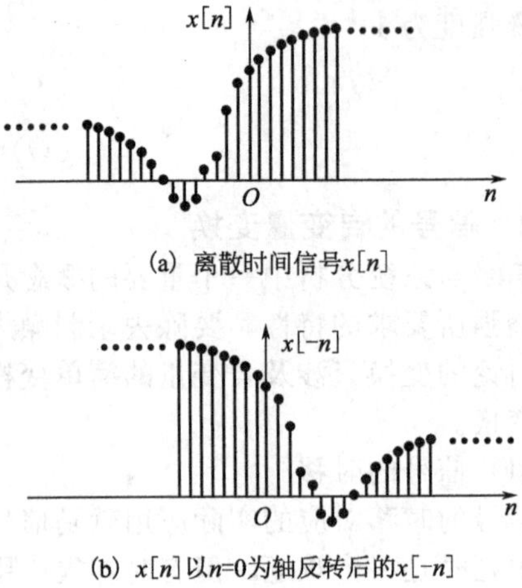

(a) 离散时间信号$x[n]$

(b) $x[n]$以$n=0$为轴反转后的$x[-n]$

图 1-53　离散信号的反褶

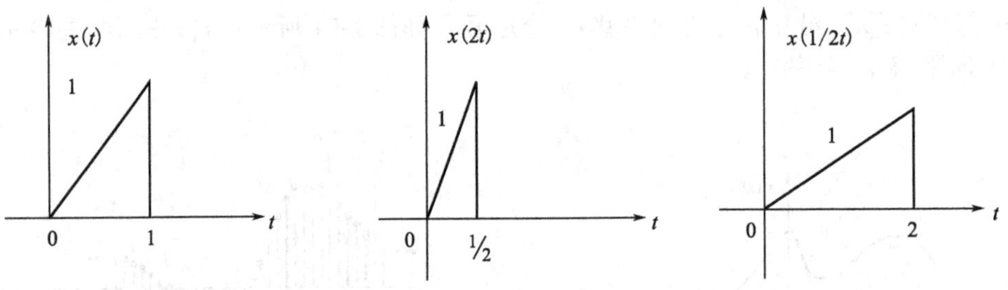

(a)　　(b)　　(c)

图 1-54　信号的尺度变换

波形，两者是可逆变换的。

需指出的是，由于冲激信号只出现在某一孤立时刻，而不是一个时间区间，故对观察者而言，$\delta(t)$ 的扩展和压缩并不是很直观。但可以证明

$$\delta(at)=\frac{1}{|a|}\delta(t) \tag{1-82}$$

【例 1-10】 已知 $x(t)$ 波形如图 1-55(a) 所示，画出 $x(3t+6)$，$x(-3t+6)$ 波形。

解　变换过程如图 1-55 所示。

以下举例说明用 Matlab 程序实现信号的运算及尺寸变换过程。

【例 1-11】 使用 Matlab 程序画出以下信号的波形

$$x(t)=\begin{cases}0, & t<-2\\ -4-2t, & -2<t<0\\ -4+3t, & 0<t<4\\ 16-2t, & 4<t<8\\ 0, & t>8\end{cases}$$

然后画出 $x(t+1)$，$x(3t)$，$x(-3t)$ 的波形。

解　首先为画图选择一个合适的 t 的范围和时间之间的间隔，使产生的曲线能接近实际的函数。选择时间范围是 $-5<t<20$，两点的间隔为 0.1，先创建一个 Matlab 程序（test.m

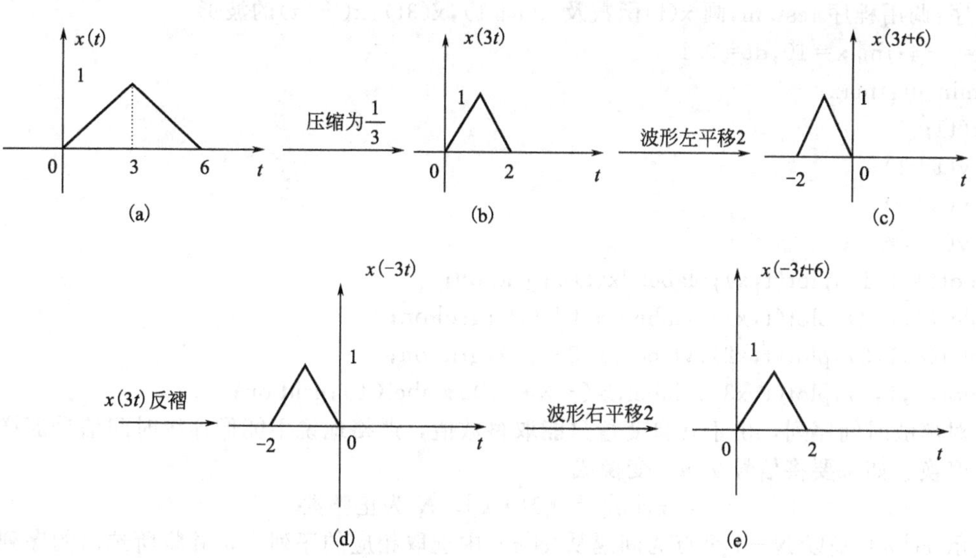

图 1-55 例 1-10 图

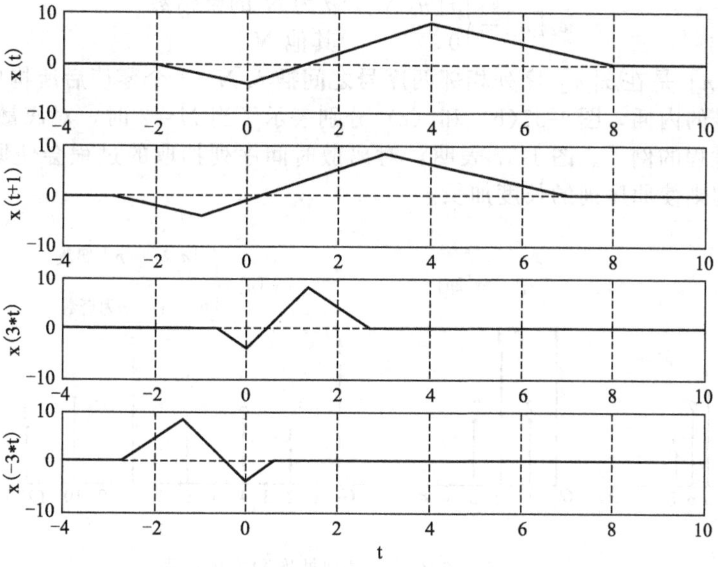

图 1-56 变换函数的波形（例 1-11 图）

文件）来定义函数 $x(t)$。在画函数变换后的图形时，只要调用这个 m 文件就可以了，变换函数的波形如图 1-56 所示。程序如下。

```
%程序 test.m:产生 x(t)函数
function y=x(t)
%计算每个 t 范围的函数值
y1=-4-2*t;y2=-4+3*t;y3=16-2*t;
%将各个函数根据它们的区间结合起来
y=y1.*(-2<t&t<=0)+y2.*(0<t &t<=4)+y3.*(4<t&t<=8);
```

```
%程序：调用程序 test.m，画 x(t)函数及 x(t+1)，x(3t)，x(-3t)的波形
tmin=-4;tmax=10;dt=0.1
t=tmin:dt:tmax;
x=y(t);
x1=y(t+1);
x2=y(3*t);
x3=y(-3*t);
subplot(4,1,1),plot(t,x);ylabel('x(t)');grid on;
subplot(4,1,2),plot(t,x1);ylabel('x(t+1)');grid on;
subplot(4,1,3),plot(t,x2);ylabel('x(3*t)');grid on;
subplot(4,1,4),plot(t,x3);ylabel('x(-3*t)');xlabel('t');grid on;
```

对离散时间序列，由于其自变量只能取整数值，严格地说不能像连续时间信号那样进行尺度变换。如果要将信号 $x[n]$ 变换成

$$x_1[n]=x[N\cdot n]，N\text{ 为正整数} \tag{1-83}$$

则表示 $x_1[n]$ 是以 $N-1$ 个点为间隔从 $x[n]$ 中选取相应的序列点，并将所选出的序列点上的信号值重新依次排序所构成的信号，这个过程称为对信号的抽取。

如果把序列 $x[n]$ 变换成

$$x_2[n]=\begin{cases}x[n/N]，& n\text{ 为 }N\text{ 的整倍数}\\0，& \text{其他 }N\end{cases} \tag{1-84}$$

则表示序列 $x_2[n]$ 是在 $x[n]$ 序列相邻两序号之间插入 $N-1$ 个零值后所构成的序列，这个过程称为对信号的内插，图 1-57(b) 和 (c) 分别表示了当 $N=2$ 时，对离散时间信号 $x[n]$ 的抽取、内插过程的例子。图 1-57 表明，对离散时间序列抽取的过程会使原序列的长度缩短，而内插过程则使原序列的长度加长。

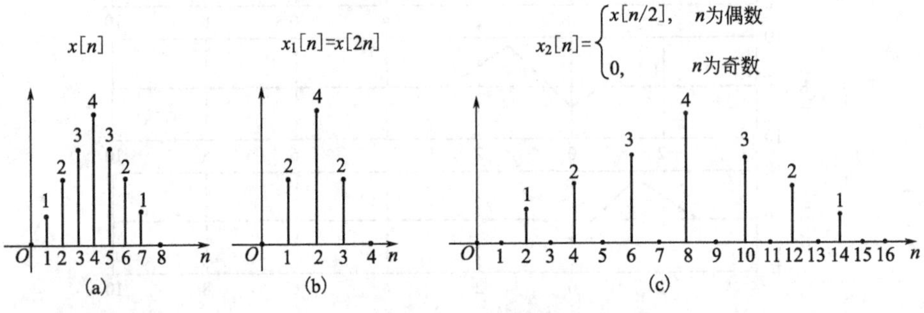

图 1-57 离散时间序列抽取和内插过程

1.5 系统的描述

1.5.1 系统的模型

由前面的叙述可知一个系统实际上是能够实现某个功能的整体，一个最简单的 RC 串联电路，一辆汽车，一个图像增强系统都是一个系统。虽然系统有各种不同的类型，但它们都有一些共同的特征，即系统对一个或几个信号的响应都会产生一个或几个输出信号。信号被系统处理（变换）后，输出响应信号。要对系统进行分析，就要对系统进行建模，即用数学模型来描述系统，特别在设计大

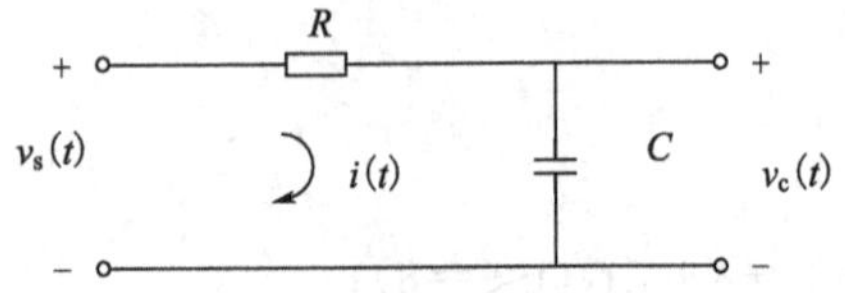

图 1-58 例 1-12 图

型、昂贵的系统时，建立合适的数学模型更加重要，这样才能了解系统中互联的各子系统是如何像一个整体协调工作的。下面通过两个简单的例子说明建立数学模型的过程。

【例 1-12】 如图 1-58 所示，如已知激励是 $v_s(t)$，求输出 $v_c(t)$。

解

$$i(t)=\frac{v_s(t)-v_c(t)}{R} \tag{1-85}$$

$$i(t)=C\frac{dv_c(t)}{dt} \tag{1-86}$$

令上面两式相等，就可得出输入 $v_s(t)$ 与 $v_c(t)$ 之间关系的微分方程。

$$\frac{dv_c(t)}{dt}+\frac{1}{RC}v_c(t)=\frac{1}{RC}v_s(t) \tag{1-87}$$

这是个一阶常系数微分方程，激励项在等式右边，响应量在等式左边。它就是描写连续系统的数学模型。

【例 1-13】 计算某一银行户头按月结余的金额。

解 令 $y[n]$ 记作第 n 个月末的结余，月利率是 1%

$$y[n]=1.01y[n-1]+x[n]$$

上个月存款结余×月利率　当月存款数

上式也可写成

$$y[n]=1.01y[n-1]+x[n] \tag{1-88}$$

这是个一阶常系数差分方程，输入即激励项在方程式的右边，输出即响应项在方程式的左边，它就是描写离散系统的数学模型。

以上两个例子表明，虽它们来自各种不同的应用领域，但数学描述上却有相似之处。实际上可以建立数学模型的系统，它们都是具有一定的性质，特别是线性时不变系统（Linear Time Invariant）。相当广泛的一类连续时间线性时不变系统可用常系数线性微分方程来描述，而离散时间线性时不变系统系统则可用常系数差分方程来描述。

要说明的是，用于描述或分析一个实际系统的任何模型都是代表了那个系统的一种理想化的情况，由此所得出的任何分析结果都仅仅是模型本身的结果，然而在很多应用中这些理想化分析对实际的应用还是相当准确的，当然要注意模型上假设的适用范围。

1.5.2 系统的互联

在分析系统时，常利用框图来表示系统。通常一个大系统的功能都是由具有不同功能子系统互联来实现的，如一个高保真度的 HiFi 就是由信号接收系统、扩音系统和扬声器的互联组成的，每一子系统具有它的系统特性。借助于一些较简单系统的互联来描述一个系统就能使系统分析的问题大大简化。

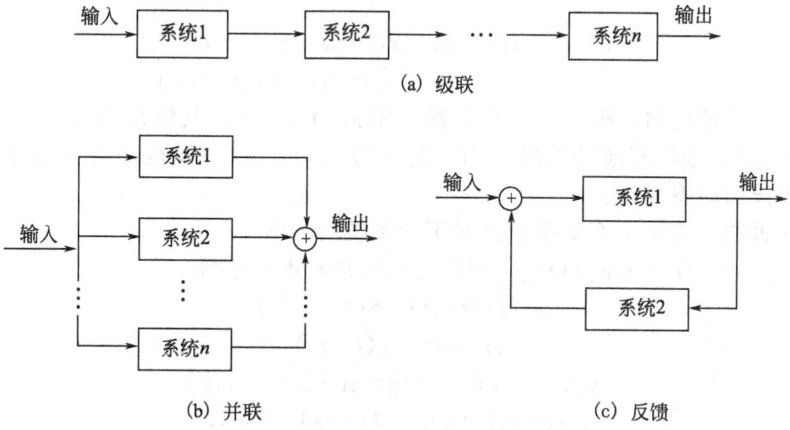

图 1-59 系统的互联

系统的互联是很重要的概念，一般有以下几种基本形式。

① 串联或级联　几个子系统首尾依次相接，前一系统的输出便是后一系统的输入，如图 1-59(a) 所示。

② 并联　如图 1-59(b) 所示，具有相同输入各个子系统，并联后的输出是各系统的输出之和，图中的“⊕”表示加法器。

③ 反馈系统　如图 1-59(c) 所示，这里系统 1 的输出是系统 2 的输入，而系统 2 的输出又反馈回来与外加的输入信号一起组成系统 1 的真正输入，这种系统称为反馈系统，有时也称闭环系统。信号与系统中经常涉及开环系统和闭环系统，开环系统仅仅对输入信号产生响应，闭环系统不仅对输入信号产生响应，还对输出信号进行检测，并通过改变输入信号来改变输出要求，使之满足一定要求，电冰箱、空调都是典型的反馈（闭环）系统。

1.6　系统的基本性质

本节将讲述连续时间系统和离散时间系统的几个基本性质。这些性质具有重要的物理意义，又有简单的数学表达式。

1.6.1　线性系统和非线性系统

线性系统（连续时间或离散时间系统）有两个重要性质：即叠加性和齐次性。所谓叠加性是指如果某一个输入是由几个信号叠加组成，则系统的输出就是系统对这组信号中每个响应的叠加；而齐次性是指如果某一个输入加权后输入系统，则系统的输出就是对原输入的响应的相同加权。上述两个性质可用数学公式来表示：即如果 $y_1(t)$ 是系统对激励 $x_1(t)$ 的响应，$y_2(t)$ 是系统对 $x_2(t)$ 的响应，那么一个线性系统就应该有

$$ax_1(t)+bx_2(t)\rightarrow ay_1(t)+by_2(t) \tag{1-89}$$

对应于离散时间线性系统则有

$$ax_1[n]+bx_2[n]\rightarrow ay_1[n]+by_2[n] \tag{1-90}$$

式中，a，b 是任何复常数。由线性系统的齐次性，可得出线性系统另一重要性质，即满足零输入零输出特性。以离散时间系统为例，如 $x[n]\rightarrow y[n]$，将输入信号的加权系数设为零，则输出所乘的加权系数也为零，即

$$0=0\times x[n]\rightarrow 0\times y[n]=0 \tag{1-91}$$

1.6.2　时变系统和时不变系统

系统的时不变性是指系统的行为特性不随时间而变化，即输入输出特性并不随时间而变化，这就是说，如果输入信号有一个时移，则在输出信号中产生同样的时移，数学上可描述为

如果　　$x(t)\rightarrow y(t)$　则　$x(t-t_0)\rightarrow y(t-t_0)$

或　　$x[n]\rightarrow y[n]$　则　$x[n-n_0]\rightarrow y[n-n_0]$

为判定一个系统的时不变性，可令系统的输入为 $x_1(t)$，其输出为 $y_1(t)$。改变输入为 $x_2(t)=x_1(t-t_0)$，分析相应的输出 $y_2(t)$ 是否为 $y_1(t-t_0)$，如是，则系统为时不变系统；如不是，则系统为时变系统。

下面举例说明判定一个系统是否是时不变系统的方法。

【例 1-14】 设 $y(t)=\sin[x(t)]$，判定它是否是时不变系统。

解　因　　$x_1(t)\rightarrow y_1(t)=\sin[x_1(t)]$

现有　　$x_2(t)=x_1(t-t_0)$

而　　$y_2(t)=\sin[x_2(t)]=\sin[x_1(t-t_0)]$

所以　　$y_1(t-t_0)=\sin[x_1(t-t_0)]=y_2(t)$

因此这个系统是时不变的。

【例 1-15】 设 $y[n]=2x[n]+3$，试判定系统的线性、时不变性。

解

$$x_1[n]\rightarrow y_1[n]=2x_1[n]+3$$

$$x_2[n]\rightarrow y_2[n]=2x_2[n]+3$$

当

$$x_3[n]=x_1[n]+x_2[n]\rightarrow y_3[n]=2x_3[n]+3=2x_1[n]+2x_2[n]+3$$

而

$$y_1[n]+y_2[n]=2x_1[n]+3+2x_2[n]+3=2x_1[n]+2x_2[n]+6$$

故

$$y_3[n]\neq y_1[n]+y_2[n]$$

这说明该系统不是线性系统，但可证明该系统是时不变系统。

此外，可以证明积分器和微分器都是线性时不变系统。

1.6.3 增量线性系统

【例 1-16】 说明线性方程所描述的系统并不都是线性系统，因为它不满足零输入零输出的特性。

解 在连续时间和离散时间系统中存在的大量系统就是这类系统，可用图 1-60 表示。这个系统通常称为增量线性系统，即其响应对输入的变化是线性的，也就是说，增量线性系统对任何两个输入信号的响应之差与这两个信号之差成线性关系，即满足差的线性。图 1-60 说明，$y(t)$ 由 $y_0(t)$ 与 $z(t)$ 叠加而成，$y_0(t)$ 与系统的输入无关，$z(t)$ 只是由输入信号引起的输出响应，通常称这个响应为系统的零状态响应，今后用 $y_{zs}(t)$ 表示。

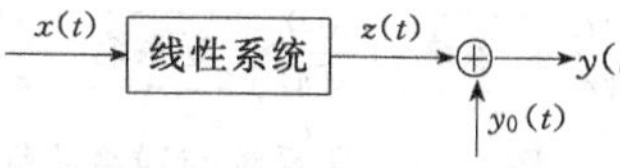

图 1-60　增量线性系统

1.6.4 记忆系统与无记忆系统

如果一个系统的输出仅仅决定于该时刻的输入，这个系统称为无记忆系统，反之即为记忆系统。如

$$y[n]=3x[n]-2x^2[n]$$

就是一个无记忆系统。因为在任何时刻 n_0 的输出 $y[n_0]$ 仅仅决定于该时刻 n_0 的输入 $x[n_0]$，而与其他时刻的输入无关。

一个累加器就是一个记忆系统，如

$$y[n]=\sum_{k=-\infty}^{n}x[k]$$

延迟单元也是一个记忆系统

$$y[n]=x[n-1]$$

一般说，在一个系统中记忆的概念相当于该系统具有保留或存储不是当前时刻输入信息的功能。例如，积分器系统

$$y(t)=\frac{1}{C}\int_{-\infty}^{t}x(\tau)\mathrm{d}\tau$$

也是一个记忆系统。

1.6.5 因果性与因果系统

如果一个系统在任何时刻的输出只决定于现在以及过去的输入，而与系统以后的输入无关，就称该系统为因果系统，它满足先因后果。由于它没有预测未来输入的能力，因而也称为不可预测系统。因果系统中，输入激励是系统产生输出响应的原因，而响应则是输入激励的结果。汽车的运动是因果的，只有驾驶员踩油门，汽车才会运动，汽车系统无法预知驾驶员将来的行动。

对于

$$y(t)=x(t+2)$$

和

$$y[n]=x[n]+x[n+1]$$

定义的系统都是非因果的。因为 $y(t)$，$y[n]$ 的值不仅与当前输入的值有关，还取决于将来

的输入。对于时间系统而言，非因果性就意味着系统不可实现性。

从无记忆系统的定义可知，无记忆系统必定是因果系统，因为输出仅仅取决于当前的输入。

因果系统虽然很重要，但许多应用系统并非全是因果系统。在独立变量不是时间的系统中（如图像处理），因果性不是一个根本性的限制，另外在非实时处理的数据处理系统中，待处理的数据事先都已记录下来，故也不一定局限用因果系统处理。通常把从零时刻开始的信号叫作因果信号，它满足：$t<0$，$x(t)=0$。

1.6.6 可逆性与可逆系统

如果一个系统对应不同的输入下有不同的输出，则称该系统是可逆系统，它满足一一对应关系，即可从系统当前的输出确定其输入。如果一个系统分别对两个或两个以上不同的输入，能产生相同的输出，则这个系统就是不可逆的。如 $y(t)=x^2(t)$ 就是一个不可逆系统，因为该系统对 $x(t)$ 和 $-x(t)$ 这两个不同的输入信号产生出相同的输出。

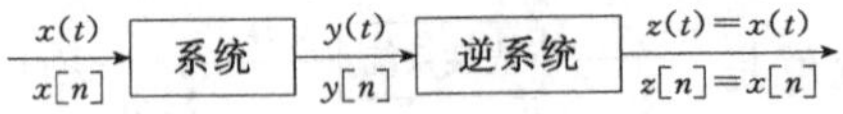

图 1-61　原系统与逆系统级联

如果一个系统是可逆的，那么就有一个逆系统存在，当该逆系统与原系统级连，等效一恒等系统，即输出等于输入。如图 1-61 所示。

$y(t)=2x(t)$ 是可逆系统，其逆系统是 $z(t)=\frac{1}{2}y(t)$；

$y[n]=\sum_{k=-\infty}^{n}x[k]$ 是可逆系统，其逆系统是 $z[n]=y[n]-y[n-1]$。

如果一个非因果系统是可逆的，则可根据当前的输出，求得其所对应的输入。因此，它具有预测未来输入的能力，被称为可预测系统。

1.6.7 系统的稳定性

稳定性是系统另一个重要的性质，直观上看，一个稳定系统在较小的输入下的响应是不会发散的。在一个简单的 RC 充电电路中，如激励信号是单位阶跃信号 $u(t)$，这是个有界信号，很显然，这个充电电路的输出也是有界的。系统的稳定性的定义：若系统的输入是有界的（即输入的幅度不是无限增长的），则系统的输出也必须是有界的。如一个系统对有界输入产生的响应是无界的，则是不稳定系统。例如 $y[n]=\sum_{k=-\infty}^{n}u[k]=(n+1)u[n]$ 就是一个不稳定系统，这是因为，虽然输入是有界的 $u[n]$，但是 $y[n]$ 不是有界的。而 $y(t)=x(t-1)$ 表示的是一个稳定系统，因为只要 $x(t)$ 是有界的，$y(t)$ 一定是有界的。稳定性的另一种定义是建立在系统函数的收敛域特性上，有关具体内容，读者可查阅后续的章节。

习题 1

1-1　画出以下各信号的波形。

(1) $tu(t)$；(2) $n\{u[n]-u[n-2]\}$；(3) $(t-1)u(t-1)$；

(4) $\left(\frac{1}{2}\right)^{n-2}u[n-2]$；(5) $e^{-t}[u(t)-u(t-1)]$；(6) $\sin(t-2\pi)u(t-2\pi)$。

1-2　写出图 1-62 中各信号的函数表达式。

1-3　如果 $x(t)=5e^{-2t-3}$，写出以下函数的表达式。

(1) $x(jt)$；(2) $x(4-t)$；(3) $x(t/8+2)$；(4) $x(2)$。

1-4　画出图 1-62 所示各函数的微分信号波形。

1-5　画出图 1-63 所示函数的积分波形，$t=0$ 以前函数值为零。

1-6　画出图 1-64 所示函数乘积的波形。

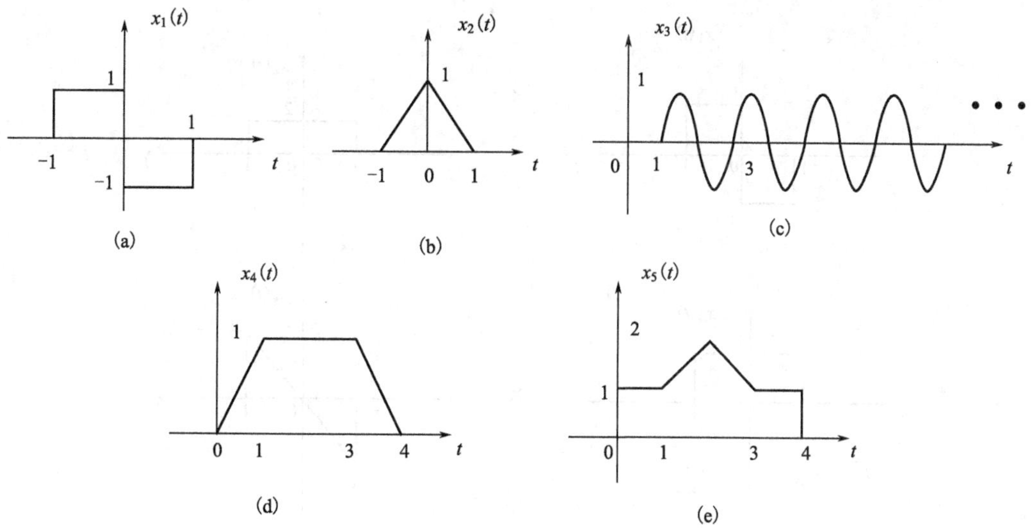

图 1-62　题 1-2 图

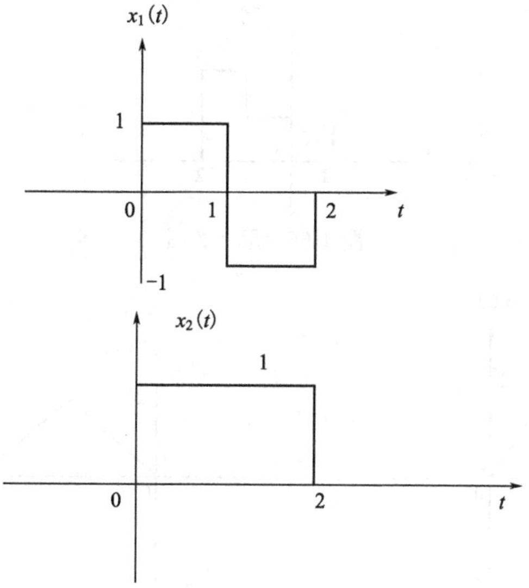

图 1-63　题 1-5 图

1-7　已知一连续信号如图 1-65 所示，画出以下各信号的波形。

(1) $f(2t-1)$；(2) $f(1-2t)$；(3) $f\left(\frac{-t}{2}+1\right)$；(4) $f(t)[\delta(t+1)+\delta(t-2)]$。

1-8　对图 1-66 所示的函数 $x(t)$ 分别画出以下各函数的波形。

(1) $x(-t)$；(2) $-x(t)$；(3) $x(t-2)$；(4) $x(-t-2)$；(5) $x(2t)$；(6) $x(-t/2)$。

1-9　已知信号 $x(3-2t)$ 的波形如图 1-67 所示，试画出信号 $x(t)$的波形。

1-10　已知信号 $x[n]$ 如图 1-68 所示，试画出以下各信号的波形。

(1) $x[n-3]$；(2) $x[4-n]$；(3) $x[2n+1]$；(4) $x[n-3]\delta[n-3]$。

1-11　绘出下列各时间函数的波形图，注意它们的区别。

(1) $x_1(t)=\sin(\omega t)u(t)$；(2) $x_2(t)=\sin[\omega(t-t_0)]u(t)$；(3) $x_3(t)=\sin(\omega t)u(t-t_0)$；(4) $x_4(t)=\sin[\omega(t-t_0)]u(t-t_0)$。

1-12　画出图 1-69 中各信号的奇信号和偶信号波形。

1-13　判断以下信号是能量信号还是功率信号。

(1) $x_1(t)=2[u(t)-u(t-10)]$；(2) $x_2(t)=\sin 2\pi t[u(t+2)-u(t-2)]$。

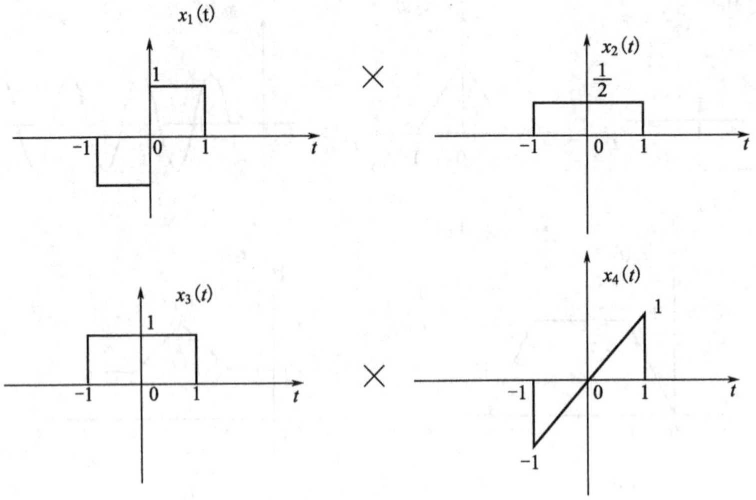

图 1-64　题 1-6 图

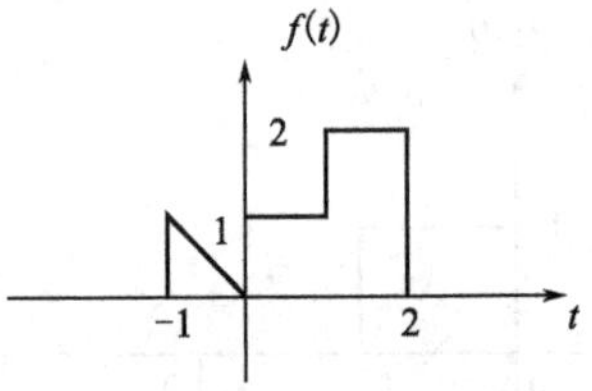

图 1-65　题 1-7 图

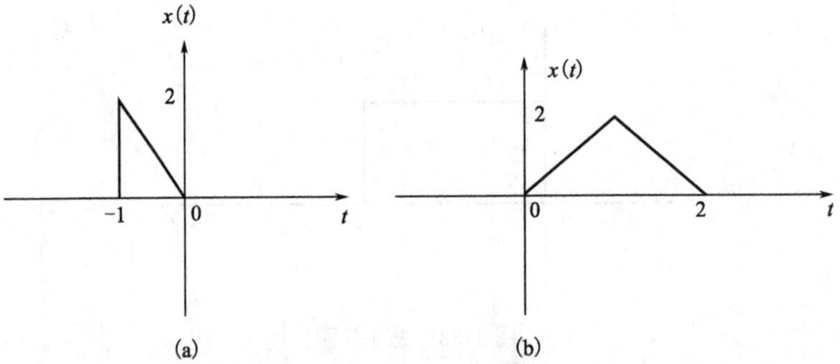

图 1-66　题 1-8 图

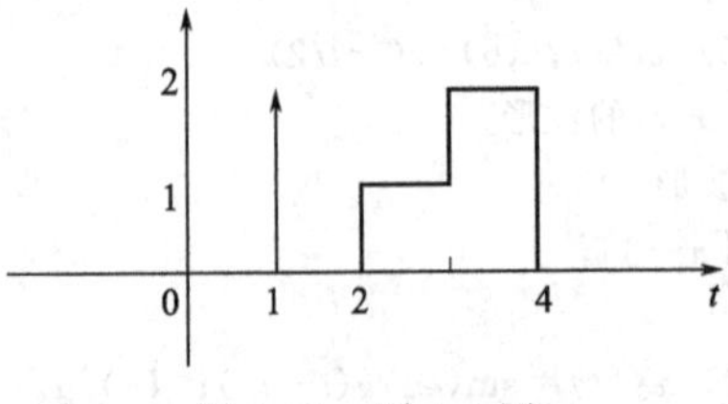

图 1-67　题 1-9 图

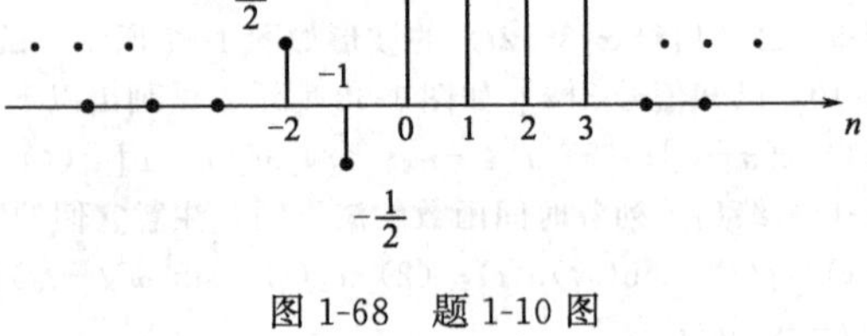

图 1-68　题 1-10 图

1-14　判定下列时间信号的周期性，试确定它们的基波周期。

（1）$x(t)=3\cos\left(4t+\frac{\pi}{3}\right)$；（2）$x(t)=e^{j\alpha(\pi t-1)}$；（3）$x(t)=(\cos 2\pi t)u(t)$；（4）$x[n]=\cos n/4$；

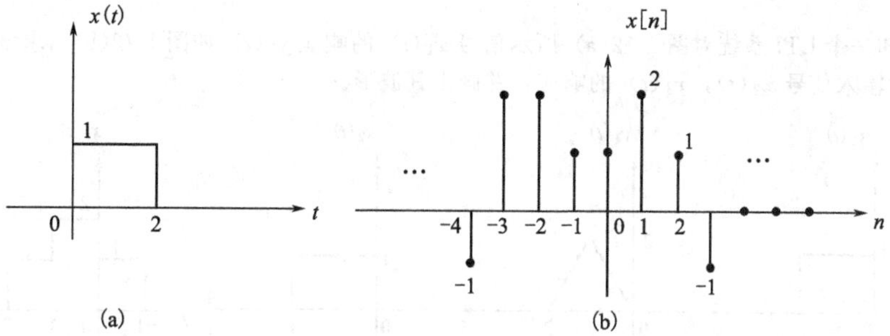

图 1-69 题 1-12 图

(5) $x[n]=\cos\left(\frac{8\pi n}{7}+2\right)$；(6) $x[n]=2\cos(n\pi/4)+3\sin(n\pi/6)-\cos(n\pi/2)$。

1-15 如 $x_1(t)$ 和 $x_2(t)$ 分别是具有基波周期 T_1 与 T_2 的周期信号，试问在什么条件下，这两个信号之和 $x_1(t)+x_2(t)$ 是周期性的？如果该信号是周期的，基波周期是什么？

1-16 试判断以下系统的性质：记忆、因果、线性、时不变、稳定性。

(1) $y(t)=e^{x(t)}$；(2) $y[n]=x[n]x[n-1]$；(3) $y(t)=\frac{dx}{dt}$；

(4) $y[n]=x[n-2]-x[n+1]$；(5) $y(t)=\sin(4t)x(t)$；(6) $y[n]=x[4n]$。

1-17 有一离散时间系统，输入为 $x[n]$ 时，系统的输出 $y[n]$ 为

$$y[n]=x[n]x[n-2]$$

(1) 系统是记忆系统吗？

(2) 当输入为 $A\delta[n]$，A 为任意实数或复数，求系统的输出。

1-18 一连续时间线性系统 S，其输入为 $x(t)$，输出为 $y(t)$，有以下关系

$$x(t)=e^{j2t}\xrightarrow{S}y(t)=e^{j3t}$$

$$x(t)=e^{-j2t}\xrightarrow{S}y(t)=e^{-j3t}$$

(1) 若 $x_1(t)=\cos 2t$，求系统的输出 $y_1(t)$；

(2) 若 $x_2(t)=\cos(2t-1)$，求系统的输出 $y_2(t)$。

1-19 用 $u[n]$ 表示图 1-70 所示的各序列。

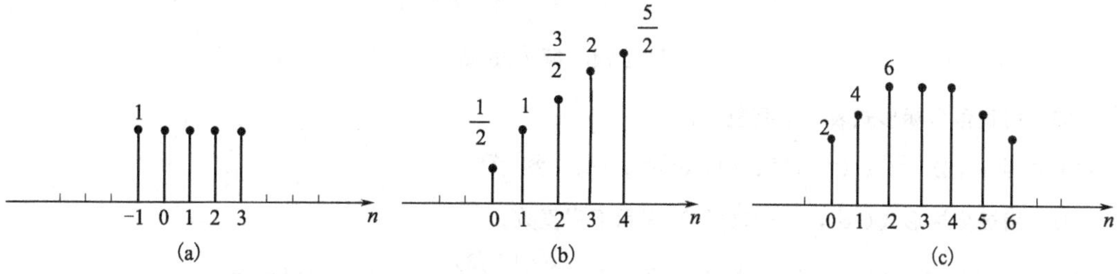

图 1-70 题 1-19 图

1-20 求下列积分的值。

(1) $\int_{-4}^{4}(t^2+3t+2)[\delta(t)+\delta(t-1)]dt$；

(2) $\int_{-\pi}^{\pi}(1-\cos t)\delta\left(t-\frac{\pi}{2}\right)dt$；

(3) $\int_{-2\pi}^{2\pi}(1+t)\delta(\cos t)dt$

1-21 证明：$\delta(2t)=\frac{1}{2}\delta(t)$。

1-22 一个 LTI 系统，当输入 $x(t)=u(t)$ 时，输出为 $y(t)=e^{-t}u(t)+u(-1-t)$，求该系统对图 1-71 所示的输入 $x(t)$ 的响应，

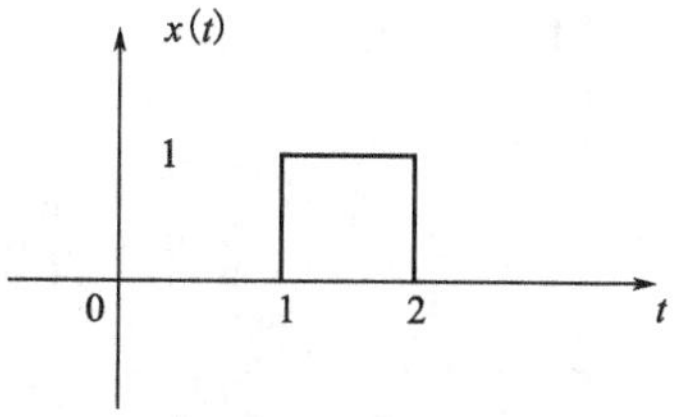

图 1-71 题 1-22 图

画出其波形。

1-23　已知一个LTI系统对图1-72(a)所示信号 $x_1(t)$ 的响应 $y_1(t)$ 如图1-72(b)，求该系统对图1-72(c)，(d)所示输入信号 $x_2(t)$，$x_3(t)$ 的响应，并画出其波形。

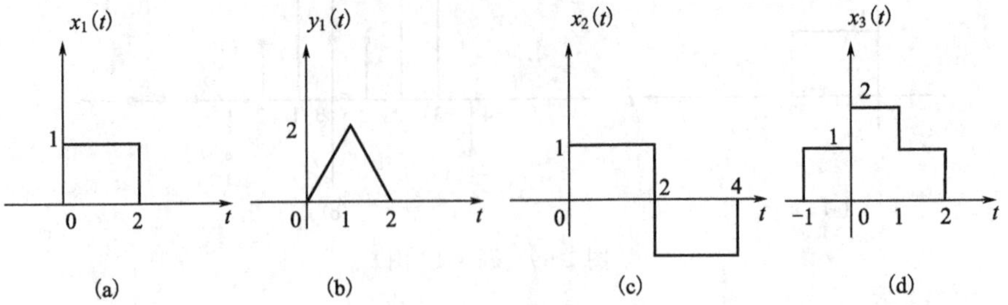

图1-72　题1-23图

1-24　如图1-73所示的反馈系统，假设 $n<0$，$y[n]=0$，试求出当 $x[n]=\delta[n]$ 时的输出 $y[n]$。

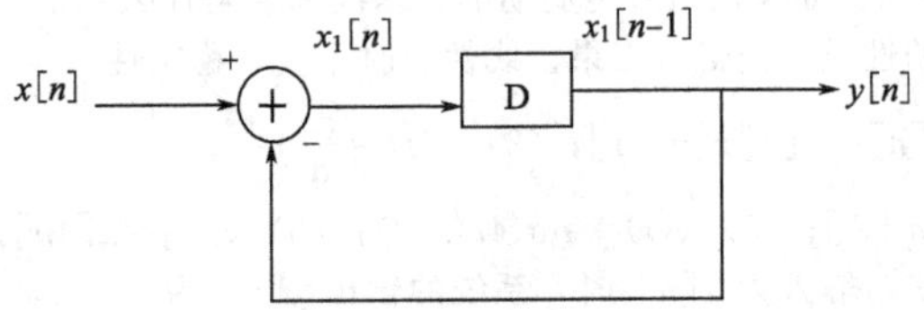

图1-73　题1-24图

1-25　如图1-74所示级联的3个系统具有以下输入输出关系

$$S_1 \quad y[n]=\begin{cases} x\left[\dfrac{n}{2}\right], & n\text{ 为偶} \\ 0, & n\text{ 为奇} \end{cases}$$

$$S_2 \quad y[n]=x[n]+\frac{1}{2}x[n-1]+\frac{1}{4}x[n-2]$$

$$S_3 \quad y[n]=x[2n]$$

求（1）整个系统的输入输出关系；（2）整个系统是线性时不变系统吗？

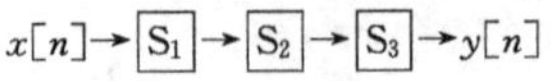

图1-74　题1-25图

1-26　用直角坐标形式表示下列复数。

（1）$\frac{1}{2}e^{j\pi}$；（2）$e^{\frac{-j\pi}{2}}$；（3）$e^{\frac{j5\pi}{2}}$；（4）$\sqrt{2}e^{\frac{j\pi}{4}}$；（5）$\sqrt{2}e^{-\frac{j9\pi}{4}}$。

1-27　用极坐标形式($re^{j\theta}$，$-\pi<\theta\leqslant\pi$)表示下列复数。

（1）-2；（2）$3j$；（3）$1+j$；（4）$j(1-j)$；（5）$\frac{(\sqrt{2}+j\sqrt{2})}{1+j\sqrt{3}}$；（6）$(1+j)(1-j)$。

1-28　有一线性时不变系统，当激励 $x_1(t)=u(t)$ 时，响应 $y_1(t)=e^{-\alpha t}u(t)$。试求当 $x_2(t)=\delta(t)$ 时，响应 $y_2(t)$ 的表示式（假定起始时刻系统无储能）。

2 LTI 系统的时域分析

2.0 引言

本章将讨论一种最基本而又极为有用的 LTI 系统的分析方法——时域分析方法。信号与系统的时域分析是指在系统的分析过程中，信号的描述与变换、系统的描述与分析全部在时间域上进行，所涉及信号的自变量都是关于时间 t（或 n）的一种分析方法。这种分析方法比较直观，物理概念清楚，也是学习后续章节各种变换域分析方法的基础。

信号与系统分析的主要任务之一，是在特定条件下，求解系统对输入信号的响应。本章的主要目的之一是给出求解 LTI 系统的一般方法——卷积，并以此为基础进一步讨论 LTI 系统的有关性质和相关问题。通过本章的讨论，将建立 LTI 系统的时域分析的理论框架。

本章分析的基本思路是利用 LTI 系统的叠加性和齐次性，以及用某一类基本信号表示一般信号。如 $x(t)$ 可表示为

$$x(t)=\sum_{(i)}c_i x_i(t)$$

根据 LTI 系统的叠加性和齐次性原理，系统的输出为

$$y(t)=\sum_{(i)}c_i y_i(t)$$

式中，$y_i(t)$ 是对 $x_i(t)$ 的响应。上述思路的关键是寻找一类基本信号能够表示任意信号。正如将在以下各节看到的，无论在连续时间或离散时间情况下，任意信号都能表示为移位的冲激（脉冲）信号的线性组合，这样，结合 LTI 系统的叠加性和时不变性，就能够用 LTI 系统对单位冲激（脉冲）的响应（冲激响应），求解 LTI 系统对一般输入信号的响应，从而给出 LTI 系统普遍适用的求响应的方法——卷积方法。

卷积方法揭示了 LTI 系统对单位冲激（脉冲）的响应（冲激响应）可以表征任何一个 LTI 系统，将一个 LTI 系统等价描述为一个特定信号，LTI 系统对输入信号响应可描述为冲激响应与输入信号两信号间的作用——卷积。这种表示给 LTI 系统的分析和综合提供了极大的方便，因此，卷积方法和单位冲激（脉冲）响应是 LTI 系统时域分析的基本问题，也是变换域分析的基本问题。从理论上讲，卷积方法可以解决 LTI 系统对任何输入信号的响应。

本章所引入的常系数线性微分方程和常系数线性差分方程及其求解方法，主要用于讨论能描述为微分方程的连续时间 LTI 系统和差分方程的离散时间 LTI 系统的经典时域求解方法。本章还讨论了 LTI 系统的单位冲激（脉冲）响应的方程求解方法，以及带有边界条件（起始条件）的 LTI 系统的时域求解方法。

2.1 连续时间 LTI 系统的时域分析

2.1.1 信号的脉冲分解：用 $\boldsymbol{\delta(t)}$ 表示连续时间信号

为了能给出连续时间 LTI 系统时域的一般分析方法，关键是找到一种普遍适用的信号时域分解方法：将任意信号分解为一组基本单元信号。信号的时域分解有多种形式，本节仅讨论用 $\delta(t)$ 表示任一连续时间信号。

根据 $\delta(t)$ 的取样性质，任意信号 $x(t)$ 可以用 $\delta(t)$ 表示为

$$x(t)=\int_{-\infty}^{\infty}x(\tau)\delta(t-\tau)\mathrm{d}\tau \tag{2-1}$$

利用 $\delta(t)$ 函数的性质

$$x(t)\delta(t-t_0)=x(t_0)\delta(t-t_0)$$

即有

$$x(\tau)\delta(t-\tau)=x(t)\delta(t-\tau)$$

根据上式，可以直接推得式(2-1)，即

$$\int_{-\infty}^{\infty}x(\tau)\delta(t-\tau)\mathrm{d}\tau=\int_{-\infty}^{\infty}x(t)\delta(t-\tau)\mathrm{d}\tau=x(t)\int_{-\infty}^{\infty}\delta(t-\tau)\mathrm{d}t=x(t)$$

式(2-1) 表明，任意连续时间信号都可以分解为一系列加权的移位冲激函数之和：任一信号 $x(t)$ 可用无穷多个单位冲激函数 $\delta(t)$ 的移位、加权之“和”（即积分）来表示。为了得到式(2-1) 清晰的几何解释，可以将式(2-1) 用极限的形式来表示，即表示为某一个近似信号 $\hat{x}(t)$ 的极限形式。将式(2-1) 用近似的累加和来表示，并将该累加和用 $\hat{x}(t)$表示

$$\hat{x}(t)=\sum_{k=-\infty}^{\infty}x(k\Delta)\delta(t-k\Delta)\cdot\Delta \tag{2-2}$$

$$x(t)=\lim_{\Delta\to0}\hat{x}(t)=\lim_{\Delta\to0}\sum_{k=-\infty}^{\infty}x(k\Delta)\delta(t-k\Delta)\cdot\Delta=\int_{-\infty}^{\infty}x(\tau)\delta(t-\tau)\cdot\mathrm{d}\tau \tag{2-3}$$

图 2-1 为式(2-2) 的图形解释，由图可知，任一信号 $x(t)$ 可用移位的冲激函数 $\delta(t-k\Delta)$ 的线性组合来近似表示，每个移位冲激函数 $\delta(t-k\Delta)$ 的加权值为 $x(k\Delta\cdot\Delta)$。当 $\Delta\to0$ 时，式(2-2) 就能够精确表示任一信号 $x(t)$，即式(2-2) 演变为积分形式的式(2-3)。

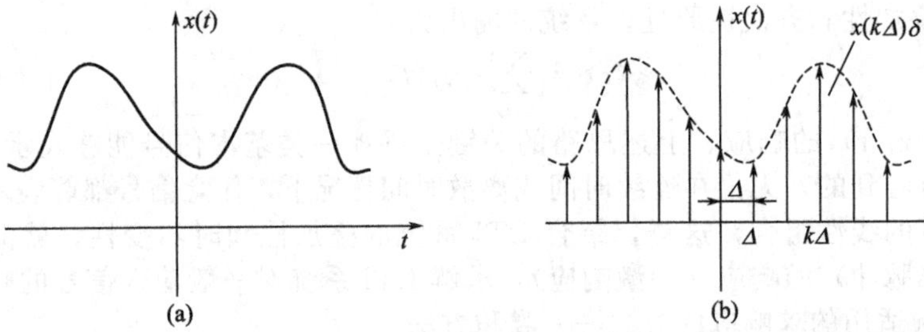

图 2-1　用移位冲激函数逼近 $x(t)$

如用以下矩形脉冲（如图 2-2 所示）近似表示 $\delta(t)$ 函数

$$\delta_\Delta(t)=\begin{cases}\dfrac{1}{\Delta},0<t<\Delta\\0，\text{其他}\end{cases} \tag{2-4}$$

显然

$$\delta(t)=\lim_{\Delta\to0}\delta_\Delta(t)$$

$$\delta(t-\Delta k)=\lim_{\Delta\to0}\delta_\Delta(t-k\Delta) \tag{2-5}$$

将式(2-5) 代入式(2-2)，就可以用一系列矩形脉冲来近似 $x(t)$，即可以得到 $x(t)$ 的以下近似表达式 $\hat{x}(t)$

$$\hat{x}(t)=\sum_{k=-\infty}^{\infty}x(k\Delta)\delta_\Delta(t-k\Delta)\cdot\Delta \tag{2-6}$$

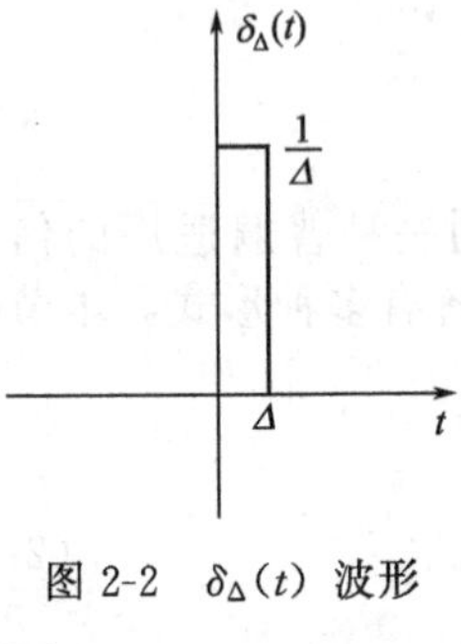

图 2-2　$\delta_\Delta(t)$ 波形

上式中 $\delta_\Delta(t-k\Delta)\cdot\Delta$ 是一移位的矩形脉冲，如图 2-3 所示。图 2-4 为式(2-6) 的图形解释，图中的阴影表示出第 k 个加权的矩形脉冲 $x(k\Delta)\ \delta_\Delta\ (t-k\Delta)\cdot\Delta$，$\hat{x}(t)$ 就是由这些不同的矩形脉冲相加而成，而这些不同矩形脉冲的相加，使 $\hat{x}(t)$ 呈现阶梯状的形式。可见，信号的矩形脉冲近似，也可以等价表示为用一阶梯状信号近似表示 $x(t)$，这种表示方法可用于今后的卷积的数值计算。当 $\Delta\to0$，

式(2-6) 就可以获得其积分的表示形式如式(2-1)，用以精确表示任一信号 $x(t)$。式(2-3) 和式(2-6) 两种近似表示方法，其本质是相同的，最终都将信号分解为无穷多个不同加权的移位冲激函数 $x(k\Delta)\delta(t-k\Delta)\cdot\Delta$。

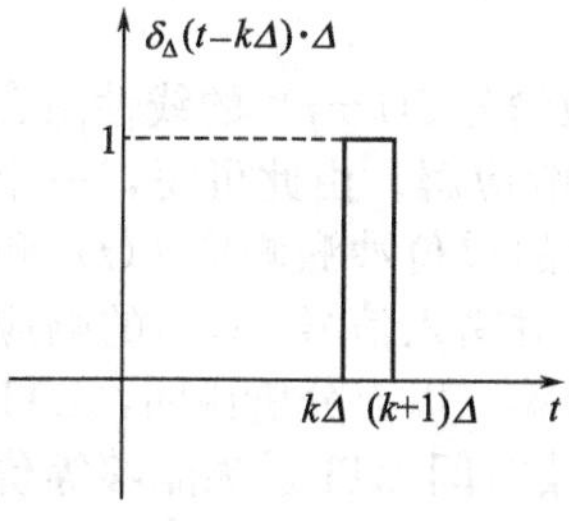

图 2-3 $\delta_\Delta(t-k\Delta)\cdot\Delta$ 的波形

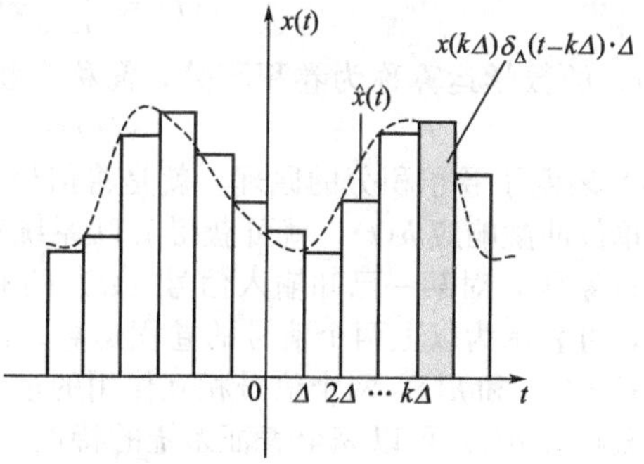

图 2-4 用矩形脉冲逼近 $x(t)$

2.1.2 连续时间 LTI 系统的卷积积分与单位冲激响应

卷积方法是 LTI 系统最基本的分析方法。近代，随着信号与系统理论研究的深入及计算机技术的高度发展，卷积方法在现代地震勘探、矿物勘探、超声诊断、光学成像、系统辨识及其他诸多信号处理领域中得到了广泛的应用。本节及以后几节将对卷积积分的物理意义、运算方法和卷积的性质及其应用做一说明和阐述。

卷积积分用于 LTI 系统求解对激励信号的响应，为了说明其基本原理，考虑以下 LTI 系统

$$x(t)\longrightarrow\boxed{\text{LTI 系统}}\longrightarrow y(t)$$

并设该系统对冲激信号 $\delta(t)$ 的响应为 $h(t)$

$$\delta(t)\rightarrow h(t) \tag{2-7}$$

根据 LTI 系统的时不变特性，系统对移位冲激信号 $\delta(t-t_0)$ 的响应为

$$\delta(t-t_0)\rightarrow h(t-t_0) \tag{2-8}$$

LTI 系统对冲激信号 $\delta(t)$ 的响应 $h(t)$ 被称之为单位冲激响应，式(2-7) 可作为单位冲激响应的定义式。

利用上节所得到的结果，将输入信号 $x(t)$ 分解为移位冲激信号的线性组合

$$x(t)=\int_{-\infty}^{\infty}x(\tau)\delta(t-\tau)\mathrm{d}\tau=\lim_{\Delta\to 0}\sum_{k=-\infty}^{\infty}x(k\Delta)\delta(t-k\Delta)\cdot\Delta$$

根据式(2-8) 可知系统对移位 $\delta(t-t_0)$ 的响应，再依据 LTI 系统的齐次性可得出，如果输入的移位冲激信号的强度为 $x(k\Delta)\cdot\Delta$，则系统的输出即为

$$x(k\Delta)\cdot\Delta\cdot\delta(t-k\Delta)\rightarrow x(k\Delta)\cdot\Delta\cdot h(t-k\Delta)$$

$$x(k\Delta)\delta(t-k\Delta)\cdot\Delta\rightarrow x(k\Delta)h(t-k\Delta)\cdot\Delta$$

再根据 LTI 系统的叠加性，即有

$$\sum_{k=-\infty}^{\infty}x(k\Delta)\delta(t-k\Delta)\cdot\Delta\rightarrow\sum_{k=-\infty}^{\infty}x(k\Delta)h(t-k\Delta)\cdot\Delta \tag{2-9}$$

式(2-9) 表明：将不同延时和强度的冲激信号叠加起来作为系统的输入，则系统的输出就是对应各种不同延时和强度的单位冲激响应的叠加。

对式(2-9) 取极限，即有

$$\lim_{\Delta\to 0}\sum_{k=-\infty}^{\infty}x(k\Delta)\delta(t-k\Delta)\cdot\Delta\rightarrow\lim_{\Delta\to 0}\sum_{k=-\infty}^{\infty}x(k\Delta)h(t-k\Delta)\cdot\Delta$$

上式可以表示为积分形式

$$x(t)=\int_{-\infty}^{\infty}x(\tau)\delta(t-\tau)\mathrm{d}\tau\rightarrow\int_{-\infty}^{\infty}x(\tau)h(t-\tau)\mathrm{d}\tau \tag{2-10}$$

上式表示系统对 $x(t)$ 的响应 $y(t)$ 为

$$y(t)=\int_{-\infty}^{\infty}x(\tau)h(t-\tau)\mathrm{d}\tau \tag{2-11}$$

式(2-11) 的数学运算称为卷积积分，简称卷积，通常记为

$$y(t)=x(t)*h(t) \tag{2-12}$$

式(2-11) 表明了卷积积分的原理，就是将信号分解为移位冲激信号 $\delta(t-\tau)$ 的线性组合，借助系统的单位冲激响应 $h(t)$，就可获得 LTI 系统对激励 $x(t)$ 的响应解。由此可得，一个连续时间的 LTI 系统，对某一已知输入信号 $x(t)$ 的响应仅与该系统的单位冲激响应 $h(t)$ 和输入信号有关，可表示为以上两个信号的卷积运算。因此，LTI 系统对输入信号 $x(t)$ 的响应过程可以看作是 $x(t)$ 和 $h(t)$ 两个信号相互作用的过程：卷积积分运算。以上分析说明，LTI 系统的单位冲激响应 $h(t)$ 可以完全表征系统的特性，因而，一个连续时间 LTI 系统能够等价表示为该系统的单位冲激响应，即可以用单位冲激响应来描述一个连续时间 LTI 系统，如图 2-5 所示。

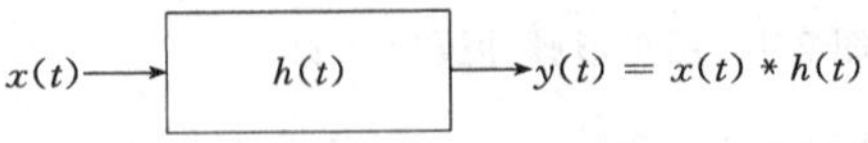

图 2-5　LTI 系统的单位冲激响应表示

根据图 2-5，可以给出连续时间 LTI 系统更一般的描述方法，即给出表征该系统基本特性的单位冲激响应 $h(t)$，系统对输入信号的响应过程就可以表示为卷积积分的运算。卷积积分为信号与系统的分析，提供了极大的方便和有力的分析工具。

【例 2-1】 已知一线性时不变系统的单位冲激响应为

$$h(t)=\mathrm{e}^{-at}u(t)$$

系统的输入信号为一单边指数信号 $x(t)=\mathrm{e}^{-bt}u(t)$，$a\neq b$，求系统对输入信号的响应输出 $y(t)$。

解　根据卷积积分公式(2-11)，系统的输出 $y(t)$ 为

$$y(t)=x(t)*h(t)=\int_{-\infty}^{\infty}\mathrm{e}^{-b\tau}u(\tau)\mathrm{e}^{-a(t-\tau)}u(t-\tau)\mathrm{d}\tau$$

注意式中，τ 为积分变量，t 为参变量。积分式中，由于 $\tau<0$ 时，$u(\tau)=0$；以及 $\tau>t$ 时，$u(t-\tau)=0$，所以积分变量 τ 的取值区间应为 $0\leqslant\tau\leqslant t$，在此区间内，$u(\tau)=u(t-\tau)=1$，故有

$$y(t)=\int_0^t\mathrm{e}^{-b\tau}\cdot\mathrm{e}^{-a(t-\tau)}\mathrm{d}\tau=\int_0^t\mathrm{e}^{-at}\cdot\mathrm{e}^{(a-b)\tau}\mathrm{d}\tau$$

$$=\mathrm{e}^{-at}\int_0^t\mathrm{e}^{(a-b)\tau}\mathrm{d}\tau=\mathrm{e}^{-at}\left.\frac{\mathrm{e}^{(a-b)\tau}}{a-b}\right|_{\tau=0}^{t}=\left(\frac{1}{a-b}\mathrm{e}^{-bt}-\frac{1}{a-b}\mathrm{e}^{-at}\right)u(t)$$

从上面例子可以看出，尽管作为卷积积分的一般表示式，式(2-11) 的积分区间是 $(-\infty,+\infty)$，但针对不同的具体信号，其卷积积分真正有效的上、下限是有所不同的。因而，准确地确定卷积积分的上、下限，在卷积的运算中是非常关键的一步。

如 $t<0$ 时，$h(t)=0$，所以在式(2-11) 中，$t-\tau<0$，即 $\tau>t$ 时，$h(t-\tau)=0$。故卷积积分的上限可改为 t，可得

$$y(t)=x(t)*h(t)=\int_{-\infty}^{t}x(\tau)h(t-\tau)\mathrm{d}\tau \tag{2-13}$$

如果输入信号是在 $t=0$ 接入系统，即 $t<0$ 时，$x(t)=0$。对应于式(2-11)，即有 $\tau<0$，$x(\tau)=0$，此时式(2-13) 又可表示为

$$y(t)=x(t)*h(t)=\int_0^t x(\tau)h(t-\tau)\mathrm{d}\tau \tag{2-14}$$

2.1.3　卷积积分的图示法

卷积积分是一种重要的数学方法，有必要了解其运算的过程和特点。卷积积分的图形解释能直观地表明卷积的含义，有助于对卷积概念的理解和掌握，同时，也提供了一种卷积积分的计算方法。

可以进一步观察式(2-11)

$$x(t)*h(t)=\int_{-\infty}^{\infty}x(\tau)h(t-\tau)\mathrm{d}\tau$$

其几何解释就是求 $x(\tau)$ 与 $h(t-\tau)$ 相乘后，该曲线下的面积，这一面积就是卷积积分在 t 时刻的值。在进行数值计算时，为了求得不同时刻的系统输出 $y(t)$，要反复计算对应不同时刻 t 的卷积积分。当信号不规则时，为了计算出完整的系统响应，计算量是很大的。知道了卷积积分中两个信号的波形或表达式（如图 2-6 所示），一般可以利用图示法求出 $x(t)*h(t)$ 在任意时刻的值，卷积积分计算的一般步骤如下。

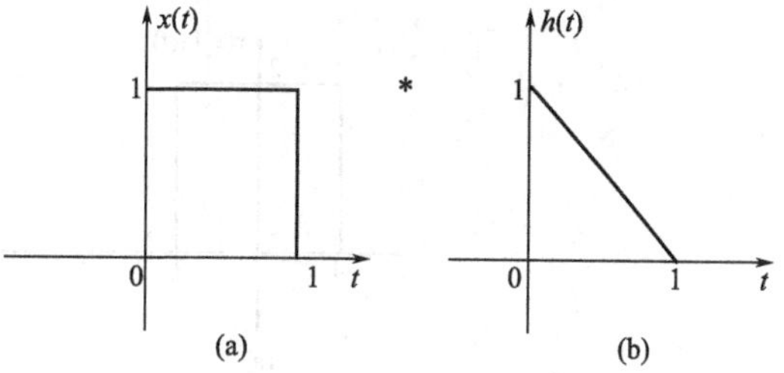

图 2-6 $x(t)$ 和 $h(t)$ 的波形

① 翻转 卷积积分中 τ 为积分变量，t 为参变量，将函数 $x(t)$ 和 $h(t)$ 的自变量用 τ 代换，将 $h(\tau)$ 以纵坐标轴为轴线翻转得到 $h(-\tau)$，见图 2-7(a) 和图 2-7(b)。

② 平移 为了计算 t 时刻的卷积值，将 $h(-\tau)$ 随参变量 t 平移，得 $h(t-\tau)$。若 $t>0$，则 $h(-\tau)$ 沿 τ 轴向右平移 t，如图 2-7(c) 所示，若 $t<0$，则 $h(-\tau)$ 沿 τ 轴向左平移 t。

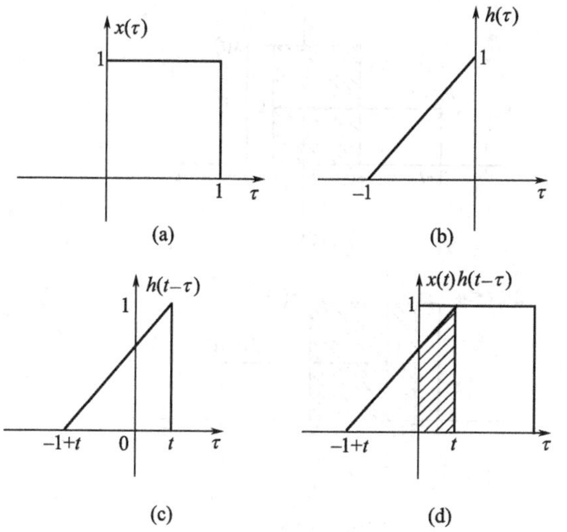

图 2-7 卷积 $x(t)*h(t)$ 的图示

③ 相乘 将 $x(\tau)$ 与 $h(t-\tau)$ 相乘，得函数 $x(\tau)h(t-\tau)$，如图 2-7(d) 所示，图中的阴影部分为其非零部分。

④ 积分 求 $x(\tau)$ 与 $h(t-\tau)$ 乘积曲线下的面积，即为 t 时刻的卷积积分值。如图 2-7(d) 所示，对应的卷积积分为

$$y(t)=\int_0^t x(\tau)h(t-\tau)\mathrm{d}\tau$$

【例 2-2】 已知信号 $x(t)$ 和 $h(t)$ 如图 2-8(a)，(b) 所示，求卷积积分 $y(t)=x(t)*h(t)$。

解 先将 $x(t)$ 和 $h(t)$ 的自变量更换为 τ，得 $x(\tau)$ 和 $h(\tau)$；再将 $h(\tau)$ 反转为 $h(-\tau)$，如图 2-8(c) 所示；$h(-\tau)$ 沿 τ 轴平移得 $h(t-\tau)$，如图 2-8(d) 所示；将 $x(\tau)$ 与 $h(t-\tau)$ 相乘，得曲线 $x(\tau)h(t-\tau)$。由于 $x(\tau)$ 和 $h(\tau)$ 均为有限时宽信号，因此曲线 $x(\tau)h(t-\tau)$ 的非零区（重叠区）将视 t 的取值不同而有所不同，因此相乘与积分应随不同 t 的取值范围分几个区间进行。

① 当 $t<-1$ 时，如图 2-8(e) 所示，知 $x(\tau)$ 与 $h(t-\tau)$ 无重叠部分，乘积为零，所以

$$y(t)=x(t)*h(t)=0,t<-1$$

② 当 $-1\leqslant t<1$ 时，如图 2-8(f) 所示，知 $x(\tau)$ 与 $h(t-\tau)$ 的重叠区为 $[-1,\ t]$，即乘积 $x(\tau)h(t-\tau)$ 在区间 $[-1,\ t]$ 上非零，所以

$$y(t)=\int_{-1}^{t}x(\tau)h(t-\tau)\mathrm{d}\tau=\int_{-1}^{t}2\mathrm{d}\tau=2(t+1)$$

③ 当 $1\leqslant t<2$ 时，如图 2-8(g) 所示，知 $x(\tau)$ 与 $h(t-\tau)$ 的重叠区为 $[-1,1]$，所以

$$y(t)=\int_{-1}^{1}x(\tau)h(t-\tau)\mathrm{d}\tau=\int_{-1}^{1}2\mathrm{d}\tau=4$$

④ 当 $2\leqslant t<4$ 时，如图 2-8(h) 所示，知 $x(\tau)$ 与 $h(t-\tau)$ 的重叠区为 $[-3+t,\ 1]$，所以

$$y(t)=\int_{-3+t}^{1}x(\tau)h(t-\tau)\mathrm{d}\tau=\int_{-3+t}^{1}2\mathrm{d}\tau=2(4-t)$$

⑤ 当 $t\geqslant 4$ 时，如图 2-8(i) 所示，知 $x(\tau)$ 与 $h(t-\tau)$ 无重叠区，所以

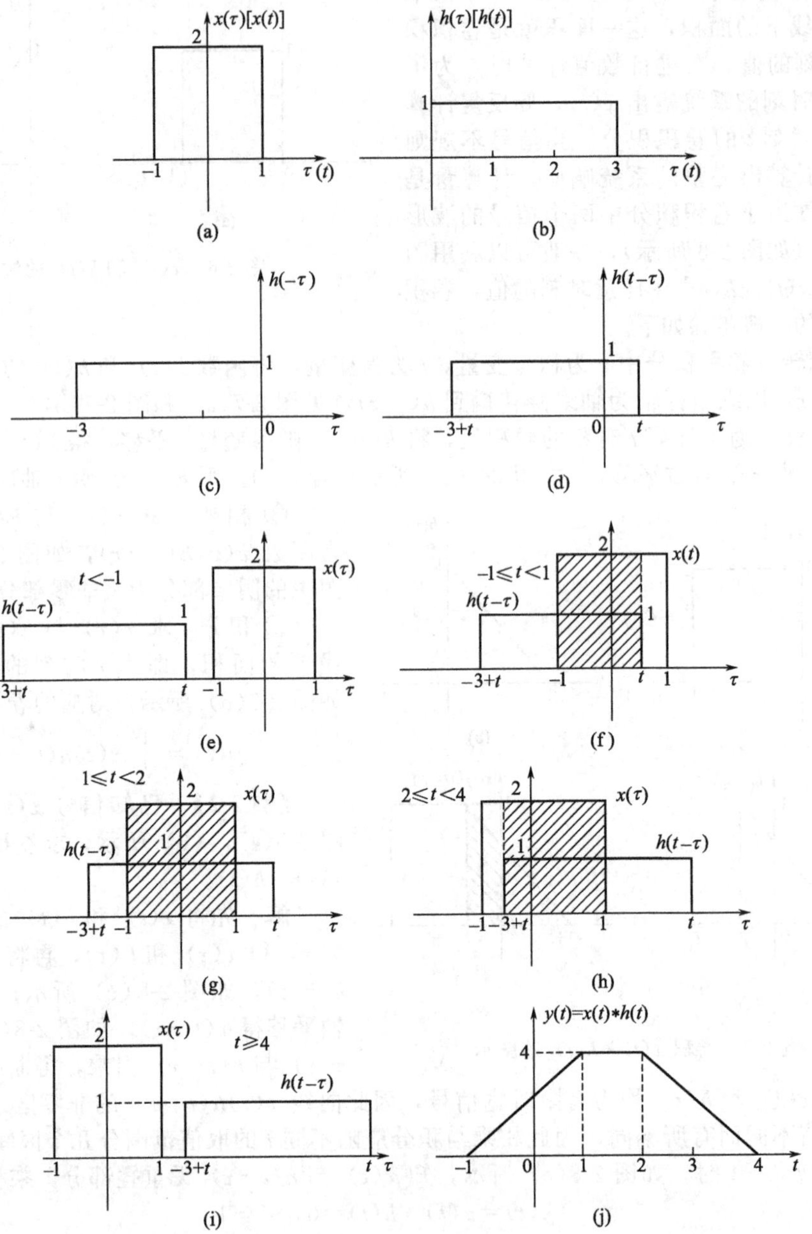

图 2-8　例 2-2 卷积的图解示意图

综合以上几种情况，得　　　　$y(t)=x(t)*h(t)=0$

$$
y(t)=\begin{cases}0, & t<-1\\ 2(t+1), & -1\leqslant t<1\\ 4, & 1\leqslant t<2\\ 2(4-t), & 2\leqslant t<4\\ 0, & t\geqslant 4\end{cases}
$$

$y(t)$ 的波形如图 2-8(j) 所示。

2.1.4　卷积积分的性质

作为一种数学运算，卷积积分有一些有用的性质，掌握这些有用的性质可以简化卷积运算，同时也给信号与系统的分析提供了非常有用的方法，从而可得出不少重要的结果。

(1) 卷积代数

卷积运算遵从交换律、结合律和分配律等运算中的代数定律。

① 交换律

$$x(t)*h(t)=h(t)*x(t) \tag{2-15a}$$

即

$$\int_{-\infty}^{\infty}x(\tau)h(t-\tau)\mathrm{d}\tau=\int_{-\infty}^{\infty}h(\tau)x(t-\tau)\mathrm{d}\tau \tag{2-15b}$$

该性质的证明，只需将卷积积分的积分变量 τ 作变量替换：$\tau=t-\lambda$，代入原卷积积分中去就可完成，即

$$\begin{aligned}x(t)*h(t)&=\int_{-\infty}^{\infty}x(\tau)h(t-\tau)\mathrm{d}\tau=\int_{\infty}^{-\infty}x(t-\lambda)h(\lambda)\mathrm{d}(-\lambda)\\&=\int_{-\infty}^{\infty}h(\lambda)x(t-\lambda)\mathrm{d}\lambda=h(t)*x(t)\end{aligned}$$

卷积积分的交换律表明：卷积与两个信号的顺序无关。在卷积运算中，可以选择式（2-15b）中运算简单的一个积分，用于卷积积分的具体计算。在 LTI 系统的分析中，卷积的交换律意味着一个单位冲激响应为 $h(t)$ 的系统对输入 $x(t)$ 的响应与一个单位冲激响应为 $x(t)$ 的系统对输入 $h(t)$ 的响应是完全一样的，上述结论可以用图 2-9 表示。

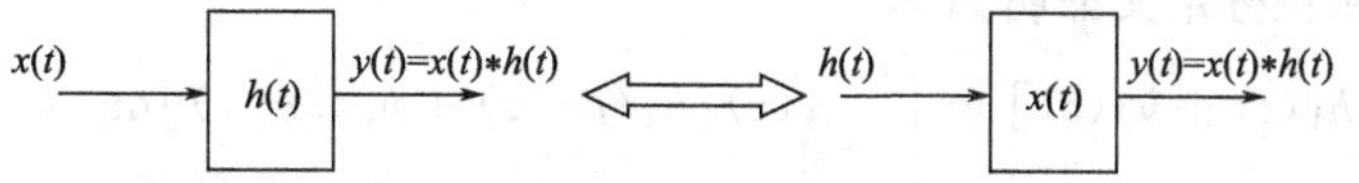

图 2-9 从系统分析的观点解释卷积的交换律

② 结合律

$$[x(t)*h_1(t)]*h_2(t)=x(t)*[h_1(t)*h_2(t)] \tag{2-16}$$

该性质的证明如下

$$\begin{aligned}[x(t)*h_1(t)]*h_2(t)&=\int_{-\infty}^{\infty}\left[\int_{-\infty}^{\infty}x(\tau)h_1(\lambda-\tau)\mathrm{d}\tau\right]\cdot h_2(t-\lambda)\mathrm{d}\lambda\\&=\int_{-\infty}^{\infty}x(\tau)\left[\int_{-\infty}^{\infty}h_1(\lambda-\tau)h_2(t-\lambda)\mathrm{d}\lambda\right]\mathrm{d}\tau \quad （交换积分顺序）\\&=\int_{-\infty}^{\infty}x(\tau)\left[\int_{-\infty}^{\infty}h_1(z)h_2(t-\tau-z)\mathrm{d}z\right]\mathrm{d}\tau \quad （变量替换：\lambda=\tau+z）\\&=\int_{-\infty}^{\infty}x(\tau)h(t-\tau)\mathrm{d}\tau=x(t)*h(t)\end{aligned}$$

式中

$$h(t-\tau)=\int_{-\infty}^{\infty}h_1(z)h_2(t-\tau-z)\mathrm{d}z$$

也就是

$$h(t)=\int_{-\infty}^{\infty}h_1(z)h_2(t-z)\mathrm{d}z=h_1(t)*h_2(t)$$

所以，可得

$$[x(t)*h_1(t)]*h_2(t)=x(t)*[h_1(t)*h_2(t)]$$

考查如图 2-10 所示的级联系统

根据卷积积分，有

$$\omega(t)=x(t)*h_1(t)$$
$$y(t)=\omega(t)*h_2(t)=[x(t)*h_1(t)]*h_2(t)$$

由结合律有

$$y(t)=x(t)*[h_1(t)*h_2(t)]=x(t)*h(t) \tag{2-17}$$

再根据交换律，可得

$$y(t)=x(t)*[h_1(t)*h_2(t)]=x(t)*[h_2(t)*h_1(t)]=[x(t)*h_2(t)]*h_1(t) \tag{2-18}$$

上述结果中，式(2-17) 表明，两个级联（串联）系统，等效为一个总的系统 $h(t)$，其

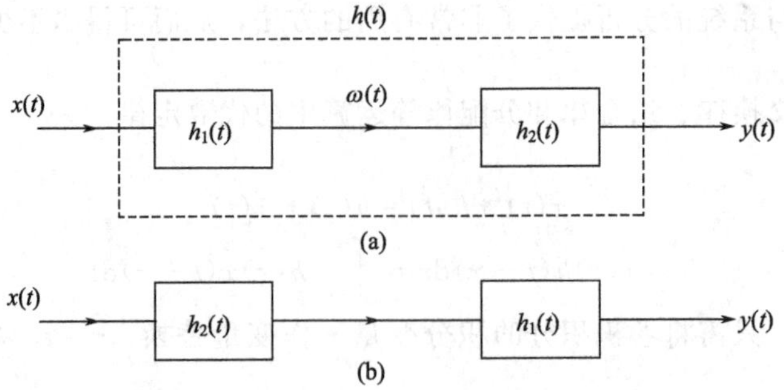

图 2-10 卷积结合律及交换律的系统意义

单位冲激响应 $h(t)$ 等于其子系统单位冲激响应的卷积。式(2-18)的卷积表示式等价于图 2-10(b) 所示的级联系统，即图 2-10(a) 和图 2-10(b) 所表示的二种级联系统是完全等价的，从中给出了 LTI 系统分析中的一个重要结论：LTI 系统的级联与各子系统的次序无关，即各子系统连接的顺序可以调换。上述结果，对子系统数目大于 2 的 LTI 级联系统是同样适用的。

③ 分配律

$$x(t)*[h_1(t)+h_2(t)]=x(t)*h_1(t)+x(t)*h_2(t)$$

直接利用卷积积分定义证明如下

$$\begin{aligned}x(t)*[h_1(t)+h_2(t)] &= \int_{-\infty}^{\infty} x(\tau)[h_1(t-\tau)+h_2(t-\tau)]\mathrm{d}\tau \\ &= \int_{-\infty}^{\infty} x(\tau)h_1(t-\tau)\mathrm{d}\tau + \int_{-\infty}^{\infty} x(\tau)h_2(t-\tau)\mathrm{d}\tau \\ &= x(t)*h_1(t)+x(t)*h_2(t)\end{aligned}$$

考查图 2-11 所示的并联 LTI 系统

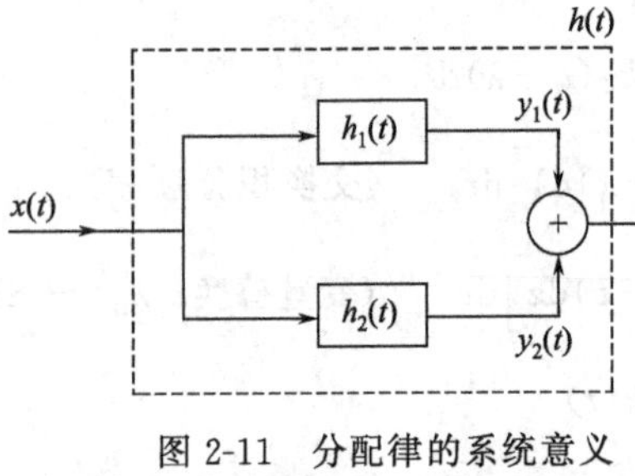

图 2-11 分配律的系统意义

即有

$$\begin{aligned}y_1(t) &= x(t)*h_1(t) \\ y_2(t) &= x(t)*h_2(t) \\ y(t) &= y_1(t)+y_2(t) \\ &= x(t)*h_1(t)+x(t)*h_2(t)\end{aligned}$$

根据分配律有

$$y(t)=x(t)*[h_1(t)+h_2(t)]=x(t)*h(t) \tag{2-19}$$

分配律性质表明，并联 LTI 系统总的单位冲激响应等于各子系统单位冲激响应之和。

(2) 卷积的微分与积分特性

利用上述的卷积代数性质，可很容易得到有关卷积的微分与积分的性质。不难证明系统中的微分器［如图 2-12(a) 所示］和积分器［如图 2-12(b) 所示］都是 LTI 系统。

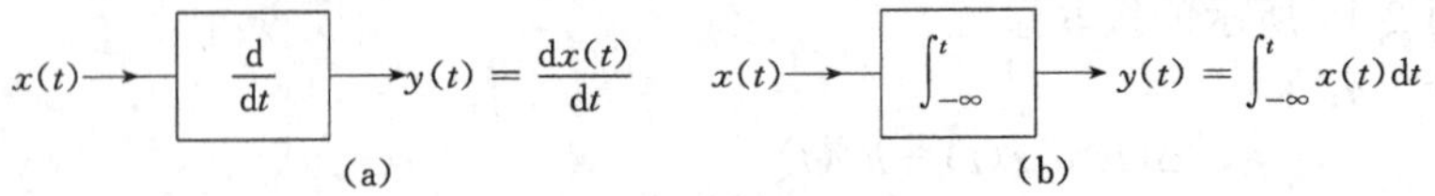

图 2-12 微分器与积分器

① 卷积的微分性质 从上述的卷积的代数性质可知，图 2-13 所示的两个级联系统完全等价，故它们的输出应该相等，即 $y_1(t)=y_2(t)$。根据图 2-13 所示，结合卷积的代数性质，即有

$$\omega_1(t)=x(t)*h(t)$$

$$y_1(t)=\frac{\mathrm{d}\omega_1(t)}{\mathrm{d}t}=\frac{\mathrm{d}}{\mathrm{d}t}[x(t)*h(t)]$$

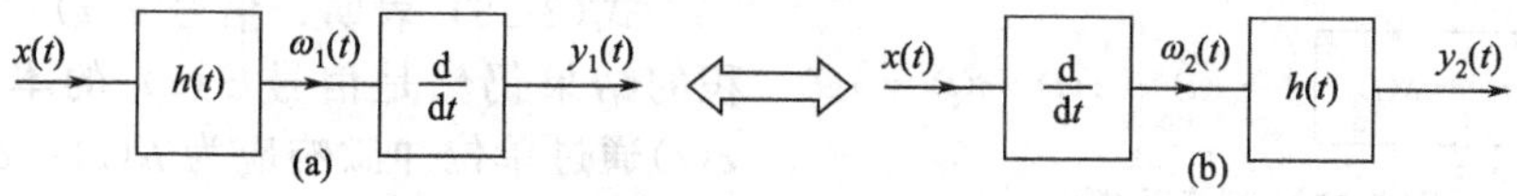

图 2-13 卷积微分的图解说明 $y_1(t)=y_2(t)$

$$\omega_2(t)=\frac{\mathrm{d}x(t)}{\mathrm{d}t}$$

$$y_2(t)=\omega_2(t)*h(t)=\frac{\mathrm{d}x(t)}{\mathrm{d}t}*h(t)$$

由于 $$y_1(t)=y_2(t)$$

因此有

$$\frac{\mathrm{d}}{\mathrm{d}t}[x(t)*h(t)]=\frac{\mathrm{d}x(t)}{\mathrm{d}t}*h(t) \tag{2-20}$$

利用交换律及式(2-20) 的结果，可得

$$\frac{\mathrm{d}}{\mathrm{d}t}[x(t)*h(t)]=\frac{\mathrm{d}}{\mathrm{d}t}[h(t)*x(t)]=\frac{\mathrm{d}h(t)}{\mathrm{d}t}*x(t) \tag{2-21}$$

结合式(2-20) 和式(2-21)，可得到卷积的微分性质，两个信号相卷积后的微分等于其中一个信号微分后与另一个信号的卷积，即

$$\frac{\mathrm{d}}{\mathrm{d}t}[x(t)*h(t)]=\frac{\mathrm{d}x(t)}{\mathrm{d}t}*h(t)=x(t)*\frac{\mathrm{d}h(t)}{\mathrm{d}t} \tag{2-22}$$

② 卷积的积分性质 与卷积的微分性质相类似，同样可得卷积的积分性质，两个信号卷积后的积分等于其中一个积分后与另一个信号的卷积，即

$$\int_{-\infty}^{t}\left[x(\lambda)*h(\lambda)\right]\mathrm{d}\lambda=\left[\int_{-\infty}^{t}x(\lambda)\mathrm{d}\lambda\right]*h(t)=x(t)*\left[\int_{-\infty}^{t}h(\lambda)\mathrm{d}\lambda\right] \tag{2-23}$$

其证明与微分性质的证明一样，可利用图 2-14 所示的图解说明。

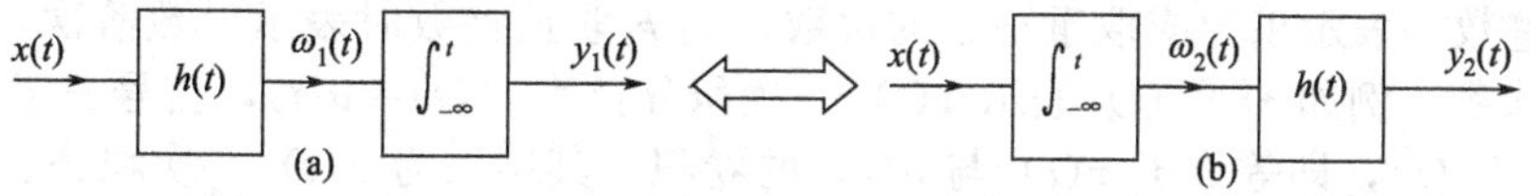

图 2-14 卷积积分的图解说明 $y_1(t)=y_2(t)$

③ 推广 应用类似于图 2-13 和图 2-14 所示的推演方法，可以导出卷积的高阶导数或多重积分的性质。

设 $r(t)=x_1(t)*x_2(t)$，则有

$$r^{(i)}(t)=x_1^{(j)}(t)*x_2^{(i-j)}(t) \tag{2-24}$$

式中，当 i，j，$i-j$ 取正整数时为导数的阶次，取负整数时为重积分的次数，等式两边必须满足 $i=j+(i-j)$。一个特例是取 $i=0$，$j=1$，$i-j=-1$ 或取 $i=0$，$j=-1$，$i-j=1$，有

$$r(t)=r^{(0)}(t)=x_1^{(1)}(t)*x_2^{(-1)}(t)=x_1^{(-1)}(t)*x_2^{(1)}(t)$$

即 $$x_1(t)*x_2(t)=\frac{\mathrm{d}x_1(t)}{\mathrm{d}t}*\int_{-\infty}^{t}x_2(t)\mathrm{d}t=\int_{-\infty}^{t}x_1(t)\mathrm{d}t*\frac{\mathrm{d}x_2(t)}{\mathrm{d}t} \tag{2-25}$$

应该指出，可以利用卷积的微分与积分性质，简化某些信号的卷积运算，其中式(2-25) 是经常用到的一种化简方法，下面将用例子说明如何化简卷积积分运算。

(3) 与冲激函数 $\delta(t)$ 和阶跃函数 $u(t)$ 的卷积

利用任意信号 $x(t)$ 的 $\delta(t)$ 信号的分解公式(2-1)，再根据卷积积分的定义式(2-11)，式(2-1) 可等价表示为

$$x(t)=\int_{-\infty}^{\infty}x(\tau)\delta(t-\tau)\mathrm{d}\tau=x(t)*\delta(t) \tag{2-26}$$

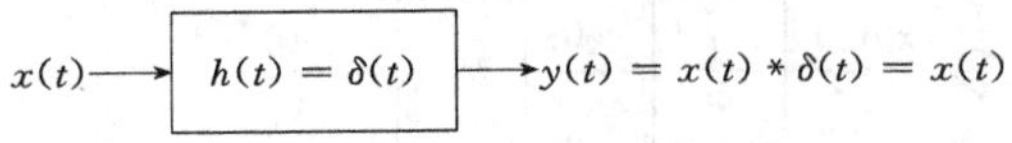

图 2-15 恒等系统

式(2-26) 表明，信号 $x(t)$ 与 $\delta(t)$ 的卷积的结果仍然是信号 $x(t)$ 的本身。即信号 $x(t)$通过单位冲激响应为 $h(t)=\delta(t)$ 系统的输出等于其输入信号 $x(t)$。因此，如图 2-15 所示，单位冲激响应 $h(t)=\delta(t)$ 的 LTI 系统是一恒等系统：输出响应等于输入信号。

进一步有

$$x(t)*\delta(t-t_0)=\delta(t-t_0)*x(t)$$

上式表示信号 $\delta(t-t_0)$ 通过单位冲激响应 $h(t)=x(t)$ 的 LTI 系统，根据时不变特性和单位冲激响应的定义，LTI 系统对移位冲激信号 $\delta(t-t_0)$ 的响应为

$$\delta(t-t_0)\rightarrow h(t-t_0)=x(t-t_0)$$

因此，有

$$x(t)*\delta(t-t_0)=\delta(t-t_0)*x(t)=x(t-t_0) \tag{2-27}$$

这表明，与 $\delta(t-t_0)$ 信号相卷积的结果，相当于把信号本身延迟 t_0。根据式(2-26) 可知，对单位冲激响应为 $h(t)=k\delta(t)$ 的 LTI 系统，输入 $x(t)$ 与输出 $y(t)$ 有以下关系：$y(t)=kx(t)$。

利用卷积的微分、积分特性，不难得到以下一系列结果。

对于冲激偶 $\delta'(t)$，有

$$x(t)*\delta'(t)=x'(t)*\delta(t)=x'(t)$$

对于单位阶跃函数 $u(t)$，可得

$$x(t)*u(t)=x(t)*\int_{-\infty}^{t}\delta(t)\mathrm{d}t=\int_{-\infty}^{t}x(t)\mathrm{d}t*\delta(t)=\int_{-\infty}^{t}x(t)\mathrm{d}t$$

推广到更一般的情况，有

$$x(t)*\delta^{(k)}(t)=x^{(k)}(t)*\delta(t)=x^{(k)}(t)$$

$$x(t)*\delta^{(k)}(t-t_0)=x^{(k)}(t)*\delta(t-t_0)=x^{(k)}(t-t_0)$$

式中，k 为整数，表示求导或取重积分的次数，当 k 取正整数时表示导数阶次，k 取负整时为重积分的次数。例如 $x^{(-1)}(t)$ 表示 $x(t)$ 一次积分：$\delta^{(-1)}(t)=u(t)$，信号 $x(t)$ 与 $\delta^{(-1)}(t)$ 的卷积得 $x^{(-1)}(t)$，即等价于 $x(t)$ 与 $u(t)$ 的卷积，其结果为 $x(t)$ 一次积分。

【例 2-3】 若

$$x(t)*h(t)=y(t)$$

证明

$$x(t-t_1)*h(t-t_2)=y(t-t_1-t_2)$$

解 因为

$$x(t-t_1)=x(t)*\delta(t-t_1)$$

$$h(t-t_2)=h(t)*\delta(t-t_2)$$

所以

$$\begin{aligned}x(t-t_1)*h(t-t_2)&=[x(t)*\delta(t-t_1)]*[h(t)*\delta(t-t_2)]\\&=[x(t)*h(t)]*[\delta(t-t_1)*\delta(t-t_2)]=y(t)*\delta(t-t_1-t_2)\\&=y(t-t_1-t_2)\end{aligned}$$

【例 2-4】 用卷积性质计算图 2-16(a) 所示两信号的卷积 $x(t)*h(t)$。

解 利用式(2-25)，可得

$$y(t)=x(t)*h(t)=\frac{\mathrm{d}}{\mathrm{d}t}x(t)*\int_{-\infty}^{t}h(t)\mathrm{d}t$$

式中，$\frac{\mathrm{d}}{\mathrm{d}t}x(t)=E\delta(t+\frac{\tau}{2})-E\delta(t-\frac{\tau}{2})$，为两冲激信号，$h(t)$ 积分后信号如图 2-16(c) 所示。因此，原信号的卷积变为图 2-16(b) 和图 2-16(c) 所示两信号的卷积

$$\left[E\delta\left(t+\frac{\tau}{2}\right)-E\delta\left(t-\frac{\tau}{2}\right)\right]*h_1(t)$$

根据 $\delta(t)$ 的卷积性质，有

$$r(t)=Eh_1\left(t+\frac{\tau}{2}\right)-Eh_1\left(t-\frac{\tau}{2}\right)$$

上式表示，卷积的结果为两个由图 2-16(c) 所示信号经位移后所得信号的相加，如图2-16(d) 所示。最终的卷积结果由图 2-16(e) 给出，它是个三角形，即两个相同矩形方波的卷积结果是一三角形函数。

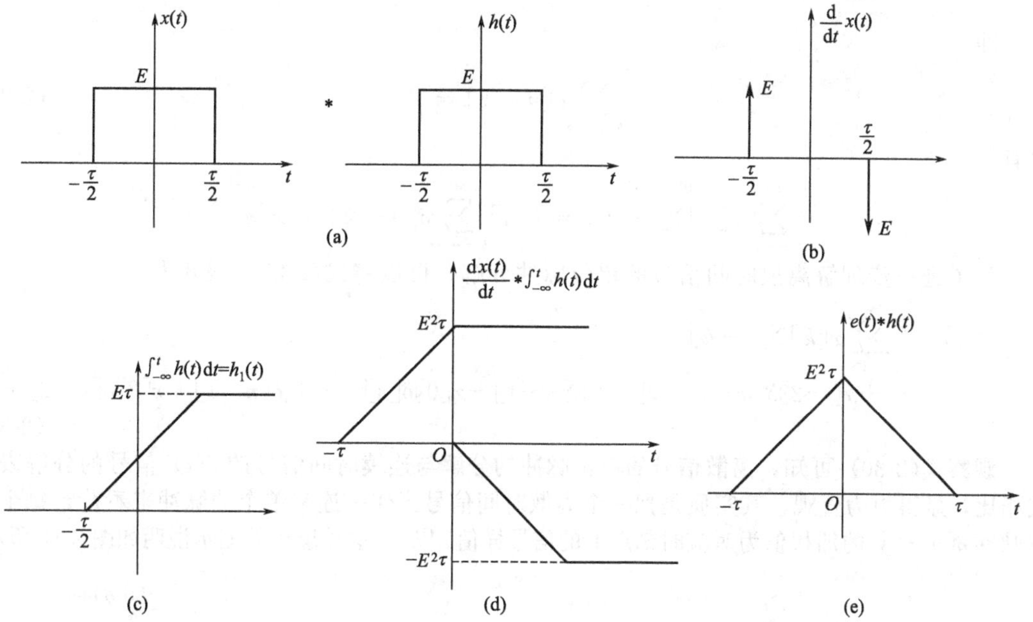

图 2-16　用卷积微分、积分性质计算卷积

最后应当指出，本节所得到的有关结论，一般来说只对线性时不变系统成立，并且所有的卷积积分必须收敛。因为这些结论都是建立在 LTI 系统的线性和时不变性的基础上的，否则，不能保证上述性质的有效性。例如，单位冲激响应 $h(t)$ 能完全表征它所指定的 LTI 系统，但不能完全表征非线性系统，卷积积分对非线性系统也不存在，非线性系统也不存在着所谓的代数性质。

2.2 离散时间 LTI 系统的时域分析

与连续时间 LTI 系统相似，本节的目的也是讨论求解离散时间 LTI 系统响应的数学方法——卷积和，并用一个所谓的离散时间 LTI 系统的单位脉冲响应来完全表征系统。与连续时间 LTI 系统一样，在离散时间情况下，导出卷积和的关键是离散时间的单位脉冲分解：把一组移位单位脉冲函数的加权叠加作为某一个信号的数学表示式。下面将导出这种表示，并建立离散 LTI 系统的卷积和表示。

2.2.1 离散时间信号的脉冲分解：用 $\delta[n]$ 表示离散时间信号

根据单位脉冲 $\delta[n]$ 的取样性质、任意离散信号 $x[n]$ 可以表示为

$$x[n]=\sum_{k=-\infty}^{\infty}x[k]\delta[n-k] \tag{2-28}$$

利用 $\delta[n]$ 的性质

$$x[n]\delta[n-n_0]=x[n_0]\delta[n-n_0]$$

因此，有（将 k 看成变量）

$$x[k]\delta[n-k]=x[n]\delta[n-k]$$

根据上式，可以直接推得式(2-28)，即

$$\sum_{k=-\infty}^{\infty} x[k]\delta[n-k]=\sum_{k=-\infty}^{\infty} x[n]\delta[n-k]=x[n]\sum_{k=-\infty}^{\infty} \delta[n-k]$$

注意到累加项 $\sum_{k=-\infty}^{\infty} \delta[n-k]$ 仅有 $k=n$ 所对应的移位单位脉冲这一项是非零的，其他项都为零，即

$$\sum_{k=-\infty}^{\infty} \delta[n-k]=1 \tag{2-29}$$

故有

$$\sum_{k=-\infty}^{\infty} x[k]\delta[n-k]=x[n]\sum_{k=-\infty}^{\infty} \delta[n-k]=x[n]$$

为了进一步理解离散时间信号的单位脉冲分解，可以将式(2-28) 展开为

$$\begin{aligned}x[n]&=\sum_{k=-\infty}^{\infty} x[k]\delta[n-k]\\&=\cdots+x[-2]\delta[n+2]+x[-1]\delta[n+1]+x[0]\delta[n]+x[1]\delta[n-1]+x[2]\delta[n-2]+\cdots\end{aligned} \tag{2-30}$$

观察式(2-30) 可知，离散信号的单位脉冲的分解与连续时间信号的 $\delta(t)$ 信号的分解表示式相比，显得更为直观，其实质是把一个离散时间信号当作一连串单个的脉冲来看待，每个移位脉冲 $\delta[n-k]$ 的加权值为对应时刻点上的信号样值 $x[k]$，这种思想的图示说明如图 2-17 所示。

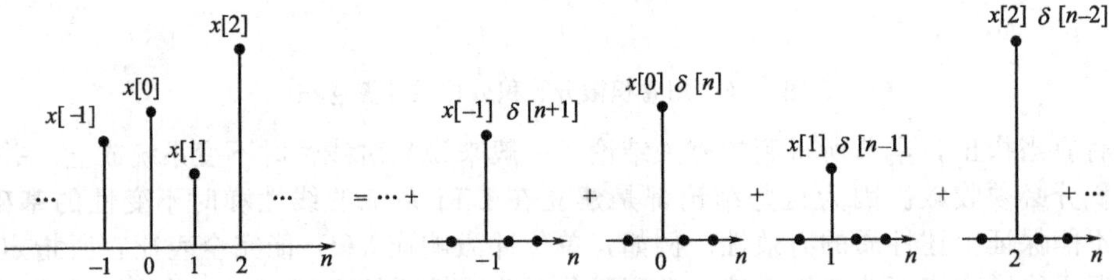

图 2-17　一个离散时间信号分解为一组加权的移位脉冲之和

【例 2-5】 用单位脉冲序列 $\delta[n]$ 表示单位阶跃序列 $u[n]$。

解 根据式(2-28)，$u[n]$ 可表示为

$$u[n]=\sum_{k=-\infty}^{\infty} u[k]\delta[n-k]$$

因为 $k<0$ 时，$u[k]=0$，而 $k\geqslant 0$ 时，$u[k]=1$，上式可表示为

$$u[n]=\sum_{k=0}^{\infty}\delta[n-k]$$

如做变量替换 $n-k=m$，$u[n]$ 还可以表示为另一种形式，即

$$u[n]=\sum_{m=n}^{-\infty}\delta[m]=\sum_{m=-\infty}^{n}\delta[m] \tag{2-31}$$

上式表明，$u[n]$ 也可表示为单位脉冲 $\delta[n]$ 的累加。

式(2-28) 也称为离散时间单位脉冲序列的筛选性质，式(2-28) 右边所表示的累加和对 $x[n]$ 序列作了筛选，仅保留下对应 $k=n$ 时的值。式(2-28) 的重要意义在于它把 $x[n]$ 表示成一组基本函数的线性组合，这个极简单的基本函数就是移位单位脉冲 $\delta[n-k]$。下一节将利用式(2-28) 这种离散信号的表示方式来建立起离散时间 LTI 系统的卷积和表示。

2.2.2 离散时间 LTI 系统的卷积和与单位脉冲响应

考虑一离散时间 LTI 系统

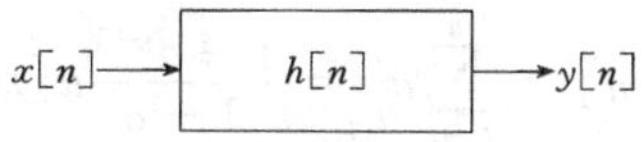

其对输入信号 $x[n]=\delta[n]$ 的响应，定义为离散 LTI 系统的单位脉冲响应 $h[n]$

$$\delta[n]\rightarrow h[n]$$

根据式(2-28)，输入信号 $x[n]$ 可表示为

$$x[n]=\sum_{k=-\infty}^{\infty}x[k]\delta[n-k]$$

利用 LTI 系统的时不变性质，有

$$\delta[n-k]\rightarrow h[n-k]$$

利用 LTI 系统的叠加性，可求得系统的输出 $y[n]$

$$x[n]=\sum_{k=-\infty}^{\infty}x[k]\delta[n-k]\rightarrow y[n]=\sum_{k=-\infty}^{\infty}x[k]h[n-k]$$

即

$$y[n]=\sum_{k=-\infty}^{\infty}x[k]h[n-k] \tag{2-32}$$

式(2-32) 称为离散系统的卷积和，通常可用以下形式表示

$$y[n]=x[n]*h[n]$$

与连续时间 LTI 系统相同，离散时间 LTI 系统对输出信号 $x[n]$ 的响应等于输入 $x[n]$ 与系统单位脉冲响应 $h[n]$ 的卷积和，可以等效地看成是输入 $x[n]$ 与单位脉冲响应 $h[n]$ 两信号相互作用的结果。离散系统的卷积和也表明，离散 LTI 系统完全可以由其单位脉冲响应 $h[n]$ 来表征，即可以将一个离散 LTI 系统表示为一个特定的离散时间信号，该离散时间信号就是其单位脉冲响应 $h[n]$。

卷积和是离散 LTI 系统普遍适用的数学方法，掌握其运算过程和特点是必要的。卷积和的图形解释直观地表明了卷积的含义，有助于对卷积和概念的进一步理解，同时，也提供了卷积和的一般计算方法。这种图示法的一般步骤如下。

① 翻转　卷积和中 k 为累加变量，n 为参变量，将函数 $x[n]$ 和 $h[n]$ 的自变量用 k 代换，将 $h[k]$ 以纵轴为对称轴反转得到 $h[-k]$。

② 平移　为计算 n 时刻的卷积和值，将 $h[-k]$ 随参变量 n 平移得到 $h[n-k]$。若 $n>0$，则将 $h[-k]$ 沿 k 轴向右平移，若 $n<0$，则将 $h[-k]$ 沿 k 轴向左平移。

③ 相乘　将 $x[k]$ 与 $h[n-k]$ 相乘，得函数 $x[k]h[n-k]$。

④ 求和　将相乘后所得函数 $x[k]h[n-k]$ 的各点相加，即求 $\sum_{(k)}x[k]h[n-k]$。累加所得值就是 n 时刻的卷积和值。

⑤ 选取不同的 n 值，重复上述②～④步骤，可计算出不同的 n 时刻所对应的卷积和值。

【例 2-6】 已知：$x[n]=a^nu[n]$，$0<a<1$，$h[n]=u[n]$。求 $y[n]=x[n]*h[n]$。

解　根据卷积和表示式，有

$$y[n]=x[n]*h[n]=\sum_{k=-\infty}^{\infty}x[k]h[n-k]=\sum_{k=-\infty}^{\infty}a^ku[k]u[n-k]$$

式中，k 为求和变量。上式的累加可视参变量 n 的不同取值范围，分以下二个区间进行。

① $n<0$ 时，因为仅当 $n-k>0$ 时，即 $k<n<0$ 时，$u[n-k]\neq0$；仅当 $k>0$ 时，$u[k]=1\neq0$；所以 $a^ku[k]u[n-k]=0$，即 $x[k]$ 与 $h[n-k]$ 无重叠区。

当 $n<0$ 时，得

$$y[n]=x[n]*h[n]=0$$

② $n\geqslant 0$ 时，由于 $k<0$ 时，$u[k]=0$；$k>n$ 时，$u[n-k]=0$，所以 $x[k]$ 与 $h[n-k]$ 的重叠区为 $[0, n]$，即求和区间应为 $0\leqslant k\leqslant n$，故有

$$y[n]=\sum_{k=0}^{n}a^k=\frac{1-a^{n+1}}{1-a}u[n]$$

综合上述结果，得

$$y[n]=\frac{1-a^{n+1}}{1-a}u[n]$$

【例 2-7】 已知

$$x[n]=\begin{cases}1, & 0\leqslant n\leqslant 4\\ 0, & \text{其他 } n \text{ 值}\end{cases}$$

$$h[n]=\begin{cases}1, & 0\leqslant n\leqslant 4\\ 0, & \text{其他 } n \text{ 值}\end{cases}$$

其波形如图 2-18 所示。求 $y[n]=x[n]*h[n]$。

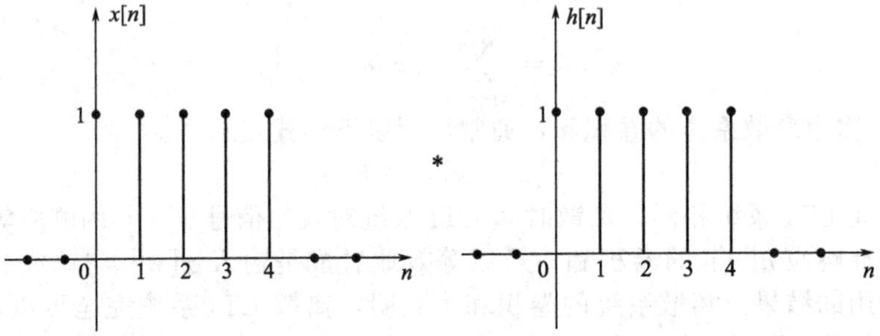

图 2-18 例 2-7 中 $x[n]$ 和 $h[n]$ 的波形

解 由于 $x[k]$ 和 $h[k]$ 均为有限时宽信号，因此函数 $x[k]h[n-k]$ 的非零区（重叠区）将视参变量 n 的取值不同而有所不同。因此，相乘与累加应随不同 n 的取值范围分几个区间进行。

① 当 $n<0$ 时，$x[k]$ 与 $h[n-k]$ 无重叠，乘积 $x[k]h[n-k]$ 为零，所以

$$y[n]=x[n]*h[n]=0$$

② 当 $0\leqslant n\leqslant 4$ 时，由图 2-19(c) 所示，知 $x[k]$ 与 $h[n-k]$ 的重叠区为 $[0, n]$，即乘积 $x[k]h[n-k]$ 在区间 $[0, n]$ 上非零，所以

$$y[n]=\sum_{k=0}^{n}x[k]h[n-k]=\sum_{k=0}^{n}1=n+1$$

③ 当 $4<n\leqslant 8$ 时，由图 2-19(d) 所示，知 $x[k]$ 与 $h[n-k]$ 的重叠区为 $[-4+n, 4]$，所以

$$y[n]=\sum_{k=-4+n}^{4}x[k]h[n-k]=\sum_{k=-4+n}^{4}1=9-n$$

④ 当 $n>8$ 时，由图 2-19(e) 所示，知 $x[k]$ 与 $h[n-k]$ 的重叠区不存在，所以

$$y[x]=x[n]*h[n]=0$$

将以上结果归纳在一起，得

$$y[n]=\begin{cases}0, & n<0\\ n+1, & 0\leqslant n\leqslant 4\\ 9-n, & 4<n\leqslant 8\\ 0, & n>8\end{cases}$$

$y[n]$ 的波形如图 2-19(f) 所示，为一三角形，即两个相同的矩形方波相卷积的结果是一三角形函数。

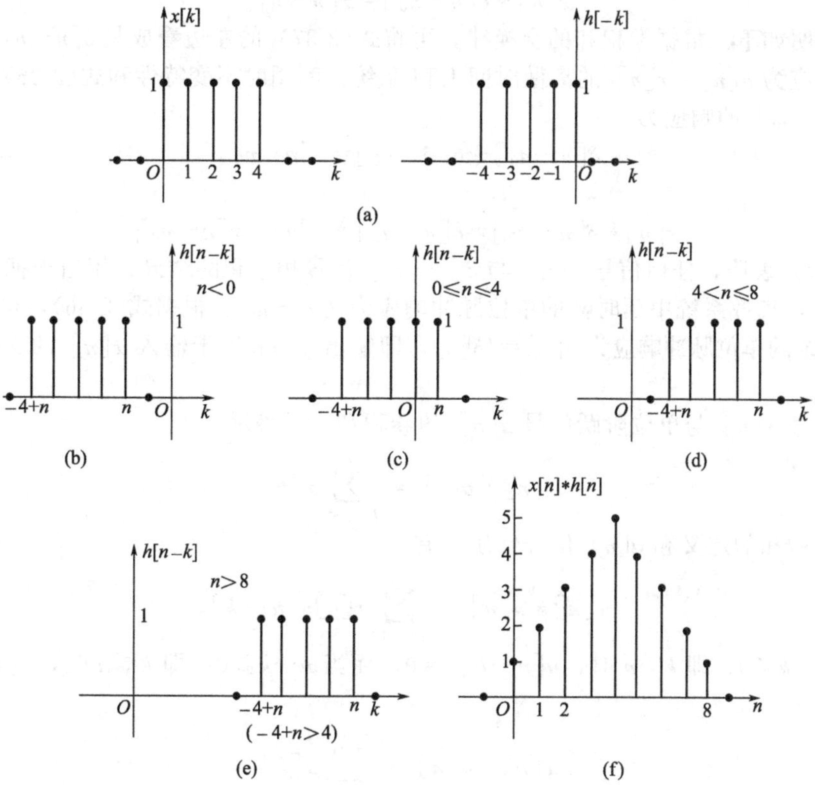

图 2-19 例 2-7 图解说明

2.2.3 卷积和的性质

(1) 卷积和的代数性质

可证明与连续时间的卷积积分一样，卷积和也满足代数性质

① 交换律 $$x[n]*h[n]=h[n]*x[n] \quad (2\text{-}33)$$

② 结合律 $$x[n]*(h_1[n]*h_2[n])=(x[n]*h_1[n])*h_2[n] \quad (2\text{-}34)$$

③ 分配律 $$x[n]*(h_1[n]+h_2[n])=x[n]*h_1[n]+x[n]*h_2[n] \quad (2\text{-}35)$$

将上述性质应用于系统分析，可以得到与连续时间 LTI 系统情况相同的结果。交换律表明对离散 LTI 系统而言，某一确定的输入信号和单位脉冲信号的作用可以互换。结合律与交换律表明任意级联的离散时间 LTI 系统总的单位脉冲响应等于各子系统单位脉冲响应的卷积和，子系统在级联系统中的顺序可以互换，如图 2-20 所示三个系统是完全相同的（假设为两个子系统的级联）。同样分配律表明并联系统的单位脉冲响应等于各子系统单位脉冲响应之和。应该指出，上述结论也是仅对离散时间 LTI 系统成立，而且所有的卷积和应该收敛。

(2) 与冲激脉冲序列 $\delta[n]$ 和阶跃函数 $u[n]$ 的卷积

任意一信号 $x[n]$ 与冲激脉冲 $\delta[n]$ 的卷积和就等于信号 $x[n]$ 的本身，即

$$x[n]*\delta[n]=x[n] \quad (2\text{-}36)$$

利用卷积和的定义式(2-32)，可将信号 $x[n]$

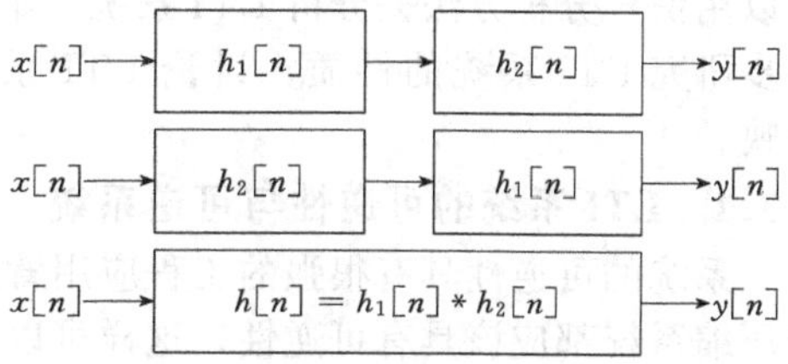

图 2-20 离散时间 LTI 系统的级联

的 $\delta[n]$ 信号的分解公式(2-28) 表示成卷积和的表示形式，就可直接获得式(2-36)。进一步有

$$x[n]*\delta[n-n_0]=x[n-n_0] \tag{2-37}$$

上式证明如下：根据卷积和的交换律，可将式(2-37) 的左边看成是 $\delta[n-n_0]$ 通过一个单位脉冲响应为 $h[n]=x[n]$ 的离散时间 LTI 系统，利用时不变特性和式(2-36)，LTI 系统对移位 $\delta[n-n_0]$ 的响应为

$$\delta[n-n_0]\rightarrow h[n-n_0]=x[n-n_0]$$

因此，有

$$x[n]*\delta[n-n_0]=\delta[n-n_0]*x[n]=x[n-n_0] \qquad \text{(证毕)}$$

式(2-37) 表明，任何信号 $x[n]$ 与 $\delta[n-n_0]$ 信号相卷积的结果，相当于把信号本身延时 n_0，因此，离散系统中延时器的单位脉冲响应为 $\delta[n-n_0]$。根据式(2-36)，可得离散时间 LTI 即时系统的单位脉冲响应为 $h[n]=k\delta[n]$，即输出 $y[n]$ 等于输入 $x[n]$ 的 k 倍：$y[n]=kx[n]$ 。

任意信号 $x[n]$ 与单位阶跃信号 $u[n]$ 的卷积和，可表示

$$x[n]*u[n]=\sum_{k=-\infty}^{n}x[k] \tag{2-38}$$

根据卷积和的定义和 $u[n]$ 信号性质，有

$$x[n]*u[n]=\sum_{k=-\infty}^{\infty}x[k]u[n-k]$$

因为，当 $n-k<0$，即 $k>n$ 时，$u[n-k]=0$，而当 $n-k\geqslant 0$，即 $k\leqslant n$ 时，$u[n-k]=1$，故可得

$$x[n]*u[n]=\sum_{k=-\infty}^{n}x[k]$$

证明了式(2-38)。式(2-38) 表明任意信号 $x[n]$ 与 $u[n]$ 的卷积的结果，就是对 $x[n]$ 进行累加运算，因此，单位阶跃信号 $u[n]$ 是离散时间累加器的单位脉冲响应。

根据上述结果可以推得以下结论（请读者自己证明）

$$x[n-n_1]*\delta[n-n_2]=x[n-n_1-n_2] \tag{2-39}$$

和

若

$$x[n]*h[n]=y[n]$$

则

$$x[n-n_1]*h[n-n_2]=y[n-n_1-n_2] \tag{2-40}$$

2.3 单位冲激/脉冲响应与 LTI 系统性质

通过本章前几节的讨论，得到了 LTI 系统时域分析的基本方法——卷积，由此也得到了 LTI 系统的单位冲激/脉冲响应这一重要概念。任一 LTI 系统完全可由其单位冲激/脉冲响应来描述或表征，即任意一个 LTI 系统可等价为一信号——单位冲激/脉冲响应，这样就可以用信号分析方法去分析 LTI 系统。本节将用 LTI 的卷积方法和单位冲激/脉冲响应来进一步研究 LTI 系统的性质，讨论 LTI 系统的一些重要性质用在单位冲激/脉冲响应中的反映。

2.3.1 LTI 系统的可逆性与可逆系统

系统的可逆性具有很强的工程应用背景，例如理想的信号传输系统、测量系统和无损信号压缩系统都应该具有可逆性，这样可以通过系统的输出信号，推算出被传输的信号、被测信号和原信号。根据系统可逆性的定义，可逆系统必存在着一个逆系统，与其原系统级联后

等效一恒等系统，即级联后系统的输出等于原系统的输入。如果一个 LTI 系统 $h(t)/h[n]$ 是可逆的，那么它就有一个 LTI 的逆系统 $h_1(t)/h_1[n]$ 存在，原系统 $h(t)/h[n]$ 和其逆系统 $h_1(t)/h_1[n]$ 的级联为一恒等系统，如图 2-21 所示。

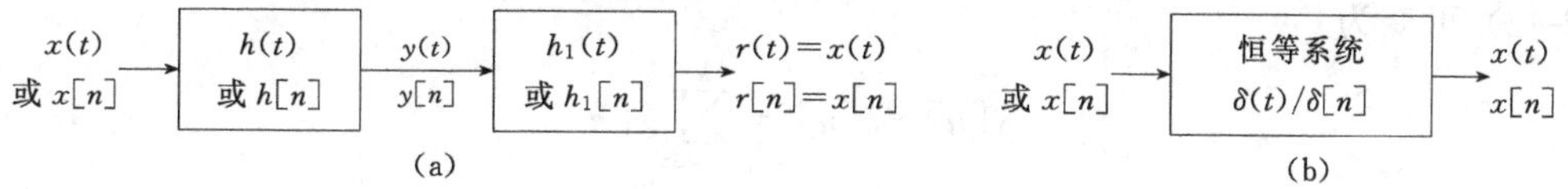

图 2-21 LTI 系统的可逆性

图 2-21(a) 的级联系统与图 2-20(b) 的恒等系统是相同的，因为图 2-21(a) 级联系统的等效的总冲激/脉冲响应是 $h(t)*h_1(t)$（连续时间系统）或 $h[n]*h_1[n]$（离散时间系统），而恒等系统的单位冲激/脉冲响应为 $\delta(t)$（连续时间系统）或 $\delta[n]$（离散时间系统），所以 LTI 系统的逆系统与原系统存在以下关系

$$h(t)*h_1(t)=\delta(t)$$

$$h[n]*h_1[n]=\delta[n]$$

根据上式，可以构造 LTI 系统的可逆性及其逆系统。

【例 2-8】 一个连续时间 LTI 系统的输入输出关系为

$$y(t)=\frac{\mathrm{d}x(t)}{\mathrm{d}t}+x(t)$$

试求它的逆系统。

解 将 $x(t)=\delta(t)$ 代入方程，可得该系统的单位冲激响应 $h(t)$

$$h(t)=\delta'(t)+\delta(t)$$

设该系统的逆系统为 $h_1(t)$，则有

$$h(t)*h_1(t)=\delta(t)$$

将 $h(t)=\delta'(t)+\delta(t)$ 代入上式，再根据 $\delta(t)$ 的卷积性质，有

$$[\delta'(t)+\delta(t)]*h_1(t)=h'_1(t)+h_1(t)=\delta(t)$$

观察上式，可知 $h_1(t)$ 为由方程 $y'(t)+y(t)=x(t)$ 所描述的连续时间 LTI 系统的单位冲激响应，故可求得逆系统为

$$y'(t)+y(t)=x(t)$$

【例 2-9】 某一离散时间累加器系统的输入输出关系为

$$y[n]-y[n-1]=x[n]$$

试求它的逆系统。

解 根据单位脉冲 $\delta[n]$ 的卷积和性质，可将上述输入输出关系重新写为

$$y[n]*(\delta[n]-\delta[n-1])=x[n] \tag{2-41}$$

将原系统单位脉冲响应代入上式，得

$$h[n]*(\delta[n]-\delta[n-1])=\delta[n]$$

根据逆系统的定义，可得逆系统

$$h_1[n]=\delta[n]-\delta[n-1]$$

为一差分器。

实际上，由式(2-41)，可得

$$y[n]*(\delta[n]-\delta[n-1])*u[n]=x[n]*u[n]$$

等式左边化简得

$$y[n]*(u[n]-u[n-1])=x[n]*u[n] \tag{2-42}$$

由 $u[n]$ 的卷积和性质以及与 $\delta[n]$ 的关系

$$x[n]*u[n]=\sum_{n=-\infty}^{n}x[n]$$

$$u[n]-u[n-1]=\delta[n]$$

式(2-42) 可变为

$$y[n]*\delta[n]=\sum_{n=-\infty}^{n}x[n]$$

即
$$y[n]=\sum_{n=-\infty}^{n}x[n]$$

例 2-9 所表示的系统为一累加器。

因此，累加器的逆系统为一差分器。

2.3.2 LTI 系统的稳定性

在实际应用中，只有稳定系统才是真正有用的系统。因此稳定性是系统分析中所涉及的一个很重要的问题。如果一个系统对于任何有界的输入，其输出都是有界的，则该系统是稳定的，即对于稳定的系统，有界的输入必产生有界的输出。下面将讨论稳定 LTI 系统的单位冲激/脉冲响应应具备什么性质。

设一个具有单位冲激响应 $h(t)$ 的稳定 LTI 系统的输入信号为

$$x(t)=\begin{cases}0, & h(-t)=0\\ \dfrac{h\ (-t)}{|h\ (-t)|}, & h(-t)\neq 0\end{cases}$$

显然 $x(t)$ 为一有界信号 $|x(t)|\leqslant 1$，对所有 t。

则系统输出为

$$y(t)=\int_{-\infty}^{\infty}h(\tau)x(t-\tau)\mathrm{d}\tau$$

因此，$t=0$ 时，输出 $y(0)$ 为

$$y(0)=\int_{-\infty}^{\infty}h(\tau)x(-\tau)\mathrm{d}\tau=\int_{-\infty}^{\infty}|h(\tau)|\mathrm{d}\tau$$

因为 $y(0)$ 为稳定系统在 $t=0$ 时刻上的输出，$y(0)$ 必有界，因此要求上式的右边积分值有界，即

$$\int_{-\infty}^{\infty}|h(\tau)|\mathrm{d}\tau<\infty \tag{2-43}$$

即系统的单位冲激响应绝对可积。这就证明了式(2-43) 是连续 LTI 系统稳定的必要条件。

设系统的输入 $x(t)$ 为有界，即

$$|x(t)|\leqslant B，对所有\ t$$

则系统输出的绝对值为

$$|\ y(t)\ |=\left|\int_{-\infty}^{\infty}h(\tau)x(t-\tau)\mathrm{d}\tau\right|\leqslant\int_{-\infty}^{\infty}|h(\tau)|\,|x(t-\tau)|\mathrm{d}\tau\leqslant B\int_{-\infty}^{\infty}|h(\tau)|\mathrm{d}\tau$$

如式(2-43) 成立，将保证输出有界，即

$$|y(t)|\leqslant B\int_{-\infty}^{\infty}|h(\tau)|\mathrm{d}\tau<\infty$$

因此，式(2-43) 也是连续 LTI 系统稳定的充分条件，即连续 LTI 系统稳定的充要条件是其单位冲激响应绝对可积。

将积分改为累加，用完全类似的方法可得到离散 LTI 系统稳定的充要条件为

$$\sum_{n=-\infty}^{\infty}|h[n]|<\infty \tag{2-44}$$

即系统的单位脉冲响应绝对可和。

【例 2-10】 试判定累加器的稳定性。

解

$$y[n]=\sum_{k=-\infty}^{n}x[k]$$

因为累加器的单位脉冲响应 $h[n]=u[n]$，因此有

$$\sum_{n=-\infty}^{\infty}|h[n]|=\sum_{n=-\infty}^{\infty}u[n]=\sum_{n=0}^{\infty}1=\infty$$

所以累加器是非稳定系统。

2.3.3 LTI 系统的因果性

系统的因果性是系统分析所涉及的另一个重要问题。根据系统因果性的定义，一个因果系统的输出仅决定于现在和过去时刻的系统输入值。对于一个离散时间 LTI 系统，其输出可表示为

$$y[n]=\sum_{k=-\infty}^{\infty}x[k]h[n-k]=\sum_{k=-\infty}^{n}x[k]h[n-k]+\sum_{k=n+1}^{\infty}x[k]h[n-k] \tag{2-45}$$

式(2-45) 中的第一项仅与 n 时刻及以前的输入有关，而第二项与 n 时刻以后的所有时间 $[n+1,\infty]$ 的输入有关，因此，只有使式(2-45) 第二项等于零，才能保证其输出与将来的输入无关。式(2-45) 第二项等于零，就要求 $n-k<0$ 时，$h(n-k)=0$。因此可得，离散时间 LTI 系统因果性的充要条件是其单位脉冲响应 $h[n]$ 必须满足

$$h[n]=0,n<0 \tag{2-46}$$

此时，$h[n]$ 是一个因果信号，因果 LTI 系统的卷积和可表示为

$$y[n]=x[n]*h[n]=\sum_{k=-\infty}^{n}x[k]h[n-k]=\sum_{k=0}^{\infty}h[k]x[n-k] \tag{2-47}$$

同理可证明，一个连续时间 LTI 系统因果性的充要条件为

$$h(t)=0,\ t<0 \tag{2-48}$$

相类似的，一个因果连续 LTI 系统的卷积积分可表示为

$$y(t)=\int_{-\infty}^{t}x(\tau)h(t-\tau)\mathrm{d}\tau=\int_{0}^{\infty}h(\tau)x(t-\tau)\mathrm{d}\tau \tag{2-49}$$

【例 2-11】 考查系统 $y(t)=x(t-t_0)$，其冲激响应为 $h(t)=\delta(t-t_0)$。当 $t_0\geqslant 0$ 时，$h(t)$满足式(2-48)，是因果系统，系统为一延时器；当 $t_0<0$ 时，$h(t)$ 违反式(2-48)，是非因果系统，系统的输出超前输入。同样，对于离散 LTI 系统 $y[n]=x[n-n_0]$，仅当 $n_0\geqslant 0$ 时，才是一个因果系统，系统是一离散时间的延时器。

2.3.4 LTI 系统的单位阶跃响应

LTI 系统对单位阶跃信号 $u(t)$ 或 $u[n]$ 的响应称为 LTI 系统的单位阶跃响应，记为 $s(t)$或 $s[n]$。虽然，利用单位冲激/脉冲响应来表示一个 LTI 系统，系统许多重要特性可以直接与之联系起来，得到非常简洁、直观和清晰的描述。然而实际上，单位阶跃响应 $s(t)$ 或$s[n]$也常用来描述一个 LTI 系统的特性，在信号与系统分析中有着重要应用。鉴于以上考虑，在本节中，将研究 LTI 系统响应的 $s(t)$ 或 $s[n]$ 表示及与 $h[t]$ 或 $h[n]$ 的关系。对一连续时间 LTI 系统，其单位阶跃响应为

$$s(t)=u(t)*h(t)=\int_{-\infty}^{t}h(\tau)\mathrm{d}\tau \tag{2-50}$$

对一离散时间 LTI 系统，其单位阶跃响应 $s[n]$ 为

$$s[n]=u[n]*h[n]=\sum_{k=-\infty}^{n}h[k] \tag{2-51}$$

以上两个式子表明，连续时间 LTI 系统的单位阶跃响应是其单位冲激响应的积分；离散时间 LTI 系统的单位阶跃响应是其单位脉冲响应的求和。利用 $\delta(t)$ 与 $u(t)$、$\delta[n]$ 与 $u[n]$ 之间的关系

$$\delta(t) = \frac{\mathrm{d}u(t)}{\mathrm{d}t} \text{和} \delta[n] = u[n] - u[n-1]$$

再利用卷积有关性质，可得

$$h(t) = \frac{\mathrm{d}s(t)}{\mathrm{d}t} \tag{2-52}$$

$$h[n] = s[n] - s[n-1] \tag{2-53}$$

即单位阶跃响应 $s(t)$ 的微分为连续时间 LTI 系统的单位冲激响应，离散单位阶跃响应 $s[n]$ 的差分为离散时间 LTI 系统的单位脉冲响应。由此可见，系统的单位阶跃响应和系统单位冲激/脉冲响应之间有着简单确定的一一对应关系。

对一连续时间 LTI 系统 $h(t)$，利用卷积性质和上述关系，系统的输出 $y(t)$ 可表示为

$$y(t) = x(t) * h(t) = x(t) * \frac{\mathrm{d}s(t)}{\mathrm{d}t} = \frac{\mathrm{d}x(t)}{\mathrm{d}t} * s(t) \tag{2-54}$$

上式表明可用系统的单位阶跃响应 $s(t)$，求系统对输入信号的响应。因此，连续 LTI 系统也可由其 $s(t)$ 来表征，特别适合用于描述 LTI 系统对突变输入信号的响应特性及系统的响应时间。

对一离散时间 LTI 系统 $h[n]$，同样可以利用卷积性质和上述关系，将系统的输出表示为

$$\begin{aligned} y[n] &= x[n] * h[n] = x[n] * (s[n] - s[n-1]) = x[n] * ((\delta[n] - \delta[n-1]) * s[n]) \\ &= (x[n] * (\delta[n] - \delta[n-1])) * s[n] \\ &= (x[n] - x[n-1]) * s[n] \end{aligned} \tag{2-55}$$

与连续时间 LTI 系统相同，可用系统的单位阶跃响应 $s[n]$，求解离散 LTI 系统对输入 $x[n]$ 的响应。因此，离散 LTI 系统也可由其 $s[n]$ 来表征。

2.3.5 LTI 系统的特征函数

(1) 连续时间 LTI 系统对复指数信号的响应

复指数信号 e^{st} 的重要性在于它是连续时间 LTI 系统的特征函数，即一个连续时间 LTI 系统对复指数信号的响应，也同样是一个复指数信号，不同的只是在其幅度上的变化，其输出复指数信号的幅度被乘以了一个被称之为特征值的复常数，也就是说

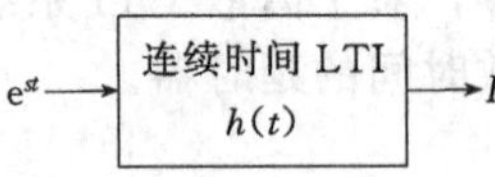

$$e^{st} \longrightarrow \boxed{\begin{array}{c} \text{连续时间 LTI} \\ h(t) \end{array}} \longrightarrow H(s)e^{st} \tag{2-56}$$

这里特征值 $H(s)$ 是复变量 $s = \sigma + \mathrm{j}\omega$ 的函数，也称之为系统函数。

为了证明复指数信号是 LTI 系统函数这一事实，考虑一个单位冲激响应为 $h(t)$ 的连续时间 LTI 系统。若令该系统的输入信号 $x(t) = e^{st}$，根据卷积定理，有

$$y(t) = e^{st} * h(t) = \int_{-\infty}^{\infty} h(\tau) e^{s(t-\tau)} \mathrm{d}\tau \tag{2-57}$$

上式中，注意以下关系 $e^{s(t-\tau)} = e^{st} \cdot e^{-s\tau}$，而 e^{st} 可从积分号内移出，这样式(2-57)可变成

$$y(t) = e^{st} \int_{-\infty}^{\infty} h(\tau) e^{-s\tau} \mathrm{d}\tau \tag{2-58}$$

如果积分

$$H(s) = \int_{-\infty}^{\infty} h(\tau) e^{-s\tau} \mathrm{d}\tau \tag{2-59}$$

收敛，于是 LTI 系统对 e^{st} 的响应就为

$$y(t)=H(s)e^{st} \tag{2-60}$$

至此，证明了复指数信号是LTI系统的特征函数。对于某一个给定的 s 值，常数 $H(s)$ 就是与特征函数 e^{st} 相对应的特征值。连续时间LTI系统对复指数信号的响应形式十分简单，根据这一特点，可以把复指数信号作为基本信号用来表示更一般的输入信号，以期获得LTI系统对输入信号的响应有一个方便的表示方式。上述思想可以用以下一个例子更清楚地表示出来。

令某一个LTI系统 $h(t)$ 的输入信号 $x(t)$ 为三个复指数信号的线性组合

$$x(t)=a_1e^{s_1t}+a_2e^{s_2t}+a_3e^{s_3t}$$

根据上述LTI系统特征函数的性质，系统对每一个复指数信号分量的响应分别是

$$a_1e^{s_1t}\longrightarrow a_1H(s_1)e^{s_1t}$$
$$a_2e^{s_2t}\longrightarrow a_2H(s_2)e^{s_2t}$$
$$a_3e^{s_3t}\longrightarrow a_3H(s_3)e^{s_3t}$$

再根据LTI系统的叠加原理，有

$$y(t)=a_1H(s_1)e^{s_1t}+a_2H(s_2)e^{s_2t}+a_3H(s_3)e^{s_3t} \tag{2-61}$$

将式(2-61)推广，可以得到一个更一般的结论。将式(2-60)与LTI系统叠加性质结合在一起就意味着：将输入信号表示成复指数信号的线性组合就会使求系统的响应变的非常简单和方便，即输出也可表示为相同复指数信号的线性组合。若某一类输入信号可以表示成复指数信号的线性组合，即

$$x(t)=\sum_k a_k e^{s_kt} \tag{2-62}$$

根据叠加性，其输出一定是

$$y(t)=\sum_k a_kH(s_k)e^{s_kt} \tag{2-63}$$

通过以上的论述，阐明了一种LTI系统分析的方法：将输入信号表示成某一类基本信号的线性组合，这样可以充分利用LTI系统的叠加性和时不变性质。但是，这些用于信号和系统分析的基本信号应该具有以下两个基本性质。

① 能够表示相当广泛的一类有用信号，特别是实际应用中常碰到的一些信号。

② LTI系统对这些基本信号的响应应该十分简单，以便使系统的响应有一个很方便、简单的数学表示形式，建立用于LTI系统分析的数学工具。

显然作为特征函数的复指数信号满足上述第二个条件，从式(2-63)中可以看出这一点。式(2-63)表明：如果一个LTI系统的输入信号能够表示成复指数信号的线性组合，那么系统的输出也能够表示成相同复指数信号的线性组合，所不同的是输入信号不同复指数信号项的加权系统 $\{a_k\}$ 变为输出信号的加权系数 $\{a_kH(s_k)\}$，即输出信号的加权系数为 a_k 和特征值 $H(s_k)$ 相乘。上述结果揭示了一个很重要的性质，即在式(2-63)所示的系数域上来考查LTI系统卷积作用，可简化成为一个简单的代数运算：相乘。这样使得LTI系统分析变得更为简单和有效，特别是给系统的综合提供了一种非常有效的数学工具。

第3、6章将详细研究复指数信号 e^{st} 如何表示一般信号，以及连续时间LTI系统变换域分析方法。第3章将涉及复指数信号 e^{st} 的特殊形式，即 s 为纯虚部值，也就是 $s=j\omega$，仅考虑 $e^{j\omega t}$ 的复指数信号的形式。此时，系统对 $e^{j\omega t}$ 信号的特征值为

$$H(j\omega)=H(s)\big|_{s=j\omega}=\int_{-\infty}^{\infty}h(\tau)e^{-j\omega\tau}d\tau \tag{2-64}$$

(2) 离散时间LTI系统对复指数信号的响应

与连续时间LTI系统相似，离散时间复指数信号 z^n 是离散时间LTI系统的特征函数，

即离散时间 LTI 系统对复指数信号 z^n 有着特别简单的响应形式。

设离散时间 LTI 系统，其单位脉冲响应为 $h[n]$，系统的输入信号为 $x[n]=z^n$，其中 $z=re^{j\omega}$ 为一复数。可以通过卷积和求得系统的响应 $y[n]$，即

$$y[n] = x[n] * h[n] = \sum_{k=-\infty}^{\infty} h[k]z^{n-k} = z^n \sum_{k=-\infty}^{\infty} h[k]z^{-k} = H(z)z^n \tag{2-65}$$

式中，$H(z)$ 为 z^n 的特征值，仅与复数变量 z 有关，表征了系统对复指数信号的响应特性。

$$H(z) = \sum_{k=-\infty}^{\infty} h[k]z^{-k} < \infty \tag{2-66}$$

式(2-65) 证明了离散时间复指数信号 z^n 是离散时间 LTI 系统的特征函数，即离散时间 LTI 系统对复指数信号的响应，仍为同样的复指数信号，系统的作用仅仅改变了该复指数信号的复幅度，其复幅度的“增益”为 $H(z)$。

类似于连续时间系统情况，若一个离散时间 LTI 系统的输入可表示为复指数信号的线性组合，即

$$x[n] = \sum_k a_k z_k^n \tag{2-67}$$

根据式(2-65)，则输出就一定是

$$y[n] = \sum_k a_k H(z_k) z_k^n \tag{2-68}$$

也是相同复指数信号 z_k^n 的线性组合，并且在输出表示式中的每一个系数为输入信号中的系数 a_k 与相应的特征值 $H(z_k)$ 相乘。对于如式(2-67) 所示的复指数信号线性组合形式的输入信号，离散时间 LTI 系统的卷积和作用就转变为简单的乘法运算，即在系数域上，系统对输入信号的响应可描述为

$$\{a_k\} \to \{a_k H(z_k)\} \tag{2-69}$$

因此，与连续时间 LTI 系统分析思路相同，将在第 4、7 章研究复指数信号 z^n 如何表示一般信号，这样就可以设法将任意信号分解为复指数信号的线性组合，获得一种有效的离散时间 LTI 系统的分析方法：变换域分析。第 4 章仅考虑 $z=e^{j\omega}$ 情况下 $e^{j\omega n}$ 形式的复指数信号：离散时间的傅里叶变换。

2.4 LTI 系统的微分、差分方程描述

通常可用微分方程来描述连续时间系统，用差分方程来描述离散时间系统，即通过输出与输入间的方程关系来描述系统。这种描述系统的方法称为输入输出法或端口描述法，它关心的是系统输出与输入相互之间的关系，而不去研究系统内部其他信号的变化。除了用卷积法求解系统的响应方法外，另一种方法是求解表征 LTI 系统的方程。

连续 LTI 系统的数学模型通常是常系数线性微分方程，它可以描述极为广泛的一类连续时间系统；离散 LTI 系数的数学模型通常是常系数线性差分方程，它也可以描述极为广泛的一类离散时间系统。本节将讨论由微分方程和差分方程描述的 LTI 系统分析的一般方法。

2.4.1 连续时间 LTI 系统微分方程描述及其经典解法

利用方程求解方法进行连续时间系统分析，必须首先要列出描述系统特性的微分方程表示式。可根据实际系统的结构、元件特性，利用有关基本定律来建立对应的微分方程。

【2-12】 图 2-22 所示为 LC 并联电路，试求并联端电压 $v(t)$ 与激励源 $e(t)$ 间的关系。

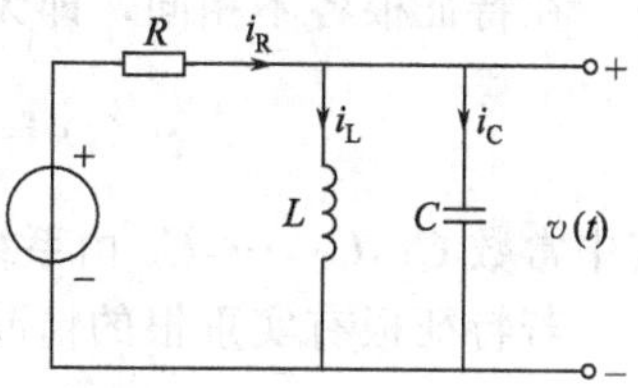

图 2-22 LC 并联电路

解 根据元件的电压电流关系有

电感
$$i_L(t)=\frac{1}{L}\int_{-\infty}^{t}v(\tau)\mathrm{d}\tau \tag{2-70a}$$

电容
$$i_C(t)=C\frac{\mathrm{d}}{\mathrm{d}t}v(t) \tag{2-70b}$$

电阻
$$i_R(t)=\frac{e(t)-v(t)}{R} \tag{2-70c}$$

根据 KCL 定律，有

$$i_R(t)=i_L(t)+i_C(t)$$

将式(2-70a)、式(2-70b) 和式(2-70c) 代入上式并化简得

$$C\frac{\mathrm{d}^2}{\mathrm{d}t^2}v(t)+\frac{1}{R}\frac{\mathrm{d}}{\mathrm{d}t}v(t)+\frac{1}{L}v(t)=\frac{1}{R}\frac{\mathrm{d}}{\mathrm{d}t}e(t)$$

该例子说明了系统微分方程的列写方法，它并非局限于电路系统，许多非电量的系统都可以表示为微分方程，例如用微分方程描述的机械系统等。如果组成系统的元件都是参数恒定的线性元件，且无储能，则构成的系统是线性时不变系统，用于描述该系统的方程则为一个线性常系数微分方程。

一般而言，设连续 LTI 系统的激励信号为 $x(t)$，系统响应为 $y(t)$，则线性时不变系统可以用一高阶的微分方程表示

$$a_n\frac{\mathrm{d}^n}{\mathrm{d}t^n}y(t)+a_{n-1}\frac{\mathrm{d}^{n-1}}{\mathrm{d}t^{n-1}}y(t)+\cdots+a_1\frac{\mathrm{d}}{\mathrm{d}t}y(t)+a_0y(t)=$$
$$b_m\frac{\mathrm{d}^m}{\mathrm{d}t^m}x(t)+b_{m-1}\frac{\mathrm{d}^{m-1}}{\mathrm{d}t^{m-1}}x(t)+\cdots+b_1\frac{\mathrm{d}}{\mathrm{d}t}x(t)+b_0x(t) \tag{2-71}$$

或缩写为

$$\sum_{k=0}^{n}a_k\frac{\mathrm{d}^k}{\mathrm{d}t^k}y(t)=\sum_{k=0}^{m}b_k\frac{\mathrm{d}^k}{\mathrm{d}t^k}x(t) \tag{2-72}$$

式中，a_k 和 b_k 均为常数，一般有 $a_n=1$。方程式(2-71) 或式(2-72) 的全解由两部分组成：齐次解 $y_h(t)$ 和特解 $y_p(t)$。

$$y(t)=y_h(t)+y_p(t) \tag{2-73}$$

(1) 齐次解

齐次解是式(2-71) 的齐次微分方程

$$\frac{\mathrm{d}^n}{\mathrm{d}t^n}y(t)+a_{n-1}\frac{\mathrm{d}^{n-1}}{\mathrm{d}t^{n-1}}y(t)+\cdots+a_1\frac{\mathrm{d}}{\mathrm{d}t}y(t)+a_0y(t)=0 \tag{2-74}$$

的解。式(2-74) 的特征方程为

$$\lambda^n+a_{n-1}\lambda^{n-1}+\cdots+a_1\lambda+a_0=0 \tag{2-75}$$

其 n 个根 λ_i ($i=1,2,\cdots,n$) 称为微分方程的特征根。齐次解 $y_h(t)$ 的函数形式由特征根确定。见表 2-1，其中 A，C_1，C_2，$\cdots C_k$ 和 $\theta_1,\theta_2,\cdots,\theta_k$ 是待定常数。

表 2-1 不同特征根所对应的齐次解的函数形式

特征根 λ_i	各特征根 λ_i 在齐次解 $y_h(t)$ 中的函数形式
单实根(非重根)	$C_i e^{\lambda_i(t)}$
k 重实根	$(C_1t^{k-1}+C_2t^{k-2}+\cdots+C_{k-1}t+C_k)e^{\lambda_i(t)}$
一对共轭复根 $\lambda_{1,2}=a\pm \mathrm{j}\beta$	$e^{at}(C_1\cos\beta t+C_2\sin\beta t)$ 或 $Ae^{at}\cos(\beta t-\theta)$，$Ae^{\mathrm{j}\theta}=C_1+\mathrm{j}C_2$
k 重共轭复根	$C_1t^{k-1}e^{at}\cos(\beta t+\theta_1)+C_2t^{k-2}e^{at}\cos(\beta t+\theta_2)+\cdots+C_ke^{at}\cos(\beta t+\theta_k)$

在特征根各不相同，即无重根的情况下，微分方程的齐次解为

$$y_h(t) = C_1 e^{\lambda_1 t} + C_2 e^{\lambda_2 t} + \cdots + C_n e^{\lambda_n t} = \sum_{i=1}^{n} C_i e^{\lambda_i t} \tag{2-76}$$

其中常数 $C_1, C_2, \cdots, C_n$ 由系统的初始条件决定。

若特征根有实重根的情况下，则相应于 k 阶重根 λ_i 的部分将有 k 项，形如

$$(C_1 t^{k-1} + \cdots + C_{k-1} t + C_k) e^{\lambda_i t} = \left(\sum_{i=1}^{k} C_i t^{k-i}\right) e^{\lambda_i t} \tag{2-77}$$

式中，常数 $C_1, C_2, \cdots, C_k$ 连同其他特征根所对应的项的系数，由系统的初始条件确定。

（2）特解

特解的函数形式与激励信号的函数形式有关，通常将激励 $x(t)$ 代入方程式(2-71) 的右端，化简后方程右端函数式称为“自由项”。一般可根据自由项的函数形式来选定特解的函数形式，代入方程后求得特解函数式中的待定系数，即可给出特解 $y_p(t)$。表 2-2 列出了几种常见的激励信号所对应特解的函数形式。

表 2-2　几种典型激励函数所对应特解的函数形式

激励函数 $x(t)$	响应函数 $y(t)$ 的特解 $y_p(t)$ 的函数形式
E(常数)	B
t^m	$B_1 t^m + B_2 t^{m-1} + \cdots + B_m t + B_{m+1}$，所有特征根不等于 0 $t^r (B_1 t^m + B_2 t^{m-1} + \cdots + B_m t + B_{m+1})$，有 r 重等于 0 的特征根
e^{at}	Be^{at}，a 不等于特征根 $B_1 t^r e^{at} + B_2 t^{r-1} e^{at} + \cdots + B_r t e^{at} + B_{r+1} e^{at}$，$a$ 等于 r 重特征根，$r=1$ 时为单根
$\cos\beta t$ 或 $\sin\beta t$	$B_1 \cos\beta t + B_2 \sin\beta t$ 或 $A\cos(\beta t + \theta)$，$Ae^{j\theta} = B_1 + jB_2$ 所有特征根不等于 $\pm j\beta$
$t^m e^{at} \cos t$ 或 $t^m e^{at} \sin t$	$(B_1 t^m + \cdots + B_m t + B_{m+1}) e^{at} \cos t + (D_1 t^m + \cdots + D_m t + D_{m+1}) e^{at} \sin\beta t$ 所有特征根不等于 $a \pm j\beta$

注：1. 表中 B，D 是特定系数；2. 若 $x(t)$ 是几种激励函数的组合，则特解也为其相应的组合。

（3）全解

方程式(2-71) 的完全解为

$$y(t) = y_h(t) + y_p(t) \tag{2-78}$$

若微分方程特征根互不相同，则其全解可表示为

$$y(t) = \sum_{i=1}^{n} C_i e^{\lambda_i t} + y_p(t) \tag{2-79}$$

一般情况下，激励信号 $x(t)$ 是在 $t=0$ 时刻接入的，因果系统对应的微分方程的全解式(2-78) 适合于时间区间（0，$+\infty$）。由高等数学可知，给定微分方程和激励信号 $x(t)$，必须有一组求解区间的边界条件（用于确定齐次解中的待定系数），才能求得方程的惟一解。一组边界条件可以给定为在此区间内任一时刻 t_0，要求方程满足 $y(t_0), \frac{d}{dt}y(t_0), \cdots, \frac{d^{n-1}}{dt^{n-1}}y(t_0)$ 的 n 个值。对于因果系统，若 $x(t)$ 是 $t=0$ 时刻加入，则把求解区间定为（0，$+\infty$），如果输出包含 $\delta(t)$ 信号及其高阶导数，则求解区间应定为 $[0, +\infty)$。通常取 $t=0_+$ 的 n 个边界条件来确定完全解中的待定系数。$t=0_+$ 的 n 个边界条件 $y^{(k)}(0_+)$（$k=0,1,\cdots,n-1$，表示 k 阶导数），被称为方程（系统）的初始条件。把 $t=0_-$ 的 n 个边界条件 $y^{(k)}(0_-)$（$k=0,1,\cdots,n-1$）称为方程（系统）的起始条件。对因果系统而言，可以认为起始条件是

系统在 $t \leqslant 0_-$ 时间内，对系统输入信号的响应在 $t=0_-$ 时刻上的 n 个条件值，即系统对 $t \leqslant 0_-$ 的输入信号在 $t>0$ 时刻后的响应（输出）可等价为一组输出信号在 $t=0_-$ 时刻上的边界条件（包括输入信号）——起始条件，它反映了系统过去的历史状态，而与 $t>0$ 激励无关。

【例 2-13】 给定线性常系数微分方程

$$\frac{d^2y(t)}{dt^2}+5\frac{dy(t)}{dt}+6y(t)=f(t)$$

求当 $f(t)=2e^{-t}u(t)$；$y(0_+)=2$，$y'(0_+)=-1$ 时的全解。

解 ① 求齐次解

特征方程为
$$\lambda^2+5\lambda+6=0$$

其特征根 $\lambda_1=-2$，$\lambda_2=-3$。方程的齐次解为

$$y_h(t)=C_1e^{-2t}+C_2e^{-3t}$$

② 求特解

由表 2-2 可知，当输入 $f(t)=2e^{-t}$时，其特解可设为

$$y_p(t)=Be^{-t}$$

其一阶、二阶导数分别为

$$y'_p(t)=-Be^{-t},\ y''_p(t)=Be^{-t}$$

代入方程，得

$$Be^{-t}+5(-Be^{-t})+6Be^{-t}=2e^{-t}$$

由上式解得 $B=1$，于是得方程的特解：$y_p(t)=e^{-t}$。

③ 微分方程的全解为

$$y(t)=y_h(t)+y_p(t)=C_1e^{-2t}+C_2e^{-3t}+e^{-t}$$

其一阶导数
$$y'(t)=-2C_1e^{-2t}-3C_2e^{-3t}-e^{-t}$$

将初始条件代入，得

$$\begin{cases} y(0_+)=C_1+C_2+1=2 \\ y'(0_+)=-2C_1-3C_2-1=-1 \end{cases} \Rightarrow \begin{cases} C_1=3 \\ C_2=-2 \end{cases}$$

最后得微分方程的全解

$$y(t)=\underbrace{3e^{-2t}-2e^{-3t}}_{\text{齐次解}}+\underbrace{e^{-t}}_{\text{特解}},\ t>0$$
$$=\underbrace{(3e^{-2t}-2e^{-3t})u(t)}_{\text{自由响应}}+\underbrace{e^{-t}u(t)}_{\text{强迫响应}}$$

由于齐次解的函数形式仅依赖于系统本身的特性，而与激励信号的函数形式无关，称为系统的自由响应或固有响应。但应注意，齐次解的系数 C_i 的值是与激励有关的。特解的函数形式由激励信号确定，称为强迫响应。

当系统已经用微分方程表示时，响应中的齐次解（自由响应）部分的常数 C_i（$i=1,2,\cdots,n$）也可由冲激函数匹配法确定，其基本原理是：因为 $\delta(t)$ 及其 n 阶导数仅在 $t=0$ 时非零，因此可通过在 $t=0$ 时刻，平衡方程两边 $\delta(t)$ 及其 n 阶导数项的系数来确定系数 C_i。下面通过例子说明该方法的应用。

【例 2-14】 用冲激函数匹配法求如下方程的完全响应 $i(t)$，其输入如图 2-23 所示。

$$\frac{d^2i(t)}{dt^2}+4\frac{di(t)}{dt}+3i(t)=\frac{d^2e(t)}{dt^2}+3e(t)$$

解 由于在 $(-\infty,0_-]$ 时间段上，系统已处于稳定状态，且输入信号可看成是一常数信号，即 $e(t)=2$，因此，在 $(-\infty,0_-]$ 上，系统的输出为 $i(t)=2$。根据以上分析，可得

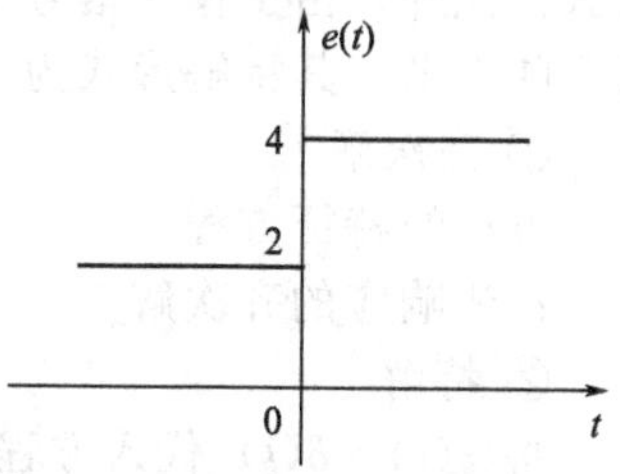

图 2-23 例 2-14 的输入信号波形

起始条件 $i(0_-)=2$，$\frac{\mathrm{d}i(0_-)}{\mathrm{d}t}=0$

$t\geqslant 0_+$ 时，系统完全解可表示为

$$i(t)=\{A_1\mathrm{e}^{-t}+A_2\mathrm{e}^{-3t}+\ 4\ )u(t)$$

根据上式，得

$$i(0_+)=A_1+A_2+4,\frac{\mathrm{d}i(0_+)}{\mathrm{d}t}=-A_1-3A_2$$

在 $t=0$ 处，$i(t)$ 有跳变 $i(0_+)-i(0_-)$，因此，在 $t=0$ 处，$i(t)$ 的导数为 $\delta(t)$ 信号

$$\frac{\mathrm{d}i(0)}{\mathrm{d}t}=[i(0_+)-i(0_-)]\delta(t)=(A_1+A_2+4-2)\delta(t)=(A_1+A_2+2)\delta(t)$$

在 $t=0$ 处，$i(t)$ 的二阶导数为

$$\begin{aligned}\frac{\mathrm{d}^2i(0)}{\mathrm{d}t^2}&=\frac{\mathrm{d}}{\mathrm{d}t}\left[\frac{\mathrm{d}i(0)}{\mathrm{d}t}\right]+\left[\frac{\mathrm{d}i(0_+)}{\mathrm{d}t}-\frac{\mathrm{d}i(0_-)}{\mathrm{d}t}\right]\delta(t)\\&=(A_1+A_2+2)\delta'(t)+(-A_1-3A_2-0)\delta(t)\\&=(A_1+A_2+2)\delta'(t)+(-A_1-3A_2)\delta(t)\end{aligned}$$

以及 $e'(0)=2\delta(t)$，$e''(0)=2\delta'(t)$。

在 $t=0$ 处，将 $i(0)$，$i'(0)$，$i''(0)$ 及 $e(0)$，$e'(0)$，$e''(0)$（仅考虑在 $t=0$ 处不为零的 $\delta(t)$ 及其 n 阶导数的信号项）代入微分方程，有

$$(A_1+A_2+2)\delta'(t)+(-A_1-3A_2)\delta(t)+4(A_1+A_2+2)\delta(t)=2\delta'(t)$$

方程两边对应的冲激函数项及其 n 阶导数项的系数要相等，有

$$\begin{cases}A_1+A_2+2=2\\3A_1+A_2+8=0\end{cases}\Rightarrow\begin{cases}A_1=-4\\A_2=4\end{cases}$$

完全响应为

$$i(t)=4(-\mathrm{e}^{-t}+\mathrm{e}^{-3t}+1)u(t)$$

对于给定输入 $x(t)$，$t<0$ 的因果 LTI 系统，其起始条件完全可以通过方程和给定的 $t<0$ 的输入信号来确定。利用冲激函数匹配法，一旦给定系统的微分方程和起始条件，其求解过程可以不依赖于系统具体拓扑和物理结构，具有更普遍的适用性。根据例 2-14 的求解过程可知，为了求解 $t>0$ 系统的完全响应，除了要给定所求响应的起始条件，还必须给定输入信号在 $t=0$ 处的边界条件。

【例 2-15】 求方程

$$\frac{\mathrm{d}^2y(t)}{\mathrm{d}t^2}+3\frac{\mathrm{d}y(t)}{\mathrm{d}t}+2y(t)=2\frac{\mathrm{d}^2x(t)}{\mathrm{d}t^2}+\frac{\mathrm{d}x(t)}{\mathrm{d}t}+x(t)$$

所描述的因果 LTI 系统的冲激响应 $h(t)$。

解 系统的冲激响应 $h(t)$ 是输入信号为 $\delta(t)$，起始条件等于零的系统输出。输入信号 $x(t)=\delta(t)$，在 $t>0$ 时为零，因此，$t>0$ 时系统的输入信号为零，即系统响应为齐次解的形式。此外，由于输入信号 $x(t)=\delta(t)$ 仅在 $t=0$ 处非零，因此冲激响应的特解仅在 $t=0$ 处被反映出来，其特解形式为 $\delta(t)$ 及其导数形式。

① 齐次解

方程的特征方程 $\qquad \lambda^2+3\lambda+2=0$

冲激响应的齐次解 $\qquad h_{\mathrm{h}}(t)=(C_1\mathrm{e}^{-t}+C_2\mathrm{e}^{-2t})u(t)$

② 特解

将 $x(t)=\delta(t)$ 代入方程右边，得

$$右边=2\delta''(t)+\delta'(t)+\delta(t)$$

由于上式中微分的最高阶数为 2（当阶数小于 2 时，冲激响应的特解中不包含冲激函数），

所以，冲激响应 $h(t)$ 的特解 $h_p(t)=B\delta(t)$ 代入方程使方程两边的 $\delta''(t)$ 项的系数相同，得

$$B=2$$

所以 $h(t)$ 的全解为

$$h(t)=h_h(t)+h_p(t)=2\delta(t)+(C_1e^{-t}+C_2e^{-2t})u(t)$$

③ 用冲激函数匹配法确定齐次解的系数

$$h'(t)=2\delta'(t)+(C_1+C_2)\delta(t)+(-C_1e^{-t}-2C_2e^{-2t})u(t)$$

$$h''(t)=2\delta''(t)+(C_1+C_2)\delta'(t)+(-C_1-2C_2)\delta(t)+(C_1e^{-t}+4C_2e^{-2t})u(t)$$

将 $h(t)$，$h'(t)$ 和 $h''(t)$ 中的冲激函数项代入方程，即 $t=0$ 时，方程为

$$2\delta''(t)+(C_1+C_2)\delta'(t)-(C_1+2C_2)\delta(t)+3[2\delta'(t)+(C_1+C_2)\delta(t)]$$
$$+4\delta(t)=2\delta''(t)+\delta'(t)+\delta(t)$$

两边系数要平衡，得

$$\begin{cases}(C_1+C_2)+6=1\\-(C_1+2C_2)+3(C_1+C_2)+4=1\end{cases} \quad 得 \begin{cases}C_1=2\\C_2=-7\end{cases}$$

所以
$$h(t)=2\delta(t)+(2e^{-t}-7e^{-2t})u(t)$$

根据所求得的系统冲激响应，可利用卷积法求解系统对任意输入信号的响应。

2.4.2 离散时间 LTI 系统的数学模型及其差分方程的经典求解

描述离散时间系统的数学模型，可表示为线性常系数差分方程，一般可描述为

$$\sum_{k=0}^{N}a_k y[n-k]=\sum_{k=0}^{M}b_k x[n-k], \quad a_0=1 \tag{2-80}$$

与连续时间系统的时域经典解法类似，其解由齐次解 $y_h[n]$ 和特解 $y_p[n]$ 组成，即

$$y[n]=y_h[n]+y_p[n] \tag{2-81}$$

(1) 齐次解

式(2-80) 中的输入信号为零，所得齐次方程

$$\sum_{k=0}^{N}a_k y[n-k]=0$$

的解称为齐次解，齐次解的形式由其特征根决定。

差分方程(2-80) 所对应的特征方程为

$$\sum_{k=0}^{N}a_k\lambda^{N-k}=0$$

其 N 个特征根为 λ_i ($i=1,2,\cdots,N$)。根据特征根的不同取值，差分方程齐次解的形式如表 2-3 所示，其中 C_i，D_i，A_i，Q_i 为待定系数。

表 2-3 不同特征根所对应的齐次解

特征根	齐次解 $y_h[n]$
单实根 λ_i	$C_i\lambda_i^n$
r 重实根 λ	$(C_{r-1}n^{r-1}+C_{r-2}n^{r-2}+\cdots+C_1n+C_0)\lambda^n$
一对共轭复根 $\lambda_{1,2}=a\pm jb=\rho e^{\pm j\beta}$	$\rho^n[(C\cos\beta n+D\sin\beta n)]$ 或 $A\rho^n\cos(\beta n-\theta)$

(2) 特解

特解的函数形式与输入信号 $x[n]$ 的函数形式有关。根据具体的输入信号函数形式，确定所对应的特解形式，表 2-4 列出了几种典型激励信号 $x[n]$ 所对应的特解 $y_p[n]$。确定特解的函数形式后代入原差分方程，求出其待定系数 C_i（或 A_i，Q_i）等，求得差分方程的特解。

(3) 全解

式(2-80) 对应的全解是齐次解和特解之和。如果方程所有特征根均为单根，则全解为

$$y[n]=y_h[n]+y_p[n]=\sum_{i=1}^{N}C_i\lambda_i^n+y_p[n] \tag{2-82}$$

表 2-4　不同激励所对应的特解

激励 $x[n]$	特解 $y_p[n]$
n^m	$D_m n^m+D_{m-1}n^{m-1}+\cdots+D_1 n+D_0$，所有特征根均不等于 1 $n^r(D_m n^m+D_{m-1}n^{m-1}+\cdots+D_1 n+D_0)$，当有 r 重等于 1 的特征根时
a^n	Da^n，当 a 不等于特征根时 $(D_r n^r+D_{r-1}n^{r-1}+\cdots+D_1 n+D_0)a^n$，当 a 是 r 重特征根时
$\cos\beta n$ 或 $\sin\beta n$	$P\cos\beta n+Q\sin\beta n$ 或 $A\cos(\beta n-\theta)$，当所有特征根均不等于 $e^{\pm j\beta}$

式中，常数 C_i 由初始条件（或边界条件）确定。通常激励信号是在 $n=0$ 时接入的，差分方程所描述的因果 LTI 系统的解对应于 $n\geqslant 0$。对于 N 阶差分方程，用给定的 N 个初始条件 $y[0],y[1],\cdots,y[N-1]$ 就可以确定全部待定系数 C_i。也可以用 N 个起始条件 $y[-N],y[-N+1],\cdots,y[-1]$ 确定全部待定系数 C_i。

【例 2-16】 描述某二阶因果 LTI 系统的差分方程为

$$y[n]+y[n-1]+\frac{1}{4}y[n-2]=x[n]$$

已知初始条件为 $y[-1]=-2$，$y[-2]=8$，激励 $x[n]=u[n]$，求 $y[n]$。

解 ① 齐次解

特征方程

$$\lambda^2+\lambda+\frac{1}{4}=0$$

可解得其特征根 $\lambda_1=\lambda_2=\frac{1}{2}$ 为二重根，由表 2-3 可知，其齐次解

$$y_h[n]=(C_1 n+C_2)\left(\frac{1}{2}\right)^2,\quad n\geqslant 0$$

② 特解

根据激励 $x[n]=u[n]$ 在 $n\geqslant 0$ 时，$x[n]=1=1^n$，由表 2-4 可知特解

$$y_p=D,\quad n\geqslant 0$$

将 $y_p[n]$ 和 $x[n]$ 代入方程，得

$$D+D+\frac{1}{4}D=1$$

解得

$$D=\frac{4}{9}$$

所以

$$y_p[n]=\frac{4}{9}u[n]$$

③ 全解

$$y[n]=x_h[n]+y_p[n]=\left[(C_1 n+C_2)\left(\frac{1}{2}\right)^n+\frac{4}{9}\right]u[n]$$

将已知的起始条件代入方程求出初始条件 $y[0]$ 和 $y[1]$。根据方程有

$$y[n]=x[n]-y[n-1]-\frac{1}{4}y[n-2]$$

所以

$$y[0]=x[0]-y[-1]-\frac{1}{4}y[-2]=1-(-2)-\frac{1}{4}\times 8=1$$

$$y[1]=x[1]-y[0]-\frac{1}{4}y[-1]=1-1-\frac{1}{4}\times(-2)=\frac{1}{2}$$

将求得的初始条件代入全解，得

$$\begin{cases} y[0]=C_2+\dfrac{4}{9}=1 \\ y[1]=(C_1+C_2)\dfrac{1}{2}+\dfrac{4}{9}=\dfrac{1}{2} \end{cases}$$

求得 $C_1=-\frac{4}{9}$，$C_2=\frac{5}{9}$。最后得方程的全解为

$$y[n]=[\underbrace{-\frac{4}{9}n\left(\frac{1}{2}\right)^n+\frac{5}{9}\left(\frac{1}{2}\right)^n}_{\text{自由响应}}+\underbrace{\frac{4}{9}}_{\text{强迫响应}}]u[n]$$

与微分方程一样，方程的齐次解也称为系统的自由响应，特解称为强迫响应。

2.5 LTI系统的响应分解：零状态响应和零输入响应

LTI系统的完全响应也可以分解成由激励信号引起的零状态响应 $y_{zs}(t)$（或 $y_{zs}[n]$）和由系统起始状态引起的零输入响应 $y_{zi}(t)$（或 $y_{zi}[n]$）。

零输入响应 $y_{zi}(t)$ 定义为：不考虑外加输入信号的作用，仅由系统的起始状态所产生的响应。

零状态响应 $y_{zs}(t)$ 定义为：不考虑系统起始状态的作用，即起始状态等于零，仅由系统的外加激励信号所产生的响应。

应该指出的是，这里所指的系统状态不同于系统输出的边界条件，即系统起始状态，一般情况下是不同于系统响应的起始条件：$y(0_-)$，$y'(0_-)$，…，$y^{(N-1)}(0_-)$ 或 $y[-1]$，$y[-2]$,…，$y[-N]$。同样系统的初始状态，一般也不能等同于系统响应初始条件。对于LTI系统，系统起始状态（或条件）可设为系统储能元器件的状态，如电路中电容的起始电压 $V_c(0_-)$ 和电感起始电流 $i_L(0_-)$ 以及离散系统中延时器的输出。动态系统的状态是指能够完全描述系统时间域动态行为的一个最小变量组。

仅考虑特征根无重根的情况，可以写出系统响应的表示式（特征根无重根）。

对连续时间系统

$$\begin{aligned}y(t) &= \underbrace{\sum_{k=1}^{N}C_k e^{\lambda_k t}}_{\text{自由响应}}+\underbrace{B(t)}_{\text{强迫响应}},t\geqslant 0\\ &=\underbrace{\sum_{k=1}^{N}C_{zik}e^{\lambda_k t}}_{\text{零输入响应}}+\underbrace{\sum_{k=1}^{N}C_{zsk}e^{\lambda_k t}+B(t)}_{\text{零状态响应}}=\sum_{k=1}^{N}C_{zik}e^{\lambda_k t}+x(t)*h(t)\end{aligned} \tag{2-83}$$

对离散时间系统

$$\begin{aligned}y[n] &= \underbrace{\sum_{k=1}^{N}C_k(\lambda_k)^n}_{\text{自由响应}}+\underbrace{B[n]}_{\text{强迫响应}}\\ &=\underbrace{\sum_{k=1}^{N}C_{zik}(\lambda_k)^n}_{\text{零输入响应}}+\underbrace{\sum_{k=1}^{N}C_{zsk}(\lambda_k)^n+B[n]}_{\text{零状态响应}}=\sum_{k=1}^{N}C_{zik}(\lambda_k)^n+x[n]*h[n]\end{aligned} \tag{2-84}$$

【例 2-17】 输入信号如图 2-24，系统的方程描述为

$$\frac{d^2i(t)}{dt^2}+4\frac{di(t)}{dt}+3i(t)=\frac{d^2e(t)}{dt^2}+3e(t)$$

求系统的零状态响应和零输入响应（$t\geqslant 0^+$）。

解 先求方程

$$\frac{d^2w(t)}{dt^2}+4\frac{dw(t)}{dt}+3w(t)=e(t) \tag{2-85}$$

的零状态响应 $w_{zs}(t)$ 和零输入响应 $w_{zi}(t)$，根据LTI系统的叠加性原理，原方程的零状态

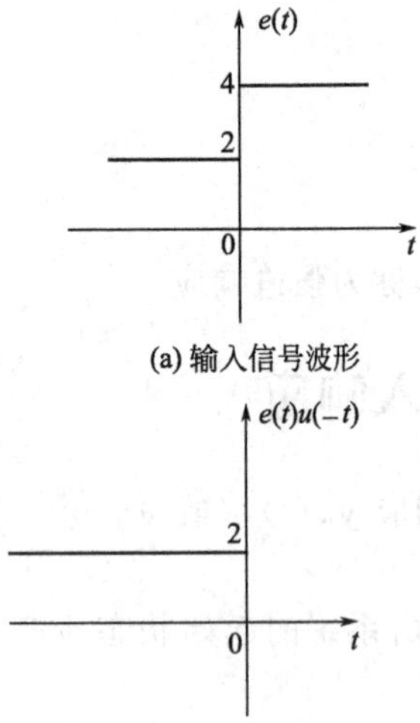

(a) 输入信号波形

(b) $t<0$时输入信号波形

图 2-24　例 2-17 的输入信号波形

响应和零输入响应分别为

$$i_{zs}(t)=\frac{d^2 w_{zs}(t)}{dt^2}+3w_{zs}(t),\quad i_{zi}(t)=\frac{d^2 w_{zi}(t)}{dt^2}+3w_{zi}(t) \tag{2-86}$$

根据上述方程，求得特解根：$\lambda_1=-1$，$\lambda_2=-3$。

① 确定响应 $w(t)$ 的初始条件

由于 $t\leqslant 0_-$ 时，系统输入 $e(t)=2$，且系统处于稳定状态，因此其响应的自由响应已经衰减为零（$t\leqslant 0_-$），输出 $i(t)$（$t\leqslant 0_-$）为一直流量。因此，有

$$w(0_-)=B, w'(0_-)=0$$

代入方程，得：$3B=2\Rightarrow B=\frac{2}{3}$。

考虑到对应于信号 $w(t)$ 的方程右端没有出现 $\delta(t)$ 函数项（包括 $\delta(t)$ 高阶导数函数），因此，$w(t)$ 的起始条件到初始条件的过程中，不会产生跳变，零输入响应的初始条件等于 $w(t)$ 起始条件，零状态响应的初始条件等于零，有

$$w_{zi}(0_+)=w(0_-)=\frac{2}{3},\ w_{zi}{}'(0_+)=w'(0_-)=0 \tag{2-87a}$$

$$w_{zs}(0_+)=0,\ w_{zs}{}'(0_+)=0 \tag{2-87b}$$

② 求零输入响应 $w_{zi}(t)$

零输入响应应满足

$$\frac{d^2 w_{zi}(t)}{dt^2}+4\frac{dwt_{zi}(t)}{dt}+3w_{zi}(t)=0, t\geqslant 0_+$$

因此，$w_{zi}(t)$ 可表示齐次解的形式

$$w_{zi}(t)=(C_{zi1}e^{-t}+C_{zi2}e^{-3t})u(t) \tag{2-88}$$

根据上述分析，将式(2-87a) 代入式(2-88)，可得

$$\begin{cases} w_{zi}(0_+)=C_{zi1}+C_{zi2}=\frac{2}{3} \\ w'_{zi}(0_+)=-C_{zi1}-3C_{zi2}=0 \end{cases} \Rightarrow \begin{cases} C_{zi1}=1 \\ C_{zi2}=-\frac{1}{3} \end{cases}$$

因此，$w(t)$ 的零输入响应为

$$w_{zi}(t)=\left(e^{-t}-\frac{1}{3}e^{-3t}\right)u(t) \tag{2-89}$$

③ 求零状态响应 $w_{zs}(t)$

零状态响应 $i_{zs}(t)$ 应满足以下条件

$w_{zs}(0_+)=w'_{zs}(0_+)=0$ 且输入　　　　$e(t)=4u(t)$

$w_{zs}(t)$特解为　　　　$w_{zsp}(t)=Bu(t)$

代入方程（$t>0_+$），可得　　　　$3B=4$

所以 $B=\frac{4}{3}$，得特解　　　　$w_{zsp}(t)=\frac{4}{3}u(t)$

因此，$w_{zs}(t)$ 可表示为

$$w_{zs}(t)=\left(C_{zs1}e^{-t}+C_{zs2}e^{-3t}+\frac{4}{3}\right)u(t) \tag{2-90}$$

将式(2-87b) 代入式(2-90)，有（$t\geqslant 0_+$）

$$\begin{cases} (C_{zs1}+C_{zs2}+\frac{4}{3})=0 \\ -(C_{zs1}+3C_{zs2})=0 \end{cases} \Rightarrow \begin{cases} C_{zs1}=-2 \\ C_{zs2}=\frac{2}{3} \end{cases}$$

得 $w_{zs}(t)$ 零状态响应为

$$w_{zs}(t)=\left(-2e^{-t}+\frac{2}{3}e^{-3t}+\frac{4}{3}\right)u(t)$$

将上式和式(2-89) 代入式(2-86)，得

$$i_{zs}(t)=\frac{d^2w_{zs}(t)}{dt^2}+3w_{zs}(t)=(-8e^{-t}+8e^{3t}+4)u(t)$$

$$i_{zi}(t)=\frac{d^2w_{zi}(t)}{dt^2}+3w_{zi}(t)=(4e^{-t}-4e^{3t})u(t)$$

最终得完全响应为

$$i(t)=i_{zs}(t)+i_{zi}(t)=(-4e^{-t}+4e^{-3t}+4)u(t)$$

【例 2-18】 描述某一因果离散系统的差分方程为

$$y[n]+\frac{1}{2}y[n-1]-\frac{1}{2}y[n-2]=x[n],n\geqslant 0$$

已知激励 $x[n]=2^nu[n]$；响应信号 $y[n]$ 的起始条件 $y[-1]=1$，$y[-2]=0$，求系统的零输入响应、零状态响应和全响应。

解 ① 零输入响应

零输入响应满足

$$\begin{cases}y_{zi}[n]+\frac{1}{2}y_{zi}[n-1]-\frac{1}{2}y_{zi}[n-2]=0\\ y_{zi}[-1]=y[-1]=1,y_{zi}[-2]=y[-2]=0,x[-1]=x[-2]=0\end{cases}$$

首先求 $y_{zi}[0]$ 和 $y_{zi}[1]$。将差分方程改写为

$$y_{zi}[n]=-\frac{1}{2}y_{zi}[n-1]+\frac{1}{2}y_{zi}[n-2]$$

将 $y_{zi}[-1]$ 和 $y_{zi}[-2]$ 代入上式，有

$$y_{zi}[0]=-\frac{1}{2}y_{zi}[-1]+\frac{1}{2}y[-2]=-\frac{1}{2}$$

$$y_{zi}[1]=-\frac{1}{2}y_{zi}[0]+\frac{1}{2}y_{zi}[-1]=\frac{3}{4}$$

差分方程的特征根 $\lambda_1=-1$，$\lambda_2=\frac{1}{2}$，故零输入响应

$$y_{zi}[n]=\left[C_{zi1}(-1)^n+C_{zi2}(\frac{1}{2})^n\right]u[n]$$

初始值代入上式，得

$$\left.\begin{aligned}y_{zs}[0]=C_{zi1}+C_{zi2}=-\frac{1}{2}\\ y_{zs}[1]=-C_{zi1}+\frac{1}{2}C_{zi2}=\frac{3}{4}\end{aligned}\right.\Rightarrow\begin{cases}C_{zi1}=-\frac{2}{3}\\ C_{zi2}=\frac{1}{6}\end{cases}$$

故该系统的零输入响应

$$y_{zi}[n]=\left[-\frac{2}{3}(-1)^n+\frac{1}{6}(\frac{1}{2})^n\right]u[n]$$

② 零状态响应

零状态响应满足

$$\begin{cases}y_{zs}[n]+\frac{1}{2}y_{zs}[n-1]-\frac{1}{2}y_{zs}[n-2]=x[n]\\ y_{zs}[-1]=y_{zs}[-2]=0,x[-1]=x[-2]=0\end{cases}$$

首先求出初始值 $y_{zs}[0]$ 和 $y_{zs}[1]$，改写系统方程

$$y_{zs}[n]=-\frac{1}{2}y_{zs}[n-1]+\frac{1}{2}y_{zs}[n-2]+2^n u[n]$$

因此，有

$$y_{zs}[0]=-\frac{1}{2}y_{zs}[-1]+\frac{1}{2}y_{zs}[-2]+1=1$$

$$y_{zs}[1]=-\frac{1}{2}y_{zs}[0]+\frac{1}{2}y_{zs}[-1]+2=\frac{3}{2}$$

由表 2-4 可知，其特解

$$y_p[n]=B2^n$$

代入方程，有

$$B2^n+\frac{1}{2}B2^{n-1}-\frac{1}{2}B2^{n-2}=2^n$$

解得 $B=\frac{8}{9}$，故特解

$$y_p[n]=\frac{8}{9}2^n u[n]$$

故零状态响应

$$y_{zs}[n]=\left[C_{zs1}(-1)^n+C_{zs2}\left(\frac{1}{2}\right)^n+\frac{8}{9}2^n\right]u[n]$$

将起始值 $y_{zs}[0]$，$y_{zs}[1]$ 代入上式，得

$$\begin{cases}y_{zs}[0]=C_{zs1}+C_{zs2}+\frac{8}{9}=1\\ y_{zs}[1]=-C_{zs1}+\frac{1}{2}C_{zs2}+\frac{16}{9}=\frac{3}{2}\end{cases}$$

解得 $C_{zs1}=\frac{2}{9}$，$C_{zs2}=-\frac{1}{9}$，故零状态响应

$$y_{zs}[n]=\left[\frac{2}{9}(-1)^n-\frac{1}{9}\left(\frac{1}{2}\right)^n+\frac{8}{9}2^n\right]u[n]$$

③ 全响应

系统的全响应

$$y[n]=y_{zi}[n]+y_{zs}[n]=\Big[\underbrace{-\frac{2}{3}(-1)^n+\frac{1}{6}\left(\frac{1}{2}\right)^n}_{\text{零输入响应}}+\underbrace{\frac{2}{9}(-1)^n-\frac{1}{9}\left(\frac{1}{2}\right)^n+\frac{8}{9}2^n}_{\text{零状态响应}}\Big]u[n]$$

（其中 $-\frac{2}{3}(-1)^n+\frac{1}{6}\left(\frac{1}{2}\right)^n+\frac{2}{9}(-1)^n-\frac{1}{9}\left(\frac{1}{2}\right)^n$ 为自由响应，$\frac{8}{9}2^n$ 为强迫响应）

$$=\left[-\frac{4}{9}(-1)^n+\frac{1}{18}\left(\frac{1}{2}\right)^n+\frac{8}{9}2^n\right]u[n]$$

在离散时间 LTI 系统中，当求系统的单位脉冲响应时，由于 $\delta[n]$ 信号仅在 $n=0$ 时取值为 1，n 为其他值时都为零，因此可把单位脉冲 $\delta[n]$ 激励信号等效为初始条件，这样就把求解单位脉冲响应的问题转化为求解齐次方程（起始条件为零）。

【例 2-19】 已知因果 LTI 系统的差分方程

$$y[n]-5y[n-1]+6y[n-2]=x[n]-3x[n-2]$$

求系统的单位脉冲响应 $h[n]$。

解 ① 先求齐次解

特征方程

$$\lambda^2-5\lambda+6=0$$

特征根为 $$\lambda_1=3,\ \lambda_2=2$$
齐次解为 $$C_1 3^n+C_2 2^n$$
② 假定差分方程
$$y[n]-5y[n-1]+6y[n-2]=x[n] \tag{2-91}$$
的单位脉冲响应为 $h_1[n]$，则根据 LTI 叠加性和时不变时原理，原系统的单位脉冲响应为 $h[n]=h_1[n]-3h_1[n-2]$。

对于方程式(2-91)，其单位脉冲响应 $h_1[n]=C_1 3^n+C_2 2^n$，$n\geqslant 0$，将起始条件 $h_1[-1]=h_1[-2]=0$ 代入求得 $h_1[n]$的初始条件
$$h_1[0]=1,\ h_1[1]=5$$
由此建立系数 C_i 的方程组
$$\begin{cases}h_1[0]=C_1+C_2=1\\ h_1[1]=3C_1+2C_2=5\end{cases}\Rightarrow\begin{cases}C_1=3\\ C_2=-2\end{cases}$$
得
$$h_1[n]=(3\times 3^n-2\times 2^n)u[n]$$
所求系统的单位脉冲响应为
$$\begin{aligned}h[n]&=h_1[n]-3h_1[n-2]=(3\times 3^n-2\times 2^n)u[n]-3(3\times 3^{n-2}-2\times 2^{n-2})u[n-2]\\&=(3^{n+1}-2^{n+1})(\delta[n]+\delta[n-1]+u[n-2])-3(3^{n-1}-2^{n-1})u[n-2]\\&=\delta[n]+5\delta[n-1]+(3^{n+1}-2^{n+1}-3\times 3^{n-1}+3\times 2^{n-1})u[n-2]\\&=\delta[n]+5\delta[n-1]+(2\times 3^n-2^{n-1})u[n-2]\end{aligned}$$

建立了零输入响应和零状态响应概念后，现在进一步说明系统的线性、因果性和时不变性问题。若某一个系统在 $-\infty<t<\infty$ 整个时间轴上能够被某一常系数线性微分方程来描述，由于响应中零输入响应分量的存在，导致系统响应对外加激励 $e(t)$（$t>0$）不满足叠加性和齐次性，也不满足时不变性。单纯地从数学的角度说，这类用线性常系数微分方程描述的系统也可以是非因果。要使上述系统严格满足因果 LTI 性质，必须附加系统初始静止条件。所谓初始静止条件可描述为：对于 $t\leqslant t_0$（或 $n\leqslant n_0$），若输入 $x(t)=0$（或 $x[n]=0$），则输出 $y(t)=0$（或 $y[n]=0$）。因此，在系统初始静止条件下，连续时间系统在 $t=t_0$ 时刻上的起始条件为
$$y(t_0)=\frac{\mathrm{d}y(t_0)}{\mathrm{d}t}=\cdots=\frac{\mathrm{d}^{N-1}y(t_0)}{\mathrm{d}t^{N-1}}=0 \tag{2-92a}$$
或离散时间系统在 $n=n_0$ 时刻上的起始条件为
$$y[-N+n_0]=y[-N+n_0+1]=\cdots=y[-1+n_0]=0 \tag{2-92b}$$

在初始静止条件下，线性常系数微分方程所描述的系统是因果的和 LTI 的。在实际应用中，一般是在某一时刻 t_0（或 n_0）加入信号，考查因果系统在 $t>t_0$（或 $n>n_0$）后的响应，一般这一时刻通常取 $t_0=0$（或 $n_0=0$）时刻。对于实际因果系统的起始条件，一般可以理解为是由 $t<0$（或 $n<0$）的输入信号引起的，如例 2-14 中的起始条件是由 $t<0$ 的输入信号 $e(t)$ 引起的；或者在 $t=0$ 时刻形成系统时，由系统中的储能元件的初始储能引起的。对于因果 LTI 系统，$t<0$（或 $n<0$）期间输入信号对系统在 $t>0$（或 $n>0$）以后输出响应的影响，可以等价为一组系统的起始状态，结合 $t>0$（或 $n>0$）的系统输入，就可完全确定系统在 $t=0$（或 $n=0$）时刻以后的所有行为特征。但单纯从数学上考虑，仅有初始静止的系统，才是因果 LTI 系统，系统的起始条件似乎破坏了系统的因果性和线性性。出现上述矛盾，是由于在通常情况下，仅在某一时刻上研究系统今后的响应，而将以前的输入信号等价为一组系统起始状态，用以决定它对今后系统行为的影响。这是一种求解系统响应的数学方法，它没有改变系统的因果性和线性性，因果 LTI 系统的起始条件对以前（$t<0$）系统的输入信号而言，是满足因果性和线性性的，这是因为它是系统对以前（$t<0$）输入信号响应的结果。在这里要注意区别系统起始状态和系统输出响应的起始条件。对于给定实际系统，系统的起始状态可以确定系统输出响应的起始条件；反之，系统的输出响应的起始条件不一定能确定系统的起始状态。

利用零状态响应和零输入响应概念，很容易解决上述矛盾，而且，其物理概念非常清楚。

实际上，系统的起始状态可以等效为系统的激励，如电容器上的起始电压 $V_c(0_-)$ 可等效为与电容器串联的电压源 $V_c(0_-)u(t)$。因此，对零输入响应 $y_{zs}(t)$ 也满足叠加性和齐次性。通过本节的分析，可以把常系数线性微分方程所描述的因果系统的线性特性进一步描述如下。

① 系统响应具有可分解特性，即响应可以分解为零输入响应和零状态响应之和。

② 零状态线性，即系统的零状态响应对于外加激励信号呈线性关系，称为零状态线性。

③ 零输入线性，即系统的零输入响应对于系统的起始状态呈线性关系，称为零输入线性。

2.6 LTI 系统的框图表示

为了便于模拟实现和直观分析，在实际工作中，常用模拟框图简洁方便地表示一个系统，即用几个基本的运算单元来实现微分方程或差分方程所表示的系统输入输出关系或系统的运算关系。

(1) 连续时间线性时不变系统的方框表示

在实际中常用三种基本运算器：标乘器（放大器）、加法器和积分器来模拟给定的系统，如图 2-25 所示。

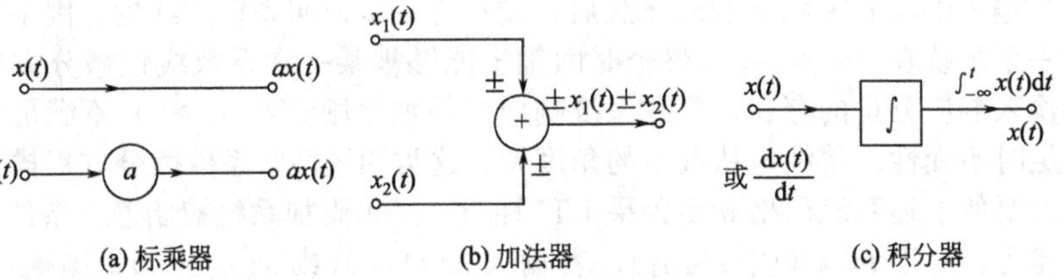

图 2-25 三种基本运算器的模型符号

例如，描述一个二阶系统的微分方程为

$$a_2\frac{\mathrm{d}^2y(t)}{\mathrm{d}t^2}+a_1\frac{\mathrm{d}y(t)}{\mathrm{d}t}+a_0y(t)=b_2\frac{\mathrm{d}^2x(t)}{\mathrm{d}t^2}+b_1\frac{\mathrm{d}x(t)}{\mathrm{d}t}+b_0x(t) \tag{2-93}$$

考虑以下方程

$$a_2\frac{\mathrm{d}^2\omega(t)}{\mathrm{d}t^2}+a_1\frac{\mathrm{d}\omega(t)}{\mathrm{d}t}+a_0\omega(t)=x(t) \tag{2-94}$$

则式(2-93) 的系统可看成输入信号为 $b_2\frac{\mathrm{d}^2x(t)}{\mathrm{d}t^2}+b_1\frac{\mathrm{d}x(t)}{\mathrm{d}t}+b_0x(t)$ 的式(2-94) 所描述的系统，根据 LTI 的叠加性和微分性质，有

$$y(t)=b_2\frac{\mathrm{d}^2\omega(t)}{\mathrm{d}t^2}+b_1\frac{\mathrm{d}\omega(t)}{\mathrm{d}t}+b_0\omega(t) \tag{2-95}$$

将式(2-94) 描述的系统方程改写为

$$\frac{\mathrm{d}^2\omega(t)}{\mathrm{d}t^2}=\left[x(t)-a_1\frac{\mathrm{d}\omega(t)}{\mathrm{d}t}-a_0\omega(t)\right]\Big/a_2 \tag{2-96}$$

由于该方程为二阶微分方程，故需要两个积分器。将 $\frac{\mathrm{d}^2\omega(t)}{\mathrm{d}t^2}$ 作为加法器的输出，则根据式(2-96)，式(2-94) 所描述的系统的模拟框图如图 2-26 所示。注意在图 2-26 所示的两个积分器串联支路上的各节点分别形成了 $\omega''(t)$，$\omega'(t)$ 和 $\omega(t)$ 信号的输出点，结合式(2-95) 所示关系，一个式(2-93) 所描述的二阶系统的模拟框图可表示为如图 2-27 所示，框图中各

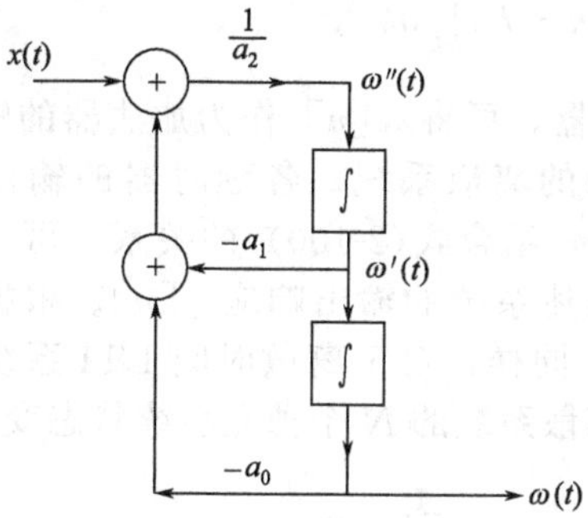

图 2-26 式(2-94) 所描述系统的模拟框图

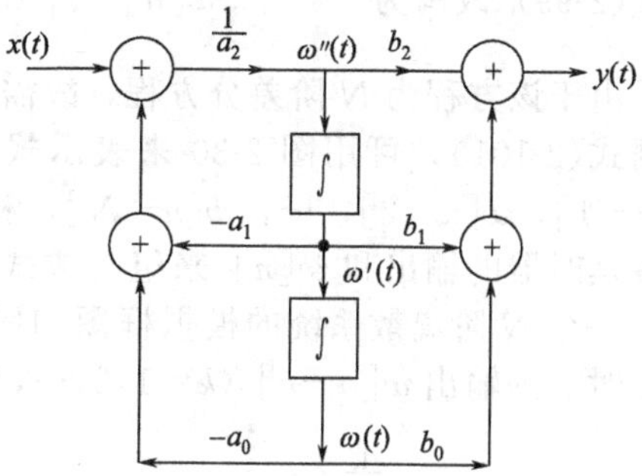

图 2-27 二阶系统的模拟框图

积分器的输出可作为系统状态变量。

一个由 N 阶微分方程描述的系统可表示为

$$\sum_{k=0}^{N} a_k \frac{\mathrm{d}^k y(t)}{\mathrm{d}t^k} = \sum_{k=0}^{N} b_k \frac{\mathrm{d}^k x(t)}{\mathrm{d}t^k} \tag{2-97}$$

可将上述所得结果，推广到上式所示的 N 阶系统，其模拟框图可用图 2-28 所示框图来表示。一般将图 2-28 所示的模拟框图称为直接Ⅱ型结构。

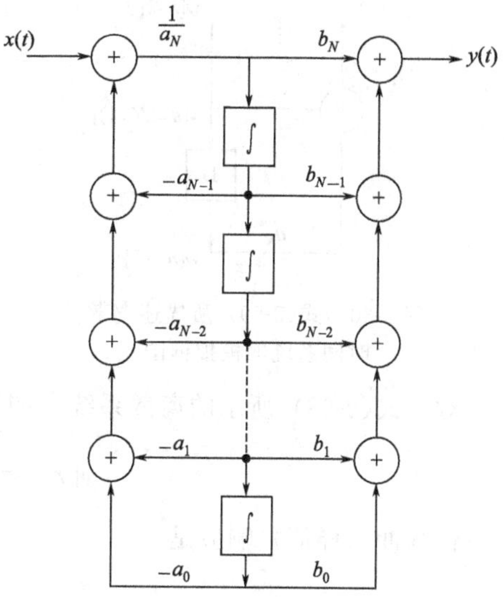

图 2-28 N 阶系统的模拟框图

(2) 离散时间线性时不变系统的方框图表示

与连续时间系统类似，离散系统的三个基本运算单元可由标乘器、加法器和单位延迟器组成，如图 2-29 所示。

一个 N 阶的离散系统的差分方程可表示为

$$\sum_{k=0}^{N} a_k y[n-k] = \sum_{k=0}^{N} b_k x[n-k],\ a_0 \neq 0 \tag{2-98}$$

同样考查系统 $\sum_{k=0}^{N} a_k w[n-k] = x[n]$ (2-99)

当式(2-99)所描述的系统输入信号为 $\sum_{k=0}^{N} b_k x[n-k]$ 组合信号时，则式(2-99)和式(2-98)两个系统就完全相同。根据 LTI 系统的叠加性和时不变性，有

$$y[n] = \sum_{k=0}^{N} b_k w[n-k] \tag{2-100}$$

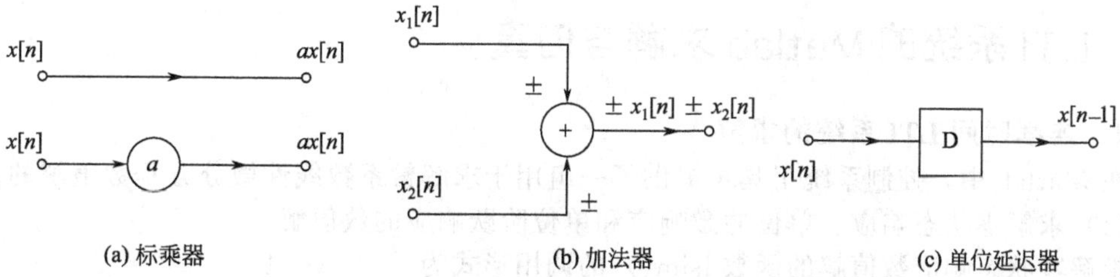

图 2-29 离散系统的三个基本运算单元

将式(2-99) 改写为 $$w[n]=\left(x[n]-\sum_{k=1}^{N}a_k[n-k]\right)\Big/a_0 \tag{2-101}$$

由于该方程为 N 阶差分方程，故需要 N 个延时器，可将 $w[n]$ 作为加法器的输出，则根据式(2-101)，可用图 2-30 来表示式(2-99) 所示的离散系统。各延时器的输出分别为 $w[n-1]$，$w[n-2]$，…，$w[n-N]$，利用这些信号，结合式(2-100) 的关系，可由图 2-30 中各延时器的输出和 $w[n]$ 来组合成式(2-98) 所描述系统的输出响应 $y[n]$。根据上述讨论，一个 N 阶离散系统的模拟框图如图 2-31 所示。同样，对于离散时间 LTI 系统，其 N 个延时器的输出 $w[n-k]$ $(k=1,2,\cdots,N)$ 可作为离散系统的 N 个独立系统状态变量。

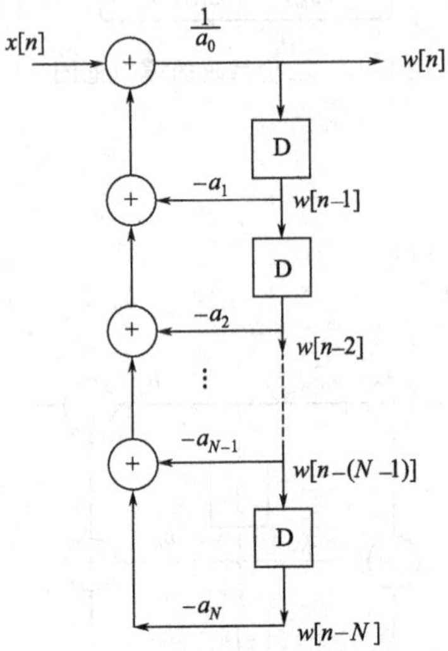

图 2-30　式(2-99) 所描述离散时间系统的模拟框图

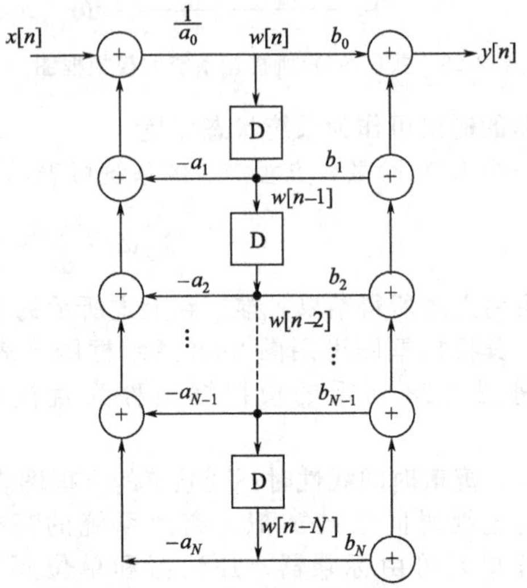

图 2-31　N 阶离散系统的模拟框图

对于式(2-98) 所示的离散系统，如满足 $a_k=0(k\neq 0)$，则可表示为

$$y[n]=\sum_{k=0}^{N}\left(\frac{b_k}{a_0}\right)x[n-k] \tag{2-102}$$

其单位脉冲（样值）响应是

$$h[n]=\begin{cases}\dfrac{b_n}{a_0}, & 0\leqslant n\leqslant N\\ 0, & 其他\end{cases}$$

注意到，它的单位样值响应是有限时长的，也就是说，仅仅在一个有限的时间间隔内是非零。由于这个特点，将式(2-102) 所表征的系统称为有限冲激响应 FIR 系统。当不满足 $a_k=0(k\neq 0)$ 时，图 2-31 所示的系统中存在着反馈系数 a_k，此时，系统的单位冲激响应是无限时长的，因此，这类系统通称为无限冲激响应 IIR 系统。

2.7　LTI 系统的 Matlab 求解与仿真

2.7.1　连续时间 LTI 系统的求解

在 Matlab 中，控制系统工具箱提供了一组用于求解常系数线性微分方程数值解的函数。

(1) 求解零状态响应、单位冲激响应和单位阶跃响应的数值解

求解零状态响应数值解的函数 lsim() 的调用形式为

$$y_{zs}(t)=\text{lsim}(sys,x,t)$$

单位冲激响应数值解的函数 impulse() 的调用形式为

h(t)=impulse(sys,t)

单位阶跃响应数值解的函数 step() 的调用形式为

s(t)=step(sys,t)

以上各式中，t 表示时间的抽样点向量，x 是输入信号的样值向量，sys 是系统模型。在求解常系数线性微分方程时，LTI 的系统模型 sys 要借助 Matlab 中的 tf() 函数来获得：

sys=tf(b,a)

式中，b 和 a 分别为常系数微分方程右端和左端各项的系数向量。

例如，sys=tf([2 1 3],[1 3 2])可表示下列常系数线性微分方程的模型

$$\frac{d^2y(t)}{dt^2}+3\frac{dy(t)}{dt}+2y(t)=2\frac{d^2x(t)}{dt^2}+\frac{dx(t)}{dt}+3x(t)$$

【例 2-20】 求解方程

$$\frac{d^2y(t)}{dt^2}+4\frac{dy(t)}{dt}+3y(t)=\frac{dx(t)}{dt}+3x(t),x(t)=e^{-t}u(t)$$

的零状态响应、单位冲激响应和单位阶跃响应。

解 计算零状态响应、单位冲激响应和单位阶跃响应的源程序如下。

```
%Program2.1 Numerical Solution of Linear Constant-Coefficient Differential Equations
ts=0;te=10;dt=0.01;
sys=tf([1 3],[1 4 3]);
t=ts:dt:te;
x=exp(-1*t);
h=impulse(sys,t); %计算单位冲激响应
s=step(sys,t);    %计算单位阶跃响应
y=lsim(sys,x,t);  %计算零状态响应
subplot(3,1,1);plot(t,h);xlabel('t(sec)');ylabel('h(t)');axis([t(1) t(length(t)) -1 1]);
grid on;
subplot(3,1,2);plot(t,s);xlabel('t(sec)');ylabel('s(t)');axis([t(1) t(length(t)) 0 1.5]);
grid on;
subplot(3,1,3);plot(t,y);xlabel('t(sec)');ylabel('y(t)');axis([t(1) t(length(t)) -0.5 1]);
grid on;
```

运行结果如图 2-32 所示。

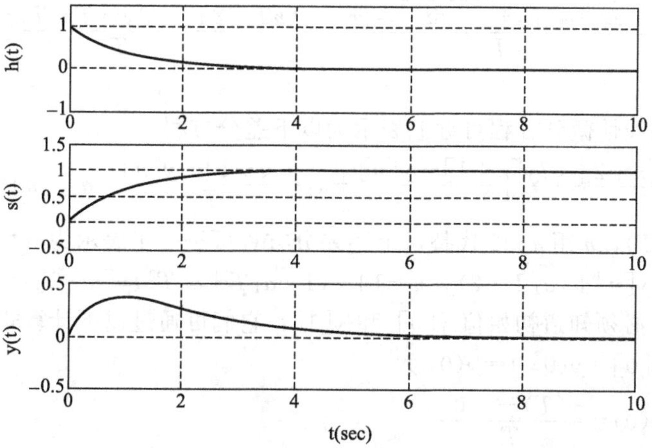

图 2-32 例 2-20 的运行结果图

(2) 零输入响应的数值求解

编写 recur() 函数用于求解连续时间 LTI 系统响应的数值解。recur() 的调用形式为

$$y[n]=\mathrm{recur}(c,d,n,x,X0,Y0),n\geqslant 2$$

式中，c 和 d 分别为差分方程左端（第一项系数恒为 1，系数向量从第二项算起）和右端各项的系数向量，n 表示离散时间向量，x 是输入信号的样值向量，X0 和 Y0 是差分输入信号和输出信号的初始值向量。recur 函数可以求差分方程的全解，其源程序如下。

```
% Solution of Linear Constant-Coefficient Difference Equations for zero Input Response
function y=recur(c,d,n,x,X0,Y0);
N=length(c);M=length(d)-1;
y=[Y0 zeros(1,length(n))];x=[X0 x];
a1=c(length(c):-1:1);   % reverses the elements in c
b1=d(length(d):-1:1);   % reverses the elements in d
for i=N+1:N+length(n),
  y(i)=-a1 * y(i-N:i-1)'+b1 * x(i-N:i-N+M)';
end
y=y(N+1:N+length(n));
```

要利用 recur() 函数来求解连续时间 LTI 系统的零输入响应，首先必须将需要求解的常系数线性微分方程离散化为一差分方程，然后用 recur() 函数通过求解对应差分方程的零输入响应来获得该常系数线性微分方程的零输入响应。

考虑某二阶常系数线性微分方程

$$\frac{d^2y(t)}{dt^2}+a_1\frac{dy(t)}{dt}+a_0y(t)=x(t)$$

其零输入响应对应的方程为（输入信号为零）

$$\frac{d^2y(t)}{dt^2}+a_1\frac{dy(t)}{dt}+a_0y(t)=0$$

设离散时间为 $t=nT$，式中，T 为时间抽样间隔，T 越小计算精度越高。因此，可以将一阶和二阶微分近似表示为

$$\left.\frac{dy(t)}{dt}\right|_{t=nT}=\frac{y(nT+T)-y(nT)}{T}$$

$$\left.\frac{d^2y(t)}{dt^2}\right|_{t=nT}=\frac{\left.\frac{dy(t)}{dt}\right|_{t=nT+T}-\left.\frac{dy(t)}{dt}\right|_{t=nT}}{T}=\frac{y(nT+2T)-2y(nT+T)+y(nT)}{T^2}$$

因此，二阶常系数线性微分方程可近似表示为以下差分方程

$$\frac{y[n+2]-2y[n+1]+y[n]}{T^2}+a_1\frac{y[n+1]-y[n]}{T}+a_0y[n]=0$$

式中，$y[n]=y(nT)$，n 用 $n-2$ 代替，上述差分方程可进一步表示为

$$y[n]+(a_1T-2)y[n-1]+(1-a_1T+a_0T^2)y[n-2]=0$$

求解该差分方程，必须知道初始值 $y[0]$ 和 $y[1]$，它们可通过以下计算式获得

$$y[0]=y(0_+)=y(0_-)$$

$$\dot{y}(0)=\frac{y(T)-y(0)}{T}$$

$$y[1]=y(T)=y(0)+T\dot{y}(0)=y(0)+T\dot{y}(0_+)=y(0)+T\dot{y}(0_-)$$

【例 2-21】 求解下列方程的零输入响应 $y_{zi}(t)$。

$$\frac{d^2y(t)}{dt^2}+4\frac{dy(t)}{dt}+3y(t)=x(t),y(0_-)=1,\ \dot{y}(0_-)=2$$

解 计算零输入响应、单位冲激响应和单位阶跃响应的源程序如下。

```
%Program2.2 Numerical Solution of Linear
%Constant-Coefficient Differential Equations for
%Zero Input Response
T=0.05;
Y0=[1  1+2*T];
n=2:100;
c=[4*T-2  1-4*T+3*T^2];d=[1];
f=0*n;
y1=recur(c,d,n,f,0,Y0);
y=[Y0  y1]; t=0:T:(length(n)+1)*T;
plot(t,y);xlabel('t(sec)');ylabel('y(t)');
axis([t(1) t(length(t)) -0.5 1.5]);grid on;
```

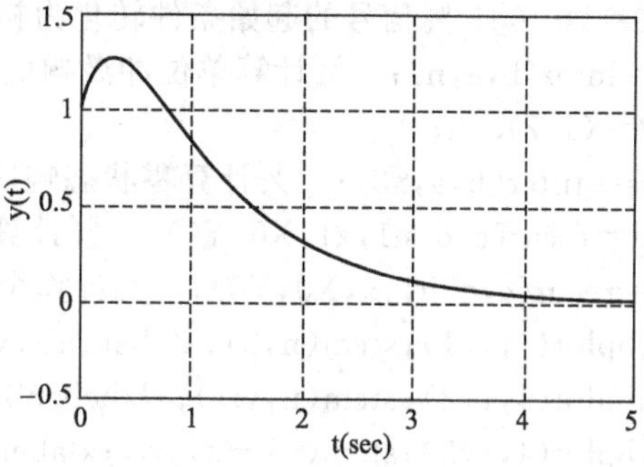

图 2-33 例 2-21 的运行结果图

运行结果如图 2-33 所示。

2.7.2 离散时间 LTI 系统的求解

在 Matlab 系统中，信号处理工具箱提供了一组用于求解常系数线性差分方程数值解的函数。

求解零状态响应、零输入响应、单位冲激响应和单位阶跃响应。

求解零输入响应可以用 recur() 函数，其调用形式为（见 2.7.1 节）

$y_{zs}[n]$=recur(c,d,n,0,0,Y0)，$n\geqslant 2$，其中输入信号的初始值为零

求解零状态响应函数 filter() 的调用形式为

$y_{zs}[n]$=filter(b,a,x)

求解单位冲激响应函数 impz() 的调用形式为

$h[n]$=impz(b,a,n)

求解单位阶跃响应函数 stepz() 的调用形式为

$s[n]$=stepz(b,a,k)

求全响应可以用 recur() 函数，其调用形式为（见 2.7.1 节）

$y_{zs}[n]$=recur(c,d,n,x,X0,Y0),$n\geqslant 2$

以上式中，n 表示离散时间向量（信号的取值范围），f 是输入信号的样值向量，b 和 a 分别为常系数差分方程右端和左端各项的系数向量。

【例 2-22】 求解以下差分方程的零状态响应、零输入响应、单位冲激响应和单位阶跃响应。

$$y[n]+\frac{5}{6}y[n-1]+\frac{1}{6}y[n-2]=5x[n]-x[n-2]$$

$$x[n]=\left(\frac{1}{2}\right)^n u[n],\quad y[-1]=4,\quad y[-2]=2$$

解 计算零状态响应、零输入响应、单位冲激响应的源程序如下。

```
%Program2.3 Solution of Linear Constant-Coefficient Difference Equations
a=[1  5/6  1/6];b=[5  0 -1];c=[5/6  1/6];d=[5  0  -1];
n1=2:10;
n=0:length(n1)-1;
```

```
x=(1/2).^(n1-2); % 为方便起见，将实际的 n=-2 时刻，作为计算时的零时刻
x1=0*n1; %输入信号等于 0，用于计算零输入响应
Y0=[2  4]; %将实际的 n=-2 时刻作为计算时的零时刻后，原来的起始条件就转化为
         %初始条件
X0=[0  0]; %信号的起始条件转化为初试条件
h=impz(b,a,n);  %计算单位冲激响应
x2=(1/2).^n;
yzs=filter(b,a,x2);  %计算零状态响应
yzi=recur(c,d,n1,x1,X0,Y0);  %计算零输入响应
y=recur(c,d,n1,x,X0,Y0);  %计算全响应
subplot(4,1,1);stem(n,h);xlabel('n');ylabel('冲激响应');grid on;
subplot(4,1,2);stem(n,yzs);xlabel('n');ylabel('零状态响应');grid on;
subplot(4,1,3);stem(n1-2,yzi);xlabel('n');ylabel('零输入响应');grid on;
subplot(4,1,4);stem(n1-2,y);xlabel('n');ylabel('全响应');grid on;
```

运行结果如图 2-34 所示。

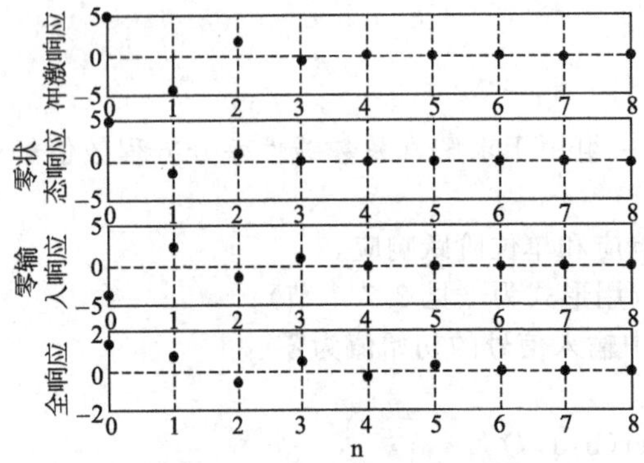

图 2-34　例 2-22 的运行结果图

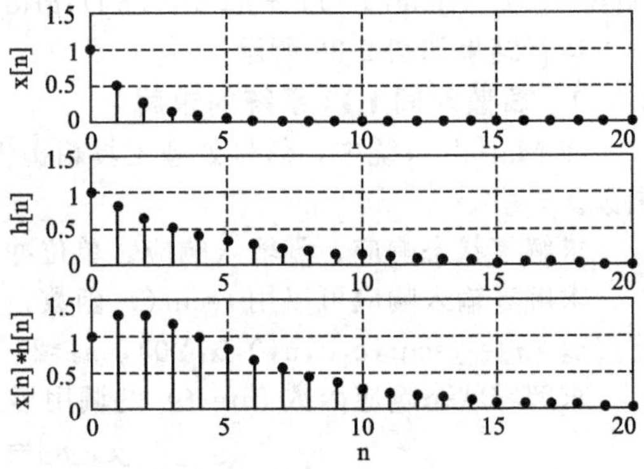

图 2-35　例 2-23 的运行结果图

2.7.3　卷积计算

（1）离散时间卷积和计算

Matlab 系统中的信号处理工具箱提供了一个计算离散时间卷积和的函数

y=conv(x,h)

其中 x，h 分别为两输入信号的向量表示，y 为卷积结果的向量。

【例 2-23】 已知：$x[n]=(0.5)^n u[n]$，$h[n]=(0.8)^n u[n]$；求 $y[n]=x[n]*h[n]$。

解　计算卷积和的源程序如下。

```
% Convolution of Two Discrete-Time Signals
n=0:100;
x=(1/2).^n;
h=(0.8).^n;
y=conv(x,h);
subplot(3,1,1);stem(n,x);xlabel('n');ylabel('x[n]');axis([0  20  0  1.5]);grid on;
subplot(3,1,2);stem(n,h);xlabel('n');ylabel('h[n]');axis([0  20  0  1.5]);grid on;
subplot(3,1,3);stem(0:length(y)-1,y);xlabel('n');ylabel('x[n] * h[n]');axis
([0  20  0  1.5]);grid on;
```

运行结果如图 2-35 所示。

(2) 连续时间卷积积分的数值计算

可以通过数值计算方法，利用 Matlab 中的函数 conv(x,h) 近似计算连续时间卷积积分。

取一时间间隔 T，将连续时间卷积积分

$$y(t)=\int_{-\infty}^{\infty}x(\tau)h(t-\tau)\mathrm{d}\tau$$

表示为

$$\begin{aligned}y(t)&=\cdots+\int_{-iT}^{-iT+T}x(\tau)h(t-\tau)\mathrm{d}\tau+\cdots+\int_{-2T}^{-T}x(\tau)h(t-\tau)\mathrm{d}\tau+\int_{-T}^{0}x(\tau)h(t-\tau)\mathrm{d}\tau\\&\quad+\int_{0}^{T}x(\tau)h(t-\tau)\mathrm{d}\tau+\int_{T}^{2T}x(\tau)h(t-\tau)\mathrm{d}\tau+\cdots+\int_{iT}^{iT+T}x(\tau)h(t-\tau)\mathrm{d}\tau+\cdots\\&=\sum_{i=-\infty}^{\infty}\int_{iT}^{iT+T}x(\tau)h(t-\tau)\mathrm{d}\tau\end{aligned}\tag{2-103}$$

如时间间隔 T 足够小，可得到如下的近似关系

$$\begin{aligned}x(\tau)&=x(iT),\quad iT\leqslant\tau<iT+T\\h(t-\tau)&=h(t-iT),\quad iT\leqslant\tau<iT+T\end{aligned}\tag{2-104}$$

将上式代入式(2-103)

$$\begin{aligned}y(nT)&=\sum_{i=-\infty}^{\infty}\int_{iT}^{iT+T}x(\tau)h(nT-\tau)\mathrm{d}\tau=\sum_{i=-\infty}^{\infty}\left(\int_{iT}^{iT+T}\mathrm{d}\tau\right)x(iT)h(nT-iT)\\&=\sum_{i=-\infty}^{\infty}Tx(iT)h(nT-iT)=\sum_{i=-\infty}^{\infty}x(iT)Th(nT-iT)\\&=\sum_{i=-\infty}^{\infty}x[i]h_1[n-i]=x[n]*h_1[n]\end{aligned}\tag{2-105}$$

上式中 $x[n]=x(nT)$，$h_1[n]=T\cdot h(nT)$。式(2-105) 为连续时间卷积积分的数值计算公式，它近似地表示在 $t=nT$ 时刻点上的卷积积分值，T 越小计算精度越高。

【例 2-24】 计算两矩形窗信号的卷积。

解 计算卷积和的源程序如下

```
% Convolution of Two Continuous-Time Signals
T=0.01;t=-2:T:5;L=length(t);
h=2*0.5*((sign(t+1)+1)-(sign(t-1)+1));
x=0.5*((sign(t)+1)-(sign(t-3)+1));
y=conv(T*h,x);t1=-4:T:10;
subplot(3,1,1);plot(t,x);xlabel('t');ylabel
('x(t)');axis([-2 5 0 1.5]);
subplot(3,1,2);plot(t,h);xlabel('t');ylabel
('h(t)');axis([-2 5 0 2.5]);
subplot(3,1,3);plot(t1,y);xlabel('t');ylabel('
y(t)');axis([-2 5 -1 5]);
```

运行结果如图 2-36 所示。

2.7.4 LTI 系统的仿真

利用 2.6 节所讨论的 LTI 系统的框图表示方法，用 Matlab 的 Simulink 工具箱可实现对 LTI 系统的仿真，具体方法由以下两个例子来说明。

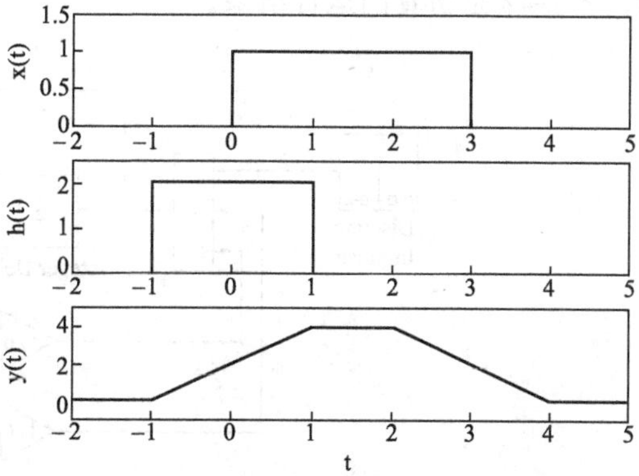

图 2-36 例 2-24 的运行结果图

【例 2-25】 试用 Matlab 仿真例 2-12 所讨论的 LC 并联电路，如图 2-37 所示。

解 LC 并联电路的方程为

$$\frac{d^2}{dt^2}v(t)+\frac{1}{RC}\frac{d}{dt}v(t)+\frac{1}{LC}v(t)=\frac{1}{RC}\frac{d}{dt}e(t)$$

该方程可表示为图 2-38 所示的模拟框图。该模拟框图的仿真可用基于框图的工具箱 Simulink 实现。取 $1/RC=1$，$1/LC=10$，$e(t)=u(t)$，图 2-39 给出了实现例 2-25 中并联谐振电路的 Simulink 仿真框图，图 2-40 是仿真的结果。

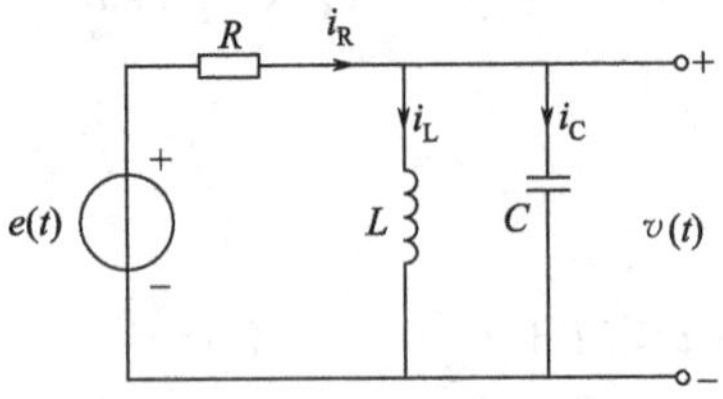

图 2-37 例 2-25 所讨论的 LC 并联电路

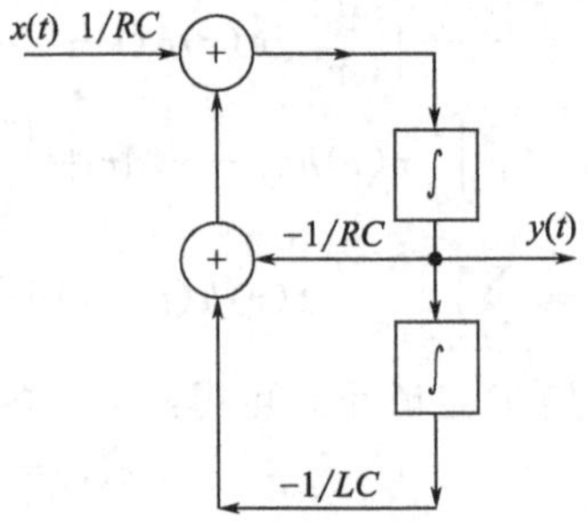

图 2-38 LC 并联电路的模拟框图

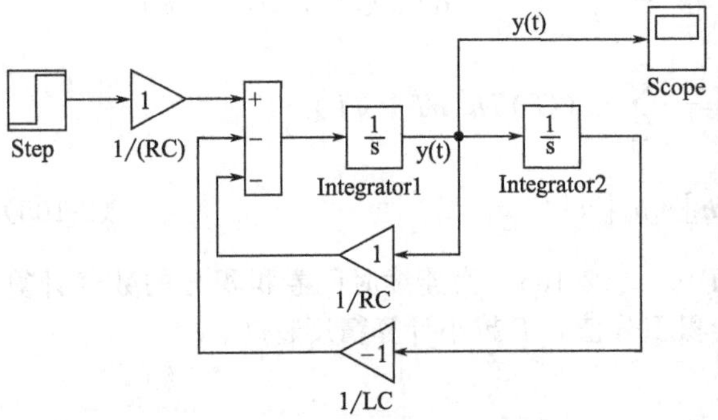

图 2-39 例 2-25 中 LC 并联电路的 Simulink 仿真框图

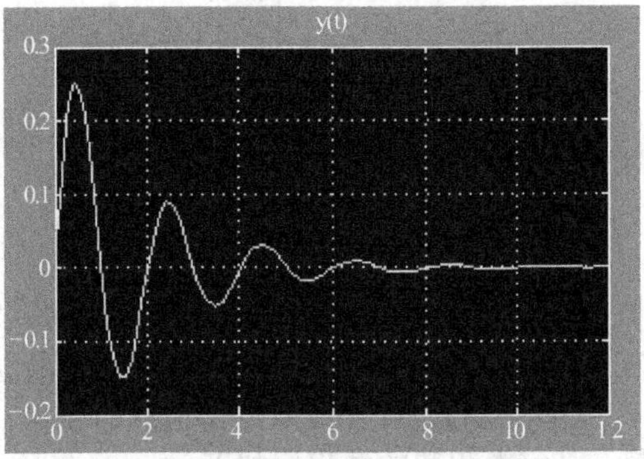

图 2-40 例 2-25 的仿真结果

【例 2-26】 试用 Matlab 的 Simulink 工具箱仿真以下离散系统

$$y[n]-\frac{5}{6}y[n-1]+\frac{1}{6}y[n-2]=x[n]+\frac{1}{4}x[n-1],\quad x[n]=\delta[n]$$

解 根据离散系统的模拟框图表示方法，图 2-41 为实现该离散系统的 Simulink 仿真框图，图 2-42 是仿真的运行结果。

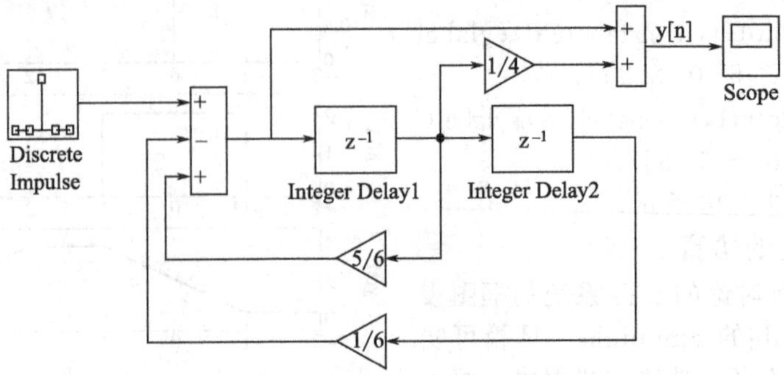

图 2-41 例 2-26 的 Simulink 仿真框图

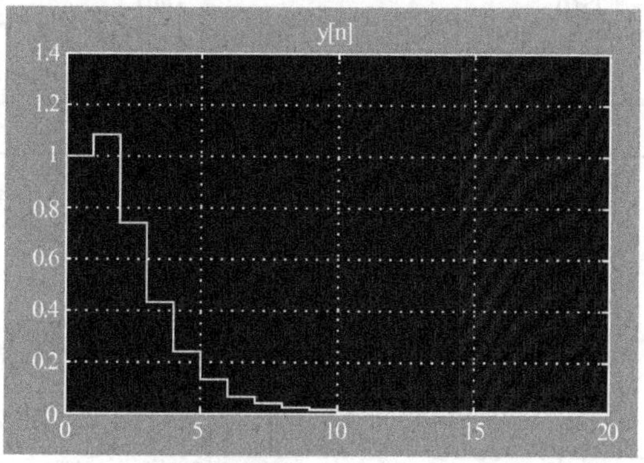

图 2-42 例 2-26 的仿真结果

习题 2

2-1 求下列各函数 $x(t)$ 与 $h(t)$ 的卷积 $x(t)*h(t)$。

(1) $x(t)=e^{-at}u(t), h(t)=u(t), a\neq 0$;

(2) $x(t)=\delta(t), h(t)=\cos\omega_0 t+\sin\omega_0 t$;

(3) $x(t)=(1+t)[u(t)-u(t-1)], h(t)=u(t)-u(t-2)$;

(4) $x(t)=\sin 2t\cdot u(t), h(t)=u(t)$;

(5) $x(t)=u(t)-2u(t-2)+u(t-4), h(t)=e^{2t}$;

(6) $x(t)$ 和 $h(t)$ 如图 2-43 所示。

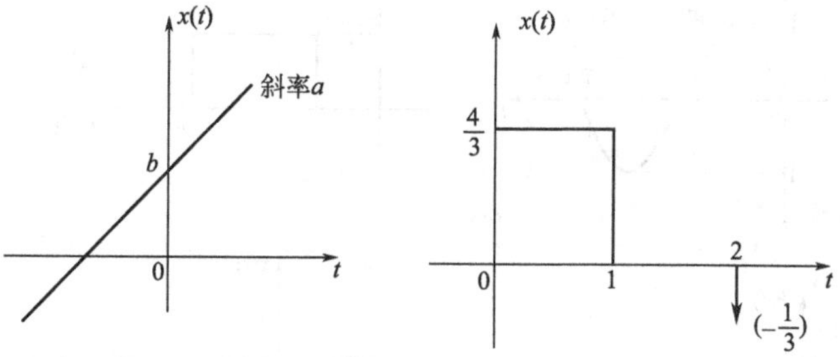

图 2-43 题 2-1 图

2-2 求下列离散序列 $x[n]$ 与 $h[n]$ 的卷积和。

(1) $x[n]=nu[n], h[n]=\delta[n-2]$;

(2) $x[n]=2^n u[n], h[n]=u[n]$;

(3) $x[n]=2^n u[-n-1], h[n]=(\frac{1}{2})^n u[n-1]$;

(4) $x[n]=a^n u[n], h[n]=\beta^n u[n], a\neq\beta$;

(5) $x[n]=(-1)^n(u[-n]-u[-n-8]), h[n]=u[n]-u[n-8]$。

2-3 已知 $x_1(t)=u(t+1)-u(t-1)$，$x_2(t)=\delta(t+5)+\delta(t-5)$，$x_3(t)=\delta(t+\frac{1}{2})+\delta(t-\frac{1}{2})$，画出下列各卷积波形。

(1) $x_1(t)*x_2(t)$；(2) $x_1(t)*x_2(t)*x_3(t)$；

(3) $x_1(t)*x_3(t)$。

2-4 设 $y(t)=e^{-t}u(t)*\sum_{k=-\infty}^{\infty}\delta(t-3k)$，证明 $y(t)=Ae^{-t}$，$0\leqslant t<3$，并求 A 值。

2-5 求图 2-44 所示信号 $x(t)$ 与 $h(t)$ 的卷积，并用图解的方法画出 $x(t)*h(t)$ 的波形。

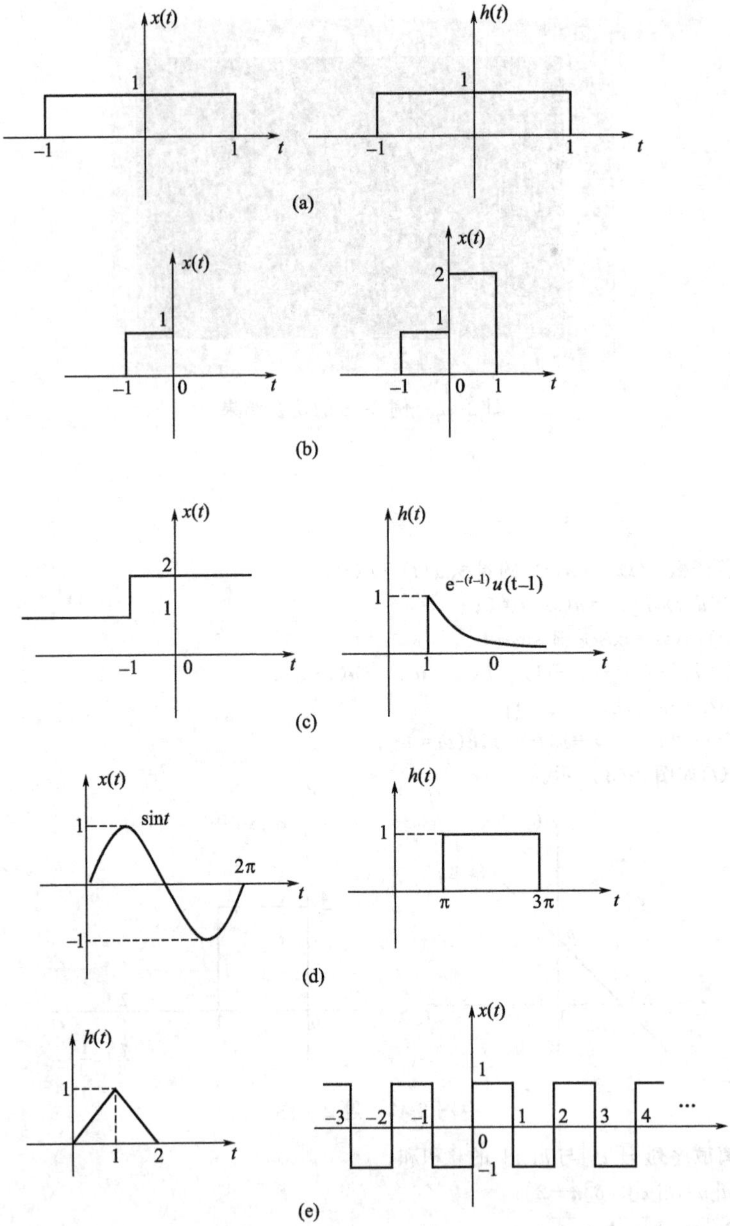

图 2-44　题 2-5 图

2-6　计算图 2-45 所示信号 $x[n]$ 和 $h[n]$ 的卷积和。

2-7　考虑一个离散时间 LTI 系统，其单位样值（脉冲）响应为

$$h[n]=\left(\frac{1}{2}\right)^n u[n]$$

(1) 求 A 以满足 $h[n]-Ah[n-1]=\delta[n]$

(2) 利用 (1) 的结果，求该系统的逆系统的单位样值（脉冲）响应；

(3) 利用 (2) 的结果，结合卷积性质，求一信号 $x[n]$，使之满足

$$x[n]*h[n]=2^n(u[n]-u[n-4])$$

2-8　某 LTI 系统的单位冲激响应为 $h_0(t)$，当输入为 $x_0(t)$ 时，系统对 $x_0(t)$ 的响应为 $y_0(t)=x_0(t)*h(t)$（如图 2-46 所示）。现给出以下各组单位冲激响应 $h(t)$ 和输入 $x(t)$，分别求 $y(t)=x(t)*h(t)$（用 $y_0(t)$ 表示），并画出 $y(t)$ 的波形图。

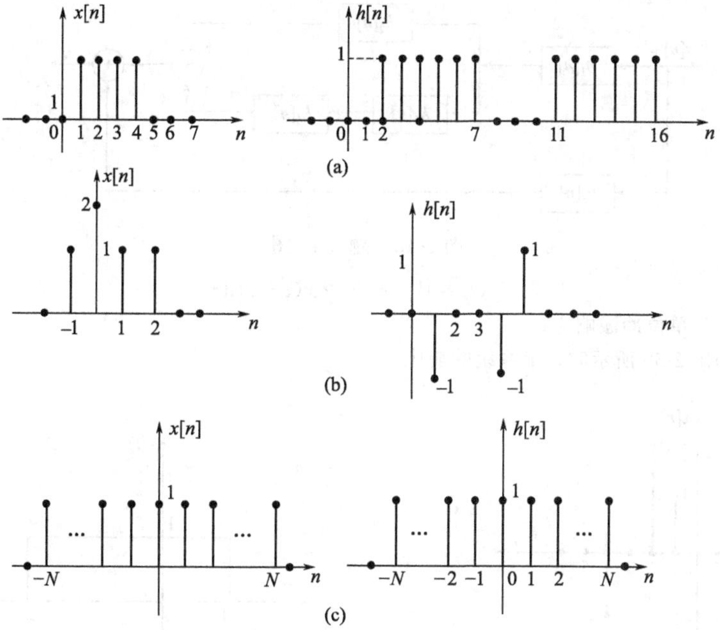

图 2-45　题 2-6 图

(1) $x(t)=3x_0(t), h(t)=h_0(t)$；

(2) $x(t)=x_0(t)-x_0(t-2), h(t)=h_0(t)$；

(3) $x(t)=x_0(t-2), h(t)=h_0(t+1)$；

(4) $x(t)=x_0(-t), h(t)=h_0(-t)$；

(5) $x(t)=\frac{\mathrm{d}x_0(t)}{\mathrm{d}t}, h(t)=h(t)$；

(6) $x(t)=\frac{\mathrm{d}x_0(t)}{\mathrm{d}t}, h(t)=\frac{\mathrm{d}h(t)}{\mathrm{d}t}$。

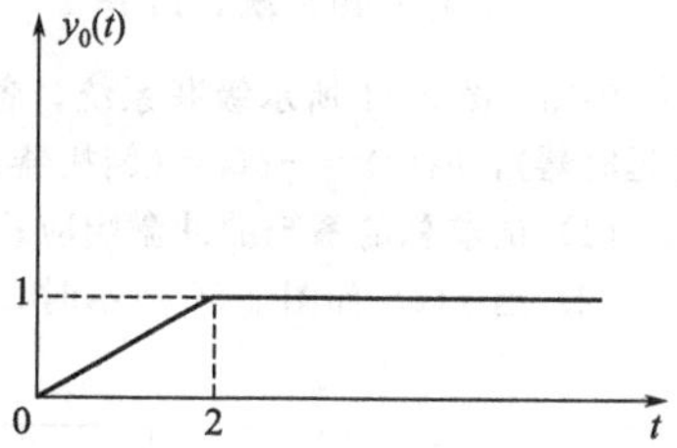

图 2-46　题 2-8 图

2-9　对图 2-47 所示两个 LTI 系统的级联，已知

$$h_1[n]=\alpha^n u[n]+\beta^n u[n], |\alpha|<1, |\beta|<1, \alpha\neq\beta$$

$$h_2[n]=\left(-\frac{1}{2}\right)^n u[n]$$

输入

$$x[n]=\delta[n]+\frac{1}{2}\delta[n-1]$$

求输出

$$y[n]=x[n]*h_1[n]*h_2[n]$$

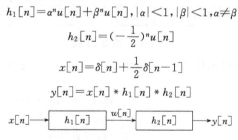

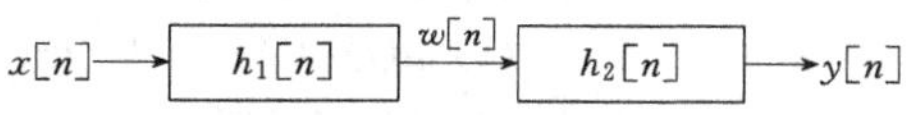

图 2-47　题 2-9 图

2-10　求 $y[n]=x_1[n]*x_2[n]*x_3[n]$，其中 $x_1[n]=(0.5)^n u[n]$，$x_2[n]=u[n+3]$和 $x_3[n]=\delta[n]-\delta[n-1]$。

(1) 求卷积 $x_1[n]*x_2[n]$；　　(2) 求卷积 $x_1[n]*x_2[n]*x_3[n]$；

(3) 求卷积 $x_2[n]*x_3[n]$。

2-11　对图 2-48 所示的 LTI 系统的互联

(1) 用 $h_1[n]$，$h_2[n]$，$h_3[n]$，$h_4[n]$ 和 $h_5[n]$ 表示总的单位冲激响应 $h[n]$；

(2) 当 $h_1[n]=4\left(\frac{1}{2}\right)^n(u[n]-u[n-3])$，$h_2[n]=h_3[n]=(n+1)u[n]$，$h_4[n]=\delta[n-1]$，$h_5[n]=\delta[n]-4\delta[n-3]$，求单位冲激响应 $h[n]$；

(3) $x[n]$ 如图 2-49 所示，求 (2) 中所给系统的响应，并画出响应的波形图。

2-12　考虑一个 LTI 系统，其输入和输出关系通过如下方程联系

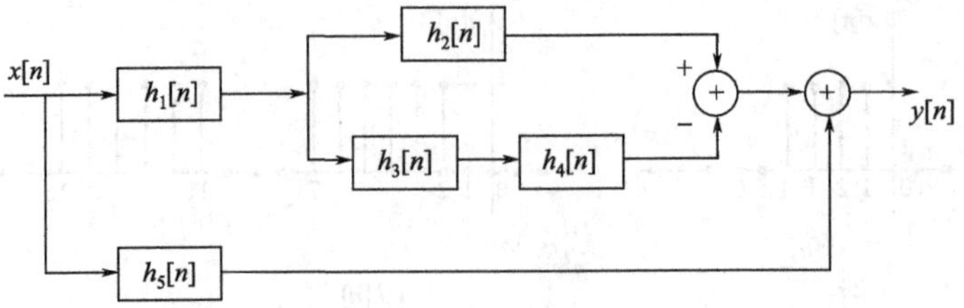

图 2-48　题 2-11 图 1

$$y(t)=\int_{-\infty}^{t}\mathrm{e}^{-(t-\tau)}x(\tau-2)\mathrm{d}\tau$$

(1) 求该系统的单位冲激响应；

(2) 当输入如图 2-50 所示时，求系统的响应。

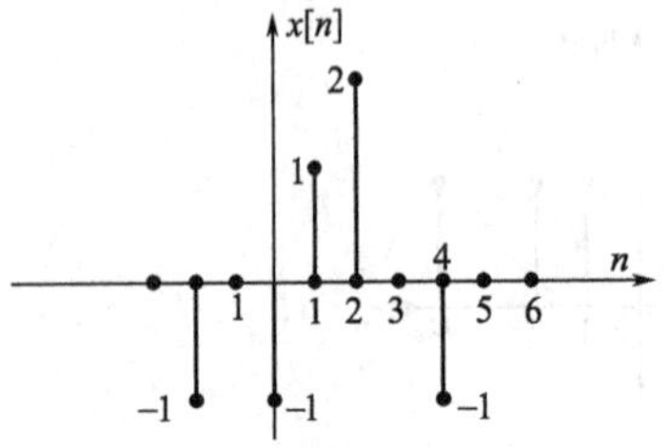

图 2-49　题 2-11 图 2

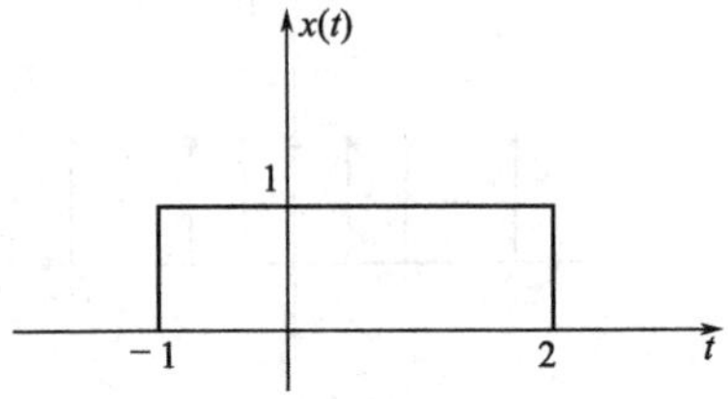

图 2-50　题 2-12 图

2-13　图 2-51 所示级联系统，各子系统的冲激响应分别为 $h_1(t)=u(t)$（积分器），$h_2(t)=\delta(t-1)$（单位延时器），$h_3(t)=-\delta(t)$（倒相器）。

(1) 试求总的系统的冲激响应；

(2) 当 $x(t)$ 如图 2-50 所示时，求系统对该信号的响应 $y(t)$。

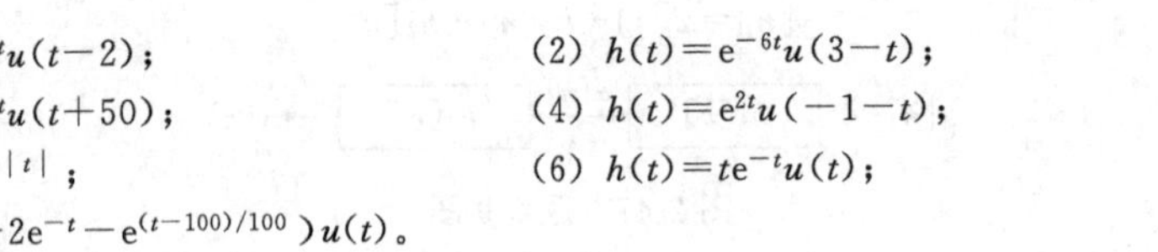

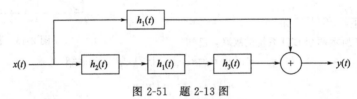

图 2-51　题 2-13 图

2-14. 下面均为连续时间 LTI 系统的单位冲激响应，试判定每个系统是否因果和/或稳定的，陈述理由。

(1) $h(t)=\mathrm{e}^{-4t}u(t-2)$；　　(2) $h(t)=\mathrm{e}^{-6t}u(3-t)$；

(3) $h(t)=\mathrm{e}^{-2t}u(t+50)$；　　(4) $h(t)=\mathrm{e}^{2t}u(-1-t)$；

(5) $h(t)=\mathrm{e}^{-6|t|}$；　　(6) $h(t)=t\mathrm{e}^{-t}u(t)$；

(7) $h(t)=(-2\mathrm{e}^{-t}-\mathrm{e}^{(t-100)/100})u(t)$。

2-15　下面均为离散时间 LTI 系统的单位脉冲响应，试判定每一个系统是否因果和/或稳定的，陈述理由。

(1) $h[n]=\left(\frac{1}{5}\right)^n u[n]$；　　(2) $h[n]=\left(\frac{4}{5}\right)^n u[n+2]$；

(3) $h[n]=\left(\frac{1}{2}\right)^n u[-n]$；　　(4) $h[n]=5^n u[3-n]$；

(5) $h[n]=\left(-\frac{1}{2}\right)^n u[n]+(1.01)^n u[n-1]$；

(6) $h[n]=\left(-\frac{1}{2}\right)^n u[n]+(1.01)^n u[1-n]$；

(7) $h[n]=n\left(\frac{1}{3}\right)^n u[n-1]$。

2-16 判断下面有关LTI系统的说法是对或是错，并陈述理由。

(1) 若 $h(t)$ 是一个因果稳定系统的单位冲激响应，则 $h(t)$ 满足 $\lim\limits_{t\to+\infty}|h(t)|=0$；

(2) 若 $h(t)$ 是一个LTI系统的单位冲激响应，并且 $h(t)$ 是周期的且非零，则系统是不稳定的；

(3) 一个因果的LTI系统的逆系统总是因果的；

(4) 若 $|h[n]|\leqslant k$（对每一个 n），k 为某已知数，则以 $h[n]$ 作为单位脉冲响应的LTI系统是稳定的；

(5) 若一离散时间LTI系统其单位脉冲响应 $h[n]$ 为有限长且有界，则系统是稳定的；

(6) 若一个LTI系统是因果的，它就是稳定的；

(7) 一个非因果的LTI系统与一个因果的LTI系统级联，必定是非因果的；

(8) 当且仅当一个连续时间LTI系统的单位阶跃响应 $s(t)$ 是绝对可积的，即 $\int_{-\infty}^{\infty}|s(t)|\,dt<\infty$，则该系统是稳定的；

(9) 当且仅当一个离散LTI系统的单位阶跃响 $s[n]$ 在 $n<0$ 是零，该系统是因果的。

2-17 已知图2-52(a)所示连续时间LTI系统的单位阶跃响应：$s_1(t)=u(t)-2u(t-1)+u(t-2)$。图2-52(b)所示系统，如果 $x(t)=u(t)-u(t-2)$，求系统响应 $y(t)=x(t)*h(t)$，并绘出 $y(t)$ 的波形。

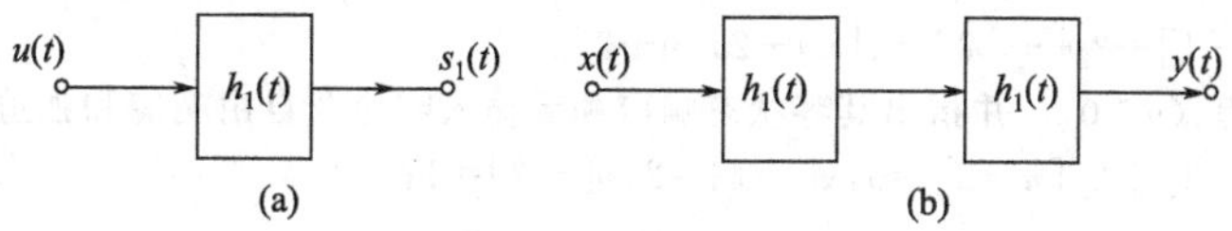

图2-52 题2-17图

2-18 已知某连续时间LTI系统，当输入为图2-53(a)所示的 $x_1(t)$ 时，输出为图2-53(b)所示的 $y_1(t)$。现若给该系统施加的输入信号为 $x_2(t)=\sin\pi t[u(t)-u(t-1)]$，求系统的输出响应 $y_2(t)$。

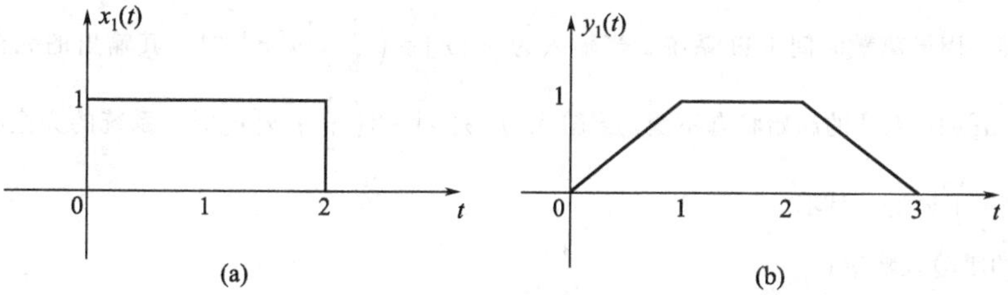

图2-53 题2-18图

2-19 图2-54所示电路，$t<0$ 时，开关位于“1”且已达到稳定，$t=0$ 时刻开关自“1”转至“2”。

(1) 写出一个微分方程，可在 $-\infty<t<\infty$ 时间内描述系统；

(2) 试求系统 $t>0$ 时的零状态响应和零输入响应及完全响应；

(3) 用Matlab求解系统的零状态响应和零输入响应及完全响应。

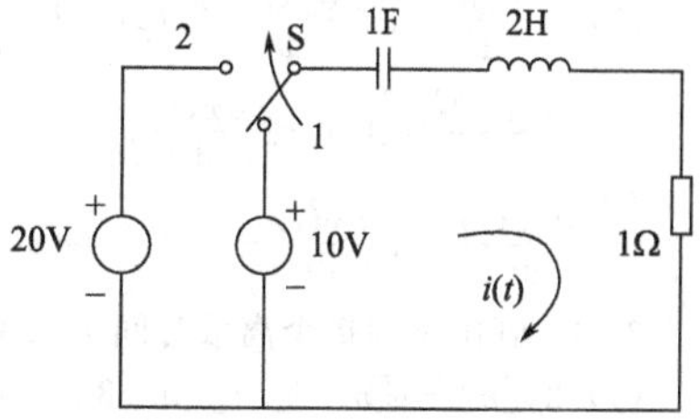

图2-54 题2-19图

2-20 给定系统的微分方程、输出信号的起始条件以及激励信号，试分别求它们的完全响应（$t>0$），并指出其零输入响应、零状态响应、自由响应、强迫响应各分量。

(1) $\dfrac{d^2y(t)}{dt^2}+5\dfrac{d^2y(t)}{dt}+6y(t)=x(t),y(0_-)=y'(0_-)=1,x(t)=u(t)$；

(2) $\dfrac{d^2y(t)}{dt^2}+3\dfrac{dy(t)}{dt}+2y(t)=\dfrac{d^2x(t)}{dt^2}+\dfrac{dx(t)}{dt}+x(t)$，

$y(0_-)=1,y'(0_-)=0,x(t)=u(t)$；

(3) $\dfrac{d^2y(t)}{dt^2}+3\dfrac{dy(t)}{dt}+2y(t)=\dfrac{d^2x(t)}{dt^2}+\dfrac{dx(t)}{dt}+x(t)$，

$y(0_-)=1,y'(0_-)=0,x(t)=e^{-3t}u(t)$；

(4) $\dfrac{d^2y(t)}{dt}+5\dfrac{dy(t)}{dt}+6y(t)=3\dfrac{dx(t)}{dt}+x(t),x(t)=-2u(-t)+2u(t)$；

(5) $\frac{dy(t)}{dt}+2y(t)=\frac{dx(t)}{dt}+x(t), x(t)=2u(-t)+4e^{-t}u(t)$。

2-21 求下列微分方程描述的系统单位冲激响应 $h(t)$ 和阶跃响应 $s(t)$。

(1) $\frac{dy(t)}{dt}+3y(t)=2\frac{dx(t)}{dt}$；

(2) $\frac{d^2y(t)}{dt^2}+\frac{d}{dt}y(t)+y(t)=\frac{d}{dt}x(t)+x(t)$；

(3) $\frac{d}{dt}y(t)+2y(t)=\frac{d^2x(t)}{dt^2}+3\frac{dx(t)}{dt}+3x(t)$；

(4) $\frac{d^2y(t)}{dt^2}+3\frac{dy(t)}{dt}+2y(t)=\frac{d^2x(t)}{dt^2}+\frac{dx(t)}{dt}+x(t)$；

(5) 用 Matlab 求解 (1)～(4) 小题的单位冲激响应 $h(t)$ 和阶跃响应 $s(t)$。

2-22 求下列因果离散 LTI 系统的单位脉冲响应。

(1) $y[n]=x[n]-3x[n-1]+3x[n-2]-3x[n-3]$；

(2) $y[n]+\frac{5}{6}y[n-1]+\frac{1}{6}y[n-2]=x[n]$；

(3) $y[n]-4y[n-1]+3y[n-2]=x[n]+2x[n-2]$。

2-23 解差分方程 ($n\geqslant 0$)，并指出其零状态响应和零输入响应及自由响应和强迫响应分量。

(1) $y[n]+3y[n-1]+2y[n-2]=0, y[-1]=2, y[-2]=1$；

(2) $y[n]+\frac{3}{2}y[n-1]-y[n-2]=u[n], y[-1]=1, y[-2]=0$；

(3) $y[n]+2y[n-1]+y[n-2]=3^n, y[-1]=y[0]=0$；

(4) $y[n]+\frac{1}{2}y[n-1]=x[n], x[n]=u[-n]+2u[n]$。

2-24 有某一因果离散时间 LTI 系统，当输入为 $x_1[n]=\left(\frac{1}{2}\right)^n u[n]$ 时，其输出的完全响应 $y_1[n]=2^n u[n]-\left(\frac{1}{2}\right)^n u[n]$；系统的起始状态不变，当输入为 $x_2[n]=2\left(\frac{1}{2}\right)^n u[n]$时，系统的完全响应为 $y_2[n]=3\cdot 2^n u[n]-2\left(\frac{1}{2}\right)^n u[n]$。试求

(1) 系统的零输入响应；

(2) 系统对输入为 $x_3(n)=0.5(\frac{1}{2})^n u[n]$的完全响应（系统初始状态保持不变）。

2-25 写出下列每个连续时间 LTI 系统的模拟框图，假定这些系统都是初始静止的。

(1) $4\frac{d^2y(t)}{dt^2}+2\frac{dy(t)}{dt}=x(t)-3\frac{d^2x(t)}{dt^2}$；

(2) $\frac{d^4y(t)}{dt^4}=x(t)-2\frac{dx(t)}{dt}$；

(3) $\frac{d^2y(t)}{dt^2}+2\frac{dy(t)}{dt}-2y(t)=x(t)+\frac{dx(t)}{dt}+3\int_{-\infty}^{t}x(\tau)d\tau$。

2-26 画出下列每个离散时间 LTI 系统的模拟框图，假定这些系统都是初始静止的。

(1) $2y[n]-y[n-1]+y[n-3]=x[n]-5x[n-4]$；

(2) $y[n]=x[n]-x[n-1]+2x[n-3]-3x[n-4]$。

2-27 用 Matlab 求解图 2-44 所示信号 $x(t)$ 与 $h(t)$ 的卷积，并画出 $x(t)*h(t)$ 的波形。

2-28 用 Matlab 求解图 2-45 所示信号 $x[n]$ 和 $h[n]$ 的卷积和，并画出 $x[n]*h[n]$ 的波形。

2-29 用 Matlab 的 Simulink 工具箱实现对以下系统的仿真。

$$\frac{d^2y(t)}{dt^2}+2\frac{dy(t)}{dt}+2y(t)=x(t)+\frac{dx(t)}{dt}$$

(1) $x(t)=u(t)$；(2) $x(t)=\sin 3t$；(3) $x(t)=\sin t$。

3 连续时间信号与系统的频域分析

3.0 引言

从本章开始，将讨论信号与系统的变换域分析方法。在变换域分析中，首先讨论的是傅里叶分析。1822年法国数学家傅里叶（J. Fourier，1768～1830）在研究热传导理论时发表了“热的分析理论”著作，提出并证明了将周期函数展开为正弦级数的原理。傅里叶分析的研究与应用是在傅里叶级数正交函数展开的基础上发展而产生的，至今已经历了一百余年，已经成为信号分析与系统设计领域中不可或缺的重要工具之一。

在第2章的LTI系统时间域分析中，引入了两个重要方法：卷积和LTI系统的零状态响应和零输入响应的分解。进一步深入掌握这两种方法的原理和它们之间的关系，对理解和掌握变换域的分析方法是非常有益的。在第2章的讨论中，已经知道因果LTI系统的响应可以分解为零状态响应和零输入响应，即在某一时刻 t_0 以后的响应可由该时刻的一组系统起始状态和以后的输入信号完全确定，其中零状态响应表示为输入信号与系统单位冲激（脉冲）响应的卷积。对于因果LTI系统而言，系统的零输入响应揭示了这样一个性质，即可以将某一时刻以前的输入信号等效为一组该时刻上的系统起始状态，而不必去了解过去时刻输入信号是什么样子的，给LTI系统的分析带来了极大的方便。由于因果LTI系统的起始状态可以等效为激励源（输入信号），因此系统的零输入响应可等效为对该等效激励源的响应，可以用卷积方法求得该响应；此外，对于一个因果稳定的LTI系统而言，零输入响应为自由响应项的形式，是一衰减项，最终会在总的响应中消失。值得注意的是，对一个因果LTI系统来讲，一般可以认为某一时刻的系统起始状态是由该时刻以前的输入信号引起的。根据以上分析可知，无论使用什么样的数学方法，因果LTI系统的输出都可归结为系统对输入信号的响应，从根本上讲，都可以用卷积方法解决。因此，卷积方法是一种用来表示LTI系统输入输出关系的最具有普遍意义的方法，极大地推广了LTI系统的应用范围；最重要的是卷积方法所基于的基本信号分解和LTI系统的叠加性的分析方法，是贯穿于本课程的最有力和最基本的方法。

第2章所建立的用卷积来表示和分析LTI系统是基于将信号表示成一组移位单位冲激（脉冲）信号的线性组合。在本章及其后的三章中，本书将讨论信号与LTI系统的另一种表示方法。与第2章所述方法一样，该方法仍是将信号表示成一组基本信号的线性组合。由于LTI系统对复指数信号响应具有一种特别简单的形式，因此将用复指数信号 e^{st} 或 z^n 作为一类基本信号来表示一般任意信号，然后根据LTI系统的叠加性质，LTI系统对任意一个由这些基本信号的线性组合而成的输入信号的响应就是系统对这些基本信号单个响应的线性组合，这就提供了另一种非常方便的LTI系统分析方法：变换域分析法。本章将讨论用复指数信号 $e^{j\omega t}$ 作为一类基本信号来表示连续时间信号，即傅里叶变换。作为变换域分析中的一种最常用的基本方法，基于傅里叶变换的频域分析法为信号与系统的分析、设计和理解提供了一种非常有效的方法，它使我们能从频域的角度获得对信号与LTI系统性质更加深入的了解，也使得信号与LTI系统得到了更广泛的应用。频域分析方法是当代信号分析和处理、通信工程、电力工程、信息工程和控制领域中的最基本理论和方法之一，而且在力学、光学、量子物理和各种线性系统分析等许多有关的数学、物理和工程技术领域中得到广泛而普遍的应用。

3.1 连续时间周期信号的谐波复指数信号表示：连续时间傅里叶级数

本节将首先讨论用成谐波关系的复指数信号 $e^{jk\omega_0 t}$ 表示连续时间周期信号的方法，即连续时间傅里叶级数。

3.1.1 连续时间傅里叶级数

如果某一连续时间信号 $x(t)$ 是周期的，则存在着一个非零的正实数，对任何 t 都满足

$$x(t)=x(t\pm T) \tag{3-1}$$

满足式(3-1) 中 T 的最小值 T_0 称为该信号的基波周期，$\omega_0=2\pi/T_0$ 称为该信号的基波频率。

复指数信号 $e^{j\omega_0 t}$ 是周期的，它的基波频率为 ω_0，基波周期 $T_0=2\pi/\omega_0$。对于式(3-1) 所示的周期信号，与之成谐波关系的复指数信号的集合为

$$\Phi_k(t)=\{e^{jk\omega_0 t}\},\quad k=0,\pm1,\pm2,\cdots \tag{3-2}$$

式中，$\Phi_k(t)$ 中每个信号都是周期的（$k=0$ 直流分量除外），它们的基波频率都是 ω_0 的整数倍；ω_0 是该信号集的基波频率，$T_0=2\pi/\omega_0$ 是它们的基波周期，并将 $e^{\pm jk\omega_0 t}$ 称为 k 次谐波。

根据欧拉公式，也可以将式(3-2) 表示成三角函数形式的成谐波关系的信号集

$$\Phi_k(t)=\{\cos k\omega_0 t,\sin k\omega_0 t\},k=0,\pm1,\pm2,\cdots \tag{3-3}$$

一个基波频率为 ω_0 的周期信号 $x(t)$，可以表示成与其成谐波关系的复指数信号的线性组合，即

$$x(t)=\sum_{k=-\infty}^{\infty}a_k\phi_k(t) \tag{3-4}$$

其中，a_k 称为傅里叶级数系数，傅里叶级数的复指数形式为

$$x(t)=\sum_{k=-\infty}^{\infty}a_k e^{jk\omega_0 t} \tag{3-5}$$

三角函数形式为

$$x(t)=\sum_{k=0}^{\infty}(B_k\cos k\omega_0 t+C_k\sin k\omega_0 t)=B_0+\sum_{k=1}^{\infty}(B_k\cos k\omega_0 t+C_k\sin k\omega_0 t) \tag{3-6}$$

在式(3-5) 和式(3-6) 中，由于 $k=0$ 的项是一个常数，因而称为 $x(t)$ 的直流分量或平均分量，$k=\pm1$（对应于式(3-5)）或 $k=1$（对应于式(3-6)）的项都具有基波周期 T_0，因而称它们为 $x(t)$ 的基波分量，$k=\pm2$（对应于式(3-5)）或 $k=2$（对应于式(3-6)）项的频率都是 $x(t)$ 基波频率的 2 倍，周期是 $x(t)$ 基波周期的一半，故称为二次谐波分量，依次类推，$k=\pm N$（对应于式(3-5)）或 $k=N$（对应于式(3-6)）项就称为 N 次谐波分量。将连续时间信号表示为成谐波关系的复指数信号或三角函数信号的线性组合，称为周期信号的傅里叶级数展开。式(3-5) 称为指数形式的傅里叶级数，式(3-6) 称为三角函数形式的傅里叶级数。式(3-5) 和式(3-6) 所表示的傅里叶级数是完全等价的，它们间系数是可以相互换算的。

利用 $e^{jk\omega_0 t}=\cos k\omega_0 t+j\sin k\omega_0 t$，将式(3-5) 表示为

$$x(t)=\sum_{k=-\infty}^{\infty}a_k(\cos k\omega_0 t+j\sin k\omega_0 t)=a_0+\sum_{k=-\infty}^{-1}a_k(\cos k\omega_0 t+j\sin k\omega_0 t)+$$

$$\sum_{k=1}^{\infty}a_k(\cos k\omega_0 t+j\sin k\omega_0 t) \tag{3-7}$$

将上式中的第二项 k 变换为 $-k$，则有

$$x(t)=a_0+\sum_{k=1}^{\infty}a_{-k}(\cos k\omega_0 t-\mathrm{j}\sin k\omega_0 t)+\sum_{k=1}^{\infty}a_k(\cos k\omega_0 t+\mathrm{j}\sin k\omega_0 t)$$

$$=a_0+\sum_{k=1}^{\infty}[(a_{-k}+a_k)\cos k\omega_0 t+\mathrm{j}(a_k-a_{-k})\sin k\omega_0 t] \tag{3-8}$$

比较式(3-8) 和式(3-6)，有以下关系

$$\begin{cases}B_0=a_0, & k=0\\ B_k=a_{-k}+a_k, & k\neq 0\\ C_k=\mathrm{j}(a_k-a_{-k}), & k\neq 0\end{cases} \tag{3-9}$$

显然，从上式中，也可以反推到a_k用B_k和C_k来表示的关系

$$\begin{cases}a_0=B_0, & k=0\\ a_k=\dfrac{1}{2}(B_k-\mathrm{j}C_k), & k\geqslant 1\\ a_{-k}=\dfrac{1}{2}(B_k+\mathrm{j}C_k), & k\geqslant 1\end{cases} \tag{3-10}$$

傅里叶级数的三角函数形式是最早产生的，也是在工程应用中被普遍采用的。由于指数形式的傅里叶级数更有利于对问题的讨论，因此本书将更多地采用这种傅里叶级数的表示形式。

为了将周期信号展开为傅里叶级数，必须解决系数a_k是如何确定的问题。为此，将式(3-5) 两边同乘以$\mathrm{e}^{-\mathrm{j}n\omega_0 t}$，有

$$x(t)\mathrm{e}^{-\mathrm{j}n\omega_0 t}=\sum_{k=-\infty}^{\infty}a_k\mathrm{e}^{\mathrm{j}k\omega_0 t}\cdot\mathrm{e}^{-\mathrm{j}n\omega_0 t} \tag{3-11}$$

将上式两边从 0 到$T_0=2\pi/\omega_0$对t积分，有

$$\int_0^{T_0}x(t)\cdot\mathrm{e}^{-\mathrm{j}n\omega_0 t}\mathrm{d}t=\int_0^{T_0}\left(\sum_{k=-\infty}^{\infty}a_k\mathrm{e}^{\mathrm{j}k\omega_0 t}\cdot\mathrm{e}^{-\mathrm{j}n\omega_0 t}\right)\mathrm{d}t$$

将上式右边的积分和求和次序交换后得

$$\int_0^{T_0}x(t)\mathrm{e}^{-\mathrm{j}n\omega_0 t}\mathrm{d}t=\sum_{k=-\infty}^{\infty}a_k\left(\int_0^{T_0}\mathrm{e}^{\mathrm{j}(k-n)\omega_0 t}\mathrm{d}t\right) \tag{3-12}$$

当$k\neq n$时，有

$$\int_0^{T_0}\mathrm{e}^{\mathrm{j}(k-n)\omega_0 t}\mathrm{d}t=\frac{1}{\mathrm{j}(k-n)\omega_0}\mathrm{e}^{\mathrm{j}(k-n)\omega_0 t}\Big|_0^{T_0}=\frac{1}{\mathrm{j}(k-n)\omega_0}[\mathrm{e}^{\mathrm{j}(k-n)\omega_0 T_0}-1]$$

$$=\frac{\mathrm{e}^{\mathrm{j}(k-n)2\pi}-1}{\mathrm{j}(k-n)\omega_0}=0$$

当$n=k$时，有

$$\int_0^{T_0}\mathrm{e}^{\mathrm{j}(k-n)\omega_0 t}\mathrm{d}t=\int_0^{T_0}\mathrm{e}^{\mathrm{j}(k-k)\omega_0 t}\mathrm{d}t=T_0$$

于是有

$$\int_0^{T_0}\mathrm{e}^{\mathrm{j}(k-n)\omega_0 t}\mathrm{d}t=\begin{cases}0, & k\neq n\\ T_0, & k=n\end{cases} \tag{3-13}$$

因此可以推得

$$\int_0^{T_0}x(t)\mathrm{e}^{-\mathrm{j}n\omega_0 t}\mathrm{d}t=a_nT_0$$

或

$$a_n=\frac{1}{T_0}\int_0^{T_0}x(t)\mathrm{e}^{-\mathrm{j}n\omega_0 t}\mathrm{d}t \tag{3-14}$$

上式就是指数形式傅里叶级数系数的计算公式。事实上，只要积分在任意一个为周期间隔的区间内进行，式(3-13) 就一定成立，因而根据式(3-14) 计算系数时，只要求积分在任意一

个基波周期间隔的区间上求值。所以，傅里叶级数系数 a_k 的计算公式可表示为

$$a_k=\frac{1}{T_0}\int_{T_0} x(t)\mathrm{e}^{-\mathrm{j}k\omega_0 t}\mathrm{d}t \tag{3-15}$$

其中 $\int_{T_0}$ 表示在任何一个 T_0 间隔内的积分。

对上述讨论进行总结，可定义连续时间信号的傅里叶级数

$$\begin{cases} x(t)=\sum\limits_{k=-\infty}^{\infty} a_k \mathrm{e}^{\mathrm{j}k\omega_0 t},\ \omega_0=\dfrac{2\pi}{T_0} & (3\text{-}16)\\ a_k=\dfrac{1}{T_0}\displaystyle\int_{T_0} x(t)\mathrm{e}^{-\mathrm{j}k\omega_0 t}\mathrm{d}t & (3\text{-}17)\end{cases}$$

其中，系数 $\{a_k\}$ 往往又称为 $x(t)$ 的频谱系数，它对信号 $x(t)$ 中的每一个谐波分量的大小和初始相位做出度量。系数 a_0 是 $x(t)$ 中的直流或常数分量，也称为平均分量

$$a_0=\frac{1}{T_0}\int_{T_0} x(t)\mathrm{d}t \tag{3-18}$$

这就是 $x(t)$ 在一个周期内的平均值。式(3-16) 和式(3-17) 的意义在于：如果一个周期信号 $x(t)$ 可以展开为傅里叶级数，由其各谐波分量叠加而成，不同的信号表现在其组成的各次谐波分量的不同，即系数 $\{a_k\}$ 的不同，它表示了所有谐波分量的复振幅随 $k\omega_0$ 的分布情况。因此，周期信号可由其傅里叶级数的系数 $\{a_k\}$ 来表征，这不但给系统分析带来极大方便，也给信号的分析和综合带来了极大的方便。通常周期信号与其频谱系数间关系用以下符号形式表示

$$x(t)\xrightarrow{\text{FS}}a_k$$

除了式(3-16) 所示的傅里叶级数的指数形式，也可将周期信号的傅里叶级数表示成三角函数形式。根据式(3-16)，三角函数形式的傅里叶级数可定义为

$$\begin{cases} x(t)=B_0+\sum\limits_{k=1}^{\infty}(B_k\cos k\omega_0 t+C_k\sin k\omega_0 t) & (3\text{-}19\text{a})\\ B_0=\dfrac{1}{T_0}\displaystyle\int_{T_0} x(t)\mathrm{d}t & (3\text{-}19\text{b})\\ B_k=\dfrac{2}{T_0}\displaystyle\int_{T_0} x(t)\cos k\omega_0 t\mathrm{d}t & (3\text{-}19\text{c})\\ C_k=\dfrac{2}{T_0}\displaystyle\int_{T_0} x(t)\sin k\omega_0 t\mathrm{d}t,\ \omega_0=2\pi/T_0 & (3\text{-}19\text{d})\end{cases}$$

一般情况下频谱系数 $\{a_k\}$ 为复数，可表示为极坐标形式 $a_k=|a_k|\cdot \mathrm{e}^{\mathrm{j}\theta_k}$，其中 $|a_k|$ 为频谱系数的幅度，也可称为周期信号的幅度谱系数；θ_k 为频谱系数的相位，也可称为周期信号的相位谱系数。

3.1.2 典型周期信号的傅里叶级数展开

(1) 正弦信号 $x(t)=\sin\omega_0 t$

该信号的基波谱率为 ω_0，可以利用欧拉公式将其直接展开成复指数信号的线性组合形式。

$$\sin\omega_0 t=\frac{\mathrm{e}^{\mathrm{j}\omega_0 t}-\mathrm{e}^{-\mathrm{j}\omega_0 t}}{2\mathrm{j}}=\sum_{k=0}^{\infty} a_k \mathrm{e}^{\mathrm{j}k\omega_0 t}$$

可得频谱系数（如图 3-1 所示）

$$a_1=\frac{1}{2\mathrm{j}},a_{-1}=-\frac{1}{2\mathrm{j}}$$

$$a_k=0,|k|\neq 1$$

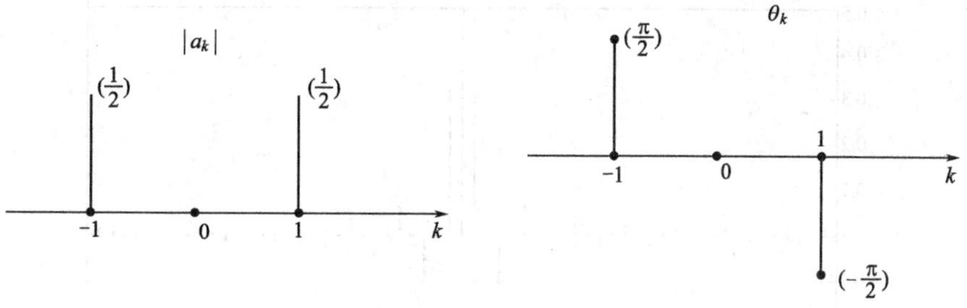

图 3-1　$\sin\omega_0 t$ 信号的傅里叶级数系数的幅度和相位

（2）周期方波信号

图 3-2 为一周期方波，在一个周期内该信号定义如下

$$x(t)=\begin{cases}1, |t|<T_1\\0, T_1<|t|<T/2\end{cases}$$

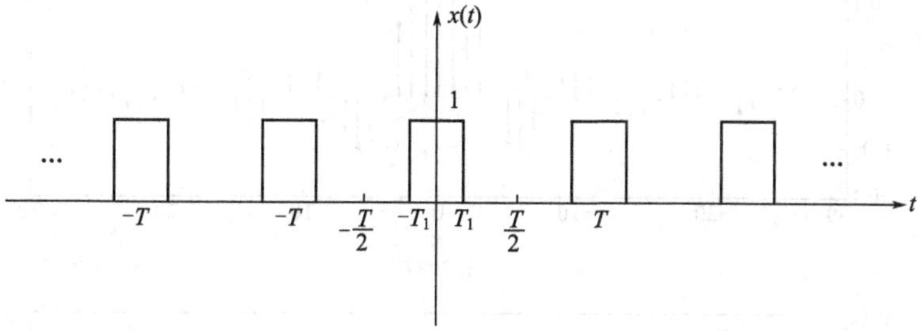

图 3-2　周期方波

该信号的基波周期为 T，基波频率为 $\omega_0=2\pi/T$。利用式(3-17) 可确定周期方波 $x(t)$ 的傅里叶级数系数。由于 $x(t)$ 是偶函数，因此积分区间取 $-T/2\leqslant t<T/2$ 最为方便。

$k=0$ 时有

$$a_0=\frac{1}{T}\int_{-T/2}^{T/2}x(t)\mathrm{d}t=\frac{1}{T}\int_{-T_1}^{T_1}\mathrm{d}t=\frac{2T_1}{T} \tag{3-20}$$

a_0 表示了 $x(t)$ 的平均值，对于周期方波而言，它等于信号 $x(t)$ 为 1 时所占的比例，调节 T_1 可改变信号的直流分量。

$k\neq0$ 时，有

$$\begin{aligned}a_k&=\frac{1}{T}\int_{-T/2}^{T/2}x(t)\mathrm{e}^{-\mathrm{j}k\omega_0 t}\mathrm{d}t=\frac{1}{T}\int_{-T_1}^{T_1}\mathrm{e}^{-\mathrm{j}k\omega_0 t}\mathrm{d}t\\&=-\frac{1}{\mathrm{j}k\omega_0 T}\mathrm{e}^{-\mathrm{j}k\omega_0 t}\Big|_{-T_1}^{T_1}=\frac{1}{\mathrm{j}k\omega_0 T}(\mathrm{e}^{\mathrm{j}k\omega_0 T_1}-\mathrm{e}^{-\mathrm{j}k\omega_0 T_1})\end{aligned}$$

或重写为

$$a_k=\frac{2}{k\omega_0 T}\left[\frac{\mathrm{e}^{\mathrm{j}k\omega_0 T_1}-\mathrm{e}^{-\mathrm{j}k\omega_0 T_1}}{2\mathrm{j}}\right]=\frac{2\sin(k\omega_0 T_1)}{k\omega_0 T}$$

注意 $\omega_0=\frac{2\pi}{T}$，即 $\omega_0 T=2\pi$，上式可写为

$$a_k=\frac{\sin(k\omega_0 T_1)}{k\pi}=\frac{\omega_0 T_1}{\pi}\mathrm{Sa}(k\omega_0 T_1)=\frac{\omega_0 T_1}{\pi}\mathrm{Sa}(\omega T_1)\Big|_{\omega=k\omega_0} \tag{3-21}$$

利用 $\lim\limits_{x\to0}\mathrm{Sa}(x)=1$ 的特性，$x(t)$ 的傅里叶级数系数，可统一用式(3-21) 表示。在图3-3中，画出了在不同 T_1 和 T 的关系下的傅里叶级数系数的条线图。当 $T=4T_1$ 时，$x(t)$ 是占空

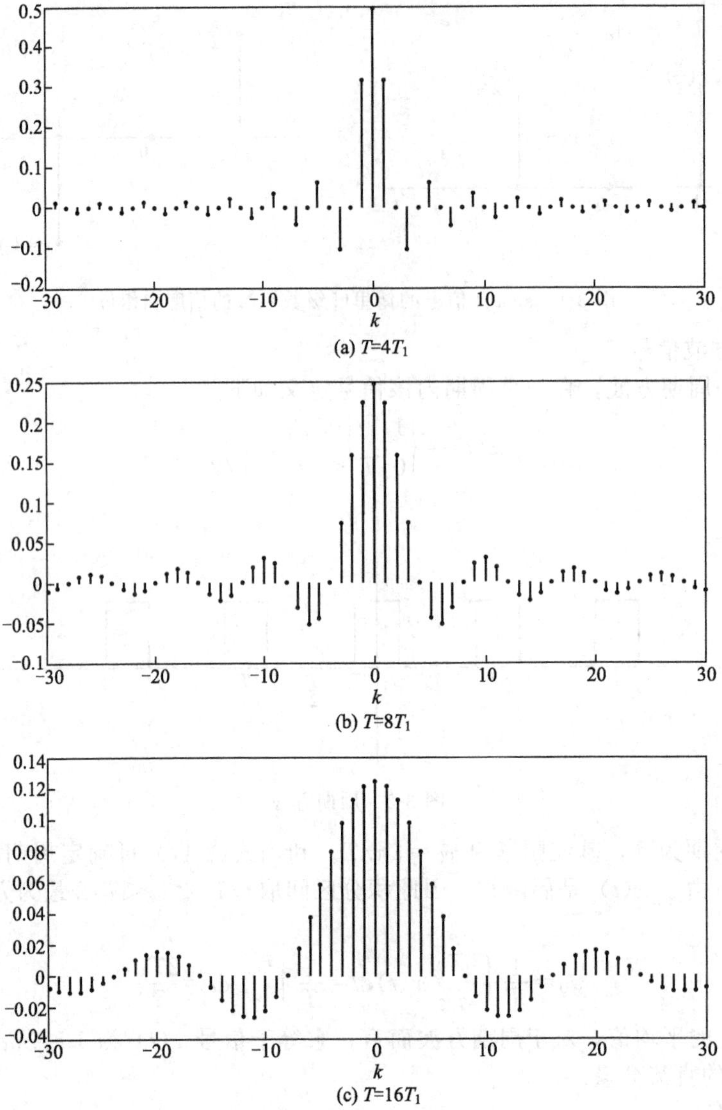

图 3-3　对于 T_1 固定和几个不同的 T 值时，周期方波傅里叶级数系数 a_k 的图

(a) $T=4T_1$；(b) $T=8T_1$；(c) $T=16T_1$。周期逐渐增大，

其样本间隔 ω_0 将随 T 的增加而减少

比为 0.5 的方波，此时 $\omega_0 T_1=\dfrac{\pi}{2}$，由式(3-21) 得

$$a_k=\frac{\sin(\pi k/2)}{k\pi} \tag{3-22}$$

因此有（见图 3-3(a)）

$$a_0=\frac{1}{2},a_1=a_{-1}=\frac{1}{\pi},a_3=a_{-3}=-\frac{1}{3\pi},a_5=a_{-5}=\frac{1}{5\pi},\cdots$$

由式(3-21) 可见，周期方波的傅里叶级数的系数是 $\dfrac{1}{n}$ 的规律收敛（衰减），且 $\lim\limits_{n\to\infty}a_k=0$。

(3) 周期锯齿脉冲信号

周期锯齿脉冲信号如图 3-4 所示。可根据式(3-17) 求得该信号的傅里叶级数系数。

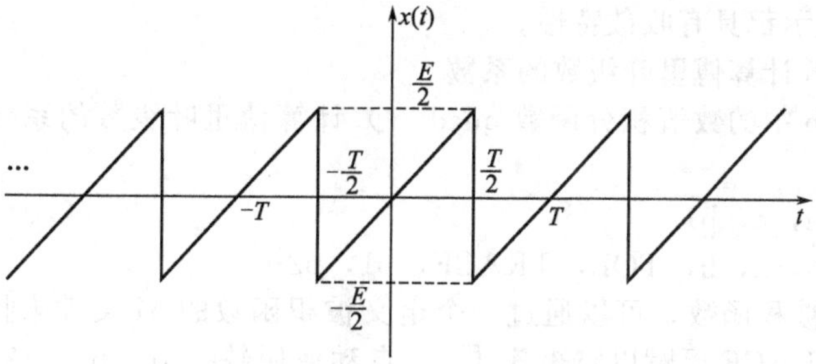

图 3-4　周期锯齿脉冲信号的波形

$$a_k=\frac{\mathrm{j}}{2}(-1)^k\frac{E}{k\pi},k\neq0$$

$$a_0=0$$

这样，便可得到周期锯齿脉冲信号的傅里叶级数为

$$x(t)=\sum_{k=-\infty}^{\infty}\frac{\mathrm{j}}{2}(-1)^k\frac{E}{k\pi}\mathrm{e}^{\mathrm{j}k\omega_0 t}=\frac{E}{2\pi}\sum_{k=-\infty}^{\infty}\mathrm{j}(-1)^k\frac{1}{k}\mathrm{e}^{\mathrm{j}k\omega_0 t}\tag{3-23}$$

周期锯齿脉冲的傅里叶级数的系数是以$\frac{1}{k}$的规律收敛，$\lim\limits_{n\to\infty}a_k=0$。

(4) 周期三角脉冲信号

周期三角脉冲信号如图 3-5 所示，根据式(3-17) 可求得傅里叶级数的系数 a_k 为：

$$a_k=\frac{E}{2}\mathrm{Sa}^2\left(\frac{\pi}{2}k\right)\tag{3-24}$$

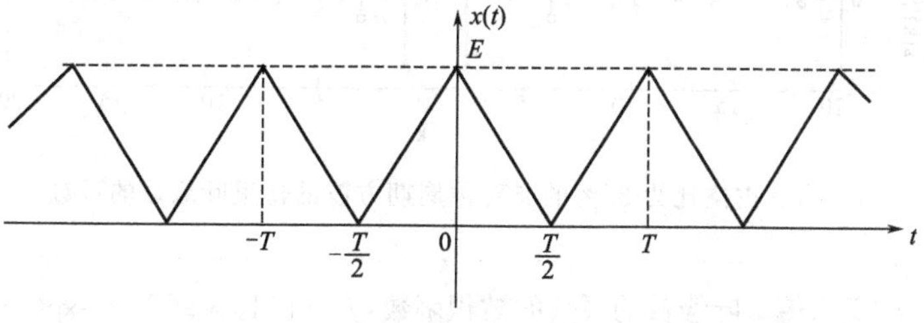

图 3-5　周期三角脉冲信号的波形

周期三角脉冲信号的傅里叶级数为

$$x(t)=\frac{E}{2}\sum_{k=-\infty}^{\infty}\mathrm{Sa}^2\left(\frac{\pi}{2}k\right)\mathrm{e}^{\mathrm{j}k\omega_0 t},\omega_0=\frac{2\pi}{T}\tag{3-25}$$

其傅里叶级系数是以$\frac{1}{k^2}$的规律收敛。

(5) 周期半波余弦信号

周期半波余弦信号如图 3-6 所示。根据式(3-17)，求得该信号的傅里叶级数系数

$$a_k=\frac{E}{(1-k^2)\pi}\cos(\frac{k\pi}{2})$$

周期半波余弦信号的傅里叶级数为

$$x(t)=\frac{E}{\pi}\sum_{k=-\infty}^{\infty}\frac{\cos(\frac{k\pi}{2})}{1-k^2}\mathrm{e}^{\mathrm{j}k\omega_0 t}\tag{3-26}$$

该傅里叶级数系数是以$\frac{1}{k^2}$的规律收敛。

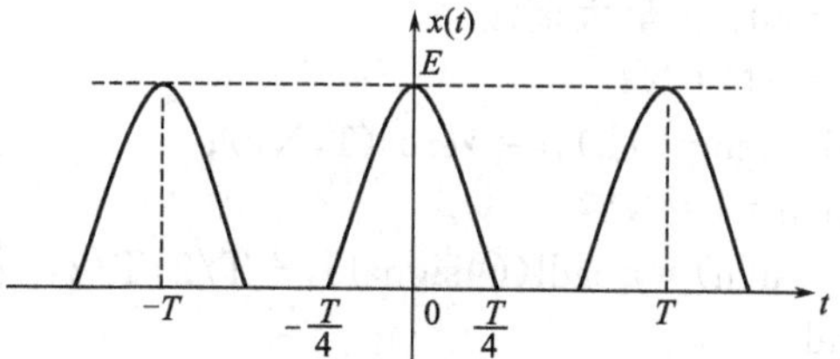

图 3-6　周期半波余弦信号波形

从以上几个例子可以看出，一些实用周期

信号的傅里叶级数表示都具有收敛特性。

(6) 利用 Matlab 计算傅里叶级数的系数

可以利用 Matlab 中的数值积分函数 quadl () 计算傅里叶级数的系数，quadl () 函数的一般调用形式为

y=quadl (@fun, a, b)

y=quadl (@fun, a, b, TOL, TRACE, p1, p2…)

式中，fun 为指定的被积函数，可以通过一个定义被积函数的 M 文件来指定，a、b 是积分的上下限，TOL、TRACE 可赋以空矩阵 [ ]，自动使用缺省值，p1，p2，…为除 t 之外的外输入参数。下面是计算傅里叶级数的系数的 Matlab 程序，运算结果如图 3-7 所示。

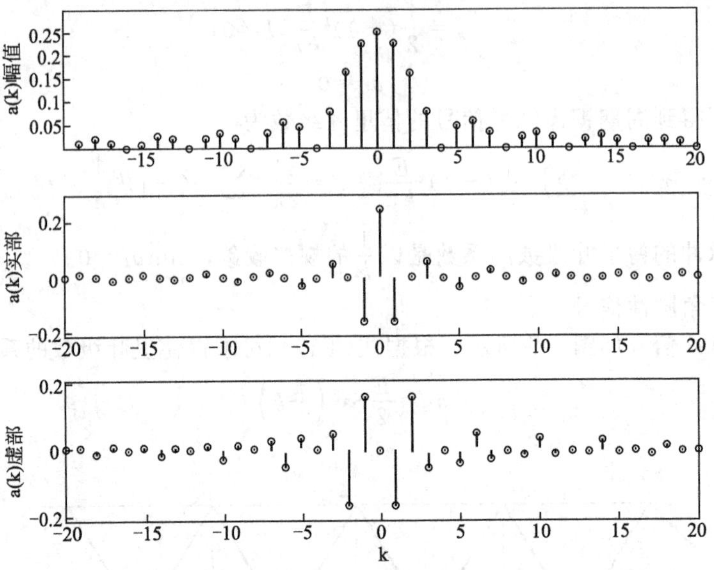

图 3-7 占空比为 25%的非对称周期方波的傅里叶级数的系数

```
% 程序 signal0.m:定义求傅里叶级数的系数的被积函数:y=(1/T) * x(t). * exp(-j * (2 * pi/T) *
%k * t)
function y=signal0(t,k,T)   %T 为信号周期,t 为时间变量,k 为 k 次谐波
x=(t>=T/4). * 1.0;          % 定义占空比为 25%的非对称周期方波 for one period=T
                            %对称周期三角形可定义:x=(abs(t)<=T/4). * (1-abs(t))
                            %占空比为 50%的对称周期方波可定义:x=(abs(t)<=T/4). * 1.0
y=((1/T) * x). * exp(-j * (2 * pi/T) * k * t);
```

```
%程序 spectrum0.m:计算傅里叶级数的系数 a(n)
T=0.5;
N=20; %最大谐波
k=-N : N;
N1=length(k);a=zeros(1,N1);
for n=1 : N1
    a(n)=quadl(@signal0,-T/2,T/2,[],[],k(n),T);%计算傅里叶级数的系数 a(n)
end
A=abs(a);%计算傅立叶级数系数幅值
subplot(3,1,1); stem(k,A); ylabel('a(k)幅值'); axis([k(1) k(N1) min(A)-0.05
```

```
max(A)]+0.05);
subplot(3,1,2);stem(k,real(a));ylabel('a(k)实部');axis([k(1) k(N1) min(real(a))-0.05 max(real(a)+0.05)]);
subplot(3,1,3);stem(k,imag(a));ylabel('a(k)虚部');xlabel('k');axis([k(1) k(N1) min(imag(a))-0.05 max(imag(a))+0.05]);
```

3.1.3 连续时间傅里叶级数的收敛与周期信号傅里叶级数的近似表示

这一节将讨论两个重要问题：①什么样的周期信号可以表示为傅里叶级数的形式，即傅里叶级数的收敛问题；②如傅里叶级数收敛，那么该傅里叶级数与原周期信号是在什么意义上的等效表示，或是在什么意义上的最佳近似表示。

首先考虑第二个问题：先来研究一下周期信号 $x(t)$ 用其有限项谐波指数信号的线性组合来近似的问题，即用下列有限项级数

$$x_N(t)=\sum_{k=-N}^{N} a_k \mathrm{e}^{\mathrm{j}k\omega_0 t},\omega_0=\frac{2\pi}{T_0} \tag{3-27}$$

来近似 $x(t)$ 的问题。令 $e_N(t)$为近似误差

$$e_N(t)=x(t)-x_N(t)=x(t)-\sum_{k=-N}^{N} a_k \mathrm{e}^{\mathrm{j}k\omega_0 t} \tag{3-28}$$

采用下列方式，用一个周期内的误差能量 E_N度量近似程度

$$E_N=\int_{T_0} |e_N(t)|^2 \mathrm{d}t \tag{3-29}$$

可以证明，使 E_N最小的系数 a_k的取值为

$$a_k=\frac{1}{T_0}\int_{T_0} x(t)\mathrm{e}^{-\mathrm{j}k\omega_0 t}\mathrm{d}t \tag{3-30}$$

并有

$$\lim_{N\to\infty} E_N=0 \tag{3-31}$$

将式(3-30) 与傅里叶级系数的计算公式比较一下可发现，这与傅里叶级数系数的表示式是完全一致的。由此可知：如果周期信号能展开成傅里叶级数，那么按式(3-27) 取傅里叶级数的前 N 项谐波分量，可以在使 E_N 最小的意义上最佳近似原信号。随 N 的增加，即附加高次谐波分量的增加，误差能量 E_N越小，近似程度越好。当 $N\to\infty$，由式(3-31) 可知，$\lim\limits_{N\to\infty} E_N=0$。因此，傅里叶级数是在式(3-31) 意义上，即使 $E_N=0$ 意义上，为其所对应的原周期信号的最佳表示。由此就可以理解为什么一个有断点的周期方波信号可以用连续的谐波指数信号表示为傅里叶级数形式。这是因为一个周期信号的傅里叶级数与其原信号在数学上并不能保证它们在每个时刻上一定是处处相等，仅表示傅里叶级数是在 $E_N=0$ 意义上的一种最佳表示，两者没有任何能量上的差别。要进一步确定它们间的关系，还必须借助傅里叶级数的收敛条件。

一个周期信号 $x(t)$ 具有傅里叶级数的表示形式，必须具备以下条件。

① 傅里叶级数系数的计算公式(3-17) 的积分一定要收敛，以保证求得系数 a_k是有限值；然后在某些情况下式(3-17) 的积分可能不收敛，也就是说对 a_k来说，求得的值可能是无穷大。

② 式(3-16) 所表示的无穷项傅里叶级数本身，以 $\lim\limits_{N\to\infty} E_N=0$ 意义收敛于原来的信号 $x(t)$。

因此，不是所有的周期信号都可以表示为傅里叶级数形式。数学上存在傅里叶级数的收敛条件，那些满足收敛条件的周期信号可以表示为傅里叶级数。所幸地是绝大部分实际、有用的周期信号都满足收敛条件，存在傅里叶级数的表示形式。在数学上可以证明，全部连续的周期信号都可以表示为傅里叶级数形式，使 $\lim\limits_{N\to\infty} E_N=0$，这一结论对许多不连续的周期信号也是适用的。通常有两类稍微有些不同的收敛条件，用以判断哪些周期信号是可以用傅里叶级数来表示的。

可以用傅里叶级数来表示的一类周期信号 $x(t)$ 是在一个周期内能量有限的信号，即

$$\int_T |x(t)|^2 \mathrm{d}t<\infty \tag{3-32}$$

该收敛条件仅保证按式(3-17) 求得的 a_k 是有限值，以及 $x(t)$ 与它的傅里叶级数满足使 $\lim\limits_{N\to\infty} E_N=0$，即两者没有任何能量上的差别，但不能保证它们在每一个 t 值上都相等。满足该条件的周期信号在实际中是很有用的，由于实际系统都是对信号能量做出响应，因此从这个观点看，$x(t)$ 和它的傅里叶级数表示就没有差别。

狄里赫利得到了另一组收敛条件，它能保证除了在 $x(t)$ 不连续的孤立 t 值外，$x(t)$ 等于它的傅里叶级数表示；而在那些 $x(t)$ 的不连续的点上，傅里叶级数收敛于不连续点两边值的平均值。

狄里赫利收敛条件如下。

条件 1　在一周期内，$x(t)$ 必须绝对可积，即

$$\int_T |x(t)| \mathrm{d}t<\infty \tag{3-33}$$

这一条件保证了每一系数 a_k 都是有限值。

不满足狄里赫利第一条件的周期信号可以举例如下

$$x(t)=\frac{\pi}{t},\ 0<t\leqslant 1 \tag{3-34}$$

其中，$x(t)$ 是周期为 1 的周期信号，如图 3-8(a) 所示。

条件 2　在一个周期间隔内，$x(t)$ 的最大值和最小值的数目有限，即在任何有限间隔内，$x(t)$ 具有有限个起伏变化。

满足条件 1 而不满足条件 2 的一个函数是

$$x(t)=\sin\left(\frac{\pi}{t}\right),0<t\leqslant 0.5 \tag{3-35}$$

如图 3-8(b) 所示，该函数满足

$$\int_0^{0.5} |x(t)| \mathrm{d}t\leqslant 1$$

然而，它在一个周期内有无限多的最大值和最小值。

条件 3　$x(t)$ 在一个周期间隔内，只有有限个不连续点，而且在这些不连续点上，函数是有限的。

不满足条件 3 的信号如图 3-8(c) 所示。在一个周期内，该信号的不连续点的数目有无穷多个。

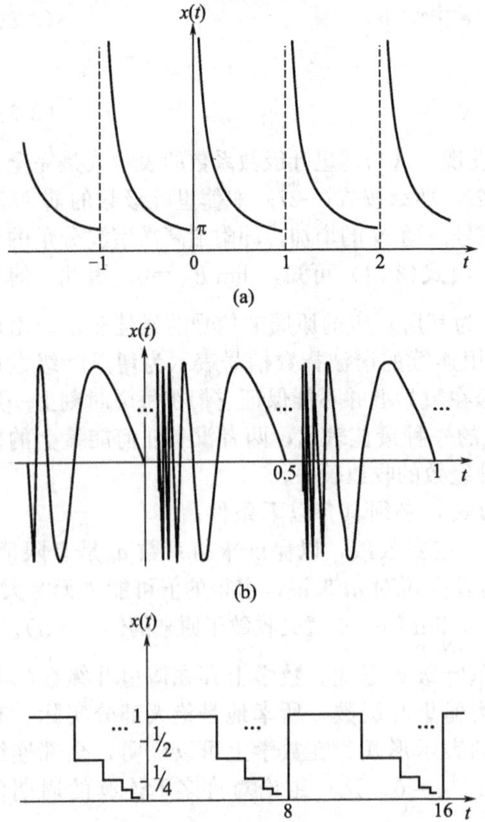

图 3-8　不满足狄里赫利条件的信号

实际上不满足狄里赫利条件的信号，一般来说在自然界中都是属于比较反常的信号，在实际应用场合不会出现。当周期信号 $x(t)$ 满足狄里赫利条件时，$x(t)$ 与它的傅里叶级数只可能在一些孤立点上有差异，而这些有限数目的孤立点对积分是无贡献的，所以两者在任意区间内的积分是一样的。由此可见，在卷积积分的运算中，两者的结果是一样的，因而从 LTI 系统分析的观点来看，作为系统的输入信号，两者是完全一致的。

如果用傅里叶级数的前 N 次谐波分量近似周期信号，则傅里叶级数是在均方误差最小的准则下对原信号的最佳近似。那么，傅里叶级数是如何在式(3-31) 所示的 $\lim\limits_{N\to\infty} E_N=0$ 意义

上，收敛于原信号的？著名的吉布斯现象可以解释傅里叶级数是如何收敛于原信号的。

1898 年美国物理学家米切尔森（Albert Michelson）发现，当用傅里叶级数前 N 次谐波分量的有限项和 $x_N(t)$ 去近似周期方波时，随着所取谐波项数 N 的增加，在信号间断点两侧总是存在着起伏的高频信号和上冲超量。N 的增大只是使这些起伏和超量向间断点处压缩，但并不会消失。而且，无论 N 取多大，起伏的最大峰值都保持不变，总有 9%的超量。1899 年著名的数学物理学家吉布斯解释了这一现象，这种现象就被称为吉布斯现象。以下程序是应用 Matlab 来检验傅里叶级数的收敛性，用有限项谐波叠加成方波信号的过程示于图 3-9。

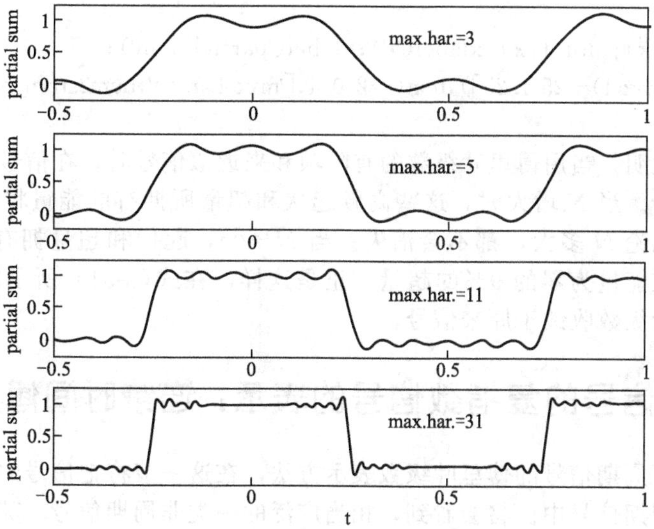

(a) 用有限项谐波叠加近似表示占空比为0.5的方波

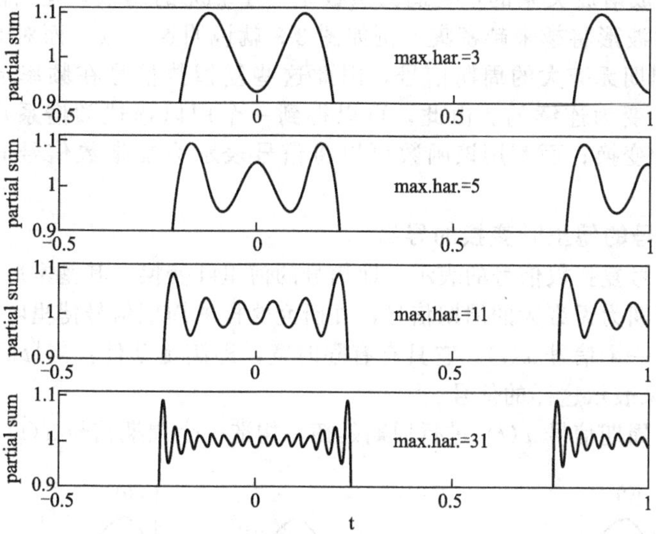

(b) 局部放大图

图 3-9　吉布斯现象的说明

```
% Program:用有限项谐波叠加成占空比为 0.5 的方波
n_max=[3 5 11 31];  %最高谐波分量分别为 3,5,11 和 31
N=length(n_max);
```

```
t=-0.5：0.001：1；
w=2*pi；              % 周期为1
for k=1：N
  x=0.5；% 直流项
  for n=1：2：n_max(k)；
    bn=2.*sin(pi*n/2)/(pi*n)；%求系数。该方波表示为三角函数形式的傅里叶级数时，
                               %其傅里叶级数系数为2.0×sin(π·n/2)/(n·π)
    x=x+bn*cos(w*n*t)；        %用有限项谐波叠加近似表示占空比为0.5的方波x(t)
  end
  subplot(N,1,k)；plot(t,x)；xlabel('t')；ylabel('partial sum')；
  axis([min(t) max(t)-25 1.25])，text(-2,0.4,['max. har. =',num2str(n_max(k))])；
end
```

吉布斯现象说明，当用傅里叶级数的有限项和来近似信号时，在信号的间断点两侧将呈现高频起伏和超量。当 N 增大时，这些高频起伏和超量所拥有的能量将减少，并趋向于信号的间断点，但无论 N 多大，都不会消失。当 $N\to\infty$，起伏和超量拥有的能量趋向于零，但在间断处仍存在能量为零的 9% 的超量。正是这样，在式(3-31) 所示的均方误差等于零的意义下，傅里叶级数收敛于原来信号。

3.2 非周期信号的复指数信号的表示：连续时间傅里叶变换

上一节建立了周期信号的傅里叶级数表示方法，在这一节将把信号的复指数信号表示方法推广应用到非周期信号中。将会看到，相当广泛的一类非周期信号，其中包括全部有限能量的信号，也能够经由复指数信号的线性组合来表示。我们已知道，对周期信号而言这些复指数信号分量全是成谐波关系的，它们的系数是关于 $k\omega_0$ 的函数，是离散的，当周期增加时，傅立叶系数的波形将越来越密集，例如图 3-3 就说明这一点。而对非周期信号，由于可以将它看成是周期无穷大的周期信号，因此这些复指数信号在频率上无限靠近，它们的加权系数的域将变为连续的。由此，可以得到一个用以描述频谱系数的连续函数，该函数被称为傅里叶变换；而利用该函数可以将信号表示为复指数信号的线性组合，被称为傅里叶反变换。

3.2.1 非周期信号的傅里叶变换的导出

建立非周期信号复指数信号的表示，即信号的傅里叶变换，其基本思想是把一个非周期信号当作是一个周期为无穷大的周期信号，并研究这样的周期信号傅里叶级数表示式的极限情况。现在，考虑一个信号 $x(t)$，它具有有限时宽，即满足条件：当 $|t|>T_1$ 时，$x(t)=0$，可以用图 3-10(a)来表示这样的信号。

可以将这个非周期信号 $x(t)$ 进行周期延拓，构造一个周期信号 $\tilde{x}(t)$，如图 3-10(b) 所

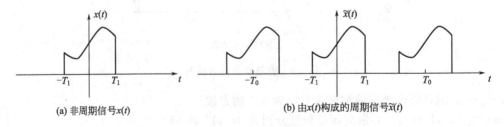

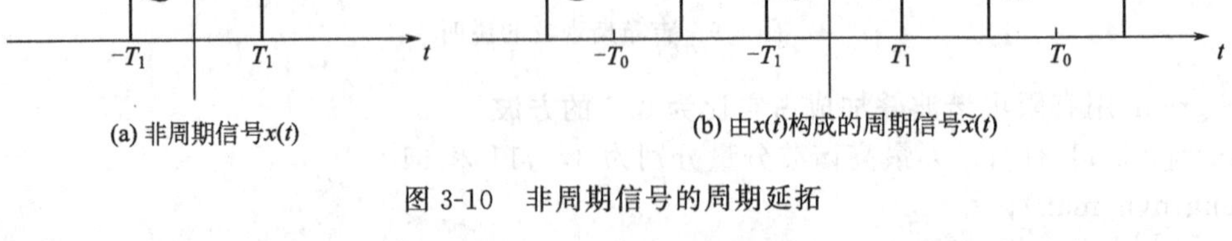

(a) 非周期信号$x(t)$　　(b) 由$x(t)$构成的周期信号$\tilde{x}(t)$

图 3-10　非周期信号的周期延拓

示，延拓构成的周期信号满足

$$\tilde{x}(t)=x(t),|t|\leqslant T_1\text{和基波周期 }T_0>2T_1 \tag{3-36a}$$

以及
$$x(t)=\lim_{T_0\to\infty}\tilde{x}(t) \tag{3-36b}$$

将 $\tilde{x}(t)$ 展开成傅里叶级数有

$$\tilde{x}(t)=\sum_{k=-\infty}^{\infty}a_k e^{jk\omega_0 t},\omega_0=\frac{2\pi}{T_0} \tag{3-37}$$

$$a_k=\frac{1}{T_0}\int_{-T_0/2}^{T_0/2}\tilde{x}(t)e^{-jk\omega_0 t}dt \tag{3-38}$$

结合式(3-36)，式(3-38) 可重新写成

$$a_k=\frac{1}{T_0}\int_{-T_0/2}^{T_0/2}x(t)e^{-jk\omega_0 t}dt=\frac{1}{T_0}\int_{-\infty}^{\infty}x(t)e^{-jk\omega_0 t}dt$$

因此，定义 T_0a_k 包络为

$$X(j\omega)=\int_{-\infty}^{\infty}x(t)e^{-j\omega t}dt \tag{3-39}$$

此时，系数 a_k 可表示为

$$a_k=\frac{1}{T_0}X(j\omega)\Big|_{\omega=k\omega_0}=\frac{1}{T_0}X(jk\omega_0) \tag{3-40}$$

将上式代入式(3-37)，有

$$\tilde{x}(t)=\sum_{k=-\infty}^{\infty}\frac{1}{T_0}X(jk\omega_0)e^{jk\omega_0 t}$$

利用关系 $\omega_0=\frac{2\pi}{T_0}$，上式又可表示为

$$\tilde{x}(t)=\frac{1}{2\pi}\sum_{k=-\infty}^{\infty}X(jk\omega_0)e^{jk\omega_0 t}\cdot\omega_0 \tag{3-41}$$

随着 $T_0\to\infty$ 或者 $\omega_0=\frac{2\pi}{T_0}\to 0$，$\tilde{x}(t)$ 趋近于 $x(t)$，即为式(3-36b) 所示的极限表示式。因此，有

$$x(t)=\lim_{T_0\to\infty}\tilde{x}(t)=\lim_{\omega_0\to 0}\tilde{x}(t)=\lim_{\omega_0\to 0}\frac{1}{2\pi}\sum_{k=-\infty}^{\infty}X(jk\omega_0)e^{jk\omega_0 t}\cdot\omega_0 \tag{3-42}$$

根据数学上微积分的定义，将 $k\omega_0$ 看成微积分变量，ω_0 看成变量微分，则式(3-42) 所示的无穷项累加的极限可以取积分形式

$$x(t)=\frac{1}{2\pi}\int_{-\infty}^{\infty}X(j\omega)e^{j\omega t}d\omega \tag{3-43}$$

其中函数 $X(j\omega)$ 由式(3-39) 定义。至此，已将 $x(t)$ 表示成了复指数信号的线性组合形式，即为式(3-43)，复指数信号出现在连续频率上，其加权“幅度”为 $X(j\omega)(d\omega/2\pi)$，为一无穷小项。这里将表示不同频率的复指数信号“复幅度”相对“大小”的 $X(j\omega)$，用来表示信号所包含不同频率复指数信号组成成分的度量，通常称为 $x(t)$ 的频谱。将上述讨论结果，重新写成以下图示式和表达式

$$x(t)\xleftrightarrow{F}X(j\omega)$$

其中 $x(t)$ 和 $X(j\omega)$ 表示一组傅里叶变换对，它们间关系为

$$X(j\omega)=\int_{-\infty}^{\infty}x(t)e^{-j\omega t}dt \tag{3-44}$$

和
$$x(t)=\frac{1}{2\pi}\int_{-\infty}^{\infty} X(\mathrm{j}\omega)\mathrm{e}^{\mathrm{j}\omega t}\,\mathrm{d}\omega \tag{3-45}$$

式(3-44) 定义的 $X(\mathrm{j}\omega)$ 称为 $x(t)$ 的傅里叶变换或频谱，而式(3-45) 称为傅里叶反变换。与傅里叶级数相比，傅里叶级数的频谱系数 a_k 表示了级数中各谐波分量的“绝对复幅度”的度量，而非周期信号的频谱 $X(\mathrm{j}\omega)$ 则表示各频率指数信号复幅度的相对度量，为频谱密度（单位频带内的振幅）。用 $X(\mathrm{j}\omega)$ 综合可以把 $x(t)$ 表示为复指数信号的线性组合，具体形式为式(3-45) 所示积分形式；用 a_k 综合可以把周期信号表示成傅里叶级数形式，由成谐波关系的复指数信号分量构成。如果信号的傅里叶变换存在，式(3-44) 和式(3-45) 所定义的傅里叶变换对表明时域信号 $x(t)$ 与其频谱 $X(\mathrm{j}\omega)$ 是等价的，而且频谱具有很明确的物理意义，给信号分析和 LTI 系统分析带来极大的方便。傅里叶变换将一个时域信号 $x(t)$ 等价映射为一个频域信号 $X(\mathrm{j}\omega)$，而傅里叶反变换将一个频域信号 $X(\mathrm{j}\omega)$ 映射为等价的时域信号 $x(t)$。将频谱 $X(\mathrm{j}\omega)$ 表示为极坐标形式

$$X(\mathrm{j}\omega)=|X(\mathrm{j}\omega)|\cdot \mathrm{e}^{\mathrm{j}\theta(\omega)}$$

即用模和相位表示，其模 $|X(\mathrm{j}\omega)|$ 称为信号幅度谱，其相位 $\theta(\omega)$ 称为信号的相位谱。

3.2.2 连续时间傅里叶变换的收敛性

与周期信号的傅里叶级数相同，傅里叶变换对相当广泛的一类信号是适用的，特别是对一些实际应用中的信号，但并不是对所有信号都是适用的，傅里叶变换也存在着收敛条件。从上节的傅里叶变换推导过程看，傅里叶变换和傅里叶级数的本质是一样的，这暗示了 $x(t)$ 的傅里叶变换的收敛条件应该与傅里叶级数收敛条件所要求的是非常相似的，事实上也确实如此。下面将考虑当满足什么条件时，信号的傅里叶变换存在，其傅里叶反变换可以并是在什么意义上表示原信号。

令 $\hat{x}(t)$ 表示利用 $X(\mathrm{j}\omega)$ 按式(3-45) 右边的积分得到的信号，即

$$\hat{x}(t)=\frac{1}{2\pi}\int_{-\infty}^{\infty} X(\mathrm{j}\omega)\mathrm{e}^{\mathrm{j}\omega t}\,\mathrm{d}\omega \tag{3-46}$$

现用 $e(t)$ 表示 $\hat{x}(t)$ 和 $x(t)$ 之间的误差

$$e(t)=\hat{x}(t)-x(t) \tag{3-47}$$

均方误差定义为

$$E(t)=\int_{-\infty}^{\infty} |e(t)|^2\,\mathrm{d}t \tag{3-48}$$

与周期信号的傅里叶级数相类似，傅里叶变换通常有两个收敛条件。

条件 1　若 $x(t)$ 能量有限，也即 $x(t)$ 平方可积

$$\int_{-\infty}^{\infty} |x(t)|^2\,\mathrm{d}t<\infty \tag{3-49}$$

那么就保证 $X(\mathrm{j}\omega)$ 是有限的，即式(3-44) 收敛，以及 $E(t)=0$。因此，与周期信号相似，如果 $x(t)$ 能量有限，那么 $x(t)$ 和它的傅里叶表示式 $\hat{x}(t)$，也就是傅里叶反变换，仅表示在均方误差 $E(t)=0$ 意义上的等价表示，两者在能量上没有任何差别，但不能保证两者在时域上处处相等。

傅里叶变换的另一组条件为狄里赫利条件。该条件保证了傅里叶反变换除了那些不连续点外，在任何其他的 t 值上都等于 $x(t)$，而在不连续点处，它等于 $x(t)$ 在不连续点两侧值的平均值。

条件 2　狄里赫利条件

① $x(t)$ 绝对可积，即

$$\int_{-\infty}^{\infty} |x(t)|\,\mathrm{d}t<\infty \tag{3-50}$$

② 在任何有限区间内，$x(t)$ 只有有限个最大值和最小值；

③ 在任何有限区间内，$x(t)$ 只有有限个不连续点，并且在每个不连续点上信号都必须是有限值。

从该收敛条件可以得出，本身是连续的或者只有有限个不连续点的绝对可积信号都存在着傅里叶变换。

尽管这两组条件都给出了一个信号存在傅里叶变换的充分条件，实际上在傅里叶变换对中，真正关心的是傅里叶反变换，即信号能用复指数信号来表示，因为只有这样傅里叶变换才有意义。例如周期信号显然不满足上述两组收敛条件，其频谱是无穷大的，但绝大部分的周期信号可以用成谐波关系的复指数信号的线性组合来表示，该结果暗示周期信号的傅里叶反变换应该是存在，因此认为周期信号不具有傅里叶变换显然是不合理的。一般只要使其傅里叶反变换积分存在或收敛，即信号可以表示为复指数信号的线性组合，也就是说，尽管信号的傅里叶正变换积分式(3-44) 不收敛，只要该积分的无穷大值可用函数（如冲激函数）表示，并代入傅里叶反变换式(3-45)，使该积分收敛于原信号，都可以认为这样的信号具有傅里叶变换。这样就可以将傅里叶变换和傅里叶级数统一在傅里叶变换的框架之下。在以后的周期信号的傅里叶变换章节及其他地方中，将解决这一问题。此外，当傅里叶变换综合公式(3-45) 用有限频宽来近似表示原信号，即 $\hat{x}(t)=\frac{1}{2\pi}\int_{-W}^{W}X(\mathrm{j}\omega)\mathrm{e}^{\mathrm{j}\omega t}\mathrm{d}\omega$，同样存在吉布斯现象。

3.2.3 典型连续时间信号的傅里叶变换对

(1) 单边指数信号

已知单边指数信号的表示式为

$$x(t)=\mathrm{e}^{-at}u(t),a>0$$

由式(3-44)，有

$$X(\mathrm{j}\omega)=\int_{-\infty}^{\infty}x(t)\mathrm{e}^{-\mathrm{j}\omega t}\mathrm{d}t=\int_{0}^{\infty}\mathrm{e}^{-at}\mathrm{e}^{-\mathrm{j}\omega t}\mathrm{d}t$$

$$=-\frac{1}{a+\mathrm{j}\omega}\mathrm{e}^{-(a+\mathrm{j}\omega)t}\Big|_{0}^{\infty}$$

得

$$\mathrm{e}^{-at}u(t)\xleftrightarrow{\mathrm{F}}X(\mathrm{j}\omega)=\frac{1}{a+\mathrm{j}\omega},\ a>0 \tag{3-51}$$

其模和相位表示为

$$X(\mathrm{j}\omega)=|X(\mathrm{j}\omega)|\mathrm{e}^{\mathrm{j}\theta(\omega)}$$

$$|X(\mathrm{j}\omega)|=\frac{1}{\sqrt{a^2+\omega^2}}$$

$$\theta(\omega)=-\arctan\left(\frac{\omega}{a}\right)$$

单边指数信号的波形 $x(t)$、幅度谱 $|X(\mathrm{j}\omega)|$ 和相位谱 $\theta(\omega)$ 如图 3-11 所示。

(2) 双边指数信号

已知双边指数信号的表示式为

$$x(t)=\mathrm{e}^{-a|t|},\ a>0$$

如图 3-12 所示，该信号可表示为

$$x(t)=\mathrm{e}^{at}u(-t)+\mathrm{e}^{-at}u(t)$$

该信号的傅里叶变换是

$$X(\mathrm{j}\omega)=\int_{-\infty}^{\infty}\mathrm{e}^{-a|t|}\mathrm{e}^{-\mathrm{j}\omega t}\mathrm{d}t=\int_{-\infty}^{0}\mathrm{e}^{at}\mathrm{e}^{-\mathrm{j}\omega t}\mathrm{d}t+\int_{0}^{\infty}\mathrm{e}^{-at}\mathrm{e}^{-\mathrm{j}\omega t}\mathrm{d}t$$

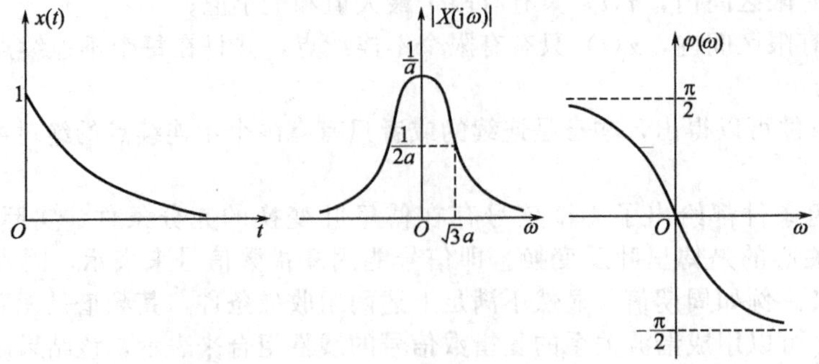

图 3-11 单边指数信号的波形及频谱

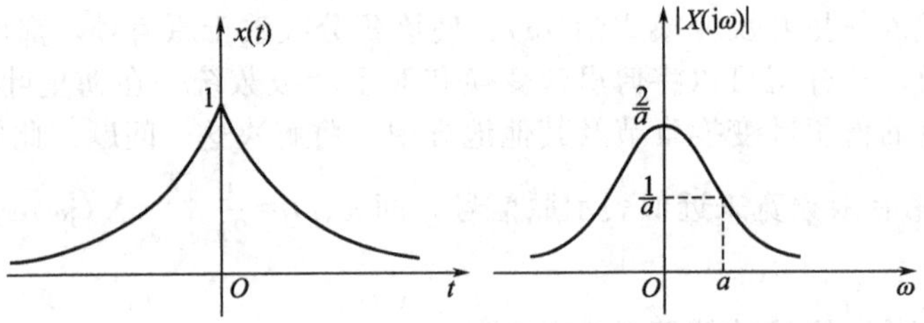

图 3-12 双边指数信号的波形及频谱

$$=\frac{1}{a-\mathrm{j}\omega}+\frac{1}{a+\mathrm{j}\omega}=\frac{2a}{a^2+\omega^2}$$

得

$$\mathrm{e}^{-a|t|}\overset{\mathrm{F}}{\longleftrightarrow}\frac{2a}{a^2+\omega^2} \tag{3-52}$$

双边指数信号的波形、频谱如图 3-12 所示。

(3) 单位冲激信号 $\delta(t)$

单位冲激信号 $\delta(t)$ 的傅里叶变换是

$$X(\mathrm{j}\omega)=\int_{-\infty}^{\infty}\delta(t)\mathrm{e}^{-\mathrm{j}\omega t}\,\mathrm{d}t=1$$

得

$$\delta(t)\overset{\mathrm{F}}{\longleftrightarrow}1 \tag{3-53}$$

也就是说，单位冲激信号的频谱在所有频率上都是相同的，即 $\delta(t)$ 所包含各种频率分量是相等的。$\delta(t)$ 的频谱如图 3-13 所示。

(4) 求冲激偶 $\delta'(t)$ 的傅里叶变换

因为

$$\delta(t)\overset{\mathrm{F}}{\longleftrightarrow}1$$

所以，可得

$$\delta(t)=\frac{1}{2\pi}\int_{-\infty}^{\infty}\mathrm{e}^{\mathrm{j}\omega t}\,\mathrm{d}\omega$$

上式两边对 t 求微分，得

$$\delta'(t)=\frac{\mathrm{d}\delta(t)}{\mathrm{d}t}=\frac{1}{2\pi}\int_{-\infty}^{\infty}\mathrm{j}\omega\mathrm{e}^{\mathrm{j}\omega t}\,\mathrm{d}\omega$$

上式表示为 $\delta'(t)$ 的傅里叶反变换，所以得

$$\delta'(t)\overset{\mathrm{F}}{\longleftrightarrow}\mathrm{j}\omega \tag{3-54}$$

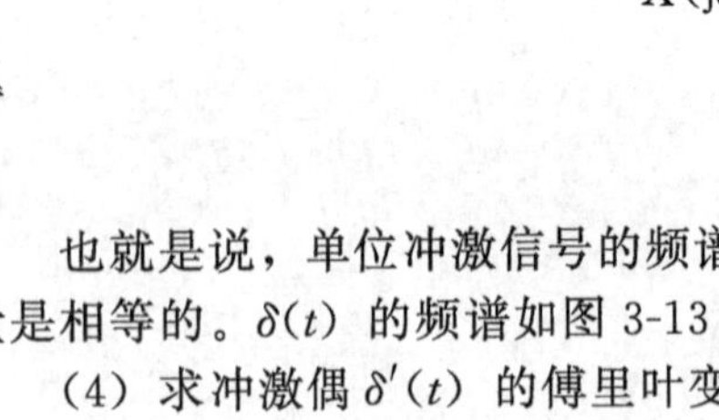

图 3-13 单位冲激信号的频谱

（5）抽样函数

考虑一信号，其傅里叶变换$X(\mathrm{j}\omega)$为

$$X(\mathrm{j}\omega)=\begin{cases}1, & |\omega|<\omega_c\\ 0, & \text{其他}\end{cases}$$

利用傅里叶反变换公式(3-45）求得

$$X(t)=\frac{1}{2\pi}\int_{-\omega_c}^{\omega_c}\mathrm{e}^{\mathrm{j}\omega t}\,\mathrm{d}\omega=\frac{1}{2\pi}\int_{-\omega_c}^{\omega_c}(\cos\omega t+\mathrm{j}\sin\omega t)\,\mathrm{d}\omega$$

$$=\frac{1}{\pi}\int_{0}^{\omega_c}\cos\omega t\,\mathrm{d}\omega=\frac{\sin\omega_c t}{\pi t}=\frac{\omega_c}{\pi}\mathrm{sinc}\left(\frac{\omega_c t}{\pi}\right)$$

得

$$\frac{\omega_c}{\pi}\mathrm{sinc}\left(\frac{\omega_c t}{\pi}\right)\xleftrightarrow{\mathrm{F}}\begin{cases}1, & |\omega|<\omega_c\\ 0, & \text{其他}\end{cases}\tag{3-55}$$

如图 3-14 所示。

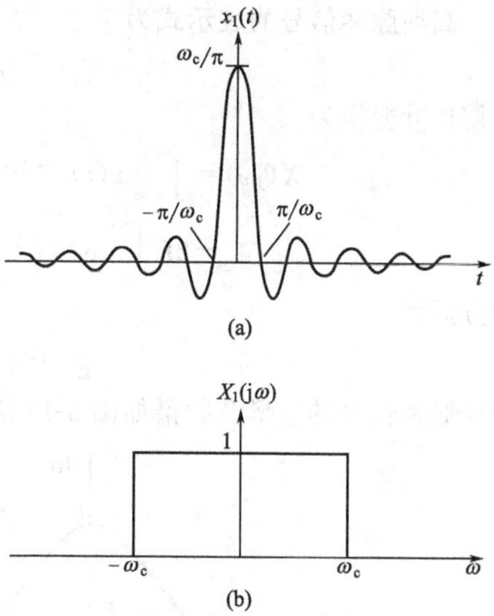

图 3-14　抽样函数的傅里叶变换对

（6）矩形窗函数

已知矩形窗函数表示式为

$$x(t)=\begin{cases}E, & |t|<\dfrac{\tau}{2}\\ 0, & \text{其他}\end{cases}$$

其傅里叶变换为

$$X(\mathrm{j}\omega)=E\int_{-\frac{\tau}{2}}^{\frac{\tau}{2}}\mathrm{e}^{-\mathrm{j}\omega t}\,\mathrm{d}t=E\int_{-\frac{\tau}{2}}^{\frac{\tau}{2}}(\cos\omega t-\mathrm{j}\sin\omega t)\,\mathrm{d}t=2E\int_{0}^{\frac{\tau}{2}}\cos\omega t\,\mathrm{d}t$$

$$=\frac{2E\sin\omega\dfrac{\tau}{2}}{\omega}=E\tau\ \mathrm{sinc}\left(\frac{\omega\tau}{2\pi}\right)$$

得

$$x(t)=\begin{cases}E, & |t|<\dfrac{\tau}{2}\\ 0, & \text{其他}\end{cases}\xleftrightarrow{\mathrm{F}}E\tau\ \mathrm{sinc}\left(\frac{\omega\tau}{2\pi}\right)=E\tau\ \mathrm{Sa}\left(\omega\frac{\tau}{2}\right)\tag{3-56}$$

图 3-15 为矩形窗函数的波形和频谱。

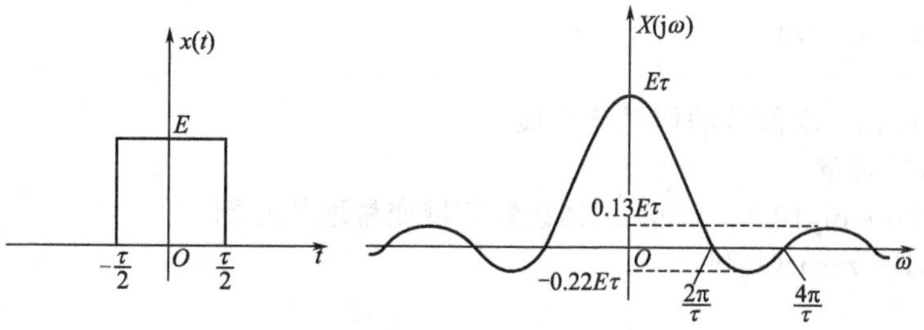

图 3-15　矩形窗函数的波形、频谱

（7）求频谱 $2\pi\delta(\omega)$ 的反变换

根据傅里叶反变换公式，频谱 $2\pi\delta(\omega)$ 的原信号为

$$x(t)=\frac{1}{2\pi}\int_{-\infty}^{\infty}2\pi\delta(\omega)\mathrm{e}^{\mathrm{j}\omega t}\,\mathrm{d}\omega=\int_{-\infty}^{\infty}\delta(\omega)\,\mathrm{d}\omega=1$$

由此可得傅里叶变换对

$$1\xleftrightarrow{\mathrm{F}}2\pi\delta(\omega)\tag{3-57}$$

（8）高斯脉冲信号

高斯脉冲信号的表示式为

$$x(t)=E\mathrm{e}^{-\left(\frac{t}{\tau}\right)^2}$$

其傅里叶变换为

$$X(\mathrm{j}\omega)=\int_{-\infty}^{\infty}x(t)\,\mathrm{e}^{-\mathrm{j}\omega t}\,\mathrm{d}t=\int_{-\infty}^{\infty}E\mathrm{e}^{-\left(\frac{t}{\tau}\right)^2}[\cos\omega t-\mathrm{j}\sin\omega t]\mathrm{d}t$$
$$=2E\int_{0}^{\infty}\mathrm{e}^{-\left(\frac{t}{\tau}\right)^2}\cos\omega t\,\mathrm{d}t$$

积分后得

$$E\mathrm{e}^{-\left(\frac{t}{\tau}\right)^2}\overset{\mathrm{F}}{\longleftrightarrow}\sqrt{\pi}E\tau\mathrm{e}^{-\left(\frac{\omega\tau}{2}\right)^2}\tag{3-58}$$

高斯脉冲信号的波形及频谱如图 3-16 所示。

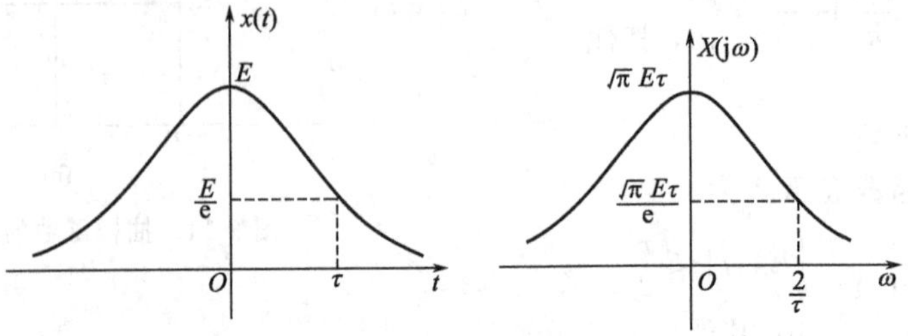

图 3-16　高斯脉冲信号的波形及频谱

(9) 利用 Matlab 计算信号的傅里叶变换

下面是计算傅里叶变换的 Matlab 程序和运算结果（如图 3-17 所示）。

```
%程序 signal.m：定义求傅里叶变换的被积函数：y=x(t).*exp(-j*w*t)
function y=signal(t,w,T) %[-T,T]为信号时宽，t 为时间变量，w 为频域变量
x=(t>=0).*1.0;          % [0，T] 方波
                        %对称三角形可定义为：x=(abs(t)<=T).*(1-abs(t))
                        %对称斜波可定义为：x=(abs(t)<=T).*t
                        %斜波可定义为：x=(t>=0).*t
                        %对称方波可定义为：x=(abs(t)<=T).*1.0
y=x.*exp(-j*w*t);
```

```
%程序 spectrum.m：求信号的傅里叶变换
T=1;%设置信号时宽
w=linspace(-10*pi,10*pi,1024);%设置频域变量取值范围
N=length(w);F=zeros(1,N);
for k=1:N
    F(k)=quadl(@signal,-T,T,[],[],w(k),T);
end
A=abs(F); %计算傅里叶变换的幅值
subplot(3,1,1);plot(w,A);ylabel('幅频特性');axis([w(1) w(N) min(A)-0.05 max(real(A))+0.05]);
subplot(3,1,2);plot(w,real(F));ylabel('实部');axis([w(1) w(N) min(real(F))-0.05 max(real(F))+0.05 ]);
subplot(3,1,3);plot(w,imag(F));xlabel('\omega');ylabel('虚部');axis([w(1) w(N) min(imag(F))-0.05 max(imag(F))+0.05 ]);
```

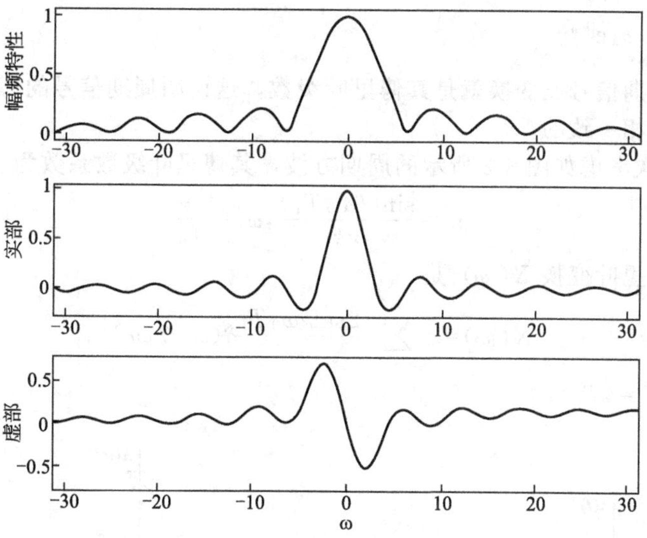

图 3-17 方波的频谱

3.3 连续时间周期信号的傅里叶变换

尽管周期信号不满足两个傅里叶变换的收敛条件，由于周期信号能够表示成傅里叶级数形式的复指数信号的表示式，因此，周期信号能够建立傅里叶变换表示形式。这种表示的傅里叶变换是无穷大的，但它能用冲激串信号来表示，并使傅里叶反变换收敛。这样就可以在统一框架内考虑周期和非周期信号的傅里叶变换。

这里不直接推导周期信号的傅里叶变换，为了得到一般性的结果，考虑一个信号 $x(t)$，其傅里叶变换 $X(\mathrm{j}\omega)$ 为

$$X(\mathrm{j}\omega)=2\pi\delta(\omega-\omega_0) \tag{3-59}$$

可以应用式(3-45) 的反变换公式得到

$$\begin{aligned}x(t)&=\frac{1}{2\pi}\int_{-\infty}^{\infty}2\pi\delta(\omega-\omega_0)\mathrm{e}^{\mathrm{j}\omega t}\mathrm{d}\omega\\&=\mathrm{e}^{\mathrm{j}\omega_0 t}\end{aligned} \tag{3-60}$$

即

$$\mathrm{e}^{\mathrm{j}\omega_0 t}\overset{\mathrm{F}}{\longleftrightarrow}2\pi\delta(\omega-\omega_0) \tag{3-61}$$

如某一周期信号的傅里叶级数为

$$x(t)=\sum_{k=-\infty}^{\infty}a_k\mathrm{e}^{\mathrm{j}k\omega_0 t},\omega_0=\frac{2\pi}{T_0} \tag{3-62}$$

利用式(3-61)，可得周期信号 $x(t)$ 的傅里叶变换为

$$x(t)\overset{\mathrm{F}}{\longleftrightarrow}\sum_{k=-\infty}^{\infty}2\pi a_k\delta(\omega-k\omega_0)=X(\mathrm{j}\omega) \tag{3-63}$$

由上式可知，周期信号的频谱由一串在其谐波频率 $k\omega_0$ 点的冲激函数组成，每个冲激函数的强度为 $2\pi a_k$，与傅里叶级数系数成正比。显然，周期信号的傅里叶级数与信号的傅里叶变换表示是完全等价的，它们之间是可以互推的。一般可先求出周期信号的傅里叶级数系数 $\{a_k\}$，然后根据式(3-63) 可以得出其傅里叶变换。将式(3-63) 所示周期信号的频谱代入式(3-45) 反变换公式，可得其傅里叶反变换。

$$x(t)=\frac{1}{2\pi}\int_{-\infty}^{\infty}\left[\sum_{k=-\infty}^{\infty}2\pi a_k\delta(\omega-k\omega_0)\right]\mathrm{e}^{\mathrm{j}\omega t}\mathrm{d}\omega=\sum_{k=-\infty}^{\infty}\left[\int_{-\infty}^{\infty}a_k\delta(\omega-k\omega_0)\mathrm{e}^{\mathrm{j}\omega t}\mathrm{d}\omega\right]$$

$$= \sum_{k=-\infty}^{\infty} a_k e^{jk\omega_0 t} \tag{3-64}$$

由上式可以看到周期信号反变换就是其傅里叶级数，这说明周期信号的傅里叶变换与其傅里叶级数表示是完全相一致的。

【例 3-1】 再次考虑如图 3-2 所示的周期方波，其傅里叶级数系数为

$$a_k = \frac{\sin(k\omega_0 T_1)}{\pi k}, \omega_0 = \frac{2\pi}{T_0}$$

因此，该信号的傅里叶变换 $X(j\omega)$ 是

$$X(j\omega) = \sum_{k=-\infty}^{\infty} \frac{2\sin k\omega_0 T_1}{k} \delta(\omega - k\omega_0) \tag{3-65}$$

如图 3-18 所示（$T=4T_1$）。

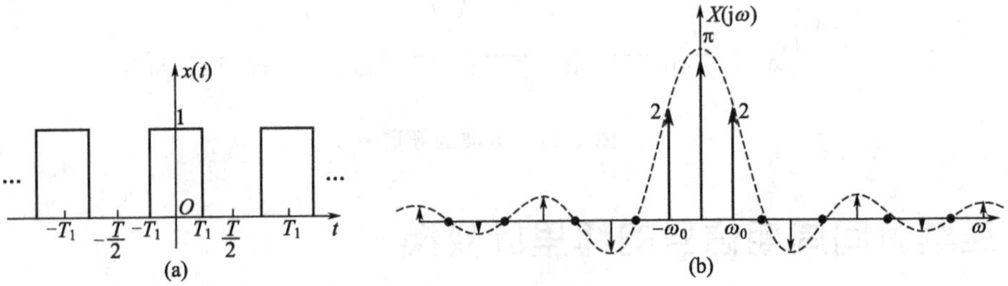

图 3-18 周期对称方波的傅里叶变换（$T=4T_1$）

【例 3-2】 正弦和余弦信号的频谱。

已知余弦信号 $x(t)=\cos\omega_0 t$，正弦信号 $x(t)=\sin\omega_0 t$。

用欧拉公式，将它们展开为傅里叶级数形式

$$x(t) = \cos\omega_0 t = \frac{e^{j\omega_0 t} + e^{-j\omega_0 t}}{2}$$

$$x(t) = \sin\omega_0 t = \frac{e^{j\omega_0 t} - e^{-j\omega_0 t}}{2j}$$

因此，有

$$\cos\omega_0 t \overset{F}{\longleftrightarrow} \pi[\delta(\omega-\omega_0)+\delta(\omega+\omega_0)] \tag{3-66}$$

$$\sin\omega_0 t \overset{F}{\longleftrightarrow} \frac{\pi}{j}[\delta(\omega-\omega_0)-\delta(\omega+\omega_0)] \tag{3-67}$$

它们的傅里叶变换如图 3-19 所示。

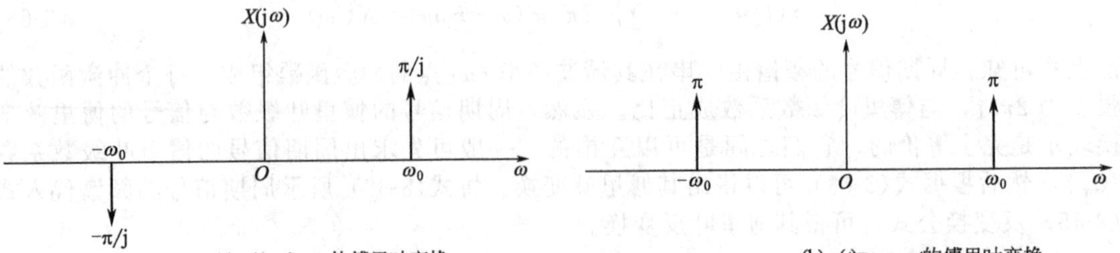

图 3-19 正弦和余弦信号的频谱

【例 3-3】 周期冲激串。

周期冲激串定义为

$$\delta_T(t)=\sum_{k=-\infty}^{\infty}\delta(t-kT)$$

如图 3-20(a) 所示。求出该信号的傅里叶级数系数

$$a_k=\frac{1}{T}\int_{-T/2}^{T/2}\delta(t)\mathrm{e}^{-\mathrm{j}k\omega_0 t}\mathrm{d}t=\frac{1}{T},\omega_0=\frac{2\pi}{T} \tag{3-68}$$

可得冲激串的傅里叶变换

$$\begin{aligned}\delta_T(t)=\sum_{k=-\infty}^{\infty}\delta(t-kT)&\stackrel{F}{\longleftrightarrow}\frac{2\pi}{T}\sum_{k=-\infty}^{\infty}\delta\left(\omega-\frac{2\pi}{T}k\right)\\&=\omega_0\sum_{k=-\infty}^{\infty}\delta(\omega-k\omega_0)=\omega_0\delta_{\omega_0}(\omega)\end{aligned} \tag{3-69}$$

冲激串的频谱如图 3-20(b) 所示，时域为冲激串，其频谱也为冲激串。这里，可以看到时域和频域之间相反关系的一个例证：随着时域冲激时间间隔（即周期）的增大或减少，在频域各冲激之间的间隔（即基波频率）相应变小或变大。

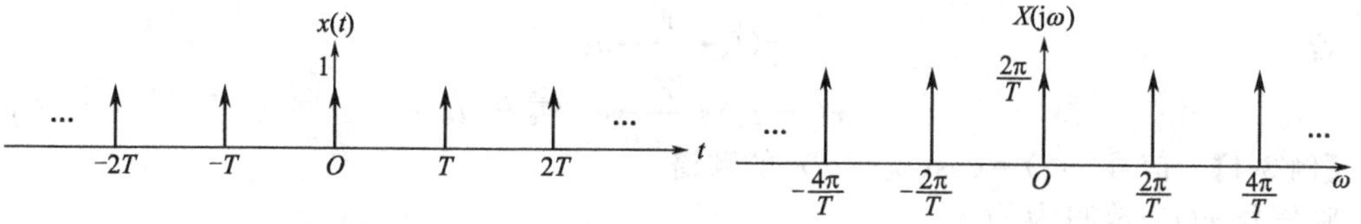

(a) 冲激串信号　　(b) 冲激串信号的频谱

图 3-20　冲激串频谱

3.4　连续时间傅里叶变换的性质

这一节将讨论傅里叶变换的一些重要的基本性质，这些性质对傅里叶变换本身以及对一个信号的时域描述和频域描述之间的关系都将给出更深入的认识。另外，许多性质对简化傅里叶变换或反变换的求值也往往是很有用的，特别是傅里叶变换的卷积特性构成 LTI 系统频域分析的基本方法，而它的频域卷积特性，则构成了现代通信的基本理论和方法。因此，熟悉傅里叶变换的基本性质是十分必要的，也是本章学习的重要内容之一。本章所讨论的性质，绝大多数都适用于傅里叶级数形式。

3.4.1　线性性质

若

$$x_1(t)\stackrel{F}{\longleftrightarrow}X_1(\mathrm{j}\omega)$$

和

$$x_2(t)\stackrel{F}{\longleftrightarrow}X_2(\mathrm{j}\omega)$$

则

$$ax_1(t)+bx_2(t)\stackrel{F}{\longleftrightarrow}aX_1(\mathrm{j}\omega)+bX_2(\mathrm{j}\omega) \tag{3-70}$$

式中，a，b 为任意常数。将傅里叶变换公式(3-44) 应用于 $ax_1(t)+bx_2(t)$ 就可直接得出式(3-70)。线性性质很容易推广到多个信号的线性组合中去。结合周期信号的傅里叶变换，不难得出傅里叶级数的系数也具有线性特性。

3.4.2　时移性质

若

$$x(t)\stackrel{F}{\longleftrightarrow}X(\mathrm{j}\omega)$$

则

$$x(t-t_0)\stackrel{F}{\longleftrightarrow}\mathrm{e}^{-\mathrm{j}\omega t_0}X(\mathrm{j}\omega) \tag{3-71}$$

根据傅里叶反变换，有

$$x(t)=\frac{1}{2\pi}\int_{-\infty}^{\infty}X\,(\mathrm{j}\omega)\mathrm{e}^{\mathrm{j}\omega t}\,\mathrm{d}\omega$$

在上式中以 $t-t_0$ 取代 t，可得

$$x(t-t_0)=\frac{1}{2\pi}\int_{-\infty}^{\infty}X(\mathrm{j}\omega)\mathrm{e}^{\mathrm{j}\omega(t-t_0)}\,\mathrm{d}\omega=\frac{1}{2\pi}\int_{-\infty}^{\infty}\left[\mathrm{e}^{-\mathrm{j}\omega t_0}X(\mathrm{j}\omega)\right]\mathrm{e}^{\mathrm{j}\omega t}\,\mathrm{d}\omega$$

显然，上式是 $x(t-t_0)$ 的傅里叶反变换式，所以得

$$x(t-t_0)\overset{\mathrm{F}}{\longleftrightarrow}\mathrm{e}^{-\mathrm{j}\omega t_0}X(\mathrm{j}\omega)$$

从上式可以看出，信号在时域中延时 t_0 等效于在频域中频谱乘以因子 $\mathrm{e}^{-\mathrm{j}\omega t_0}$。

将信号的频谱用极坐标形式表示时

$$x(t)\overset{\mathrm{F}}{\longleftrightarrow}X(\mathrm{j}\omega)=|X(\mathrm{j}\omega)|\,\mathrm{e}^{\mathrm{j}\theta(\omega)}$$

那么

$$x(t-t_0)\overset{\mathrm{F}}{\longleftrightarrow}|X(\mathrm{j}\omega)|\,\mathrm{e}^{\mathrm{j}[\theta(\omega)-\omega t_0]}$$

因此，这个性质说明，信号相位谱包含的是信号在时间轴的位移信息，也就是各频率分量 $\mathrm{e}^{\mathrm{j}\omega t}$ 的初始相位信息或时间位移信息；幅度谱包含了信号幅度大小信息。结合周期信号的傅里叶变换，很容易将该性质用于傅里叶级数，即对周期信号，有

若

$$x(t)\overset{\mathrm{F}}{\longleftrightarrow}a_k$$

则

$$x(t-t_0)\overset{\mathrm{F}}{\longleftrightarrow}\mathrm{e}^{-\mathrm{j}\left(\frac{2\pi}{T_0}\right)kt_0}a_k \tag{3-72}$$

【例 3-4】 信号 $x(t)=\cos(\omega_0 t+\theta)$ 的频谱。

将信号 $x(t)$ 改写为

$$x(t)=\cos\omega_0(t+\theta/\omega_0)=\cos\omega_0(t+t_0),\ t_0=\theta/\omega_0$$

已知

$$\cos\omega_0 t\overset{\mathrm{F}}{\longleftrightarrow}\pi[\delta(\omega-\omega_0)+\delta(\omega+\omega_0)]$$

根据延时性质，有

$$\begin{aligned}\cos\omega_0(t+t_0)&\overset{\mathrm{F}}{\longleftrightarrow}\mathrm{e}^{\mathrm{j}\omega t_0}\pi[\delta(\omega-\omega_0)+\delta(\omega+\omega_0)]\\&=\pi[\mathrm{e}^{\mathrm{j}\omega_0 t_0}\delta(\omega-\omega_0)+\mathrm{e}^{-\mathrm{j}\omega_0 t_0}\delta(\omega+\omega_0)]\\&=\pi[\mathrm{e}^{\mathrm{j}\theta}\delta(\omega-\omega_0)+\mathrm{e}^{-\mathrm{j}\theta}\delta(\omega+\omega_0)]\end{aligned} \tag{3-73}$$

3.4.3 频移性质

若

$$x(t)\overset{\mathrm{F}}{\longleftrightarrow}X(\mathrm{j}\omega)$$

则

$$x(t)\mathrm{e}^{\mathrm{j}\omega_0 t}\overset{\mathrm{F}}{\longleftrightarrow}X(\mathrm{j}(\omega-\omega_0)),\ \omega_0\text{为实常数} \tag{3-74}$$

利用傅里叶变换公式(3-44)，有

$$\mathrm{F}[x(t)\mathrm{e}^{\mathrm{j}\omega_0 t}]=\int_{-\infty}^{\infty}f(t)\mathrm{e}^{\mathrm{j}\omega_0 t}\mathrm{e}^{-\mathrm{j}\omega t}\,\mathrm{d}t=\int_{-\infty}^{\infty}f(t)\mathrm{e}^{-\mathrm{j}(\omega-\omega_0)t}\,\mathrm{d}t$$

所以

$$x(t)\mathrm{e}^{\mathrm{j}\omega_0 t}\overset{\mathrm{F}}{\longleftrightarrow}X(\mathrm{j}(\omega-\omega_0))$$

同理

$$x(t)\mathrm{e}^{-\mathrm{j}\omega_0 t}\overset{\mathrm{F}}{\longleftrightarrow}X(\mathrm{j}(\omega+\omega_0)) \tag{3-75}$$

可见，若时间信号 $x(t)$ 乘以 $\mathrm{e}^{\pm\mathrm{j}\omega_0 t}$，等效于 $x(t)$ 的频谱 $X(\mathrm{j}\omega)$ 沿频率轴移位 $\pm\omega_0$，也就是说，具有频谱搬移功能。频谱搬移技术在通信系统中得到了广泛应用，例如幅度调制、同步解调、变频等过程都是在频谱搬移的基础上完成的。实际应用中，频谱搬移是通过将信号 $x(t)$ 与某一载波信号 $\cos\omega_0 t$ 或 $\sin\omega_0 t$ 相乘来完成的。

由

$$\cos\omega_0 t=\frac{1}{2}(\mathrm{e}^{\mathrm{j}\omega_0 t}+\mathrm{e}^{-\mathrm{j}\omega_0 t})$$

$$\sin\omega_0 t=\frac{1}{2\mathrm{j}}(\mathrm{e}^{\mathrm{j}\omega_0 t}-\mathrm{e}^{-\mathrm{j}\omega_0 t})$$

$$x(t) \overset{F}{\longleftrightarrow} X(j\omega)$$

可以导出

$$x(t)\cos\omega_0 t \overset{F}{\longleftrightarrow} \frac{1}{2}[X(j(\omega-\omega_0))+X(j(\omega+\omega_0))] \tag{3-76}$$

$$x(t)\sin\omega_0 t \overset{F}{\longleftrightarrow} \frac{j}{2}[X(j(\omega+\omega_0))-X(j(\omega-\omega_0))] \tag{3-77}$$

所以，任何信号乘以 $\cos\omega_0 t$ 或 $\sin\omega_0 t$，可以实现频谱搬移功能，将原信号频谱一分为二，沿频率轴向左和向右各平移 ω_0。

该性质也适用于傅里叶级数，见表 3-2。

3.4.4 共轭性及共轭对称性

共轭性质指

若 $$x(t) \overset{F}{\longleftrightarrow} X(j\omega)$$

则 $$x^*(t) \overset{F}{\longleftrightarrow} X^*(-j\omega) \tag{3-78}$$

可以通过以下方法得出这一性质

因为 $$X(j\omega)=\int_{-\infty}^{\infty} x(t)e^{-j\omega t}dt$$

上式取共轭，有

$$X^*(j\omega)=\left[\int_{-\infty}^{\infty} x(t)e^{-j\omega t}dt\right]^*=\int_{-\infty}^{\infty} x^*(t)e^{j\omega t}dt$$

以 $-\omega$ 替代 ω，得

$$X^*(-j\omega)=\int_{-\infty}^{\infty} x^*(t)e^{-j\omega t}dt$$

于是就得到式(3-78) 的关系。

若 $x(t)$为实数，即有

$$x(t)=x^*(t)$$

结合式(3-78)，有

$$X(j\omega)=X^*(-j\omega),\ x(t)\text{为实数} \tag{3-79}$$

即 $X(j\omega)$ 具有共轭对称性。

(1) $x(t)$为实信号

作为式(3-79) 的一个结果，若将 $X(j\omega)$ 用直角坐标表示为

$$X(j\omega)=\mathrm{Re}\{X(j\omega)\}+j\mathrm{Im}\{X(j\omega)\}$$

若 $x(t)$ 为实数，则有

$$\mathrm{Re}\{X(j\omega)\}=\mathrm{Re}\{X(-j\omega)\}$$
$$\mathrm{Im}\{X(j\omega)\}=-\mathrm{Im}\{X(-j\omega)\}$$

也就是说，实数信号傅里叶变换的实部是偶函数，虚部是奇函数。类似地，若 $X(j\omega)$ 用极坐标表示为

$$X(j\omega)=|X(j\omega)|e^{j\theta(\omega)}$$

那么，根据式(3-79) 容易得出：信号的幅度谱$|X(j\omega)|$是偶函数，相位谱 $\theta(\omega)$ 是奇函数。因此，对于实数信号的频谱表示，只需给出 $\omega>0$ 部分的频谱就可以了，因为对$\omega<0$的值，可以利用上面导出的对称关系，可直接从 $\omega>0$ 时的值导出。

(2) $x(t)$ 为实值偶函数

根据信号傅里叶变换，可以写出

$$X(-j\omega)=\int_{-\infty}^{\infty} x(t)e^{j\omega t}dt$$

用 $\tau=-t$ 替换，可得

$$X(-\mathrm{j}\omega)=\int_{-\infty}^{\infty}x(-\tau)\mathrm{e}^{-\mathrm{j}\omega\tau}\mathrm{d}\tau$$

因为 $x(-\tau)=x(\tau)$，所以有

$$X(-\mathrm{j}\omega)=\int_{-\infty}^{\infty}x(\tau)\mathrm{e}^{-\mathrm{j}\omega\tau}\mathrm{d}\tau=X(\mathrm{j}\omega)$$

因此，$X(\mathrm{j}\omega)$ 为偶函数。对式(3-79) 两边取共轭，可得关系

$$X^*(\mathrm{j}\omega)=X(-\mathrm{j}\omega)$$

结合上面两式，有

$$X^*(\mathrm{j}\omega)=X(\mathrm{j}\omega)$$

根据上式，$X(\mathrm{j}\omega)$ 只能是实值函数，虚部为零。因此，当 $x(t)$为实且为偶函数时，其频谱为实值偶函数。

(3) $x(t)$为实且奇函数

同样可以证明，此时，$x(t)$的频谱是纯虚虚数且为奇函数。

(4) 作为进一步结果，若一个实函数用其偶部和奇部表示，即

$$x(t)=x_{\mathrm{e}}(t)+x_{\mathrm{o}}(t)$$

其中

$$x_{\mathrm{e}}(t)=\varepsilon_{\mathrm{v}}\{x(t)\}=\frac{x(t)+x(-t)}{2}$$

$$x_{\mathrm{o}}(t)=\theta_{\mathrm{d}}\{x(t)\}=\frac{x(t)-x(-t)}{2}$$

根据傅里叶变换的线性，有

$$\mathrm{F}\{x(t)\}=\mathrm{F}\{x_{\mathrm{e}}(t)\}+\mathrm{F}\{x_{\mathrm{o}}(t)\}=\mathrm{Re}\{X(\mathrm{j}\omega)\}+\mathrm{j}\mathrm{Im}\{X(\mathrm{j}\omega)\}$$

并且，根据上面的讨论，$\mathrm{F}\{x_{\mathrm{e}}(t)\}$是一实值偶函数，$\mathrm{F}\{x_{\mathrm{o}}(t)\}$是一个纯虚虚数且为奇函数，于是可得出以下结论

$$x(t)\xleftrightarrow{\mathrm{F}}X(\mathrm{j}\omega)=\mathrm{Re}\{X(\mathrm{j}\omega)\}+\mathrm{j}\mathrm{Im}\{X(\mathrm{j}\omega)\}，x(t)\text{为实值函数}$$

$$\varepsilon_{\mathrm{v}}\{x(t)\}\xleftrightarrow{\mathrm{F}}\mathrm{Re}\{X(\mathrm{j}\omega)\}$$

$$\theta_{\mathrm{d}}\{x(t)\}\xleftrightarrow{\mathrm{F}}\mathrm{j}\mathrm{Im}\{X(\mathrm{j}\omega)\} \tag{3-80}$$

也就是说，一个实值信号 $x(t)$ 的频谱的实部是由其偶部贡献，而频谱的虚部是由其奇部贡献。上述结果，完全适用于周期信号的傅里叶级数，见表 3-2。

3.4.5 微分与积分

若 $x(t)$ 的傅里叶变换是 $X(\mathrm{j}\omega)$，将傅里叶变换综合公式(3-45) 两边对 t 进行微分，并变换微分与积分的次序，可得

$$\frac{\mathrm{d}x(t)}{\mathrm{d}t}=\frac{1}{2\pi}\int_{-\infty}^{\infty}\mathrm{j}\omega X(\mathrm{j}\omega)\mathrm{e}^{\mathrm{j}\omega t}\mathrm{d}\omega$$

也就是

$$\frac{\mathrm{d}x(t)}{\mathrm{d}t}\xleftrightarrow{\mathrm{F}}\mathrm{j}\omega X(\mathrm{j}\omega) \tag{3-81}$$

这是一个重要性质，因为它将时域的微分运算等效于在频域内乘以 $\mathrm{j}\omega$ 因子，据此性质可以将时域的微分运算转变为频域的代数运算，这为用傅里叶变换在频域上分析由微分方程描述的 LTI 系统提供一简单有效的方法，在今后的章节中，将详细讨论这一问题。将微分性质进一步推广，有

$$\frac{\mathrm{d}^n x(t)}{\mathrm{d}t^n}\xleftrightarrow{\mathrm{F}}(\mathrm{j}\omega)^n X(\mathrm{j}\omega) \tag{3-82}$$

对应于微分性质，时域内的积分则相应有

$$\int_{-\infty}^{t} x(\tau)\mathrm{d}\tau \overset{\mathrm{F}}{\longleftrightarrow} \frac{1}{\mathrm{j}\omega}X(\mathrm{j}\omega)+\pi X(0)\delta(\omega)$$

上式中右边的冲激函数项反映了由积分所产生的直流分量，当原信号的频谱的直流分量 $X(\mathrm{j}\omega)|_{\omega=0}=0$ 时，积分就不产生直流分量，那么上式右边的冲激函数项就等于零。周期信号也有类似的积分和微分性质，见表 3-2。

【例 3-5】 求单位阶跃信号 $x(t)=u(t)$ 的傅里叶变换。

已知

$$\delta(t) \overset{\mathrm{F}}{\longleftrightarrow} 1$$

因为

$$u(t)=\int_{-\infty}^{t}\delta(t)\mathrm{d}t$$

利用时域积分特性，有

$$u(t) \overset{\mathrm{F}}{\longleftrightarrow} \frac{1}{\mathrm{j}\omega}+\pi\delta(\omega) \tag{3-83}$$

作为时域积分性质的一个结果，在频域上，可得

若

$$\mathrm{j}\omega Y(\mathrm{j}\omega)=X(\mathrm{j}\omega)$$

则

$$Y(\mathrm{j}\omega)=\frac{X(\mathrm{j}\omega)}{\mathrm{j}\omega}+\pi X(0)\delta(\omega) \tag{3-84}$$

某一频谱在频域上被 $\mathrm{j}\omega$ 所除，表示对该频谱的原信号在时域上进行积分，因此可运用时域积分性质。

【例 3-6】 求三角脉冲的傅里叶变换。

已知三角脉冲信号的表达式

$$x(t)=\begin{cases} E\left(1-\dfrac{2}{\tau}|t|\right), & |t|<\dfrac{\tau}{2} \\ 0, & 其他 \end{cases}$$

如图 3-21 所示。

将 $x(t)$ 取二阶导数，得

$$\frac{\mathrm{d}^2 x(t)}{\mathrm{d}t^2}=\frac{2E}{\tau}\left[\delta\left(t+\frac{\tau}{2}\right)+\delta\left(t-\frac{\tau}{2}\right)-2\delta(t)\right]$$

令 $X(\mathrm{j}\omega)$，$X_1(\mathrm{j}\omega)$ 和 $X_2(\mathrm{j}\omega)$ 分别表示 $x(t)$ 及其一、二阶导数的傅里叶变换，则它们有以下关系

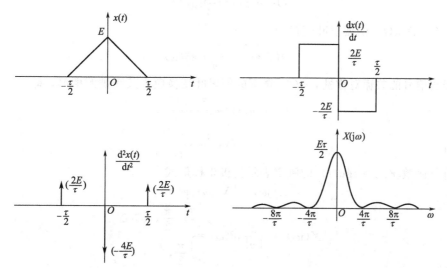

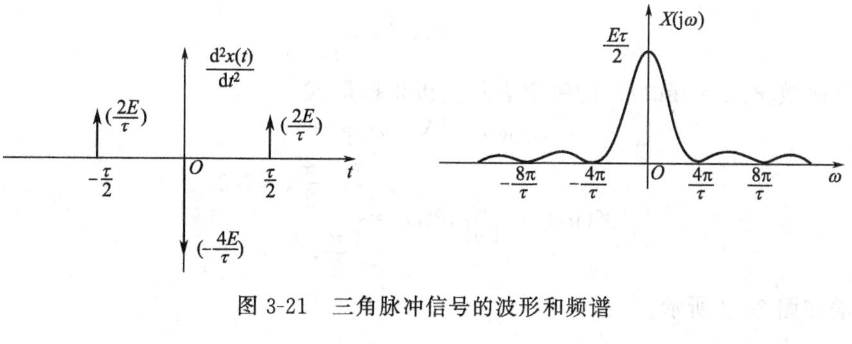

图 3-21　三角脉冲信号的波形和频谱

$$X_1(j\omega)=j\omega X(j\omega)$$
$$X_2(j\omega)=(j\omega)^2X(j\omega)$$

先求得 $X_2(j\omega)$ 如下

$$X_2(j\omega)=F\left\{\frac{d^2x(t)}{dt^2}\right\}=\frac{2E}{\tau}(e^{-j\omega\frac{\tau}{2}}+e^{j\omega\frac{\tau}{2}}-2)$$
$$=\frac{2E}{\tau}[2\cos(\frac{\omega\tau}{2})-2]=-\frac{8E}{\tau}\sin^2(\frac{\omega\tau}{4})$$

因此，有

$$(j\omega^2)X(j\omega)=-\frac{8E}{\tau}\sin^2(\frac{\omega\tau}{4})$$

所以 $$(j\omega)X(j\omega)=-\frac{8E}{\tau}\times\frac{\sin^2(\frac{\omega\tau}{4})}{j\omega}+\pi X_2(0)\delta(\omega)=-\frac{8E}{\tau}\times\frac{\sin^2(\frac{\omega\tau}{4})}{j\omega}=X_1(j\omega)$$

$$X(j\omega)=-\frac{8E}{\tau}\times\frac{\sin^2(\frac{\omega\tau}{4})}{(j\omega)^2}+\pi X_1(0)\delta(\omega)$$

$$=\frac{E\tau}{2}\times\frac{\sin^2(\frac{\omega\tau}{4})}{(\frac{\omega\tau}{4})^2}=\frac{E\tau}{2}Sa^2(\frac{\omega\tau}{4})=\frac{E\tau}{2}sinc^2(\frac{\omega\tau}{4\pi}) \quad (3\text{-}85)$$

在上述运算过程，$X_1(0)$ 和 $X_2(0)$ 都等于零。

【例 3-7】 求符号函数 sgn (t) 的傅里叶变换。

已知符号函数的波形如图 3-22 所示，它可以表示为

$$x(t)=\mathrm{sgn}(t)=u(t)-u(-t)$$

将单位阶跃信号 $u(t)$，用其偶部和奇部表示

$$u(t)=\varepsilon_v\{u(t)\}+O_d\{u(t)\}$$

其中 $$\varepsilon_v\{u(t)\}=\frac{u(t)+u(-t)}{2}=\frac{1}{2}$$

$$O_d\{u(t)\}=\frac{u(t)-u(-t)}{2}$$

即 $$O_d\{u(t)\}=\frac{1}{2}\mathrm{sgn}(t)$$

由例 3-6 得 $u(t)$ 的傅里叶变换为

$$u(t)\overset{F}{\longleftrightarrow}\frac{1}{j\omega}+\pi\delta(\omega)$$

根据实信号的共轭对称性，$u(t)$ 奇部的傅里叶变换应为其频谱的虚部，即

$$O_d\{u(t)\}\overset{F}{\longleftrightarrow}\frac{1}{j\omega}$$

因此，有 $$\mathrm{sgn}(t)\overset{F}{\longleftrightarrow}\frac{2}{j\omega} \quad (3\text{-}86)$$

将符号函数 $x(t)=\mathrm{sgn}(t)$ 的频谱表示为极坐标形式

$$X(j\omega)=|X(j\omega)|e^{j\theta(\omega)}$$

$$|X(j\omega)|=\frac{2}{|\omega|},\theta(\omega)=\begin{cases}-\frac{\pi}{2}, & \omega>0\\ \frac{\pi}{2}, & \omega<0\end{cases}$$

其频谱如图 3-22 所示。

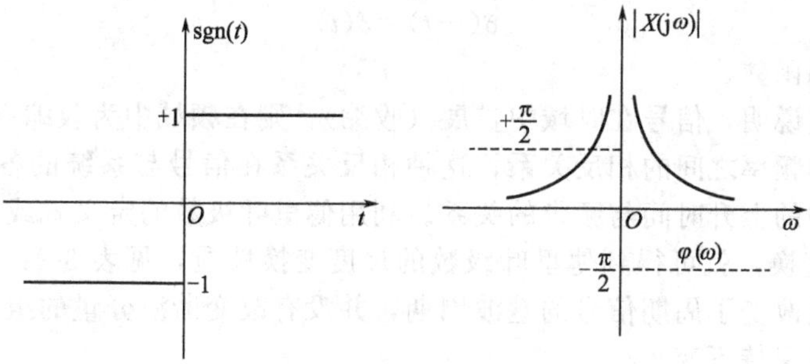

图 3-22 符号函数波形和频谱

3.4.6 时间与频率的尺度变换

若
$$x(t)\xleftrightarrow{F}X(\mathrm{j}\omega)$$
则
$$x(at)\xleftrightarrow{F}\frac{1}{|a|}X(\frac{\mathrm{j}\omega}{a}) \tag{3-87}$$
或
$$\frac{1}{|a|}x\left(\frac{t}{a}\right)\xleftrightarrow{F}X(\mathrm{j}a\omega) \tag{3-88}$$
式中，a 是一个实常数。该性质可以直接利用傅里叶变换公式得到，即
$$x(at)\xleftrightarrow{F}\int_{-\infty}^{\infty}x(at)\mathrm{e}^{-\mathrm{j}\omega t}\mathrm{d}t$$
置换 $\tau=at$，可得
$$x(at)\xleftrightarrow{F}F\{x(at)\}=\begin{cases}\dfrac{1}{a}\displaystyle\int_{-\infty}^{+\infty}x(\tau)\mathrm{e}^{-\mathrm{j}(\omega/a)}\tau\mathrm{d}\tau, & a>0\\ -\dfrac{1}{a}\displaystyle\int_{-\infty}^{\infty}x(\tau)\mathrm{e}^{-\mathrm{j}(\omega/a)}\tau\mathrm{d}\tau, & a<0\end{cases}$$
上式中，由于 $a<0$ 时，$-\frac{1}{a}>0$，因此，综合两种情况，上式可化简为
$$x(at)\xleftrightarrow{F}\frac{1}{|a|}\int_{-\infty}^{\infty}x(\tau)\mathrm{e}^{-\mathrm{j}(\frac{\omega}{a})}\tau\mathrm{d}\tau=\frac{1}{|a|}X(\mathrm{j}\,\frac{\omega}{a})$$
即为式(3-87)。可以证明，从式(3-87) 可直接推得(3-88) 式。

作为一个特例，如果 $a=-1$，则有
$$x(-t)\xleftrightarrow{F}X(-\mathrm{j}\omega) \tag{3-89}$$

【例 3-8】 证明 $\delta(at)=\frac{1}{|a|}\delta(t)$，$a$ 为实数。

证明 因为
$$\delta(t)\xleftrightarrow{F}1$$
所以，根据尺度变换性质，有
$$\delta(at)\xleftrightarrow{F}\frac{1}{|a|}$$
$$|a|\delta(at)\xleftrightarrow{F}1$$
因此，可得
$$|a|\delta(at)=\delta(t)$$
即
$$\delta(at)=\frac{1}{|a|}\delta(t) \tag{3-90}$$

当 $a=-1$ 时，根据以上所证明的结果，有

$$\delta(-t)=\delta(t) \tag{3-91}$$

也就是说 $\delta(t)$是偶函数。

尺度变换性质说明，信号在时域中扩展（收缩），则在频域中为收缩（扩展）。该性质又一次说明了时间和频率之间的相反关系，这种相反关系在信号与系统的各个方面都有体现，例如滤波器设计中的上升时间与频带的关系。利用傅里叶级数的定义式或将该性质直接用周期信号的傅里叶变换，就可得到傅里叶级数的尺度变换性质，见表 3-2；当尺度系数 $a>0$，时间的尺度变换仅改变了周期信号的基波周期，并没有改变谐波分量的组成成分，因此，其傅里叶级数系数将保持不变。

3.4.7 对偶性

比较傅里叶变换中的正变换和反变换关系式(3-44) 和式(3-45)

$$X(\mathrm{j}\omega)=\int_{-\infty}^{\infty} x(t)\mathrm{e}^{-\mathrm{j}\omega t}\,\mathrm{d}t$$

和

$$x(t)=\frac{1}{2\pi}\int_{-\infty}^{\infty} X(\mathrm{j}\omega)\mathrm{e}^{\mathrm{j}\omega t}\,\mathrm{d}\omega$$

从中可以发现，这两个式子在形式上是很相似。这一相似性导致了傅里叶变换的一个被称之为对偶性的性质。回顾一下所得到的以下几对典型信号的变换对，它们显示了这种关系。

①

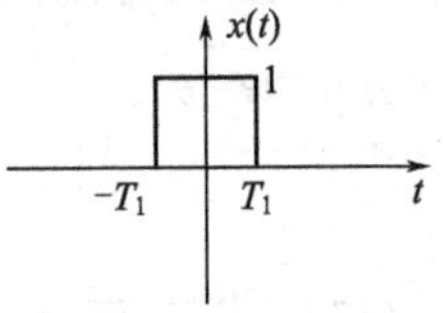

$$\xleftrightarrow{F} 2T_1\frac{\sin\omega T_1}{\omega T_1}=2T_1\mathrm{Sa}(\omega T_1)$$

和

$$\frac{\sin\omega_c t}{\pi t}=\frac{\omega_c}{\pi}\mathrm{Sa}(\omega_c t)\xleftrightarrow{F}$$

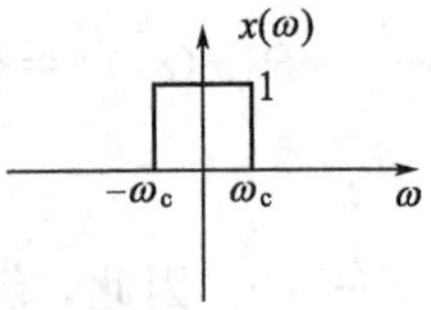

②

$$\delta(t)\xleftrightarrow{F}1$$

和

$$1\xleftrightarrow{F}2\pi\delta(\omega)$$

在上述的变换对中，可以看到，时域为矩形脉冲，则频域为抽样函数，反过来，时域为抽样函数，则频域为矩形窗函数。同样，冲激信号频谱为一常数，而常数信号的频谱为一频域上的冲激函数。傅里叶变换的这种对偶关系可描述如下。

如果

$$x(t)\xleftrightarrow{F}X(\mathrm{j}\omega)=X(\omega)$$

则

$$X(t)\xleftrightarrow{F}2\pi x(-\omega) \tag{3-92}$$

傅里叶变换的对偶性说明，可以通过傅里叶正变换来求值傅里叶反变换。这就暗示了对偶性也能用来确定或联想到傅里叶变换的其他性质，即时域和频域上的性质也应具有对偶性，具体说，如时域上某一种运算对应频域上的某一种运算，反之也应有相似的关系。考查时域微分性质

$$\frac{\mathrm{d}x(t)}{\mathrm{d}t}\xleftrightarrow{F}\mathrm{j}\omega X(\mathrm{j}\omega)=\mathrm{j}\omega X(\omega)$$

可以证明它存在着对偶性质，即频域微分性质

$$-\mathrm{j}tx(t)\xleftrightarrow{F}\frac{\mathrm{d}X(\mathrm{j}\omega)}{\mathrm{d}\omega} \tag{3-93}$$

证明 因为 $x(t)\overset{F}{\longleftrightarrow}X(\mathrm{j}\omega)=X(\omega)$

根据对偶性，则有

$$X(t)\overset{F}{\longleftrightarrow}2\pi x(-\omega)$$

根据微分性质，有

$$\frac{\mathrm{d}X(t)}{\mathrm{d}t}\overset{F}{\longleftrightarrow}2\pi\mathrm{j}\omega x(-\omega)$$

再次运用对偶性，有

$$2\pi\mathrm{j}tx(-t)\overset{F}{\longleftrightarrow}2\pi\left.\frac{\mathrm{d}X(\omega)}{\mathrm{d}\omega}\right|_{\omega=-\omega}$$

上式改写为

$$-\mathrm{j}(-t)x(-t)\overset{F}{\longleftrightarrow}\left.\frac{\mathrm{d}X(\omega)}{\mathrm{d}\omega}\right|_{\omega=-\omega}$$

利用尺度变换性质（取 $a=-1$，对左边时域信号进行反转操作），则有

$$-\mathrm{j}tx(t)\overset{F}{\longleftrightarrow}\left.\frac{\mathrm{d}X(\omega)}{\mathrm{d}\omega}\right|_{\omega=-(-\omega)}=\frac{\mathrm{d}X(\omega)}{\mathrm{d}\omega}=\frac{\mathrm{d}X(\mathrm{j}\omega)}{\mathrm{d}\omega}$$ （证毕）

用同样方法，可以从时域积分性质推出频域积分性质

$$-\frac{1}{\mathrm{j}t}x(t)+\pi x(0)\delta(t)\overset{F}{\longleftrightarrow}\int_{-\infty}^{\omega}X(\mathrm{j}\tau)\mathrm{d}\tau \quad (3\text{-}94)$$

熟悉常用信号的变换对，利用对偶性质往往可简化傅里叶变换正变换和反变换的求值。

【例 3-9】 求下面信号的傅里叶变换

$$x(t)=\frac{2}{t^2+1}$$

已知双边指数信号的傅里叶变换为

$$\mathrm{e}^{-a|t|}\overset{F}{\longleftrightarrow}\frac{2a}{a^2+\omega^2}$$

取 $a=1$，并利用对偶性质，则有

$$\frac{2}{1+t^2}\overset{F}{\longleftrightarrow}2\pi\mathrm{e}^{-|-\omega|}=2\pi\mathrm{e}^{-|\omega|}$$

【例 3-10】 求下面频谱的反变换

$$X(\mathrm{j}\omega)=\frac{1}{(a+\mathrm{j}\omega)^2}$$

已知指数信号傅里叶变换对

$$\mathrm{e}^{-at}u(t)\overset{F}{\longleftrightarrow}\frac{1}{a+\mathrm{j}\omega}$$

利用频域微分性质，则有

$$-\mathrm{j}t\mathrm{e}^{-at}u(t)\overset{F}{\longleftrightarrow}\frac{\mathrm{d}\dfrac{1}{a+\mathrm{j}\omega}}{\mathrm{d}\omega}=\frac{-\mathrm{j}}{(a+\mathrm{j}\omega)^2}$$

所以得

$$t\mathrm{e}^{-at}u(t)\overset{F}{\longleftrightarrow}\frac{1}{(a+\mathrm{j}\omega)^2}$$

因此，$X(\mathrm{j}\omega)$ 的反变换为 $t\mathrm{e}^{-at}u(t)$。

作为该例题的推广，可得下面更一般关系

$$\frac{t^{n-1}}{(n-1)!}\mathrm{e}^{-at}u(t)\overset{F}{\longleftrightarrow}\frac{1}{(a+\mathrm{j}\omega)^n} \quad (3\text{-}95)$$

3.4.8 帕斯瓦尔（Paseval）定理

若
$$x(t)\overset{F}{\longleftrightarrow}X(j\omega)$$

则
$$\int_{-\infty}^{\infty}|x(t)|^2\mathrm{d}t=\frac{1}{2\pi}\int_{-\infty}^{\infty}|X(j\omega)|^2\mathrm{d}\omega \tag{3-96}$$

该式称为帕斯瓦尔定理。这个定理证明如下

$$\int_{-\infty}^{\infty}|x(t)|^2\mathrm{d}t=\int_{-\infty}^{\infty}x(t)x^*(t)\mathrm{d}t=\frac{1}{2\pi}\int_{-\infty}^{\infty}x(t)\left[\int_{-\infty}^{\infty}X^*(j\omega)\mathrm{e}^{-j\omega t}\mathrm{d}\omega\right]\mathrm{d}t$$

变换右边的积分次序有

$$\int_{-\infty}^{\infty}|x(t)|^2\mathrm{d}t=\frac{1}{2\pi}\int_{-\infty}^{\infty}X^*(j\omega)\left[\int_{-\infty}^{\infty}x(t)\mathrm{e}^{-j\omega t}\mathrm{d}t\right]\mathrm{d}\omega$$

$$=\frac{1}{2\pi}\int_{-\infty}^{\infty}X^*(j\omega)X(j\omega)\mathrm{d}\omega$$

$$=\frac{1}{2\pi}\int_{-\infty}^{\infty}|X(j\omega)|^2\mathrm{d}\omega$$

式(3-96) 左边是信号 $x(t)$ 的总能量，帕斯瓦尔定理指出，信号在时域拥有的总能量等于其频谱在单位频率内能量($|X(j\omega)|^2/2\pi$)的总和，因此$|X(j\omega)|^2$常称为信号 $x(t)$ 的能量谱密度，表示信号在频域上能量分布情况。以下是利用 Matlab 符号处理功能，求指数信号的能量密度谱。结果如图 3-23 所示。

```
% 利用 Matlab 符号处理功能，求指数信号的能量密度谱
x=sym('(exp(-1*t)-2*exp(-2*t))*Heaviside(t)');  %定义指数信号
X=fourier(x);                                  %求傅里叶变换
X_conj=subs(X,'i','-i');                       %取傅里叶变换共轭
G=X*X_conj;                                    %计算能量密度谱
ezplot(G);
```

周期信号也有相应的帕斯瓦尔定理，由于周期信号能量是无限的，因此它是用信号平均功率来描述的。周期信号的帕斯瓦尔定理为

$$\frac{1}{T_0}\int_{T_0}|x(t)|^2\mathrm{d}t=\sum_{k=-\infty}^{\infty}|a_k|^2 \tag{3-97}$$

式中，T_0 是信号的基波周期，a_k是其傅里叶级数系数。式(3-97) 表明周期信号平均功率等于其各谐波频率分量平均功率之和，因此也将$|a_k|^2$称为周期信号的功率谱，表明周期信号的功率在频域上的分布情况。

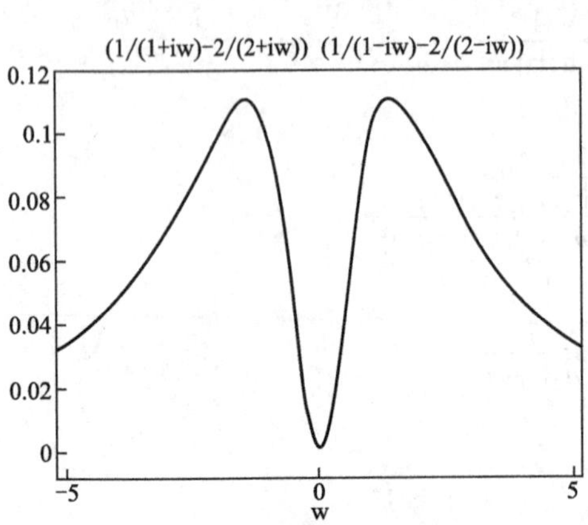

图 3-23 两相加指数信号的能量密度谱

3.4.9 时域卷积性质

$$若\ x(t)\overset{F}{\longleftrightarrow}X(j\omega)和\ h(t)\overset{F}{\longleftrightarrow}H(j\omega)$$

则
$$x(t)*h(t)\overset{F}{\longleftrightarrow}X(j\omega)H(j\omega) \tag{3-98}$$

如同该式所表达的，卷积定理将时域上的卷积转化为频域上频谱相乘。事实上，卷积性质是傅里叶变换和 e^{st} 作为 LTI 系统特征函数这两方面结合的必然结果。重新回到式(3-45)，$x(t)$的傅里叶反变换可理解为复指数信号的线性组合，即将 $x(t)$ 作为一个和的极限来表示

$$x(t)=\frac{1}{2\pi}\int_{-\infty}^{\infty}X(\mathrm{j}\omega)\mathrm{e}^{\mathrm{j}\omega t}\mathrm{d}\omega=\lim_{\omega_0\to 0}\frac{1}{2\pi}\sum_{k=-\infty}^{\infty}X(\mathrm{j}k\omega_0)\mathrm{e}^{\mathrm{j}k\omega_0 t}\omega_0 \tag{3-99}$$

以及

$$H(\mathrm{j}\omega)=\int_{-\infty}^{\infty}h(t)\mathrm{e}^{-\mathrm{j}\omega t}\mathrm{d}t \tag{3-100}$$

上式为 $h(t)$ 的傅里叶变换，即指数信号 $\mathrm{e}^{\mathrm{j}\omega t}$ 的特征值函数为 $h(t)$ 的傅里叶变换。利用 LTI 系统的叠加性，系统对 $x(t)$ 的响应可表示为

$$x(t)=\lim_{\omega_0\to 0}\frac{1}{2\pi}\sum_{k=-\infty}^{\infty}X(\mathrm{j}k\omega_0)\mathrm{e}^{\mathrm{j}k\omega_0 t}\omega_0\to\lim_{\omega_0\to 0}\frac{1}{2\pi}\sum_{k=-\infty}^{\infty}X(\mathrm{j}k\omega_0)H(\mathrm{j}k\omega_0)\mathrm{e}^{\mathrm{j}k\omega_0 t}\omega_0$$

因此，系统对 $x(t)$ 的响应就可表示为

$$y(t)=\lim_{\omega_0\to 0}\frac{1}{2\pi}\sum_{k=-\infty}^{\infty}X(\mathrm{j}k\omega_0)H(\mathrm{j}k\omega_0)\mathrm{e}^{\mathrm{j}k\omega_0 t}\omega_0=\frac{1}{2\pi}\int_{-\infty}^{\infty}X(\mathrm{j}\omega)H(\mathrm{j}\omega)\mathrm{e}^{\mathrm{j}\omega t}\mathrm{d}\omega$$

上式为 $y(t)$ 的傅里叶反变换，因此有

$$y(t)=x(t)*h(t)\xleftrightarrow{\mathrm{F}}X(\mathrm{j}\omega)H(\mathrm{j}\omega)$$

卷积性质是 LTI 系统频域分析的理论基础，它将两信号的卷积运算转换为频域上较为简单的相乘运算。

由于两周期信号的卷积是无穷大的，因此，傅里叶级数的卷积性质在形式上稍有不同，但其本质是一样的。对周期信号而言，其卷积形式为周期卷积，即在一个周期上的卷积。设两周期都为 T 的周期信号 $x(t)$ 和 $y(t)$，若

$$x(t)\xleftrightarrow{\mathrm{FS}}a_k \text{ 和 } y(t)\xleftrightarrow{\mathrm{FS}}b_k,$$

则

$$\int_T x(\tau)y(t-\tau)\mathrm{d}\tau\xleftrightarrow{\mathrm{FS}}Ta_k b_k \tag{3-101}$$

3.4.10 调制性质（频域卷积）

若

$$x_1(t)\xleftrightarrow{\mathrm{F}}X_1(\mathrm{j}\omega),\ x_2(t)\xleftrightarrow{\mathrm{F}}X_2(\mathrm{j}\omega)$$

则

$$x_1(t)x_2(t)\xleftrightarrow{\mathrm{F}}\frac{1}{2\pi}X_1(\mathrm{j}\omega)*X_2(\mathrm{j}\omega) \tag{3-102}$$

作为时域卷积性质在频域上的对偶性质的调制性质表明这样一种特性：时域上的相乘对应于频域上的卷积。可以利用傅里叶变换的对偶性，直接从卷积性质推出调制性质。

根据对偶性，则有

$$X_1(\mathrm{j}t)\xleftrightarrow{\mathrm{F}}2\pi x_1(-\omega),\ X_2(\mathrm{j}t)\xleftrightarrow{\mathrm{F}}2\pi x_2(-\omega)$$

利用卷积性质，可得到

$$X_1(\mathrm{j}t)*X_2(\mathrm{j}t)\xleftrightarrow{\mathrm{F}}4\pi^2 x_1(-\omega)x_2(-\omega)$$

再次用对偶性，有

$$4\pi^2 x_1(-t)x_2(-t)\xleftrightarrow{\mathrm{F}}2\pi X_1(-\mathrm{j}\omega)*X_2(-\mathrm{j}\omega)$$

由于 $x(-t)\xleftrightarrow{\mathrm{F}}X(-\mathrm{j}\omega)$，从上式可得到

$$x_1(t)x_2(t)\xleftrightarrow{\mathrm{F}}\frac{1}{2\pi}X_1(\mathrm{j}\omega)*X_2(\mathrm{j}\omega)$$

调制性质在信号调制、信号变频和信号抽样上有重要应用，这将在以后的章节中作具体讨论。

将该性质直接用于周期信号的傅里叶变换，可得傅里叶级数的调制特性。

若 $$x(t)\overset{FS}{\longleftrightarrow}a_k \text{和} y(t)\overset{FS}{\longleftrightarrow}b_k$$

则 $$x(t)y(t)\overset{FS}{\longleftrightarrow}\sum_{l=-\infty}^{\infty}a_l b_{k-l} \tag{3-103}$$

式中，$x(t)$ 和 $y(t)$ 周期相同。如将它们的系数 a_k 和 b_k 看作是离散信号，则 $\sum_{l=-\infty}^{\infty}a_l b_{k-l}$ 就是 a_k 和 b_k 的卷积和。

特别要指出的是上述的大部分傅里叶变换性质，都可以通过周期信号的傅里叶变换，直接推广到傅里叶级数（频谱系数 a_k）上。为了查阅方便，本书将傅里叶变换与傅里叶级数的性质以及常用的基本傅里叶变换对分别汇于表 3-1、表 3-2 和表 3-3 中。

表 3-1 傅里叶变换性质

性 质	非周期信号	傅里叶变换
	$x(t)$ $y(t)$	$X(j\omega)=\mathrm{Re}\{X(j\omega)\}+j\mathrm{Im}\{X(j\omega)\}=\lvert X(j\omega)\rvert e^{j\theta(\omega)}$ $Y(j\omega)=\mathrm{Re}\{Y(j\omega)\}+j\mathrm{Im}\{Y(j\omega)\}=\lvert Y(j\omega)\rvert e^{j\theta(\omega)}$
① 线性	$ax(t)+by(t)$	$aX(j\omega)+bY(j\omega)$
② 时移	$x(t-t_0)$	$e^{-j\omega t_0}X(j\omega)$
③ 频移	$e^{j\omega_0 t}x(t)$	$X(j(\omega-\omega_0))$
④ 共轭	$x^*(t)$	$X^*(-j\omega)$
⑤ 时间反转	$x(-t)$	$X(-j\omega)$
⑥ 尺度变换	$x(at)$ $\frac{1}{\lvert a\rvert}x\left(\frac{t}{a}\right)$	$\frac{1}{\lvert a\rvert}X\left(\frac{j\omega}{a}\right)$ $X(ja\omega)$
⑦ 卷积性质	$x(t)*y(t)$	$X(j\omega)Y(j\omega)$
⑧ 调制性质	$x(t)\cdot y(t)$	$\frac{1}{2\pi}X(j\omega)*Y(j\omega)$
⑨ 时域微分	$\frac{dx(t)}{dt}$	$j\omega X(j\omega)$
⑩ 积分	$\int_{-\infty}^{t}x(t)dt$	$\frac{1}{j\omega}X(j\omega)+\pi X(0)\delta(\omega)$
⑪ 频域微分	$tx(t)$	$j\frac{dX(j\omega)}{d\omega}$
⑫ 实信号的共轭对称性	$x(t)$为实数	$X(j\omega)=X^*(-j\omega)$ $\mathrm{Re}\{X(j\omega)\}=\mathrm{Re}\{X(-j\omega)\}$ $\mathrm{Im}\{X(j\omega)\}=-\mathrm{Im}\{X(-j\omega)\}$ $\lvert X(j\omega)\rvert=\lvert X(-j\omega)\rvert,\theta(-\omega)=-\theta(-\omega)$
⑬ 实、偶信号对称性	$x(t)$为实、偶信号	$X(j\omega)$为实值偶函数
⑭ 实、奇信号对称性	$x(t)$为实、奇信号	$X(j\omega)$纯虚值奇函数
⑮ 实信号的奇偶分解	$x_e(t)=\varepsilon_v\{x(t)\}$ $x_o(t)=\theta_d\{x(t)\}$	$\mathrm{Re}\{X(j\omega)\}$ $j\mathrm{Im}\{X(j\omega)\}$
⑯ 对偶性	$f(t)=X(j\omega)\mid_{\omega=t}$	$2\pi x(-\omega)$
⑰ 帕斯瓦尔定理	$\int_{-\infty}^{\infty}\lvert x(t)\rvert^2dt=\frac{1}{2\pi}\int_{-\infty}^{\infty}\lvert X(j\omega)\rvert^2d\omega$	

表 3-2 连续时间傅里叶级数性质

性　质	周期信号	傅里叶级数系数
	$x(t)$、$y(t)$ 周期为 T_0，基波频率为 $\omega_0=\frac{2\pi}{T_0}$	$a_k=\mathrm{Re}\{a_k\}+\mathrm{jIm}\{a_k\}=\lvert a_k\rvert e^{j\theta_k}$ $b_k=\mathrm{Re}\{b_k\}+\mathrm{jIm}\{b_k\}=\lvert b_k\rvert e^{j\varphi_k}$
① 线性	$Ax(t)+By(t)$	Aa_k+Bb_k
② 时移	$x(t-t_0)$	$a_k e^{-jk\omega_0 t_0}$
③ 频移	$e^{jM\omega_0 t}\cdot x(t)$	a_{k-M}
④ 共轭	$x^*(t)$	a_{-k}^*
⑤ 时间反转	$x(-t)$	a_{-k}
⑥ 时域尺度变换	$x(at),a>0$(周期为$\frac{T}{a}$)	a_k
⑦ 周期卷积	$\int_{T_0} x(\tau)y(t-\tau)\mathrm{d}\tau$	$T_0 a_k b_k$
⑧ 相乘	$x(t)\cdot y(t)$	$\sum_{l=-\infty}^{\infty} a_l b_{k-1}$(卷积和)
⑨ 微分	$\frac{\mathrm{d}x(t)}{\mathrm{d}t}$	$\mathrm{j}k\omega_0 a_k$
⑩ 积分	$\int_{-\infty}^{t} x(t)\mathrm{d}t$(仅当 $a_0=0$ 时，才为有限值且为周期的)	$\frac{1}{\mathrm{j}k\omega_0}a_k$
⑪ 实信号共轭	$x(t)$为实信号	$a_k=a_{-k}^*$ $\mathrm{Re}\{a_k\}=\mathrm{Re}\{a_{-k}\},\mathrm{Im}\{a_k\}=-\mathrm{Im}\{a_{-k}\}$ $\lvert a_k\rvert=\lvert a_{-k}\rvert,\theta_k=-\theta_{-k}$
⑫ 实偶信号	$x(t)$为实值偶函数	a_k为实值且为偶
⑬ 实奇信号	$x(t)$为实值奇函数	a_k为纯虚值且为奇
⑭ 实信号奇偶分解	$x_e(t)=\varepsilon_v\{x(t)\}$ $x_o(t)=\theta_d\{x(t)\}$	$\mathrm{Re}\{a_k\}$ $\mathrm{jIm}\{a_k\}$
⑮ 帕斯瓦尔定理	$\frac{1}{T_0}\int_{T_0}\lvert x(t)\rvert^2\mathrm{d}t=\sum_{k=-\infty}^{\infty}\lvert a_k\rvert^2$	

表 3-3 基本傅里叶变换对

信　号	傅里叶变换	傅里叶级数系数(若为周期的)
① $\sum_{k=-\infty}^{+\infty} a_k e^{jk\omega_0 t}$	$2\pi\sum_{k=-\infty}^{+\infty} a_k\delta(\omega-k\omega_0)$	a_k
② $e^{j\omega_0 t}$	$2\pi\delta(\omega-\omega_0)$	$a_1=1$ $a_k=0$,其余 k
③ $\cos\omega_0 t$	$\pi[\delta(\omega-\omega_0)+\delta(\omega+\omega_0)]$	$a_1=a_{-1}=\frac{1}{2}$ $a_k=0$,其余 k
④ $\sin\omega_0 t$	$\frac{\pi}{\mathrm{j}}[\delta(\omega-\omega_0)-\delta(\omega+\omega_0)]$	$a_1=-a_{-1}=\frac{1}{2\mathrm{j}}$ $a_k=0$,其余 k
⑤ $x(t)=1$	$2\pi\delta(\omega)$	$a_0=1,a_k=0,k\neq0$ (周期 $T=\infty$)
周期方波 ⑥ $x(t)=\begin{cases}1,\lvert t\rvert<T_1\\0,T_1<\lvert t\rvert\leqslant\frac{T}{2}\end{cases}$ 和 $x(t+T)=x(t)$	$\sum_{k=-\infty}^{+\infty}\frac{2\sin(k\omega_0 T_1)}{k}\delta(\omega-k\omega_0)$	$\frac{\omega_0 T_1}{\pi}\mathrm{sinc}\left(\frac{k\omega_0 T_1}{\pi}\right)=\frac{\sin(k\omega_0 T_1)}{k\pi}$

续表

信　号	傅里叶变换	傅里叶级数系数（若为周期的）
⑦ $\sum_{k=-\infty}^{+\infty}\delta(t-kT)$	$\frac{2\pi}{T}\sum_{k=-\infty}^{+\infty}\delta\left(\omega-\frac{2\pi k}{T}\right)$	$a_k=\frac{1}{T}$，对全部 k
⑧ $x(t)=\begin{cases}1, \vert t\vert<T_1\\0, \vert t\vert>T_1\end{cases}$	$\frac{2\sin\omega T_1}{\omega}=2T_1\mathrm{Sa}(\omega T_1)$	—
⑨ $\frac{\sin Wt}{\pi t}$	$X(\mathrm{j}\omega)=\begin{cases}1, \vert\omega\vert<W\\0, \vert\omega\vert>W\end{cases}$	—
⑩ $\delta(t)$	1	—
⑪ $u(t)$	$\frac{1}{\mathrm{j}\omega}+\pi\delta(\omega)$	—
⑫ $\delta(t-t_0)$	$\mathrm{e}^{-\mathrm{j}\omega t_0}$	—
⑬ $\mathrm{e}^{-at}u(t)$，$\mathrm{Re}\{a\}>0$	$\frac{1}{a+\mathrm{j}\omega}$	—
⑭ $t\mathrm{e}^{-at}u(t)$，$\mathrm{Re}\{a\}>0$ $\frac{t^{n-1}}{(n-1)!}\mathrm{e}^{-at}u(t)$，$\mathrm{Re}\{a\}>0$	$\frac{1}{(a+\mathrm{j}\omega)^2}$ $\frac{1}{(a+\mathrm{j}\omega)^n}$	—

3.5 连续时间 LTI 系统的频域分析

3.5.1 连续时间 LTI 系统的频率响应

根据时域的卷积性质，一个冲激响应为 $h(t)$ 的 LTI 系统可表示为

$$X(\mathrm{j}\omega)\longrightarrow\boxed{H(\mathrm{j}\omega)}\longrightarrow Y(\mathrm{j}\omega)$$

其中 $H(\mathrm{j}\omega)$为单位冲激响应 $h(t)$ 的傅里叶变换，即

$$h(t)\overset{\mathrm{F}}{\longleftrightarrow}H(\mathrm{j}\omega) \tag{3-104}$$

通常将式(3-104) 所定义的 $H(\mathrm{j}\omega)$称为 LTI 系统频率响应，显然它也是特征函数 $\mathrm{e}^{\mathrm{j}\omega t}$ 的特征值。

根据卷积性质，输出信号的频谱 $Y(\mathrm{j}\omega)$ 满足以下关系

$$Y(\mathrm{j}\omega)=X(\mathrm{j}\omega)\cdot H(\mathrm{j}\omega) \tag{3-105}$$

式(3-105) 表明，某一 LTI 系统对某一频率 ω 信号的响应特性是由其频率响应 $H(\mathrm{j}\omega)$ 的特性所决定的，它控制着输入信号每一频率 ω 分量复振幅的变化。因此，LTI 系统的作用也可理解为按其频率响应 $H(\mathrm{j}\omega)$ 特性，改变输入信号各频率分量幅度大小和相位特性。例如，在频率选择性滤波器中，系统可以在某一频率范围内使 $H(\mathrm{j}\omega)=1$，以便让该频率范围内（通带内）的输入信号的各频率分量几乎不受任何衰减或变化通过系统；而在其他频率范围内，使 $H(\mathrm{j}\omega)=0$，以便将该范围内的各频率分量消除或显著衰减掉。

根据式(3-105)，LTI 系统的频率响应另一种定义可表示为

$$H(\mathrm{j}\omega)=\frac{Y(\mathrm{j}\omega)}{X(\mathrm{j}\omega)} \tag{3-106}$$

上述定义表明，LTI 系统的频率响应可表示为输出信号的频谱与输入信号频谱的比值。上述两个定义完全是等价的。在 LTI 系统分析中，与 $h(t)$ 一样，频率响应 $H(\mathrm{j}\omega)$ 可以完全表征它所对应的 LTI 系统。另外，LTI 系统的很多性质也能够很方便地借助于 $H(\mathrm{j}\omega)$ 来反映。由于卷积性质将时域卷积运算转换为频域相乘运算，而相乘运算是无顺序关系的，这就暗示了卷积运算是与顺序无关的。重新考查图 3-24(a) 所示的级联系统，利用卷积性质，很容易得出以下关系（如图 3-24 所示）。

$$W(\mathrm{j}\omega)=X(\mathrm{j}\omega)H_1(\mathrm{j}\omega)$$

$$Y(\mathrm{j}\omega)=W(\mathrm{j}\omega)H_2(\mathrm{j}\omega)$$

$$=X(\mathrm{j}\omega)[H_1(\mathrm{j}\omega)H_2(\mathrm{j}\omega)] \tag{3-107a}$$

$$=[X(\mathrm{j}\omega)H_2(\mathrm{j}\omega)]H_1(\mathrm{j}\omega) \tag{3-107b}$$

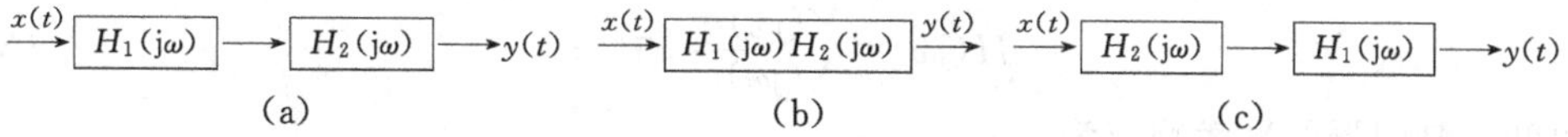

图 3-24　三种相等的系统

因此级联系统总的频率响应为各单个子系统频率响应的乘积，总的频率响应与各子系统级联顺序无关，这些与在第 2 章所得到的结果是完全一致的。

通常将系统频率响应表示为极坐标形式

$$H(\mathrm{j}\omega)=|H(\mathrm{j}\omega)|\mathrm{e}^{\mathrm{j}\theta(\omega)} \tag{3-108}$$

其中，$|H(\mathrm{j}\omega)|$ 称为系统的幅频特性，$\theta(\omega)$ 称为系统的相频特性。

幅频特性 $|H(\mathrm{j}\omega)|$ 表征了系统对输入信号的放大特性，而相频特性 $\theta(\omega)$ 则表征了系统对输入信号的延时特性。

需要指出的是利用傅里叶变换分析 LTI 系统的方法，适用于系统的冲激响应存在傅里叶变换的情况。一个稳定的 LTI 系统，它的单位冲激响应 $h(t)$ 就一定是绝对可积

$$\int_{-\infty}^{\infty}|h(t)|\mathrm{d}t<0 \tag{3-109}$$

式(3-109) 是三个狄里赫利条件之一，一般假设 $h(t)$ 也满足另外两个条件，实际上所有物理上或实际上有意义的信号都满足这两个条件。因此，一个稳定的 LTI 系统存在频率响应 $H(\mathrm{j}\omega)$，LTI 系统的频域分析法适用于稳定系统。已知 LTI 系统的频率响应，可以借助卷积性质，在频域上求解对任何输入信号的零状态响应，这将在以后几节中详细讨论。

【例 3-11】 试求微分器的频率响应 H (jω)。

描述微分器的 LTI 系统的输入 $x(t)$ 和输出 $y(t)$ 的方程为

$$y(t)=\frac{\mathrm{d}x(t)}{\mathrm{d}t}$$

根据微分性质，有

$$Y(\mathrm{j}\omega)=\mathrm{j}\omega X(\mathrm{j}\omega)$$

于是由式(3-106) 可知，一个微分器的频率响应就是

$$H(\mathrm{j}\omega)=\frac{Y(\mathrm{j}\omega)}{X(\mathrm{j}\omega)}=\mathrm{j}\omega$$

相应可知微分器的冲激响应是

$$h(t)=\delta'(t) \tag{3-110}$$

【例 3-12】 试求积分器的频率响应 H (jω)。

积分器由下列方程给出

$$y(t)=\int_{-\infty}^{t}x(\tau)\mathrm{d}\tau$$

根据 $u(t)$ 的卷积性质，上式可重新写为

$$y(t)=x(t)*u(t)$$

即积分器的冲激响应 $h(t)=u(t)$

因此，积分器的频率响应就是

$$H(\mathrm{j}\omega)=\frac{1}{\mathrm{j}\omega}+\pi\delta(\omega) \tag{3-111}$$

【例 3-13】 考查一延时系统，其输入 $x(t)$ 和输出 $y(t)$ 满足下列关系

$$y(t)=x(t-t_0)，t_0\text{为实常数}$$

若令

$$x(t)\stackrel{\mathrm{F}}{\longleftrightarrow}X(\mathrm{j}\omega)$$

则有

$$y(t)\stackrel{\mathrm{F}}{\longleftrightarrow}\mathrm{e}^{-\mathrm{j}\omega t_0}X(\mathrm{j}\omega)$$

因此，根据式(3-106)，延时器的频率响应就是

$$H(\mathrm{j}\omega)=\frac{Y(\mathrm{j}\omega)}{X(\mathrm{j}\omega)}=\mathrm{e}^{-\mathrm{j}\omega t_0} \tag{3-112}$$

相应可知，延时器的冲激响应为

$$h(t)=\delta(t-t_0) \tag{3-113}$$

3.5.2 连续时间 LTI 系统的零状态响应的频域求解

在时域上，借助卷积积分可以求 LTI 系统的零状态响应，同样，在频域上也可以利用傅里叶变换的卷积性质求解 LTI 系统的零状态响应。其一般思路是，通过卷积性质求得输出信号 $y(t)$ 的频谱，然后对该频谱作反变换求得其时域表达式 $y(t)$。

【例 3-14】 某一因果 LTI 系统的冲激响应为

$$h(t)=\mathrm{e}^{-at}u(t),a>0$$

该系统的输入为

$$x(t)=\mathrm{e}^{-bt}u(t),b>0$$

可求得系统的频率响应为

$$H(\mathrm{j}\omega)=\frac{1}{a+\mathrm{j}\omega}$$

和输入信号的傅里叶变换

$$X(\mathrm{j}\omega)=\frac{1}{b+\mathrm{j}\omega}$$

由卷积性质可得输出信号 $y(t)$（零状态响应）的傅里叶变换为

$$Y(\mathrm{j}\omega)=X(\mathrm{j}\omega)H(\mathrm{j}\omega)=\frac{1}{(a+\mathrm{j}\omega)(b+\mathrm{j}\omega)}$$

为了求 $Y(\mathrm{j}\omega)$ 的反变换，通常最简单的办法是将其展开成部分分式，这种展开式在求以 $\mathrm{j}\omega$ 为变量的有理函数形式的傅里叶反变换时极为有用。

① $a\neq b$ 时，$Y(\mathrm{j}\omega)$ 的部分分式展开为（将 $\mathrm{j}\omega$ 看作为一变量）

$$Y(\mathrm{j}\omega)=\frac{A}{a+\mathrm{j}\omega}+\frac{B}{b+\mathrm{j}\omega} \tag{3-114}$$

其中，常系数 A，B 为

$$A=Y(\mathrm{j}\omega)(a+\mathrm{j}\omega)\big|_{\mathrm{j}\omega=-a}=\frac{1}{b-a},B=Y(\mathrm{j}\omega)(b+\mathrm{j}\omega)\big|_{\mathrm{j}\omega=-b}=\frac{-1}{b-a} \tag{3-115}$$

因此

$$Y(\mathrm{j}\omega)=\frac{1}{b-a}\left(\frac{1}{a+\mathrm{j}\omega}-\frac{1}{b+\mathrm{j}\omega}\right)$$

可求得 $y(t)$

$$y(t)=\frac{1}{b-a}(\mathrm{e}^{-at}-\mathrm{e}^{-bt})u(t)$$

② $a=b$ 时，$Y(\mathrm{j}\omega)$ 变为

$$Y(\mathrm{j}\omega)=\frac{1}{(a+\mathrm{j}\omega)^2}$$

根据例 3-11 的结果，可得 $y(t)$ 为

$$y(t)=t\mathrm{e}^{-at}u(t)$$

【例 3-15】 已知某一因果 LTI 系统对输入信号 $x(t)=\mathrm{e}^{-2t}u(t)$ 的零状态响应为 $y(t)=\frac{1}{2}(\mathrm{e}^{-t}-\mathrm{e}^{-3t})u(t)$，求该系统的频率响应 $H(\mathrm{j}\omega)$ 和 $h(t)$。

可以分别求出 $x(t)$和 $y(t)$的傅里叶变换为

$$X(\mathrm{j}\omega)=\frac{1}{2+\mathrm{j}\omega},Y(\mathrm{j}\omega)=\frac{1}{2}\left(\frac{1}{1+\mathrm{j}\omega}-\frac{1}{3+\mathrm{j}\omega}\right)=\frac{1}{(1+\mathrm{j}\omega)(3+\mathrm{j}\omega)}$$

因此该系统的频率响应 $H(\mathrm{j}\omega)$ 为

$$H(\mathrm{j}\omega)=\frac{Y(\mathrm{j}\omega)}{X(\mathrm{j}\omega)}=\frac{2+\mathrm{j}\omega}{(1+\mathrm{j}\omega)(3+\mathrm{j}\omega)}$$

将上式展开为部分分式

$$H(\mathrm{j}\omega)=\frac{A}{1+\mathrm{j}\omega}+\frac{B}{3+\mathrm{j}\omega}$$

其中 $$A=H(\mathrm{j}\omega)(1+\mathrm{j}\omega)\big|_{\mathrm{j}\omega=-1}=\frac{1}{2},B=H(\mathrm{j}\omega)(3+\mathrm{j}\omega)\big|_{\mathrm{j}\omega=-3}=\frac{1}{2}$$

因此，系统的冲激响应为

$$h(t)=\frac{1}{2}(\mathrm{e}^{-t}+\mathrm{e}^{-3t})u(t)$$

3.5.3 用线性常系数微分方程表征的 LTI 系统

相当广泛的一类 LTI 系统是可以用线性常系数微分方程描述的

$$\sum_{k=0}^{N}a_k\frac{\mathrm{d}^k y(t)}{\mathrm{d}t^k}=\sum_{k=0}^{M}b_k\frac{\mathrm{d}^k x(t)}{\mathrm{d}t^k} \tag{3-116}$$

在这一节将要讨论如何确定微分方程的频率响应和方程的频域求解问题。在讨论过程中，假定式(3-116)所描述的 LTI 系统是稳定因果的，因而它的频率响应 $H(\mathrm{j}\omega)$存在。

现在，对式(3-116)两边求傅里叶变换

$$\mathrm{F}\left\{\sum_{k=0}^{N}a_k\frac{\mathrm{d}^k y(t)}{\mathrm{d}t^k}\right\}=\mathrm{F}\left\{\sum_{k=0}^{M}b_k\frac{\mathrm{d}^k x(t)}{\mathrm{d}t^k}\right\} \tag{3-117}$$

根据傅里叶变换线性性质，上式变为

$$\sum_{k=0}^{N}a_k\mathrm{F}\left\{\frac{\mathrm{d}^k y(t)}{\mathrm{d}t^k}\right\}=\sum_{k=0}^{M}b_k\mathrm{F}\left\{\frac{\mathrm{d}^k x(t)}{\mathrm{d}t^k}\right\} \tag{3-118}$$

由微分性质

$$\frac{\mathrm{d}^k x(t)}{\mathrm{d}t^k}\stackrel{\mathrm{F}}{\longleftrightarrow}(\mathrm{j}\omega)^k X(\mathrm{j}\omega)$$

可得 $$\sum_{k=0}^{N}a_k(\mathrm{j}\omega)^k Y(\mathrm{j}\omega)=\sum_{k=0}^{M}b_k(\mathrm{j}\omega)^k X(\mathrm{j}\omega)$$

即 $$Y(\mathrm{j}\omega)\left[\sum_{k=0}^{N}a_k(\mathrm{j}\omega)^k\right]=X(\mathrm{j}\omega)\left[\sum_{k=0}^{M}b_k(\mathrm{j}\omega)^k\right]$$

因此，系统的频率响应为

$$H(\mathrm{j}\omega)=\frac{Y(\mathrm{j}\omega)}{X(\mathrm{j}\omega)}=\frac{\sum_{k=0}^{M}b_k(\mathrm{j}\omega)^k}{\sum_{k=0}^{N}a_k(\mathrm{j}\omega)^k} \tag{3-119}$$

从上式可得常系数线性微分方程所描述的LTI系统的频率响应 $H(\mathrm{j}\omega)$ 是关于 $\mathrm{j}\omega$ 的有理函数，它的分子分母都是 $\mathrm{j}\omega$ 的多项式，其分子多项式的系数对应于方程式(3-116)右边的系数，分母多项式的系数为方程式(3-116)左边的系数。因此，频率响应和方程之间存在着很直接的关系，这种对应关系要求熟练掌握。Matlab信号处理工具箱中的freqs()函数可直接计算式(3-116)的频率响应，其调用形式为

$$\mathrm{H=freqs(b,a,\omega)}$$

式中，$\mathrm{b}=[b_M\, b_{M-1}\cdots\, b_1\, b_0]$ 为 $H(\mathrm{j}\omega)$ 分子多项式的系数向量，$\mathrm{a}=[a_M\, a_{M-1}\cdots\, a_1\, a_0]$ 为 $H(\mathrm{j}\omega)$ 分母多项式的系数向量，ω 为计算 $H(\mathrm{j}\omega)$ 所需的频率抽样点向量。

【例3-16】 某一因果LTI系统

$$\frac{\mathrm{d}^2y(t)}{\mathrm{d}t^2}+3\frac{\mathrm{d}y(t)}{\mathrm{d}t}+2y(t)=2\frac{\mathrm{d}x(t)}{\mathrm{d}t}+x(t)$$

根据式(3-119)，可直接写出该系统的频率响应

$$H(\mathrm{j}\omega)=\frac{2\mathrm{j}\omega+1}{(\mathrm{j}\omega)^2+3\mathrm{j}\omega+2}$$

如果要求出该系统的单位冲激响应 $h(t)$，则只需对 $H(\mathrm{j}\omega)$ 作反变换。

为此，将 $H(\mathrm{j}\omega)$ 展开为部分分式

$$H(\mathrm{j}\omega)=\frac{2\mathrm{j}\omega+1}{(\mathrm{j}\omega)^2+3\mathrm{j}\omega+2}=\frac{A}{1+\mathrm{j}\omega}+\frac{B}{2+\mathrm{j}\omega}$$

其中

$$A=H(\mathrm{j}\omega)(1+\mathrm{j}\omega)\big|_{\mathrm{j}\omega=-1}=-1$$

$$B=H(\mathrm{j}\omega)(2+\mathrm{j}\omega)\big|_{\mathrm{j}\omega=-2}=3$$

可求得冲激响应为

$$h(t)=(\mathrm{e}^{-t}+3\mathrm{e}^{-2t})u(t)$$

【例3-17】 已知某一因果LTI系统

$$\frac{\mathrm{d}^2y(t)}{\mathrm{d}t^2}+4\frac{\mathrm{d}y(t)}{\mathrm{d}t}+3y(t)=\frac{\mathrm{d}x(t)}{\mathrm{d}t}+2x(t)$$

和输入信号 $x(t)=\mathrm{e}^{-t}u(t)$，且系统初始静止。可以求得系统的频率响应和输入信号的傅里叶变换

$$H(\mathrm{j}\omega)=\frac{\mathrm{j}\omega+2}{(\mathrm{j}\omega)^2+4\mathrm{j}\omega+3}$$

$$X(\mathrm{j}\omega)=\frac{1}{1+\mathrm{j}\omega}$$

以下是计算该系统的频率响应的Matlab程序。

```
% 有理函数频率响应的计算
w=linspace(-10,10,256);
b=[1 2];a=[1 4 3];
H=freqs(b,a,w);% freqs()用于计算系统的频率响应
subplot(2,1,1);plot(w,abs(H));ylabel('幅频|H(j \omega)|');
subplot(2,1,2);plot(w,angle(H));xlabel('\omega(rad/s)');ylabel('相频 phi(j \omega)');
```

其运行结果如图3-25所示。

输出信号 $y(t)$ 的频谱为

$$Y(\mathrm{j}\omega)=X(\mathrm{j}\omega)H(\mathrm{j}\omega)=\left[\frac{\mathrm{j}\omega+2}{(\mathrm{j}\omega)^2+4\mathrm{j}\omega+3}\right]\left(\frac{1}{\mathrm{j}\omega+1}\right)$$

$$=\frac{\mathrm{j}\omega+2}{(\mathrm{j}\omega+1)^2(\mathrm{j}\omega+3)}$$

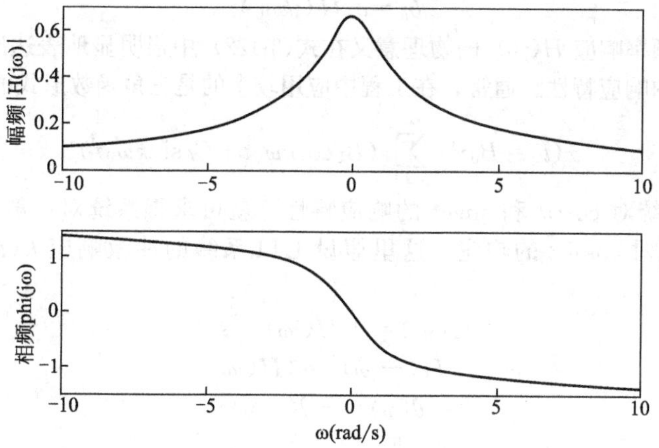

图 3-25 例 3-17 频率响应的幅频特性和相频特性

其部分分式展开式为

$$Y(\mathrm{j}\omega)=\frac{A_{11}}{\mathrm{j}\omega+1}+\frac{A_{12}}{(\mathrm{j}\omega+1)^2}+\frac{A_{21}}{\mathrm{j}\omega+3} \tag{3-120}$$

其中

$$A_{11}=\frac{\mathrm{d}}{\mathrm{d}(\mathrm{j}\omega)}[Y(\mathrm{j}\omega)(\mathrm{j}\omega+1)^2]\big|_{\mathrm{j}\omega=-1}=\frac{1}{4}$$

$$A_{12}=Y(\mathrm{j}\omega)(\mathrm{j}\omega+1)^2\big|_{\mathrm{j}\omega=-1}=\frac{1}{2}$$

$$A_{21}=Y(\mathrm{j}\omega)(\mathrm{j}\omega+3)\big|_{\mathrm{j}\omega=-3}=-\frac{1}{4}$$

于是得到

$$Y(\mathrm{j}\omega)=\frac{\frac{1}{4}}{\mathrm{j}\omega+1}+\frac{\frac{1}{2}}{(\mathrm{j}\omega+1)^2}-\frac{\frac{1}{4}}{\mathrm{j}\omega+3}$$

查表 3-3，可得上式的反变换为

$$y(t)=\left(\frac{1}{4}\mathrm{e}^{-t}+\frac{1}{2}t\mathrm{e}^{-t}-\frac{1}{4}\mathrm{e}^{-3t}\right)u(t)$$

从上述讨论的例子可以看到，频域方法将一个由微分方程所描述 LTI 系统的求解问题演变为简单的代数运算问题。在频域上系统可由具有有理函数形式的频率响应 $H(\mathrm{j}\omega)$ 来表征，这大大方便了系统频域特性的分析。

3.5.4 周期信号激励下的系统响应

由于大多有用的周期信号都可以表示为傅里叶级数的形式，因此对周期信号的响应归结为系统对周期复指数信号 $\mathrm{e}^{\mathrm{j}\omega t}$ 的响应。利用 $\mathrm{e}^{\mathrm{j}\omega t}$ 是 LTI 系统的特征函数，以及系统频率响应是该特征函数的特征值，可方便求得 LTI 系统对周期信号的响应。

假设某稳定的 LTI 系统的频率响应为 $H(\mathrm{j}\omega)$，输入信号 $x(t)$ 为一周期信号，其傅里叶级数展开式为

$$x(t)=\sum_{k=-\infty}^{\infty}a_k\mathrm{e}^{\mathrm{j}k\omega_0 t},\omega_0=\frac{2\pi}{T_0} \tag{3-121}$$

因此，系统对该周期信号的响应为

$$y(t)=\sum_{k=-\infty}^{\infty}a_kH(\mathrm{j}k\omega_0)\mathrm{e}^{\mathrm{j}k\omega_0 t} \tag{3-122}$$

即输出 $y(t)$ 也为相同基波周期的周期信号，其傅里叶级数系数

$$b_k=a_kH(\mathrm{j}k\omega_0) \tag{3-123}$$

可以看出，系统的频率响应 $H(\mathrm{j}\omega)$ 的物理意义在式(3-122) 中很明显地表达出来了，它表明了系统对不同频率信号的响应特性。通常，在工程中应用较多的是三角函数形式的傅里叶级数形式

$$x(t)=B_0+\sum_{k=1}^{\infty}(B_k\cos k\omega_0 t+C_k\sin k\omega_0 t) \tag{3-124}$$

显然，只要求得系统对 $\cos\omega t$ 和 $\sin\omega t$ 的响应特性，就可求得系统对一般周期信号的响应。

先求 LTI 系统对 $\cos\omega_0 t$ 的响应，这里假设 LTI 系统的冲激响应 $h(t)$ 是实函数。根据共轭对称性，有

$$H(\mathrm{j}\omega)=|H(\mathrm{j}\omega)|\mathrm{e}^{\mathrm{j}\theta(\omega)}$$

$$|H(-\mathrm{j}\omega)|=|H(\mathrm{j}\omega)| \tag{3-125a}$$

$$\theta(\omega)=-\theta(-\omega) \tag{3-125b}$$

因为 $$x(t)=\cos\omega_0 t\xleftrightarrow{\mathrm{F}}\pi[\delta(\omega-\omega_0)+\delta(\omega+\omega_0)]$$

因此，输出 $y(t)$ 的傅里叶变换

$$\begin{aligned}Y(\mathrm{j}\omega)&=H(\mathrm{j}\omega)\cdot\pi[\delta(\omega-\omega_0)+\delta(\omega+\omega_0)]\\&=\pi[H(\mathrm{j}\omega_0)\delta(\omega-\omega_0)+H(-\mathrm{j}\omega_0)\delta(\omega+\omega_0)]\\&=\pi[|H(\mathrm{j}\omega_0)|\mathrm{e}^{\mathrm{j}\theta(\omega_0)}\cdot\delta(\omega-\omega_0)+|H(-\mathrm{j}\omega_0)|\mathrm{e}^{\mathrm{j}\theta(-\omega_0)}\cdot\delta(\omega+\omega_0)]\\&=\pi|H(\mathrm{j}\omega_0)|[\mathrm{e}^{\mathrm{j}\theta(\omega_0)}\cdot\delta(\omega-\omega_0)+\mathrm{e}^{-\mathrm{j}\theta(\omega_0)}\cdot\delta(\omega+\omega_0)]\end{aligned} \tag{3-126}$$

根据例 3-4 的结果，求得式(3-126) 的反变换为

$$y(t)=|H(\mathrm{j}\omega_0)|\cos[\omega_0 t+\theta(\omega_0)] \tag{3-127}$$

同理，对 $x(t)=\sin\omega_0 t$ 的响应是

$$y(t)=|H(\mathrm{j}\omega_0)|\sin[\omega_0 t+\theta(\omega_0)] \tag{3-128}$$

式(3-127) 和式(3-128) 表明，实值 $h(t)$ 所表征的系统的频率响应 $H(\mathrm{j}\omega)$ 的幅频特性 $|H(\mathrm{j}\omega)|$ 表示系统对某一频率信号的放大特性，即系统的放大特性；相频特性 $\theta(\omega)$ 表示系统对某一频率信号的相移特性，即系统相移或延时特性。可将上述结果进一步推广为

$$A\cos(\omega_0 t+\theta_0)\rightarrow A|H(\mathrm{j}\omega_0)|\cos[\omega_0 t+\theta_0+\theta(\omega_0)] \tag{3-129a}$$

$$A\sin(\omega_0 t+\theta_0)\rightarrow A|H(\mathrm{j}\omega_0)|\sin[\omega_0 t+\theta_0+\theta(\omega_0)] \tag{3-129b}$$

可求得，LTI 系统对式(3-124) 所表示的 $x(t)$ 的响应为

$$\begin{aligned}y(t)&=B_0|H(0)|+\sum_{k=1}^{\infty}\{B_k|H(\mathrm{j}k\omega_0)|\cos[k\omega_0 t+\theta(k\omega_0)]+\\&\qquad C_k|H(\mathrm{j}k\omega_0)|\sin[(k\omega_0 t)+\theta(k\omega_0)]\}\\&=B_0|H(0)|+\sum_{k=1}^{\infty}D_k|H(\mathrm{j}k\omega_0)|\cos[k\omega_0 t+\theta_k+\theta(k\omega_0)]\end{aligned} \tag{3-130}$$

3.5.5 电路系统的频域求解

已知大量的电路系统是由放大器、加法器、电阻、电容和电感等线性单元电路和器件组成，这类电路系统可在频域上很方便地进行分析。为此，可以在频域上定义复阻抗

$$R(\mathrm{j}\omega)=\frac{U(\mathrm{j}\omega)}{I(\mathrm{j}\omega)} \tag{3-131}$$

式中，$U(\mathrm{j}\omega)$ 为该阻抗两端电压的傅里叶变换；$I(\mathrm{j}\omega)$ 为流过该阻抗电流的傅里叶变换。

已知，电阻、电容、电感的时域方程关系分别为（假设初始静止）

电阻 $$u_{\mathrm{R}}(t)=Ri_{\mathrm{R}}(t) \tag{3-132}$$

电容 $$u_{\mathrm{C}}(t)=\frac{1}{C}\int_{-\infty}^{t}i_{\mathrm{C}}(t)\mathrm{d}t \tag{3-133}$$

电感　　$u_L(t)=L\frac{di_L(t)}{dt}$　　(3-134)

对该组方程两边分别求傅里叶变换，有

电阻　　$U_R(j\omega)=RI_R(j\omega)$　　(3-135)

电容

$$U_C(j\omega)=\frac{1}{C}\left[\frac{1}{j\omega}+\pi\delta(\omega)\right]I_C(j\omega)$$

$$=\frac{1}{j\omega C}[1+j\pi\omega\delta(\omega)]I_C(j\omega)$$

$$=\frac{1}{j\omega C}I_C(j\omega) \tag{3-136}$$

电感　　$U_L(j\omega)=j\omega LI_L(j\omega)$　　(3-137)

因此，它们的复阻抗分别为

电阻　　$R(j\omega)=R$　　(3-138)

电容　　$R(j\omega)=\frac{1}{j\omega C}$　　(3-139)

电感　　$R(j\omega)=j\omega L$　　(3-140)

这样，通过复阻抗，可以将电路中的基尔霍夫定律直接用于频域中。

【例 3-18】 图 3-26 所示 RC 低通网络，$\frac{1}{RC}=2$，其输入端的信号为单位阶跃信号 $x(t)=u(t)$。用傅里叶分析法求该电路的输出信号 $v_C(t)$。如图所示，输出 $v_C(t)$ 的傅里叶变换为

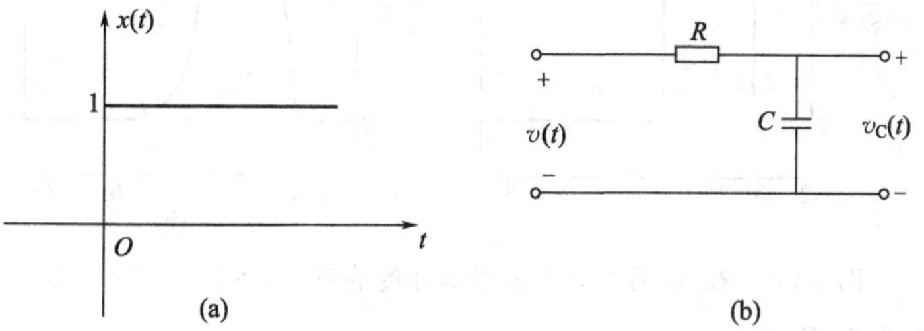

图 3-26　例 3-18 图

$$V_C(j\omega)=\frac{\frac{1}{j\omega C}}{\frac{1}{j\omega C}+R}X(j\omega)$$

所以，系统的频率响应 $H(j\omega)$ 为

$$H(j\omega)=\frac{V_C(j\omega)}{X(j\omega)}=\frac{\frac{1}{j\omega C}}{\frac{1}{j\omega C}+R}=\frac{1}{1+j\omega CR}=\frac{\frac{1}{RC}}{\frac{1}{RC}+j\omega}=\frac{2}{2+j\omega},\frac{1}{RC}=2 \tag{3-141}$$

输入信号 $x(t)$ 的傅里叶变换为

$$x(t)=u(t)\overset{F}{\longleftrightarrow}\frac{1}{j\omega}+\pi\delta(\omega)$$

因此，可得

$$V_C(j\omega)=\frac{2}{2+j\omega}\left[\frac{1}{j\omega}+\pi\delta(\omega)\right]=\frac{2}{(2+j\omega)j\omega}+\frac{2}{2+j\omega}\pi\delta(\omega)$$

$$=\frac{2}{(2+j\omega)j\omega}+\pi\delta(\omega)=\frac{1}{j\omega}-\frac{1}{2+j\omega}+\pi\delta(\omega)=\left[\frac{1}{j\omega}+\pi\delta(\omega)\right]-\frac{1}{2+j\omega}$$

求上式的傅里叶反变换，可得

$$v_C(t)=(1-e^{-2t})u(t) \tag{3-142}$$

当输入信号 $x(t)$ 为矩形脉冲时，如图 3-27(a) 所示，由于输入信号可表示为移位阶跃信号的线性组合，即

$$x(t)=E[u(t)-u(t-T)]$$

因此，根据 LTI 系统的叠加性和时不变性原理，可求得输出信号 $y(t)$ 为

$$y(t)=E(1-e^{-2t})u(t)-E[1-e^{-2(t-T)}]u(t-T) \tag{3-143}$$

该输出信号的波形如图 3-27(b) 所示。

```
% 按式(3-143) 计算 RC 低通网络对矩形脉冲响应的程序
T=3;                                        %设置信号时宽
E=1.0;                                      %设置信号幅度
t=linspace(-2,3*T,512);                     %设置时域变量取值范围
x=E*0.5*((sign(t+eps)+1.)-(sign(t+eps-T)+1.0));%[0,T]矩形脉冲
y1=E*(1.0-exp(-2*t)).*(0.5*(sign(t+eps)+1.0));
y2=E*(1.0-exp(-2*(t-T))).*(0.5*(sign(t-T+eps)+1.0));
y=y1-y2;                                    %按式(3-143) 计算输出信号
subplot(1,2,1);plot(t,x);ylabel('x(t)');axis([-2 3*T-0.25 1.25]); xlabel('t');
subplot(1,2,2);plot(t,y);ylabel('y(t)');axis([-2 3*T-0.25 1.25]); xlabel('t');
```

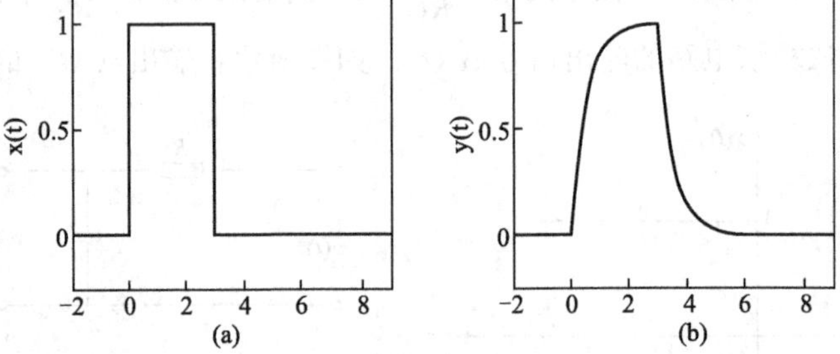

图 3-27 RC 低通网络对矩形脉冲的响应，$E=1.0$，$T=3.0$

3.5.6 信号的不失真传输

引出系统的频率响应 $H(j\omega)$ 的重要意义之一在于研究系统信号传输的基本特性。根据傅里叶变换的卷积性质，在一般情况下，除非 $H(j\omega)=1$，系统响应的波形与激励波形是不相同的，信号在传输过程中将产生失真。失真的根本原因在于 $H(j\omega)$ 对各频率分量的特性不一致所造成。实际 LTI 系统对频率信号的响应特性可由其 $H(j\omega)$ 的幅频特性 $|H(j\omega)|$ 和相频特性 $\theta(\omega)$ 来描述，具体说，可以用对 $\cos\omega t$ 的响应特性来描述，也就是说

$$\begin{cases} A\cos(\omega_0 t+\theta_0)\rightarrow A|H(j\omega_0)|\cos[\omega_0 t+\theta_0+\theta(\omega_0)] \\ H(j\omega)=|H(j\omega)|e^{j\theta(\omega)} \end{cases} \tag{3-144}$$

式(3-144) 表明，LTI 系统引起的信号失真由两方面因素造成：一方面是系统幅频特性引起的幅度失真，即系统对信号中各频率分量幅度产生不同程度的放大或衰减，使响应各频率分量的相对幅度产生变化；另一方面是由系统相频特性引起的相位失真，即系统对各频率分量产生的相移不与频率成正比，使响应的各频率分量在时间轴上的相对位置产生变化。

在实际应用中，除了利用 $H(j\omega)$ 进行信号变换，还希望传输过程中使信号失真最小，即无失真信号传输问题。所谓的无失真传输是指输出信号与输入信号相比，只是大小与相对时间轴的位置不同，而无波形上的变化。从时域角度看，输出信号 $y(t)$ 与输入信号 $x(t)$ 满足以下无失真传输条件

$$y(t)=Kx(t-t_0) \tag{3-145}$$

式中，K 为增益常数；t_0 为滞后时间。对式(3-145) 两边求傅里叶变换，有

$$Y(j\omega)=Ke^{-j\omega t_0}X(j\omega) \tag{3-146}$$

因此，无失真系统的频率响应应该是

$$H(\mathrm{j}\omega)=\frac{Y(\mathrm{j}\omega)}{X(\mathrm{j}\omega)}=K\mathrm{e}^{-\mathrm{j}\omega t_0}=|H(\mathrm{j}\omega)|\mathrm{e}^{\mathrm{j}\theta(\omega)} \tag{3-147}$$

也就是说，该系统的幅频特性和相频特性分别为

$$\begin{cases}|H(\mathrm{j}\omega)|=K\\ \theta(\omega)=-\omega t_0\end{cases} \tag{3-148}$$

这表明，无失真系统的幅频特性应该是一个与频率无关的常数，其相位特性应该是线性的。图 3-28 给出了无失真传输系统的频率响应特性。

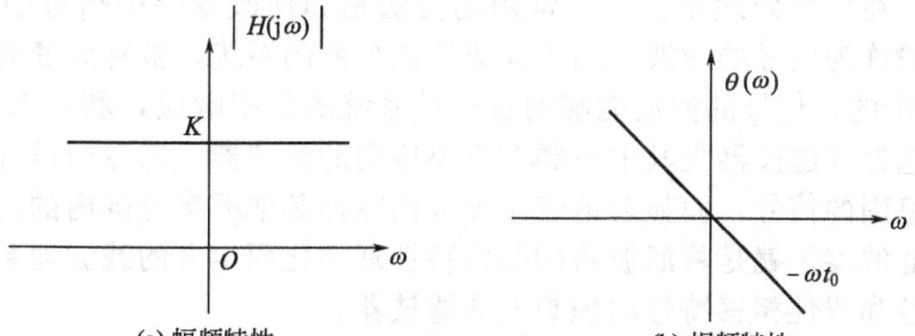

图 3-28 无失真传输系统的频率响应特性

图 3-28 描述的无失真系统仅是理论所要求的模型，要求系统幅频特性在整个频域为一个常数，相频特性在整个频域保持线性，在实际应用中往往很难做到。在实际的系统设计中，在信号的有效频带内使系统满足上述不失真条件，尽可能将失真控制在实际应用所允许的范围内。

对于传输系统相频特性的另一种描述方法是以“群时延”特性来表示。群时延 τ 的定义为

$$\tau=-\frac{\mathrm{d}\theta(\omega)}{\mathrm{d}\omega} \tag{3-149}$$

在满足信号传输不产生相位失真的条件下，其群时延特性应为常数。群时延表示信号通过系统时，各频率分量的公共延时特性。

【例 3-19】 电路如图 3-29 所示，为得到无失真传输，元件参数 R_1、R_2、C_1、C_2 应满足什么关系？

可以求出该电路的频率响应 $H(\mathrm{j}\omega)$

$$H(\mathrm{j}\omega)=\frac{V_2(\mathrm{j}\omega)}{V_1(\mathrm{j}\omega)}=\frac{Z_{12}(\omega)}{Z_{12}(\omega)+Z_{13}(\omega)}=\frac{\dfrac{R_2\dfrac{1}{\mathrm{j}\omega C_2}}{\dfrac{1}{\mathrm{j}\omega C_2}+R_2}}{\dfrac{R_2\dfrac{1}{\mathrm{j}\omega C_2}}{R_2+\dfrac{1}{\mathrm{j}\omega C_2}}+\dfrac{R_1\dfrac{1}{\mathrm{j}\omega C_1}}{R_1+\dfrac{1}{\mathrm{j}\omega C_1}}}$$

该式可化简为

$$H(\mathrm{j}\omega)=\frac{C_1}{C_1+C_2}\frac{\mathrm{j}\omega+\dfrac{1}{R_1C_1}}{\mathrm{j}\omega+\dfrac{R_1+R_2}{R_1R_2(C_1+C_2)}}$$

从该 $H(\mathrm{j}\omega)$ 可以看出，为使电路成为无失真传输系统，必须满足下列条件

$$\frac{1}{R_1C_1}=\frac{R_1+R_2}{R_1R_2(C_1+C_2)}$$

化简上式，可得关系

$$R_1C_1=R_2C_2$$

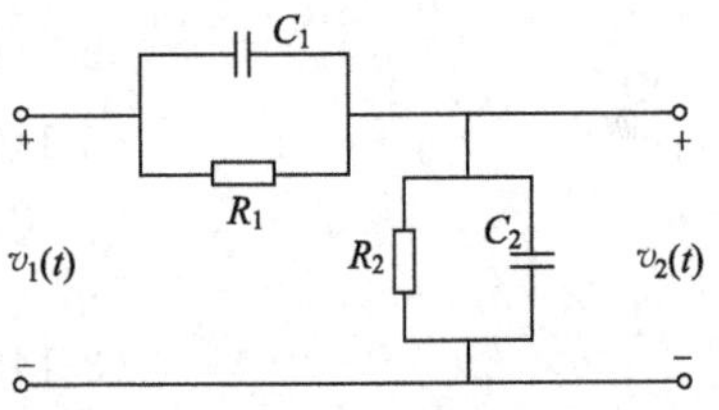

图 3-29　无失真传输系统电路图（当 $R_1C_1=R_2C_2$ 时）

此时，$H(\mathrm{j}\omega)$ 可重新写成

$$H(\mathrm{j}\omega)=\frac{C_1}{C_1+C_2}=\frac{R_2}{R_1+R_2}$$

该 $H(\mathrm{j}\omega)$ 为一常数，满足无失真的幅频特性和相频特性。因此，当满足 $R_1C_1=R_2C_2$ 时，图 3-29 所示电路为一无失真传输系统。

3.5.7　信号的滤波与理想滤波器

LTI 系统频率响应的另一个重要性在于建立信号滤波和滤波器的概念。在信号处理中，一个常用的方法是如何改变一个信号中各频率分量的大小，这种方法一般称为信号的滤波，用于完成滤波功能的系统，被称为滤波器。如同卷积性质式(3-98) 所指出的，信号的滤波能够通过设计系统的频率响应，利用 LTI 系统很方便地予以实现。频率选择性滤波器是其中一类有重要应用的滤波器，它专门设计成基本上无失真地通过某些频率范围的信号，而显著地衰减掉或消除掉其他频率范围内的信号。

所谓“理想滤波器”就是将滤波器的某些特性理想化而定义的滤波器系统。最常用的是具有矩形幅度特性和线性相移特性的理想低通滤波器。

（1）理想低通滤波器的频域特性和冲激响应

理想低通滤波器是将低于某一频率 ω_c 的所有信号予以通过，而无任何失真，并将频率高于 ω_c 的信号完全衰减掉。理想低通滤波器的频域特性可以表示为

$$H(\mathrm{j}\omega)=\begin{cases}\mathrm{e}^{-\mathrm{j}\omega t_0}, & |\omega|<\omega_c\\ 0, & \text{其他}\end{cases} \tag{3-150}$$

如图 3-30 所示，其中 ω_c 称为滤波器的截止频率，$|\omega|<\omega_c$ 的频率范围称为滤波器的通带，$|\omega|>\omega_c$ 的频率范围称为阻带。

对 $H(\mathrm{j}\omega)$ 进行傅里叶反变换，即可获得低通滤波器的单位冲激响应 $h(t)$

$$h(t)=\frac{1}{2\pi}\int_{-\infty}^{\infty}H(\mathrm{j}\omega)\mathrm{e}^{\mathrm{j}\omega t}\,\mathrm{d}\omega=\frac{1}{2\pi}\int_{-\omega_c}^{\omega_c}\mathrm{e}^{-\mathrm{j}\omega t_0}\mathrm{e}^{\mathrm{j}\omega t}\,\mathrm{d}\omega$$

$$=\frac{\omega_c}{\pi}\frac{\sin[\omega_c(t-t_0)]}{\omega_c(t-t_0)} \tag{3-151}$$

波形如图 3-31 所示。注意到，当 $t<0$ 时，$h(t)\neq 0$，因此理想低通滤波器是个非因果系

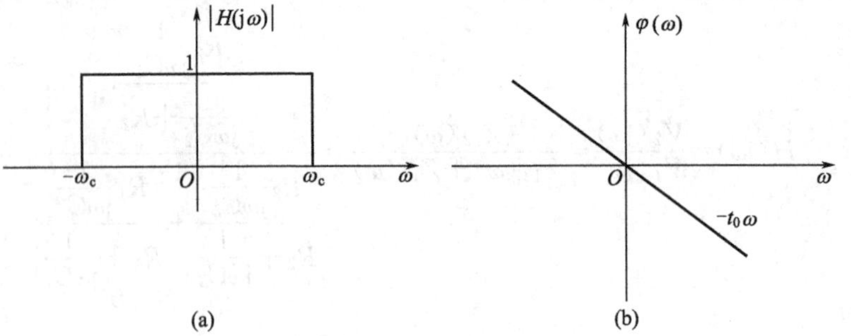

图 3-30　理想低通滤波器特性

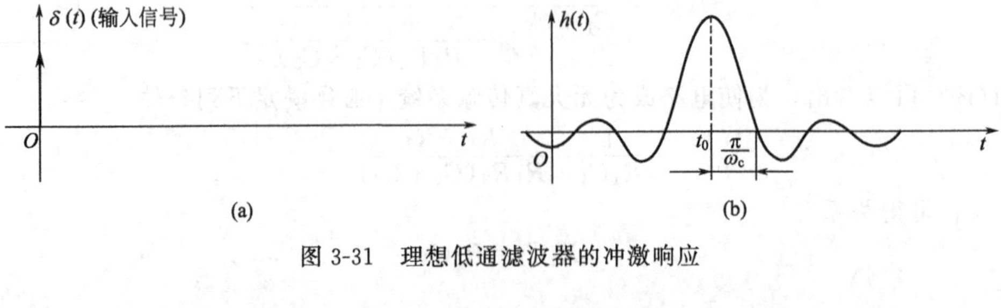

图 3-31　理想低通滤波器的冲激响应

统，因而在时域上它是物理不可实现的，但可证明它可按某种方式在频域上无限逼近它所具有的理想特性，具体内容可查阅第 8 章的有关内容或参照有关滤波设计的教材和著作。实际滤波器的分析与设计往往需要理想滤波器的理论作指导。

(2) 理想低通滤波器的阶跃响应

考虑阶跃信号通过理想低通滤波器后的响应 $s(t)$

$$u(t)\longrightarrow\boxed{\text{理想低通滤波器}}\longrightarrow s(t)$$

其中理想低通滤波器具有图 3-30 所示特性，阶跃信号的傅里叶变换为

$$u(t)\overset{F}{\longleftrightarrow}\frac{1}{j\omega}+\pi\delta(\omega) \tag{3-152}$$

于是

$$s(t)\overset{F}{\longleftrightarrow}\begin{cases}\left[\dfrac{1}{j\omega}+\pi\delta(\omega)\right]e^{-j\omega t_0}, & |\omega|<\omega_c\\ 0, & \text{其他}\end{cases}$$

求上式的傅里叶反变换可得阶跃响应 $s(t)$

$$\begin{aligned}s(t)&=\frac{1}{2\pi}\int_{-\omega_c}^{\omega_c}\left[\frac{1}{j\omega}+\pi\delta(\omega)\right]e^{-j\omega t_0}\,d\omega=\frac{1}{2}+\frac{1}{2\pi}\int_{-\omega_c}^{\omega_c}\frac{e^{j\omega(t-t_0)}}{j\omega}d\omega\\&=\frac{1}{2}+\frac{1}{2\pi}\int_{-\omega_c}^{\omega_c}\frac{\cos[\omega(t-t_0)]}{j\omega}d\omega+\frac{1}{2\pi}\int_{-\omega_c}^{\omega_c}\frac{\sin[\omega(t-t_0)]}{\omega}d\omega\end{aligned} \tag{3-153}$$

注意到式(3-153) 中被积函数$\dfrac{\cos[\omega(t-t_0)]}{\omega}$为奇函数，所以积分为零，最后一项积分的被积函数是 ω 的偶函数，因而有

$$s(t)=\frac{1}{2}+\frac{1}{\pi}\int_0^{\omega_c}\frac{\sin[\omega(t-t_0)]}{\omega}d\omega \tag{3-154}$$

上式作变量替换 $x=\omega(t-t_0)$，于是有

$$s(t)=\frac{1}{2}+\frac{1}{\pi}\int_0^{\omega_c(t-t_0)}\frac{\sin x}{x}dx \tag{3-155}$$

式(3-155) 中对函数$\dfrac{\sin x}{x}$的积分称为“正弦积分”。以符号 $Si(y)$ 表示

$$Si(y)=\int_0^y\frac{\sin x}{x}dx \tag{3-156}$$

引用式(3-156)，阶跃响应可写成

$$s(t)=\frac{1}{2}+\frac{1}{\pi}Si[\omega_c(t-t_0)] \tag{3-157}$$

响应的波形如图 3-32 所示。其最大峰值所对应的时刻为 $t_0+\dfrac{\pi}{\omega_c}$。由图可见，理想低通滤波器的截止频率 ω_c越大，输出 $s(t)$上升越快。如果定义输出由最小值到最大值所需时间为上升时间 t_r，其值为

$$t_r=2\frac{\pi}{\omega_c}=\frac{1}{f_c} \tag{3-158}$$

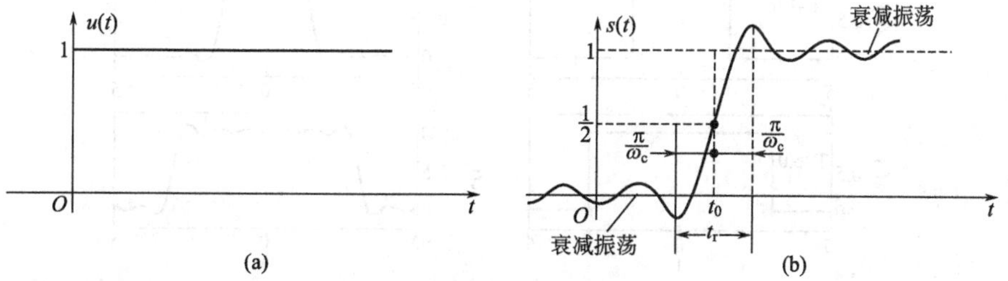

图 3-32　理想低通滤波器的阶跃响应

式中，f_c是将角频率折合为频率的滤波器带宽（截止频率）。于是得到重要结论：阶跃响应的上升时间与系统的截止频率（带宽）成反比。该结论具有普遍意义，适用于各种实际滤波器。

一个信号通过理想低通滤波器，其实质是用信号的有限频率分量近似原信号，也就是说，对一个输入信 $x(t)$，其输出 $y(t)$ 为

$$y(t)=\frac{1}{2\pi}\int_{-\omega_c}^{\omega_c} X(j\omega)e^{-j\omega t_0}e^{j\omega t}d\omega \tag{3-159}$$

根据傅里叶变换的物理意义，在 $u(t)$ 的断点处，其输出必存在吉布斯现象，实际情况也如此，$s(t)$ 第一个峰值在 $t=t_0+\frac{\pi}{\omega_c}$处代入式(3-157)，有

$$s(t)\big|_{max}=\frac{1}{2}+\frac{1}{\pi}Si(\pi)$$

利用函数 $Si(\pi)=1.8514$，可计算出该峰值（上冲）

$$s(t)\big|_{max}=\frac{1}{2}+\frac{1.8514}{\pi}\approx 1.0895 \tag{3-160}$$

即第一个峰值的上冲为跳变值的 8.95%，近似为 9%，该值与 ω_c无关。因此，无论 ω_c多大，该峰的上冲始终存在；当 $\omega_c\to\infty$时，该峰的能量趋于零，这就是所谓的吉布斯现象。

(3) 理想低通滤波器对矩形脉冲的响应

矩形脉冲的表示式为

$$x(t)=u(t)-u(t-\tau) \tag{3-161}$$

利用理想低通滤波器对阶跃响应的结果，结合 LTI 系统的叠加性原理，可得理想低通滤波器对矩形脉冲响应 $y(t)$ 为

$$y(t)=\frac{1}{\pi}\{Si[\omega_c(t-t_0)]-Si[\omega_c(t-t_0-\tau)]\} \tag{3-162}$$

此响应的波形示于图 3-33，如果 τ 接近$\frac{2\pi}{\omega_c}$或小于$\frac{2\pi}{\omega_c}$，$y(t)$ 波形将严重失真于矩形脉冲信号。因此，矩形脉冲通过理想低通滤波器时，只要使脉冲的宽度远远大于系统的上升时间或满足条件 $\tau\gg\frac{2\pi}{\omega_c}$，才能得到较为满意的近似的矩形脉冲信号。截止频率 ω_c越大，输出越接近矩形脉冲；如果 τ 过窄（或 ω_c过小），输出因没有足够的上升时间，会完全丢失激励信号的脉冲形状。

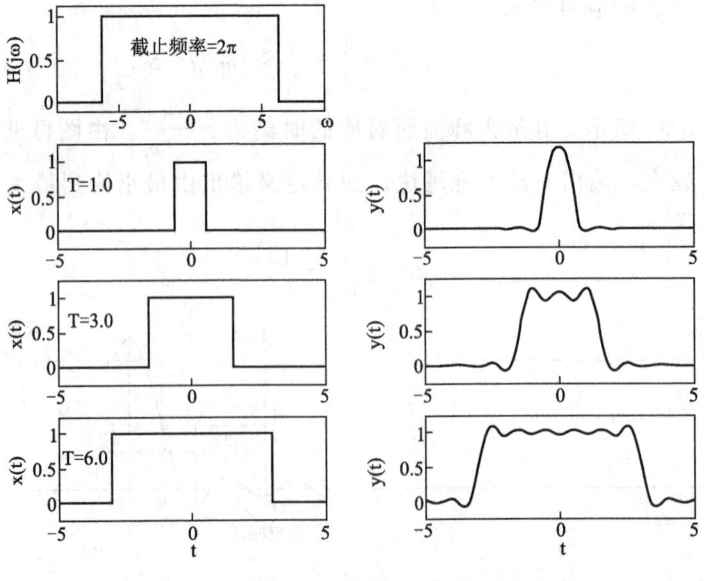

图 3-33　理想低通滤波器对矩形脉冲的响应

以下是用于计算理想低通滤波器对矩形脉冲的响应的 Matlab 程序，其运行结果见图 3-33。

```
% 程序 XHforRect：产生用于计算傅里叶反变换的被积函数：y=(XH(w)/(2*pi)).*exp(j*w*t)
function y=XHforRect(w,t,T,W)   %w 为频域变量，t 为信号时间变量，W 为理想低通滤波
                                %器的截止频率
                                % T 为对称方波的时宽
XH=(abs(w)<=W).*(T*sinc(w*T/(2.0*pi)));%[-T/2,T/2]方波频谱与理想低
                                        %通滤波器频率响应相乘：X*H
                                        %方波频谱为 T*sinc(w*T/(2.0*pi))
y=(XH/(2.0*pi)).*exp(j*w*t);
```

```
%程序 RectResponse：计算理想低通对矩形脉冲的响应
W=2.*pi;                          %设置理想低通滤波器截止频率
T=1.*(2*pi/W);                    %设置信号时宽
w1=linspace(-1.5*W,1.5*W,512);    %设置频域变量取值范围
H=0.5*((sign(w1+eps+W)+1.)-(sign(w1+eps-W)+1.)); %理想低通滤波器频率
                                                  %响应，仅用于显示
t=linspace(-10*T/2,10*T/2,512);   %设置时域变量取值范围
x=0.5*((sign(t+eps+T/2.0)+1.)-(sign(t+eps-T/2.0)+1.));
                                  % [-/2, T/2] 矩形脉冲，仅用于显示
N=length(t);y=zeros(1,N);
for k=1:N
    y(k)=quadl(@XHforRect,-W,W,[],[],t(k),T,W);     %计算傅里叶反变换
end
subplot(3,1,1);plot(w1,H);xlabel('\omega');ylabel('H(j \omega)'); axis([-1.5*W  1.5*W
-0.1  1.1]);title('截止频率=2 \pi');
subplot(3,1,2);plot(t,x);ylabel('x(t)');axis([-5 5 -0.25 1.25]);title('T=1.0');
subplot(3,1,3);plot(t,y);ylabel('y(t)');axis([-5 5 -0.25 1.25]);xlabel('t');
```

3.5.8 利用 Matlab 实现频域的数值求解

可以利用 Matlab 实现 LTI 系统的频域数值求解，下面将通过一个具体例子，说明如何借助 Matlab 的数值计算功能实现频域的数值求解，该程序可以推广到其他 LTI 系统的响应求解问题。

【例 3-20】 用 Matlab 实现例 3-18 中的 RC 低通网络（如图 3-34 所示）对矩形脉冲的响应的频域求解。

以下是利用 Matlab 实现频域求解的程序，运行结果如图 3-35 所示。

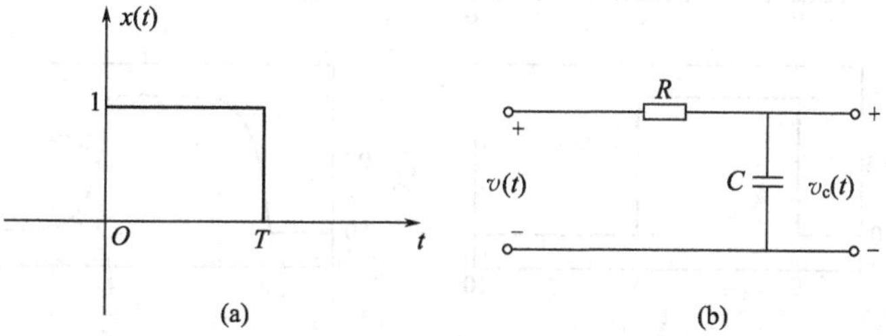

图 3-34 RC 低通网络

```
% 程序 RCforRect：RC 低通网络对矩形脉冲的响应，产生用于计算傅里叶反变换的被积函数
function y=RCforRect (w, t, T, RC)          % t 为信号时间变量，w 为频域变量，RC
                                            %低通网络时间常数，T 为方波宽
H=1.0./(1+j*w*RC);                          %RC 低通网络频率响应，确定 LTI 系统的
                                            %频率响应
X=T*sinc(w*T/(2.0*pi)).*exp(-j*w*T/2);      %[0,T]方波频谱，确定输入信号的频谱
XH=X.*H;                                    % [0, T] 方波频谱与频率响应相乘：
                                            %X*H，利用卷积定理计算输出
                                            %信号的频谱
y=(XH/(2.0*pi)).*exp(j*w*t);                %计算输出信号傅里叶反变换的被积函数
```

```
%程序 RectResponseofRC：RC 低通网络对矩形脉冲的响应
T=.2;                          %设置信号时宽
RC=.5;                         %设置 RC 低通网络时间常数
W=100.0/RC;                    %设置傅里叶反变换积分上下限
t=linspace (-2, 10, 128);      %设置时域变量取值范围
x=0.5*((sign(t+eps)+1.)-(sign(t+eps-T)+1.));     % [0, T] 矩形脉冲，仅用于
                                                 %显示
N=length(t); y=zeros(1, N);
for k=1:N
    y(k)=quadl(@RCforRect,-W,W,[],[],t(k),T,RC);    % 计算傅里叶反变换
end
subplot(1,2,1);plot(t,x);ylabel('x(t)');axis([-2 10 -0.25 1.25]);xlabel('t');title('T=0.2');
subplot(1,2,2);plot(t,abs(y));ylabel('y(t)');axis([-2 10 -0.25 1.25]);xlabel('t');title
('RC=0.5');
```

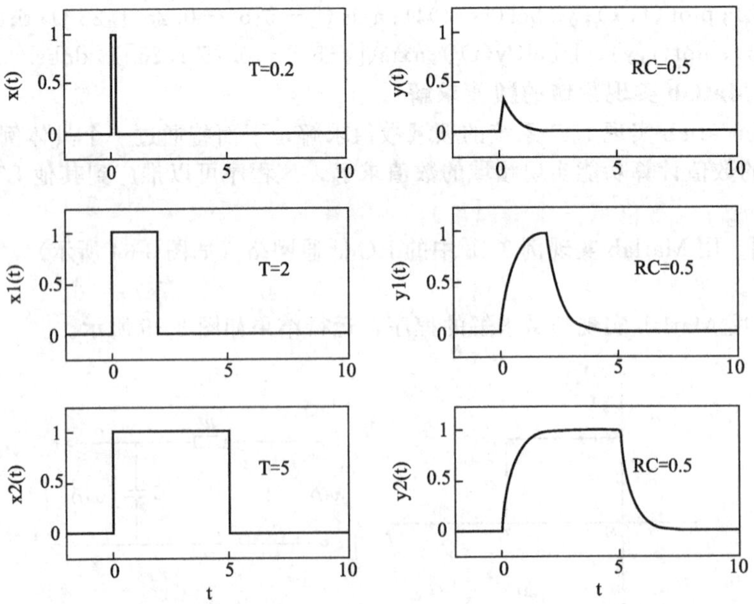

图 3-35　例 3-20 的运行结果：RC 低通网络对矩形脉冲的响应

从运行结果可以看到，当矩形脉冲宽度足够大时，才能得到较为满意的近似的矩形脉冲信号；当矩形脉冲宽度过窄，输出因没有足够的上升时间，会完全丢失了激励信号的脉冲形状。

习题 3

3-1 已知某 LTI 系统对 $e^{j\omega t}$ 的特征值 $H(j\omega)$ 如图 3-36 所示，求系统对下列输入信号的响应。

(1) 直流信号 $x(t)=E$；

(2) $x(t)=\sum\limits_{k=-10}^{10} a_k e^{jk\omega_0 t}$，$\omega_0=\pi$。

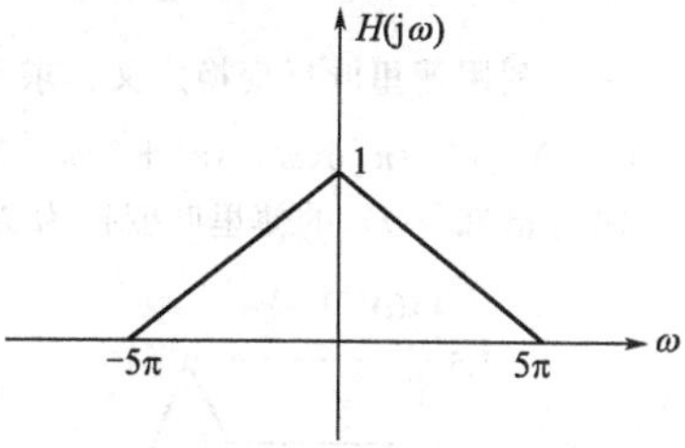

图 3-36 题 3-1 图

3-2 求下列信号的傅里叶级数。

(1) $x(t)=\cos 2t+\sin 4t$；

(2) $x(t)$如图 3-37(a) 所示；(3) $x(t)$ 如图 3-37(b) 所示；

(4) $x(t)$如图 3-37(c) 所示；(5) $x(t)$ 如图 3-37(d) 所示。

3-3 (1) 求冲激串 $\delta_T(t)=\sum\limits_{k=-\infty}^{\infty}\delta(t-nT)$ 的傅里叶变换；

(2) 已知某一 LTI 系统的单位冲激响应 $h(t)$ 如图 3-38 所示，求该系统对冲激串 $\delta_T(t)$ 的响应 $y(t)$ 的傅里叶级数。

3-4 (1) 如果以 T 为周期的信号 $x(t)$ 同时满足

$$x(t)=-x(t-\frac{T}{2})$$

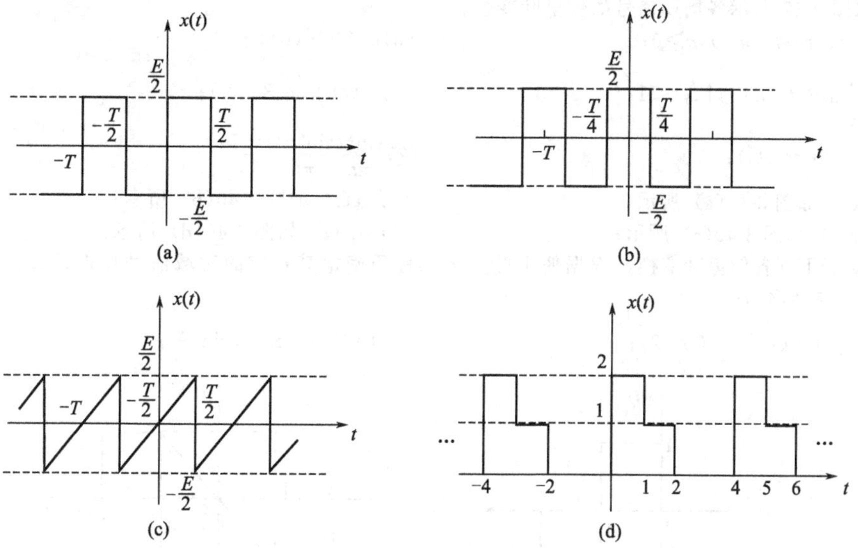

图 3-37 题 3-2 图

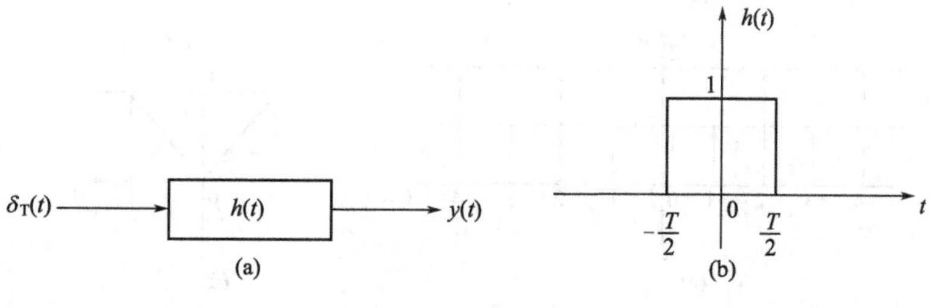

图 3-38 题 3-3 图

则称 $x(t)$ 为奇谐信号。证明奇谐信号的傅里叶级数中只包含奇次谐波分量。

（2）如果 $x(t)$ 是周期为 2 的奇谐信号，且 $x(t)=t$，$0<t<1$，画出 $x(t)$ 的波形，并求出它的傅里叶级数系数。

3-5　利用傅里叶变换定义，求下列信号的傅里叶变换。

（1）$e^{-2(t-2)}u(t-2)$；　（2）$e^{-2|t-3|}$；

（3）$\delta(t+\pi)+\delta(t-\pi)$；　（4）$\dfrac{d}{dt}[u(t+2)-u(t-2)]$；

（5）$x(t)=e^{-t}[u(t)-u(t-1)]$；　（6）$x(t)=\begin{cases}1+\cos\pi t, & |t|\leqslant 1\\ 0, & 其他\end{cases}$

3-6　利用傅里叶反变换定义，求下列反变换。

（1）$X(j\omega)=\pi[\delta(\omega+3\pi)+\delta(\omega-2\pi)]$；（2）$X(j\omega)=2[u(\omega+3)-u(\omega-3)]e^{j(-\frac{3}{2}\omega+\pi)}$。

3-7　已知 $x(t)$ 的傅里叶变换为 $X(j\omega)$，试将图 3-39 所示各信号的傅里叶变换用 $X(j\omega)$ 来表示。

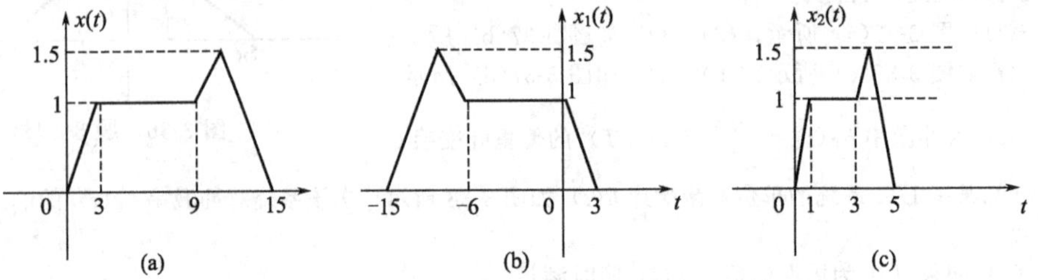

图 3-39　题 3-7 图

3-8　求下列信号的傅里叶变换。

（1）求图 3-37 所示各周期信号的傅里叶变换；

（2）$e^{-at}\cos\omega_0 t\cdot u(t), a>0$；　（3）$e^{-3|t|}\cdot\cos 2t$；

（4）$\sum\limits_{k=0}^{\infty} a_k\delta(t-kT), |a_k|<1$；　（5）$\delta'(t)+2\delta(3-2t)$；

（6）$te^{-t}\cos 4t\, u(t)$；　（7）$\dfrac{\sin\pi t}{\pi t}\dfrac{\sin 2\pi(t-1)}{\pi(t-1)}$；

（8）$x(t)$ 如图 3-40(a) 所示；　（9）$x(t)$ 如图 3-40(b) 所示；

（10）$x(t)$ 如图 3-40(c) 所示；　（11）$x(t)$ 如图 3-40(d) 所示。

3-9　对于下列各傅里叶变换，根据傅里叶变换的性质确定其对应的时域信号是否是实、虚、或者不是，偶、奇、或都不是。

（1）$X(j\omega)=u(\omega)-u(\omega-2)$；　（2）$X(j\omega)=\cos 2\omega\sin\dfrac{\omega}{2}$；

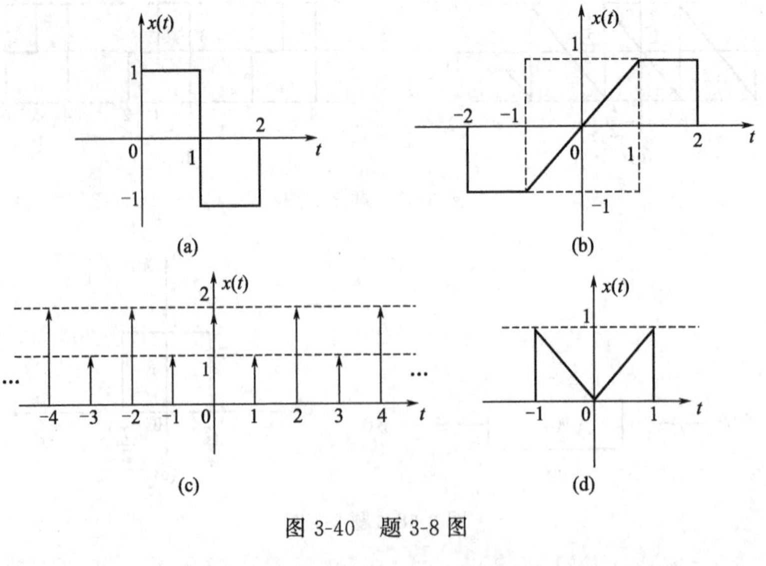

图 3-40　题 3-8 图

(3) $X(\mathrm{j}\omega)=A(\omega)\mathrm{e}^{\mathrm{j}B(\omega)}$，式中 $A(\omega)=\dfrac{\sin 2\omega}{\omega}$ 和 $B(\omega)=2\omega+\dfrac{\pi}{2}$；

(4) $X(\mathrm{j}\omega)=\sum\limits_{k=-\infty}^{\infty}\left(\dfrac{1}{2}\right)^{|k|}\delta\left(\omega-\dfrac{k\pi}{4}\right)$。

3-10 对下列每一个变换，求对应的连续时间信号。

(1) $X(\mathrm{j}\omega)=\dfrac{2\sin 3(\omega-\pi)}{\omega-\pi}$；　　(2) $X(\mathrm{j}\omega)=\cos 4\omega$；

(3) $X(\mathrm{j}\omega)=\cos(2\omega+\pi/3)$；　　(4) $X(\mathrm{j}\omega)=|X(\mathrm{j}\omega)|\mathrm{e}^{\mathrm{j}\theta(\omega)}$，如图 3-41 所示。

3-11 求图 3-42 所示三角形调幅信号的频谱。

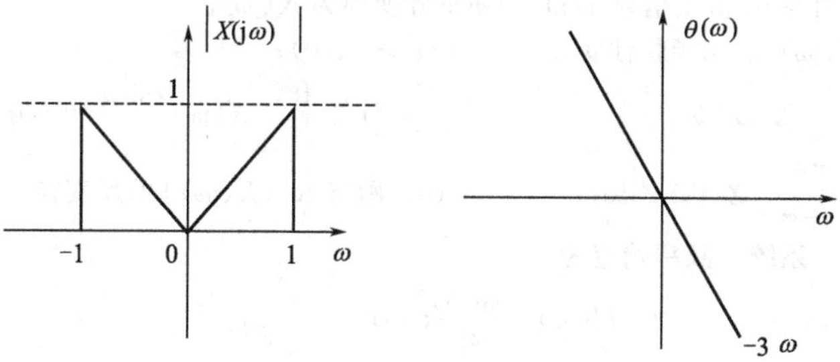

图 3-41 题 3-10 图

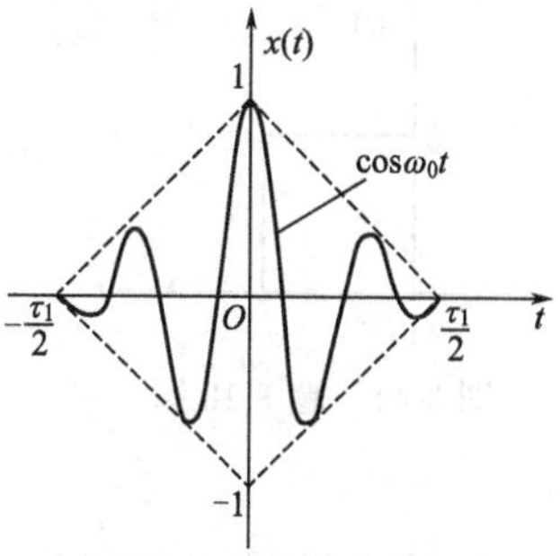

图 3-42 题 3-11 图

3-12 求图 3-43 所示周期信号的频谱或傅里叶级数系数。注意，利用傅里叶变换相关性质及将信号看成是某一周期信号与 $\sin\omega_0 t$ 相乘的结果。

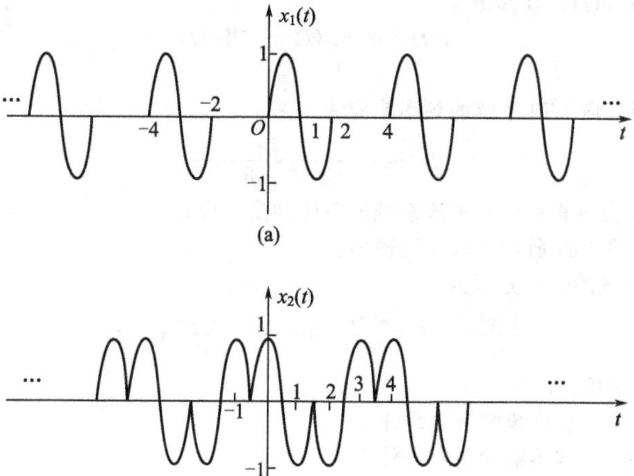

图 3-43 题 3-12 图

3-13 设 $x(t)$ 是一连续时间周期信号，其基波频率为 ω_0，傅里叶级数系数为 a_k，求信号 $x_2(t)=x(1-t)+x(t-1)$ 的频谱或傅里叶级数系数。

3-14 有三个连续时间周期信号，其傅里叶级数或傅里叶变换表示如下：

$$x_1(t)=\sum_{k=0}^{10}\left(\frac{1}{2}\right)^k\mathrm{e}^{\mathrm{j}k\frac{2\pi}{50}t},\ x_2(\mathrm{j}\omega)=\sum_{k=-10}^{10}2\pi\cos(k\pi)\delta\left(\omega-k\,\frac{2\pi}{50}\right),\ x_3(t)=\sum_{k=-15}^{15}\mathrm{j}\sin\left(\frac{k\pi}{2}\right)\mathrm{e}^{\mathrm{j}k\frac{2\pi}{50}t}$$

利用傅里叶级数或傅里叶变换性质帮助回答下列问题。

(1) 三个信号哪些是实值的？　　(2) 哪些又是偶函数？

3-15 现对一信号 $x(t)$ 给出如下信息：

(1) $x(t)$ 是实的且为偶函数；　　(2) $x(t)$ 是周期的，周期 $T=2$，傅里叶系数为 a_k；

(3) 对 $|k|>1$，$a_k=0$；　　(4) $\dfrac{1}{2}\int_0^2|x(t)|^2\mathrm{d}t=1$。

试确定两个不同的信号都满足这些条件。

3-16 考虑信号 $x(t)$，其傅里叶变换为 $X(j\omega)$，且满足以下条件：

(1) $F^{-1}\{(2+j\omega)X(j\omega)\}=Ae^{-t}u(t)$，$A$ 与 t 无关，且 A 为实数和 $A>0$；

(2) $\frac{1}{2\pi}\int_{-\infty}^{\infty}|X(j\omega)|^2 d\omega=1$。

求 $x(t)$ 的时域表达式。

3-17 设 $x(t)$ 的傅里叶变换 $X(j\omega)$，满足以下条件：

(1) $x(t)$ 为实值信号且 $x(t)=0$，$t\leqslant 0$； (2) $\frac{1}{2\pi}\int_{-\infty}^{\infty}\mathrm{Re}\{X(j\omega)\}e^{j\omega t}d\omega=e^{-|t|}$。

求 $x(t)$ 的时域表达式。

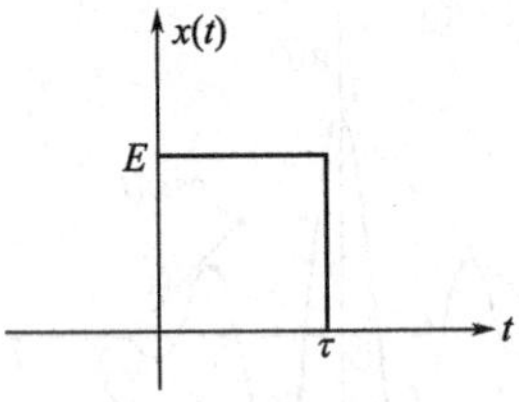

图 3-44 题 3-18 图

3-18 设图 3-44 所示信号 $x(t)$ 的傅里叶变换为 $X(j\omega)$。

(1) 求 $X(j\omega)$ 的相频特性 $\theta(\omega)$； (2) 求 $X(0)$；

(3) 求 $\int_{-\infty}^{\infty}X(j\omega)d\omega$； (4) 计算 $\int_{-\infty}^{\infty}X(j\omega)\frac{2\sin\omega}{\omega}e^{j2\omega}d\omega$；

(5) 计算 $\int_{-\infty}^{\infty}|X(j\omega)|^2 d\omega$； (6) 画出 $\mathrm{Re}\{X(j\omega)\}$ 的反变换。

3-19 有一系统其频率响应为

$$H(j\omega)=\frac{\sin 3\omega}{\omega}\cos\omega$$

求它的单位冲激响应 $h(t)$。

3-20 有一因果 LTI 系统，其频率响应为

$$H(j\omega)=\frac{1}{j\omega+3}$$

对于某一特定的输入 $x(t)$，其输出是

$$y(t)=e^{-3t}u(t)-e^{-4t}u(t)$$

求 $x(t)$。

3-21 已知某一因果二阶 LTI 系统的频率响应为

$$H(j\omega)=\frac{j\omega}{(j\omega)^2+3j\omega+2}$$

(1) 写出该系统的微分方程；(2) 求该系统的单位冲激响应 $h(t)$；

(3) 若输入 $x(t)$ 如图 3-44 所示，求系统输出。

3-22 一因果 LTI 系统的微分方程为

$$\frac{d^2y(t)}{dt^2}+5\frac{dy(t)}{dt}+6y(t)=\frac{dx(t)}{dt}+x(t)$$

(1) 求该系统的单位冲激响应；

(2) 若 $x(t)=te^{-t}u(t)$，该系统的响应是什么？

(3) 若 $x(t)=e^{-2t}u(t)$，该系统的响应是什么？

(4) 若 $x(t)=\sum_{k=0}^{5}(\frac{1}{2})^k\cos 100\pi kt$，该系统的响应是什么？

3-23 利用卷积性质，用频域法求下列各对信号 $x(t)$ 和 $h(t)$ 的卷积。

(1) $x(t)=e^{-t}u(t),h(t)=e^{-3t}u(t)$； (2) $x(t)=te^{-t}u(t),h(t)=e^{-3t}u(t)$；

(3) $x(t)=u(t+1)-u(t-1)$， $h(t)=u(t+1)-u(t-1)$。

3-24 设 $x(t)$ 的傅里叶变换为 $X(j\omega)$，令 $p(t)$ 是基波频率为 ω_0 的周期信号，其傅里叶级数表示是

$$p(t)=\sum_{k=-\infty}^{\infty}a_k e^{jk\omega_0 t}$$

求：(1) $y(t)=x(t)p(t)$ 的傅里叶变换；

(2) 若 $X(j\omega)$ 如图 3-45 所示，对下列每个 $p(t)$，画出 $y(t)$ 的频谱。

① $p(t)=\cos\frac{t}{2}$； ② $p(t)=\cos t$；

③ $p(t)=\cos 2t$； ④ $p(t)=\sum_{k=-\infty}^{\infty}\delta(t-\pi k)$；

⑤ $p(t)=\sum_{k=-\infty}^{\infty}\delta(t-2\pi k)$；

⑥ $p(t)=\sum_{k=-\infty}^{\infty}\delta(t-4\pi k)$。

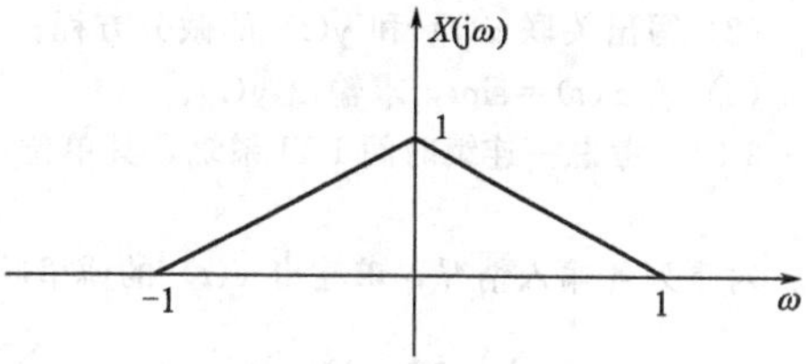

图 3-45 题 3-24 图

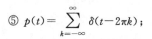

3-25 考虑一 LTI 系统，对输入为

$$x(t)=(e^{-t}+e^{-3t})u(t)$$

的响应 $y(t)$ 是 $\qquad y(t)=(2e^{-t}-2e^{-4t})u(t)$

(1) 求系统频率响应 $H(j\omega)$；(2) 确定该系统的单位冲激响应 $h(t)$；

(3) 求该系统的微分方程；(4) 用 Matlab 求解(2)。

3-26 证明 LTI 系统对周期信号的响应仍是周期信号且不会产生新的谐波分量或新的频率分量。

3-27 考虑一 LTI 系统，其单位冲激响应为

$$h(t)=\frac{\sin 5(t-1)}{\pi(t-1)}$$

求系统对下面各输入信号的响应。

(1) $x(t)=\cos(7t+\frac{\pi}{3})$； (2) $x(t)=\sum_{k=1}^{\infty}\frac{1}{k^2}\sin kt$；

(3) $x(t)=\frac{\sin 5(t+1)}{\pi(t+1)}$； (4) $x(t)=\left(\frac{\sin\frac{5}{2}t}{\pi t}\right)^2$。

3-28 如图 3-46 所示周期信号 $v_i(t)$ 加到 RC 低通滤波器电路，已知 $v_i(t)$ 的基波频率 $f_0=\frac{2\pi}{T}=1\text{kHz}$，$E=1\text{V}$，$R=1\text{k}\Omega$，$C=0.1\mu\text{F}$，分别求

(1) 设电容器两端电压为 $v_C(t)$，求系统频率响应 $H(j\omega)=\frac{V_C(j\omega)}{V_i(j\omega)}$；

(2) 求 $v_C(t)$ 之直流分量、基波和五次谐波之幅度；

(3) 用 Matlab 求解 $v_C(t)$，并画出其波形。

3-29 如图 3-47 所示的 RL 电路，电流源输出电流为输入 $x(t)$，系统的输出为流经电感线圈的电流 $y(t)$。

(1) 求该系统的频率响应 $H(j\omega)=\frac{Y(j\omega)}{X(j\omega)}$；(2) 写出关联 $x(t)$ 和 $y(t)$ 的微分方程；

(3) 若 $x(t)=\cos t$，求输出 $y(t)$。

3-30 由图 3-48 所示的 RLC 电路，试求

(1) 系统频率响应 $H(j\omega)=\frac{Y(j\omega)}{X(j\omega)}$；

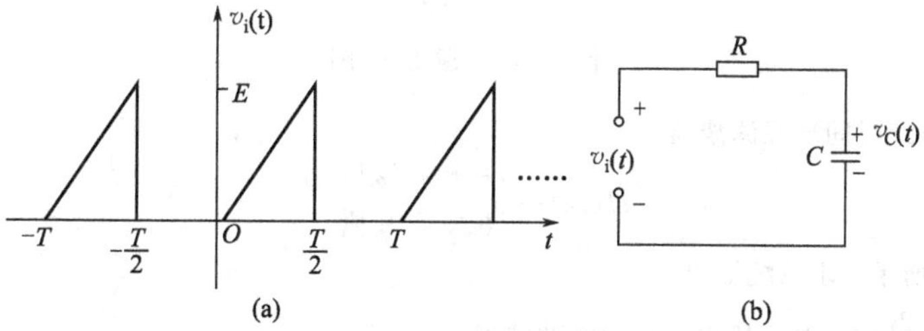

图 3-46 题 3-28 图

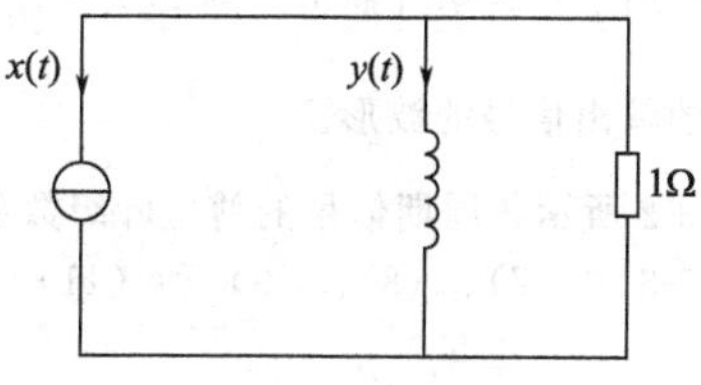

图 3-47 题 3-29 图

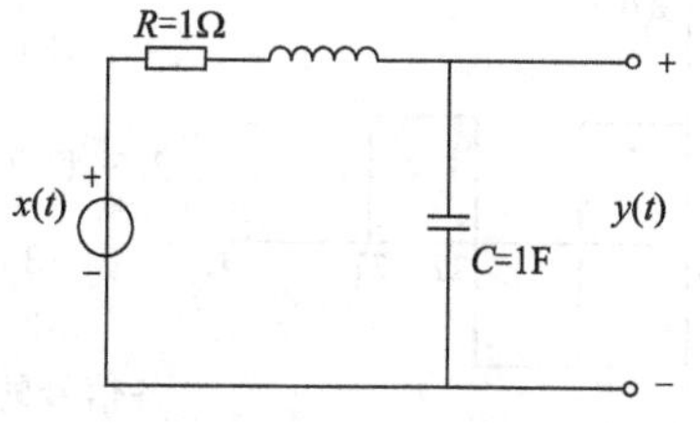

图 3-48 题 3-30 图

（2）写出关联 $x(t)$ 和 $y(t)$ 的微分方程；

（3）若 $x(t)=\sin t$，求输出 $y(t)$。

3-31　考虑一连续时间 LTI 系统，其单位冲激响应为

$$h(t)=e^{-|t|}$$

对下列各输入情况，求输出 $y(t)$ 的傅里叶变换或傅里叶级数。

（1）$x(t)=\sum\limits_{k=-\infty}^{\infty}\delta(t-k)$；（2）$x(t)=\sum\limits_{k=-\infty}^{\infty}(-1)^k\delta(t-k)$；

（3）$x(t)$ 如图 3-37(b) 所示的周期方波。

3-32　电路如图 3-49 所示。激励电流源为 $i_1(t)$，输出电压为 $v_1(t)$，试求

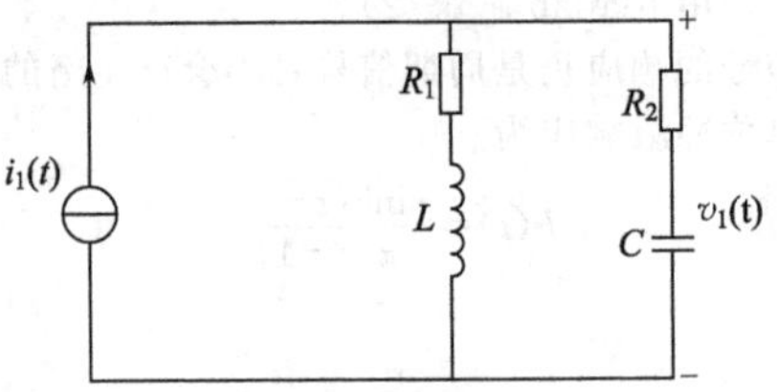

图 3-49　题 3-32 图

（1）系统的频率响应 $H(j\omega)=\dfrac{V_1(j\omega)}{I_1(j\omega)}$；

（2）要使 $v_1(t)$ 和 $i_1(t)$ 波形一样（无失真），确定 R_1 和 R_2（设给定 $L=1\text{H}$，$C=1\text{F}$）。

3-33　一个理想带通滤波器的幅频特性和相频特性如图 3-50 所示。试求它的冲激响应，并说明此滤波器在时域上是否是物理可实现的？

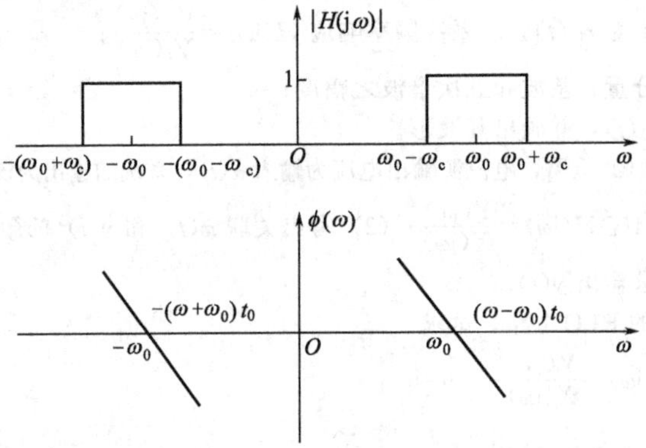

图 3-50　题 3-33 图

3-34　考虑一连续时间理想滤波器

$$H(j\omega)=\begin{cases}e^{-j\omega t_0}, & |\omega|<\omega_c\\ 0, & \text{其他}\end{cases}$$

输入如图 3-51 所示，求系统输出。

（1）当满足 $T\gg\dfrac{2\pi}{\omega_c}$时，画出输出信号的大致波形；

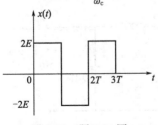

图 3-51　题 3-34 图

（2）编写一 Matlab 程序，用于求解系统输出，画出 $T=\dfrac{1}{10}\dfrac{2\pi}{\omega_c}$、$T=2\dfrac{2\pi}{\omega_c}$和 $T=10\dfrac{2\pi}{\omega_c}$三种情况下的输出信号的波形。

3-35　用 Matlab 求解题 3-2 所示各周期信号的傅里叶级数系数。

3-36　用 Matlab 求解题 3-8 中（7）、（8）、（9）和（11）小题所示各信号的傅里叶变换。

3-37　用 Matlab 求解题 3-10 中（4）小题所示频谱的反变换。

4 离散时间信号与系统的频域分析

4.0 引言

第 3 章研究了连续时间信号的傅里叶变换，并讨论了利用傅里叶变换及其性质去分析和理解连续时间信号与系统的方法，即频域分析方法。连续时间的频域分析法在连续时间 LTI 系统的分析中具有很大价值，并得到了一系列重要的频域上的概念、方法以及应用，例如，第 5 章所讨论的抽样定理和调制，就是频域分析法在信号处理和通信工程方面的重要应用。本章将讨论离散时间信号的傅里叶变换，与连续时间信号的傅里叶变换一样，基于离散时间傅里叶变换的离散时间频域分析方法，是分析离散时间信号与系统的重要数学工具。在连续时间信号与系统中所得到的许多结论仍适用于离散时间信号和系统，然而两者之间也有一些重要的差别。在学习中，要注意两者的共同处和差异处，以便加深对两者各自的理解。

离散时间信号与系统研究的历史可追溯到 17 世纪，几乎与连续时间信号与系统具有相同的研究历史。那时已经奠定了经典的数值分析方法，其主要的研究领域为数值分析问题和离散时间信号分析，其应用范围涉及经济预测、人口统计的数据分析，以及利用观察数据进行建模和对物理现象的推测。进入 20 世纪 40 年代以来，由于微电子技术的发展和数字计算机的出现，使得离散时间信号与系统的具体应用领域得到了很大拓宽和发展，并形成了数字信号处理和数字处理系统的研究热点。20 世纪 60 年代中期，库利（J. W. Cooley）和图基（J. W. Tukey）提出的快速傅里叶变换（FFT）算法，是一个具有里程碑意义的研究成果。FFT 算法使傅里叶变换的运算量减少了几个数量级，解决了数字系统的研究和设计要求进行大量傅里叶变换运算的问题，极大地推动了数字信号处理这一学科的发展。当前由于现代信号分析理论、数字信号处理软件和硬件的发展，特别是 DSP（Digital Signal Processor）处理器、可编程高速专用 ASIC 数字芯片、高速高精度 A/D 和计算机技术的快速发展，使一些原来只能用连续时间系统或高速硬件系统完成的功能或系统，也可以用软件化的方法来实现。例如软件无线电技术，它要求在一个统一的硬件平台上，用软件的方法实现尽可能多的通信功能，这也是现代通信的核心技术之一。离散时间信号和系统的频域分析方法，是现代数字系统分析和设计的最基本和最重要的工具之一，也是本书重点阐述的内容之一。

本章讨论的基本思路与第 3 章相同，即基于离散时间复指数信号 z^n 是所有离散时间 LTI 系统的特征函数这一事实。首先建立离散时间周期信号的频域表示方法——离散时间傅里叶级数（Discrete Fourier Series，DFS），然后推广至更一般的离散时间信号的傅里叶变换（Discrete Time Fourier Transformation，DTFT），并讨论离散时间系统的频域分析方法。关于离散傅里叶变换（Discrete Fourier Transformation，DFT）及其快速算法（Fast Fourier Transformation，FFT）的相关内容，本章将不作阐述，有兴趣的读者可以参阅《数字信号处理》课程中的相关章节。

4.1 离散时间周期信号的谐波表示：离散时间傅里叶级数（DFS）

根据离散时间周期信号的定义，一个基波周期为 N 的离散时间信号 $x[n]$，应满足

$$x[n]=x[n+N] \tag{4-1}$$

如第 1 章所讨论，一个周期为 N 的离散时间谐波信号集合为

$$\{\phi_k[n]=\mathrm{e}^{\mathrm{j}k(\frac{2\pi}{N})n}, k=0,\pm1,\pm2,\cdots\} \tag{4-2}$$

在第 1 章中已经证明 $\phi_k[n]$ 满足以下性质

① 周期性 $\phi_k[n]=\phi_k[n+N]$ (4-3)

② 有限独立性 $\phi_k[n]=\phi_{k+N}[n]$ (4-4)

③ 正交性 对于基本谐波信号集$\{\phi_0[n]，\phi_1[n]，\phi_2[n]，\cdots，\phi_{N-1}[n]\}$中的元素，满足

$$\sum_{n=0}^{N-1}\phi_k[n]\phi_l^*[n]=\begin{cases}N, & k=l\\0, & k\neq l\end{cases} \tag{4-5}$$

式(4-5) 可用于确定离散傅里叶系数 a_k，$k=0,1,2,\cdots,N-1$。

现在利用 $\phi_k[n]$ 的线性组合来表示周期为 N 的离散时间周期信号，即离散时间周期信号的傅里叶级数表示。由于 $\phi_k[n]$ 仅在 k 的 N 个相继值的区间上的谐波信号是互异的，$\phi_k[n]$的线性组合构成的离散傅里叶级数应有如下形式

$$x[n]=\sum_{k=\langle N\rangle}a_k\phi_k[n]=\sum_{k=\langle N\rangle}a_k\mathrm{e}^{\mathrm{j}k(\frac{2\pi}{N})n}=\sum_{k=\langle N\rangle}a_k\mathrm{e}^{\mathrm{j}k\omega_0 n} \tag{4-6}$$

下面讨论离散傅里叶级数展开式(4-6)中的系数 a_k($k=0$，1，2，…，$N-1$）的确定。

(1) 系数 a_0的确定

将式(4-6) 两边对变量 n 求和，求和范围取为 $0\sim N-1$，有

$$\sum_{n=0}^{N-1}x[n]=a_0\sum_{n=0}^{N-1}\phi_0[n]+a_1\sum_{n=0}^{N-1}\phi_1[n]+a_2\sum_{n=0}^{N-1}\phi_2[n]+\cdots+a_{N-1}\sum_{n=0}^{N-1}\phi_{N-1}[n]$$

注意到 $\phi_0[n]=1,\sum_{n=0}^{N-1}\phi_0[n]=N$，以及谐波信号的正交性，有

$$\sum_{n=0}^{N-1}\phi_k[n]=\sum_{n=0}^{N-1}\phi_k[n]\phi_0^*[n]=0, k=1,2,\cdots,N-1$$

可得 a_0 为

$$a_0=\frac{1}{N}\sum_{n=0}^{N-1}x[n] \tag{4-7}$$

考虑到离散时间信号 $x[n]$ 的周期为 N，式(4-7) 可以进一步改写为

$$a_0=\frac{1}{N}\sum_{n=\langle N\rangle}x[n] \tag{4-8}$$

(2) 系数 a_1的确定

将式(4-6) 两边先乘以 $\phi_1^*[n]$，有

$$x[n]\phi_1^*[n]=a_0\phi_0[n]\phi_1^*[n]+a_1\phi_1[n]\phi_1^*[n]+\cdots+a_{N-1}\phi_{N-1}[n]\phi_1^*[n]$$

然后再对变量 n 求和，求和范围同样取为 $0\sim N-1$，注意到 $\phi_1[n]\phi_1^*[n]=1$，以及谐波信号的正交性，有

$$a_1=\frac{1}{N}\sum_{n=0}^{N-1}x[n]\phi_1^*[n]=\frac{1}{N}\sum_{n=0}^{N-1}x[n]\mathrm{e}^{-\mathrm{j}(\frac{2\pi}{N})n}=\frac{1}{N}\sum_{n=\langle N\rangle}x[n]\mathrm{e}^{-\mathrm{j}(\frac{2\pi}{N})n} \tag{4-9}$$

(3) 系数 a_k的确定

类似地，在一般情况下有

$$a_k=\frac{1}{N}\sum_{n=\langle N\rangle}x[n]\phi_k^*[n]=\frac{1}{N}\sum_{n=\langle N\rangle}x[n]\mathrm{e}^{-\mathrm{j}k(\frac{2\pi}{N})n} \tag{4-10}$$

根据上述讨论，得到了定义离散傅里叶级数的两个关系式，现将其重写如下

$$x[n]=\sum_{k=\langle N\rangle}a_k\phi_k[n]=\sum_{k=\langle N\rangle}a_k\mathrm{e}^{\mathrm{j}k(\frac{2\pi}{N})n} \tag{4-11}$$

$$a_k = \frac{1}{N}\sum_{n=<N>} x[n]\phi_k^*[n] = \frac{1}{N}\sum_{n=<N>} x[n]e^{-jk\left(\frac{2\pi}{N}\right)n} \tag{4-12}$$

其中式(4-11) 称为离散傅里叶级数的综合方程，而式(4-12) 则称为分析方程。离散傅里叶系数 a_k 也称为离散时间信号 $x[n]$ 的频谱系数，不同的离散时间信号具有不同的频谱系数。$x[n]$ 与 a_k 的关系可以记成如下形式

$$x[n] \xleftrightarrow{FS} a_k$$

从上述讨论可以看到，一个基波周期为 N 的离散时间信号 $x[n]$ 可表示为 N 项谐波信号 $e^{jk\left(\frac{2\pi}{N}\right)n}$ 的线性组合。由于离散傅里叶级数的分析方程与综合方程都是有限项的级数，因此只要离散时间信号 $x[n]$ 本身的取值是有界的，则其傅里叶级数一定收敛。即离散傅里叶级数不存在收敛性问题，同时也不存在吉布斯现象，这是离散傅里叶级数与连续傅里叶级数的一个重要区别。

如果对式(4-12) 中 k 的取值范围不加限制，使其可以取任意整数，这样 a_k 可以视为一离散时间信号。考察 a_{k+N} 有

$$a_{k+N} = \frac{1}{N}\sum_{n=<N>} x[n]e^{-j(k+N)\frac{2\pi}{N}n} = \frac{1}{N}\sum_{n=<N>} x[n]e^{-jk\frac{2\pi}{N}n} = a_k \tag{4-13}$$

这表明离散傅里叶系数 a_k 是以 N 为周期的，这一点与连续时间周期信号的傅里叶系数有根本区别。

考察式(4-11)，如果对该式在 $x[n]$ 的一个周期内进行综合（即计算或重建 $x[n]$），则有

$$\begin{cases} x[0] = \sum\limits_{k=<N>} a_k \\ x[1] = \sum\limits_{k=<N>} a_k e^{j\left(\frac{2\pi}{N}\right)k} \\ x[2] = \sum\limits_{k=<N>} a_k e^{j2\left(\frac{2\pi}{N}\right)k} \\ \quad\vdots \\ x[N-1] = \sum\limits_{k=<N>} a_k e^{j(N-1)\left(\frac{2\pi}{N}\right)k} \end{cases} \tag{4-14}$$

式(4-14) 实际上是一个关于 N 个未知元 a_k 的线性方程组。不难证明，该方程组的系数矩阵是满秩阵，因此可以根据 $x[n]$ 的取值求得系数 a_k 的惟一解。即对任何有界的离散时间周期信号，其离散傅里叶系数 a_k 总是存在且惟一的。这样，离散时间周期信号 $x[n]$ 可由其傅里叶系数 a_k 来表征，即 $x[n]$ 与其频谱系数是等价的。一般情况下，系数 a_k 是复数，通常将其用极坐标表示，

$$a_k = |a_k| e^{j\theta_k} \tag{4-15}$$

其中 a_k 的模 $|a_k|$ 称为幅度频谱系数，a_k 的相位 θ_k 称为相位频谱系数。

【例 4-1】 求离散时间信号 $x[n]=\cos\frac{\pi n}{3}+2\cos\frac{\pi n}{4}$ 的傅里叶系数 a_k。

解 离散时间信号 $\cos\frac{\pi n}{3}$ 的周期为 $N_1=6$，$\cos\frac{\pi n}{4}$ 的周期为 $N_2=8$，因此 $x[n]$ 的周期为 $N=24$，即 $x[n]$ 的傅里叶系数 a_k 的周期亦为 24，基波角频率为 $\omega_0=\frac{2\pi}{N}=\frac{\pi}{12}$。

现将离散时间信号 $x[n]$ 展开为如下形式

$$x[n]=\frac{1}{2}e^{j\frac{\pi}{3}n}+\frac{1}{2}e^{-j\frac{\pi}{3}n}+e^{j\frac{\pi}{4}n}+e^{-j\frac{\pi}{4}n}=\frac{1}{2}e^{j4\omega_0 n}+\frac{1}{2}e^{-j4\omega_0 n}+e^{j3\omega_0 n}+e^{-j3\omega_0 n}$$

将上式与式(4-11) 对比，可直接得到一个周期内的傅里叶系数为

$$x[n]\overset{FS}{\longleftrightarrow}a_k=\begin{cases}1, & k=\pm 3\\ 1/2, & k=\pm 4\\ 0, & \text{一个周期内的其他 } k\end{cases} \tag{4-16}$$

考虑到 a_k 是周期的，故结果也可以表示为如下形式

$$a_{24r\pm 3}=1,\ a_{24r\pm 4}=1/2,\ \text{其他 } a_k=0 \tag{4-17}$$

式中，r 为任意整数。

【例 4-2】 求图 4-1 的离散时间周期方波的傅里叶级数，基波周期为 N。

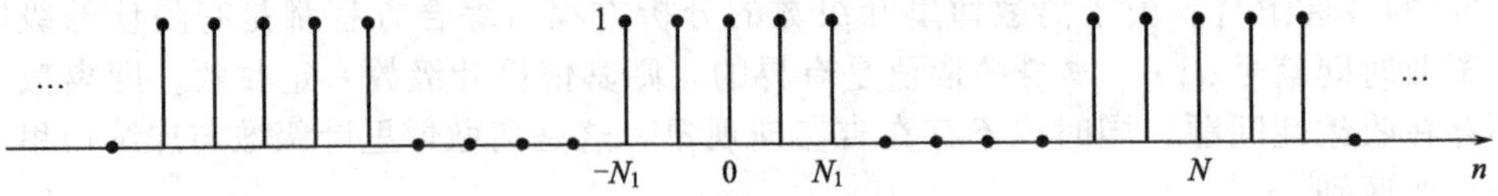

图 4-1 离散时间周期方波

解 由于在 $-N_1\leqslant n\leqslant N_1$ 内，$x[n]=1$，故可将式(4-12) 的求和范围应选取为 $-N_1\leqslant n\leqslant N_1$，即有

$$a_k=\frac{1}{N}\sum_{n=-N_1}^{N_1}\mathrm{e}^{-\mathrm{j}k\left(\frac{2\pi}{N}\right)n}=\frac{1}{N}\frac{\mathrm{e}^{\mathrm{j}\left(\frac{2\pi}{N}\right)kN_1}-\mathrm{e}^{-\mathrm{j}\left(\frac{2\pi}{N}\right)k(N_1+1)}}{1-\mathrm{e}^{-\mathrm{j}\left(\frac{2\pi}{N}\right)k}}$$

$$=\frac{1}{N}\frac{\sin\left[\frac{2\pi}{N}\left(N_1+\frac{1}{2}\right)k\right]}{\sin(\pi k/N)}=\frac{1}{N}\frac{\sin[(2N_1+1)\omega/2]}{\sin(\omega/2)}\bigg|_{\omega=\frac{2\pi}{N}k},k\neq 0,\pm N,\pm 2N,\cdots \tag{4-18}$$

当 $k=0$，$\pm N$，$\pm 2N$，…时

$$a_k=\frac{2N_1+1}{N} \tag{4-19}$$

图 4-2(a)，(b) 和 (c) 分别给出了就 $N_1=2$，对 $N=10$，20，40 三种情况下的 a_k 的变化规律。式(4-18) 和图 4-2 表明，当脉冲宽度（即 N_1）不变时，a_k 的包络形状不变，只是

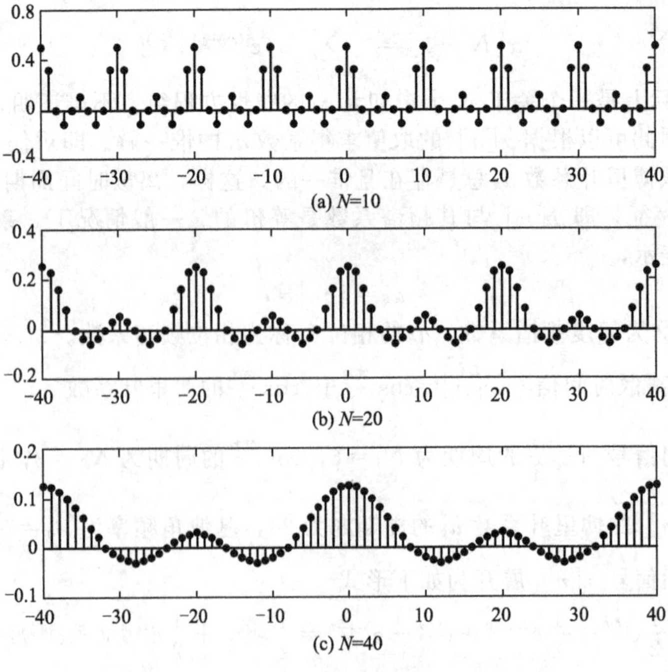

图 4-2 例 4-2 周期方波的傅里叶级数系数

幅度随周期 N 增大而减少，谱线的间隔随 N 的增大而减少，即谱线密度愈来愈大。周期方波离散时间信号的傅里叶系数 a_k 的包络的主瓣宽度为 $2\times\frac{2\pi}{2N_1+1}$。$N_1$ 越大，则谱线 a_k 包络的主瓣宽度越窄。

4.2 离散时间非周期信号的复指数表示：离散时间傅里叶变换(DTFT)

4.2.1 离散时间傅里叶变换的导出

根据上一节例 4-2 的结果，离散时间周期方波信号的傅里叶级数可以看作是一个连续的包络函数的采样值，并且随周期方波的周期 N 的增大，该采样变得愈来愈密。当 $N\to\infty$，傅里叶级数的系数就趋近于这个包络函数。而当 $N\to\infty$ 时，原来的离散时间周期方波，就趋于一个离散时间的矩形窗，即在 $-N_1\leqslant n\leqslant N_1$ 上的矩形窗。这个例子说明，对离散时间非周期信号，为了建立它的傅里叶变换表示，可采用与连续时间情况完全类似的思路进行。

考虑某一离散时间信号 $x[n]$，它具有有限的持续时间（有限长离散时间信号），即存在着某个整数 N_1 和 N_2，在 $-N_1\leqslant n\leqslant N_2$ 以外，$x[n]=0$。图 4-3(a) 给出了一个这种类型的离散时间信号。由这个离散时间非周期信号进行周期延拓构造出一个离散时间周期信号 $\tilde{x}[n]$，使得 $x[n]$ 是它的一个周期内的部分，如图 4-3(b) 所示。随着延拓周期 N 的增大，$\tilde{x}[n]$ 就能够在一个更长的时间间隔内与 $x[n]$ 一样，而当 $N\to\infty$ 时，则有

$$\lim_{N\to\infty}\tilde{x}[n]=x[n] \tag{4-20}$$

此时，对于任意有限的 n 值来说，有 $\tilde{x}[n]=x[n]$。这样就可以通过 $\tilde{x}[n]$ 的傅里叶级数在 $N\to\infty$ 时的极限来获得离散时间非周期信号的傅里叶变换（DTFT）。

利用式(4-12) 和式(4-13)，将 $\tilde{x}[n]$ 表示成傅里叶级数形式

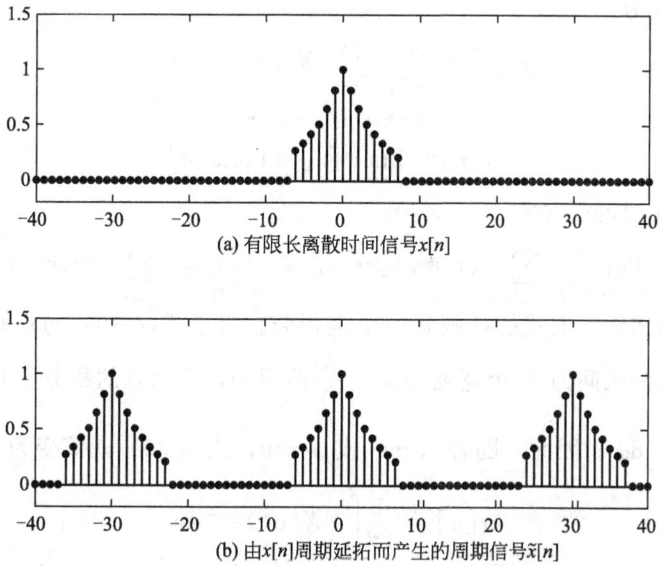

图 4-3　离散时间的有限长信号与周期信号

$$\tilde{x}[n]=\sum_{k=\langle N\rangle}a_k e^{jk(\frac{2\pi}{N})n} \tag{4-21}$$

$$a_k=\frac{1}{N}\sum_{n=\langle N\rangle}\tilde{x}[n]e^{-jk(\frac{2\pi}{N})n} \tag{4-22}$$

根据 $x[n]$ 与 $\tilde{x}[n]$ 的特点，将式(4-22) 的求和范围选在包含区间 $-N_1\leqslant n\leqslant N_2$ 的周期上，且在该周期上可用 $x[n]$ 代替 $\tilde{x}[n]$，式(4-22) 可改写为

$$a_k=\frac{1}{N}\sum_{n=-N_1}^{N_2}\tilde{x}[n]e^{-jk(\frac{2\pi}{N})n}=\frac{1}{N}\sum_{n=-N_1}^{N_2}x[n]e^{-jk(\frac{2\pi}{N})n}$$

$$=\frac{1}{N}\sum_{n=-\infty}^{\infty}x[n]e^{-jk(\frac{2\pi}{N})n} \tag{4-23}$$

上式中已经考虑到：在 $-N_1\leqslant n\leqslant N_2$ 以外，$x[n]=0$ 这一特点，将求和区间扩展至 $-\infty$ 至 $+\infty$ 整个域。这样可将式(4-23) 推广至任意非周期信号。现定义关于一角频率 ω 的函数如下

$$X(e^{j\omega})=\sum_{n=-\infty}^{\infty}x[n]e^{-j\omega n} \tag{4-24}$$

由于 $e^{-j(\omega+2\pi)n}=e^{-j\omega n}$，故该函数是周期的，且基波周期为 2π。比较式(4-24) 与式(4-23)，可以发现傅里叶系数 a_k 正比于函数 $X(e^{j\omega})$ 的在离散频率点 $k\omega_0$ 上的抽样值，即

$$a_k=\frac{1}{N}X(e^{jk\omega_0})=\frac{1}{N}X(e^{jk2\pi/N}) \tag{4-25}$$

其中 $\omega_0=\frac{2\pi}{N}$ 为 $\tilde{x}[n]$ 的基波角频率，也就是频域函数 $X(e^{j\omega})$ 的抽样间隔。结合式(4-21) 与式(4-25) 可得

$$\tilde{x}[n]=\sum_{k=\langle N\rangle}\frac{1}{N}X(e^{jk\omega_0})e^{jk\omega_0 n} \tag{4-26}$$

注意到下列关系

$$\omega_0=\frac{2\pi}{N}\quad 或\quad \frac{1}{N}=\frac{\omega_0}{2\pi} \tag{4-27}$$

式(4-26) 又可改写为

$$\tilde{x}[n]=\frac{1}{2\pi}\sum_{k=\langle N\rangle}X(e^{jk\omega_0})e^{jk\omega_0 n}\omega_0 \tag{4-28}$$

因为 $N\to\infty$ 时，$\omega_0\to 0$

故有

$$x[n]=\lim_{N\to\infty}\tilde{x}[n]=\lim_{\omega_0\to 0}\tilde{x}[n] \tag{4-29}$$

将式(4-28) 代入式(4-29) 有

$$x[n]=\lim_{\omega_0\to 0}\frac{1}{2\pi}\sum_{k=\langle N\rangle}X(e^{jk\omega_0})e^{jk\omega_0 n}\omega_0=\frac{1}{2\pi}\lim_{\omega_0\to 0}\sum_{k=\langle N\rangle}X(e^{jk\omega_0})e^{jk\omega_0 n}\omega_0 \tag{4-30}$$

根据微积分的知识，上式的极限是一个定积分。由于式(4-30) 的求和范围是在一个周期上进行的，故积分区间为 N 个宽度为 $\omega_0=\frac{2\pi}{N}$ 的间隔，所以总的积分区间宽度为 2π，即有 $\lim_{\omega_0\to 0}\sum_{k=\langle N\rangle}\omega_0=\int_{2\pi}d\omega$。因此，随着 $N\to\infty$ 或 $\omega_0\to 0$，式(4-30) 就演变为

$$x[n]=\frac{1}{2\pi}\int_{2\pi}X(e^{j\omega})e^{j\omega n}d\omega \tag{4-31}$$

式(4-31) 中的积分区间可以取任意 2π 的间隔，这一点是合理的，因为 $X(e^{j\omega})e^{j\omega n}$ 本身就是周期为 2π 的周期函数，所以式(4-31) 在任何 2π 间隔内的积分总是相等。在式(4-31) 中，

各复指数信号的加权系数为 $\frac{X(e^{j\omega})}{2\pi}d\omega$，而且这些复指数信号在频率上是无限靠近的。这时已经将一离散时间非周期信号 $x[n]$ 表示成复指数信号的线性组合，即式(4-31)。综上所述，可以得到离散时间傅里叶变换的两个公式

$$x[n] = \frac{1}{2\pi}\int_{2\pi} X(e^{j\omega})e^{j\omega n}d\omega \tag{4-32}$$

$$X(e^{j\omega}) = \sum_{n=-\infty}^{\infty} x[n]e^{-j\omega n} \tag{4-33}$$

式(4-32)与式(4-33)就是离散时间傅里叶变换对。$X(e^{j\omega})$ 称为离散时间信号 $x[n]$ 的傅里叶变换，或者称之为 $x[n]$ 的频谱。它表示了离散时间信号 $x[n]$ 中各复指数号的相对复幅度(幅度与相位)的信息，也就是给出了 $x[n]$ 是如何由这些不同频率的复指数信号构成的。式(4-32)称为离散时间傅里叶反变换(IDTFT)，是傅里叶变换的综合公式，而式(4-33)则是分析公式。$x[n]$ 与 $X(e^{j\omega})$ 的关系可以表示为

$$x[n] \overset{F}{\longleftrightarrow} X(e^{j\omega})$$

离散时间傅里叶变换和连续时间傅里叶变换相比具有许多类似之处，而两者的主要区别在于：①离散时间信号的频谱 $X(e^{j\omega})$ 是周期为 2π 的周期函数；②综合方程中的积分区间长度为 2π。

这两者均来自于这样一个事实：在角频率上相差 2π 的复指数信号 $e^{j\omega n}$ 是完全一样的。这个特点一方面反映在离散时间周期信号的傅里叶系数 a_k 是周期的(周期为 N)以及离散时间非周期信号的傅里叶变换 $X(e^{j\omega})$ 是周期的(周期为 2π)；另一方面反映在离散傅里叶级数的展开式为有限项和式与离散时间傅里叶逆变换为有限积分区间上的积分。在离散时间傅里叶逆变换的积分区间 2π 上，产生出了所有不同角频率的复指数信号 $e^{j\omega n}$。因此，位于 π 偶数倍附近的这些频率的复指数信号都是缓慢变化的，属于低频信号，且 π 偶数倍所对应的复指数信号为最低频信号(常数信号)；而位于 π 的奇数倍附近的这些频率的复指数信号，变化较为剧烈，属于高频信号，且 π 奇数倍所对应的复指数信号为最高频率信号。例如图 4-4(a) 中的离散时间信号其变化比图 4-4(c) 的离散时间信号要缓慢一些，反映在频谱

(a) 信号 $x_1[n]=\frac{\sin(\pi n/4)}{\pi n}$

(b) $x_1[n]$ 的频谱

(c) 信号 $x_2[n]=(-1)^n x_1[n]$

(d) $x_2[n]$ 的频谱

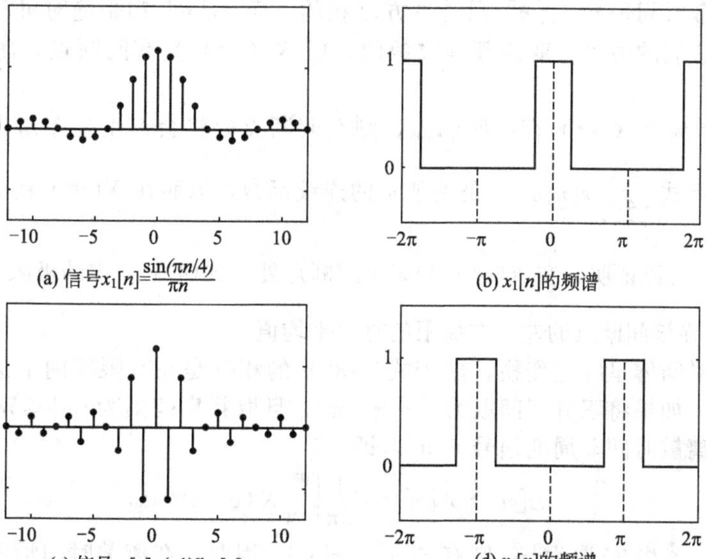

图 4-4　离散时间低频信号与高频信号的频谱

上，$x_1[n]$的频谱分布于低频段，而$x_2[n]$的频谱分布于高频段。

一般情况下，频谱$X(\mathrm{e}^{\mathrm{j}\omega})$是一个关于频率变量$\omega$的复函数，它可以表示为极坐标形式

$$X(\mathrm{e}^{\mathrm{j}\omega})=|X(\mathrm{e}^{\mathrm{j}\omega})|\mathrm{e}^{\mathrm{j}\theta(\omega)} \tag{4-34}$$

其中，$|X(\mathrm{e}^{\mathrm{j}\omega})|$称为幅度谱，$\theta(\omega)$称为相位谱。

4.2.2 离散时间傅里叶变换的收敛性

一般来说，考虑离散时间傅里叶变换的收敛性，就要考虑其综合方程式(4-32) 和分析方程式(4-33) 的收敛性。尽管在上述的推导中，假设非离散时间周期信号是有限时宽的，但实际上对于无限时宽的离散时间信号，式(4-32) 和式(4-33) 所定义的傅里叶变换对仍然是有效的。从数学的意义上讲，在离散时间信号为无限长的情况下，必须考虑式(4-33) 中无穷项和式的收敛问题。与连续时间傅里叶变换的收敛条件相对应，如果$x[n]$满足绝对可和条件，即

$$\sum_{n=-\infty}^{\infty}|x[n]|<\infty \tag{4-35}$$

这时有

$$\lim_{N\to\infty}\sum_{n=-N}^{N}x[n]\mathrm{e}^{-\mathrm{j}\omega n}=X(\mathrm{e}^{\mathrm{j}\omega}) \tag{4-36}$$

需要指出的是：式(4-36) 为最强意义上的收敛，即处处收敛。体现在结果上，频谱$X(\mathrm{e}^{\mathrm{j}\omega})$ 不仅收敛，而且是关于角频率ω的连续函数。

如果将条件放宽，离散时间信号$x[n]$ 不满足绝对可和，但满足平方可和（能量有限），即

$$\sum_{n=-\infty}^{\infty}|x[n]|^2<\infty \tag{4-37}$$

此时式(4-36) 依然成立，但其收敛意义不同于绝对可和情况，这时的收敛称为均方收敛。体现在结果上，频谱$X(\mathrm{e}^{\mathrm{j}\omega})$ 是收敛的，但存在间断点（跳变点），并非ω的连续函数

一个典型的例子是

$$x_1[n]=\frac{\sin\omega_0 n}{\pi n}\quad 与\quad x_2[n]=\left(\frac{\sin\omega_0 n}{\pi n}\right)^2$$

可以证明，离散时间信号$x_1[n]$ 只是平方可和的，而$x_2[n]$ 却是绝对可和的。在后面的章节中会发现，它们的傅里叶变换都是收敛的，但$X_1(\mathrm{e}^{\mathrm{j}\omega})$ 具有间断点，而$X_2(\mathrm{e}^{\mathrm{j}\omega})$ 却是连续的。

另外，如果频谱$X(\mathrm{e}^{\mathrm{j}\omega})$ 存在间断点，则在间断点处将会产生吉布斯现象。这是因为在式(4-36) 中，和式$\sum\limits_{n=-\infty}^{\infty}x[n]\mathrm{e}^{-\mathrm{j}\omega n}$是关于$\omega$的连续函数，因而在$X(\mathrm{e}^{\mathrm{j}\omega})$ 的间断点处，二者是不可能相等的。可以证明，在$X(\mathrm{e}^{\mathrm{j}\omega})$ 的某个间断点处，式(4-36) 中的极限$\lim\limits_{N\to\infty}\sum\limits_{n=-N}^{N}x[n]\mathrm{e}^{-\mathrm{j}\omega n}$收敛于$X(\mathrm{e}^{\mathrm{j}\omega})$ 在该间断点的左、右极限的算术平均值。

对于离散时间傅里叶逆变换，由于式(4-37) 的积分是在有限区间上进行的，因此不存在收敛性问题。如果将积分区间取为$[-\pi,\pi]$，且取频率范围为$|\omega|\leqslant W$以内的复指数信号来近似一个离散时间非周期信号$x[n]$，即

$$x[n]\approx\hat{x}[n]=\frac{1}{2\pi}\int_{-W}^{W}X(\mathrm{e}^{\mathrm{j}\omega})\mathrm{e}^{\mathrm{j}\omega n}\mathrm{d}\omega \tag{4-38}$$

对于式(4-38)，若将W取为π，则有$\hat{x}[n]=x[n]$。因此，在离散时间情况下，用有限频率范围的复指数分量近似原离散时间信号时，不存在连续时间情况下的吉布斯现象。这也是离散时间傅里叶变换与连续时间傅里叶变换的不同之处。

最后，如果在频域中引入关于 ω 的冲激函数，则对于某些非平方可和的离散时间信号也可以求傅里叶变换。比较典型的例子有，常数信号 $x[n]=1$，纯虚指数信号 $e^{j\omega_0 n}$，单位阶跃信号 $u[n]$ 以及所有的离散时间周期信号。这些信号的离散时间傅里叶变换一般都需通过傅里叶变换的性质或傅里叶逆变换来计算，相关内容会在后面的章节中介绍。

4.2.3　典型离散时间非周期信号的傅里叶变换对

(1) 单位脉冲信号 $\delta[n]$

由分析方程式(4-33) 可求得

$$X(e^{j\omega}) = \sum_{n=-\infty}^{\infty} \delta[n]e^{-j\omega n} = 1 \tag{4-39}$$

所以单位脉冲信号的傅里叶变换对为

$$\delta[n] \stackrel{F}{\longleftrightarrow} 1 \tag{4-40}$$

单位脉冲信号的频谱等于 1，这表明 $\delta[n]$ 包含了所有频率的分量，而且这些频率分量都具有相同的幅度与相位。因此，离散时间 LTI 系统对于 $\delta[n]$ 的响应，即单位脉冲响应$h[n]$，反映了系统对于所有频率信号的响应特征，也就是说 $h[n]$ 完全反映了系统本身的特性。因此，$h[n]$ 能够完全表征 LTI 系统。

(2) 单边指数衰减信号 $x[n]=a^n u[n]$，$|a|<1$

由式(4-33) 可以直接求得该信号的频谱为

$$X(e^{j\omega}) = \sum_{n=0}^{\infty} a^n e^{-j\omega n} = \frac{1}{1-ae^{-j\omega}} \tag{4-41}$$

图 4-5 给出了 $a>0$ 与 $a<0$ 时，单边指数衰减信号的幅度谱与相位谱。由于离散时间傅里叶变换是以 2π 为周期的，也就是说离散时间信号频谱的有效范围是长度为 2π 的区间。通常我们习惯于将 $0\sim2\pi$ 或 $-\pi\sim\pi$ 作为离散时间信号频谱的有效范围。

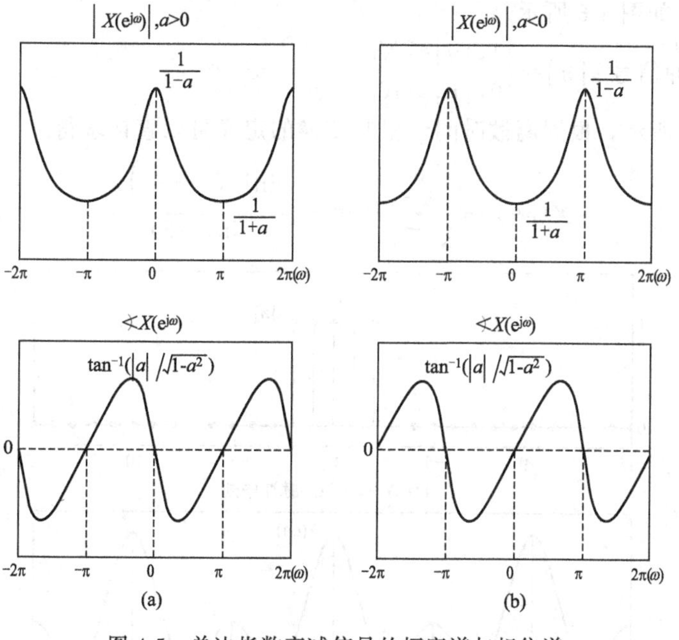

图 4-5　单边指数衰减信号的幅度谱与相位谱

(3) 双边指数衰减信号 $x[n]=a^{|n|}$，$|a|<1$

可以将 $x[n]$ 分解为两个离散时间信号之和，即

$$x[n]=a^{-n}u[-n-1]+a^n u[n]$$

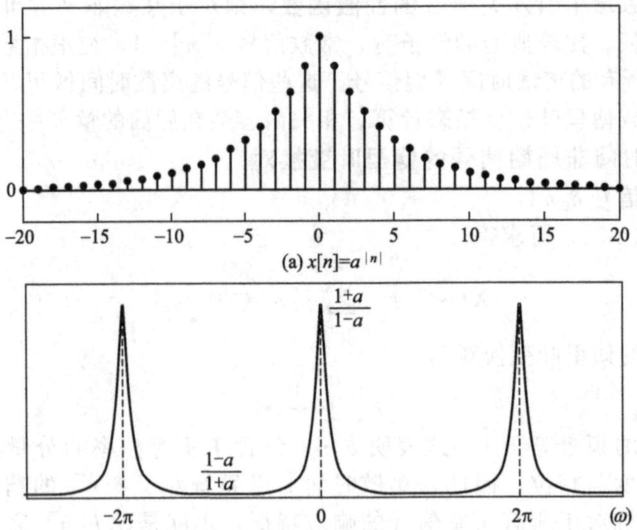

(a) $x[n]=a^{|n|}$

(b) $X(e^{j\omega}), 0<a<1$

图 4-6 双边指数衰减信号及其频谱

由式(4-33) 可以求得

$$X(e^{j\omega})=\sum_{n=-\infty}^{\infty}a^{|n|}e^{-j\omega n}=\sum_{n=0}^{\infty}a^{n}e^{-j\omega n}+\sum_{n=-\infty}^{-1}a^{-n}e^{-j\omega n}=\sum_{n=0}^{\infty}(ae^{-j\omega})^{n}+\sum_{n=1}^{\infty}(ae^{j\omega})^{n}$$

$$=\frac{1}{1-ae^{-j\omega}}+\frac{ae^{j\omega}}{1-ae^{j\omega}}=\frac{1-a^2}{1-2a\cos\omega+a^2} \tag{4-42}$$

由于双边指数衰减信号是实偶对称的，因此它的频谱是关于频率 ω 的实偶函数。当 $0<a<1$ 时，$X(e^{j\omega})$ 如图 4-6 所示。

(4) 矩形脉冲信号 $x[n]=\begin{cases}1, & |n|\leqslant N_1\\ 0, & |n|>N_1\end{cases}$

如图 4-7(a) 所示，根据离散时间傅里叶变换的定义可以直接求得

$$X(e^{j\omega})=\sum_{N=-N_1}^{N_1}e^{-j\omega n}=\frac{\sin\left(N_1+\frac{1}{2}\right)\omega}{\sin(\omega/2)} \tag{4-43}$$

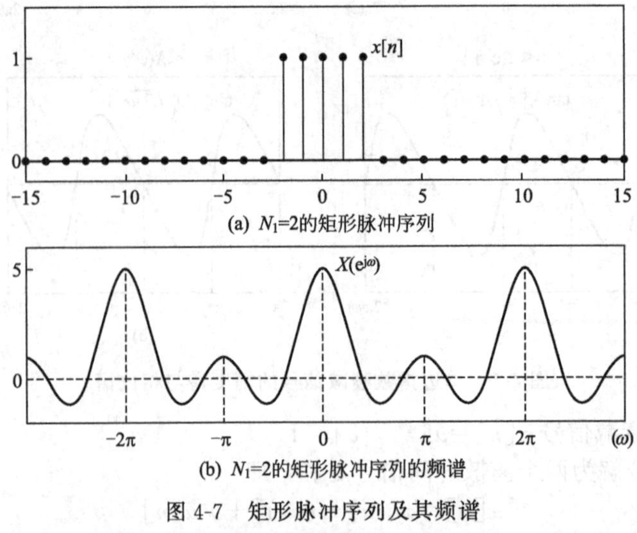

(a) $N_1=2$的矩形脉冲序列

(b) $N_1=2$的矩形脉冲序列的频谱

图 4-7 矩形脉冲序列及其频谱

该式与周期方波的傅里叶级数系数相比较，可以看到式(4-43）为周期方波傅里叶级数系数 a_k乘以周期 N 的包络函数。一般来说，如一个离散时间周期信号（周期为 N）某一个周期上信号的傅里叶变换为 $X(e^{j\omega})$，则其傅里叶级数系数 a_k 为该频谱 $X(e^{j\omega})$ 的抽样，即

$$a_k=\frac{1}{N}X(e^{j\omega})\bigg|_{\omega=\frac{2\pi}{N}\cdot k} \tag{4-44}$$

当 $N_1=2$ 时，$X(e^{j\omega})$ 如图 4-7(b) 所示。

(5) 考察频谱为以 2π 为周期的冲激串

$$X(e^{j\omega})=\sum_{k=-\infty}^{\infty}\delta(\omega-2k\pi) \tag{4-45}$$

根据式(4-32)，可求出 $X(e^{j\omega})$ 所对应的原信号为

$$x[n]=\frac{1}{2\pi}\int_{-\pi}^{\pi}\delta(\omega)e^{j\omega n}d\omega=\frac{1}{2\pi} \tag{4-46}$$

即常数信号 $x[n]=\dfrac{1}{2\pi}$的离散时间傅里叶变换为

$$\frac{1}{2\pi}\overset{F}{\longleftrightarrow}\sum_{k=-\infty}^{\infty}\delta(\omega-2k\pi) \tag{4-47}$$

由此可得，常数信号 $x[n]=1$ 的离散时间傅里叶变换为

$$1\overset{F}{\longleftrightarrow}2\pi\sum_{k=-\infty}^{\infty}\delta(\omega-2k\pi) \tag{4-48}$$

根据离散时间傅里叶变换的收敛条件，显然常数信号 $x[n]=1$ 不满足收敛条件，因此，它的频谱不收敛，具体表现为，在某些频率点上其频谱值趋于无穷。但其频谱可以借助于频域中的冲激函数 $\delta(\omega)$ 来表示，且将其代入综合方程式(4-32)，该积分是收敛的。傅里叶逆变换收敛表明常数信号 $x[n]=1$ 可以表示为复指数信号 $e^{j\omega n}$ 的线性组合，因此，认为常数信号 $x[n]=1$ 存在傅里叶变换是合理的。

(6) 考察图 4-8 所示频谱的傅里叶逆变换

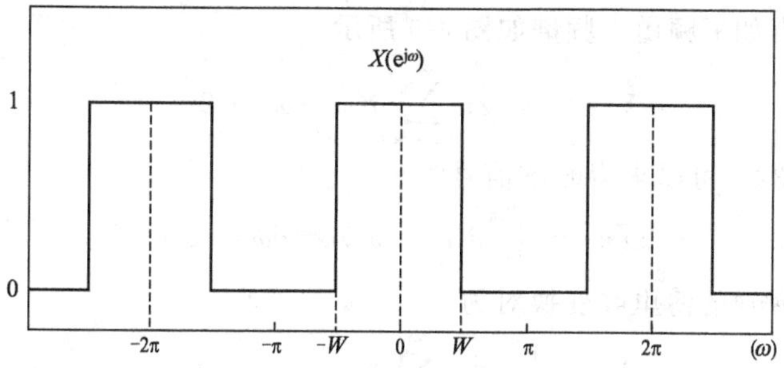

图 4-8　矩形窗函数频谱

由式(4-32）可求得该频谱所对应的原信号为

$$x[n]=\frac{1}{2\pi}\int_{-W}^{W}e^{j\omega n}d\omega=\frac{\sin Wn}{\pi n} \tag{4-49}$$

式(4-49）中的 $x[n]$ 为偶对称信号，根据离散时间傅里叶变换的定义，其频谱 $X(e^{j\omega})$ 还可以表示为

$$X(e^{j\omega})=\sum_{n=-\infty}^{\infty}x[n]e^{-j\omega n}=\sum_{n=-\infty}^{\infty}x[-n]e^{j\omega n}=\sum_{n=-\infty}^{\infty}x[n]e^{j\omega n}=\sum_{n=-\infty}^{\infty}\frac{\sin Wn}{n\pi}e^{j\omega n} \tag{4-50}$$

因为 $X(e^{j\omega})$ 的周期为 2π，其基波角频率 $\omega_0=\dfrac{2\pi}{2\pi}=1$，式(4-50）可以重写为

$$X(e^{j\omega}) = \sum_{n=-\infty}^{\infty} \frac{\sin Wn}{n\pi} e^{jn\omega_0\omega} \tag{4-51}$$

上式即为周期函数 $X(e^{j\omega})$ 的傅里叶级数形式，其傅里叶系数 a_k 为抽样函数的样值，这与连续时间周期方波求得的傅里叶级数的结果是完全一致的。该特性就是所谓的离散时间傅里叶变换与连续时间傅里叶级数之间的对偶性。

4.3 离散时间周期信号的傅里叶变换

与连续时间信号的频域表示相同，也可以用离散时间傅里叶变换将离散时间周期信号与非周期信号的频域表示统一起来。离散时间周期信号的傅里叶变换的基本原理与连续时间情况基本相同，也就是说，尽管离散时间周期信号不满足傅里叶变换的收敛条件，其频谱在某些离散的频率点上趋于无穷，但只要引入频域的冲激函数 $\delta(\omega)$，其频谱还是可以表示的，而且该频谱代入傅里叶逆变换［综合方程式(4-32)］，该积分是可求的，那么可以认为离散时间周期信号的傅里叶变换存在。因为傅里叶逆变换存在，说明该信号可以表示为复指数信号 $e^{j\omega n}$ 的线性组合，所以该信号应该存在着某种形式的傅里叶变换。实际上，任何离散时间周期信号都可以表示为傅里叶级数的形式，即可以表示成具有谐波关系的复指数信号的线性组合，因此，离散时间周期信号的傅里叶变换一定存在。考虑到离散时间傅里叶变换表示的是各频率分量“复幅度”的相对复幅度（其绝对复幅度为$\frac{1}{2\pi}X(e^{j\omega})d\omega$），因此，离散时间周期信号的频谱与连续时间周期信号的情况类似，也是在一系列离散频率点上$\left(谐波频率点\ k\omega_0=k\,\frac{2\pi}{N}\right)$趋向于无穷的冲激函数，即其频谱是离散的。

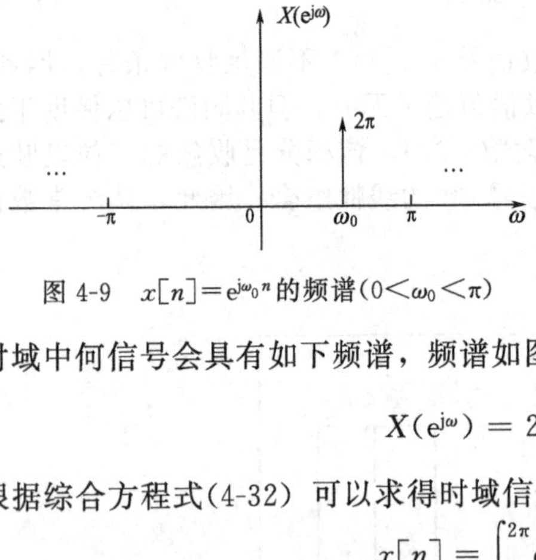

图 4-9　$x[n]=e^{j\omega_0 n}$ 的频谱($0<\omega_0<\pi$)

为了说明这一点，结合前面的结论：常数信号 $x[n]=1$ 的傅里叶变换是频域中周期为 2π 的周期冲激串，详见式(4-48)。由于 $x[n]=1$ 是 $\omega_0=0$ 的复指数信号 $e^{j\omega_0 n}$，将该结论推广，现在来考察时域中何信号会具有如下频谱，频谱如图 4-9 所示。

$$X(e^{j\omega}) = 2\pi \sum_{l=-\infty}^{\infty} \delta(\omega - \omega_0 - 2\pi l) \tag{4-52}$$

根据综合方程式(4-32) 可以求得时域信号为

$$x[n] = \int_0^{2\pi} \delta(\omega - \omega_0) e^{j\omega n} d\omega = e^{j\omega_0 n}$$

因此，复指数信号 $e^{j\omega_0 n}$ 的傅里叶变换对为

$$e^{j\omega_0 n} \overset{F}{\longleftrightarrow} 2\pi \sum_{l=-\infty}^{\infty} \delta(\omega - \omega_0 - 2\pi l) \tag{4-53}$$

对于一个周期为 N 的离散时间周期信号 $x[n]$，其傅里叶级数可表示式为

$$x[n] = \sum_{k=<N>} a_k e^{jk(\frac{2\pi}{N})n} = \sum_{k=<N>} a_k e^{jk\omega_0 n}, \omega_0 = \frac{2\pi}{N} \tag{4-54}$$

根据信号 $e^{j\omega_0 n}$ 的傅里叶变换，可以得到离散时间周期信号 $x[n]$ 的傅里叶变换为

$$\begin{aligned} X(e^{j\omega}) &= \sum_{k=<N>} 2\pi a_k \sum_{l=-\infty}^{\infty} \delta(\omega - k\omega_0 - 2\pi l) \\ &= 2\pi \sum_{l=-\infty}^{\infty} \sum_{k=<N>} a_k \delta\left[\omega - \frac{2\pi}{N}(k + lN)\right] \end{aligned} \tag{4-55}$$

如果将 k 的取值范围选为［0，$N-1$］。当 $-\infty<l<\infty$，则整数 $k+lN$ 的取值范围为整

个整数域（$-\infty$，$+\infty$）。因此将 $k+lN$ 作为一个整数变量，结合 a_k 的周期为 N，式(4-55)可化简为

$$X(e^{j\omega})=\sum_{k=-\infty}^{\infty}2\pi a_k\delta\left(\omega-\frac{2\pi}{N}k\right) \tag{4-56}$$

这样，一个周期为 N 的离散时间周期信号 $x[n]$ 的傅里叶变换就能直接从它的傅里叶级数的系数 a_k 得到，即

$$x[n]=\sum_{k=<N>}a_k e^{jk(\frac{2\pi}{N})n}\xleftrightarrow{F}2\pi\sum_{k=-\infty}^{\infty}a_k\delta\left(\omega-\frac{2\pi}{N}k\right) \tag{4-57}$$

【例 4-3】 求信号 $x[n]=\cos\omega_0 n$ 的离散时间傅里叶变换，其中 $-\pi<\omega_0<\pi$。

解 由于
$$x[n]=\cos\omega_0 n=\frac{1}{2}e^{j\omega_0 n}+\frac{1}{2}e^{-j\omega_0 n}$$

根据式(4-53) 可得

$$X(e^{j\omega})=\sum_{l=-\infty}^{\infty}\pi\delta(\omega-\omega_0-2\pi l)+\sum_{l=-\infty}^{\infty}\pi\delta(\omega+\omega_0-2\pi l)$$

亦可等价表示为

$$X(e^{j\omega})=\pi\delta(\omega-\omega_0)+\pi\delta(\omega+\omega_0),\ -\pi<\omega<\pi \tag{4-58}$$

$X(e^{j\omega})$ 是周期为 2π 的周期函数，如图 4-10 所示。当 $\frac{\omega_0}{2\pi}$ 为有理函数时，$x[n]$为周期信号。

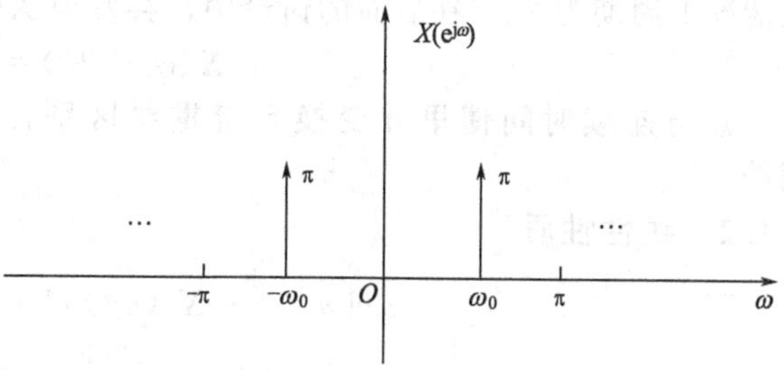

图 4-10　$x[n]=\cos\omega_0 n$ 的离散时间傅里叶变换

【例 4-4】 求离散时间周期脉冲串 $x[n]=\sum_{k=-\infty}^{\infty}\delta[n-kN]$ 的傅里叶变换。

解 该信号是一个周期为 N 的离散时间周期信号，其傅里叶级数系数为

$$a_k=\frac{1}{N}\sum_{n=<N>}x[n]e^{-jk(\frac{2\pi}{N})n}=\frac{1}{N}\sum_{n=0}^{N-1}\delta[n]e^{-jk(\frac{2\pi}{N})n}=\frac{1}{N} \tag{4-59}$$

因此，其离散时间傅里叶变换为

$$X(e^{j\omega})=\frac{2\pi}{N}\sum_{k=-\infty}^{\infty}\delta\left(\omega-\frac{2\pi}{N}k\right) \tag{4-60}$$

这表明，离散时间周期脉冲串的频谱为频域上的周期冲激串，如图 4-11(b) 所示。这一结

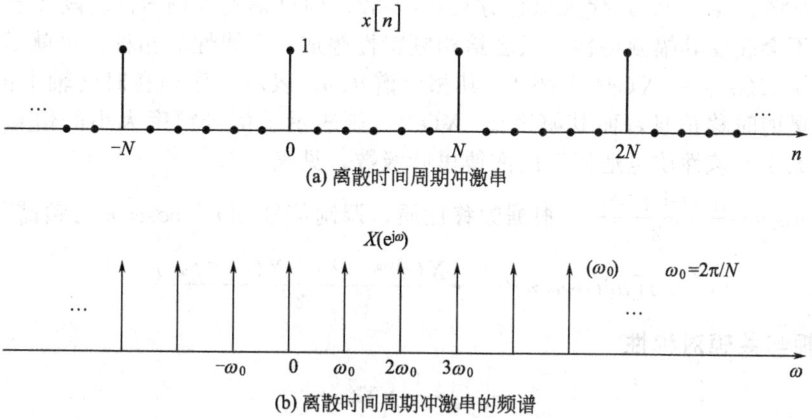

图 4-11　离散时间周期冲激串及其频谱

果与连续时间的周期冲激串的情况是完全相对应的。从这个例子可以看到在离散时间信号中，时域与频域之间也存在着相反的关系。在时域上，周期 N 越大，则在频域上，基波角频率或各次谐波的频率间隔 $\omega_0=\dfrac{2\pi}{N}$就越小；反之亦然。

4.4 离散时间傅里叶变换的性质

离散时间傅里叶变换有很多重要的性质，这些性质深刻揭示了离散时间信号的时域特性和频域特性的关系，不仅能够帮助对变换的本质进行进一步了解，而且对简化离散时间信号的傅里叶变换和逆变换的求值，往往也是很有用的。通过本节的讨论，将会看到离散时间傅里叶变换与连续时间傅里叶变换之间有许多性质是相似的，同时又存在着一些明显的差别。在学习中，要注意抓住它们之间的相似与不同之处，这样有利于掌握这些性质。由于对离散时间周期信号而言，其傅里叶变换与傅里叶级数的表示是完全等价的，因此离散时间傅里叶变换的许多性质可直接移植到离散傅里叶级数中去。

4.4.1 离散时间傅里叶变换的周期性

离散时间信号 $x[n]$ 的傅里叶变换或频谱 $X(e^{j\omega})$ 是关于角频率变量 ω 的周期函数，一般情况下周期为 2π（在后面的讨论中，会发现 $X(e^{j\omega})$ 的周期有可能为 $2\pi/N$），

$$X(e^{j(\omega+2\pi)})=X(e^{j\omega}) \tag{4-61}$$

这一点与连续时间傅里叶变换有着重要区别，一般来说，连续时间傅里叶变换是非周期的。

4.4.2 线性性质

若
$$x_1[n]\stackrel{F}{\longleftrightarrow}X_1(e^{j\omega})\text{和 }x_2[n]\stackrel{F}{\longleftrightarrow}X_2(e^{j\omega})$$

则
$$ax_1[n]+bx_2[n]\stackrel{F}{\longleftrightarrow}aX_1(e^{j\omega})+bX_2(e^{j\omega}) \tag{4-62}$$

该性质也适用于离散傅里叶级数，见表 4-2。

4.4.3 时域平移与频域平移性质

若
$$x[n]\stackrel{F}{\longleftrightarrow}X(e^{j\omega})$$

则
$$x[n-n_0]\stackrel{F}{\longleftrightarrow}e^{-j\omega_0 n}X(e^{j\omega}) \tag{4-63}$$

和
$$e^{j\omega_0 n}x[n]\stackrel{F}{\longleftrightarrow}X(e^{j(\omega-\omega_0)}) \tag{4-64}$$

利用式(4-33)，直接对 $x[n-n_0]$ 作离散时间傅里叶变换，并通过变量代换即可得到式(4-63)，而将 $X(e^{j(\omega-\omega_0)})$ 代入综合方程式(4-32) 即可得到式(4-64)。该性质表明信号在时域的平移不会改变其幅频特性，只会给相频特性叠加一个线性的相移，也就是说，离散时间傅里叶变换 $X(e^{j\omega})=|X(e^{j\omega})|e^{j\theta(\omega)}$，其相位谱 $\theta(\omega)$ 表示了序列在时间轴上的位移信息，即各频率分量的时移信息，而其幅度谱$|X(e^{j\omega})|$则表示了信号幅度大小的信息，即各频率分量的幅度大小。该性质也适用于离散傅里叶级数，见表 4-2。

因为 $\cos\omega_0 n=\dfrac{e^{j\omega_0 n}+e^{-j\omega_0 n}}{2}$，根据频移性质，调制信号 $x[n]\cos\omega_0 n$ 的频谱可表示为

$$x[n]\cos\omega_0 n\stackrel{F}{\longleftrightarrow}\frac{X(e^{j(\omega-\omega_0)})+X(e^{j(\omega+\omega_0)})}{2} \tag{4-65}$$

4.4.4 共轭与共轭对称性

若
$$x[n]\stackrel{F}{\longleftrightarrow}X(e^{j\omega})$$

则
$$x^*[n]\stackrel{F}{\longleftrightarrow}X^*(e^{-j\omega}) \tag{4-66}$$

若 $x[n]$ 为实信号，即 $x[n]=x^*[n]$，那么其变换是共轭对称的，即

$$X(e^{j\omega})=X^*(e^{-j\omega}),x[n]\text{为实值信号} \tag{4-67}$$

由此可得，$X(e^{j\omega})$ 的实部 $\mathrm{Re}\{X(e^{j\omega})\}$ 是 ω 的偶函数，虚部 $\mathrm{Im}\{X(e^{j\omega})\}$ 是 ω 的奇函数；$X(e^{j\omega})$ 的幅度谱是 ω 的偶函数，相位谱是奇函数。

如果把 $x[n]$ 分解成偶部 $x_e[n]$ 与奇部 $x_o[n]$，如 $x[n]$ 为实值信号，则进一步可得到

$$x_e[n]\overset{F}{\longleftrightarrow}\mathrm{Re}\{X(e^{j\omega})\}$$

$$x_o[n]\overset{F}{\longleftrightarrow}\mathrm{jIm}\{X(e^{j\omega})\} \tag{4-68}$$

该性质也适用于离散傅里叶级数。也就是说，若信号 $x[n]$ 的周期为 N，且有

$$x[n]\overset{FS}{\longleftrightarrow}a_k$$

则有

$$x^*[n]\overset{FS}{\longleftrightarrow}a_{-k}^*=a_{N-k}^*=a_{-(N+k)}^* \tag{4-69}$$

当 $x[n]$ 为实值时，离散傅里叶级数的系数同样存在共轭对称性。

4.4.5　时域差分与累加

该性质与连续时间傅里叶变换的时域微分和积分性质相对应。

若

$$x[n]\overset{F}{\longleftrightarrow}X(e^{j\omega})$$

则有

$$x[n]-x[n-1]\overset{F}{\longleftrightarrow}(1-e^{-j\omega})X(e^{j\omega}) \tag{4-70}$$

以及

$$y[n]=\sum_{m=-\infty}^{n}x[m]\overset{F}{\longleftrightarrow}\frac{X(e^{j\omega})}{1-e^{-j\omega}}+\pi X(e^{j0})\sum_{k=-\infty}^{\infty}\delta(\omega-2k\pi) \tag{4-71}$$

式(4-70) 为时域差分性质，利用时域平移性质就可直接证明该性质。式(4-71) 为时域累加性质，式中右边的冲激串反映了累加过程中可能会出现的直流或平均值。因此，在离散时间情况下，频域上 $(1-e^{-j\omega})$ 乘积因子表示时域上的差分，频域上$\frac{1}{1-e^{-j\omega}}$的乘积因子表示时域上的累加运算。根据时域累加性质，若$(1-e^{-j\omega})Y(e^{j\omega})=X(e^{j\omega})$，则有

$$Y(e^{j\omega})=\frac{X(e^{j\omega})}{1-e^{-j\omega}}+\pi X(e^{j0})\sum_{k=-\infty}^{\infty}\delta(\omega-2\pi k) \tag{4-72}$$

该性质也适用于离散傅里叶级数，见表 4-2。

【例 4-5】 利用累加性质来导出单位阶跃 $x[n]=u[n]$的离散时间傅里叶变换。

解　已知

$$\delta[n]\overset{F}{\longleftrightarrow}1$$

和

$$u[n]=\sum_{m=-\infty}^{n}\delta[m]$$

利用累加性质可得

$$u[n]\overset{F}{\longleftrightarrow}\frac{1}{1-e^{-j\omega}}+\pi\sum_{k=-\infty}^{\infty}\delta(\omega-2k\pi) \tag{4-73}$$

【例 4-6】 如图 4-12 所示，求符号函数 $\mathrm{sgn}[n]=\begin{cases}1, & n>0\\ 0, & n=0\\ -1, & n<0\end{cases}$ 的离散时间傅里叶变换。

解　将单位阶跃 $u[n]$ 分解为偶分量和奇分量，即

$$u[n]=u_e[n]+u_o[n]$$

$$u_e[n]=\frac{u[n]+u[-n]}{2}=\frac{1}{2}+\frac{1}{2}\delta[n] \tag{4-74}$$

$$u_o[n]=\frac{u[n]-u[-n]}{2}=\frac{1}{2}\mathrm{sgn}[n] \tag{4-75}$$

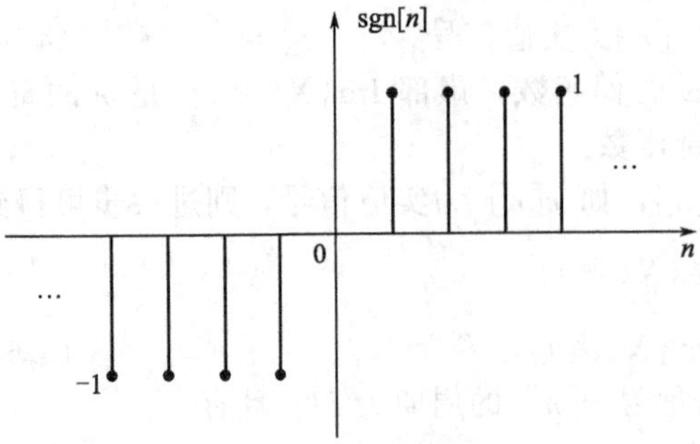

图 4-12 符号函数 sgn[n]

$u[n]$ 的奇分量等于$\frac{1}{2}$的符号函数 sgn[n]。根据共轭对称性，符号函数 sgn[n] 的频谱将等于 $u[n]$ 频谱虚部的两倍。

由于
$$u[n]\overset{F}{\longleftrightarrow}\frac{1}{1-e^{-j\omega}}+\pi\sum_{k=-\infty}^{\infty}\delta(\omega-2k\pi)$$
$$=\frac{1}{2}+\pi\sum_{k=-\infty}^{\infty}\delta(\omega-2\pi k)-j\frac{\sin\omega}{2(1-\cos\omega)} \tag{4-76}$$

上式的虚部为$-j\frac{\sin\omega}{2(1-\cos\omega)}$，因此符号函数 sgn[n] 的离散时间傅里叶变换为

$$\operatorname{sgn}[n]\overset{F}{\longleftrightarrow}\frac{-j\sin\omega}{1-\cos\omega} \tag{4-77}$$

同样，有
$$\frac{1}{2}+\frac{1}{2}\delta[n]\overset{F}{\longleftrightarrow}\frac{1}{2}+\pi\sum_{k=-\infty}^{\infty}\delta(\omega-2k\pi) \tag{4-78}$$

因为
$$\delta[n]\overset{F}{\longleftrightarrow}1$$

可得
$$1\overset{F}{\longleftrightarrow}2\pi\sum_{k=-\infty}^{\infty}\delta(\omega-2k\pi) \tag{4-79}$$

4.4.6 时域扩展

由于离散时间信号在时间上的离散性，它不能像连续时间信号那样进行尺度变换，因此时间和频率的尺度性质与连续时间信号的情况稍有不同。所谓离散时间信号的尺度变换只是对序列的长度变化而言，其实质是对序列进行抽取和插零。离散时间信号的抽取将在下一章中专门讨论。这里仅对插零情况加以讨论。假定 k 为正整数，并定义

$$x_{(k)}[n]=\begin{cases}x[n/k]，当 n 为 k 的整倍数\\0，\quad 当 n 不为 k 的整倍数\end{cases} \tag{4-80}$$

显然，$x_{(k)}[n]$ 就是在 $x[n]$ 的每相邻两点信号间插 $(k-1)$ 个零值而得到的。原来在 $x[n]$ 中相邻的样值，在 $x_{(k)}[n]$ 却被相隔 $(k-1)$ 个单位时刻，因而可以把 $x_{(k)}[n]$ 看作是减慢了的 $x[n]$。$x_{(k)}[n]$ 的离散时间傅里叶变换可由下式给出

$$X_{(k)}(e^{j\omega})=\sum_{n=-\infty}^{\infty}x_{(k)}[n]e^{-j\omega n}=\sum_{r=-\infty}^{\infty}x_{(k)}[rk]e^{-j\omega rk}$$

上式利用了 $x_{(k)}[n]$ 的定义式：除非 n 是 k 的某一倍数，也即 $n=rk$，否则 $x_{(k)}[n]$ 都等于 0。再者，由于 $x_{(k)}[rk]=x[r]$，上式可改写为

$$X_{(k)}(e^{j\omega})=\sum_{r=-\infty}^{\infty}x[r]e^{-j(k\omega)r}=X(e^{jk\omega})$$

也可写为

$$x_{(k)}[n]\overset{F}{\longleftrightarrow}X(e^{jk\omega}) \tag{4-81}$$

作为一个特例，当 $k=-1$ 时有

$$x[-n]\overset{F}{\longleftrightarrow}X(e^{-j\omega}) \tag{4-82}$$

式(4-81) 表明，当取 $k>1$ 时，信号在时域上被拉开，从而在时间上等效于变化减

慢，而它的傅里叶变换就被压缩 k 倍，等效于变化加快。一般来说，由于 $X(e^{j\omega})$ 是以 2π 为周期的，因而 $x_{(k)}[n]$ 的频谱 $X_{(k)}(e^{j\omega})=X(e^{jk\omega})$ 是以 $\frac{2\pi}{|k|}$ 为周期的，显然 2π 也是它的周期。图 4-13 所示的离散时间矩形脉冲的例子说明了这一性质。该性质也适用于离散傅里叶级数，见表 4-2。下面给出了产生图 4-13 的 Matlab 代码，有兴趣的读者可以尝试一下。

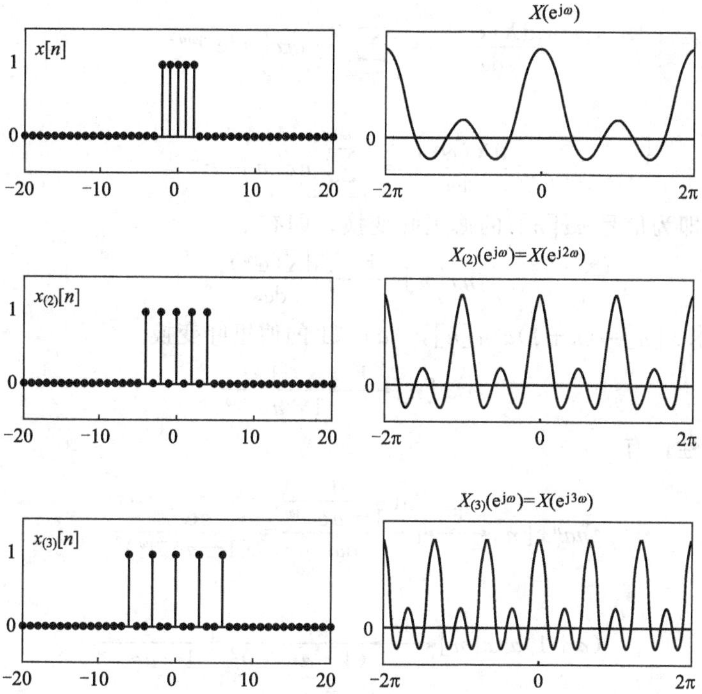

图 4-13 离散时间情况下时域与频域的相反关系：当 k 增加时，$x_{(k)}[n]$ 在时域上拉开，而其傅里叶变换则在频域上压缩

```
%离散时间信号的插零对频谱的影响
n=-20:20;
x1=[zeros(1,18),1,1,1,1,1,zeros(1,18)];                        %设定信号 x[n]
x2=[zeros(1,16),1,0,1,0,1,0,1,0,1,zeros(1,16)];                %插零产生信号 x[n/2]
x3=[zeros(1,14),1,0,0,1,0,0,1,0,0,1,0,0,1,zeros(1,14)];        %插零产生信号 x[n/3]
w=-2*pi:0.01:2*pi;                                             %设定频率抽样点
xw1=exp(j*2*w)+exp(j*w)+1+exp(-j*w)+exp(-j*2*w);               %计算 x[n]的频谱
xw2=exp(j*4*w)+exp(j*2*w)+1+exp(-j*2*w)+exp(-j*4*w);           %计算 x[n/2]的频谱
xw3=exp(j*6*w)+exp(j*3*w)+1+exp(-j*3*w)+exp(-j*6*w);           %计算 x[n/3]的频谱
subplot(3,2,1);stem(n,x1,'filled','k');axis([-20,20,-0.5,1.5]);  %显示信号 x[n]
subplot(3,2,3);stem(n,x2,'filled','k');axis([-20,20,-0.5,1.5]);  %显示信号 x[n/2]
subplot(3,2,5);stem(n,x3,'filled','k');axis([-20,20,-0.5,1.5]);  %显示信号 x[n/3]
subplot(3,2,2);plot(w,real(xw1),'k');axis([-2*pi,2*pi,-2,6]);    %显示 x[n]的频谱
subplot(3,2,4);plot(w,real(xw2),'k');axis([-2*pi,2*pi,-2,6]);    %显示 x[n/2]的频谱
subplot(3,2,6);plot(w,real(xw3),'k');axis([-2*pi,2*pi,-2,6]);    %显示 x[n/3]的频谱
```

4.4.7 频域微分

若某一离散时间信号 $x[n]$ 的傅里叶变换为 $x[n] \stackrel{F}{\longleftrightarrow} X(e^{j\omega})$

利用分析方程式(4-34)，有

$$X(e^{j\omega}) = \sum_{n=-\infty}^{\infty} x[n]e^{-j\omega n}$$

上式两边对 ω 求微分，有

$$\frac{dX(e^{j\omega})}{d\omega} = \sum_{n=-\infty}^{\infty} -jnx[n]e^{-j\omega n}$$

也可表示为

$$j\frac{dX(e^{j\omega})}{d\omega} = \sum_{n=-\infty}^{\infty} nx[n]e^{-j\omega n}$$

上式左边的结果即为信号 $nx[n]$ 的傅里叶变换，即有

$$nx[n] \stackrel{F}{\longleftrightarrow} j\frac{dX(e^{j\omega})}{d\omega} \tag{4-83}$$

【例 4-7】 求 $x[n]=(n+1)a^n u[n]$，$|a|<1$ 的傅里叶变换。

解 因为有

$$a^n x[n] \stackrel{F}{\longleftrightarrow} \frac{1}{1-ae^{-j\omega}}$$

根据频域微分特性，有

$$na^n x[n] \stackrel{F}{\longleftrightarrow} j\frac{d\dfrac{1}{1-ae^{-j\omega}}}{d\omega} = \frac{ae^{-j\omega}}{(1-ae^{-j\omega})^2}$$

因此,有

$$(n+1)a^n x[n] \stackrel{F}{\longleftrightarrow} \frac{ae^{-j\omega}}{(1-ae^{-j\omega})^2} + \frac{1}{1-ae^{-j\omega}}$$

$$= \frac{1}{(1-ae^{-j\omega})^2} \tag{4-84}$$

用同样的方法，可将式(4-84) 推广为

$$\frac{(n+r-1)!}{n!(r-1)!}a^n u[n] \stackrel{F}{\longleftrightarrow} \frac{1}{(1-ae^{-j\omega})^r} \tag{4-85}$$

4.4.8 时域卷积和性质

若 $x[n] \stackrel{F}{\longleftrightarrow} X(e^{j\omega})$ 和 $h[n] \stackrel{F}{\longleftrightarrow} H(e^{j\omega})$

则 $$x[n] * h[n] \stackrel{F}{\longleftrightarrow} X(e^{j\omega})H(e^{j\omega}) \tag{4-86}$$

这一性质的证明与连续时间傅里叶变换的时域卷积性质的证明完全相似，该性质的成立依据以下两个特性：

① 离散时间信号可以表示为复指数信号 $e^{j\omega n}$ 的线性组合，即离散时间傅里叶变换的综合方程；

② 复指数信号 $e^{j\omega n}$ 是离散时间 LTI 系统的特征函数。

若 $h[n]$ 为某一 LTI 系统的单位脉冲响应，$x[n]$ 为其输入信号，则式(4-86) 表示输出信号的频谱，将输入信号 $x[n]$ 分解成各频率复指数信号分量的线性组合，这些频率分量通过 LTI 系统时，系统的作用就是给它们的复振幅加权一个 $H(e^{j\omega})$。因此，将 $h[n]$ 的频谱 $H(e^{j\omega})$ 称为离散时间 LTI 系统的频率响应。

卷积和性质是对离散时间 LTI 系统进行频域分析的理论基础。式(4-86) 将两个离散时

间信号的时域卷积和转化为频域上的相乘这样一种简单的代数运算，这一点为信号与系统的分析与综合提供了有效的计算与分析工具，该性质也适用于离散傅里叶级数。由于两个离散时间周期信号的卷积和是发散的，因此，离散傅里叶级数的时域卷积和性质在形式上稍有不同，但其本质是一样的。

设两个周期都为 N 的周期信号为 $x[n]$ 和 $h[n]$。如果它们的离散傅里叶级数为

$$x[n]\overset{FS}{\longleftrightarrow}a_k$$

$$h[h]\overset{FS}{\longleftrightarrow}b_k$$

则

$$\sum_{r=<N>}x[r]h[n-r]\overset{FS}{\longleftrightarrow}Na_kb_k \tag{4-87}$$

这里用一个周期上的卷积和 $\sum\limits_{r=<N>}x[r]h[n-r]$ 代替了时域卷积和（又称为线性卷积和），这样避免了周期信号的卷积和为发散的这一问题。一般将一个周期上的卷积和称为周期卷积和，表示为

$$x[n]\circledast h[n]=\sum_{r=<N>}x[r]h[n-r] \tag{4-88}$$

在连续时间情况下，周期卷积积分相应地定义为

$$x(t)\circledast h(t)=\int_T x(\tau)h(t-\tau)\mathrm{d}\tau \tag{4-89}$$

同样是在一个周期上的卷积积分，式中 $x(t)$ 和 $h(t)$ 都是周期为 T 的周期函数。一般将式(4-87)称为周期卷积性质，它在信号和系统的离散频域（即离散傅里叶变换 DFT）的分析上有着重要应用。

4.4.9 调制性质

若

$$x[n]\overset{F}{\longleftrightarrow}X(e^{j\omega})\text{和 }y[n]\overset{F}{\longleftrightarrow}Y(e^{j\omega})$$

则

$$x[n]y[n]\overset{F}{\longleftrightarrow}\frac{1}{2\pi}\int_{2\pi}X(e^{j\theta})Y(e^{j\omega-\theta})\mathrm{d}\theta$$

$$=X(e^{j\omega})\circledast Y(e^{j\omega}) \tag{4-90}$$

由于 $X(e^{j\omega})$和 $Y(e^{j\omega})$ 是以 2π 为周期的，因此式(4-90)中右边的卷积为周期卷积。该性质是时域卷积性质在频域上的对偶性质，即时域上的两个信号相乘，对应于频域上的周期卷积，这就是所谓离散时间的调制特性。该性质在离散时间信号的抽样、调制和数字通信上有着重要的应用。由于离散时间周期信号的傅里叶变换为加权的冲激串，当调制性质用于离散傅里叶级数时，式(4-90)右边的周期卷积积分就变为离散傅里叶级数系数的周期卷积和，即

若

$$x[n]\overset{FS}{\longleftrightarrow}a_k$$

$$y[n]\overset{FS}{\longleftrightarrow}b_k$$

以及 $x[n]$、$y[n]$ 都以 N 为周期的，则有

$$x[n]y[n]\overset{FS}{\longleftrightarrow}\mathrm{d}_k=a_k\circledast b_k=\sum_{l=<N>}a_lb_{k-l} \tag{4-91}$$

将式(4-90)直接应用于离散时间周期信号的傅里叶变换，就可证明式(4-91)。

4.4.10 帕斯瓦尔定理

若

$$x[n]\overset{F}{\longleftrightarrow}X(e^{j\omega})$$

则

$$\sum_{k=-\infty}^{\infty}|x[n]|^2=\frac{1}{2\pi}\int_{2\pi}|X(e^{j\omega})|^2\mathrm{d}\omega \tag{4-92}$$

可以看出式(4-92)和连续时间情况的帕斯瓦尔定理是很相似的。该性质表明信号总的能

量等于在频域 2π 区间上每单位频率上的能量之和。也把 $|X(e^{j\omega})|^2$ 称为序列 $x[n]$ 的能量密度谱，它表明了序列的能量在频域上的分布情况，即各频率分量所占的能量大小。

对于周期信号而言，其帕斯瓦尔定理的形式为

若 $$x[n]\overset{FS}{\longleftrightarrow}a_k$$

则 $$\frac{1}{N}\sum_{n=<N>}|x[n]|^2=\sum_{k=<N>}|a_k|^2 \tag{4-93}$$

式中 N 为序列 $x[n]$ 的周期。式(4-93) 表明，周期序列的平均功率等于它的各次谐波分量的平均功率之和，也把 $|a_k|^2$ 称为周期序列的功率谱。

【例 4-8】 考虑信号 $x[n]$，其傅里叶变换 $X(e^{j\omega})=|X(e^{j\omega})|e^{j\theta(\omega)}$，在 $-\pi\leqslant\omega\leqslant\pi$ 区间上如图 4-14 所示。请判断 $x[n]$ 是否是周期的、纯实的、奇对称的以及有限能量的？

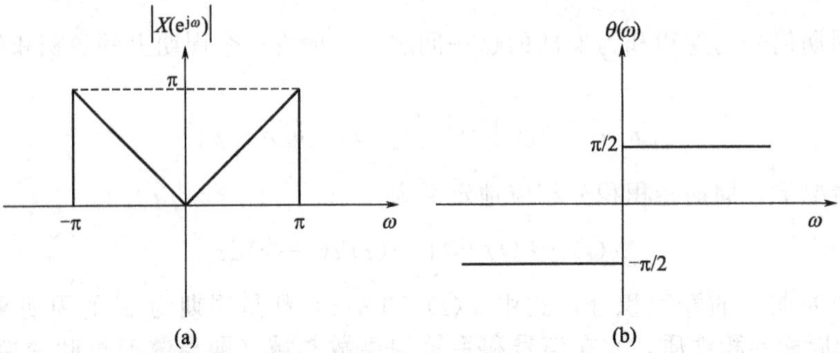

图 4-14 离散时间信号 $x[n]$ 的幅度谱与相位谱

解 ① 在时域上的周期性就意味着其傅里叶变换是离散谱，仅在各个谐波频率上可能出现冲激，其余地方均为零。现在 $X(e^{j\omega})$ 不是这样，所以 $x[n]$ 不是周期的。

② 根据离散时间傅里叶变换的共轭对称性，一个纯实信号的幅度谱是 ω 的偶函数，相位谱是 ω 的奇函数。对于所给的 $|X(e^{j\omega})|$ 和 $\theta(\omega)$，其对应的时域信号 $x[n]$ 是纯实的。

③ 若 $x[n]$ 是奇对称的，则 $X(e^{j\omega})$ 必为虚奇对称。因为

$$X(e^{j\omega})=|X(e^{j\omega})|e^{j\theta(\omega)}=j\omega,\ |\omega|<\pi$$

因此 $x[n]$ 是奇对称的。

④ 根据帕斯瓦尔定理，有

$$\sum_{n=-\infty}^{\infty}|x[n]|^2=\frac{1}{2\pi}\int_{2\pi}|X(e^{j\omega})|^2 d\omega$$

由图 4-13 可知，$|X(e^{j\omega})|^2$ 在 $-\pi$ 到 π 上的积分一定为一个有限量，所以序列 $x[n]$ 是有限能量的。

为了便于查用，将离散时间傅里叶变换的性质、离散傅里叶级数的性质及常用的基本变换对分别汇总于表 4-1～表 4-3 中。

表 4-1 离散时间傅里叶变换的性质

性 质	离散时间非周期信号	离散时间傅里叶变换
	$x[n]$ $y[n]$	$X(e^{j\omega})$ $Y(e^{j\omega})$ } 周期的，周期为 2π
线性	$ax[n]+by[n]$	$aX(e^{j\omega})+bY(e^{j\omega})$
时域平移	$x[n-n_0]$	$e^{-j\omega n_0}X(e^{j\omega})$
频域平移	$e^{j\omega_0 n}x[n]$	$X(e^{j(\omega-\omega_0)})$
共轭	$x^*[n]$	$X^*(e^{-j\omega})$
时域反褶	$x[-n]$	$X(e^{-j\omega})$

续表

性　质	离散时间非周期信号	离散时间傅里叶变换
时域卷积	$x[n]*y[n]$	$X(e^{j\omega})Y(e^{j\omega})$
时域扩展	$x_{(k)}[n]=\begin{cases}x[n/k], & n=lk\\ 0, & n\neq lk\end{cases}$ $l=0,\pm1,\pm2,\cdots$	$X(e^{jk\omega})$
调制	$x[n]y[n]$	$\frac{1}{2\pi}\int_{2\pi}X(e^{j\theta})Y(e^{j(\omega-\theta)})d\theta$
时域差分	$x[n]-x[n-1]$	$(1-e^{-j\omega})X(e^{j\omega})$
时域累加	$\sum_{k=-\infty}^{n}x[k]$	$\frac{X(e^{j\omega})}{1-e^{-j\omega}}+\pi X(e^{j0})\sum_{k=-\infty}^{+\infty}\delta(\omega-2\pi k)$
频域微分	$nx[n]$	$j\frac{dX(e^{j\omega})}{d\omega}$
实序列的共轭对称性	$x[n]$为实信号	$\begin{cases}X(e^{j\omega})=X^*(e^{-j\omega})\\ Re\{X(e^{j\omega})\}=Re\{X(e^{-j\omega})\}\\ Im\{X(e^{j\omega})\}=-Im\{X(e^{-j\omega})\}\\ \lvert X(e^{j\omega})\rvert=\lvert X(e^{-j\omega})\rvert\\ \angle X(e^{j\omega})=-\angle X(e^{-j\omega})\end{cases}$
实偶序列的对称性	$x[n]$为实偶对称信号	$X(e^{j\omega})$为实偶对称函数
实奇序列的对称性	$x[n]$为实奇对称信号	$X(e^{j\omega})$为虚奇对称函数
实序列的奇偶分量分解	偶部 $x_e[n]$，奇部 $x_o[n]$，$x[n]\in R$	$Re\{X(e^{j\omega})\}$ $jIm\{X(e^{j\omega})\}$
帕斯瓦尔定理	$\sum_{n=-\infty}^{+\infty}\lvert x[n]\rvert^2=\frac{1}{2\pi}\int_{2\pi}\lvert X(e^{j\omega})\rvert^2d\omega$	

表 4-2　离散傅里叶级数的性质

性　质	离散时间周期信号	离散傅里叶级数
	$\left.\begin{matrix}x(n)\\ y(n)\end{matrix}\right\}$周期为 N 基波频率 $\omega_0=2\pi/N$	$\left.\begin{matrix}a_k\\ b_k\end{matrix}\right\}$周期的，周期为 N
线性	$Ax[n]+By[n]$	Aa_k+Bb_k
时域平移	$x[n-n_0]$	$a_k e^{-jk(2\pi/N)n_0}$
频域平移	$e^{jM(2\pi/N)n}x[n]$	a_{k-M}
共轭	$x^*[n]$	a_{-k}^*
时域反褶	$x[-n]$	a_{-k}
尺度变换	$x_{(m)}[n]=\begin{cases}x[n/m], & n=km\\ 0, & n\neq km\end{cases}$ $k=0,\pm1,\pm2,\cdots$	$\frac{1}{m}a_k$
周期卷积	$\sum_{r=\langle N\rangle}x[r]y[n-r]$	Na_kb_k
调制	$x[n]y[n]$	$\sum_{l=\langle N\rangle}a_lb_{k-l}$
一阶差分	$x[n]-x[n-1]$	$(1-e^{-jk(2\pi/N)})a_k$
实序列的共轭对称性	$x[n]\in R$	$\begin{cases}a_k=a_{-k}^*\\ Re\{a_k\}=Re\{a_{-k}\}\\ Im\{a_k\}=-Im\{a_{-k}\}\\ \lvert a_k\rvert=\lvert a_{-k}\rvert\\ \angle a_k=-\angle a_{-k}\end{cases}$
实偶序列	$x[n]$为实偶对称信号	a_k为实偶对称
实奇序列	$x[n]$为实奇对称信号	a_k为虚奇对称
实序列的奇偶分量分解	偶部 $x_e[n]$，奇部 $x_o[n]$，$x[n]\in R$	$Re[a_k]$ $jIm[a_k]$
帕斯瓦尔定理	$\frac{1}{N}\sum_{n=\langle N\rangle}\lvert x[n]\rvert^2=\sum_{k=\langle N\rangle}\lvert a_k\rvert^2$	

表 4-3 基本信号的离散时间傅里叶变换对

离散时间信号	离散时间傅里叶变换	离散傅里叶级数(周期信号)
$\sum\limits_{k=\langle N\rangle} a_k e^{jk(2\pi/N)n}$	$2\pi\sum\limits_{k=-\infty}^{+\infty} a_k\delta\left(\omega-\frac{2\pi k}{N}\right)$	a_k
$e^{j\omega_0 n}$	$2\pi\sum\limits_{l=-\infty}^{+\infty}\delta(\omega-\omega_0-2\pi l)$	① $\omega_0=\frac{2\pi m}{N}$ $a_k=\begin{cases}1, & k=m+rN\\ 0, & 其他\end{cases}$ ② $\frac{\omega_0}{2\pi}$无理数⇒非周期序列
$\cos\omega_0 n$	$\pi\sum\limits_{l=-\infty}^{+\infty}[\delta(\omega-\omega_0-2\pi l)+\delta(\omega+\omega_0-2\pi l)]$	① $\omega_0=\frac{2\pi m}{N}$ $a_k=\begin{cases}\frac{1}{2}, & k=\pm m+rN\\ 0, & 其他\end{cases}$ ② $\frac{\omega_0}{2\pi}$无理数⇒非周期序列
$\sin\omega_0 n$	$\frac{\pi}{j}\sum\limits_{l=-\infty}^{+\infty}[\delta(\omega-\omega_0-2\pi l)-\delta(\omega+\omega_0-2\pi l)]$	① $\omega_0=\frac{2\pi m}{N}$ $a_k=\begin{cases}1/2j, & k=m+rN\\ -1/2j, & k=-m+rN\\ 0, & 其他\end{cases}$ ② $\frac{\omega_0}{2\pi}$无理数⇒非周期序列
$x[n]=1$	$2\pi\sum\limits_{k=-\infty}^{+\infty}\delta(\omega-2k\pi)$	$a_k=\begin{cases}1, & k=rN\\ 0, & 其他\end{cases}$
$x[n]=\begin{cases}1, & \vert n\vert\leqslant N_1\\ 0, & N_1<\vert n\vert\leqslant\frac{N}{2}\end{cases}$ 且 $x[n+N]=x[n]$	$2\pi\sum\limits_{k=-\infty}^{+\infty}a_k\delta\left(\omega-\frac{2\pi k}{N}\right)$	$a_k=\frac{\sin\left[\frac{2\pi k}{N}\left(N_1+\frac{1}{2}\right)\right]}{N\sin\frac{k\pi}{N}}$ $a_k=\frac{2N_1+1}{N}, k=rN$
$\sum\limits_{k=-\infty}^{+\infty}\delta[n-kN]$	$\frac{2\pi}{N}\sum\limits_{k=-\infty}^{+\infty}\delta\left(\omega-\frac{2\pi k}{N}\right)$	$a_k=\frac{1}{N}$
$a^n u[n], \vert a\vert<1$	$\frac{1}{1-ae^{-j\omega}}$	—
$x[n]=\begin{cases}1, & \vert n\vert\leqslant N_1\\ 0, & \vert n\vert>N_1\end{cases}$	$\frac{\sin\left[\omega\left(N_1+\frac{1}{2}\right)\right]}{\sin(\omega/2)}$	—
$\frac{\sin Wn}{\pi n}=\frac{W}{\pi}\mathrm{Sa}(Wn)$ $0<W<\pi$	$X(e^{j\omega})=\begin{cases}1, & \vert\omega\vert<W\\ 0, & W<\vert\omega\vert\leqslant\pi\end{cases}$ $X(e^{j\omega})$的周期为 2π	—
$\delta[n]$	1	—

4.5 对偶性

与连续时间傅里叶变换相比，离散时间傅里叶变换的分析方程式(4-33)和综合方程式(4-32)之间不存在相应的对偶性。但是，离散傅里叶级数中的式(4-11)和式(4-12)在数学形式上是十分相似的，它们之间存在一种对偶关系。同样，离散时间傅里叶变换和连续时间傅里叶级数在数学形式上也是十分相似的，它们之间也存在着一种对偶关系。利用对偶性，往往可以简化傅里叶变换和傅里叶级数的计算。

4.5.1　离散傅里叶级数的对偶性

再次考虑周期为 N 的离散时间信号 $x[n]$ 的傅里叶级数公式

$$x[n]=\sum_{k=<N>} a_k e^{jk\left(\frac{2\pi}{N}\right)n} \tag{4-94}$$

$$a_k=\frac{1}{N}\sum_{n=<N>} x[n]e^{-jk\left(\frac{2\pi}{N}\right)n} \tag{4-95}$$

如果将 $x[n]$ 的傅里叶系数表示为一周期为 N 的离散时间信号 $a[k]$，则式(4-95) 变为

$$a[k]=\frac{1}{N}\sum_{n=<N>} x[n]e^{-jk\left(\frac{2\pi}{N}\right)n} \tag{4-96}$$

如果将上式中的 k 与 n 对换，则有

$$a[n]=\frac{1}{N}\sum_{k=<N>} x[k]e^{-jk\left(\frac{2\pi}{N}\right)n} \tag{4-97}$$

再把上式中的 k 换成 $-k$，可得

$$a[n]=\sum_{k=<N>}\frac{1}{N}x[-k]e^{jk\left(\frac{2\pi}{N}\right)n} \tag{4-98}$$

上式即为周期信号 $a[n]$ 的傅里叶级数展开式，其傅里叶系数为 $\frac{1}{N}x[-k]$。

于是得到如下对偶关系

若　　$x[n]\overset{FS}{\longleftrightarrow}a[k]$

则　　$a[n]\overset{FS}{\longleftrightarrow}\frac{1}{N}x[-k]$　　(4-99)

式中 N 为 $x[n]$ 的周期。该性质意味着：离散傅里叶级数的每一个性质都有与其相对应的一个对偶关系存在。例如，以下几对性质就是对偶的

① $x[n-n_0]\overset{FS}{\longleftrightarrow}a_k e^{-jk\left(\frac{2\pi}{N}\right)n_0}$ 和 $e^{jm\left(\frac{2\pi}{N}\right)n}x[n]\overset{FS}{\longleftrightarrow}a_{k-m}$

② $\sum_{l=<N>}x[l]y[n-l]\overset{FS}{\longleftrightarrow}Na_kb_k$ 和 $x[n]y[n]\overset{FS}{\longleftrightarrow}\sum_{l=<N>}a_lb_{k-l}$

【例 4-9】 求周期为 $N=9$ 的以下周期信号的傅里叶系数 a_k。

$$x[n]=\begin{cases}\dfrac{1}{9}\dfrac{\sin(5\pi n/9)}{\sin(\pi n/9)}, & k\neq 9\text{ 的倍数}\\[2mm] \dfrac{5}{9}, & k=9\text{ 的倍数}\end{cases} \tag{4-100}$$

解　注意到，离散时间周期方波信号的傅里叶系数在形式上与式(4-100) 很相似。根据对偶性可求得 $x[n]$ 的傅里叶系数 a_k。

令 $g[n]$ 是一个周期为 $N=9$ 的周期方波信号，即

$$g[n]=\begin{cases}1, & |n|\leqslant 2\\ 0, & 2<|n|\leqslant 4\end{cases}$$

$g[n]$ 的傅里叶系数 $b_k=b[k]$ 可由例 4-2 确定为

$$b[k]=b_k=\begin{cases}\dfrac{1}{9}\dfrac{\sin(5\pi k/9)}{\sin(\pi k/9)}, & k\neq 9\text{ 的倍数}\\[2mm] \dfrac{5}{9}, & k=9\text{ 的倍数}\end{cases} \tag{4-101}$$

比较 $b[k]$ 与本例所给的 $x[n]$，它们是相同的信号。因此，根据式(4-99) 有

$$x[n]\overset{FS}{\longleftrightarrow}\frac{1}{9}g[-k]=\begin{cases}\dfrac{1}{9}, & |k|\leqslant 2\\ 0, & 2<|k|\leqslant 4\end{cases} \tag{4-102}$$

4.5.2 离散时间傅里叶变换与连续时间傅里叶级数之间的对偶性

现在将连续时间傅里叶级数与离散时间傅里叶变换的变换公式作一比较

$$x[n]=\frac{1}{2\pi}\int_{2\pi}X(e^{j\omega})e^{j\omega n}d\omega \tag{4-103}$$

$$X(e^{j\omega})=\sum_{n=-\infty}^{\infty}x[n]e^{-j\omega n} \tag{4-104}$$

和

$$x(t)=\sum_{k=-\infty}^{\infty}a_k e^{jk\omega_0 t},\omega_0=\frac{2\pi}{T} \tag{4-105}$$

$$a_k=\frac{1}{T}\int_{2\pi}x(t)e^{-jk\omega_0 t}dt \tag{4-106}$$

注意到式(4-103) 和式(4-106) 是很相似的，式(4-104) 和式(4-105) 也是很相似的。事实上，可以将式(4-103) 和式(4-104) 看作是周期为 2π 的频谱 $X(e^{j\omega})$ 的傅里叶级数形式，其基波频率 $\omega_0=\frac{2\pi}{2\pi}=1$，$k$ 次谐波频率 $k\omega_0=k$。因此，将式(4-104) 中的 ω 换成 t，n 换成 k，则有

$$X(e^{jt})=\sum_{k=-\infty}^{\infty}x[k]e^{-jkt}=\sum_{k=-\infty}^{\infty}x[k]e^{-jk\omega_0 t} \tag{4-107}$$

再将上式中的 k 换成 $-k$，可得

$$X(e^{jt})=\sum_{k=-\infty}^{\infty}x[-k]e^{jk\omega_0 t},\omega_0=1 \tag{4-108}$$

上式为周期为 2π 的信号 $X(e^{jt})$ 的傅里叶级数，其傅里叶系数为 $x[-k]$。于是得到如下对偶关系

如 $$x[n]\stackrel{F}{\longleftrightarrow}X(e^{j\omega})$$

则 $$X(e^{jt})\stackrel{FS}{\longleftrightarrow}x[-k] \tag{4-109}$$

根据式(4-109)，可以将离散时间傅里叶变换与连续时间傅里叶级数之间的许多性质对偶起来。例如，下面的性质是对偶的

$$x[n]y[n]\stackrel{F}{\longleftrightarrow}\frac{1}{2\pi}\int_{2\pi}X(e^{j\theta})Y(e^{j(\omega-\theta)})d\theta=\frac{1}{2\pi}X(e^{j\omega})\circledast Y(e^{j\omega})$$

和 $$x(t)\circledast y(t)=\int_T X(\tau)y(t-\tau)d\tau\stackrel{FS}{\longleftrightarrow}Ta_kb_k$$

用同样的方法，也可得到如下对偶性质

若 $$x(t)\stackrel{FS}{\longleftrightarrow}a_k$$

则 $$a[n]=a_n\stackrel{F}{\longleftrightarrow}x(-\omega) \tag{4-110}$$

式中，$x(t)$ 以 2π 为周期。将 $x(t)$ 的傅里叶系数视为一离散时间信号 $a[n]$，则其傅里叶变换为 $x(-\omega)$。

【例 4-10】 利用离散时间傅里叶变换和连续时间傅里叶级数之间的对偶性来求下面序列的傅里叶变换

$$x[n]=\frac{1}{2}\text{Sa}^2\left(\frac{\pi n}{2}\right)$$

解 为了利用对偶性，首先就必须要找到一个周期为 $T=2\pi$ 的连续时间信号 $g(t)$，使其傅里叶系数为 $a_k=x[k]$。由第 3 章可知，周期三角脉冲信号的傅里叶系数形式与 $x[n]$ 相同。设 $g(t)$ 是一个周期为 2π 的周期三角脉冲信号，如图 4-15 所示。

$g(t)$ 的傅里叶系数为

$$a_k=\frac{1}{2}\mathrm{Sa}^2\left(\frac{\pi k}{2}\right)$$

根据式(4-110) 有

$$a[n]=a_n\overset{\mathrm{F}}{\longleftrightarrow}g(-\omega)$$

也就是

$$x[n]=\frac{1}{2}\mathrm{Sa}^2\left(\frac{\pi n}{2}\right)\overset{\mathrm{F}}{\longleftrightarrow}g(-\omega)=g(\omega) \tag{4-111}$$

因此，$x[n]=\frac{1}{2}\mathrm{Sa}^2\left(\frac{\pi n}{2}\right)$的傅里叶变换如图 4-16 所示。

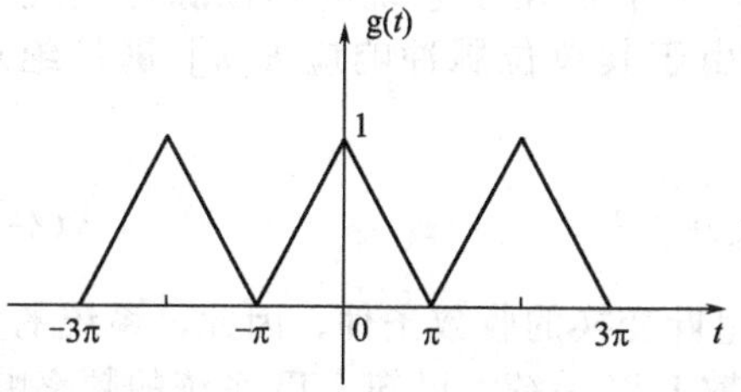

图 4-15 周期三角脉冲信号

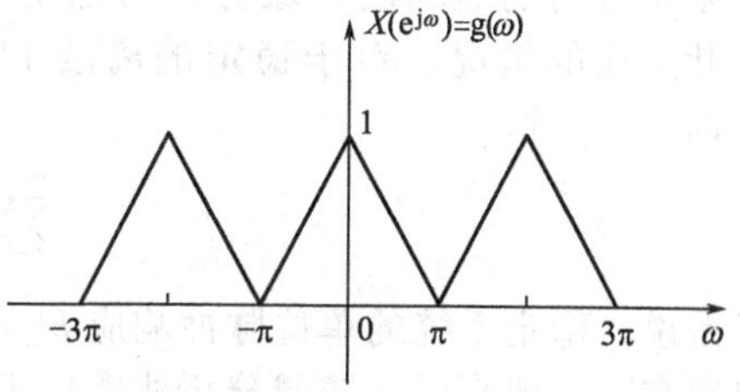

图 4-16 $x[n]=\frac{1}{2}\mathrm{Sa}^2\left(\frac{\pi n}{2}\right)$的傅里叶变换

4.6 离散时间 LTI 系统的频域分析

4.6.1 离散时间 LTI 系统的频率响应

根据离散时间傅里叶变换的时域卷积性质，一个单位脉冲响应为 $h[n]$ 的离散时间 LTI 系统，如图 4-17 所示。

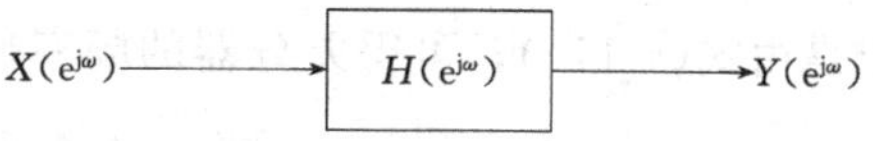

图 4-17 离散时间 LTI 系统的频域表示

其中 $H(e^{j\omega})$ 为单位脉冲响应 $h[n]$ 的傅里叶变换，即

$$h[n]\overset{\mathrm{F}}{\longleftrightarrow}H(e^{j\omega}) \tag{4-112}$$

通常将式(4-112) 所定义的 $H(e^{j\omega})$ 称为离散时间 LTI 系统频率响应，显然系统的频率响应也是特征函数 $e^{j\omega n}$ 的特征值。

根据卷积性质，输出信号 $y[n]$ 的频谱 $Y(e^{j\omega})$ 满足以下关系

$$Y(e^{j\omega})=X(e^{j\omega})H(e^{j\omega}) \tag{4-113}$$

式(4-113) 表明，某一稳定的离散 LTI 系统的作用可理解为按其频率响应 $H(e^{j\omega})$ 的特性，改变输入信号中各频率分量的幅度大小和初始相位。例如，在频率选择性滤波器中，系统可以在某一频率范围内使 $|H(e^{j\omega})|=1$，以便让该频率范围内（带通内）的输入信号的各频率分量几乎不受任何衰减或变化通过系统；而在其他频率范围内，使 $H(e^{j\omega})=0$，以便将该频率范围内的各频率分量消除或显著衰减掉。

根据式(4-113)，离散 LTI 系统的频率响应另一种定义可表示为

$$H(e^{j\omega})=\frac{Y(e^{j\omega})}{X(e^{j\omega})} \tag{4-114}$$

式(4-114) 表明，离散时间 LTI 系统的频率响应也可表示为输出信号的频谱与输入信号的频谱的比值。上述两个定义是完全等价的。与连续时间情况相同，在离散时间 LTI 系统分析中，频率响应 $H(e^{j\omega})$ 所起的作用与其原信号——单位脉冲响应 $h[n]$ 所起的作用是等价的。因此，频率响应 $H(e^{j\omega})$ 也可以完全表征它所对应的 LTI 系统。另外，离散 LTI 系统

的许多性质也能够很方便地借助于 $H(e^{j\omega})$ 反映出来。

通常将系统的频率响应表示为极坐标形式

$$H(e^{j\omega})=|H(e^{j\omega})|e^{j\theta(\omega)} \tag{4-115}$$

其中，$H(e^{j\omega})$ 的模 $|H(e^{j\omega})|$ 称为系统的幅频特性，$H(e^{j\omega})$ 的相位 $\theta(\omega)$ 称为系统的相频特性。幅频特性 $|H(e^{j\omega})|$ 表征了系统对输入信号的放大特性，而相频特性表征对输入信号的延时特性。离散时间系统的群延时也可定义为

$$\tau(\omega)=-\frac{d\theta(\omega)}{d\omega} \tag{4-116}$$

它表征了系统对输入信号的有效公共延时。

需要指出的是利用频域分析方法分析系统时，一般适用于系统的单位脉冲响应存在傅里叶变换的情况。对于稳定的离散 LTI 系统，由于其单位脉冲响应 $h[n]$ 满足绝对可和，即

$$\sum_{n=-\infty}^{\infty}|h[n]|<\infty \tag{4-117}$$

也就是说，稳定系统的单位脉冲响应 $h[n]$ 满足傅里叶变换的收敛条件，因此，系统的频率响应存在。一般来说，频域分析法适用于稳定的离散 LTI 系统。已知 LTI 系统的频率响应，可以借助卷积性质，在频域上求解对任何输入信号的零状态响应，这将在以后的章节中详细讨论。

【例 4-11】 试求差分器的频率响应 $H(e^{j\omega})$。

解 描述差分器的输入 $x[n]$ 和输出 $y[n]$ 的差分方程为

$$y[n]=x[n]-x[n-1]$$

根据差分性质有

$$Y(e^{j\omega})=(1-e^{-j\omega})X(e^{j\omega}) \tag{4-118}$$

于是由式(4-114)，可得差分器的频率响应为

$$H(e^{j\omega})=\frac{Y(e^{j\omega})}{X(e^{j\omega})}=1-e^{-j\omega} \tag{4-119}$$

相应可知差分器的单位脉冲响应为

$$h[n]=\delta[n]-\delta[n-1] \tag{4-120}$$

【例 4-12】 试求累加器的频率响应 $H(e^{j\omega})$。

解 累加器的输入信号 $x[n]$ 与输出信号 $y[n]$ 满足以下关系

$$y[n]=\sum_{m=-\infty}^{n}x[m]$$

根据 $u[n]$ 的卷积性质，上式可重新写为

$$y[n]=x[n]*u[n]$$

即累加器的单位脉冲响应为

$$h[n]=u[n]$$

因此，累加器的频率响应为 $u[n]$ 的傅里叶变换，即

$$H(e^{j\omega})=\frac{1}{1-e^{-j\omega}}+\pi\sum_{k=-\infty}^{\infty}\delta(\omega-2\pi k) \tag{4-121}$$

【例 4-13】 试求延时器的频率响应 $H(e^{j\omega})$。

解 离散时间延时器的输入 $x[n]$ 和输出 $y[n]$ 满足如下关系

$$y[n]=x[n-n_0]，n_0\text{为整数}$$

根据时域平移性质有

$$Y(e^{j\omega})=e^{-j\omega n_0}X(e^{j\omega})$$

因此，延时器的频率响应为

$$H(e^{j\omega})=\frac{Y(e^{j\omega})}{X(e^{j\omega})}=e^{-j\omega n_0} \tag{4-122}$$

相应可知，离散时间的延时器的单位脉冲响应为

$$h[n]=\delta[n-n_0] \tag{4-123}$$

4.6.2 离散时间 LTI 系统的零状态响应的频域求解

与连续时间情况相同，在频域上也可求解离散时间 LTI 系统的零状态响应。其一般思路是：通过卷积性质求得输出序列 $y[n]$ 的频谱，然后对该频谱作反变换求得时域解 $y[n]$。

【例 4-14】 考虑一 LTI 系统，其单位脉冲响应为 $h[n]=\alpha^n u[n]$，$|\alpha|<1$，系统的输入为 $x[n]=\beta^n u[n]$，$|\beta|<1$，求系统的零状态响应。

解 系统的频率响应为

$$H(e^{j\omega})=\frac{1}{1-\alpha e^{-j\omega}}$$

输入信号频谱为

$$X(e^{j\omega})=\frac{1}{1-\beta e^{-j\omega}}$$

由卷积性质可得输出信号 $y[n]$（零状态响应）的频谱为

$$Y(e^{j\omega})=X(e^{j\omega})H(e^{j\omega})=\frac{1}{(1-\alpha e^{-j\omega})(1-\beta e^{-j\omega})} \tag{4-124}$$

如将式(4-124) 中的 $e^{-j\omega}$作为一变量，则该可看成是关于 $e^{-j\omega}$的有理函数。因此，求 $Y(e^{j\omega})$ 的反变换，通常最简单的方法是将其展开为以 $e^{-j\omega}$为变量的部分分式，部分分式展开的具体方法可查阅附录。

① $\alpha\neq\beta$ 时，$Y(e^{j\omega})$ 的部分分式展开为

$$Y(e^{j\omega})=\frac{A}{1-\alpha e^{-j\omega}}+\frac{B}{1-\beta e^{-j\omega}} \tag{4-125}$$

其中

$$A=Y(e^{j\omega})(1-\alpha e^{-j\omega})\Big|_{e^{-j\omega}=\frac{1}{\alpha}}=\frac{\alpha}{\alpha-\beta}$$

$$B=Y(e^{j\omega})(1-\beta e^{-j\omega})\Big|_{e^{-j\omega}=\frac{1}{\beta}}=-\frac{\beta}{\alpha-\beta}$$

因此，可求得 $y[n]$为

$$y[n]=A\alpha^n u[n]+B\beta^n u[n]=\frac{\alpha}{\alpha-\beta}\alpha^n u[n]-\frac{\beta}{\alpha-\beta}\beta^n u[n] \tag{4-126}$$

② $\alpha=\beta$ 时，有

$$Y(e^{j\omega})=\frac{1}{(1-\alpha e^{-j\omega})^2}$$

根据例 4-7 的结果，可得 $y[n]$为

$$y[n]=(n+1)\alpha^n u[n] \tag{4-127}$$

【例 4-15】 已知某因果 LTI 系统对输入信号 $x[n]=\left(\frac{1}{2}\right)^n u[n]$ 的零状态响应为 $y[n]=3\left(\frac{1}{2}\right)^n u[n]-2\left(\frac{1}{3}\right)^n u[n]$，试求该系统的频率响应 $H(e^{j\omega})$和单位脉冲响应 $h[n]$。

解 分别求出 $x[n]$和 $y[n]$ 的频谱为

$$X(e^{j\omega})=\frac{1}{1-\frac{1}{2}e^{-j\omega}}$$

$$Y(e^{j\omega})=\frac{3}{1-\frac{1}{2}e^{-j\omega}}-\frac{2}{1-\frac{1}{3}e^{-j\omega}}=\frac{1}{\left(1-\frac{1}{2}e^{-j\omega}\right)\left(1-\frac{1}{3}e^{-j\omega}\right)}$$

因此，该系统的频率响应为

$$H(e^{j\omega})=\frac{Y(e^{j\omega})}{X(e^{j\omega})}=\frac{1}{1-\frac{1}{3}e^{-j\omega}}$$

由此可得系统的单位脉冲响应为

$$h[n]=\left(\frac{1}{3}\right)^n u[n]$$

【例 4-16】 已知某离散 LTI 系统，其单位脉冲响应 $h[n]$ 为实值信号，频率响应为 $H(e^{j\omega})$，求系统对输入信号 $\cos\omega_0 n$ 的响应。

解 将频响 $H(e^{j\omega})$ 表示为极坐标形式，即

$$H(e^{j\omega})=|H(e^{j\omega})|e^{j\theta(\omega)}$$

因为 $h[n]$ 为实序列，根据共轭对称性有

$$|H(e^{-j\omega})|=|H(e^{j\omega})|$$

和

$$\theta(-\omega)=-\theta(\omega) \tag{4-128}$$

将 $\cos\omega_0 n$ 表示为复指数形式，

$$\cos\omega_0 n=\frac{e^{j\omega_0 n}+e^{-j\omega_0 n}}{2}$$

因此，根据系统对复指数信号的响应特性，系统的输出为

$$y[n]=\frac{1}{2}e^{j\omega_0 n}|H(e^{j\omega_0})|e^{j\theta(\omega_0)}+\frac{1}{2}e^{-j\omega_0 n}|H(e^{-j\omega_0})|e^{j\theta(-\omega_0)}$$

结合式(4-128)，上式可写成

$$\begin{aligned}y[n]&=|H(e^{j\omega_0})|\frac{e^{j[\omega_0 n+\theta(\omega_0)]}+e^{-j[\omega_0 n+\theta(\omega_0)]}}{2}\\&=|H(e^{j\omega_0})|\cos[\omega_0 n+\theta(\omega_0)]\end{aligned} \tag{4-129}$$

式(4-129) 的结果与连续时间情况完全一致。将上述结果进一步推广，可得下列关系

$$A\cos(\omega_0 n+\theta_0)\rightarrow A|H(e^{j\omega_0})|\cos[\omega_0 n+\theta_0+\theta(\omega_0)] \tag{4-130}$$

$$A\sin(\omega_0 n+\theta_0)\rightarrow A|H(e^{j\omega_0})|\sin[\omega_0 n+\theta_0+\theta(\omega_0)] \tag{4-131}$$

4.6.3 用线性常系数差分方程表征的 LTI 系统

在很多情况下，离散时间因果 LTI 系统可以用线性常系数差分方程来描述。线性常系数差分方程的一般形式为

$$\sum_{k=0}^{N}a_k y[n-k]=\sum_{k=0}^{M}b_k x[n-k] \tag{4-132}$$

在这一节将要讨论如何确定差分方程的频率响应和方程的频域求解问题。为能在频域上求解，假定式(4-132) 所描述的 LTI 系统是稳定的，因而它的频率响应 $H(e^{j\omega})$ 存在。

现在，对式(4-132) 两边求傅里叶变换，可得

$$\sum_{k=0}^{N}a_k e^{-jk\omega}Y(e^{j\omega})=\sum_{k=0}^{M}b_k e^{-jk\omega}X(e^{j\omega}) \tag{4-133}$$

因此，方程所表征的系统的频率响应为

$$H(e^{j\omega})=\frac{Y(e^{j\omega})}{X(e^{j\omega})}=\frac{\sum_{k=0}^{M}b_k e^{-jk\omega}}{\sum_{k=0}^{N}a_k e^{-jk\omega}} \tag{4-134}$$

与连续时间情况相比较，$H(e^{j\omega})$ 是关于变量 $e^{-j\omega}$ 的两个多项式的比。分子多项式的系数就是方程式(4-132) 的右边系数 b_k，而分母多项式的系数就是式(4-132) 的左边系数 a_k。因此，频率响应和差分方程之间存在着很直观的对应关系，这种对应关系，要求熟练掌握。

【例 4-17】 考虑一离散时间因果 LTI 系统，其差分方程为

$$y[n]-\frac{1}{6}y[n-1]-\frac{1}{6}y[n-2]=x[n]$$

试求：① 系统的频率响应 $H(e^{j\omega})$ 和单位脉冲响应 $h[n]$；

② 当 $x[n]=\left(\frac{1}{2}\right)^n u[n]$，求系统的零状态响应。

解 ① 由式(4-134)，系统的频率响应为

$$H(e^{j\omega})=\frac{1}{1-\frac{1}{6}e^{-j\omega}-\frac{1}{6}e^{-2j\omega}}=\frac{1}{\left(1-\frac{1}{2}e^{-j\omega}\right)\left(1+\frac{1}{3}e^{-j\omega}\right)}$$

将 $H(e^{j\omega})$ 按部分分式展开，有

$$H(e^{j\omega})=\frac{A}{1-\frac{1}{2}e^{-j\omega}}+\frac{B}{1+\frac{1}{3}e^{-j\omega}}$$

式中

$$A=H(e^{j\omega})\left(1-\frac{1}{2}e^{-j\omega}\right)\Big|_{e^{-j\omega}=2}=\frac{3}{5}$$

$$B=H(e^{j\omega})\left(1+\frac{1}{3}e^{-j\omega}\right)\Big|_{e^{-j\omega}=-3}=\frac{2}{5}$$

因此，系统的单位脉冲响应为

$$h[n]=\frac{3}{5}\left(\frac{1}{2}\right)^n u[n]+\frac{2}{5}\left(-\frac{1}{3}\right)^n u[n]$$

② 输入信号 $x[n]$ 的频谱为

$$X(e^{j\omega})=\frac{1}{1-\frac{1}{2}e^{-j\omega}}$$

利用卷积性质，可得

$$Y(e^{j\omega})=X(e^{j\omega})H(e^{j\omega})=\frac{1}{\left(1-\frac{1}{2}e^{-j\omega}\right)^2\left(1+\frac{1}{3}e^{-j\omega}\right)}$$

由于上式中有重根情况，因此它的部分分式展开式为

$$Y(e^{j\omega})=\frac{B_{11}}{1-\frac{1}{2}e^{-j\omega}}+\frac{B_{12}}{\left(1-\frac{1}{2}e^{-j\omega}\right)^2}+\frac{B_2}{1+\frac{1}{3}e^{-j\omega}}$$

将 $e^{-j\omega}$ 用 z 替换，则式中

$$B_{11}=-2\frac{d}{dz}\left[Y(z)\left(1-\frac{1}{2}z\right)^2\right]\Big|_{z=2}=\frac{6}{25}$$

$$B_{12}=Y(z)\left(1-\frac{1}{2}z\right)^2\Big|_{z=2}=\frac{3}{5}$$

$$B_2=Y(z)\left(1+\frac{1}{3}z\right)\Big|_{z=-3}=\frac{4}{25}$$

因此，系统的零状态响应为

$$y[n]=\left[\frac{6}{25}\left(\frac{1}{2}\right)^n+\frac{3}{5}(n+1)\left(\frac{1}{2}\right)^n+\frac{4}{25}\left(-\frac{1}{3}\right)^n\right]u[n]$$

4.6.4 离散时间信号的滤波与理想滤波器

与连续时间情况相似，离散时间 LTI 系统频率响应的另一重要应用在于建立离散时间的滤波和滤波器的概念。有关连续时间信号滤波器的概念已在第 3 章介绍过，它同样适用于离散时间信号。

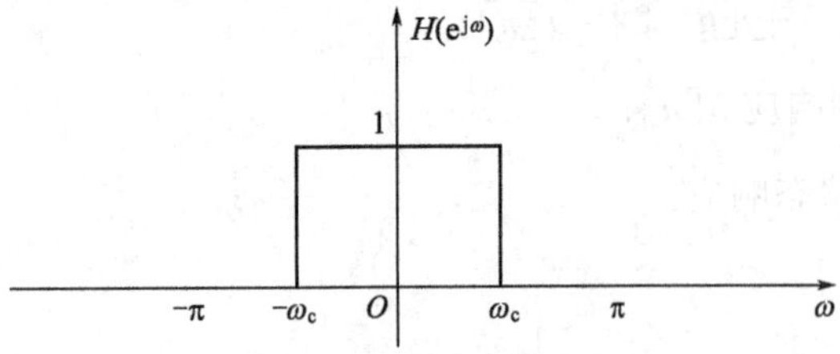

图 4-18 离散时间理想低通滤波器的频率响应

一个离散时间理想低通滤波器的频率响应为

$$H(e^{j\omega})=\begin{cases}1, & |\omega|<\omega_c\\ 0, & \omega_c<|\omega|\leqslant\pi\end{cases} \tag{4-135}$$

如图 4-18 所示，它是以 2π 周期的，图中只给出了 $[-\pi, \pi]$ 区间上的取值情况。

由式(4-49) 的结果，可求得离散时间理想低通滤波器的单位脉冲响应为

$$h[n]=\frac{\sin\omega_c n}{\pi n} \tag{4-136}$$

如图 4-19 所示，图中 $\omega_c=\frac{\pi}{4}$。

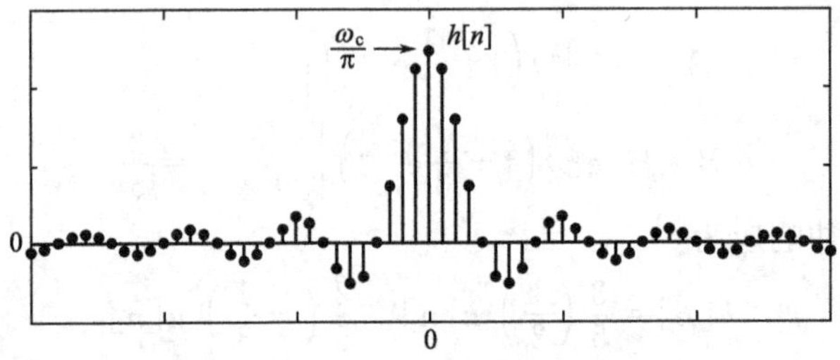

图 4-19 离散时间理想低通滤波器的单位脉冲响应($\omega_c=\frac{\pi}{4}$)

观察式(4-136) 可得，当 $n<0$ 时，$h[n]\neq 0$，因此，离散时间理想低通滤波器是非因果的，在时域中，物理上是无法实现的。滤波器的带宽正比于 ω_c，而单位脉冲响应的主瓣宽度正比于$\frac{1}{\omega_c}$。当滤波器的带宽增加时，单位脉冲响应就变得愈来愈窄；反之亦然，该结果与在连续时间情况下所讨论过的时间和频率之间的相反关系是一致的。

离散时间理想低通滤波器的单位阶跃响应 $s[n]$ 如图 4-20 所示。从图 4-20 中可看到，单位阶跃响应 $s[n]$ 也有比最后稳态值大的超量，并且呈现出称为振铃的振荡行为。单位阶跃响应就是单位脉冲响应的累加，即可通过下式求得

$$s[n]=\sum_{m=-\infty}^{n}h[m] \tag{4-137}$$

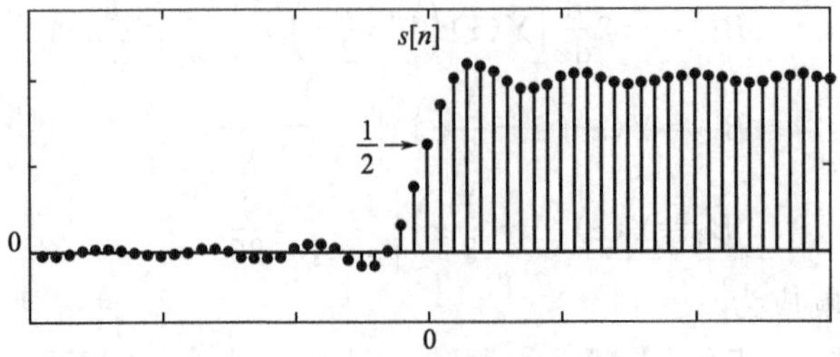

图 4-20 离散时间理想低通滤波器的单位阶跃响应

式(4-137) 描述了 $s[n]$与 $h[n]$ 的关系，实际上该关系即为 $s[n]=u[n]*h[n]$。在 Matlab 中，可以通过调用函数 conv 计算两个信号的卷积和，下面给出了基于卷积和运算求 $s[n]$ 的 Matlab 代码。

```
%基于卷积和运算求离散时间理想递推滤波器的单位阶跃响应
n=-80：80；
hn=0.25 * sinc(n/4)；                    %离散时间连续递推滤波器的单位冲激响应
xn=[zeros(1,80),ones(1,81)]；            %设定 u[n],观察范围-80～80
sn=conv(xn,hn)；                         %卷积和运算:s[n]=x[n] * h[n]
s_n=[-160:-161+length(sn)]；             %设定 s[n]的时域范围
stem(s_n,sn,'filled','k')；              %显示单位阶跃响应 s[n]
axis([-30,30,-0.4,1.4])；
```

4.7　基于 Matlab 的离散时间信号与 LTI 系统分析

4.7.1　离散时间周期信号傅里叶级数的计算

Matlab 中没有专门用于计算离散傅里叶系数的函数，这是因为离散时间周期信号的傅里叶级数与有限长信号的离散傅里叶变换有着非常密切的联系，可以通过调用函数 fft，来计算离散时间周期信号的傅里叶级数，或者也可以根据离散傅里叶系数的计算公式(4-12)来计算 a_k。这里只介绍如何根据式(4-12) 计算离散傅里叶系数 a_k，而根据离散傅里叶变换计算离散傅里叶级数请参阅《数字信号处理》课程中的相关章节。

根据式(4-12) 有 $a_k=\dfrac{1}{N}\sum\limits_{n=<N>}x[n]\mathrm{e}^{-\mathrm{j}k\left(\frac{2\pi}{N}\right)n}$，考虑到 a_k 是周期的，满足 $a_k=a_{k+N}$，只需计算出 a_0，a_1，a_2，…，a_{N-1} 即可。

【例 4-18】 序列 $x[n]$ 如图 4-21 所示，试求其离散傅里叶系数 a_k。

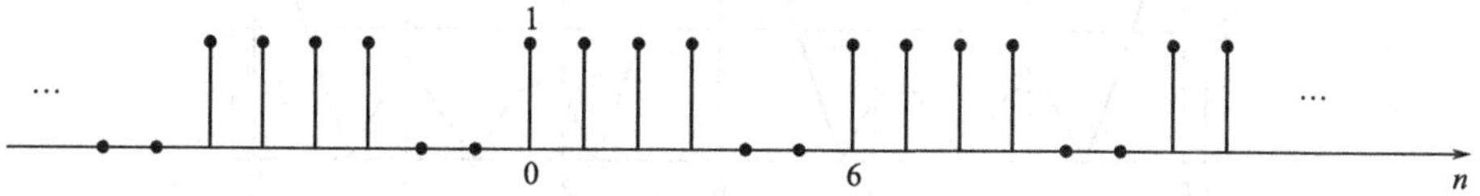

图 4-21　例 4-18 图

解　Matlab 代码如下

```
%计算周期矩形序列的离散傅里叶系数的 Matlab 代码
N=6；                         %序列的周期
xn=[1,1,1,1,0,0]；            %序列在 0～5 范围内(一个周期)的取值
n=0:1:N-1；
for k1=0:1:N-1
    for k2=0:1:N-1
    w(k1+1,k2+1)=exp(-i * k2 * k1 * 2 * pi/N)；
    end
end
a=xn * w/N；
```

在这里应注意到：在 Matlab 中，数组的第一维的标号为 1，因此上述代码中的 a(1) 实际上是离散傅里叶系数中的 a_0，而 a(2) 是 a_1，依此类推。结果如下

$a_0=0.6667$，　　$a_1=-0.2887\mathrm{i}$，　　$a_2=0.1667$

$a_3=0$，　　$a_4=0.1667$，　　$a_5=0.2887\mathrm{i}$

4.7.2 绝对可和序列的频谱计算与显示

在利用Matlab计算序列的频谱时，一般不考虑闭式解，而是对频谱进行抽样计算，并可用图形显示出计算结果（幅度谱与相位谱），以供研究者分析。

【例 4-19】 计算并显示 4 点矩形序列 $x[n]=u[n]-u[n-4]$ 的幅度谱与相位谱。

解 根据式(4-33)有

$$x[n] \xleftrightarrow{F} X(e^{j\omega}) = \sum_{n=-\infty}^{\infty} x[n]e^{-j\omega n} = \sum_{n=0}^{3} e^{-j\omega n}$$

具体的Matlab代码如下，结果如图4-22所示。需要注意的是，在相位谱中，返回的是主值区间（$-\pi$，π]内的结果。

```
%计算并显示矩形序列频谱的 Matlab 代码
xn=[1,1,1,1];                                          %产生矩形序列
Omiga=-2*pi:pi/128:2*pi;                               %设置频率采样点
for k1=0:1:3
    for k2=0:1:512
        w(k1+1,k2+1)=exp(-i*k2*Omiga(k1+1));
    end
end
spectrum=xn*w;                                         %计算频谱
subplot(2,1,1);plot(Omiga,abs(spectrum),'k');          %显示幅度谱
grid on;axis([-2*pi,2*pi,0,4.5]);
subplot(2,1,2);plot(Omiga,angle(spectrum),'k');        %显示相位谱
grid on;axis([-2*pi,2*pi,-1.2*pi,1.2*pi]);
```

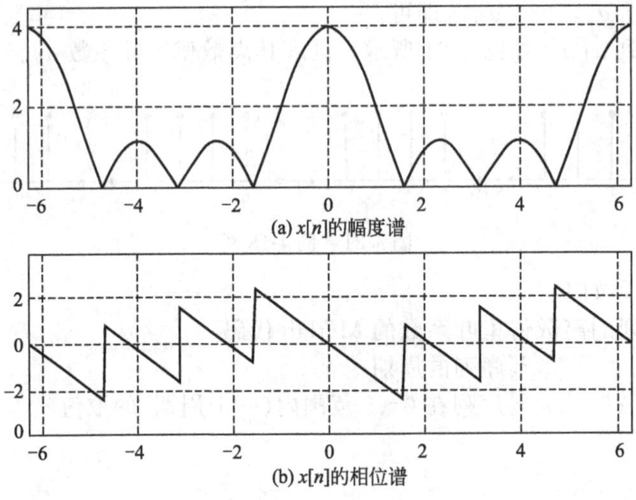

图 4-22 例 4-19 图

4.7.3 根据差分方程计算系统的频率响应

Matlab提供了能够直接根据系统函数或差分方程来计算频率响应的函数freqz，其调用格式为，[H,w]=freqz(b,a,N)，其中b与a为差分方程的系数矢量，N为频率区间[0，π]内的等间距抽样点数，返回值H为系统在抽样频率点上的频率响应，而w为抽样频率值。具体的使用方法可以参考以下例题。

【例 4-20】 系统的差分方程为 $y[n]-\frac{5}{6}y[n-1]+\frac{1}{6}y[n-2]=x[n]+x[n-1]$，试画出该系统的幅度响应。

解　差分方程的系数矢量为 $\boldsymbol{b}=[1,1]$，$\boldsymbol{a}=[1,-5/6,1/6]$。

在频率区间 $[0,\pi]$ 内选取 512 个频率抽样点以计算系统的频率响应，具体的代码如下，结果如图 4-23 所示。

```
%计算并显示系统频响的 Matlab 代码
b=[1,1];                              %设置差分方程的系数矢量
a=[1,-5/6,1/6];                       %设置差分方程的系数矢量
[H,w]=freqz(b,a,512);                 %计算频率响应
plot(w,abs(H),'k');                   %显示幅度响应
axis([0,pi,0,1.2*max(abs(H))])
```

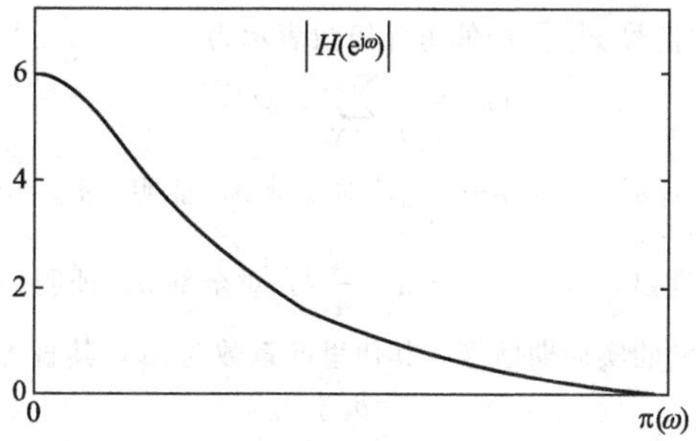

图 4-23　例 4-20 系统的幅度响应

习题 4

4-1　确定下列周期信号的离散傅里叶级数，并写出每一组系数 a_k 的模和相位。

(1) $x[n]$ 如图 4-24(a)所示；　(2) $x[n]$ 如图 4-24(b)所示；

(3) $x[n]=\sum_{m=-\infty}^{\infty}\{2\delta[n-4m]+4\delta[n-1-4m]\}$；(4) $x[n]=\cos(2\pi n/3)+\sin(2\pi n/3)$；

(5) $x[n]=1-\sin(\pi n/4)$，$0\leqslant n\leqslant 3$，且 $x[n]$ 以 4 为周期；

(6) $x[n]=1-\sin(\pi n/4)$，$0\leqslant n\leqslant 11$，且 $x[n]$ 以 12 为周期；

(7) $x[n]=3^{-n}$，$0\leqslant n\leqslant 7$，且 $x[n]$ 以 8 为周期。

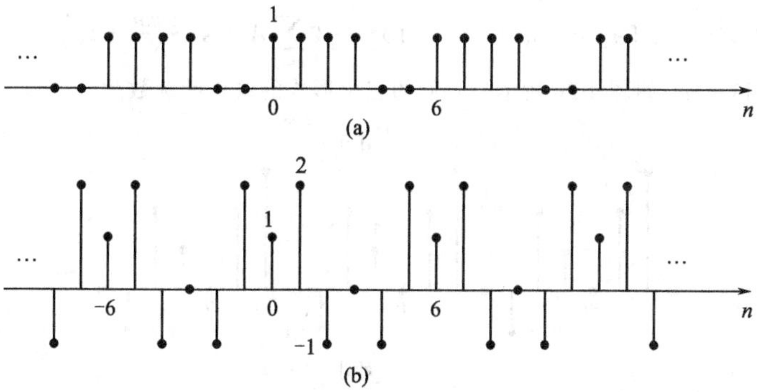

图 4-24　题 4-1 图

4-2　已知以下每一离散时间周期信号的傅里叶系数 a_k，且周期都为 8，试确定各信号 $x[n]$。

(1) $a_k=\cos\left(\frac{k}{4}\pi\right)+\sin\left(\frac{3k\pi}{4}\right)$；(2) $a_k=\sin\left(\frac{k\pi}{4}\right)$，$0\leqslant k\leqslant 7$；(3) a_k 如图 4-25(a) 所示；

(4) a_k 如图 4-25(b) 所示；(5) $a_k=-a_{k-4}$，$x[2n+1]=(-1)^n$。

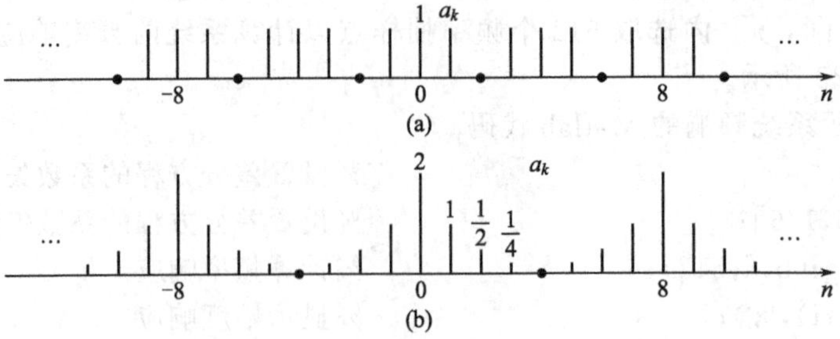

图 4-25 题 4-2 图

4-3 周期为 N 的离散时间信号 $x[n]$ 的傅里叶级数表示为

$$x[n]=\sum_{k=<N>}a_k e^{jk(\frac{2\pi}{N})n}$$

（1）设 N 为偶数，且满足 $x[n]=-x[n+\frac{N}{2}]$，对全部 n。证明：$a_{2k}=0$，k 为任意整数。

（2）设 N 可被 4 除尽，且满足，$x[n]=-x[n+\frac{N}{4}]$，对全部 n。证明：$a_{4k}=0$，k 为任意整数。

4-4 $x[n]$ 是一个周期为 N 的实周期信号，其傅里叶系数为 a_k，其直角坐标表示式为

$$a_k=b_k+jc_k$$

其中 b_k 和 c_k 都是实数。

（1）证明：$a_{-k}=a_k^*$，进而推出 b_k 与 b_{-k}，c_k 与 c_{-k} 之间关系（提示：利用 $x^*[n]=x[n]$）。

（2）设 N 是偶数，证明 $c_{N/2}=0$，且 $a_{N/2}$ 是实数。

（3）利用（1）所得到结果，证明 $x[n]$ 也能表示为如下三角函数形式的离散傅里叶级数。

若 N 为奇数，则有 $$x[n]=a_0+2\sum_{k=1}^{\frac{N-1}{2}}\left[b_k\cos\left(\frac{2\pi kn}{N}\right)-c_k\sin\left(\frac{2\pi kn}{N}\right)\right]$$

若 N 为偶数，则有 $$x[n]=[a_0+a_{\frac{N}{2}}(-1)^n]+2\sum_{k=1}^{\frac{N-1}{2}}\left[b_k\cos\left(\frac{2\pi kn}{N}\right)-c_k\sin\left(\frac{2\pi kn}{N}\right)\right]$$

（4）证明：若 a_k 的极坐标形式为 $A_k e^{j\theta_k}$，那么 $x[n]$ 的傅里叶级数也能写成如下形式

若 N 为奇数，则有 $$x[n]=a_0+2\sum_{k=1}^{\frac{N-1}{2}}A_k\cos\left(\frac{2\pi kn}{N}+\theta_k\right)$$

若 N 为偶数，则有 $$x[n]=[a_0+a_{\frac{N}{2}}(-1)^n]+2\sum_{k=1}^{\frac{N}{2}-1}A_k\cos\left(\frac{2\pi kn}{N}+\theta_k\right)$$

（5）假设 $x[n]$ 和 $z[n]$ 如图 4-26 所示，它们的三角形式的傅里叶级数为

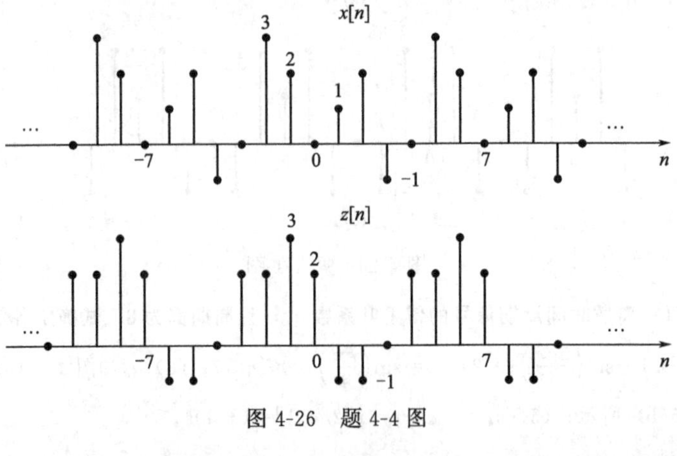

图 4-26 题 4-4 图

$$x[n] = a_0 + 2\sum_{k=1}^{3}\left[b_k\cos\left(\frac{2\pi kn}{7}\right) - c_k\sin\left(\frac{2\pi kn}{7}\right)\right]$$

$$z[n] = d_0 + 2\sum_{k=1}^{3}\left[d_k\cos\left(\frac{2\pi kn}{7}\right) - f_k\sin\left(\frac{2\pi kn}{7}\right)\right]$$

试画出下面信号 $y[n]$

$$y[n] = a_0 - d_0 + 2\sum_{k=1}^{3}\left[d_k\cos\left(\frac{2\pi kn}{7}\right) + (f_k - c_k)\sin\left(\frac{2\pi kn}{7}\right)\right]$$

4-5 求下列信号的离散时间傅里叶变换。

(1) $3^{-n+1}u[n-1]$； (2) $2^n u[-n]$； (3) $2^{-|n-1|}$；

(4) $\delta[6-2n]$； (5) $\delta[n-2]+\delta[n+2]$； (6) $u[n-1]-u[n-5]$；

(7) $(a^n\cos\omega_0 n)u[n], |a|<1$； (8) $a^{|n|}\sin\omega_0 n, |a|<1$； (9) $n2^{-n}u[n]$；

(10) $\sum_{k=0}^{\infty}2^{-n}\delta[n-4k]$； (11) $x[n]$ 如图 4-27(a) 所示； (12) $x[n]$ 如图 4-27(b) 所示。

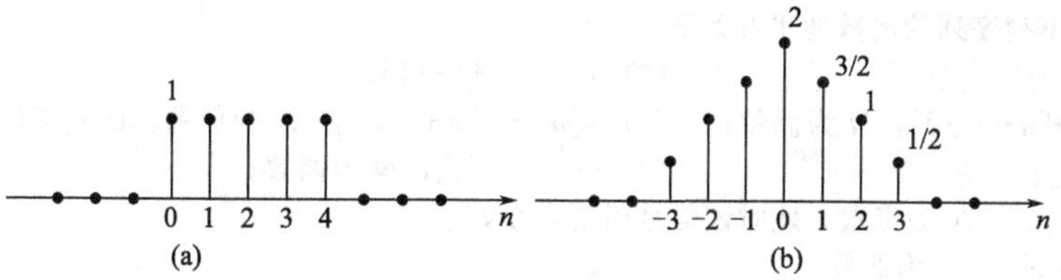

图 4-27 题 4-5 图

4-6 下列是各信号的离散时间傅里叶变换，求原信号 $x[n]$。

(1) $X(e^{j\omega}) = \begin{cases}1, 0\leqslant|\omega|\leqslant\omega_c \\ 0, \omega_c<|\omega|\leqslant\pi\end{cases}$；

(2) $X(e^{j\omega}) = 1 - e^{-j\omega} + 2e^{-j2\omega} - 3e^{-j3\omega} + 4e^{-j4\omega}$；

(3) $X(e^{j\omega}) = e^{-j\frac{\omega}{2}}, -\pi\leqslant\omega\leqslant\pi$； (4) $X(e^{j\omega}) = \cos^2\omega + j\sin3\omega$；

(5) $X(e^{j\omega}) = \sum_{k=-\infty}^{\infty}(-1)^k\delta(\omega - \frac{\pi}{2}k)$； (6) $X(e^{j\omega}) = \dfrac{1-e^{-j\omega}}{1-\frac{5}{6}e^{-j\omega}+\frac{1}{6}e^{-2j\omega}}$；

(7) $X(e^{j\omega}) = \dfrac{1-(2e^{j\omega})^{-8}}{1-(2e^{j\omega})^{-1}}$； (8) $X(e^{j\omega})$ 如图 4-28 所示。

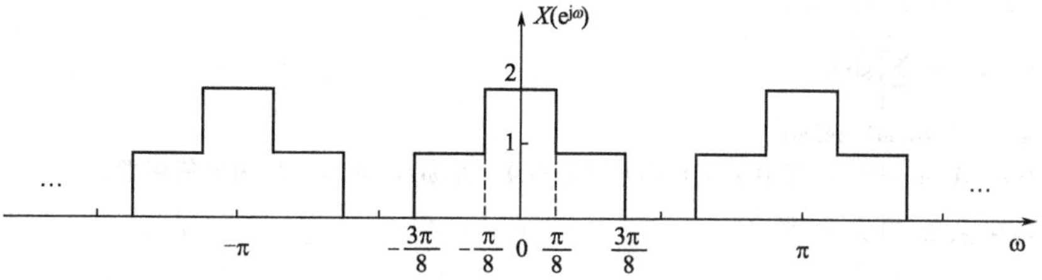

图 4-28 题 4-6 图

4-7 已知 $\tilde{x}[n]$ 是周期为 N 的周期信号，$x[n]$ 是从 $\tilde{x}[n]$ 中任意截取一个周期所得到的非周期信号。假设 $\tilde{x}[n]$ 的离散傅里叶系数为 a_k，$x[n]$ 的离散时间傅里叶变换为 $X(e^{j\omega})$，证明

$$a_k = \frac{1}{N}X(e^{j\omega})\Big|_{\omega=\frac{2\pi}{N}\cdot k}$$

4-8 设 $X(e^{j\omega})$ 是图 4-29 所示序列 $x[n]$ 的傅里叶变换，不经求出 $X(e^{j\omega})$ 完成下列计算。

(1) 求 $X(e^{j0})$；(2) 求 $X(e^{j\omega})$的相频特性；

(3)求 $\int_{-\pi}^{\pi}X(e^{j\omega})d\omega$；(4) 求 $X(e^{j\pi})$；

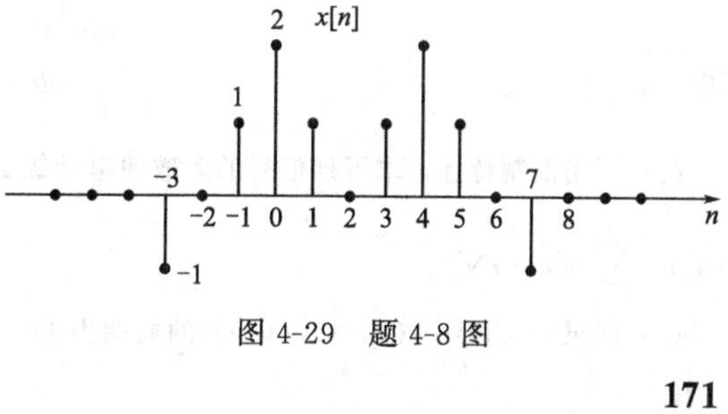

图 4-29 题 4-8 图

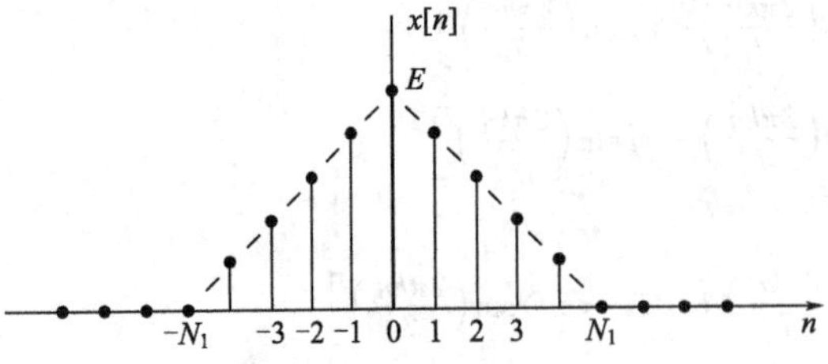

图 4-30 题 4-10 图

(5) 求并画出傅里叶变换为 $\mathrm{Re}\{X(e^{j\omega})\}$ 的序列；

(6) 求 $\int_{-\pi}^{\pi}|X(e^{j\omega})|^2 d\omega$；

(7) 求 $\int_{-\pi}^{\pi}\left|\frac{dX(e^{j\omega})}{d\omega}\right|^2 d\omega$。

4-9 求习题 4-1(1)，(2)，(4) 所对应周期信号的离散时间傅里叶变换。

4-10 利用傅里叶变换的性质，求下列信号的频谱。

(1) $\frac{\sin(\pi n/3)}{\pi n}\frac{\sin\pi n/4}{\pi n}$；(2) $(n+1)a^n u[n]$，$|a|<1$；(3) 如图 4-30 所示三角形脉冲。

4-11 已知信号 $x[n]$ 的周期为 N，其离散傅里叶级数为

$$x[n]=\sum_{k=<N>} a_k e^{jk\left(\frac{2\pi}{N}\right)\cdot n}$$

试用 a_k 表示下列序列的离散傅里叶系数。

(1) $x[n-n_0]$；

(2) $x[n]-x[n-1]$；

(3) $x[n]-x[n-N/2]$，N 为偶数；

(4) $x[n]+x[n+N/2]$，N 为偶数，此时该信号周期为 $N/2$；

(5) $x^*[-n]$；

(6) $(-1)^n x[n]$，N 为偶数；

(7) $(-1)^n x[n]$，N 为奇数，此时该信号周期为 $2N$；

(8) $y[n]=\begin{cases}x[n], & n \text{ 为偶数}\\ 0, & n \text{ 为奇数}\end{cases}$。

4-12 某一离散时间信号满足以下关系

(1) $x[n]$ 是实偶信号；

(2) $x[n]$ 的周期 $N=10$ 和离散傅里叶系数 a_k；

(3) $a_{11}=5$；

(4) $\sum_{n=0}^{9}|x[n]|^2=500$。

证明：$x[n]=A\cos(Bn+C)$，并确定常数 A，B 和 C 的值。

4-13 已知 $x[n]\overset{F}{\longleftrightarrow}X(e^{j\omega})$，利用傅里叶变换的性质，用 $X(e^{j\omega})$ 表示以下序列的频谱。

(1) $x_1[n]=x[1-n]+x[1-n]$；

(2) $x_2[n]=x[-n]\cos\omega_0 n$，$0<\omega_0<\pi$；

(3) $x_3[n]=\frac{x^*[-n]+x[n]}{2}$；

(4) $x_4[n]=(n-1)^2 x[n]$。

4-14 对于下列的离散时间傅里叶变换，利用性质，确定其对应时域信号是否为①实、虚信号，或均不是；②偶，奇信号，或均不是。

(1) $X(e^{j\omega})=e^{-j\omega}\sum_{k=1}^{10}\sin k\omega$；

(2) $X_2(e^{j\omega})=j\mathrm{sgn}(\omega)\cos 2\omega$；

(3) $X(e^{j\omega})=A(\omega)e^{jB(\omega)}$，其中 $A(\omega)$ 满足 $A(-\omega)=A(\omega)$，且 $A(\omega)$ 为实值函数，

$$B(\omega)=\begin{cases}-\frac{3}{2}\omega+\pi, & 0\leqslant|\omega|\leqslant\frac{\pi}{2}\\ 0, & \frac{\pi}{2}<|\omega|\leqslant\pi\end{cases}$$。

4-15 (1) 信号 $x[n]$和 $y[n]$ 都是以 N 为周期的，它们的傅里叶系数分别为 a_k和 b_k，试证明离散傅里叶级数的调制特性。

$$x[n]y[n]\overset{FS}{\longleftrightarrow}c_k$$

其中

$$c_k=\sum_{l=<N>}a_l b_{k-l}=\sum_{l=<N>}b_l a_{k-l}$$

(2) 利用调制特性，求下列信号的离散傅里叶级数，其中 $x[n]$ 的傅里叶系数为 a_k，① $x[n]\cos\left(\frac{6\pi n}{N}\right)$；② $x[n]\sum_{r=-\infty}^{\infty}\delta[n-rN]$。

(3) 如果 $x[n]=\cos(\pi n/3)$，$y[n]$ 的周期为 12，且

$$y[n]=\begin{cases}1, & |n|\leqslant 3\\ 0, & 4\leqslant |n|\leqslant 6\end{cases}$$

求信号 $x[n]y[n]$ 的傅里叶系数。

(4) 利用 (1) 的结果证明

$$\sum_{n=<N>} x[n]y[n]=N\sum_{l=<N>} a_l b_{-l}$$

4-16 确定下列信号中哪些信号的傅里叶变换满足下列条件之一。

① $\mathrm{Re}\{X(\mathrm{e}^{\mathrm{j}\omega})\}=0$； ② $\mathrm{Im}\{X(\mathrm{e}^{\mathrm{j}\omega})\}=0$；

③ $\int_{-\pi}^{\pi} X(\mathrm{e}^{\mathrm{j}\omega})\mathrm{e}^{\mathrm{j}\omega}\mathrm{d}\omega=0$； ④ $X(\mathrm{e}^{\mathrm{j}0})\neq 0$；

⑤ 存在实数 a，使得 $X(\mathrm{e}^{\mathrm{j}\omega})\mathrm{e}^{\mathrm{j}a\omega}$ 是关于 ω 的偶函数。

(1) $x[n]=3^{-n}u[n]$； (2) $x[n]=3^{-|n|}$；

(3) $x[n]=\delta[n-1]+\delta[n+1]$； (4) $x[n]=\delta[n-1]+\delta[n+3]$；

(5) $x[n]=\delta[n-2]-\delta[n+2]$； (6) $x[n]$如图 4-31(a) 所示；

(7) $x[n]$如图 4-31(b) 所示。

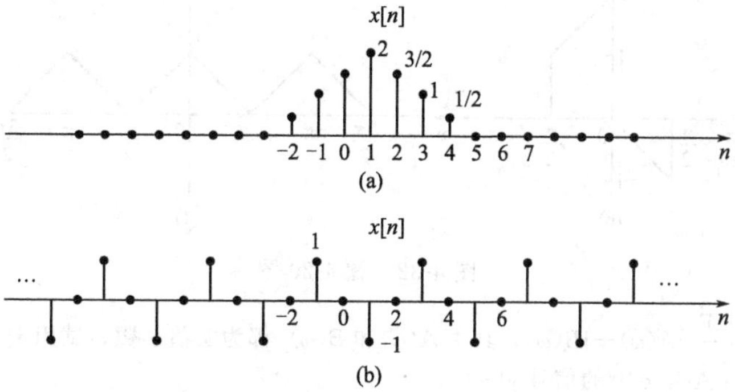

图 4-31 题 4-16 图

4-17 借助于表 4-1 和表 4-3，若 $X(\mathrm{e}^{\mathrm{j}\omega})$ 为

$$X(\mathrm{e}^{\mathrm{j}\omega})=\frac{1}{1-\mathrm{e}^{-\mathrm{j}\omega}}\left(\frac{\sin\frac{3}{2}\omega}{\sin\frac{\omega}{2}}\right)+3\pi\delta(\omega),\quad -\pi<\omega\leqslant\pi$$

求 $x[n]$。

4-18 设某信号 $x[n]$ 的频谱为 $X(\mathrm{e}^{\mathrm{j}\omega})$，且满足以下条件

① $x[n]=0$，$n>0$； ② $x[0]>0$；

③ $\mathrm{Im}\{X(\mathrm{e}^{\mathrm{j}\omega})\}=\sin\omega-\sin 2\omega$； ④ $\int_{-\pi}^{\pi}|X(\mathrm{e}^{\mathrm{j}\omega})|^2\mathrm{d}\omega=6\pi$；

求 $x[n]$。

4-19 (1) 设

$$y[n]=\left(\frac{\sin\frac{\pi}{4}n}{\pi n}\right)^2 * \left(\frac{\sin\omega_c n}{\pi n}\right)$$

其中 $|\omega_c|\leqslant\pi$，试确定 ω_c 的取值范围，以保证

$$y[n]=\left(\frac{\sin\frac{\pi}{4}n}{\pi n}\right)^2$$

(2) 设 $y[n]=\left(\frac{\sin\frac{\pi n}{4}}{\pi n}\cos\frac{\pi}{2}n\right) * \left(\frac{\sin\omega_c n}{\pi n}\right)$，重新回答 (1) 的问题。

4-20 设图 4-32(a) 所示的频谱 $X(\mathrm{e}^{\mathrm{j}\omega})$所对应的原序列为 $x[n]$，试用 $x[n]$ 表示图 4-32 中其他频谱所对应的原序列。

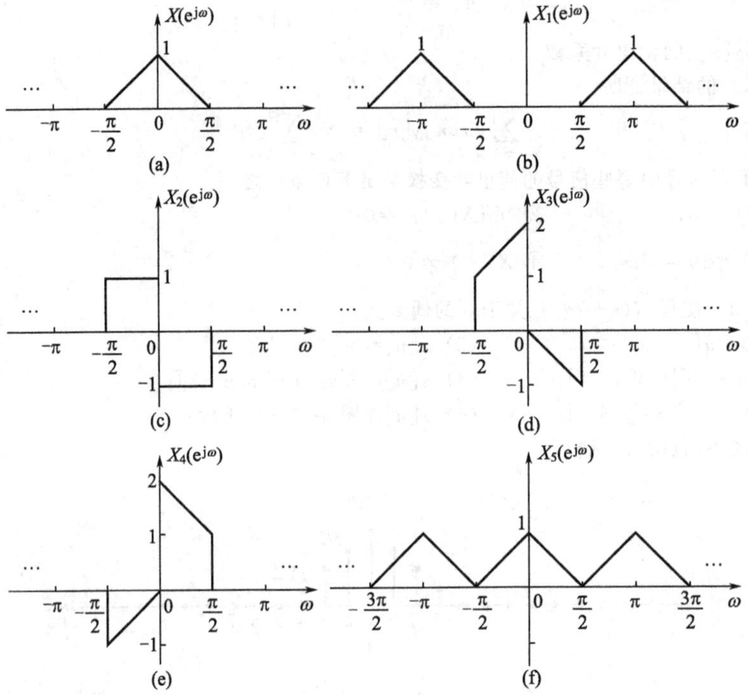

图 4-32 题 4-20 图

4-21 已知 $x[n]\xleftrightarrow{F}A(\omega)+\mathrm{j}B(\omega)$，其中 $A(\omega)$ 和 $B(\omega)$ 都为实值函数，试用 $x[n]$ 表示对应于傅里叶变换为 $Y(\mathrm{e}^{\mathrm{j}\omega})=B(\omega)+A(\omega)\mathrm{e}^{-\mathrm{j}\omega}$ 的信号 $y[n]$。

4-22 考虑信号 $x[n]$，其傅里叶变换如图 4-33 所示，试画出下面连续时间信号。

(1) $x_1(t)=\sum\limits_{n=-\infty}^{\infty}x[-n]\mathrm{e}^{\mathrm{j}nt}$；　　(2) $x_2(t)=\sum\limits_{n=-\infty}^{\infty}x[-n]\mathrm{e}^{\mathrm{j}\left(\frac{2\pi}{8}\right)nt}$

(3) $x_3(t)=\sum\limits_{n=-\infty}^{\infty}x[n]\mathrm{e}^{\mathrm{j}\left(\frac{2\pi}{10}\right)nt}$；　　(4) $x_4(t)=\sum\limits_{n=-\infty}^{\infty}\mathrm{Re}\{x[n]\}\mathrm{e}^{\mathrm{j}\left(\frac{2\pi}{4}\right)nt}$

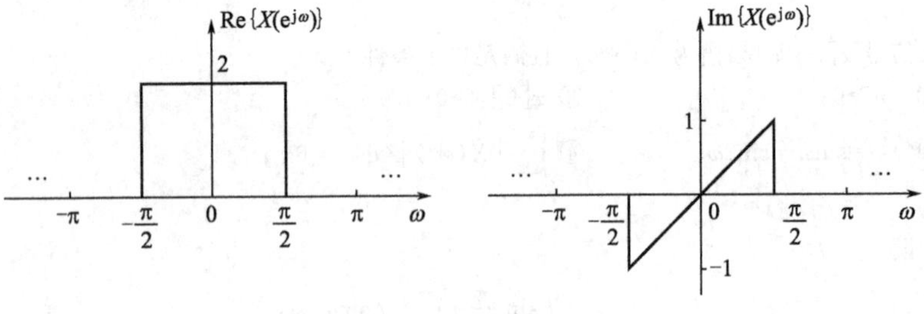

图 4-33 题 4-22 图

4-23 (1) 设信号 $x[n]$ 的傅里叶变换为 $X(\mathrm{e}^{\mathrm{j}\omega})$，如图 4-34 所示。对于下列每一个 $p[n]$，概略画出信号 $w[n]=x[n]p[n]$ 的傅里叶变换。

① $p[n]=\cos\pi n$；　　② $p[n]=\cos(\pi n/2)$；

③ $p[n]=\sum\limits_{k=-\infty}^{\infty}\delta[n-2k]$；　　④ $p[n]=\sum\limits_{k=-\infty}^{\infty}\delta[n-4k]$。

(2) 假设 (1) 中的序列 $w[n]$ 作为输入加到一个单位脉冲响应为 $h[n]=\dfrac{\sin(\pi n/2)}{\pi n}$ 的 LTI 系统上去，求对应 (1) 中所选中 $p[n]$ 的输出 $y[n]$。

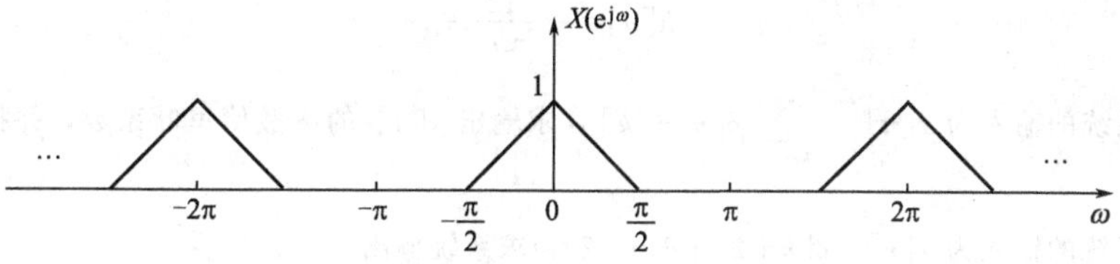

图 4-34　题 4-23 图

4-24　设周期为 2 的信号 $x[n]=(-1)^n$ 的傅里叶系数为 a_k，利用对偶性求周期为 2 的信号 $g[n]=a_n$ 的傅里叶系数 b_k。

4-25　某一因果 LTI 系统的差分方程为

$$y[n]+\frac{1}{6}y[n-1]-\frac{1}{6}y[n-2]=x[n]-x[n-1]$$

(1) 求该系统的频率响应；　　(2) 求该系统的单位脉冲响应 $h[n]$；

(3) 求该系统对输入信号 $x[n]=4^{-n}u[n]$ 的响应 $y[n]$。

4-26　某一因果稳定 LTI 系统，对 $\left(\frac{2}{3}\right)^n u[n]$ 的零状态响应为

$$\left(\frac{2}{3}\right)^n u[n]\to n\left(\frac{2}{3}\right)^n u[n]$$

(1) 求该系统的频率响应 $H(e^{j\omega})$；(2) 求该系统的差分方程。

4-27　假设某一 LTI 系统，其单位脉冲响应为 $h[n]$，频率响应为 $H(e^{j\omega})$，且具有以下性质

① $4^{-n}u[n]\to g[n]$，其中 $g[n]=0$，$n\geqslant 2$ 和 $n<0$；

② $H(e^{j\pi/2})=1$；③ $H(e^{j\omega})=H(e^{j(\omega-\pi)})$。

试求 (1) $h[n]$；(2) 该系统的差分方程；(3) 系统对 $u[n]$ 的响应。

4-28　对于下列周期输入，求示于图 4-35 的理想带通滤波器的输出。

(1) $x[n]=(-1)^n$；(2) $x[n]=1+\sin\left(\frac{3\pi}{8}n+\frac{\pi}{4}\right)+\frac{1}{2}\cos\left(\frac{\pi}{2}n+\frac{\pi}{6}\right)+\frac{1}{4}\sin\left(\frac{2}{3}\pi n+\frac{\pi}{4}\right)$；

(3) $x[n]=\sum_{k=-4}^{4}a_k e^{-jk\left(\frac{2\pi}{9}\right)n}$。

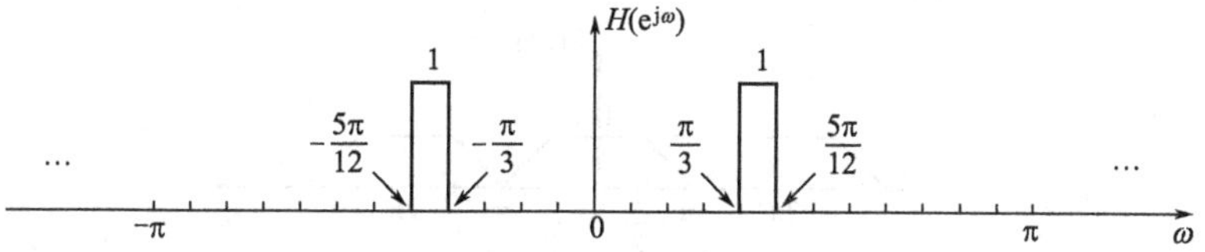

图 4-35　题 4-28 图

4-29　某一个频率响应为 $H(e^{j\omega})$ 的 LTI 系统，其输入为如下冲激串

$$x[n]=\sum_{k=-\infty}^{\infty}\delta[n-4k]$$

其输出为

$$y[n]=\cos\left(\frac{\pi}{2}n+\frac{\pi}{4}\right)$$

求 $H(e^{jk\pi/2})$ 在 $k=0$，1，2，3 时的值。

4-30　某一因果离散时间 LTI 系统，其差分方程为

$$y[n]-\frac{1}{2}y[n-1]=x[n]$$

在下面输入情况下，求输出 $y[n]$ 的离散傅里叶级数表示。

(1) $x[n]=\sin\left(\frac{\pi}{4}n\right)$；(2) $x[n]=\cos\left(\frac{\pi}{4}n\right)+\sin\left(\frac{\pi}{2}n+\frac{\pi}{4}\right)+\sin\left(\frac{3}{4}\pi n+\frac{\pi}{3}\right)$。

4-31　考虑某一离散时间 LTI 系统，其单位脉冲响应为

$$h[n]=\frac{\sin\frac{7}{12}\pi n}{\pi n}$$

(1) 已知系统的输入为 $x[n]=\sum\limits_{k=-\infty}^{\infty}\delta[n-4k]$，求输出 $y[n]$ 的离散傅里叶系数，并把它表示为三角函数形式。

(2) 已知系统的输入为 $x[n]=\delta[n+2]+\delta[n-2]$，求系统输出。

(3) 已知系统的输入 $x[n]$ 为图 4-36 所示的周期方波信号，求系统输出。

(4) 已知系统的输入等于 $(-1)^n$ 乘以图 4-36 所示信号，求系统的输出。

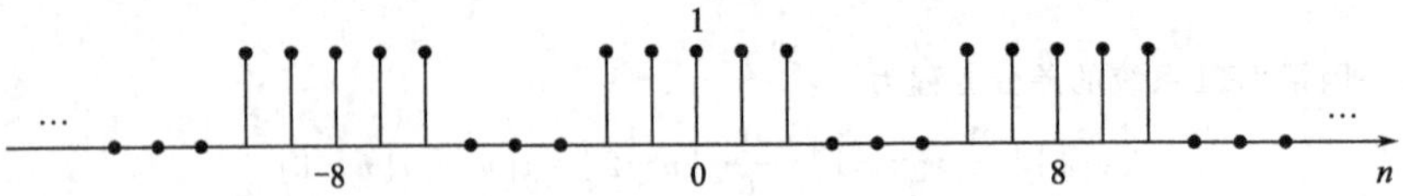

图 4-36　题 4-31 图

4-32　某离散时间 LTI 系统如图 4-37(a) 所示。其中

$$h_1[n]=\delta[n]-\frac{\sin(\pi n/2)}{\pi n}$$

$H_2(e^{j\omega})$ 和 $H_3(e^{j\omega})$ 分别如图 4-37(b)，(c) 所示，输入序列的频谱如图 4-37(d) 所示，求系统的频率响应 $H(e^{j\omega})$，并求 $y[n]$。

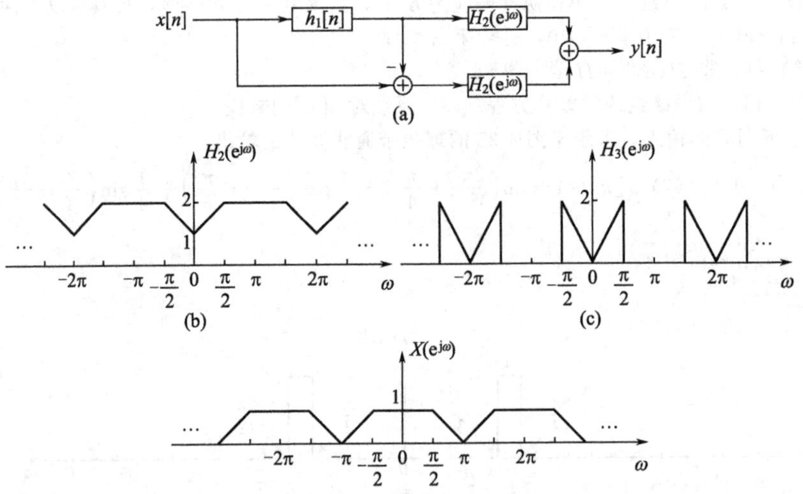

图 4-37　题 4-32 图

4-33　对下列差分方程所描述的因果 LTI 系统，确定其逆系统的频率响应、单位脉冲响应及描述逆系统的差分方程。

(1) $y[n]=x[n]-\frac{1}{2}x[n-1]$；　　(2) $y[n]+\frac{1}{2}y[n-1]=x[n]$；

(3) $y[n]+\frac{5}{4}y[n-1]-\frac{1}{8}y[n-2]=x[n]-\frac{1}{4}x[n-1]-\frac{1}{8}x[n-2]$；

(4) $y[n]+\frac{5}{4}y[n-1]-\frac{1}{8}y[n-2]=x[n]$。

4-34　图 4-38 为一因果 LTI 系统的方框图实现，试求

(1) 求该系统的差分方程；　　(2) 该系统的频率响应 $H(e^{j\omega})$；

(3) 求该系统的单位脉冲响应 $h[n]$。

4-35　某一因果 LTI 系统的差分方程为

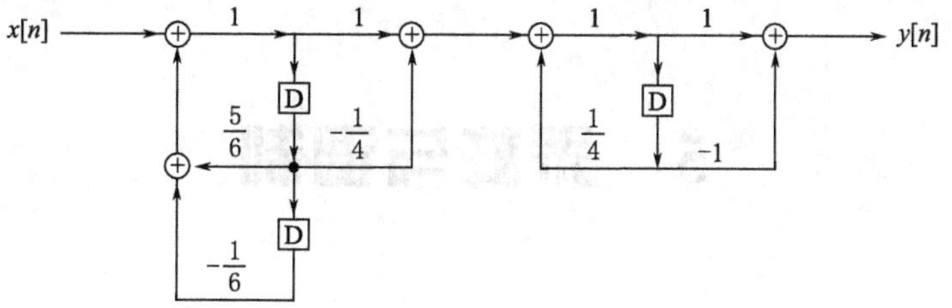

图 4-38　题 4-34 图

$$y[n]-ay[n-1]=bx[n]+x[n-1]$$

其中 a 是实数，且 $|a|<1$。

(1) 求 b 的值，使该系统的频率响应满足

$$|H(e^{j\omega})|=1,-\infty<\omega<\infty$$

这样的系统称为全通系统。

(2) 当 $a=-\frac{1}{2}$，b 取 (1) 中所求得值时，概略画出 $0<\omega<\pi$ 区间内的 $H(e^{j\omega})$ 的相频特性。

(3) 当 $a=\frac{1}{2}$，b 取 (1) 中所求得值时，概略画出 $0<\omega<\pi$ 区间内的 $H(e^{j\omega})$ 的相频特性。

(4) 如果输入为 $x[n]=2^{-n}u[n]$，$a=-\frac{1}{2}$，b 取 (1) 中所求得值时，求该系统的输出，并绘出输出的图形，从中可以看出，系统的非线性相频特性对响应的影响。

4-36　两个离散时间 LTI 系统的频率响应分别为

$$H_1(e^{j\omega})=\frac{1+\frac{1}{2}e^{-j\omega}}{1+\frac{1}{4}e^{-j\omega}},H_2(e^{j\omega})=\frac{\frac{1}{2}+e^{-j\omega}}{1+\frac{1}{4}e^{-j\omega}}$$

(1) 证明 $|H_1(e^{j\omega})|=|H_2(e^{j\omega})|$，但 $H_2(e^{j\omega})$ 的相位的绝对值大于 $H_1(e^{j\omega})$ 的相位绝对值；

(2) 求出这两个系统的单位脉冲响应和阶跃响应，并加以图示；

(3) 证明 $H_2(e^{j\omega})$ 可表示为

$$H_2(e^{j\omega})=G(e^{j\omega})H_1(e^{j\omega})$$

其中 $G(e^{j\omega})$ 是一个全通系统，频率响应为 $H_1(e^{j\omega})$ 形式的系统通常称为最小相移系统。这表明：非最小相移系统总可以分解为最小相移系统与全通系统的级联。

5 采样与调制

5.0 引言

本章将讨论采样定理、信号调制和希尔伯特变换。采样定理是现代数字信号处理的基本理论之一，而采样、调制则是现代通信的基础。本章讨论的内容是前两章内容的深入，是傅里叶变换及其调制特性在信号处理和通信中的应用。

数字信号处理和现代数字通信的一个基本要求是要找到一种方法，将连续时间信号离散化，即用信号的样值去表示连续时间信号。然后，对采样获得的离散时间信号进行量化，就可得到数字信号，这样就可以对连续时间信号进行数字化处理和数字化通信。采样定理的重要性在于它在连续时间信号和离散时间信号之间建立起桥梁。由采样定理可知，在一定的条件下，连续时间信号可由它的样值来表示。在离散时间情况下也有类似结果，即在一定的条件下，信号也可由其样值来表示，并可恢复其原来的信号。采样的概念使人们想到一种现已被广泛使用的方法，就是用离散时间系统的技术，在采样定理条件下，来实现完全等价的连续时间系统，即用离散化的方法来处理和产生连续时间信号。这样一来，就可利用现代计算机技术和大规模集成电路技术，来构成轻便、廉价和可编程的用于连续时间信号处理的数字系统。

傅里叶变换的典型应用之一就是通信系统，包括有线和无线通信，以及计算机通信网络。在这一章的后半部分，将利用信号的频谱概念建立通信系统的基本框架：采样、调制、解调、复用和信号的正交变换。

一般而言，在所有的通信系统中，源信号包括已编码的信号源都要首先被调制器处理后，被某一发射装置发送，以便用最合适的传输形式在通信信道上传送；而在通信信道的另一端，即接收端又通过适当的处理方式将信号给予恢复。任何一个通信信道都可以看作一个系统，因此通信信道的传输特性可由其频率响应特性 $H(\mathrm{j}\omega)$ 来描述，该频率特性 $H(\mathrm{j}\omega)$ 可能是时变的和非线性的。一个通信信道的频率特性不可能是理想的无失真传输系统，它们具有一定的工作频率范围或频率带宽，适合于传送该频率范围内的信号，而在该频率范围以外，通信将严重受阻，甚至不可能。例如，在大气层，音频信号（10～20kHz）的信号传输的衰减非常大，而较高频率范围的信号将能传输到很远的距离。因此，要想利用某一通信信道上传输像语言或音乐这样的音频，就必须通过适当调制方式，将该信号嵌入另一个适合于信道传输的具有某一中心频率 ω_s 的载波信号中去。

将某一个载有信息的信号嵌入另一个信号的过程一般称为调制，调制也可理解为用一个信号去控制另一个信号的某一参量，例如幅度、频率、角度等。其中控制信号通常为需要传送的载有信息的信号，被称为调制信号，被控制信号称为载波。对信号进行调制的方式有很多种，其中应用最广的是幅度调制。而将上述载有信息的信号提取出来的过程称为解调。特别要指出的是，调制技术不仅仅是能将信息嵌入到某一能有效传输的载波中去，而且还能够把频谱重叠的多个信号在同一信道上同时传输，这就是所谓的复用概念。通过复用概念可以实现多通道信号的同时通信。

5.1 连续时间信号的时域采样定理

一个连续时间信号 $x(t)$ 经过采样后成为由样本组成的离散序列 $x[n]=x(nT)$，这个过程通常是要丢失信息的，这是因为由同一组等间隔样本可以生成无穷多个连续信号，使它们都有相同的样值。也就是说，在没有任何附加条件下，一个信号不能完全惟一地由一组等间隔的样本值来表征或恢复。但在一定条件下，这种过程是可逆的，即可由信号的样本值来表征或恢复原信号，这就是采样定理所要讨论的主要内容。

5.1.1 冲激串采样：采样定理

可采用冲激串采样来获取信号等间隔上的采样值，图 5-1 为冲激串采样的示意图。该方法是通过一个周期冲激串去乘以待采样的连续时间信号 $x(t)$。该周期冲激串 $p(t)$ 称作采样函数，周期 T 称为采样周期，$p(t)$ 的基波频率 $\omega_s=\frac{2\pi}{T}$称为采样频率。

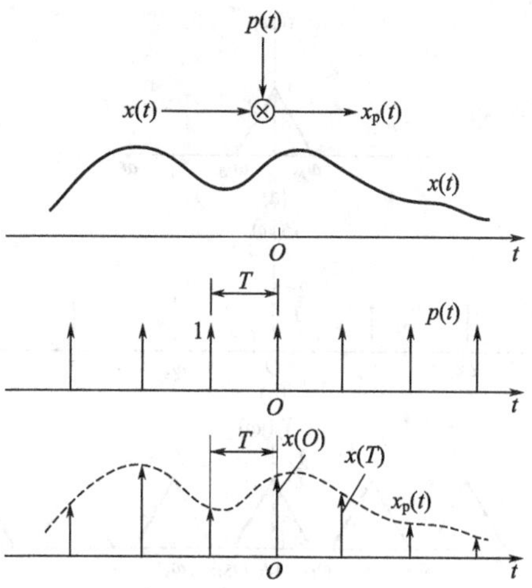

图 5-1 冲激串采样

这样，在时域中就有

$$x_p(t)=x(t)\cdot p(t) \tag{5-1}$$

其中

$$p(t)=\sum_{n=-\infty}^{\infty}\delta(t-nT)=\delta_T(t) \tag{5-2}$$

因此，$x_p(t)$ 可表示为

$$x_p(t)=\sum_{n=-\infty}^{\infty}x(nT)\delta(t-nT)=\sum_{n=-\infty}^{\infty}x[n]\delta(t-nT) \tag{5-3}$$

式中，$x[n]=x(nT)$。上式中利用了冲激函数的采样特性，即 $x(t)\delta(t-nT)=x(nT)\delta(t-nT)$。式(5-3) 表明 $x(t)$ 被周期冲激串相乘后所获得的信号 $x_p(t)$ 仅与被采样的信号 $x(t)$ 的采样值序列 $x[n]=x(nT)$ 有关，它本身也是一个冲激串，其各冲激信号的幅度（加权值）等于 $x(t)$ 的样值。信号 $x(t)$ 的采样值序列 $x[n]=x(nT)$ 与 $x_p(t)$ 完全等价，即可由 $x_p(t)$ 来获得 $x[n]=x(nT)$，其值就是在 $t=nT$ 时刻上各冲激信号的幅度；同样，也可由 $x[n]$ 按式(5-3) 生成 $x_p(t)$ 信号。因此，冲激串采样可以看作是一种获取连续时间信号采样值的理想数学模型。

如果假设 $x(t)$ 的频谱为 $X(j\omega)$，$p(t)$ 的频谱为 $P(j\omega)$。根据第 3 章所得到的冲激串频谱，则有

$$P(j\omega)=\frac{2\pi}{T}\sum_{k=-\infty}^{\infty}\delta(\omega-k\omega_s),\omega_s=\frac{2\pi}{T} \tag{5-4}$$

由傅里叶变换的相乘性质，可知

$$X_p(j\omega)=\frac{1}{2\pi}[X(j\omega)*P(j\omega)]=\frac{1}{T}\sum_{k=-\infty}^{\infty}X(j(\omega-k\omega_s)),\omega_s=\frac{2\pi}{T} \tag{5-5}$$

上式化简过程中，利用了冲激信号的卷积性质：$X(j\omega)*\delta(\omega-k\omega_s)=X(j(\omega-k\omega_s))$。显然，$X_p(j\omega)$ 是频域上的周期函数，它满足 $X_p(j\omega)=X_p(j(\omega\pm\omega_s))$，是由一组移位的 $X(j\omega)$叠加而成，但在幅度上有$\frac{1}{T}$的变化。为了进一步研究 $X(j\omega)$ 和 $X_p(j\omega)$ 频谱之间的关系，将各信号的频谱分别画于图 5-2 中。假设被采样信号 $x(t)$ 是一带限信号，即 $X(j\omega)=0$，$|\omega|>\omega_M$，ω_M为信号 $x(t)$ 的最高频率。下面将分两种情况，来考查 $X_p(j\omega)$ 的频谱结构。

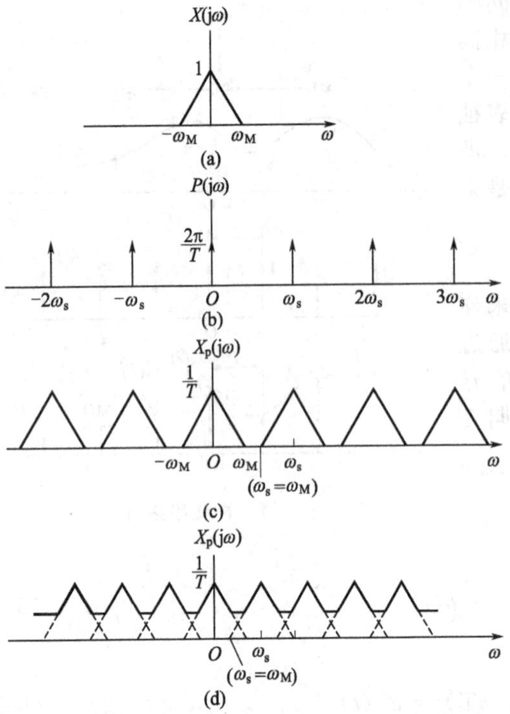

图 5-2　时域采样的各信号的频谱

① 当 $\omega_s-\omega_M>\omega_M$，即 $\omega_s>2\omega_M$ 时，在 $X_p(j\omega)$ 中，相邻移位的 $X(j(\omega-k\omega_s))$ 频谱之间，并无重叠现象出现。也就是说，$X_p(j\omega)$ 在 $k\omega_s$ 频率点上精确重现原信号的频谱，仅在幅度上有 $\frac{1}{T}$ 的变化。因此，当采样频率大于信号最高频率两倍时，即 $\omega_s>2\omega_M$ 时，$x(t)$ 就能够完全用一个低通滤波器从 $x_p(t)$ 中恢复出来，其中要求该低通滤波器的截止频率 ω_c 满足

$$\omega_M<\omega_c<\omega_s-\omega_M \tag{5-6}$$

和增益为 T，如图 5-3 所示。一般 ω_c 可取值为 $\omega_c=\frac{\omega_s}{2}$。

② 当 $\omega_s-\omega_M<\omega_M$，即 $\omega_s<2\omega_M$ 时，如图 5-2(d) 所示，$X_p(j\omega)$ 中各移位 $X(j\omega)$ 之间存在重叠，这样在重叠处，$X_p(j\omega)$ 就不能重显原信号的频谱，这种现象称为频谱的混叠。当 $\omega_s<2\omega_M$ 时，由于这种混叠，$X(j\omega)$ 在 $|\omega|>\omega_s/2$ 部分的高频成分将叠加到 $X_p(j\omega)$ 的 $|\omega|\leqslant\frac{\omega_s}{2}$ 上去，从而导致所谓的假频现象，不能恢复原信号。

现在进一步考查 $x(t)$ 的样值序 $x[n]=x(nT)$ 的频谱，即

$$x[n]\stackrel{F}{\longleftrightarrow}X(e^{j\omega})=\sum_{n=-\infty}^{\infty}x[n]e^{-j\omega n}=\sum_{n=-\infty}^{\infty}x(nT)e^{-j\omega n} \tag{5-7}$$

另外，由于 $X_p(t)=\sum_{n=-\infty}^{\infty}x(nT)\delta(t-nT)$，因此，$x_p(t)$ 频谱又可表示为

$$X_p(j\omega)=\sum_{n=-\infty}^{\infty}x(nT)e^{-j\omega nT} \tag{5-8}$$

将上式和式(5-7) 作一比较，$X(e^{j\omega})$ 和 $X_p(j\omega)$ 有以下关系

$$X(e^{j\omega})=X_p(j\frac{\omega}{T})$$

利用式(5-5) $X_p(j\omega)$ 的频谱，可得

$$X(e^{j\omega})=\frac{1}{T}\sum_{k=-\infty}^{\infty}X(j(\omega-2\pi k)/T) \tag{5-9}$$

式(5-9) 揭示了信号样值序列 $x[n]=x(nT)$ 的频谱与原信号频谱之间的关系，即 $X(e^{j\omega})$ 是由移位 $X(j\omega)$ 叠加并做 $\frac{1}{T}$ 尺度变换所形成的。显然，$X(e^{j\omega})$ 是 2π 周期的。当 $\omega_s>2\omega_M$ 时，$X(e^{j\omega})$ 频谱没有重叠，且在 $\omega=2\pi k$ 离散时间频率点上精确重现原信号的频谱结构。只要将 $X(e^{j\omega})$ 乘以 T 倍和作 $T\omega$ 的线性映射，就可以精确重现原信号的频谱结构。因此，在 $\omega_s>2\omega_M$ 条件下，$x(t)$ 的样值

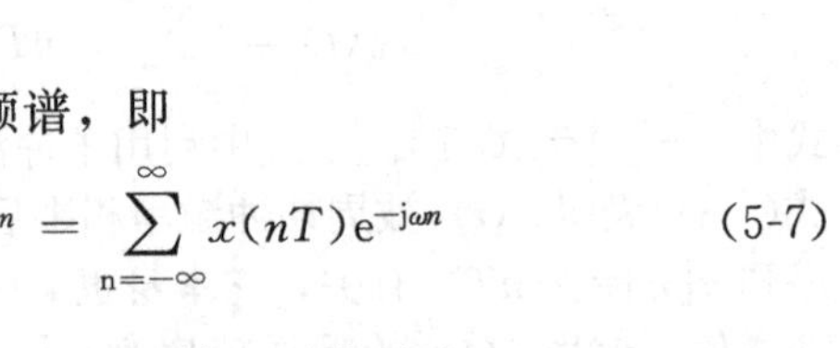

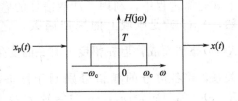

图 5-3　用于恢复的低通滤波器

序列 $x[n]$ 保留了其原始信号的所有信息。

根据上述讨论的结果，可得到连续时间信号的采样定理。

采样定理　设 $x(t)$ 是某一带限信号，即 $X(j\omega)=0$，$|\omega|>\omega_M$。如果采样频率 $\omega_s>2\omega_M$，其中 $\omega_s=2\pi/T$，T 为采样周期，那么 $x(t)$ 就惟一地由其样本值序列 $x[n]=x(nT)$，$n=0$，±1，±2,…所确定。

当连续信号 $x(t)$ 的采样满足采样定理时，就能够用如图 5-4 所示的恢复系统精确恢复原信号 $x(t)$。可以用 $x(t)$ 的样值序列 $x[n]=x(nT)$ 产生冲激串 $x_p(t)=\sum\limits_{n=-\infty}^{\infty}x(nT)\delta(t-nT)$，然后将 $x_p(t)$ 通过一个增益为 T，截止频率 ω_c 满足 $\omega_M<\omega_c<\omega_s-\omega_M$ 的理想低通滤波器，其输出就是 $x(t)$。一般将信号最高频率的 2 倍，即 $2\omega_M$，称为奈奎斯特率（频率）。由于理想滤波器是非因果的，因此，在实际应用中，这样的滤波器必须被对理想滤波器足够近似的非理想滤波器所代替。

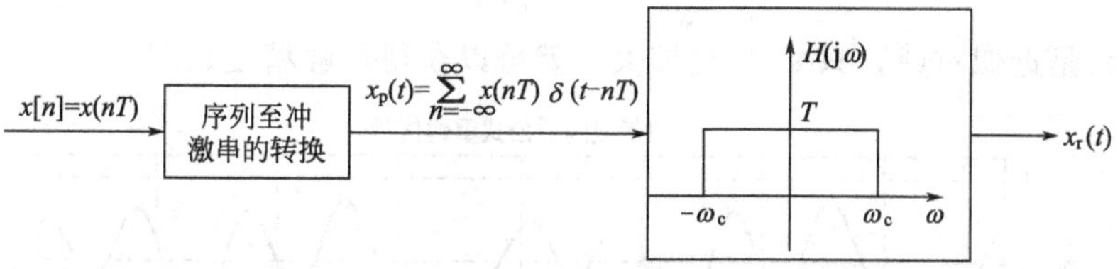

图 5-4　恢复系统

值得注意的是，在满足采样定理下，式(5-9) 建立起了连续时间信号和离散时间信号的相互联系。这种联系的实质是用某一离散时间信号去完全等价表示任意带限的连续时间信号，为连续时间信号的离散时间化处理奠定了理论基础。

5.1.2　用样值序列重建或表示连续时间信号

在本节中将讨论如何在时域上，用样值序列重建信号。可用某一离散序列按式(5-3) 来表示它所对应的连续时间信号，然后，通过一个理想滤波器，恢复出对应的连续时间信号。显然 $x_p(t)$ 也是一种 $x(t)$ 的时域表示式，但它有两个实际问题：①实际中，产生和传输 $\delta(t)$ 信号是不可能的；②必须通过一个理想低通滤波器，才能获得实际的 $x(t)$。从数学角度上说，用样本来重建某一连续时间（某一变量）函数的过程，就是内插。这一重建过程结果既可以是近似的，也可以是精确的。可以用图 5-4 所示的恢复系统来考虑上述问题。如果图 5-4 中的 $H(j\omega)$ 为满足采样定理的理想低通滤波器，则所得结果是精确重建；如果 $H(j\omega)$ 是近似的非理想滤波器，则所得结果是近似的。不失一般性，假设图 5-4 中 $H(j\omega)$ 为一低通滤波器，可以是理想低通，也可以是非理想低通。假设该低通滤波器的单位冲激响应为 $h[t]$，以及系统的输出为 $x_r(t)$。

由图 5-4 所示，可得

$$x_r(t)=x_p(t)*h(t)=\Big[\sum_{n=-\infty}^{\infty}x(nT)\delta(t-nT)\Big]*h(t)=\sum_{n=-\infty}^{\infty}x(nT)h(t-nT)\tag{5-10}$$

式(5-10) 表明可由某一基本信号 $h(t)$ 的移位信号 $h(t-nT)$ 的线性组合来重建信号，而线性组合中的加权系数为信号的样值序列，该基本信号为恢复系统中低通滤波器的单位冲激响应。因此，式(5-10) 为重建信号的内插公式。选择不同的 $h(t)$，即不同的低通滤波器，就可获得不同的内插公式。

(1) 带限内插

当 $h(t)$ 为理想滤波器时，即

$$h(t)=\frac{\omega_c T}{\pi}\mathrm{Sa}(\omega_c t) \tag{5-11}$$

内插公式为

$$x_r(t) = \sum_{n=-\infty}^{\infty} x(nT)\frac{\omega_c T}{\pi}\mathrm{Sa}(\omega_c(t-nT)) \tag{5-12}$$

当ω_c满足：$\omega_M<\omega_c<\omega_s-\omega_M$时，式(5-12)的重建是精确的。通常将该重建方法称为带限内插。对这种内插而言，只要$x(t)$是带限的，且采样频率又满足采样定理，就能实现信号的真正重建。由于$h(t)$表示的是非因果的理想滤波器，因此，式(5-12)所表示的是非因果内插，即要重建某一时刻的$x(t)$值，就必须知道该时刻以前和将来的所有样本值。对无限长的信号，这样做是有困难的，在实际中，通常的做法是截取$h(t)$的一段用于式(5-12)的计算，即

$$x_r(t) = \sum_{n=-N}^{N} x(nT)\frac{\omega_c T}{\pi}\mathrm{Sa}(\omega_c(t-nT)) \tag{5-13}$$

显然式(5-13)是近似重建，只要N足够大，就可以获得足够精度。

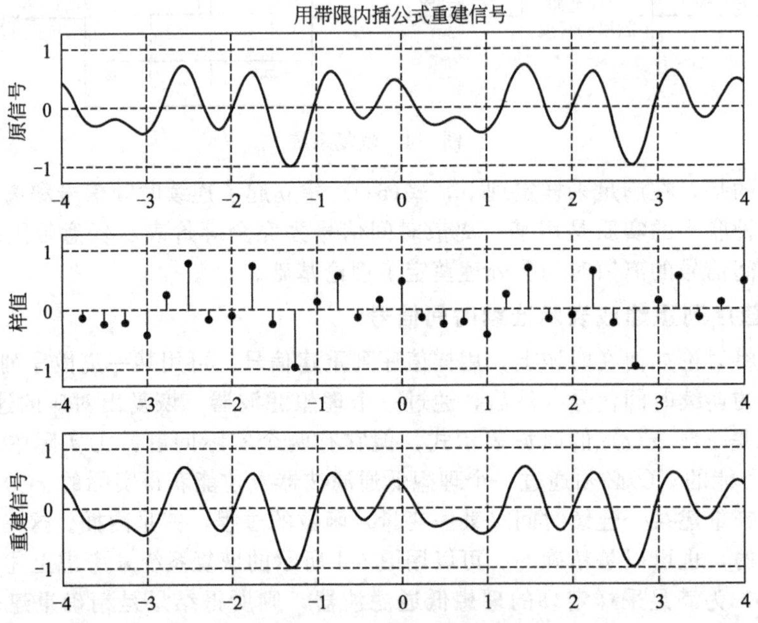

图 5-5 用带限内插公式重建信号

图 5-5 为按式(5-12)用 Matlab 实现信号的重建，其源程序为

```
%程序 interpolation:用带限内插重建 0.3*sin(2*pi*t)+0.4*cos(2.5*pi*t+pi/4)+
%0.3*cos(pi*t+pi/3)信号
tmin1=-4;tmax1=4;dt=0.01;          %设置重建信号的区间
t=tmin1:dt:tmax1;
x=0.3*sin(2*pi*t)+0.4*cos(2.5*pi*t+pi/4)+0.3*cos(pi*t+pi/3);
                                   %获得原信号波形，仅用于显示
T=0.25;                            %设置采样周期 T，采样频率 ws=2*pi/T=8*pi
tmin=-500*T; tmax=500*T;           %设置样值区间
wc=pi/T;                           %设置恢复滤波器的截止频率 wc=ws/2
```

```
A=wc * T/pi;
t1=tmin: T: tmax;
xn=0.3 * sin(2 * pi * t1)+0.4 * cos(2.5 * pi * t1+pi/4)+0.3 * cos(pi * t1+pi/3);
                                    %获得信号的样值
n1=length(t);
for m=1: n1
    y1=A * sinc(wc * (t(m)-t1)/pi);
    y(m)=xn * y1';                  %用带限内插公式重建信号
end
subplot(3,1,1);plot(t,x);ylabel('原信号');axis([-4,4,-1.25 1.25]);title('用带限内插公式重建信号');grid on;
subplot(3,1,2);stem(t1,xn);ylabel('样值');axis([-4,4,-1.25 1.25]);grid on;
subplot(3,1,3);plot(t,y);ylabel('重建信号');axis([-4,4,-1.25 1.25]);grid on;
```

(2) 零阶保持

如果 $h(t)$ 取以下的矩形窗函数，即

$$h(t)=h_0(t)=\begin{cases}1, & 0<t<\tau \text{ 和 } \tau\leqslant T\\ 0, & \text{其他}\end{cases} \tag{5-14}$$

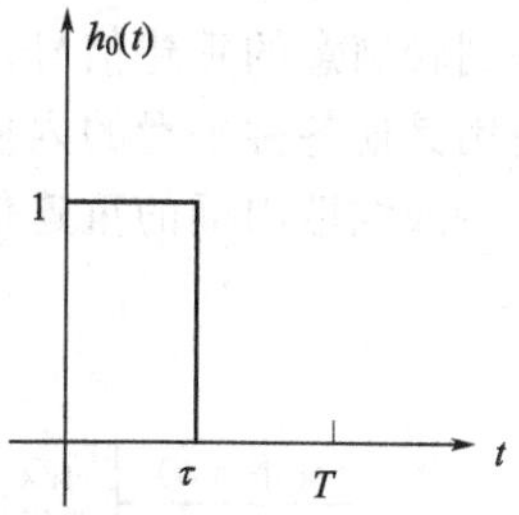

图 5-6 零阶保持重建时，低通的单位冲激响应

式(5-14) 所描述的 $h(t)$ 如图 5-6 所示。一般将用式(5-14) 的 $h(t)$，按公式(5-10) 所得到的重建方法，称为零阶保持。其所得到的重建信号如图 5-7 所示。从图中可知，重建信号是在某采样时刻上，将该采样值在下一个采样时刻到来之前保持一段时刻。因此，该重建方法是一种很粗糙的近似，通过和理想滤波器的频响比较就可以得出该结论，如图 5-8 所示。但是，这种方法用于表示和产生实际的连续时间信号时，在实际应用中比较容易实现，只需通过数模转换器（即 D/A，用于将数字信号变换为模拟信号）直接输出就可。只要 T 足够小，零阶保持也可以获得足够高的精度。零阶保持的另一应用是用于信号的采样，即零阶保持采样。

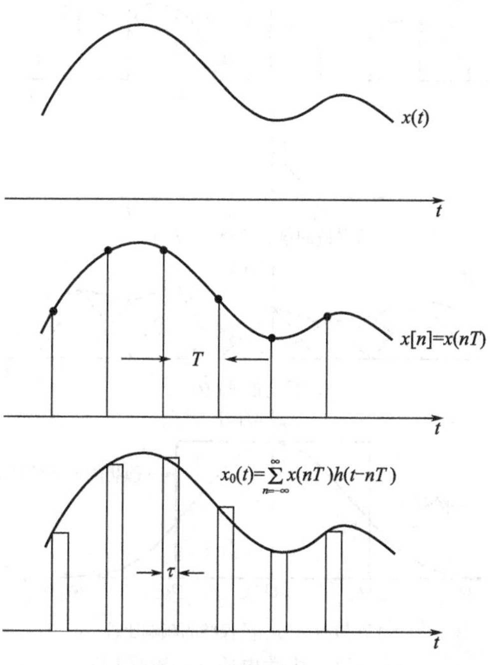

图 5-7 零阶保持

零阶保持的优点是工程上很容易实现，下面进一步讨论如何从零阶保持精确恢复原信号。重建 $x(t)$ 仍然可用低通滤波方法来实现。假设用于重建的滤波器的单位冲激响应为$h_r(t)$，频率响应为 $H_r(j\omega)$，恢复系统如图 5-9 所示。图中，$x_0(t)$ 为零阶保持输出，$x_r(t)$为恢复系统输出。将图 5-9 所示的恢复系统同图 5-4 的恢复系统相比较，可以发现，如果$h_0(t)$和 $h_r(t)$ 级联后等效的 $h(t)$ （或 $H(j\omega)$）的特性是一个图 5-4 中所用的理想低通滤波器的话，即

$$\begin{aligned}H(j\omega)&=H_0(j\omega)H_r(j\omega)\\&=\begin{cases}T, & \omega_M<\omega_c<\omega_s-\omega_M\\ 0, & \text{其他}\end{cases}\end{aligned} \tag{5-15}$$

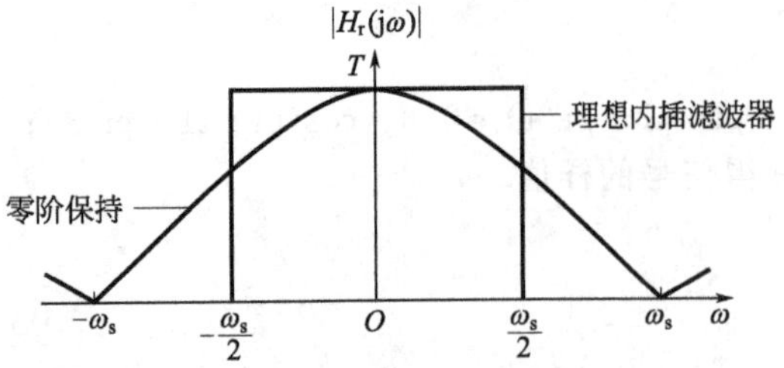

图 5-8　零阶保持和理想滤波器的频响特性

那么 $x_{\mathrm{r}}(t)=x(t)$。因为

$$H_0(\mathrm{j}\omega)=\mathrm{e}^{-\mathrm{j}\omega\tau/2}\left[\frac{2\sin(\omega\tau/2)}{\omega}\right] \tag{5-16}$$

根据式(5-15)，有

$$H_{\mathrm{r}}(\mathrm{j}\omega)=\frac{\mathrm{e}^{\mathrm{j}\omega\tau/2}}{\dfrac{2\sin(\omega\tau/2)}{\omega}}\cdot H(\mathrm{j}\omega) \tag{5-17}$$

例如，若 $H(\mathrm{j}\omega)$ 的截止频率等于$\dfrac{\omega_{\mathrm{s}}}{2}$和$\tau=T$，则零阶保持系统的重建滤波器的理想频率响应特性如图 5-10 所示。

实际上式(5-17) 的频率响应是很难实现的，因此为了得到很好的重建效果，就必须对它作一近似的设计。在实际应用中，只要采样频率足够大，从图 5-8 中可以看出，此时零阶保持的频率响应特性在零频附近（或信号有效频带内）与理想内插滤波器的频响特性很接近，这样通过一个非理想的低通滤波器，例如 RC 低通滤波器，对 $x_0(t)$ 进行平滑，就可以得到较满意的重建信号。如果对零阶保持所给出的粗糙内插不够满意，可以通过选择 $h(t)$ 使用其他各种平滑的内插手段。当 $h(t)$ 取如图 5-11 所示的三角脉冲时，可求得被称为一阶保持或线性内插的重建信号 $x_{\mathrm{r}}(t)$，如图 5-11 所示。

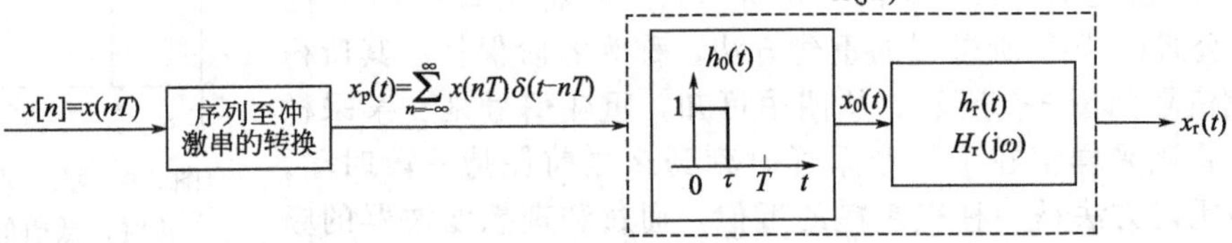

图 5-9　零阶保持的恢复系统

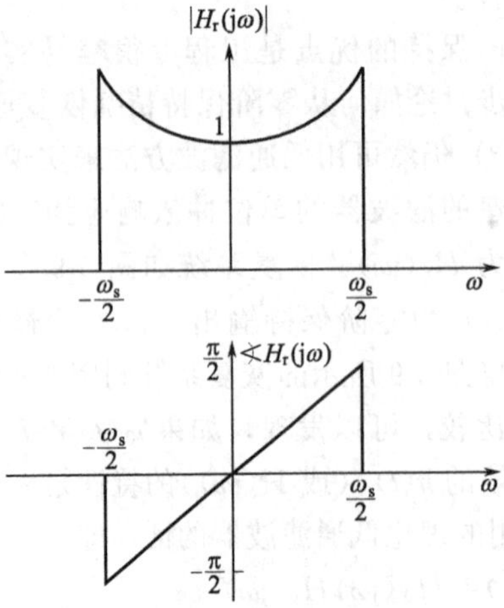

图 5-10　零阶保持输出信号的重建滤波器的模和相位特性

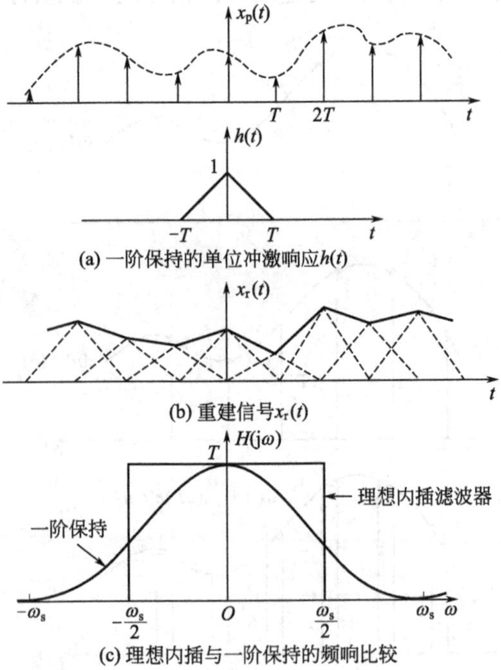

(a) 一阶保持的单位冲激响应$h(t)$

(b) 重建信号$x_{\mathrm{r}}(t)$

(c) 理想内插与一阶保持的频响比较

图 5-11　线性内插（一阶保持）

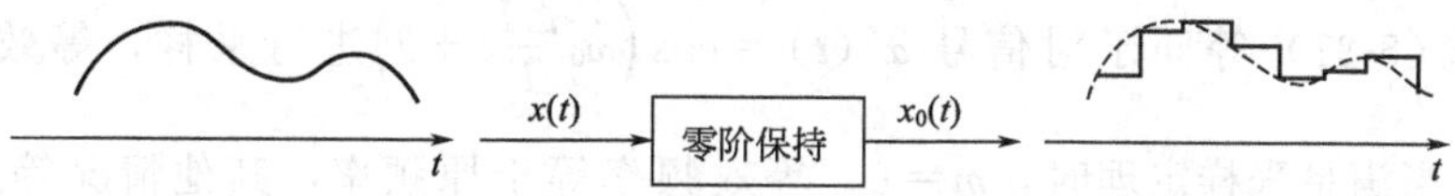

图 5-12 利用零阶保持采样

5.1.3 零阶保持采样

冲激串采样的数学模型在实际工程应用中是无法实现的，其重要意义是在于理论上建立采样定理。在实际工程应用中，往往采用零阶保持的方法来获取采样信号。利用零阶保持方法的采样系统如图 5-12 所示，在该系统中，对某一采样时刻上信号 $x(t)$ 的采样值将保持到下一个采样时刻为止。信号的零阶保持系统可由商用的保持采样电路（S/H）来完成，因此，实现起来很方便。如在信号的保持期间，对采样值进行量化，就可以获得 $x(t)$ 的数字信号。

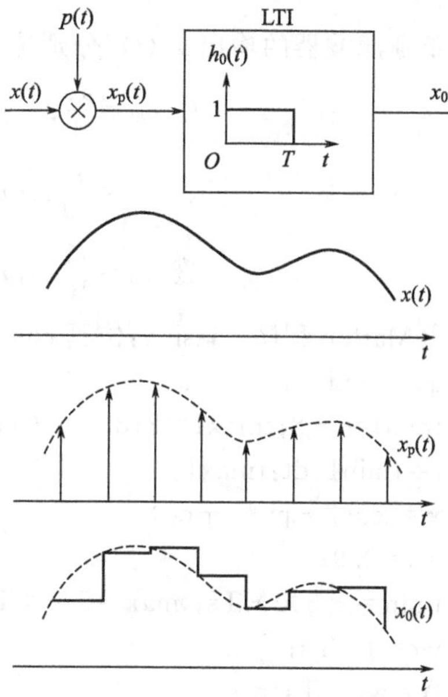

图 5-13 零阶保持采样的数学模型

借助于冲激串采样的数学模型和连续时间信号的样值重建方法，零阶保持采样的数学模型可用图 5-13 来描述。利用图 5-13 或式(5-10) 和 $h_0(t)$，可获得零阶保持采样的输出为

$$x_0(t) = \sum_{n=-\infty}^{\infty} x(nT)h_0(t-nT) \tag{5-18}$$

与冲激串采样相同，信号的采样序列 $x[n]=x(nT)$ 与 $x_0(t)$ 具有一一对应关系。可采用图 5-9 所示零阶保持恢复系统从 $x_0(t)$ 精确重建 $x(t)$。

5.2 信号的欠采样

如果对带限信号采样时不满足采样定理，也就是说采样频率不够高，以至于 $\omega_s<2\omega_M$，此时在频域上将不可避免地发生频谱重叠，通常把这种现象称为欠采样。此时，无法从 $x_p(t)$ 的频谱 $X_p(j\omega)$ 中不失真地分离出 $X(j\omega)$，因而也无法用信号的样值序列表示原信号。但是可以证明此时只要 $\omega_c=\frac{\omega_s}{2}$，则经过带限内插所恢复的 $x_r(t)$ 在那些采样时刻 $t=nT$ 点上将等于 $x(t)$，即对任选 ω_s 都有

$$x_r(t)=x(nT),\ n=0,\pm1,\pm2,\cdots \tag{5-19}$$

为了获得欠采样导致频谱混叠对信号恢复影响的一些结果，本节将以余弦信号为例子进行说明，于是设

$$x(t)=\cos(\omega_0 t+\theta)$$

将采样周期表示为

$$T=mT_0+\Delta T \tag{5-20}$$

式中，m 是整数；$|\Delta T|\leqslant\frac{T_0}{2}$，$T_0$ 为信号的周期。当满足采样定理时，$m=0$。

信号 $x(t)=\cos(\omega_0 t+\theta)$ 的样值为

$$x(nT)=\cos(\omega_0 nT+\theta)=\cos\left[\frac{2\pi}{T_0}(mT_0+\Delta T)n+\theta\right]=\cos\left(2\pi mn+\frac{2\pi}{T_0}\Delta Tn+\theta\right)$$
$$=\cos\left(\frac{2\pi}{T_0}\Delta Tn+\theta\right)=\cos\left(\omega_0\frac{\Delta T}{T}nT+\theta\right) \tag{5-21}$$

上式表明，式(5-21) 等同于对信号 $x'(t)=\cos\left(\omega_0\frac{\Delta T}{T}t+\theta\right)$进行采样，等效的频率变为 $\omega'_0=\omega_0\frac{\Delta T}{T}$。当满足采样定理时，$m=0$，等效频率等于原频率，其他情况等效频率变小；当 $\Delta T<0$，将发生相位倒置。

图 5-14 是 Matlab 的仿真结果，分别绘出 $x(t)$ 的原始信号，以及在三种采样频率下的样值序列和重建信号，恢复系统理想低通滤波器的截止频率为 $\omega_c=\frac{\omega_s}{2}$。在三种采样频率下，经过低通滤波器的输出 $x_r(t)$ 分别是

$$① \ \omega_0=\frac{\omega_s}{4};x_r(t)=\cos(\omega_0t+\theta)=x(t),\theta=-\frac{\pi}{6} \tag{5-22a}$$

$$② \ \omega_0=\frac{9}{10}\omega_s;x_r(t)=\cos(\frac{1}{9}\omega_0t-\theta)\neq x(t) \tag{5-22b}$$

$$③ \ \omega_0=\frac{11}{10}\omega_s;x_r(t)=\cos(\frac{1}{11}\omega_0t+\theta)\neq x(t) \tag{5-22c}$$

```
%Matlab 程序 aliasing:仿真 cos(2 * pi * t+q0)信号欠采样,信号周期 T=1
q0=-pi/3;                                    %设置初始相位 q0
tmin1=-8;tmax1=8;dt=0.01;                    %设置重建信号的区间
t=tmin1:dt:tmax1;
x=cos(2 * pi * t+q0);                        %获得原信号的波形,仅用于显示
Ts=0.9;                                      %设置采样周期 Ts,采样频率 ws=2 * pi/T
tmin=-500 * Ts;tmax=500 * Ts;                %设置样值区间
wc=pi/Ts;                                    %恢复滤波器的截止频率 wc=ws/2;
A=wc * Ts/pi;
t1=tmin:Ts:tmax;
xn=cos(2 * pi * t1+q0);                      %获得信号的样值
n1=length(t);
for n=1:n1
    y1=A * sinc(wc * (t(n)-t1)/pi);
    y(n)=xn * y1';                           %用带限内插公式重建信号
end
subplot(3,1,1); plot(t,x); ylabel('原信号'); axis([tmin1,tmax1,-1.25 1.25]);
title('信号周期=1);
text(0,cos(q0),'\leftarrow 初始相位=-pi/3');grid on;
subplot(3,1,2); stem(t1,xn); ylabel('样值 Ts=0.9'); axis([tmin1,tmax1,-1.25
1.25]);grid on;
subplot(3,1,3); plot(t,y); ylabel('重建信号'); axis([tmin1,tmax1,-1.25 1.25]);
xlabel('t');grid on;
text(0,y(801),'\leftarrow 初始相位');
```

从图 5-14 的仿真结果可以看到了混叠的两个结果。

① $\omega_0=\frac{9}{10}\omega_s$和 $\omega_0=\frac{11}{10}\omega_s$两种情况都不满足采样定理，产生了混叠，并将高频信号映射为低频信号。

② 相位倒置，如图 5-14 中 $\omega_0=\frac{9}{10}\omega_s$情况下，输出信号 $x_r(t)$ 在相位上符号有一个变

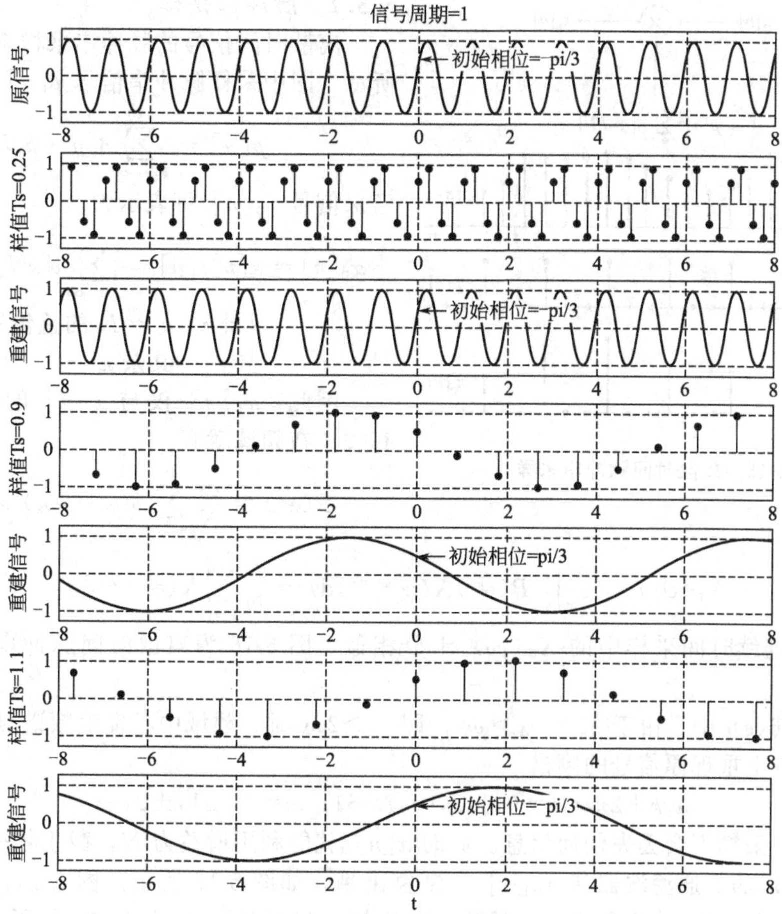

图 5-14 欠采样的效果

图中的子图分别对应于原始信号，以及在三种采样频率下的样值序列和重建信号

化：θ 变为 $-\theta$，即相位倒置。

对于欠采样，有频率映射现象，即把输入信号的高频信号映射为低频信号。但是，相位倒置现象的发生要视采样频率 ω_s 与信号频率 ω_0 的关系而定。欠采样的频率映射现象，对周期信号而言，其实质相当于在多个周期上获得一周期上的采样值序列（图 5-14 很清楚地显示了这一点），因而在时域上就有一个尺度扩展的变换。在信号的分析和处理中，为了观察信号和获取信号无失真幅度和相位信息，往往采用欠采样的方法。这种方法一般适用于周期信号和窄带信号。例如，测量仪器中的取样示波器，利用了欠采样的效果使信号频谱发生混叠，从而得到一个频率比较低、等于在时间上展宽了的波形，使得适合于示波器的工作频带，以便在滤波器上得到显示。此外，通信系统中的带通取样技术，也是利用了欠采样的混叠现象，来获取同幅同相但不同频（低频）的正弦波调制信号。有关细节问题，可参阅相关的专业书籍。

5.3 离散时间信号的时域采样定理

与连续时间情况相似，在一定条件下，离散时间信号也可由其样值来表示，而不会丢失任何信息。

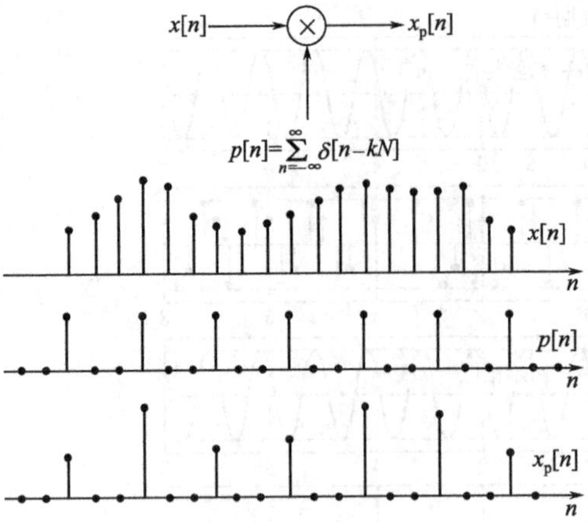

图 5-15　离散时间脉冲串采样

5.3.1　脉冲串采样

离散时间信号的脉冲串采样系统如图 5-15 所示。图中采样脉冲串信号 $p[n]$ 为

$$p[n]=\sum_{k=-\infty}^{\infty}\delta[n-kN] \tag{5-23}$$

已采信号 $x_{\mathrm{p}}[n]$ 可表示为

$$x_{\mathrm{p}}[n]=x[n]p[n]=\sum_{k=-\infty}^{\infty}x[kN]\delta[n-kN]$$

$$=\begin{cases}x[n], n=N\text{ 的整倍数}\\0, \quad \text{其余 } n\end{cases} \tag{5-24}$$

因此，$x_{\mathrm{p}}[n]$ 仅与 $x[n]$ 的样值 $x[kN]$ 有关。在频域就有

$$P(\mathrm{e}^{\mathrm{j}\omega})=\frac{2\pi}{N}\sum_{k=-\infty}^{\infty}\delta(\omega-k\omega_{\mathrm{s}}), \omega_{\mathrm{s}}=\frac{2\pi}{N}$$

$$X_{\mathrm{p}}(\mathrm{e}^{\mathrm{j}\omega})=\frac{1}{2\pi}\int_{2\pi}P(\mathrm{e}^{\mathrm{j}\omega})X(\mathrm{e}^{\mathrm{j}(\omega-\theta)})\mathrm{d}\theta=\frac{1}{N}\sum_{k=0}^{N-1}X(\mathrm{e}^{\mathrm{j}(\omega-k\omega_{\mathrm{s}})}) \tag{5-25}$$

式(5-25) 和连续时间采样中的 $X_{\mathrm{p}}(\mathrm{j}\omega)$ 十分相似，图 5-16 为离散时间脉冲串采样后的频谱图。

在图 5-16(c) 中，由于 $\omega_{\mathrm{s}}-\omega_{\mathrm{M}}>\omega_{\mathrm{M}}$，即 $\omega_{\mathrm{s}}>2\omega_{\mathrm{M}}$ 时，频域中不发生频谱混叠，$X_{\mathrm{p}}(\mathrm{e}^{\mathrm{j}\omega})$ 在以下频率点上重现原信号的频谱

$$\omega_{\mathrm{s}}k+2\pi m, k=0,1,2,\cdots,N-1;\ m=0,\pm1,\pm2,\cdots \tag{5-26}$$

因而对信号的采样不会丢失任何信息。此时 $x[n]$ 就能利用增益为 N，截止频率 ω_{c} 大于 ω_{M} 而小于 $\omega_{\mathrm{s}}-\omega_{\mathrm{M}}$ 的低通滤波器从 $x_{\mathrm{p}}[n]$ 中恢复出来，如图 5-17 所示。图 5-16(d) 中，由于 $\omega_{\mathrm{s}}<2\omega_{\mathrm{M}}$，频域中将发生混叠现象，所以不能精确恢复原信号。对图 5-17(a) 所示的恢复系统而言，如果 $\omega_{\mathrm{s}}<2\omega_{\mathrm{M}}$，那么 $x_{\mathrm{r}}[n]$ 就不等于 $x[n]$。根据以上讨论，可得离散时间的采样定理：

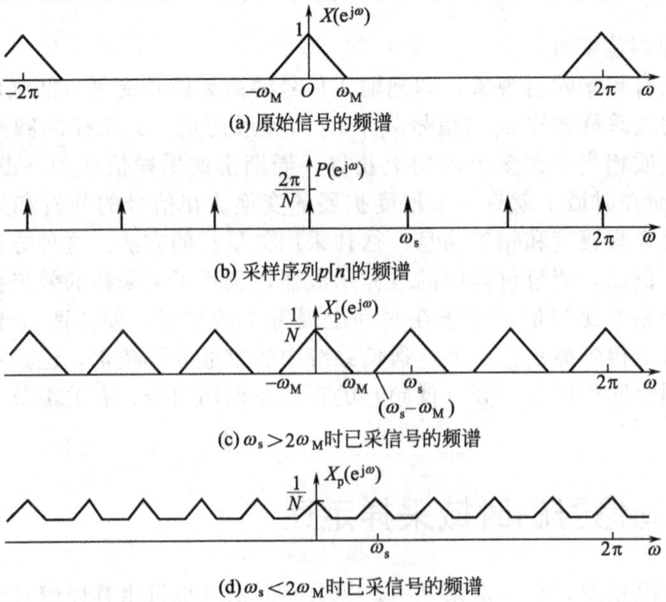

图 5-16　脉冲串采样后的频谱图

设 $x[n]$ 是某一带限信号，即在 $\pi \geqslant |\omega| > \omega_M$时，$X(e^{j\omega})=0$，如果采样频率 $\omega_s=\dfrac{2\pi}{N}>2\omega_M$，那么 $x[n]$ 就惟一地由其样本 $x[kN]$，$k=0$，± 1，± 2，… 所确定。已知这些样本值，可按图 5-17(a) 所示的恢复系统重建 $x[n]$。

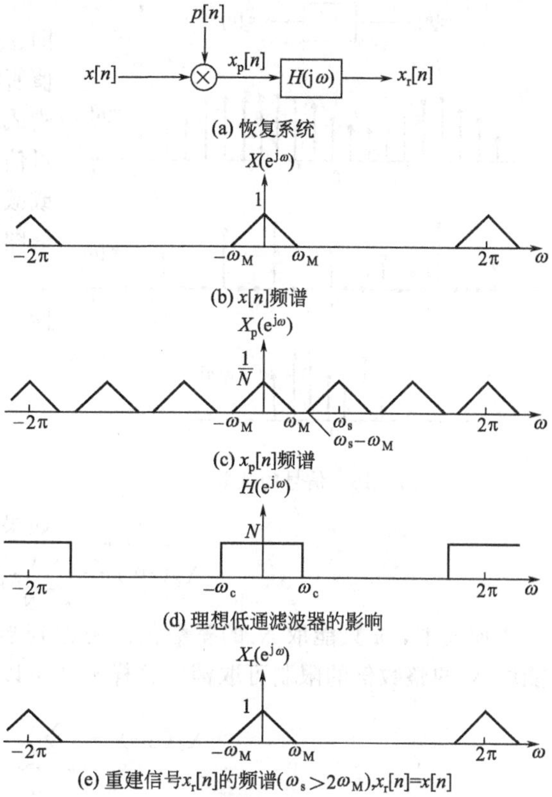

图 5-17　从样本中精确重建 $x[n]$ 的恢复系统

如果在时域上来考查图 5-17(a) 所示的恢复系统，就可以得到时域重建的内插公式。设恢复系统中的低通滤波器的单位脉冲响应为 $h[n]$，则重建信号 $x_r[n]$为

$$x_r[n]=x_p[n]*h[n]=\sum_{k=-\infty}^{\infty}x[kN]\cdot h[n-kN] \quad (5\text{-}27)$$

上式结果与连续时间情况是完全一致的，即信号的重建可看成是某一信号的移位线性加权叠加，而该信号为恢复系统中的低通滤波器的单位脉冲响应，各加权系数则为信号的样值。如 $h[n]$ 取图 5-17(d) 所示的理想低通滤波器

$$h[n]=\frac{N\omega_c}{\pi}\frac{\sin\omega_c n}{\omega_c n},\omega_M<\omega_c<\omega_s-\omega_M \quad (5\text{-}28)$$

则重建信号可表示为

$$x_r[n]=\sum_{k=-\infty}^{\infty}x[kN]\frac{N\omega_c}{\pi}\frac{\sin\omega_c(n-kN)}{\omega_c(n-kN)} \quad (5\text{-}29)$$

式(5-29) 所表示的内插公式一般称为离散时间的带限内插。当满足采样定理时，即 $\omega_s>2\omega_M$时，式(5-29) 所示的内插为精确内插，此时 $x_r[n]=x[n]$；如不满足采样定理，即 $\omega_s<2\omega_M$时，根据式(5-29) 可得，当 $\omega_c=\dfrac{\omega_s}{2}$时，图5-17所示恢复系统的重建信号 $x_r[n]$ 满足以下关系

$$x_r[kN]=x[kN],k=0,\pm 1,\pm 2,\cdots \quad (5\text{-}30)$$

但 $x_r[n]$ 不等于 $x[n]$。

在实际应用中，可以通过选择一个近似的低通滤波器 $h[n]$，利用式(5-27) 所示的内插公式，获得满足一定精度要求的重建信号。只要使 $h[0]=1$，$h[kN]=0$，$k\neq 0$，重建信号都满足式(5-30) 所表示的关系，即

$$\text{当 } h[0]=1,h[kN]=0,k\neq 0 \text{ 时，有 } x_r[kN]=x[kN],k=0,\pm 1,\pm 2,\cdots \quad (5\text{-}31)$$

5.3.2　离散时间信号的抽取与内插

离散时间信号的抽取与内插在通信系统和多速率数字系统中有广泛应用。考虑图 5-15 的已采样的序列 $x_p[n]$，其中真正有用的是其不为零的信号的采样值，其余的零值是可以丢弃的。因此，往往将信号的样值序列 $x_s[n]$ 来代替 $x_p[n]$，这样可以大大降低系统所需存储容量和传输速率。样值序列（抽取序列）$x_s[n]$ 可表示为

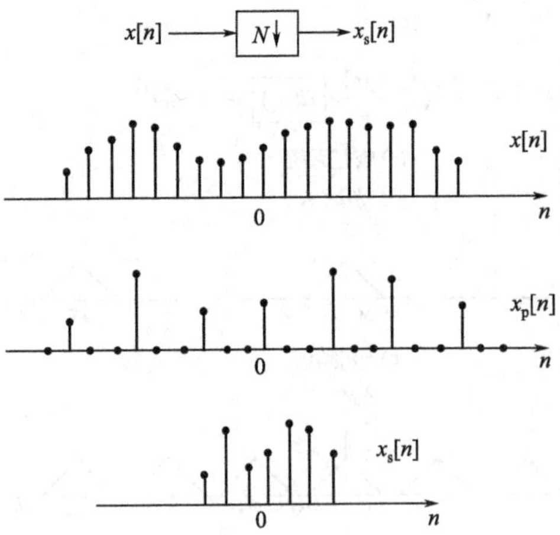

图 5-18　信号的抽取

$$x_s[n]=x_p[nN]=x[nN] \tag{5-32}$$

即 $x_s[n]$ 就是用 $x_p[nN]$ 中每隔 N 点上的序列值所构成，或对 $x[n]$ 每隔 N 点抽取一个样点而构成的样本值序列。一般将式(5-32) 所表示的，对信号 N 点抽取的过程称为抽取（decimation）或减采样（downsampling），通常用图 5-18 中的框图表示 $x[n]$ 的 N 点抽取。

下面，将进一步考查 $x_s[n]$ 信号的频谱特性。由于

$$X_s(e^{j\omega}) = \sum_{k=-\infty}^{\infty} x_s[k]e^{-j\omega k}$$

$$= \sum_{k=-\infty}^{\infty} x_p[kN]e^{-j\omega k} \tag{5-33}$$

如果作变量替换 $n=kN$，上式可写成

$$X_s(e^{j\omega}) = \sum_{n=kN} x_p[n]e^{-j\omega n/N} \tag{5-34}$$

上式累加式中，n 只能取 N 的整数倍。考虑到当 n 不为 N 的整数倍时，$x_p[n]=0$，所以 n 只能取 N 的整数倍的限制可取消，这样上式可以简单表示为

$$X_s(e^{j\omega}) = \sum_{n=-\infty}^{\infty} x_p[n]e^{-j\omega n/N} \tag{5-35}$$

比较

$$X_p(e^{j\omega}) = \sum_{n=-\infty}^{\infty} x_p[n]e^{-j\omega n} \tag{5-36}$$

有

$$X_s(e^{j\omega})=X_p(e^{j\omega/N}) \tag{5-37}$$

这一关系如图 5-19 所示，从中可以看出，抽取序列 $x_s[n]$ 与 $x_p[n]$ 的频谱差别只在频率尺度上，即 $x_s[n]$ 的频谱将 $X_p(e^{j\omega})$ 扩展了 N 倍。由于抽取本质和信号的脉冲串采样是一致的，当抽取周期 N（或抽取频率 $\omega_s=\dfrac{2\pi}{N}$）满足采样定理时，上述的频谱扩展将不会发生混叠。此时，在 $|\omega|\leqslant\pi$ 内，采样序列 $x_s[n]$ 的频谱相当于将 $x[n]$ 的频谱扩展 N 倍。在工程上，通过抽取，可以使信号扩展至整个频带，提高频带利用率，使系统达到最大的减采样，这样就可有效降低离散时间系统所要求的处理速度和规模。

在工程应用中，往往通过抽取，在不发生频谱混叠情况，可以把一个序列等效转换到一个较低速率的抽取序列。同样也可通过内插方法，将一个序列等效转换到一个较高速率

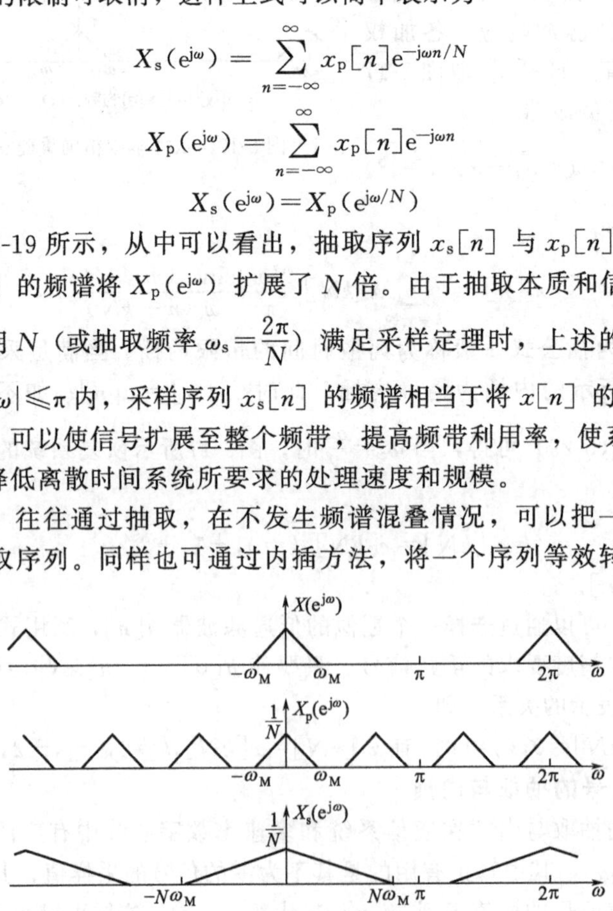

图 5-19　抽取的频域关系

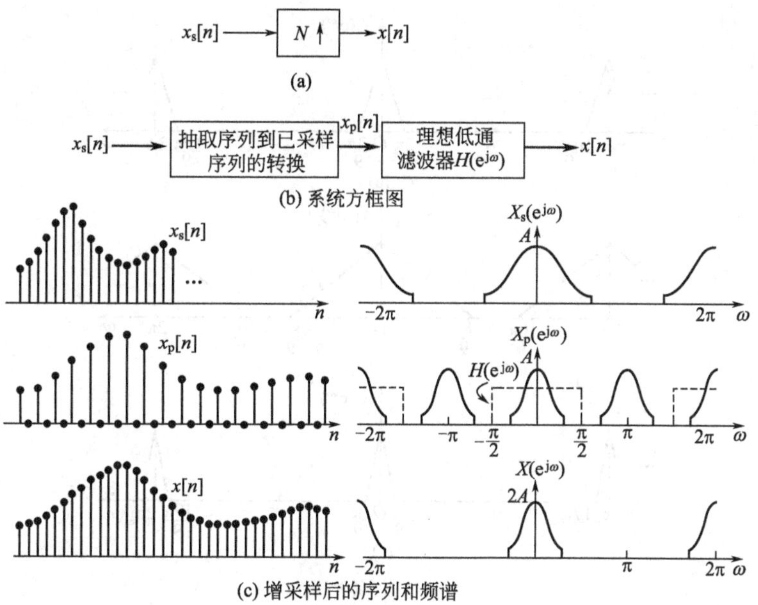

图 5-20 信号的增采样（内插）

的序列，内插过程也称为增采样（upsampling）。内插的原理实质就是图 5-17 所示的脉冲串采样的恢复系统，也可以用上一章所提及的离散时间傅里叶变换的时域扩展性质来描述。图 5-20 所示为信号内插过程及其频谱关系。通过对信号 $x_s[n]$ 内插($N-1$) 个零点，形成 $x_p[n]$ 序列（对 $x_p[n]$ 进行 N 点抽取就可生成 $x_s[n]$)，然后将 $x_p[n]$ 通过一低通滤波器，就可获取已被内插的序列 $x[n]$。从图 5-20 所示的频谱关系中，可看出，在$|\omega|\leqslant\pi$ 内，内插序列 $x[n]$ 的频谱是将 $x_s[n]$ 频谱收缩 N 倍，而 $x_p[n]$ 的频谱 $X_p(e^{j\omega})$ 是将 $x_s[n]$ 的频谱 $X_s(e^{j\omega})$ 在整个频域上收缩了 N 倍。下面将通过一个例子来说明，如何运用抽取和内插来达到信号的最大抽取。

【例 5-1】 如图 5-21 所示为一抽取系统，图中 $H_1(e^{j\omega})$ 为一抗混叠滤波器，滤去了信号无用的高频分量，并将信号的最大频率限制为 $\omega_M=\frac{2\pi}{9}$，试问此时系统所能达到的最大抽取 N（不一定量整数）是多少？

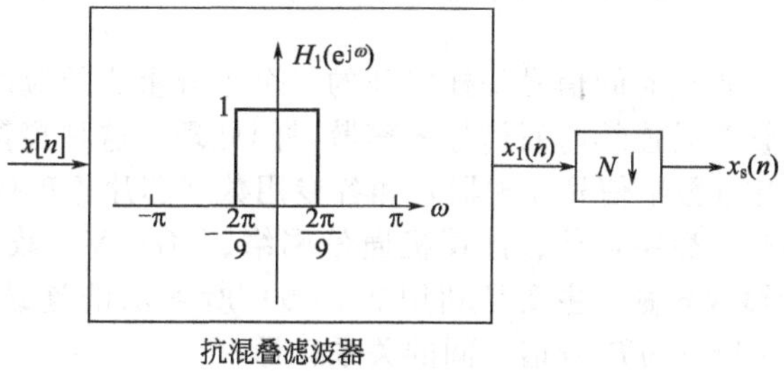

图 5-21 信号的最大抽取

要获得最大的抽取，就必须使$x_s[n]$的频谱占据整个频带。由于信号 $x_1[n]$ 的最高频率 $\omega_M=\frac{2\pi}{9}$，如对信号直接进行抽取，要不产生混叠，必须满足$\frac{2\pi}{N}>2\times\frac{2\pi}{9}$，所以 $N<\frac{9}{2}$，取 $N=4$。对 $x_1[n]$ 进行 $N=4$ 的抽取，就得到 $x_2[n]$，它的频谱如图 5-22(b) 所示，其中，在$\frac{8\pi}{9}\leqslant|\omega|\leqslant\pi$ 这段频带内频谱还是零，因此，仍有进一步抽取的余地。具体作法可以是这样的，首先对信号进 $N=2$ 的内插，获得相应的内插序列 $x_3[n]$，其频谱如图 5-22(c) 所示，其最高频率为$\frac{\pi}{9}$，然后对 $x_3[n]$ 信号进行 $N=9$ 的抽取，

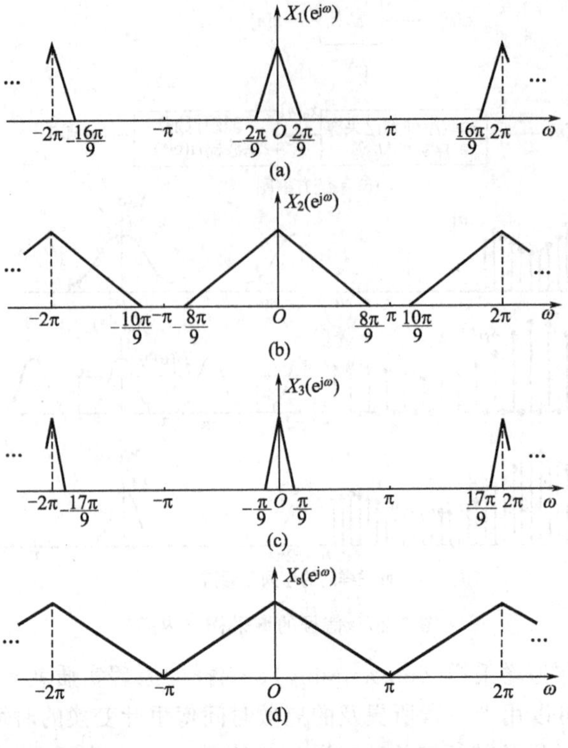

图 5-22　例 5-1 的有关频谱

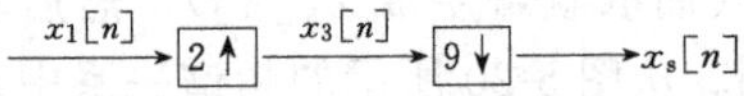

图 5-23　例 5-1 的最大抽取 $N=\frac{9}{2}$

使其占据整个频带，最终获得最大抽取的序列 $x_s[n]$，其频谱如图 5-22(d) 所示。这样结合的结果，就相当于将 $x[n]$（$x_1[n]$）以一个非整数值$\frac{9}{2}$进行抽取。整个抽取过程可由图5-23表示。

5.4　连续时间系统的离散时间实现

连续时间信号采样定理的一个十分重要的应用就是连续时间系统的离散时间实现，也可以认为是连续时间信号的离散时间处理。这种离散时间处理方法，通常是利用数字计算机、DSP（数字信号处理器）和各专用数字芯片等现代数字技术来实现的。利用这种技术，已经实现了数字通信、计算机通信网络、HDTV、数字音响等众多实用化的数字系数。之所以能够这样做，主要是利用式(5-9) 所揭示的连续时间信号 $x(t)$ 的频谱 $X(j\omega)$ 与其样值 $x[n]=x(nT)$频谱之间的关系，即

$$x[n] \overset{F}{\longleftrightarrow} X(e^{j\omega}),\quad x(t) \overset{F}{\longleftrightarrow} X(j\omega)$$

$$X(e^{j\omega}) = \frac{1}{T}\sum_{k=-\infty}^{\infty} X(j(\omega - 2\pi k)/T) \tag{5-38a}$$

此时，上式也可等价表示为

$$X(j\omega) = TX(e^{j\omega T}),\quad |\omega| < \frac{\pi}{T} = \frac{\omega_s}{2} \tag{5-38b}$$

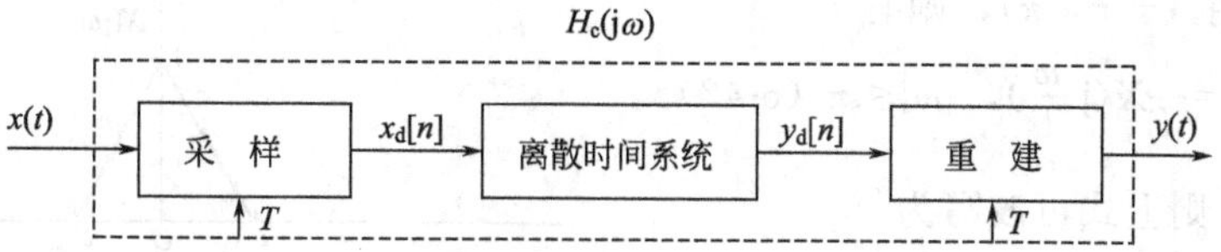

图 5-24 连续时间信号的离散时间处理，其中 $x_d[n]=x(nT)$，$y_d[n]=y(nT)$

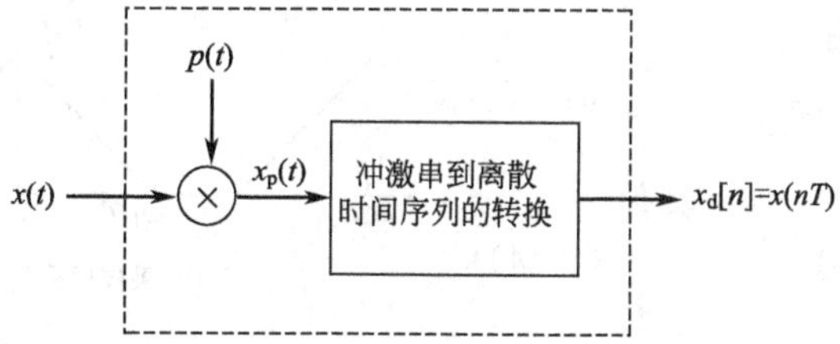

图 5-25 采样系统的等效模型

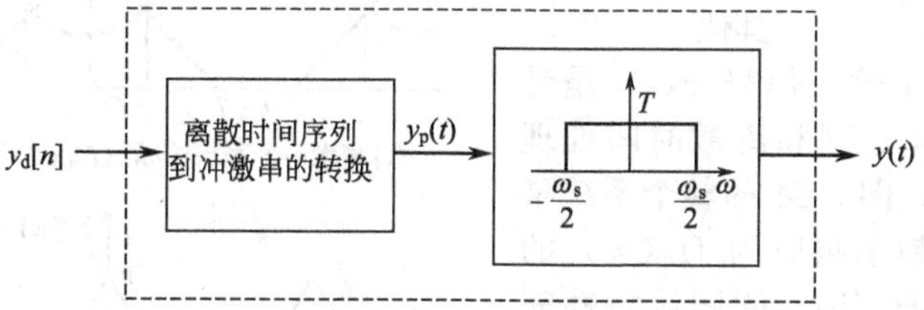

图 5-26 重建系统的等效模型

当满足采样定理时，$x(t)$ 和 $x[n]$ 之间建立起一种一一对应的关系。此时，如对 $x(t)$ 进行采样，所得的样值序列的频谱没有混叠；如用 $x[n]$ 进行精确重建或用来表示某一连续时间信号，则可生成惟一的某一连续时间信号，同样频域上也不发生混叠。因此，无论是重建还是采样，只要满足采样定理，不发生混叠，则连续时间 $x(t)$ 与其样值序列 $x[n]$ 的频谱，可按式(5-38) 进行互换，也就是说它们间的频谱特性可以认为是完全一致的。这样一来，就可以设计一离散时间系统来替代相应的连续时间系统来处理连续时间信号。图 5-24 表示了连续时间信号离散时间处理的原理框图，其中 $x(t)$ 为带限信号，采样满足采样定理，重建为图 5-4 或图 5-9 所示恢复系统的精确重建。为了讨论方便，将采样和重建的等效系统分别重画于图 5-25 和图 5-26 中。图 5-24 中，系统通过采样获得采样序列 $x_d[n]$，从而将 $x(t)$ 的频谱 $X(j\omega)$ 无混叠映射到离散时间频域中的 $X_d(e^{j\omega})$；然后通过一离散时间系统(不一定是 LTI 系统)，对 $x_d[n]$ 进行处理，得到一个频谱被修剪过的离散信号 $y_d[n]$；最后，通过重建系统，从而再次将被修剪过的频谱 $Y_d(e^{j\omega})$ "精确"映射到连续时间频域中的 $Y(j\omega)$，获得一连续时间信号。为了更直观地说明系统工作的原理，各信号的频谱画于图 5-27中，并假设离散时间系统为 LTI 系统。

根据式(5-38)，从图中可得

$$Y(j\omega)=TY_d(e^{j\omega T}),\ |\omega|<\frac{\pi}{T}=\frac{\omega_s}{2} \tag{5-39}$$

进一步可表示为

$$Y(j\omega)=\begin{cases}TX_d(e^{j\omega T})H_d(e^{j\omega T}), & |\omega|<\frac{\pi}{T}=\frac{\omega_s}{2}\\ 0, & \text{其他}\end{cases} \tag{5-40}$$

由于

$$X_d(e^{j\omega})=\frac{1}{T}\sum_{k=-\infty}^{\infty}X(j(\omega-2\pi k)/T) \tag{5-41}$$

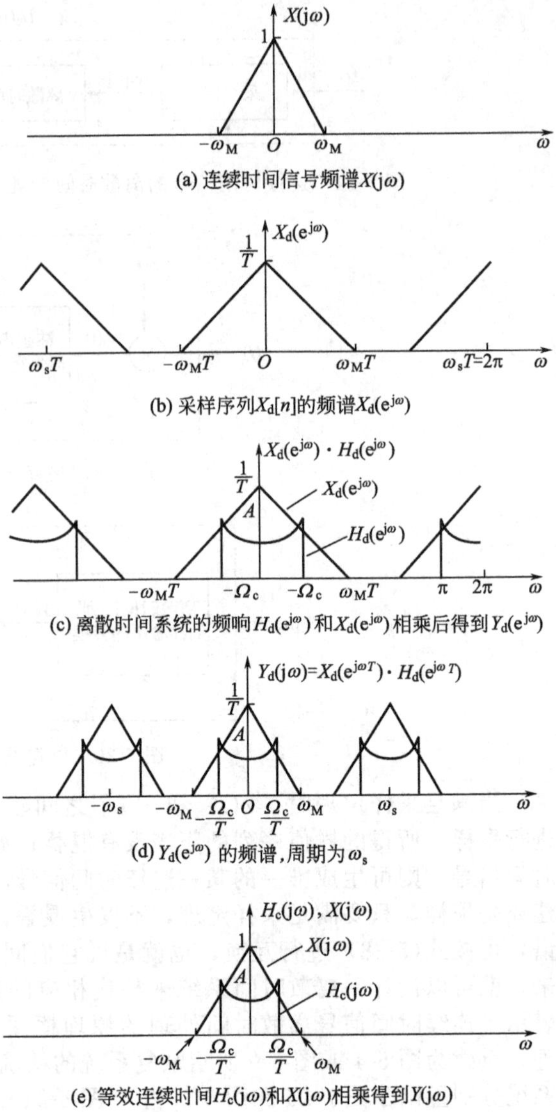

(a) 连续时间信号频谱$X(j\omega)$

(b) 采样序列$X_d[n]$的频谱$X_d(e^{j\omega})$

(c) 离散时间系统的频响$H_d(e^{j\omega})$和$X_d(e^{j\omega})$相乘后得到$Y_d(e^{j\omega})$

(d) $Y_d(e^{j\omega})$ 的频谱，周期为ω_s

(e) 等效连续时间$H_c(j\omega)$和$X(j\omega)$相乘得到$Y(j\omega)$

图 5-27　系统的频域说明

取上式主值周期（$-\pi$，π），则有

$$X_d(e^{j\omega})=\frac{1}{T}X\left(j\,\frac{\omega}{T}\right),\ |\omega|<\pi \quad (5\text{-}42)$$

将$\frac{\omega}{T}$替换为ω，则上式可改写为

$$X_d(e^{j\omega T})=\frac{1}{T}X(j\omega),\ |\omega|<\frac{\omega_s}{2} \quad (5\text{-}43)$$

将上式代入式(5-40)，有

$$\begin{aligned}Y(j\omega)&=\begin{cases}X(j\omega)H_d(e^{j\omega T}), & |\omega|<\frac{\omega_s}{2}\\ 0, & \text{其他}\end{cases}\\ &=X(j\omega)H_c(j\omega) \qquad (5\text{-}44)\end{aligned}$$

式中，$H_c(j\omega)$ 定义为

$$H_c(j\omega)=\begin{cases}H_d(e^{j\omega T}), & |\omega|<\frac{\omega_s}{2}\\ 0, & \text{其他}\end{cases} \quad (5\text{-}45)$$

式(5-44) 表明，对于输入信号 $x(t)$ 是带限信号，并满足采样定理和离散时间处理系统为 LTI 条件下，图 5-24 的整个系统事实上就等效于一个频率响应为 $H_c(j\omega)$ 的连续时间系统，而 $H_c(j\omega)$ 的频域特性完全由离散时间系统的频率响应 $H_d(e^{j\omega})$ 的特性所决定，它们之间的关系由式(5-45)所关联。

根据连续时间信号的离散时间处理的原理，一个用于连续时间信号数字化处理的系统如图 5-28 所示。图中模数转换器 A/D 用于连续时间信号的采样和量化，转换成数字信号；数模转换器 D/A 用于把数字信号转换成连续时间信号，其实质是一个数字化的零阶保持电路。为了得到精确重建，图中的滤波器需要采用零阶保持恢复系统中的重建滤波器（如图 5-10 所示）。但该滤波器在实际应用中很难设计，为了能用普通低通滤波器来代替该重建滤波器，一般的做法是对数字系统的输出数字信号，进行 N 点内插，等效地提高信号的采样率（或减少采样周期）。经过内插的数字信号，由于提高了信号的等效采样率 R，其零阶保持内插本身就是样值所对应的连续时间信号的很好近似，再通过低通滤波器的平滑，完全可以获得

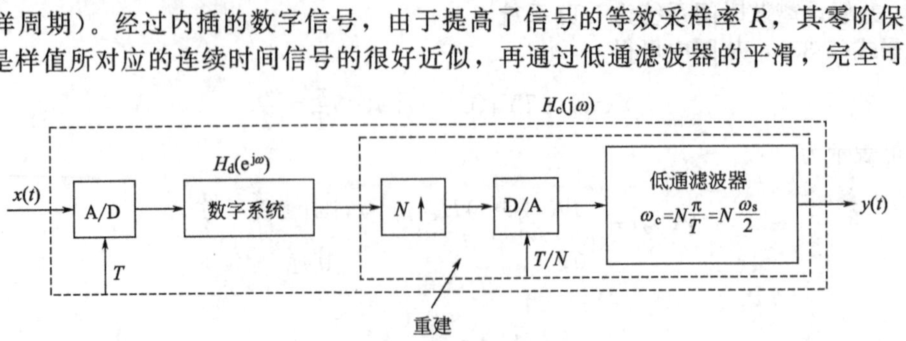

图 5-28　带限连续时间信号的数字化处理

很好的近似结果，其原理已在 5.1.2 节中讨论过。此外，通过内插，提高了信号的采样率，使得低通滤波器的截止频率 $\omega_c=N\frac{\omega_s}{2}=N\frac{\pi}{T}$ 可取的较大 $\left(\text{实际上也可取 } \omega_c=\frac{\omega_s}{2}\right)$。结果，这样的平滑低通滤波器就变得较容易设计了。为降低数字系统对处理速度的要求，通常的做法是对输入的数字信号进行抽取，以便降低信号等效的采样率。

根据式(5-45)，$H_c(j\omega)$ 和 $H_d(e^{j\omega T})$ 之间关系也可表示为

$$H_d(e^{j\omega T}) = \sum_{k=-\infty}^{\infty} H_c(j(\omega - k\omega_s)) \tag{5-46}$$

上式中将 ωT 替换成 ω，并注意到 $\omega_s=\frac{2\pi}{T}$，则有

$$H_d(e^{j\omega}) = \sum_{k=-\infty}^{\infty} H_c(j(\omega-2\pi k)/T) = \frac{1}{T}\sum_{k=-\infty}^{\infty} TH_c(j(\omega-2\pi k)/T) \tag{5-47}$$

将式(5-47) 与式(5-38) 相比较，可以得出，图 5-24 中的离散时间系统单位脉冲响应 $h[n]$ 为等效的连续时间系统的单位冲激 $h_c(t)$ 的样值，即

$$h[n]=Th_c(nT) \tag{5-48}$$

注意到 $h_c(t)$ 的最大频率 $\omega_M=\omega_c=\frac{\omega_s}{2}$，因此上述的抽样不会发生频谱混叠。在实际应用中，一般都是要求用离散时间的方法去实现某一特定功能的连续时间 LTI 系统，而且 $h_c(t)$或 $H_c(j\omega)$ 都可预先知道，因而可利用式(5-48) 直接用 $h(t)$ 的样值求得离散时间系统的单位脉冲响应 $h[n]$，此时，$h_c(t)$ 必须是带限的，且其最高频率 $\omega_M=\omega_c\leqslant\frac{\omega_s}{2}$，否则将发生频谱混叠。

【例 5-2】 数字回波消除器。现在来考虑一个连续时间带限回波消除器的离散时间实现。假设接收到的回波信号 $s(t)=x(t)+ax(t-T_0)$，其中 $a<1$，并作为回波消除器的输入，使得回波消除器的输出 $y(t)=x(t)$。可得连续时间回波消除器的频率响应$H_1(j\omega)$是

$$H_1(j\omega)=\frac{Y(j\omega)}{S(j\omega)}=\frac{X(j\omega)}{X(j\omega)(1+ae^{-j\omega T_0})}=\frac{1}{1+ae^{-j\omega T_0}} \tag{5-49}$$

因此，截止频率为 ω_c的带限回波消除器的频率响应为

$$H_c(j\omega)=\begin{cases}H_1(j\omega), & |\omega|<\omega_c \\ 0, & \text{其他}\end{cases}=\begin{cases}\dfrac{1}{1+ae^{-j\omega T_0}}, & |\omega|<\omega_c \\ 0, & \text{其他}\end{cases} \tag{5-50}$$

带限回波消除器如图 5-29 所示。该回波器的离散化处理系统如图 5-24 所示，且采样频率为 $\omega_s>2\omega_c$。利用式(5-45)有关 $H_c(j\omega)$ 与 $H_d(e^{j\omega})$ 之间的关系，可知相应的离散时间系统的频率响应 $H_d(e^{j\omega})$ 是

$$H_d(e^{j\omega})=H_1\left(j\frac{\omega}{T}\right)=\frac{1}{1+ae^{-j\omega\frac{T_0}{T}}},|\omega|<\omega_c T<\pi \tag{5-51}$$

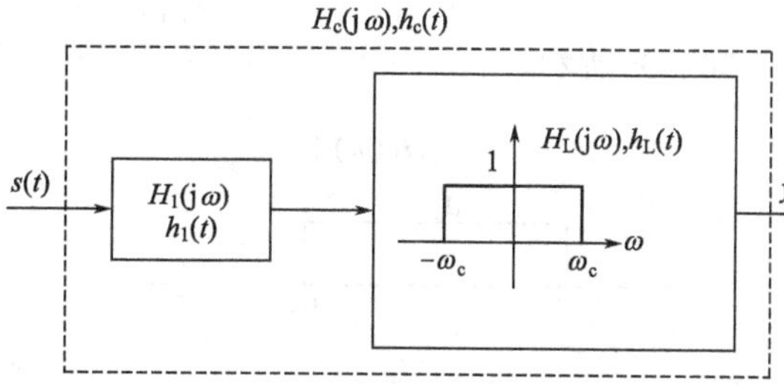

图 5-29 带限回波消除器

和

$$h_d[n]=Th_c(nT) \tag{5-52}$$

式中，T 为采样周期$\left(\omega_s=\frac{2\pi}{T}\right)$。

因为 $H_1(\mathrm{j}\omega)=\dfrac{1}{1+a\mathrm{e}^{-\mathrm{j}\omega T_0}}=1+(-a)\mathrm{e}^{-\mathrm{j}\omega T_0}+(-a)^2\mathrm{e}^{-\mathrm{j}2\omega T_0}+\cdots$

$$=\sum_{k=0}^{\infty}(-a)^k\mathrm{e}^{-\mathrm{j}\omega kT_0} \tag{5-53}$$

由此可得单位冲激响应为

$$h_1(t)=\sum_{k=0}^{\infty}(-a)^k\delta(t-kT_0) \tag{5-54}$$

又因为低通滤波器 $H_{\mathrm{L}}(\mathrm{j}\omega)$ 的单位冲激响应 $h_{\mathrm{L}}(t)$ 为

$$h_{\mathrm{L}}(t)=\frac{\sin\omega_{\mathrm{c}}t}{\pi t} \tag{5-55}$$

结合式(5-54) 和式(5-55)，可得带限回波消除器的单位冲激响应 $h_{\mathrm{c}}(t)$ 为

$$h_{\mathrm{c}}(t)=h_1(t)*h_{\mathrm{L}}(t)=\sum_{k=0}^{\infty}(-a)^k\frac{\sin\omega_{\mathrm{c}}(t-kT_0)}{\pi(t-kT_0)} \tag{5-56}$$

将上式代入式(5-52)，可得对应的离散时间系统的单位脉冲响应为

$$h_{\mathrm{d}}[n]=Th_{\mathrm{c}}(nT)=\sum_{k=0}^{\infty}(-a)^k\frac{T\sin\omega_{\mathrm{c}}(nT-kT_0)}{\pi(nT-kT_0)} \tag{5-57}$$

只要在输入信号 $s(t)$ 的采样中没有混叠，利用上式的 $h_{\mathrm{d}}[n]$ 构造的离散化处理系统，其输出 $y(t)$ 一定是消去回波信号 $x(t)$ 的。

【例 5-3】 数字延时器。本例题将要讨论一个连续信号的时间移位（延时）的离散时间实现问题。

连续时间延时器的输入输出关系为

$$y(t)=x(t-\Delta t) \tag{5-58}$$

其中 Δt 代表延时时间。其频率响应 $H(\mathrm{j}\omega)$ 为

$$H(\mathrm{j}\omega)=\mathrm{e}^{-\mathrm{j}\omega\Delta t} \tag{5-59}$$

根据式(5-45)，要实现其离散时间处理，其等效的连续时间系统必须是带限的，因此选取

$$H_{\mathrm{c}}(\mathrm{j}\omega)=\begin{cases}\mathrm{e}^{-\mathrm{j}\omega\Delta t}, & |\omega|<\omega_{\mathrm{c}}\\ 0, & \text{其他}\end{cases} \tag{5-60}$$

该滤波器为一截止频率为 ω_{c}，相频特性为 $-\omega\Delta t$ 的理想低通滤波器，见图 5-30(a)。若取采样频率 $\omega_{\mathrm{s}}=2\omega_{\mathrm{c}}$，则相应离散时间频率响应 $H_{\mathrm{d}}(\mathrm{e}^{\mathrm{j}\omega})$ 是

$$H_{\mathrm{d}}(\mathrm{e}^{\mathrm{j}\omega})=\mathrm{e}^{-\mathrm{j}\omega\cdot\Delta t/T}, |\omega|\leqslant\pi \tag{5-61}$$

和单位脉冲响应 $h_{\mathrm{d}}[n]$ 为

$$h_{\mathrm{d}}[n]=Th_{\mathrm{c}}(nT) \tag{5-62}$$

如图 5-30(b) 所示。

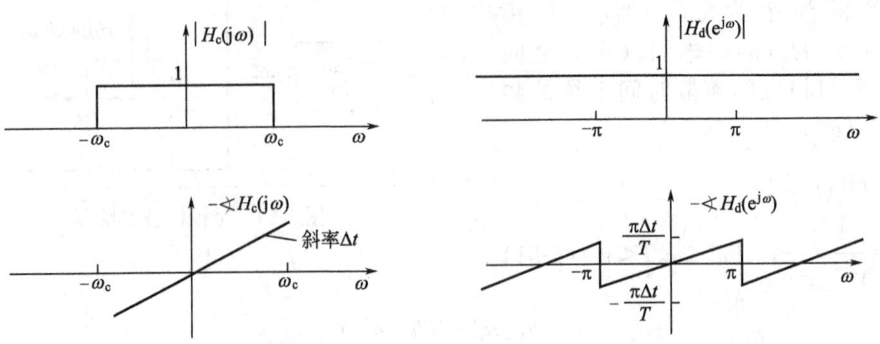

(a) 连续时间带限延时系统的频率响应　　(b) 相应的离散时间延时系统的频率响应

图 5-30　带限延时器的频率响应

因为 $H_c(j\omega)$ 所表示的带限延时系统的单位冲激响应为

$$h_c(t)=\frac{\sin\omega_c(t-\Delta t)}{\pi(t-\Delta t)} \tag{5-63}$$

所以，相应离散时间系统的单位脉冲响应 $h_d[n]$ 是

$$h_d[n]=Th_c(nT)=T\cdot\frac{\sin\omega_c(nT-\Delta t)}{\pi(nT-\Delta t)}=T\cdot\frac{\sin\frac{\omega_s}{2}(nT-\Delta t)}{\pi(nT-\Delta t)} \tag{5-64}$$

根据 $H_d(e^{j\omega})$ 的频率响应，可得

$$y_d[n]=x_d\left[n-\frac{\Delta t}{T}\right] \tag{5-65}$$

若$\frac{\Delta t}{T}$是整数，$y_d[n]$ 就是 $x_d[n]$ 的延时，若$\frac{\Delta t}{T}$不为整数，上式似乎没有意义，因为序列仅仅在整数 n 值上才有定义。实际上式(5-65) 可以理解为对 $x_d[n]$ 带限内插重建信号 $x(t)$ 延时 Δt 后的重采样。例如，参照图 5-24 所示的离散化处理系统，图中各信号之间关系为

$$y(t)=x(t-\Delta t) \tag{5-66}$$

$$x_d[n]=x(nT) \tag{5-67}$$

$$y_d[n]=y(nT) \tag{5-68}$$

根据以上关系，可得出

$$y_d[n]=y(nT)=x(nT-\Delta t) \tag{5-69}$$

显然上式表示 $y_d[n]$ 是对移位 $x(t-\Delta t)$ 信号的采样。从以上讨论可以得到一个重要结果，即利用式(5-61) 的系统，即

$$H(e^{j\omega})=e^{-j\omega\Delta t/T},\quad |\omega|\leqslant\pi \tag{5-70}$$

可实现离散时间域上的分数延时，例如 $\Delta t=\frac{T}{2}$，就可实现半采样间隔延时。就本例题而言，当 $\Delta t=\frac{T}{2}$时，代入式(5-64)，可得相应离散时间系统的单位脉冲响应 $h_d[n]$ 为

$$h_d[n]=\frac{\sin\pi\left(n-\frac{1}{2}\right)}{\pi\left(n-\frac{1}{2}\right)},\omega_s=2\omega_c \tag{5-71}$$

同理，$\frac{1}{4}$采样间隔延时$\left(\Delta t=\frac{T}{4}\right)$，相应的 $h_d[n]$ 是

$$h_d[n]=\frac{\sin\pi\left(n-\frac{1}{4}\right)}{\pi\left(n-\frac{1}{4}\right)},\omega_s=2\omega_c \tag{5-72}$$

5.5　正弦载波幅度调制

很多通信系统都是建立在正弦幅度调制的基础之上的，广泛利用正弦载波幅度调制有两个基本的原因。

首先，用于信号传输的各种不同的媒介或信道，例如大气、同轴电缆线、双绞线，一般来说都有一定的工作频宽，即对于落在该频段的信号才具有最佳传输效果，而信道的频率范围可能与要传输的信号的频率范围并不匹配。例如微波中继的频率范围为 300M～300GHz。语音信号在 200～4kHz 的频率范围内，如果要在微波中继通信系统长距离传输语音信号时，就必须将语音信号或已编码的语音信号调制到微波中继的频率范围内。一般将载有信息的信

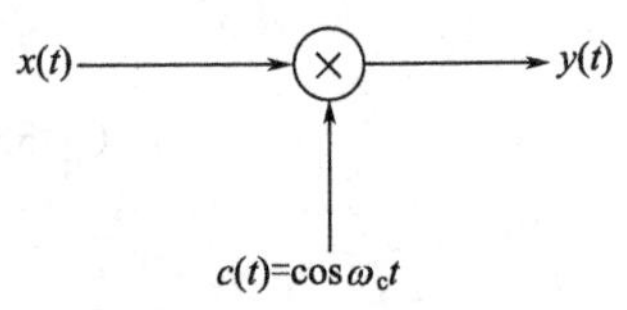

图 5-31 正弦载波的幅度调制（DSB）

号 $x(t)$ 称为调制信号，所谓幅度调制是指以下运算

$$y(t)=x(t)\cdot c(t) \tag{5-73}$$

式中，$c(t)$ 称为载波信号，一般为高频周期信号或正弦波信号，$y(t)$ 称为已调信号。由于 $\cos\omega_s t$ 信号与任意信号相乘，具有频谱搬移功能，可将有用信号搬移到适当的频段上。因此，正弦载波幅度调制的主要功能是实现频谱搬移。

另一方面，用于传输信号的系统或信道可以提供比被传输信号频带宽得多的带宽，例如 VHF 的频率范围为 30～300MHz，而在该频段进行 FM 广播的带宽一般约为 200kHz 左右。为了充分利信道的频率资源，可以利用正弦载波幅度调制的频谱搬移功能，在同一信道上传输多路已调制信号，从而实现多路信号的同时通信，这就是所谓的频分复用的概念。

5.5.1 双边带正弦载波幅度调制（DSB）与同步解调

双边带正弦载波幅度调制是指载波为等幅的正弦波，如图 5-31 所示。此时，已调信号 $y(t)$ 是

$$y(t)=x(t)\cos\omega_c t \tag{5-74}$$

如果调制信号 $x(t)$ 如图 5-32(a) 所示，则已调信号 $y(t)$ 如图 5-32(c) 所示。

根据傅里叶变换的相乘性质（频域卷积性质），有

$$Y(\mathrm{j}\omega)=\frac{1}{2\pi}X(\mathrm{j}\omega)*C(\mathrm{j}\omega) \tag{5-75}$$

其中载波信号 $c(t)=\cos\omega_c t$ 的频谱为

$$C(\mathrm{j}\omega)=\pi[\delta(\omega-\omega_c)+\delta(\omega+\omega_c)] \tag{5-76}$$

于是可得到

$$Y(\mathrm{j}\omega)=\frac{1}{2}[X(\mathrm{j}(\omega-\omega_c))+X(\mathrm{j}(\omega+\omega_c))] \tag{5-77}$$

这是在第 3 章已经得到过的结果，它实现了信号的频谱搬移功能。图 5-33 为 DSB 调制的频谱说明，从图中可以看出，信号的频谱被无失真地搬到 ω_c 和 $-\omega_c$ 频率点上，仅有幅度上的 $\frac{1}{2}$ 变化。由于，在载波频率点 ω_c（载频）上不存在载波的频谱，DSB 调制通常也称为抑制载波的正弦载波调制。

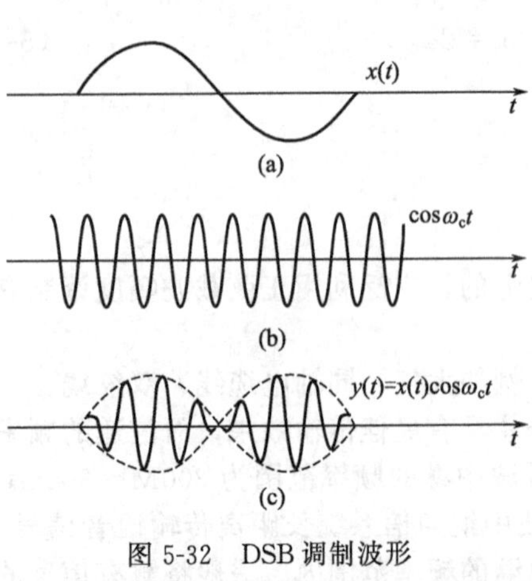

图 5-32 DSB 调制波形

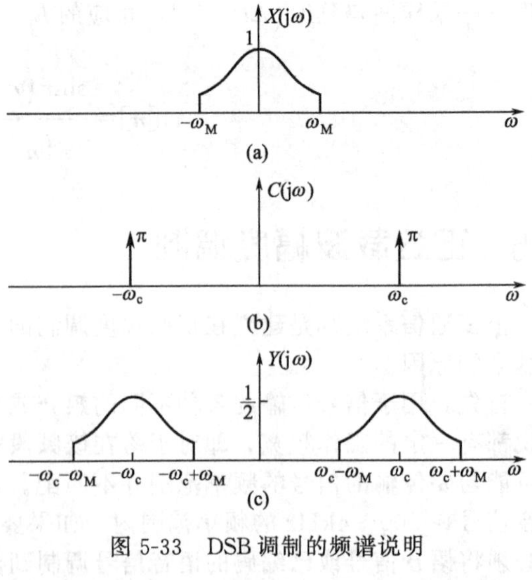

图 5-33 DSB 调制的频谱说明

DSB 正弦载波幅度调制一般要满足

载频 ω_c＞信号的最高频率 ω_M　　(5-78)

通常 ω_c 要比 ω_M 大得多。

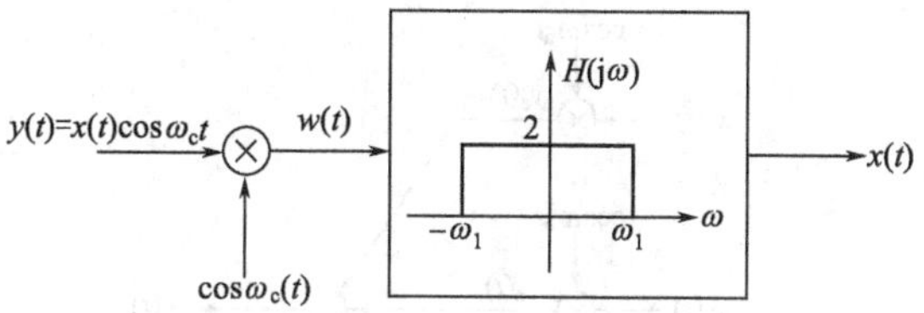

图 5-34　同步解调原理框图

由已调信号 $y(t)$ 恢复调制信号 $x(t)$ 的过程称为解调。图 5-34 给出了实现解调的一种原理方框图，它通过对已调信号二次调制来恢复调制信号 $x(t)$。图中 $\cos\omega_c t$ 信号是接收端的本地载波信号，它必须与发送端的载波同频同相，因此，它是一种同步解调。

从图 5-34 中，可得

$$w(t)=x(t)\cos^2\omega_c t=\frac{1}{2}x(t)+\frac{1}{2}x(t)\cos 2\omega_c t \tag{5-79}$$

于是，$w(t)$ 由两项之和组成：一项是调制信号的一半，另一项则是调制信号去调制一个载频为 $2\omega_c$ 的余弦载波。这样通过一个截止频率合适的低通滤波器就可滤去式(5-79) 的第二项高频分量，获得调制信号 $x(t)$。图 5-35 为同步解调的频谱说明。

本节讨论是正弦波幅度调制中最基本的一种，基于同样机理的还有其他幅度调制。中波 AM 广播采用的是含有载波的双边带调制，其数学形式为

$$[A+mx(t)]\cos\omega_c t \tag{5-80}$$

式中，A 是未经调制的输出载波幅度，$x(t)$ 是调制信号，m 是与调制系数有关的常数。通常这种调制方法称为“幅度调制双边带/载波存在”，缩写为 AM-DSB/WC。AM-DSB/WC 调制的解调同样能采用同步解调的方法，但是，可采用非同步的包络解调方法。包络解调方法常用于民用通信设备，在那里需要降低接收机的成本，代价是要使用大功率的发射机，以便提供载波信号发射所需的功率，使得发射机的造价较为昂贵。为降低传输功率，除了采用 DSB 调制外，通常采用的调制技术还有单边带调制（SSB）、残留边带调制（VSB）等。

调制和解调特别是现代数字通信号中的调制理论和电路的详细研究将是高频电子线路和通信原理课程的主题，本节主要是帮助建立起基于频谱搬移理论的正弦波幅度调制的基本概念。

5.5.2　频分复用

为了在同一个信道上同时传输多个信号，且这些信号通常在频谱上是重叠的，这就需要利用频分多路复用（FDM）的概念，简称频分复用。频分复用的概念是建立在正弦波幅度调制的基础上，利用调制技术把不同信号的频谱分别搬移到不同的载频上，使这些已调信号的频谱不再重叠，这样就可以在同一个宽带信道上同时传输不同的信号。图 5-36(a) 是频分复用的原理图。图中假设每一个欲被传送信号都是带限的（实际上，该条件总是满足的），并且用不同的载波频率进行调制，然后把这些已调信号叠加在一起在同一信道上同时被传输，或分别独立地在同一信道上进行传输。假设每个信号的频谱如图 5-36(b) 所示，复合多路信号的频谱示图 5-36(c) 中。通过频域复用后，不同的信号在信道

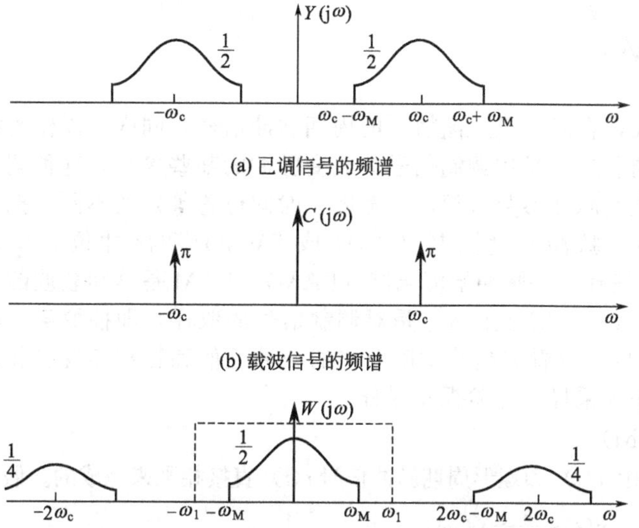

图 5-35　同步解调的频谱说明

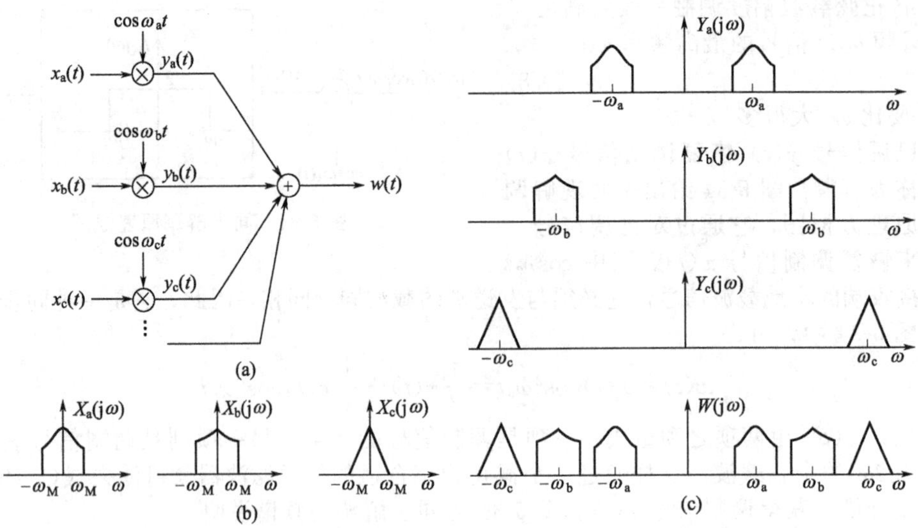

图 5-36　频分多路复用

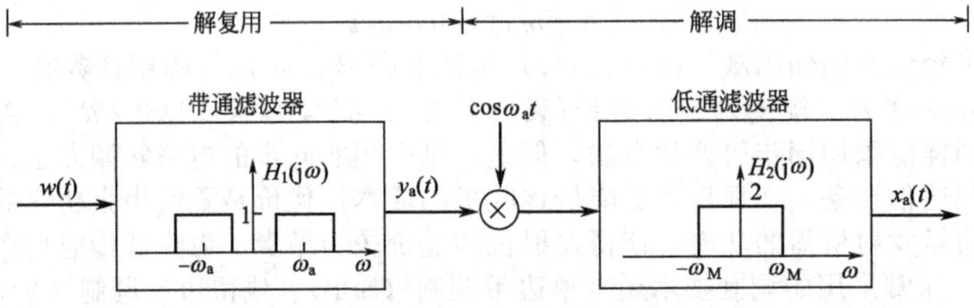

图 5-37　某一路频分复用信号的解复与解调

频带内不同的位置上。可以利用带通滤波器进行解复，从复用信道中选取所需要的信号，然后再进行解调恢复原始信号。整个频分复用的解复与解调的原理图如图 5-37 所示。频分复用是信号传输系统中基本的通信技术，它广泛的用于电话通信、广播电视系统和射频通信等应用场合。

5.6　脉冲幅度调制（PAM）

正弦信号并非是惟一的载波形式，在时间上“离散”的周期脉冲信号，同样可以作为载波。用周期脉冲信号作为载波时，调制过程是用调制信号去改变脉冲的某些参数，这种调制称为脉冲调制。通常，按调制信号改变脉冲参数（幅度、宽度、时间位置等）的不同，把脉冲调制分为脉冲幅度调制（PAM）、脉冲宽度调制（PDM 或 PWM）和脉冲位置调制（PPM）等。本节仅介绍脉冲调制的基础——脉冲幅度调制（PAM）。PAM 是脉冲载波的幅度随调制信号 $x(t)$ 变化的一种调制方式。实际上，它是对调制信号的取样，即抽取某一时间间隙内的调制信号 $x(t)$ 的信息，也可以看成是冲激串取样的一种近似和物理实现。脉冲调制有两种基本形式：自然采样和平顶采样（零阶保持采样）。

5.6.1　自然采样与时分复用（TDM）

图 5-38 是自然采样的数学模型，由 $x(t)$ 和矩形周期脉冲信号 $c(t)$ 直接相乘来完成的。假设

$$x(t) \overset{F}{\longleftrightarrow} X(j\omega)$$

$$c(t) \overset{F}{\longleftrightarrow} C(j\omega)$$

$$y(t) \overset{F}{\longleftrightarrow} Y(j\omega) \tag{5-81}$$

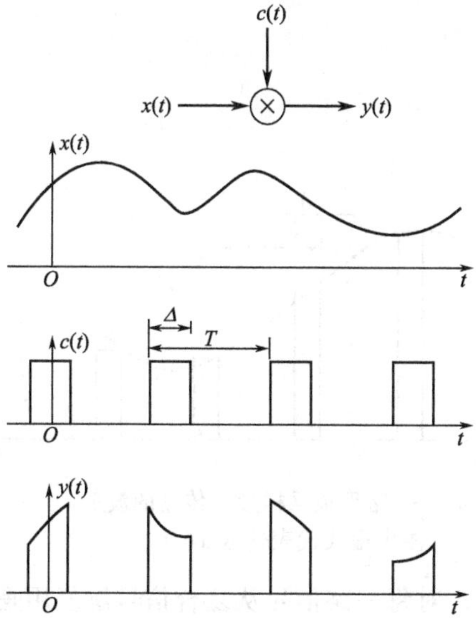

图 5-38 自然采样形式的脉冲幅度调制

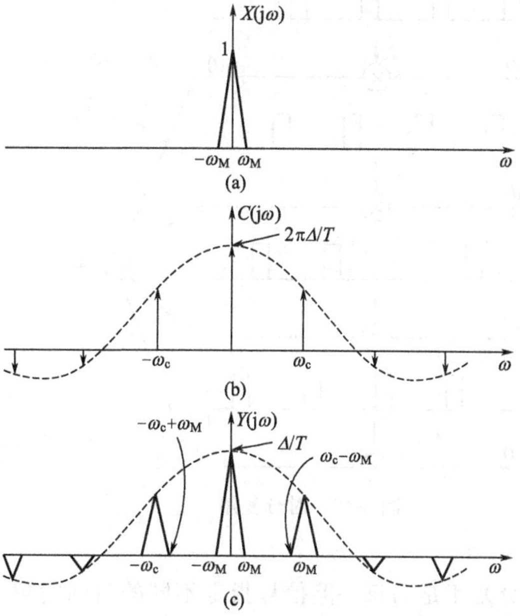

图 5-39 自然采样形式的脉冲幅度调制的频谱说明

那么有

$$Y(\mathrm{j}\omega)=\frac{1}{2\pi}X(\mathrm{j}\omega)*C(\mathrm{j}\omega) \tag{5-82}$$

周期脉冲信号 $c(t)$ 的频谱为

$$C(\mathrm{j}\omega)=2\pi\sum_{k=-\infty}^{\infty}\frac{\sin(k\omega_c\Delta/2)}{\pi k}\cdot\delta(\omega-k\omega_c) \tag{5-83}$$

式中，$\omega_c=\frac{2\pi}{T}$；T 为周期脉冲信号的周期；Δ 为脉冲宽度。结合式(5-82) 和式(5-83)，有

$$Y(\mathrm{j}\omega)=\sum_{k=-\infty}^{\infty}\frac{\sin(k\omega_c\Delta/2)}{\pi k}X(\mathrm{j}(\omega-k\omega_c)) \tag{5-84}$$

与冲激串取样不同的是，自然取样所得的频谱中，各移位 $X(\mathrm{j}(\omega-k\omega_c))$ 前的加权系数不再是常数，而是被脉冲序列 $c(t)$ 的傅里叶级数的系数 $\sin(k\omega_c\Delta/2)/\pi k$ 所加权。这样，只要满足采样定理的条件，在频域被移位加权的 $X(\mathrm{j}\omega)$ 频谱不会重叠。因此，利用一个截止频率大于 ω_M，小于 $\omega_c-\omega_M$ 的低通滤波器，就可以从 $y(t)$ 中恢复出 $x(t)$ 来。图 5-39 为自然采样的频谱说明。

一般可将式(5-84) 推广至一般周期信号载波的调制形式，即

$$Y(\mathrm{j}\omega)=\sum_{k=-\infty}^{\infty}a_kX(\mathrm{j}(\omega-k\omega_c)) \tag{5-85}$$

式中，a_k 为载波 $c(t)$ 的傅里叶级数的系数；ω_c 为其基波频率

利用脉冲幅度调制的实质是在某时间间隙对信号进行采样，如图 5-38 所示，仅在一个周期 T 的 Δ 间隙上，对信号进行采样，也可以理解为仅在一个 Δ 的间隙上传输调制信号。一般周期脉冲信号的周期 T 远远大于 Δ 间隙，因此，可以利用一周期内其他的时间间隔，用同样的方法传输其他的已调信号，这就是时分多路复用（TDM）技术。如图 5-40 所示，在时分复用过程中，可将一个周期 T 按 Δ 间隔均匀平分为 N 个时间间隔（$\Delta\cdot N=T$），在这 N 个不重叠的时间间隙上，对不同的信号进行脉冲幅度调制，这样就可得到在时间上不重叠的 N 路已调的信号，并同时被传输。T/Δ 比值越大，能传输的信号路数就愈多。由于

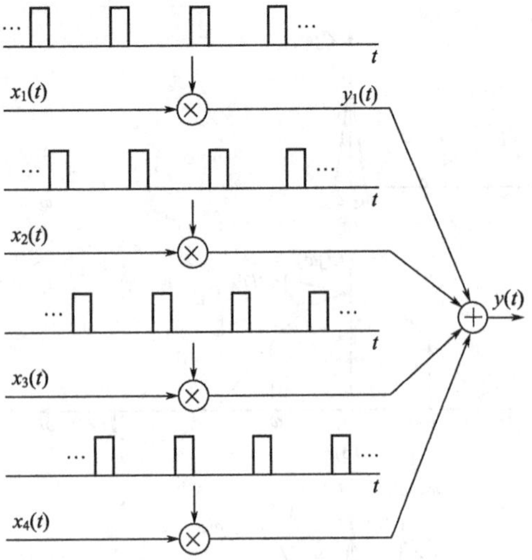

图 5-40 时分复用

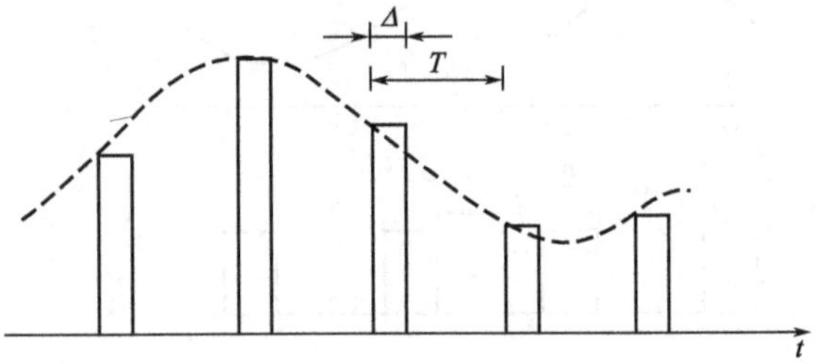

图 5-41 一路平顶采样形式传输的波形，图中虚线代表信号 $x(t)$

时分复用是为每一路信号指定不同的时间间隙，因此，对每一路信号从复合信号解复用是在时域上通过选择与每一路信号相同的时间间隙来完成的，即发送端和接收端只有在相同的时间间隙内，被传输的才是同一个已调信号，然后通过一个低通滤波器，就可恢复出原信号 $x(t)$。市话系统中的程控交换机采用的就是时分复用技术。

5.6.2 平顶采样形式的脉冲幅度调制

如图 5-41 所示为一路平顶采样形式的脉冲幅度调制，与自然采样不同的是它传输的总是调制信号 $x(t)$ 的样本值，而不是 Δ 间隙内的信号。它是用样本 $x(nT)$ 去调制一周期脉冲信号的幅度，其形成的已调信号实际上就是离散时间信号的物理表现形式。从图 5-41 可以看出，该调制方式就是零阶保持采样，有关它的频谱分析可查阅 5.1.2 节中零阶保持的内容。

将上述调制再经过量化和编码，就可形成脉冲编码调制（PCM）。PCM 的优点是便于应用现代数字技术，抗干扰性强，失真小，传输中再生中继时噪声不累积，而且可以采用有效编码、纠错码和保密编码来提高通信系统的有效性、可靠性和保密性。

5.7 希尔伯特变换与信号的正交表示

对一个因果系统，其冲激响应 $h(t)$ 在 $t<0$ 时等于零，因此 $h(t)$ 可表示为

$$h(t)=h(t)\cdot u(t) \tag{5-86}$$

设该系统的频率响应为 $H(\mathrm{j}\omega)=R(\omega)+\mathrm{j}I(\omega)$，由式(5-86) 可得

$$\begin{aligned}H(\mathrm{j}\omega) &= R(\omega)+\mathrm{j}I(\omega)=\frac{1}{2\pi}[H(\mathrm{j}\omega)*\mathrm{F}\{u(t)\}]\\ &=\frac{1}{2\pi}\left\{H(\mathrm{j}\omega)*\left[\pi\delta(\omega)+\frac{1}{\mathrm{j}\omega}\right]\right\}=\frac{1}{2\pi}\left\{[R(\omega)+\mathrm{j}I(\omega)]*\left[\pi\delta(\omega)+\frac{1}{\mathrm{j}\omega}\right]\right\}\\ &=\frac{1}{2\pi}\left[R(\omega)*\pi\delta(\omega)+I(\omega)*\frac{1}{\omega}\right]+\frac{\mathrm{j}}{2\pi}\left[I(\omega)*\pi\delta(\omega)-R(\omega)*\frac{1}{\omega}\right]\\ &=\left[\frac{R(\omega)}{2}+\frac{1}{2\pi}\int_{-\infty}^{\infty}\frac{I(\lambda)}{\omega-\lambda}\mathrm{d}\lambda\right]+\mathrm{j}\left[\frac{I(\omega)}{2}-\frac{1}{2\pi}\int_{-\infty}^{\infty}\frac{R(\lambda)}{\omega-\lambda}\mathrm{d}\lambda\right]\end{aligned} \tag{5-87}$$

由此可得

$$R(\omega)=\frac{1}{\pi}\int_{-\infty}^{\infty}\frac{I(\lambda)}{\omega-\lambda}\mathrm{d}\lambda=I(\omega)*\frac{1}{\pi\omega}\ (\text{希尔伯特变换}) \tag{5-88}$$

$$I(\omega)=-\frac{1}{\pi}\int_{-\infty}^{\infty}\frac{R(\lambda)}{\omega-\lambda}\mathrm{d}\lambda = R(\omega) * \left(-\frac{1}{\pi\omega}\right)\text{(希尔伯特反变换)} \tag{5-89}$$

式(5-88) 和式(5-89) 称为希尔伯特变换对。可见因果系统的频率响应 $H(\mathrm{j}\omega)$ 的实部和虚部之间存在着一种关系：希尔伯特变换。

类似地，进一步考虑实信号的希尔伯特变换。自然界的物理可实现信号都是实信号，而实信号的频谱具有共轭对称性，即满足

$$X(\mathrm{j}\omega)=X^*(-\mathrm{j}\omega) \tag{5-90}$$

所以对于一个实信号，只需由其正频部分或负频部分就能完全加以描述，不会丢失任何信息，也不会产生虚假信号。可取正频部分得到一个新信号 $z(t)$，$z(t)$ 的频谱 $Z(\mathrm{j}\omega)$ 在频域上是一个因果信号。$Z(\mathrm{j}\omega)$ 可表示为

$$Z(\mathrm{j}\omega)=\begin{cases}2X(\mathrm{j}\omega), & \omega>0\\ 0, & \omega<0\end{cases} \tag{5-91}$$

于是

$$Z(\mathrm{j}\omega)=2X(\mathrm{j}\omega)\cdot u(\omega)=X(\mathrm{j}\omega)[1+\mathrm{sgn}(\omega)]=X(\mathrm{j}\omega)+X(\mathrm{j}\omega)\cdot\mathrm{sgn}(\omega)$$

因为

$$\frac{\mathrm{j}}{\pi t}\xleftrightarrow{\mathrm{F}}\mathrm{sgn}(\omega)$$

所以

$$z(t)=x(t)+\mathrm{j}x(t) * \frac{1}{\pi t} \tag{5-92}$$

假设

$$z(t)=x(t)+\mathrm{j}\hat{x}(t)$$

则有

$$\mathrm{j}\hat{x}(t)\xleftrightarrow{\mathrm{F}}\mathrm{j}\hat{X}(\mathrm{j}\omega)=X(\mathrm{j}\omega)\cdot\mathrm{sgn}(\omega)$$

所以

$$\hat{x}(t)\xleftrightarrow{\mathrm{F}}\hat{X}(\mathrm{j}\omega)=X(\mathrm{j}\omega)[-\mathrm{j}\,\mathrm{sgn}(\omega)]$$

或

$$X(\mathrm{j}\omega)=\hat{X}(\mathrm{j}\omega)[\mathrm{j}\,\mathrm{sgn}(\omega)]$$

$$x(t)\xleftrightarrow{\mathrm{F}}X(\mathrm{j}\omega)=\hat{X}(\mathrm{j}\omega)[\mathrm{j}\,\mathrm{sgn}(\omega)]$$

因此，可得

$$\hat{x}(t)= x(t) * \frac{1}{\pi t} = \frac{1}{\pi}\int_{-\infty}^{\infty}\frac{x(t)}{t-\tau}\mathrm{d}\tau\text{(希尔伯特变换)} \tag{5-93}$$

$$x(t)= \hat{x}(t) * \frac{-1}{\pi t} =-\frac{1}{\pi}\int_{-\infty}^{\infty}\frac{\hat{x}(t)}{t-\tau}\mathrm{d}\tau\text{(希尔伯特反变换)} \tag{5-94}$$

采用希尔伯特变换，式(5-92) 又可表示为

$$z(t)=x(t)+\mathrm{j}\mathrm{H}[x(t)] \tag{5-95}$$

其中 H[·]表示希尔伯特变换。由此可以得出如下结论：一个实信号 $x(t)$ 正频分量所对应的信号 $z(t)$ 是一个复信号，其实部为原信号 $x(t)$，而其虚部为原信号 $x(t)$ 的希尔伯特变换。把 $z(t)$ 称为实信号 $x(t)$ 的解析表示或正交表示。$z(t)$ 的实部称为 $x(t)$ 的同相分量，而把 $z(t)$ 的虚部叫作 $x(t)$ 的正交分量。这是因为

$$\int_{-\infty}^{\infty}x(t)\mathrm{H}[x(t)]\mathrm{d}t = \int_{-\infty}^{\infty}x(t)\left[\frac{1}{\pi}\int_{-\infty}^{\infty}\frac{x(\tau)}{t-\tau}\mathrm{d}\tau\right]\mathrm{d}t = \int_{-\infty}^{\infty}x(\tau)\left[\frac{1}{\pi}\int_{-\infty}^{\infty}\frac{x(t)}{t-\tau}\mathrm{d}t\right]\mathrm{d}\tau$$
$$= \int_{-\infty}^{\infty}x(\tau)\left[\frac{1}{\pi}\int_{-\infty}^{\infty}-\frac{x(t)}{\tau-t}\mathrm{d}t\right]\mathrm{d}\tau =-\int_{-\infty}^{\infty}x(\tau)\mathrm{H}[x(\tau)]\mathrm{d}\tau$$

所以

$$\int_{-\infty}^{\infty}x(t)\mathrm{H}[x(t)]\mathrm{d}t = 0 \tag{5-96}$$

上式表明 $z(t)$ 的实部 $x(t)$ 与其虚部 $\mathrm{H}[x(t)]$ 是正交的，所以希尔伯特变换是一个正交变换，由它可以产生一实信号的正交分量，如图 5-42 所示。

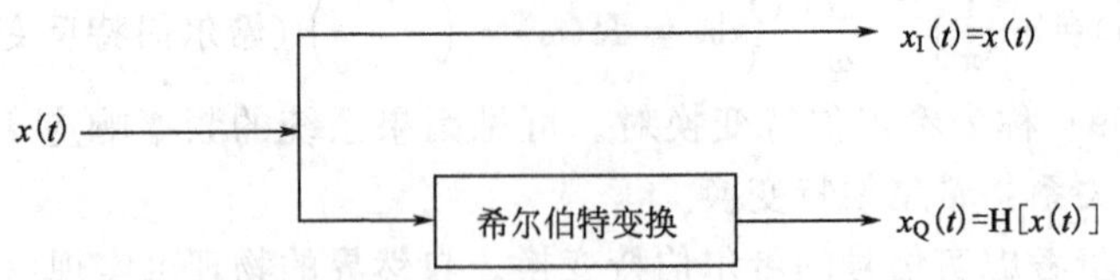

图 5-42　希尔伯特变换

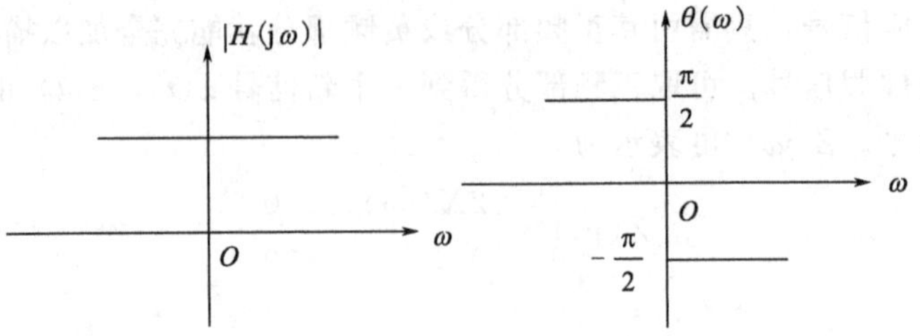

(a)幅频特性　　(b)相频特性

图 5-43　理想的$\frac{\pi}{2}$移相器

由式(5-93)可见，对一个信号作希尔伯特变换，相当于对信号作一次滤波，滤波器的单位冲激响应为$h(t)=\frac{1}{\pi t}$，频率响应为

$$H(j\omega)=\begin{cases}-j,\omega>0\\ j,\omega<0\end{cases} \tag{5-97}$$

或

$$|H(j\omega)|=1,\theta(\omega)=\begin{cases}-\frac{\pi}{2},\omega>0\\ \frac{\pi}{2},\omega<0\end{cases} \tag{5-98}$$

如图 5-43 所示。

由式(5-98)可知，一个信号经希尔伯特变换后，相当于作 90°相移，因此希尔伯特变换又称为 90°相移滤波或正交滤波。

【例 5-4】 求$x(t)=\cos\omega_0 t$的希尔伯特变换$\hat{x}(t)$。

根据希尔伯特变换有

$$\hat{x}(t)=x(t)*\frac{1}{\pi t}\xleftrightarrow{F}X(j\omega)H(j\omega)$$

利用 LTI 系统对正弦信号的响应，有

$$\hat{x}(t)=|H(j\omega_0)|\cdot\cos[\omega_0 t+\theta(\omega_0)]=\cos\left(\omega_0 t-\frac{\pi}{2}\right)=\sin(\omega_0 t) \tag{5-99}$$

由此可构成一个解析信号$z(t)$（$x(t)$正交表示）

$$z(t)=x(t)+j\hat{x}(t)=\cos\omega_0 t+j\sin\omega_0 t=e^{j\omega_0 t} \tag{5-100}$$

一个实窄带信号可表示为

$$x(t)=a(t)\cos[\omega_0 t+\theta(t)] \tag{5-101}$$

它是正弦载波调制的一种统一表示形式，既包含了幅度调制，又包含了相位调制和频率调制。$x(t)$的希尔伯特变换为

$$\hat{x}(t)=a(t)\sin[\omega_0 t+\theta(t)] \tag{5-102}$$

因此，窄带信号的解析表示为

$$z(t)=a(t)\cos[\omega_0 t+\theta(t)]+\mathrm{j}a(t)\sin[\omega_0 t+\theta(t)]=a(t)\mathrm{e}^{\mathrm{j}[\omega_0 t+\theta(t)]} \tag{5-103}$$

利用 $x(t)$ 的解析表示或正交表示信号 $z(t)$，可以求得 $x(t)$ 的瞬时包络、瞬时相位和瞬时频率分别为

$$|a(t)|=\sqrt{x^2(t)+\hat{x}^2(t)} \tag{5-104a}$$

$$\varphi(t)=\arctan\frac{\hat{x}(t)}{x(t)}=\omega_0 t+\theta(t) \tag{5-104b}$$

$$\omega(t)=\frac{\mathrm{d}\varphi(t)}{\mathrm{d}t}=\omega_0+\theta'(t) \tag{5-104c}$$

也就是说从 $x(t)$ 的解析信号 $z(t)$ 中很容易获得信号的三个特征参数：瞬时包络、瞬时相位和瞬时频率。这三个特征参数是信号分析、参数测量、解调和识别的基础，是对实信号进行解析表示的意义所在。所以一个实信号的解析表示（正交变换）在信号处理中有着极其重要的作用，在现代无线电通信中也有重要应用。

将式(5-103) 重新写为

$$z(t)=a(t)\cdot\mathrm{e}^{\mathrm{j}\theta(t)}\cdot\mathrm{e}^{\mathrm{j}\omega_0 t} \tag{5-105}$$

式中，$\mathrm{e}^{\mathrm{j}\omega_0 t}$为信号的载频分量，它作为信息载体不含有用信息；$a(t)\cdot\mathrm{e}^{\mathrm{j}\theta(t)}$ 称为基带信号，它是解析信号 $z(t)$ 的复包络，基带信号也可表示为

$$z_{\mathrm{B}}(t)=a(t)\cdot\mathrm{e}^{\mathrm{j}\theta(t)}=a(t)\cos\theta(t)+\mathrm{j}a(t)\sin\theta(t)=z_{\mathrm{BI}}(t)+\mathrm{j}z_{\mathrm{BQ}}(t)$$

式中

$$z_{\mathrm{BI}}(t)=a(t)\cos\theta(t) \tag{5-106a}$$

$$z_{\mathrm{BQ}}(t)=a(t)\sin\theta(t) \tag{5-106b}$$

分别称为基带信号的同相分量和正交分量。

5.8　离散时间信号正弦幅度调制

一个离散时间幅度调制系统如图 5-44 所示，其中 $c[n]$ 是载波，$x[n]$ 是调制信号。由图 5-44 可见，已调信号 $y[n]$ 可表示为

$$y[n]=x[n]\cdot c[n] \tag{5-107}$$

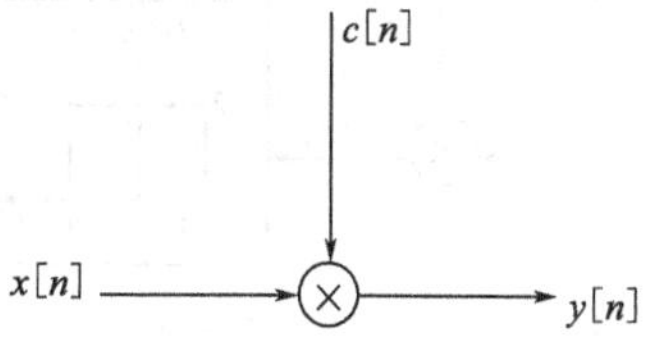

图 5-44　离散时间幅度调制

分别用 $X(\mathrm{e}^{\mathrm{j}\omega})$、$Y(\mathrm{e}^{\mathrm{j}\omega})$和 $C(\mathrm{e}^{\mathrm{j}\omega})$来表示 $x[n]$、$y[n]$ 和 $c[n]$ 的傅里叶变换。根据离散时间傅里叶变换的相乘性质，可得

$$Y(\mathrm{e}^{\mathrm{j}\omega})=\frac{1}{2\pi}\int_{2\pi}X(\mathrm{e}^{\mathrm{j}\theta})C(\mathrm{e}^{\mathrm{j}(\omega-\theta)})\mathrm{d}\theta=\frac{1}{2\pi}\int_{2\pi}C(\mathrm{e}^{\mathrm{j}\theta})X(\mathrm{e}^{\mathrm{j}(\omega-\theta)})\mathrm{d}\theta \tag{5-108}$$

考虑正弦载波幅度调制

$$c[n]=\cos\omega_{\mathrm{c}}n \tag{5-109}$$

其频谱为

$$C(\mathrm{e}^{\mathrm{j}\omega})=\sum_{k=-\infty}^{\infty}\pi[\delta(\omega-\omega_{\mathrm{c}}+2\pi k)+\delta(\omega+\omega_{\mathrm{c}}+2\pi k)] \tag{5-110}$$

已调信号 $y[n]$ 可表示为

$$y[n]=x[n]\cdot\cos\omega_{\mathrm{c}}n \tag{5-111}$$

根据式(5-110)，其频谱为

$$Y(\mathrm{e}^{\mathrm{j}\omega})=\frac{1}{2}[X(\mathrm{e}^{\mathrm{j}(\omega-\omega_{\mathrm{c}})})+X(\mathrm{e}^{\mathrm{j}(\omega+\omega_{\mathrm{c}})})] \tag{5-112}$$

如图 5-45 所示。这就使 $X(\mathrm{e}^{\mathrm{j}\omega})$ 在$\pm\omega_{\mathrm{c}}+2\pi k$ 处重复。为使每一个重复的 $X(\mathrm{e}^{\mathrm{j}\omega})$ 不重叠，

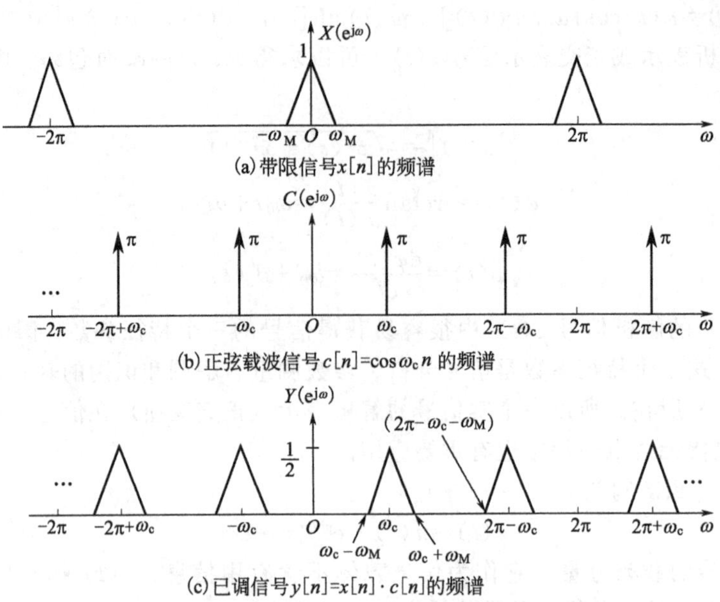

图 5-45　正弦载波的离散时间幅度调制的频谱说明

就要求

$$\omega_c-\omega_M>0 \tag{5-113}$$

和

$$2\pi-\omega_c-\omega_M>\omega_c+\omega_M,\text{即 }\omega_c<\pi-\omega_M \tag{5-114}$$

把式(5-113) 和式(5-114) 结合在一起，为使在$\pm\omega_c+2\pi k$ 处精确重现$X(e^{j\omega})$ 的频谱，载频必须满足

$$\omega_M<\omega_c<\pi-\omega_M \tag{5-115}$$

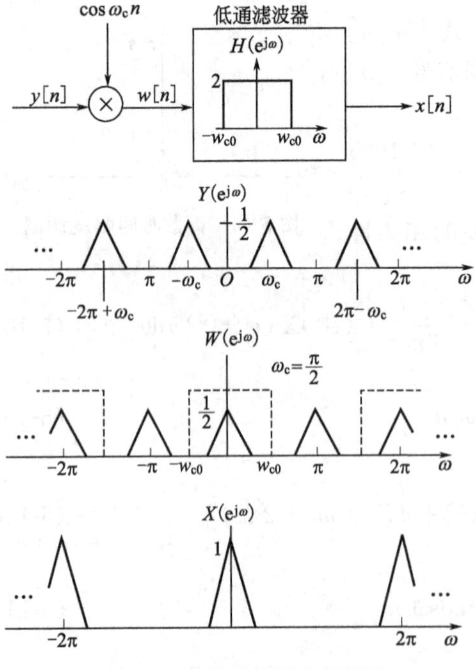

图 5-46　离散时间同步解调及其相关频谱说明（$\omega_c=\frac{\pi}{2}$）

解调完全可以采用与连续时间情况相类似的方法来实现。解调系统如图 5-46 所示，通过二次调制，将已调信号 $y[n]$ 乘以同一载频的正弦信号，进行频谱搬移，得信号 $w[n]$。如满足式(5-115) 的条件，可使 $w[n]$ 的频谱在 $\omega=0$ 及 $2\pi k$ 处重现精确原信号的频谱，利用低通滤波器滤掉不需要的其他 $X(e^{j\omega})$ 重复部分，就可得到原信号 $x[n]$。

与连续时间情况相同，也能用离散时间正弦载波的幅度调制实现离散时间情况下的频分多路复用（FDM）。考虑一 M 路序列的离散时间 FDM 系统，即用 M 个不同载频 $\omega_k=\frac{\pi}{2M}+\frac{\pi}{M}k$，$k=0,1,2,\cdots,M-1$ 余弦波去调制 M 路不同的信号，构成频分复用系统，如图 5-47 所示。

由于要同时传输 M 路信号，就要求每一路 $x_i[n]$ 是带限的，即

$$X_i(e^{j\omega})=0,\frac{\pi}{2M}<|\omega|<\pi \tag{5-116}$$

如果某一 $x_i[n]$ 不满足上述带限要求，可通过内插（增采样）压缩其频谱以满足上述条件。

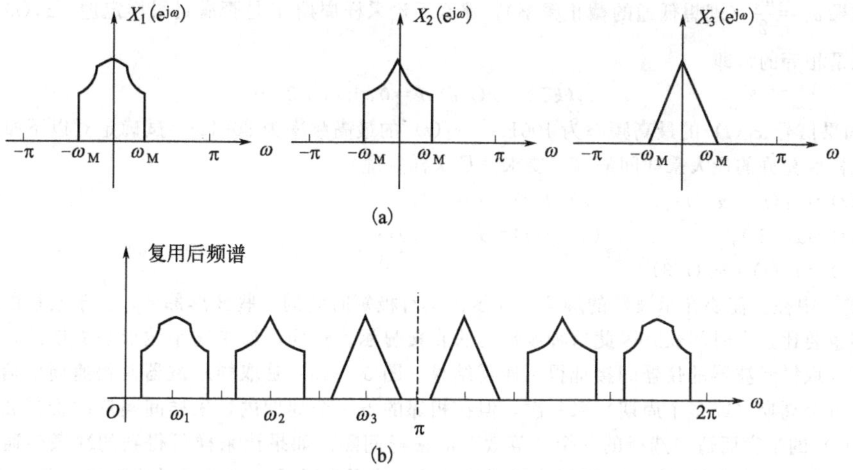

图 5-47 离散时间频分复用系统中的有关频谱（3 路）

习题 5

5-1 一个连续时间信号 $x(t)$ 从一个截止频率为 $\omega_c=2000\pi$ 的理想低通滤波器的输出得到，如果对 $x(t)$ 进行冲激串采样，试问下列采样周期中的哪一些能使 $x(t)$ 在利用一个合适的低通滤波器后能从它的样本值中得到恢复？

(1) $T=0.25\times10^{-3}$；　(2) $T=1\times10^{-3}$；

(3) $T=0.5\times10^{-3}$；　(4) $T=0.5\times10^{-4}$。

5-2 试确定下列各信号的奈奎斯特频率。

(1) $x(t)=2+\cos(1000\pi t)+\sin(3000\pi t)$；　(2) $x(t)=\dfrac{\sin\omega_c t}{\pi t}$；

(3) $x(t)=\left(\dfrac{\sin\omega_c t}{\pi t}\right)^2$；　(4) $x(t)=\left(\dfrac{\sin1000\pi t}{\pi t}\right)*\left(\dfrac{\sin2000\pi t}{\pi}\right)$；

(5) $x(t)=\left(\dfrac{\sin1000\pi t}{\pi t}\right)\left(\dfrac{\sin2000\pi t}{\pi t}\right)$。

5-3 有一周期信号，它的傅里叶级数表示为

$$x(t)=\sum_{k=0}^{5}\left(\frac{1}{2}\right)^k\sin(k\pi t)$$

对 $x(t)$ 进行冲激串采样得 $x_p(t)=\sum\limits_{k=-\infty}^{\infty}x(nT)\delta(t-nT)$。当 $T=0.2$ 时，问

(1) 混叠会发生吗？

(2) 若 $x_p(t)$ 通过一个截止频率为$\dfrac{\pi}{T}$和通带增益为 T 的理想低通滤波器，求输出信号的傅里叶级数的表示。

5-4 一个信号 $x(t)$ 的样值内插公式表示为

$$x_r(t)=\sum_{n=-\infty}^{\infty}x(nT)h(t-nT)$$

其中 $h(t)$ 是恢复系统中的低通滤波器。选择不同的$h(t)$，就可获得不同的内插公式。假设 $h(t)$ 如图 5-48 所示（一阶内插），试问 $x(t)=\cos2\pi t$，$T=0.2$ 时的内插输出，并用 Matlab 仿真。

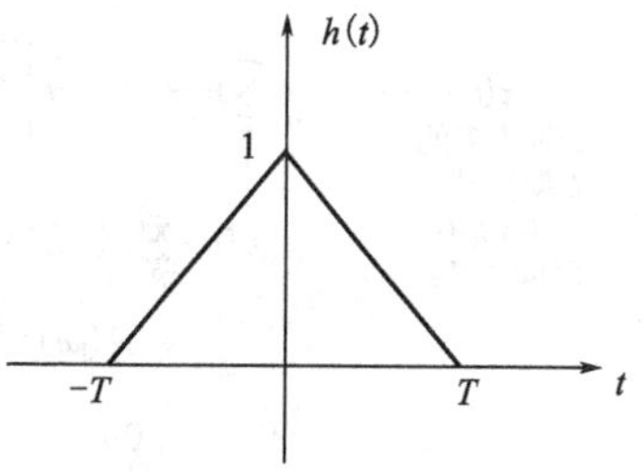

图 5-48 题 5-4 图

5-5 如图 5-4 所示的利用理想滤波器的恢复系统，可得带限内插公式

$$x_r(t)=\sum_{n=-\infty}^{\infty}x(nT)\frac{T\omega_c}{\pi}\mathrm{Sa}(\omega_c(t-nT))$$

试证明，如果 $\omega_c=\frac{\omega_s}{2}$（理想低通的截止频率），那么无论采样周期 T 是否满足采样定理，$x_r(t)$ 和 $x(t)$ 在采样时刻总是相等的，即

$$x_r(kT)=x(kT),k=0,\pm1,\pm2,\cdots$$

5-6 如果信号 $x_1(t)$ 的最高频率为 100Hz，$x_2(t)$ 的最高频率为 300Hz，试确定对以下每一个信号进行冲激串采样所允许的最大采样间隔 T（要求满足采样定理）。

(1) $f(t)=x_1(t)+x_2(t)$； (2) $f(t)=x_1(t/2)$；

(3) $f(t)=x_2(2t)$； (4) $f(t)=x_1(t-10)$；

(5) $f(t)=x_1(t)\cdot x_2(t/3)$。

5-7 实际中往往需要在示波器的屏幕上显示出具有极短时间的一些波形部分，由于最快的示波器的上升时间可能也要比这个时间长，因此这种波形无法直接显示。然而，如果这个波形是周期的，那么可以采用一种称之为取样示波器的仪器间接地得到所需结果。图 5-49(a) 是取样示波器对快速周期信号采样的原理，采样时每个周期（或多个周期）采一次，但在相邻的下一个周期内，采样间隔依次推迟 Δ，增量 Δ 应该是根据 $x(t)$ 的带宽而适当选择的一个“等效”的采样间隔。如果让采样所得到的冲激串通过一个合适的低通内插滤波器，那么输出 $y(t)$ 将正比于减慢了的、或者在时间上被展宽了的原始波形，即 $y(t)$ 正比于 $x(at)$，$a<1$。若 $x(t)=A+B\cos[(2\pi/T)t+\theta]$，求出 Δ 的取值范围，使得图 5-49(b) 中的 $y(t)$ 正比于 $x(at)$，$a<1$；同时，用 T 和 Δ 确定 a 的值。试用 Matlab 进行仿真，验证所得结果。

5-8 当信号的频谱能量集中在某一频带内，称之为带通信号。如果对 $x(t)$ 进行采样，按照采样定理就应该使采样频率 $\omega_s\geqslant2\omega_M$。但实际上，对带通信号可以用低于两倍最高频率的速率采样，这就是所谓带通采样。假定图 5-50 中，$\omega_1>\omega_2-\omega_1$，求能使 $x_r(t)=x(t)$ 的最大 T 值，及常数 A，ω_a 和 ω_b 的值。

5-9 对 $x[n]$ 进行脉冲串采样

$$x_p[n]=\sum_{k=-\infty}^{\infty}x[n]\delta[n-kN]$$

若 $X(e^{j\omega})=0$，$\frac{3\pi}{7}\leqslant|\omega|\leqslant\pi$，试确定不发生混叠的最大采样间隔 N。

5-10 信号 $x[n]$ 的傅里叶变换 $X(e^{j\omega})$ 在 $\frac{\pi}{4}\leqslant|\omega|\leqslant\pi$ 为零，用 $\sum_{k=-\infty}^{\infty}\delta[n-1-4k]$ 对 $x[n]$ 进行采样

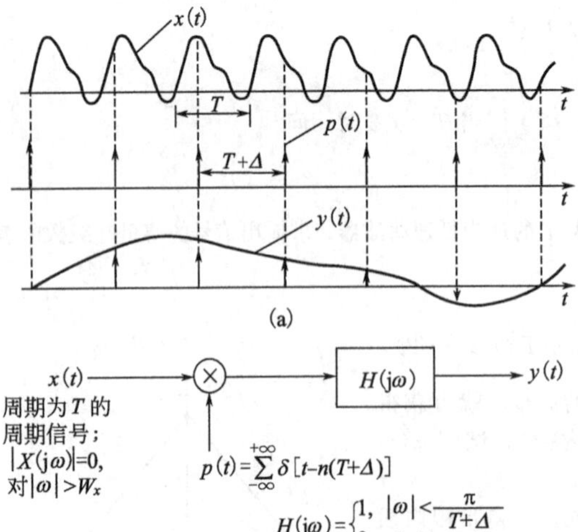

图 5-49 题 5-7 图

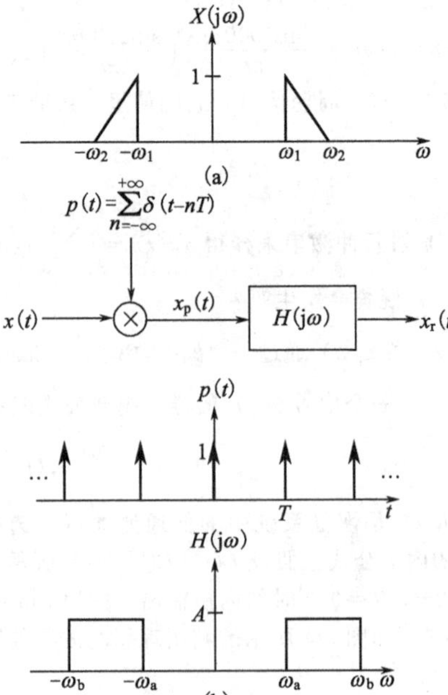

图 5-50 题 5-8 图

$$x_p[n]=x[n]\cdot\sum_{k=-\infty}^{\infty}\delta[n-1-4k]$$

试给出一个低通滤波器的频率响应 $H(e^{j\omega})$，使 $x_p[n]$ 通过该滤波器后，输出等于 $x[n]$。

5-11 傅里叶变换为 $X(e^{j\omega})$ 的信号 $x[n]$ 具有如下性质

$$\sum_{k=-\infty}^{\infty}x[3k]\frac{\sin\frac{\pi}{3}(n-3k)}{\frac{\pi}{3}(n-3k)}=x[n]$$

对于什么样的 ω 值，可以保证 $X(e^{j\omega})=0$?

5-12 设 $x_c(t)$ 是一个连续时间信号，其频谱满足：$X_c(j\omega)=0$，$|\omega|\geqslant 1000\pi$。某一离散时间信号经由 $x_d[n]=x_c(n\times 10^{-3})$ 而得到。试对下列每一个有关 $x_d[n]$ 的频谱 $X_d(e^{j\omega})$ 所给限制确定在 $X_c(j\omega)$ 上的相应限制

(1) $X_d(e^{j\omega})$ 为实函数；　　(2) 对所有 ω，$X_d(e^{j\omega})$ 的最大值是 1；

(3) $X_d(e^{j\omega})=0$，对 $\frac{3\pi}{4}\leqslant|\omega|\leqslant\pi$；　　(4) $X_d(e^{j\omega})=X_d(e^{j(\omega-\pi)})$。

5-13 考虑图 5-51 所示的系统，输入为 $x[n]$，输出为 $y[n]$，零值插入系统在每一序列 $x[n]$ 值之间插入两个零值点，抽取系统定义为

$$y[n]=w[5n]$$

其中 $w[n]$ 是抽取系统的输入序列。若输入 $x[n]$ 为

$$x[n]=\frac{\sin\omega_1 n}{\pi n}$$

试确定下列 ω_1 值时的输出 $y[n]$：

(1) $\omega_1\leqslant\frac{3\pi}{5}$；　　(2) $\pi>\omega_1>\frac{3\pi}{5}$。

5-14 一个实值离散时间信号 $x[n]$ 的频谱 $X(e^{j\omega})$ 在 $3\pi/14\leqslant|\omega|\leqslant\pi$ 为零，可首先利用增采样 L 倍。然而再减采样 M 倍的办法将 $X(e^{j\omega})$ 的非零部分占满到 $|\omega|<\pi$ 的整个区域，试求 L 和 M 的值。

5-15 设 $x_p[n]$ 是以采样周期为 2 对 $x[n]$ 进行脉冲串采样所得的信号，$x_d[n]$ 是以 2 对 $x[n]$ 进行抽取而得到的信号。

(1) 若 $x[n]$ 如图 5-52(a) 所示，画出序列 $x_p[n]$ 和 $x_d[n]$；

(2) 若 $X(e^{j\omega})$ 如图 5-52(b) 所示，画出 $X_p(e^{j\omega})$ 和 $X_d(e^{j\omega})$。

5-16 图 5-53(a) 为一利用离散时间滤波器处理连续时间信号的系统。若 $X_c(j\omega)$ 和 $H(e^{j\omega})$ 如图 5-53(b) 所示，以 $1/T=20\text{kHz}$ 为例，画出 $X(e^{j\omega})$，$Y(e^{j\omega})$ 和 $Y_c(j\omega)$。

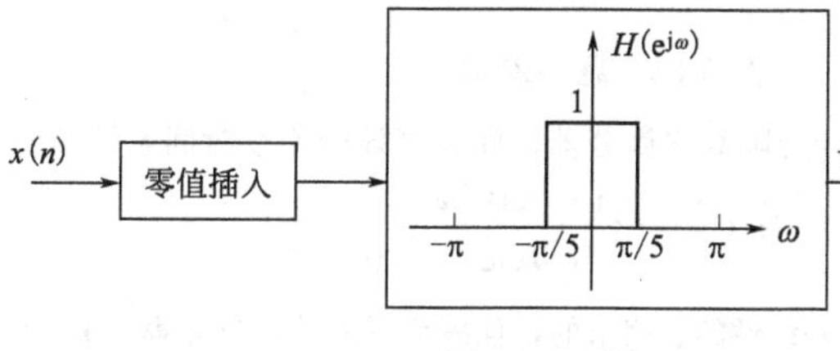

图 5-51 题 5-13 图

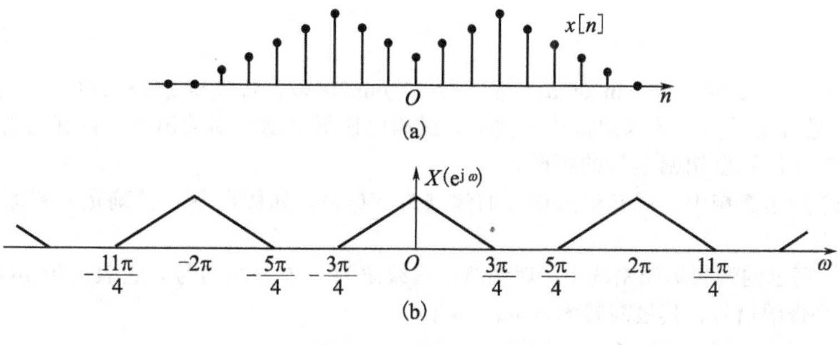

图 5-52 题 5-15 图

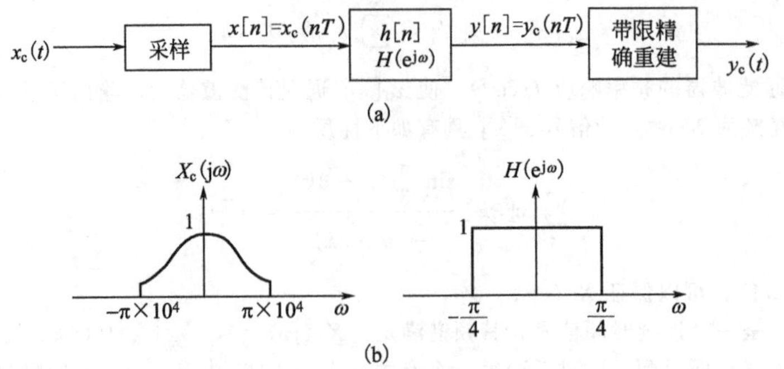

图 5-53　题 5-16 图

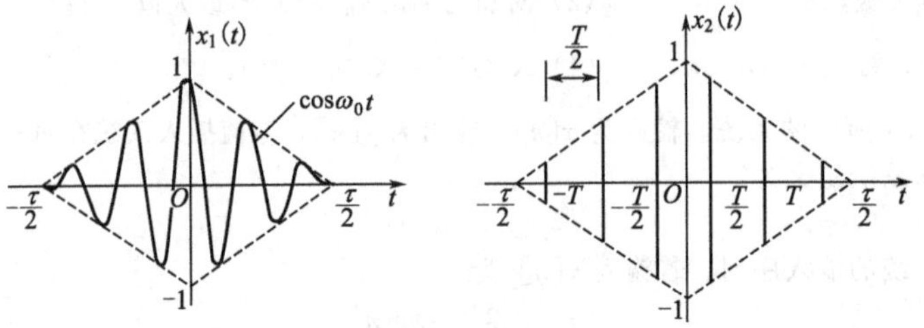

图 5-54　题 5-20 图

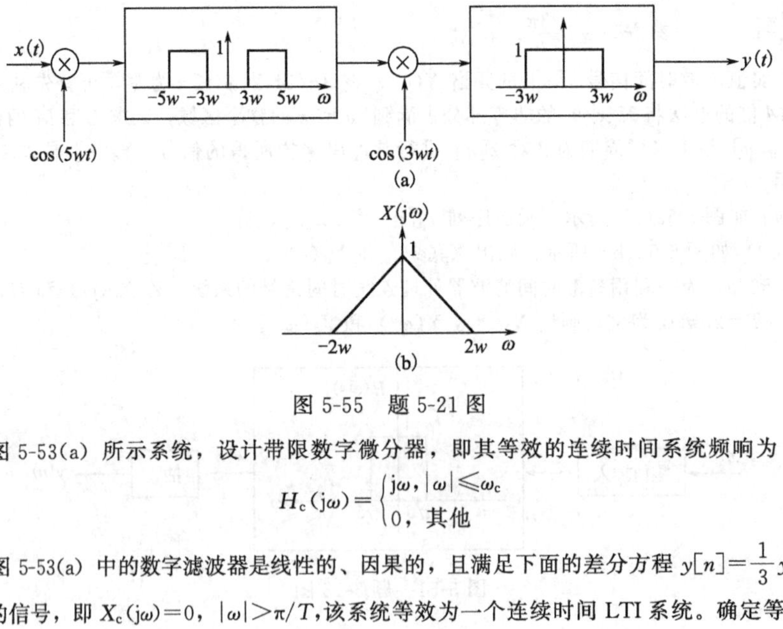

图 5-55　题 5-21 图

5-17　用图 5-53(a) 所示系统，设计带限数字微分器，即其等效的连续时间系统频响为

$$H_c(j\omega)=\begin{cases} j\omega, & |\omega|\leqslant\omega_c \\ 0, & \text{其他} \end{cases}$$

5-18　如图 5-53(a) 中的数字滤波器是线性的、因果的，且满足下面的差分方程 $y[n]=\frac{1}{3}y[n-1]+x[n]$，对于带限输入的信号，即 $X_c(j\omega)=0$，$|\omega|>\pi/T$，该系统等效为一个连续时间 LTI 系统。确定等效频率响应 $H_c(j\omega)=\dfrac{Y_c(j\omega)}{X_c(j\omega)}$。

5-19　假设 $x(t)=\sin100\pi t+2\sin200\pi t$ 和 $g(t)=x(t)\sin200\pi t$。若乘积 $g(t)\sin400\pi t$ 通过一个截止频率为 400π 的信号，通带增益为 2 的理想低通滤波器，试确定该低通滤波器输出端所得到的信号。

5-20　求图 5-54 所示已调幅信号的频谱。

5-21　图 5-55 所示系统中，已知输入信号的频谱为 $X(j\omega)$，如图所示。试确定并粗略画出 $y(t)$ 的频谱 $Y(j\omega)$。

5-22　图 5-56 所示的调制解调系统中，解调所用的载波为一个方波信号，它表示为 $p(t)=\text{sgn}(\cos\omega_0 t)$。如图所示，$x(t)$ 是带限信号，其最高频率为 $\omega_M<\omega_0$。

(1) 分别画出 $z(t)$，$p(t)$ 和 $y(t)$ 的频谱；

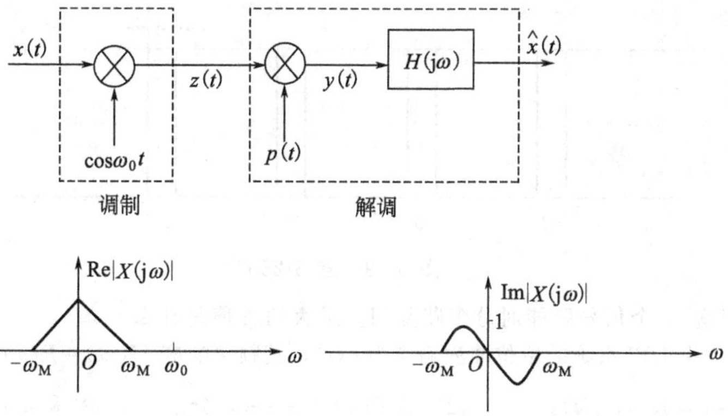

图 5-56　题 5-22 图

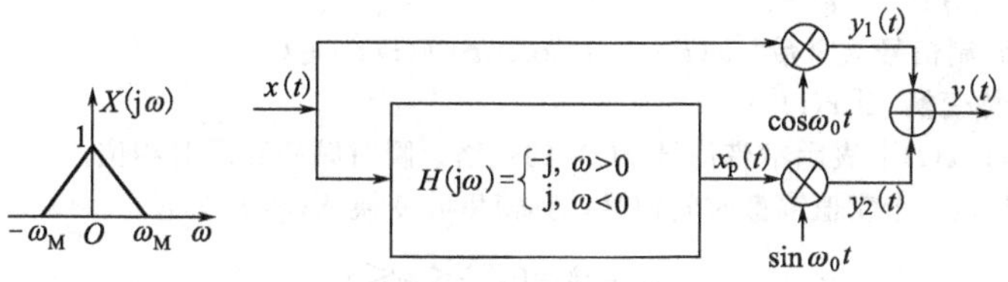

图 5-57　题 5-23 图

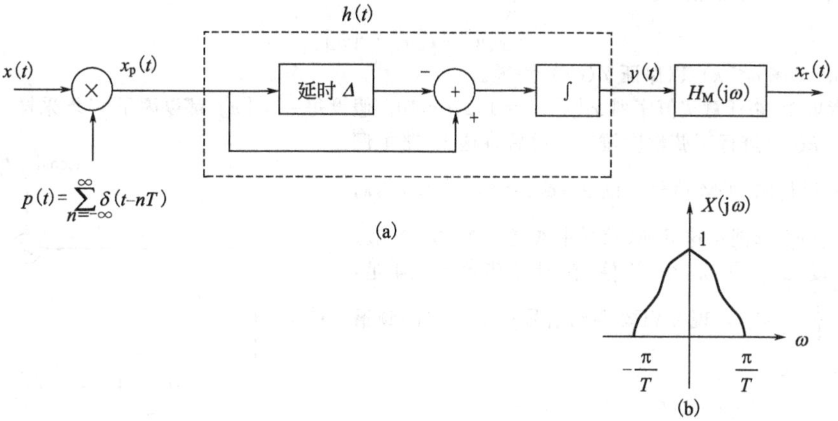

图 5-58　题 5-24 图

(2) 确定使 $\hat{x}(t)=x(t)$ 的滤波器。

5-23　在 DSB 调制中，已调信号的带宽是原始信号带宽的两倍。通常把高于载频的部分称为上边带，低于载频的部分称为下边带。由于上下边带是以载频对称的，这在频带的利用上是不经济的。为了更充分地利用频带，在通信中还采用单边带调制（SSB）技术，图 5-57 给出了利用移相法产生单边带信号的系统。

(1) 绘出 $x_p(t)$，$y_1(t)$ 和 $y_2(t)$ 的频谱示意图；

(2) 绘出 $y(t)=y_1(t)+y_2(t)$ 的频谱，说明此时 $y(t)$ 只保留了下边带的信号；如果 $y(t)=y_1(t)-y_2(t)$，则 $y(t)$ 只保留了上边带。

5-24　在实际工程中，脉冲串载波的幅度调制可按图 5-58 建模，该系统的输出为 $y(t)$。

(1) 设 $x(t)$ 是一带限信号：$X(j\omega)=0$，$|\omega|\geqslant\pi/T$，如图 5-58(b) 所示，确定并画出 $X_p(j\omega)$ 和$Y(j\omega)$；

(2) 求最大的 Δ 值，使得通过一个合适的滤波器后有 $x_r(t)=x(t)$；

(3) 确定并画出使 $x_r(t)=x(t)$ 的恢复滤波器 $H_M(j\omega)$。

5-25　考虑有 10 个信号 $x_i(t)$，$i=1,2,3,\cdots,10$。假定每个 $x_i(t)$ 的频谱 $X_i(j\omega)=0$，$|\omega|\geqslant 2000\pi$，全部这 10 个信号在每一个都乘以图 5-59 的载波 $c(t)$ 以后要被时分多路复用。如果 $c(t)$ 的周期已选成最

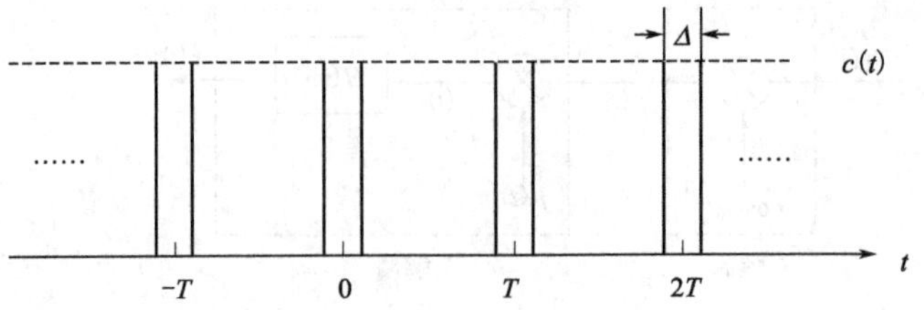

图 5-59　题 5-25 图

大可容许的值，问这 10 个信号要能时分多路复用，最大的 Δ 值是什么？

5-26　若一个因果 LTI 系统的单位冲激响应为 $h(t)$，其频率响应 $H(j\omega)=R(\omega)+jI(\omega)$。

(1) 若 $R(\omega)=\cos\omega$，求 $h(t)$；　　(2) 若 $R(\omega)=\dfrac{1}{1+\omega^2}$，分别求 $I(\omega)$ 和 $h(t)$；

(3) 证明 $H(j\omega)=\dfrac{1}{j\pi}\displaystyle\int_{-\infty}^{\infty}\dfrac{H(j\lambda)}{\omega-\lambda}d\lambda$。

5-27　已知某一调制信号（窄带）$x(t)=a(t)\cos\omega_0 t+b(t)\sin\omega_0 t$。

(1) 求其希尔伯特变换 $\mathrm{H}[x(t)]$；

(2) 用 $x(t)$ 和 $\mathrm{H}[x(t)]$ 表示窄带信号 $x(t)$ 的包络、瞬时频率和瞬时相位。

5-28　假设 $x[n]$ 是一个实值离散时间信号，其傅里叶变换 $X(e^{j\omega})$ 具有

$$X(e^{j\omega})=0,\frac{\pi}{8}\leqslant\omega\leqslant\pi$$

现用 $x[n]$ 去调制一个正弦载波 $c[n]=\sin(\frac{5\pi}{2}n)$ 以产生

$$y[n]=x[n]\cdot c[n]$$

试确定 ω 的值（$0\leqslant\omega\leqslant\pi$）以保证 $Y(e^{j\omega})$ 为零。

5-29　考虑 10 路任意实值序列 $x_i[n]$，$i=1,2,\cdots,10$。假设每一 $x_i[n]$ 都以因子 N 增采样，再用载波频率 $\omega_i=\pi/20+i\pi/10$ 进行正弦幅度调制，最后将这 10 路主调信号加在一起以构成 FDM 信号，设 $X_i(e^{j\omega})=0$，$\frac{\pi}{4}<\omega\leqslant\pi$，为使每一路 $x_i[n]$ 都能从这 FDM 信号中恢复，试确定 N 值。

5-30　设 $x[n]$ 是个实值序列，其频谱满足：$X(e^{j\omega})=0$，$\frac{\pi}{4}<\omega\leqslant\pi$，现在想要得到信号 $y[n]$，它的频谱在 $-\pi\leqslant\omega\leqslant\pi$ 内为

$$Y(e^{j\omega})=\begin{cases}X(e^{j(\omega-\frac{\pi}{2})}),\frac{\pi}{2}<\omega<\frac{3\pi}{4}\\X(e^{j(\omega+\frac{\pi}{2})}),-\frac{3\pi}{4}<\omega<-\frac{\pi}{2}\\0,\qquad\text{其余}\end{cases}$$

图 5-60 的系统用于从 $x[n]$ 得到 $y[n]$，试确定图中滤波器的频率响应 $H(e^{j\omega})$。

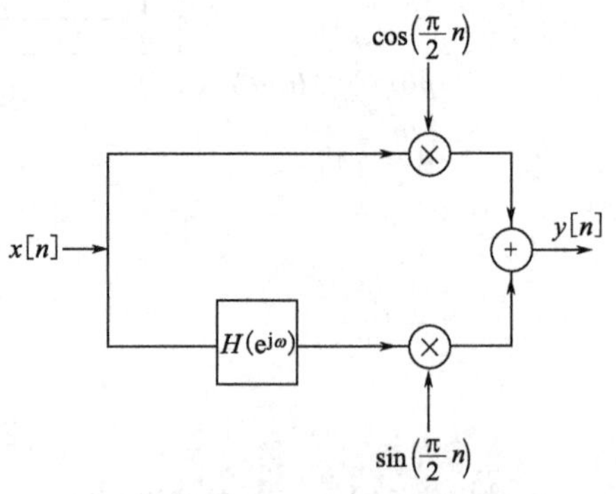

图 5-60　题 5-30 图

6 信号与系统的复频域分析

6.0 引言

第 3、4 章讨论了连续时间信号与系统和离散时间信号与系统的频域分析，这里主要依据了两个基本事实。首先是相当广泛一类信号在满足一定的条件下可以分解成一些基本信号的叠加：如连续时间信号的傅里叶变换将信号表示为 $e^{j\omega_0 t}$纯虚数复指数信号的叠加，离散时间信号的傅里叶变换则将离散信号表示为 $e^{j\omega_0 n}$复指数序列的叠加，$e^{j\omega_0 t}$和 $e^{j\omega_0 n}$这两个基本信号又分别是连续时间 LTI 系统和离散时间 LTI 系统的特征函数。其次是LTI系统的叠加原理，上述两者的结合，从而使系统的分析求解简化很多，然而并不是所有信号都能进行傅里叶变换，一般情况下，只有满足收敛条件的信号才能进行傅里叶变换。阶跃信号、斜坡信号、周期信号等都不满足绝对可积条件，故不能直接求得它们的傅里叶变换，虽然借助于广义函数可得到它们的傅里叶变换，但变换式中往往有冲激函数出现。为了扩大可进行变换的信号范围，引入连续时间信号与系统的另一种分析方法：拉普拉斯变换，简称拉氏变换。

本章将讨论连续时间信号与系统拉普拉斯变换的分析方法，它的本质是把连续时间信号分解为 e^{st}复指数信号的叠加，同时利用复指数信号 e^{st}是 LTI 系统的特征函数，求出连续时间系统在复频域对输入信号的响应。与连续时间傅里叶分析方法相比，拉氏变换分析方法扩大了信号变换的范围，在本质上可看成是广义的傅里叶变换，可以用于一些傅里叶变换不能应用的重要方面，如系统的稳定性方面的研究。拉氏变换分析方法和傅里叶变换一起，构成了分析连续时间系统的一整套重要工具。

6.1 拉普拉斯变换

6.1.1 从傅里叶变换到拉普拉斯变换

傅里叶分析展示了信号和系统内在的频率特性，傅里叶变换的卷积特性，把时域分析的卷积运算转化为频域的乘积运算，从而提供了一种在频域分析和设计系统的新途径。然而并不是所有信号都能进行傅里叶变换，一般情况下，只有满足绝对可积（收敛）条件的信号才能进行傅里叶变换。信号之所以不满足绝对可积的条件可能是由于当 $t\to\infty$或 $t\to-\infty$时，$x(t)$不趋于零的缘故。为了使更多的信号能进行变换，特引入一个衰减因子 $e^{-\sigma t}$，将它乘以 $x(t)$，显然只要 σ 的数值选择得当，就能保证当 $t\to\infty$或 $t\to-\infty$时，$x(t)e^{-\sigma t}$趋于零，使$x(t)e^{-\sigma t}$的傅里叶变换收敛。$x(t)$ 乘以收敛因子 $e^{-\sigma t}$后的信号傅里叶变换为

$$\mathrm{F}\{x(t)e^{-\sigma t}\}=\int_{-\infty}^{\infty}x(t)e^{-\sigma t}e^{-j\omega t}\,dt=\int_{-\infty}^{\infty}x(t)e^{-t(\sigma+j\omega)}\,dt \tag{6-1}$$

它是 $\sigma+j\omega$ 的函数，可以写成

$$X(\sigma+j\omega)=\int_{-\infty}^{\infty}x(t)e^{-(\sigma+j\omega)t}\,dt \tag{6-2}$$

由 $X(\sigma+j\omega)$ 的傅里叶反变换可得到

$$x(t)\mathrm{e}^{-\sigma t} = \mathrm{F}^{-1}\{X(\sigma+\mathrm{j}\omega)\} = \frac{1}{2\pi}\int_{-\infty}^{\infty} X(\sigma+\mathrm{j}\omega)\mathrm{e}^{\mathrm{j}\omega t}\,\mathrm{d}\omega \tag{6-3}$$

将式(6-3) 两边乘以 $\mathrm{e}^{\sigma t}$，可得

$$x(t) = \frac{1}{2\pi}\int_{-\infty}^{\infty} X(\sigma+\mathrm{j}\omega)\mathrm{e}^{t(\sigma+\mathrm{j}\omega)}\,\mathrm{d}\omega \tag{6-4}$$

令 $\sigma+\mathrm{j}\omega=s$ 称为复频率，代入式(6-2)、式(6-4) 可得

$$X(s) = \int_{-\infty}^{\infty} x(t)\mathrm{e}^{-st}\,\mathrm{d}t \tag{6-5}$$

$$x(t) = \frac{1}{2\pi\mathrm{j}}\int_{\sigma-\mathrm{j}\infty}^{\sigma+\mathrm{j}\infty} X(s)\mathrm{e}^{st}\,\mathrm{d}s \tag{6-6}$$

式(6-5) 称为双边拉普拉斯变换的正变换式，$X(s)$ 是 $x(t)$ 的象函数，它是 s 的函数记作 $\mathrm{L}\{X(s)\}$，式(6-6) 是拉氏反变换式，它是时间 t 的函数，记为 $\mathrm{L}^{-1}\{X(s)\}$，即

$$X(s)=\mathrm{L}\{x(t)\}$$

$$x(t)=\mathrm{L}^{-1}\{X(s)\} \tag{6-7}$$

从以上傅里叶变换导出拉氏变换的过程中可以看出，$X(s)$ 是 $x(t)\mathrm{e}^{-\sigma t}$ 的傅里叶变换。如前所述，傅里叶变换是把信号 $x(t)$ 分解为无限多个频率为 ω，复振幅为 $X(\mathrm{j}\omega)\mathrm{d}\omega/2\pi$ 的纯虚指数分量 $\mathrm{e}^{\mathrm{j}\omega t}$之和，而拉氏变换则是把信号 $x(t)$ 分解为无限多个复频率为 $s=\sigma+\mathrm{j}\omega$，复振幅为$\dfrac{X(s)}{2\pi\mathrm{j}}\mathrm{d}s$ 的复指数分量 e^{st}之和。拉氏变换与傅里叶变换的主要差别在于：傅里叶变换建立了时域和频域间的联系，把时域信号 $x(t)$ 变换为频域函数 $X(\mathrm{j}\omega)$，或作相反的变换，这里时域变量 t 和频域变量 ω 都是实数；而拉氏变换则是将时域函数 $x(t)$ 变换为复频域函数 $X(s)$，或作相反的变换，这里的时域变量 t 是实数，而复频域变量 s 是复数，从而建立了时域与复频域（S 域）之间的联系。由于拉氏变换建立了时间变量 $x(t)$ 与复频域（S 域）变量 $s=\sigma+\mathrm{j}\infty$之间的对应关系，故把基于拉氏变换的系统的分析也称为系统的复频域（S 域）分析。

若 $x(t)$ 的傅里叶变换存在，根据拉氏交换定义，则有

$$x(t) \xleftrightarrow{\mathrm{F}} X(\mathrm{j}\omega)=X(s)\big|_{s=\mathrm{j}\omega}$$

因为在实际应用中，都是在某一个时间点后，如 $t=0$，对系统和信号进行分析，要求了解 $t>0$ 时间段中系统的行为特性，所以，拉氏交换的另一种形式可定义为

$$X(s) = \int_{0^-}^{\infty} x(t)\mathrm{e}^{-st}\,\mathrm{d}t \tag{6-8}$$

式(6-8) 称为单边拉氏变换式。式中积分下限取 0^- 是考虑到 $x(t)$ 中可能包含冲激函数及其各阶导数。式(6-6) 反变换的积分限并不改变。

6.1.2 拉氏变换的收敛域

从上节可知许多不满足绝对可积的函数 $x(t)$ 在引入了收敛因子 $\mathrm{e}^{-\sigma t}$后可以进行拉氏变换，因此拉氏变换扩大了可以进行变换信号的范围，但是对 $\sigma=\mathrm{Re}\{s\}$ 的范围还是有一定的选取，不同的选取范围将对应不同的信号。通常把能使信号 $x(t)$ 的拉氏变换存在的 s 值的范围称为信号 $x(t)$ 的拉氏变换的收敛域（Region of Convergence），简记为 *ROC*，在 S 平面上常用阴影部分来表示 *ROC*。显然，当收敛域包含 $\mathrm{j}\omega$ 轴时，信号的傅里叶变换一定收敛。下面通过几个例子进一步说明拉氏变换的收敛域。

【例 6-1】 设信号 $x_1(t)=\mathrm{e}^{-at}u(t)$，$a>0$；$x_2(t)=-\mathrm{e}^{-at}u(-t)$。求 $X_1(s)$，$X_2(s)$ 及其收敛域。

根据定义可得

$$X_1(s)=\int_{-\infty}^{\infty}\mathrm{e}^{-at}u(t)\mathrm{e}^{-st}\,\mathrm{d}t=\int_{0}^{\infty}\mathrm{e}^{-at}\mathrm{e}^{-st}\,\mathrm{d}t$$

$$=\int_{0}^{\infty}\mathrm{e}^{-(\sigma+a)t}\mathrm{e}^{-\mathrm{j}\omega t}\,\mathrm{d}t=\frac{1}{s+a}$$

由绝对可积条件，得

$$\sigma+a>0$$

因此

$$\mathrm{e}^{-at}u(t)\longleftrightarrow\frac{1}{s+a},\qquad \mathrm{Re}\{s\}>-a$$

$$X_2(s)=-\int_{-\infty}^{\infty}\mathrm{e}^{-at}u(-t)\mathrm{e}^{-st}\,\mathrm{d}t$$

$$=-\int_{-\infty}^{0}\mathrm{e}^{-(s+a)t}\,\mathrm{d}t=\frac{1}{s+a}$$

要使它满足绝对可积条件，得　$\sigma+a<0$

即

$$-\mathrm{e}^{-at}u(-t)\overset{\mathrm{L}}{\longleftrightarrow}\frac{1}{s+a},\quad \mathrm{Re}\{s\}<-a$$

图 6-1、图 6-2 中阴影区分别表示了 $X_1(s)$，$X_2(s)$ 的收敛域。

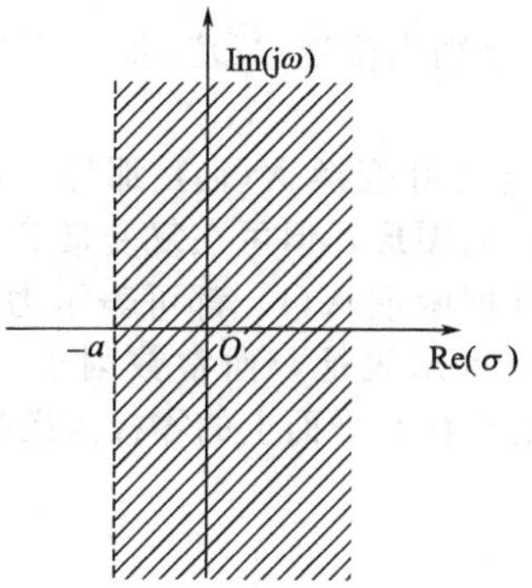

图 6-1　$X_1(s)$ 的收敛域

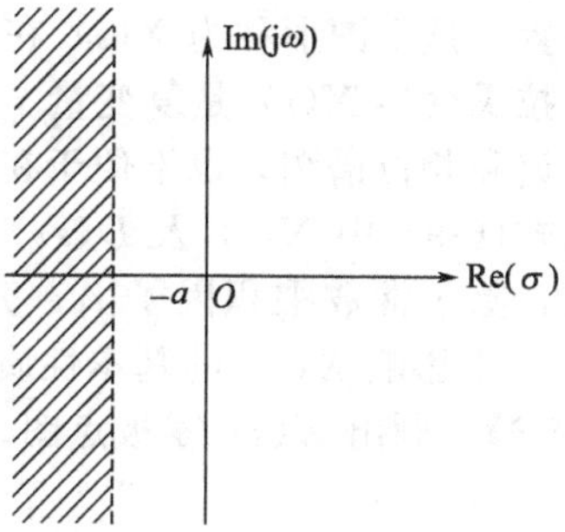

图 6-2　$X_2(s)$ 的收敛域

由例 6-1 可以看到，并不是所有信号的拉氏变换在 S 域中都存在，仅在一些 $\mathrm{Re}\{s\}$ 值下收敛，而在另一些 $\mathrm{Re}\{s\}$ 值则不收敛，$X_1(s)$，$X_2(s)$ 虽有相同的表达式，但由于收敛域的不同，却表示了完全不同的信号，这也说明，在给出一个信号的拉氏变换式时，还必须同时给出变量 s 的收敛域。

【例 6-2】　求信号 $x(t)=\mathrm{e}^{-b|t|}$，$b>0$ 的拉氏变换及其收敛域。

由拉氏变换的定义式(6-5) 有

$$X(s)=\int_{-\infty}^{\infty}\mathrm{e}^{-b|t|}\mathrm{e}^{-st}\,\mathrm{d}t=\int_{-\infty}^{0}\mathrm{e}^{bt}\mathrm{e}^{-st}\,\mathrm{d}t+\int_{0}^{\infty}\mathrm{e}^{-bt}\mathrm{e}^{-st}\,\mathrm{d}t$$

$$=-\left.\frac{\mathrm{e}^{-(s-b)t}}{s-b}\right|_{-\infty}^{0}-\left.\frac{\mathrm{e}^{-(s+b)t}}{s+b}\right|_{0}^{\infty}=\frac{2b}{s^2-b^2}$$

上式第一项积分的收敛域为 $\mathrm{Re}\{s\}<b$；第二项积分的收敛域 $\mathrm{Re}\{s\}>-b$，整个积分的收敛域应该是第一项积分和第二项积分收敛域的公共区域，如图 6-3。

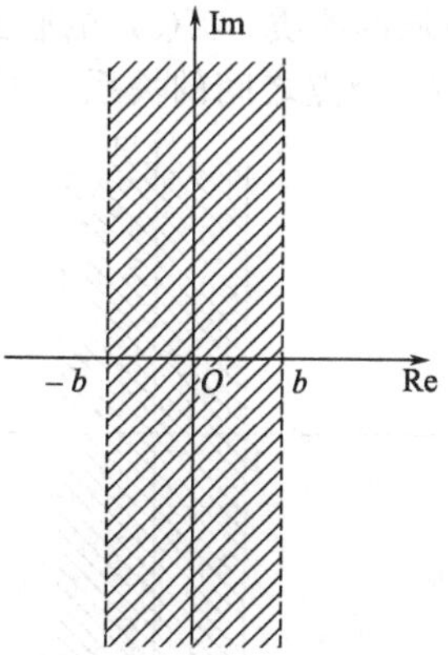

图 6-3　例 6-2 中信号的收敛域

当 $b<0$ 时，$x(t)=\mathrm{e}^{-b|t|}$ 的拉氏变换不存在，因为第一项和第二项积分的收敛域没有公共部分。该例子充分说明，并非任何信号都存在拉氏变换的，拉氏变换存在着收敛域的问题。

6.1.3　拉氏变换的几何表示：零极点图

许多信号 $x(t)$ 的拉氏变换都可表示为分子分母都是复变量

s 的多项式，即

$$X(s)=\frac{N(s)}{D(s)}=\frac{b_0+b_1s+\cdots+b_ms^m}{a_0+a_1s+\cdots+a_ns^n}, \quad n>m \tag{6-9}$$

式中，$N(s)$ 和 $D(s)$ 分别称为分子多项式和分母多项式。当 $X(s)$ 具有式(6-9) 的形式时，称为有理函数。

作为描述 $X(s)$ 的一种方便而直观的方式，还可将式(6-9) 的分子和分母分别写成因子相乘的形式

$$X(s)=\frac{A\prod_{i=1}^{m}(s-z_i)}{\prod_{j=1}^{n}(s-p_j)}, \quad A=b_m/a_n \tag{6-10}$$

式中，A 为常数因子，z_i 与 p_j 分别为使分子多项式和分母多项式为零的根。

由于

$$X(s)\big|_{s=z_i}=0 \tag{6-11}$$

$$X(s)\big|_{s=p_j}=\infty \tag{6-12}$$

所以 z_i 和 p_j 分别称为 $X(s)$ 的零点和极点。在 S 平面上分别用符号“○”和“×”表示零、极点的位置，这个图形称为 $X(s)$ 在 S 平面的零极点图。

由于拉氏变换 $X(s)$ 是复变量 s 的函数，它不能像傅里叶变换 $X(j\omega)$ 那样，在平面上画出幅度谱和相位谱图，也不便于在三维空间画出 $X(s)$ 的图形，但可在复变量 S 平面上方便地标出式(6-9) 中 $N(s)$ 及 $D(s)$ 为零的位置。因为有理函数 $X(s)$ 都可表示为式(6-10) 所示形式，除了常数乘积因子 A，完全可由其零点和极点来表征，而常数因子 A 仅影响 $X(s)$大小，不影响 $X(s)$ 的基本性质，因此，$X(s)$ 可用它在 S 平面上的零极点图来表征。

【例 6-3】 画出 $X(s)$ 零极点图。

$$X(s)=\frac{2s+3}{s^2+3s+2}=\frac{2s+3}{(s+2)(s+1)}, \quad \mathrm{Re}\{s\}>-1$$

$X(s)$ 的零点是 $s=-\frac{3}{2}$，极点有两个，一个是 -2，一个是 -1，见图 6-4。

6.1.4 $x(t)$ 的时域特性与其拉氏变换 $X(s)$ 收敛域的关系

从前面的讨论可以看到，$x(t)$ 的时域特性不仅取决于 $X(s)$ 的代数表示，还与收敛域有关，仅有 $X(s)$ 的代数表示式并不能惟一表征它所对应的时间信号。本节将讨论 $X(s)$ 收敛域的性质，$X(s)$ 的收敛域与信号 $x(t)$ 的时域特性之间的关系，收敛域边界的位置与 $X(s)$极点之间的关系。理解这些特性后，就能从 $X(s)$ 的有理分式和 $x(t)$ 的时域特性来确定 $X(s)$ 的收敛域 ROC。

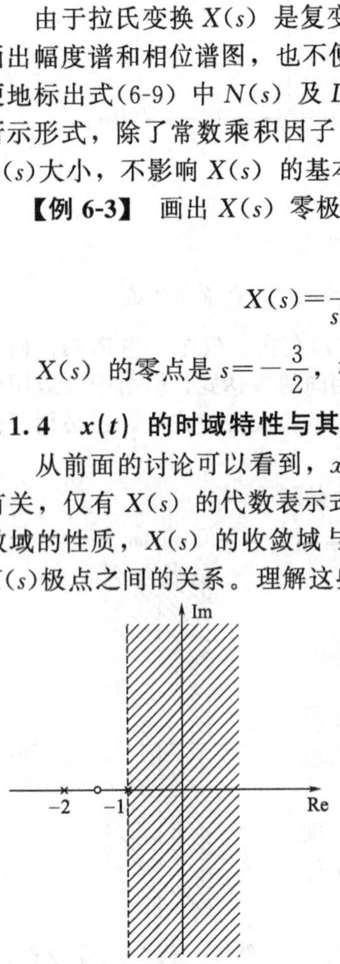

图 6-4 例 6-3 的收敛域

性质 1 设 $X(s)$ 为连续时间信号 $x(t)$ 的拉氏变换，则 $X(s)$ 的收敛域在 S 平面上是由平行于 $j\omega$ 轴的带状区域构成。

这是因为 $X(s)$ 的收敛条件满足信号 $x(t)e^{-\sigma t}$ 绝对可积，它仅与复数 $s=\sigma+j\omega$ 的实部有关，而与 s 的虚部无关，因此，收敛域必然是由平行于虚轴 ($j\omega$) 的直线构成，呈带状区域。

性质 2 对有理函数的拉氏变换 $X(s)$ 来说，在收敛域内不应包含任何极点，否则，若在收敛域内有极点，则 $X(s)$在该点为无穷大。

性质 3 如果 $x(t)$ 是时限的，而且是绝对可积的，则它的拉氏变换 $X(s)$ 的收敛域是整个 S 平面，如图 6-5 所示。

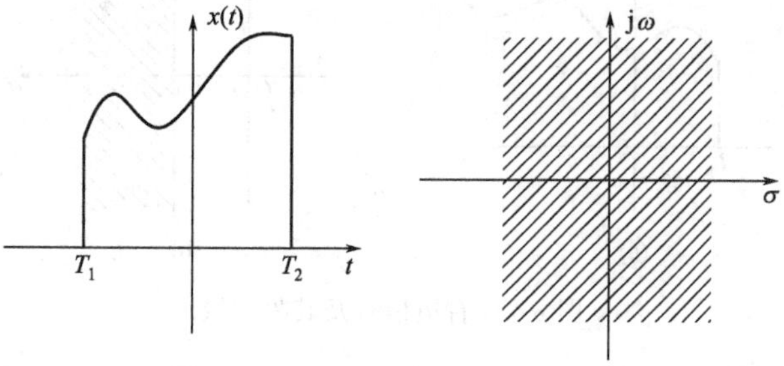

(a) (b)

图 6-5 时限信号 $x(t)$ 及其收敛域

这个结论很容易从图 6-6 得出。图 6-6 画出的是这个 $x(t)$ 信号乘以指数增长信号，或指数衰减信号，由于 $x(t)$ 是时限的，所以指数加权不可能无界，因此 $x(t)$ 乘以指数信号一定是可积的。

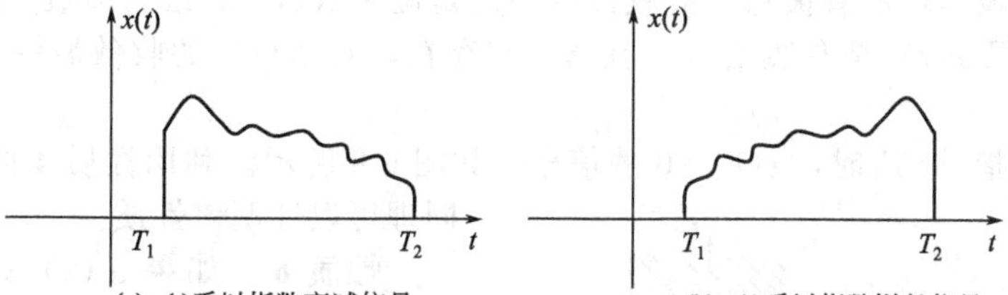

(a) $x(t)$乘以指数衰减信号 (b) $x(t)$乘以指数增长信号

图 6-6 时限信号 $x(t)$ 乘以指数信号

证明 由于 $x(t)$ 是时限的，所以有

$$\int_{T_1}^{T_2} |x(t)| \mathrm{d}t < \infty \tag{6-13}$$

在收敛域内的 $s=\sigma+\mathrm{j}\omega$，满足 $x(t)\mathrm{e}^{-\sigma t}$是绝对可积的，即

$$\int_{T_1}^{T_2} |x(t)| \mathrm{e}^{-\sigma t} \mathrm{d}t < \infty \tag{6-14}$$

式(6-13) 表明，$\sigma=0$ 时的 s 是在 ROC 内。对于 $\sigma>0$，$\mathrm{e}^{-\sigma t}$ 在 $x(t)$ 为非零区间的最大值是 $\mathrm{e}^{-\sigma T_1}$，因此可以写成

$$\int_{T_1}^{T_2} |x(t)| \mathrm{e}^{-\sigma t} \mathrm{d}t < \mathrm{e}^{-\sigma T1} \int_{T_1}^{T_2} |x(t)| \mathrm{d}t < \infty \tag{6-15}$$

因为式(6-15) 右边是有界的，所以左边也是有界的，因此对于 $\mathrm{Re}\{s\}>0$ 的区间必然也在 ROC 内。按类似的证明方法，若 $\sigma<0$，则有

$$\int_{T_1}^{T_2} |x(t)| \mathrm{e}^{-\sigma t} \mathrm{d}t < \mathrm{e}^{-\sigma T_2} \int_{T_1}^{T_2} |x(t)| \mathrm{d}t < \infty$$

$x(t)\mathrm{e}^{-\sigma t}$也是绝对可积的。因此 ROC 包括整个 S 平面。

性质 4 如果 $x(t)$ 是右边信号，且 $X(s)$ 存在，则 $X(s)$ 收敛域在其最右边极点的右边，如图 6-7 所示。

右边信号是指 $t<T_1$时，$x(t)=0$ 的信号。若 $x(t)$ 的拉氏变换对某一个 $s=s_0$ 值收敛，则有

$$\int_{-\infty}^{\infty} |x(t)| \mathrm{e}^{-\sigma_0 t} \mathrm{d}t < \infty, \sigma_0 = \mathrm{Re}\{s_0\}$$

对任意 s 有

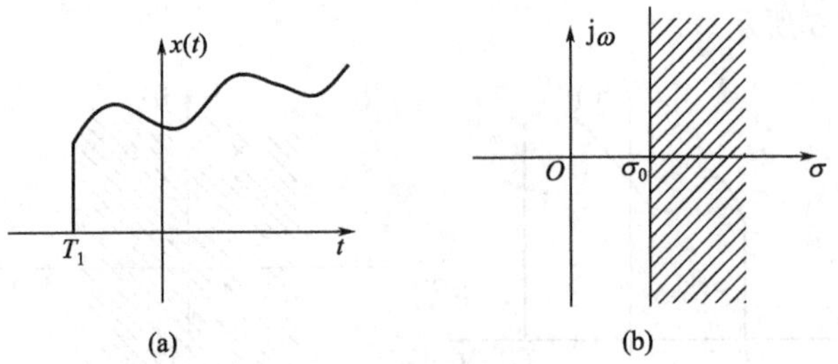

图 6-7　右边信号及其收敛域

$$\int_{T_1}^{\infty} \mid x(t) \mid e^{-\sigma_1 t}dt = \int_{T_1}^{\infty} \mid x(t) \mid e^{-\sigma_0 t-(\sigma_1-\sigma_0)t}dt$$

对于 $\sigma_1 > \sigma_0$，则有

$$\int_{T_1}^{\infty} \mid x(t) \mid e^{-\sigma_1 t}dt \leqslant e^{-(\sigma_1-\sigma_0)T_1}\int_{T_1}^{\infty} \mid x(t) \mid e^{-\sigma_0 t}dt < \infty$$

即 $x(t)e^{-\sigma t}$ 在 $\mathrm{Re}\{s\} > \sigma_0$ 的区域内绝对可积，这就是说 $\mathrm{Re}\{s\} > \sigma_0$ 的区域在 $X(s)$ 的收敛域内，又因为收敛域内不能有极点，故收敛域一定是位于 $X(s)$ 的最右边极点的右边。

性质 5　如果 $x(t)$ 是左边信号，且 $X(s)$ 存在，则 $X(s)$ 的收敛域一定是在最左边极点的左边。

左边信号是指 $t > T_1$ 时，$x(t) = 0$ 的信号，如图 6-8 所示。利用性质 4 同样的证明方法，同理可以证明该性质。

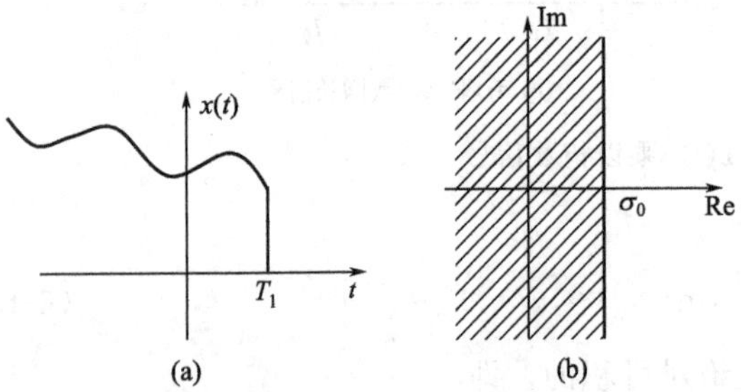

图 6-8　左边信号及其收敛域

性质 6　如果 $x(t)$ 是双边信号，且 $X(s)$ 存在，则 $X(s)$ 的收敛域一定是由 S 平面的一条带状域所组成。

一个双边信号就是指对 $t > 0$ 和 $t < 0$ 都具有无限范围的信号，如图 6-9(a) 所示。可以通过选取任意时间 t_0 将它分成一个左边信号 $x_1(t)$ 和一个右边信号 $x_2(t)$ 之和，如图 6-9(b) 和(c) 所示。根据性质 4 和性质 5，$x_1(t)$ 拉氏变换 $X_1(s)$ 的收敛域位于 S 平面中 σ_1 的左边，即 $\mathrm{Re}\{s\} < \sigma_1$，如图 6-10(a) 所示。而 $x_2(t)$ 拉氏变换 $X_2(s)$ 的收敛域位于 S 平面中 σ_2 的右边，即 $\mathrm{Re}\{s\} > \sigma_2$，如图 6-10(b) 所示。由于 $x(t)$ 的拉氏变换存在，故其收敛域一定为 $X_1(s)$ 与 $X_2(s)$ 收敛域的公共部分，如图 6-10(c) 所示。如果 $X_1(s)$ 与 $X_2(s)$ 无公共部分，就意味着 $x(t)$ 的拉氏变换不存在（不收敛）。

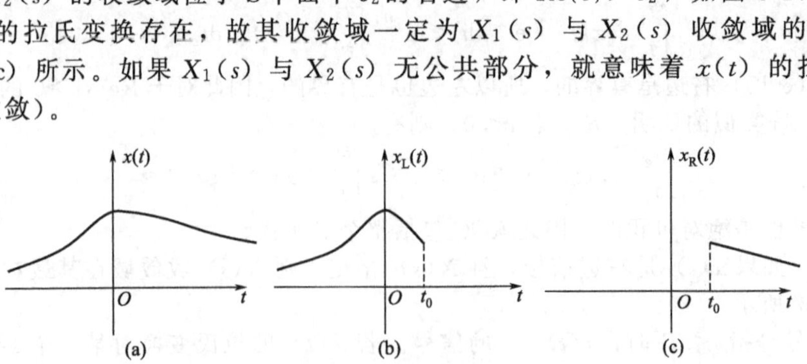

图 6-9　双边信号

性质 7　如果 $x(t)$ 的拉氏变换 $X(s)$ 是有理函数，则它的收敛域的边界由极点限定，或延伸到无穷远，且它的收敛域内不包含任何极点。

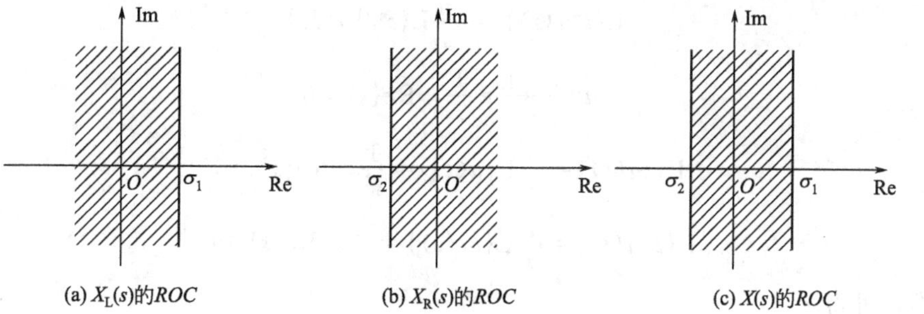

图 6-10 双边信号的拉氏变换收敛域

【例 6-4】 设拉氏变换 $X(s)=\dfrac{1}{(s+1)(s+2)}$，试画出该变换式的零极点图及其收敛域的几种可能情况，见图 6-11。

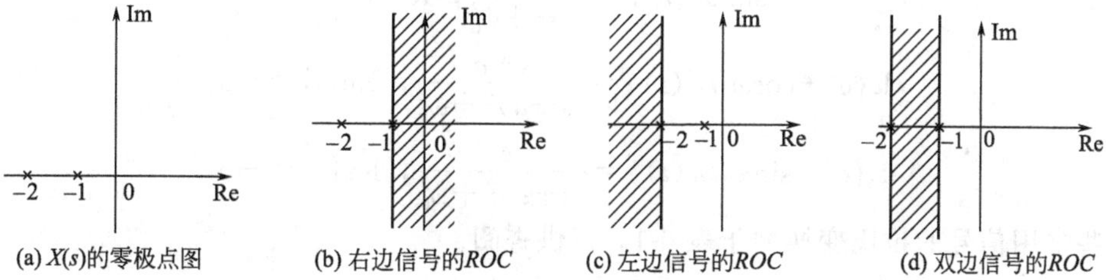

图 6-11 例 6-4 信号拉氏变换 $X(s)$ 的收敛域

从以上所举的例题可以看出，例 6-1 到例 6-4 所讨论的有理函数 $X(s)$ 的收敛域都符合此性质。

6.2 常用信号的拉氏变换对

按照拉氏变换的定义式(6-5) 推导几个常用信号的拉氏变换式。

(1) 阶跃信号 $u(t)$

$$\mathrm{L}\{u(t)\}=\int_0^{\infty}\mathrm{e}^{-st}\,\mathrm{d}t=-\left.\frac{\mathrm{e}^{-st}}{s}\right|_0^{\infty}=\frac{1}{s},\mathrm{Re}\{s\}>0 \tag{6-16}$$

(2) 指数信号 $\mathrm{e}^{-at}u(t)$

$$\mathrm{L}\{\mathrm{e}^{-at}u(t)\}=\int_0^{\infty}\mathrm{e}^{-at}\mathrm{e}^{-st}\,\mathrm{d}t=-\left.\frac{\mathrm{e}^{-(a+s)t}}{s+a}\right|_0^{\infty}=\frac{1}{a+s},\ \mathrm{Re}\{s\}>-a \tag{6-17}$$

令式(6-17) 中 $a=0$，即可得式(6-16)。

(3) 冲激信号 $\delta(t)$

$$\mathrm{L}\{\delta(t)\}=\int_0^{\infty}\delta(t)\mathrm{e}^{-st}\,\mathrm{d}t=1 \tag{6-18}$$

收敛域为整个 S 平面，如果冲激出现在 $t=t_0$ 时刻，则有

$$\mathrm{L}\{\delta(t-t_0)\}=\mathrm{e}^{-st_0} \tag{6-19}$$

(4) t^n(n 是正整数)

$$\mathrm{L}\{t^n u(t)\}=\int_0^{\infty}t^n\mathrm{e}^{-st}\,\mathrm{d}t$$

用分部积方法，得

$$\int_0^{\infty}t^n\mathrm{e}^{-st}\,\mathrm{d}t=-\left.\frac{t^n}{s}\mathrm{e}^{-st}\right|_0^{\infty}+\frac{n}{s}\int_0^{\infty}t^{n-1}\mathrm{e}^{-st}\,\mathrm{d}t=\frac{n}{s}\int_0^{\infty}t^{n-1}\mathrm{e}^{-st}\,\mathrm{d}t$$

$$L\{t^n u(t)\} = \frac{n}{s}L\{t^{n-1}u(t)\} \tag{6-20}$$

因为 $u(t) \xleftrightarrow{L} \frac{1}{s}$，$\mathrm{Re}\{s\}>0$

当 $n=1$ $$L\{tu(t)\}=\frac{1}{s}L\{u(t)\}=\frac{1}{s^2}，\mathrm{Re}\{s\}>0 \tag{6-21}$$

当 $n=2$ $$L\{t^2u(t)\}=\frac{2}{s}L\{tu(t)\}=\frac{2}{s^3}，\mathrm{Re}\{s\}>0 \tag{6-22}$$

依次类推，可得

$$L\{t^n u(t)\}=\frac{n!}{s^{n+1}}，\mathrm{Re}\{s\}>0 \tag{6-23}$$

(5) $$L\{\cos\omega_0 tu(t)\}=\frac{s}{s^2+\omega_0^2}，\mathrm{Re}\{s\}>0 \tag{6-24}$$

$$L\{\sin\omega_0 tu(t)\}=\frac{\omega_0}{s^2+\omega_0^2}，\mathrm{Re}\{s\}>0 \tag{6-25}$$

(6) $$L\{e^{-at}\cos\omega_0 tu(t)\}=\frac{s+a}{(s+a)^2+\omega_0^2}，\mathrm{Re}\{s\}>-a \tag{6-26}$$

$$L\{e^{-at}\sin\omega_0 tu(t)\}=\frac{\omega_0}{(s+a)^2+\omega_0^2}，\mathrm{Re}\{s\}>-a \tag{6-27}$$

一些常用信号的拉氏变换列于表 6-1，以供查阅。

表 6-1 常用信号的拉氏变换

变换对	信号 $x(t)$	$L\{x(t)\}$	ROC
1	$\delta(t)$	1	全部 s
2	$u(t)$	$\frac{1}{s}$	$\mathrm{Re}\{s\}>0$
3	$-u(-t)$	$\frac{1}{s}$	$\mathrm{Re}\{s\}<0$
4	$\frac{t^{n-1}}{(n-1)!}u(t)$	$\frac{1}{s^n}$	$\mathrm{Re}\{s\}>0$
5	$e^{-at}u(t)$	$\frac{1}{s+a}$	$\mathrm{Re}\{s\}>-a$
6	$-e^{-at}u(-t)$	$\frac{1}{s+a}$	$\mathrm{Re}\{s\}<-a$
7	$\frac{t^{n-1}}{(n-1)!}e^{-at}u(t)$	$\frac{1}{(s+a)^n}$	$\mathrm{Re}\{s\}>-a$
8	$\delta(t-T)$	e^{-sT}	全部 s
9	$\cos\omega_0 tu(t)$	$\frac{s}{s^2+\omega_0^2}$	$\mathrm{Re}\{s\}>0$
10	$\sin\omega_0 tu(t)$	$\frac{\omega_0}{s^2+\omega_0^2}$	$\mathrm{Re}\{s\}>0$
11	$e^{-at}\cos\omega_0 tu(t)$	$\frac{s+a}{(s+a)^2+\omega_0^2}$	$\mathrm{Re}\{s\}>-a$
12	$e^{-at}\sin\omega_0 tu(t)$	$\frac{\omega_0}{(s+a)^2+\omega_0^2}$	$\mathrm{Re}\{s\}>-a$

6.3 双边拉氏变换的性质

从拉氏变换定义式(6-5)可以求得一些常用信号的拉氏变换，但实际应用时，常利用拉氏变换的一些基本性质得出信号的拉氏变换式，这种方法在傅里叶分析中也常应用。拉氏变换的这些性质是拉氏变换运算中很重要的一部分，它使求信号的拉氏变换计算简化很多。由于傅里叶变换是拉氏变换的特例，故拉氏变换性质与傅里叶变换的性质有许多相似之处，主要的不同之处是拉氏变换还须考虑收敛域问题。单边拉氏变换与双边拉氏变换的性质大部分都是相同的，所不同的是时域微分和时域积分性质。本节将主要介绍双边拉氏变换的性质。

(1) 线性

几个信号之和的拉氏变换等于各个信号的拉氏变换之和。当一个信号乘以常数 A 时，其变换式乘以相同的常数 A。

若
$$\mathrm{L}\{x_1(t)\}=X_1(s),\ ROC=R_1$$
$$\mathrm{L}\{x_2(t)\}=X_2(s),\ ROC=R_2$$

则
$$\mathrm{L}\{Ax_1(t)+Bx_2(t)\}=AX_1(s)+BX_2(s),\ ROC\text{ 至少包括：}R_1\cap R_2 \tag{6-28}$$

式中，A，B 为常数，符号 $R_1\cap R_2$ 表示 R_1 与 R_2 的交集。当 $R_1\cap R_2$ 是空集时，那就表示 $Ax_1(t)+Bx_2(t)$ 的拉氏变换不存在。当 $AX_1(s)$ 和 $BX_2(s)$ 相加过程中发生零极点相抵消时，则 $AX_1(s)+BX_2(s)$ 的收敛域还可能扩大。利用拉氏变换的线性性质，可以把一个信号分解成若干基本信号之和，通过各基本信号的拉氏变换之和求得一个信号的拉氏变换。

【例 6-5】 已知

$$x_1(t)\longleftrightarrow X_1(s)=\frac{1}{1+s},\ \mathrm{Re}\{s\}>-1;$$
$$x_2(t)\longleftrightarrow X_2(s)=\frac{1}{(s+1)(s+2)},\ \mathrm{Re}\{s\}>-1$$

求 $\mathrm{L}\{x_1(t)-x_2(t)\}$。

解
$$X(s)=\mathrm{L}\{x_1(t)-x_2(t)\}=\frac{1}{s+1}-\frac{1}{(s+1)(s+2)}$$
$$=\frac{1}{s+2},\ \mathrm{Re}\{s\}>-2$$

本例说明，由于 $X(s)$ 中零点与极点相消，极点 $s=-1$ 消失，故 $X(s)$ 的收敛域扩大。

(2) 时域平移性质

若
$$\mathrm{L}\{x(t)\}=X(s),\ ROC=R$$

则
$$\mathrm{L}\{x(t-t_0)\}=\mathrm{e}^{-st_0}X(s),\ ROC=R \tag{6-29}$$

时域平移性质表明，信号时移后的拉氏变换为原信号的拉氏变换 $X(s)$ 乘以复指数 e^{-st_0}，其收敛域不变。

【例 6-6】 求 $u(t-1)$ 的拉氏变换。

解
$$\mathrm{L}\{u(t)\}=\frac{1}{s},\ \mathrm{Re}\{s\}>0$$
$$\mathrm{L}\{u(t-1)\}=\mathrm{L}\{u(t)\}\mathrm{e}^{-s}=\frac{1}{s}\mathrm{e}^{-s},\ \mathrm{Re}\{s\}>0$$

所得拉氏变换的零极点图及收敛域如图 6-12 所示。与 $u(t)$ 的拉氏变换的零极点图及其收敛域相比较，极点的位置没有改变，故其收敛域不变。

(3) S 域平移性质

若
$$\mathrm{L}\{x(t)\}=X(s),\ ROC=R$$

则
$$\mathrm{L}\{x(t)\mathrm{e}^{at}\}=X(s-a),\ ROC=R_1=R+\mathrm{Re}\{a\} \tag{6-30}$$

该性质表明，时间函数 $x(t)$ 乘以 e^{at} 后的 ROC 是原信号 $X(s)$ 的 ROC 在 S 域内平移 $\mathrm{Re}\{a\}$。这是因为 $X(s-a)$ 的收敛域是 $X(s)$ 的收敛平移一个 $\mathrm{Re}\{a\}$，即原来位于 R 中的任何一个 s 值，在 R_1 中其对应值为 $s+\mathrm{Re}\{a\}$，如图 6-13 所示。

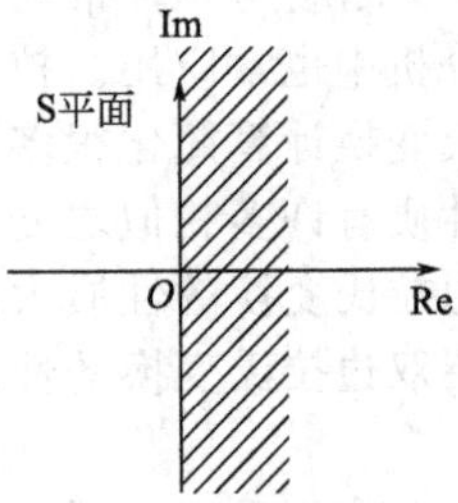

图 6-12　例 6-6 的 ROC

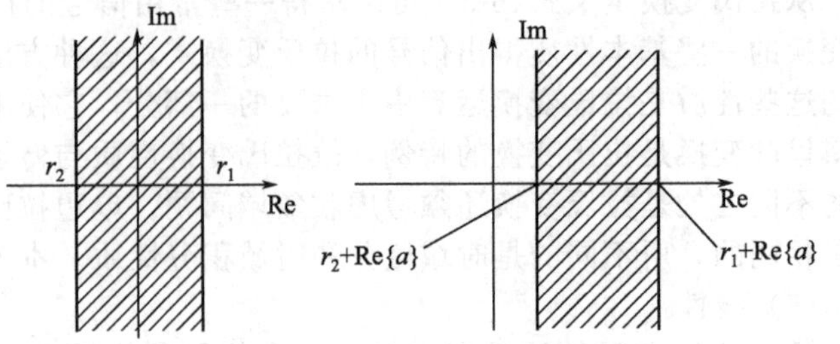

图 6-13　S 域平移的图解说明

【例 6-7】 求 $e^{-at}\sin\omega_0 t u(t)$ 和 $e^{-at}\cos\omega_0 t u(t)$ 的拉氏变换。

解

$$\mathrm{L}\{\sin\omega_0 t u(t)\}=\frac{\omega_0}{s^2+\omega_0{}^2},\ \mathrm{Re}\{s\}>0$$

由 S 域平移定理

$$\mathrm{L}\{e^{-at}\sin\omega_0 t u(t)\}=\frac{\omega_0}{(s+a)^2+\omega_0{}^2},\ \mathrm{Re}\{s\}>-a$$

同理可得

$$\mathrm{L}\{e^{-at}\cos\omega_0 t u(t)\}=\frac{s+a}{(s+a)^2+\omega_0{}^2},\ \mathrm{Re}\{s\}>-a$$

(4) 尺度变换特性

若
$$\mathrm{L}\{x(t)\}=X(s),\ ROC=R$$

则
$$\mathrm{L}\{x(at)\}=\frac{1}{|a|}X\left(\frac{s}{a}\right),\ ROC=R_1=Ra \tag{6-31}$$

该性质意味着，对于在 R 中任何 s 值，如图 6-14(a) 所示，s/a 的值一定位于 $\mathrm{L}\{x(at)\}$ 的 R_1 中，如图 6-14(b) 所示，这里 $a>1$。显然对于 $a>1$，$X(s)$ 的 ROC 要扩大 a 的倍数，此外，式(6-31) 还表明，若 a 为负，ROC 要受到一个反褶再加一个尺寸变换如图 6-14(c) 所示，该图是对应于 $a=-1$ 的情况，因此，$x(t)$ 的时间反转会导致其 ROC 的反转。

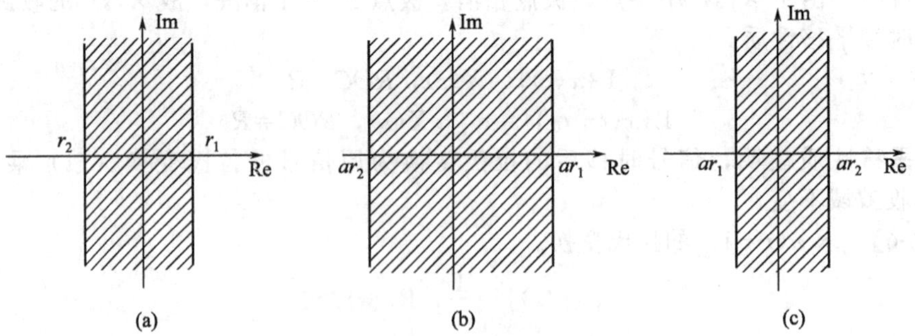

图 6-14　时域尺度变换在 ROC 上的变化

(5) 时域微分

若
$$\mathrm{L}\{x(t)\}=X(s),\ ROC=R$$

则
$$\mathrm{L}\left\{\frac{\mathrm{d}x}{\mathrm{d}t}\right\}=sX(s),\ ROC\text{ 至少包含 }R \tag{6-32}$$

将式(6-6) 的反变换式等式两边对 t 微分，就可得到这个性质。即

$$\frac{\mathrm{d}x(t)}{\mathrm{d}t}=\frac{1}{2\pi \mathrm{j}}\int_{\sigma-\mathrm{j}\infty}^{\sigma+\mathrm{j}\infty}sX(s)\mathrm{e}^{st}\mathrm{d}s$$

可见，$\frac{\mathrm{d}x(t)}{\mathrm{d}t}$就是$sX(s)$的反变换。$sX(s)$的$ROC$至少包含$X(s)$的$ROC$，如果$X(s)$中有$s=0$的一阶极点，被乘以$s$抵消，则$sX(s)$的$ROC$可以比$R$大。例如，若$x(t)=u(t)$，则$X(s)=\frac{1}{s}$，$ROC=\mathrm{Re}\{s\}>0$，而$\frac{\mathrm{d}u(t)}{\mathrm{d}t}=\delta(t)$，其拉氏变换为

$$\mathrm{L}\{\delta(t)\}=s\cdot\frac{1}{s}=1，ROC\text{ 为整个 S 平面}$$

(6) S域微分

若
$$x(t)\overset{\mathrm{L}}{\longleftrightarrow}X(s)，ROC=R$$

则
$$-tx(t)\overset{\mathrm{L}}{\longleftrightarrow}\frac{\mathrm{d}X(s)}{\mathrm{d}s}，ROC=R \tag{6-33}$$

取式(6-5)表示的拉氏变换定义式，等式两边对s微分可得

$$\frac{\mathrm{d}X(s)}{\mathrm{d}s}=\int_{-\infty}^{\infty}-(t)x(t)\mathrm{e}^{-st}\mathrm{d}t$$

可见，$-tx(t)$的拉氏变换就是$\frac{\mathrm{d}X(s)}{\mathrm{d}s}$。

【例 6-8】 求$x(t)=t\mathrm{e}^{-at}u(t)$的拉氏变换。

解 由例 6-1 可知

$$\mathrm{L}\{\mathrm{e}^{-at}u(t)\}=\frac{1}{s+a}，\mathrm{Re}\{s\}>-a$$

由式(6-33)可得

$$\mathrm{L}\{t\mathrm{e}^{-at}u(t)\}=-\frac{\mathrm{d}}{\mathrm{d}s}\left(\frac{1}{s+a}\right)=\frac{1}{(s+a)^2}，\mathrm{Re}\{s\}>-a \tag{6-34}$$

若重复运用式(6-33)，可得

$$\mathrm{L}\left\{\frac{t^2}{2}\mathrm{e}^{-at}u(t)\right\}=\frac{1}{(s+a)^3}，\mathrm{Re}\{s\}>-a \tag{6-35}$$

更为一般的关系是

$$\mathrm{L}\left\{\frac{t^{(n-1)}}{(n-1)!}\mathrm{e}^{-at}u(t)\right\}=\frac{1}{(s+a)^n}，\mathrm{Re}\{s\}>-a \tag{6-36}$$

当一个有理的拉氏变换式有多重极点，而要求取它的反变换时，式(6-36)是很有用的。

(7) 卷积性质

若
$$\mathrm{L}\{x_1(t)\}=X_1(s)，ROC=R_1$$
$$\mathrm{L}\{x_2(t)\}=X_2(s)，ROC=R_2$$

则
$$\mathrm{L}\{x_1(t)*x_2(t)\}=X_1(s)X_2(s)，ROC\text{ 至少包含 }R_1\cap R_2 \tag{6-37}$$

和拉氏变换的线性性质一样，$X_1(s)X_2(s)$的收敛域至少包含$X_1(s)$的收敛域和$X_2(s)$的收敛域的交集。如果有零极点相抵消，则收敛域也可能比交集大。

如同傅里叶变换的卷积性质一样，利用拉氏变换的卷积性质，可以变时域的卷积运算为S域的代数运算，它在LTI系统分析中起着很重要的作用。

(8) 时域积分

若
$$x(t)\overset{\mathrm{L}}{\longleftrightarrow}X(s)，ROC=R$$

则
$$\int_{-\infty}^{t}x(\tau)\mathrm{d}\tau\overset{\mathrm{L}}{\longleftrightarrow}\frac{1}{s}X(s)，ROC\text{ 包含 }R\cap\{\mathrm{Re}\{s\}>0\} \tag{6-38}$$

由例 6-1 可知，若$a=0$，则有

$$u(t) \overset{\mathrm{L}}{\longleftrightarrow} \frac{1}{s},\ \mathrm{Re}\{s\}>0 \tag{6-39}$$

根据卷积性质有

$$\int_{-\infty}^{t} x(\tau)\mathrm{d}\tau = u(t) * x(t) \overset{\mathrm{L}}{\longleftrightarrow} \frac{1}{s}X(s) \tag{6-40}$$

它的 ROC 应至少包含 $X(s)$ 的 ROC 和 $u(t)$ 拉氏变换 ROC 的交集，这就是式(6-38)给出的结果。

(9) 初值和终值定理

若 $t<0$，$x(t)=0$，且在 $t=0$ 时，$x(t)$ 不包含冲激或者高阶奇异函数，在这些限制下，可以直接从拉普拉斯变换式中计算出 $x(t)$ 的初值 $x(0^+)$（即 $x(t)$ 当 t 从正值方向趋于 0 时的值）和 $x(t)$ 的终值（即 $t\to\infty$时的 $x(t)$ 值）。证明略。

初值定理
$$x(0^+)=\lim_{s\to\infty} sX(s) \tag{6-41}$$

终值定理
$$\lim_{t\to\infty} x(t)=\lim_{s\to 0} sX(s) \tag{6-42}$$

初值定理表明，信号 $x(t)$ 在时域中 $t=0$ 时的值，可通过 S 域中的 $X(s)$ 乘以 s 后，取 s 趋于无穷大的极限而得到，不需要求 $X(s)$ 的反变换。注意应用初值定理的条件是 $x(t)$ 在 $t=0$ 不能包含冲激函数及其导数，这样就能保证 $x(t)$ 在 $t=0$ 时有确定的初值存在。

终值定理表明，信号 $x(t)$ 在时域中的终值，可以通过在 S 域中，将 $X(s)$ 乘以 s 后，再取 s 趋于零的极限得到。但在应用这个定理时，必须保证 $\lim\limits_{t\to+\infty} x(t)$ 存在，这个条件就意味着在 $X(s)$ 的极点必定是在 S 平面的左半平面，或在 $s=0$ 有一阶极点。

表 6-2 综合了本书中所得到的拉氏变换的全部性质，这些性质在计算拉氏变换及其反变换中是极为有用的。

表 6-2　拉普拉斯变换性质

性质	信号	拉普拉斯变换	ROC
	$x(t)$	$X(s)$	R
	$x_1(t)$	$X_1(s)$	R_1
	$x_2(t)$	$X_2(s)$	R_2
线性	$ax_1(t)+bx_2(t)$	$aX_1(s)+bX_2(s)$	至少包含：$R_1\cap R_2$
时移	$x(t-t_0)$	$\mathrm{e}^{-st_0}X(s)$	R
S 域平移	$\mathrm{e}^{s_0t}x(t)$	$X(s-s_0)$	$R+\mathrm{Re}\{s_0\}$
时域尺度变换	$x(at)$	$\frac{1}{\lvert a\rvert}X\left(\frac{s}{a}\right)$	Ra
共轭	$x^*(t)$	$X^*(s^*)$	R
卷积	$x_1(t)*x_2(t)$	$X_1(s)X_2(s)$	至少包含：$R_1\cap R_2$
时域微分	$\frac{\mathrm{d}}{\mathrm{d}t}x(t)$	$sX(s)$	至少包括 R
S 域微分	$-tx(t)$	$\frac{\mathrm{d}}{\mathrm{d}s}X(s)$	R
时域积分	$\int_{-\infty}^{t}x(\tau)\mathrm{d}\tau$	$\frac{1}{s}X(s)$	至少包括：$R\cap\{\mathrm{Re}\{s\}>0\}$

初值和终值定理

若 $t<0$，$x(t)=0$ 且在 $t=0$ 不包括任何冲激或高阶奇异函数，则

$$x(0^+)=\lim_{s\to\infty} sX(s)$$

$$\lim_{t\to\infty} x(t)=\lim_{s\to\infty} sX(s)$$

6.4 周期信号与抽样信号的拉氏变换

(1) 周期信号的拉氏变换

这里所指的周期信号是指仅在 $t\geqslant 0$ 时存在的单边周期信号 $x(t)$，而 $t<0$ 时，$x(t)=0$。这表示周期信号在 $t=0$ 时刻接入系统。

设周期信号 $x(t)$ 的周期为 T，根据单边周期信号的定义应有

$$x(t)=x(t-T),\ t\geqslant 0$$

令它的第一个周期的时间函数用 $x_1(t)$ 表示，它的拉氏变换用 $X_1(s)$ 表示。借助于 $X_1(s)$和拉氏变换的时移特性可导出 $X(s)$ 的关系式。

$$\begin{aligned}X(s)&=\int_0^{\infty}x(t)\mathrm{e}^{-st}\mathrm{d}t=\int_0^{T}x(t)\mathrm{e}^{-st}\mathrm{d}t+\int_T^{2T}x(t)\mathrm{e}^{-st}\mathrm{d}t+\int_{2T}^{3T}x(t)\mathrm{e}^{-st}\mathrm{d}t+\cdots+\int_{nT}^{(n+1)T}x(t)\mathrm{e}^{-st}\mathrm{d}t+\cdots\\&=X_1(s)+X_1(s)\mathrm{e}^{-sT}+X_1(s)\mathrm{e}^{-2sT}+\cdots+X_1(s)\mathrm{e}^{nsT}+\cdots\\&=X_1(s)\sum_{n=0}^{\infty}\mathrm{e}^{-nsT}\end{aligned}$$

当 $\mathrm{Re}\{s\}>0$ 时，上式中的几何级数是收敛的。利用几何级数公式 $\sum\limits_{n=0}^{\infty}a_n=\dfrac{1}{1-a}$，可得

$$X(s)=\frac{X_1(s)}{1-\mathrm{e}^{-sT}}=X_1(s)\frac{\mathrm{e}^{sT}}{\mathrm{e}^{sT}-1},\mathrm{Re}\{s\}>0 \tag{6-43}$$

下面利用式(6-43) 推导一些常用的单边周期信号的拉氏变换。

【例 6-9】 求图 6-15 所示单边周期矩形脉冲的拉氏变换。

解 第一个周期的拉氏变换为

$$X_1(s)=\frac{1}{s}(1-\mathrm{e}^{-\frac{T}{2}s})$$

代入式(6-43)，有

$$X(s)=\frac{1}{s}(1-\mathrm{e}^{-\frac{T}{2}s})\frac{1}{1-\mathrm{e}^{-sT}}=\frac{1}{s(1+\mathrm{e}^{\frac{T}{2}s})}\ ,\ \mathrm{Re}\{s\}>0$$

(2) 抽样信号的拉氏变换

为求得任一抽样信号拉氏变换的一般形式，先求图 6-16 所示周期重复的冲激信号 $\delta_{\mathrm{T}}(t)u(t)$的拉氏变换，它的表示式如下。

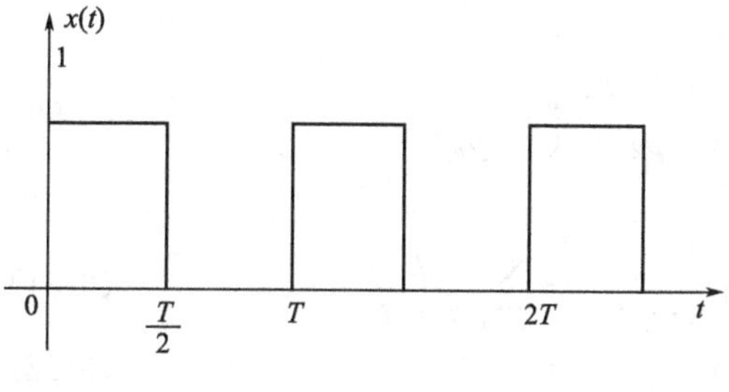

图 6-15 例 6-9 图

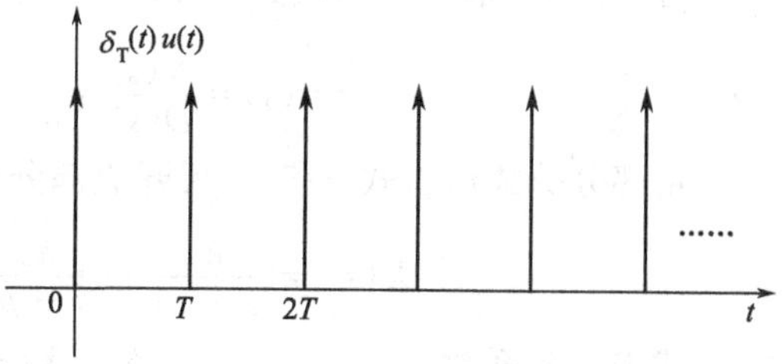

图 6-16 周期重复的冲激信号 $\delta_{\mathrm{T}}(t)u(t)$

$$\delta_{\mathrm{T}}(t)u(t)=\sum_{n=0}^{\infty}\delta(t-nT) \tag{6-44}$$

$$\mathrm{L}\{\delta_{\mathrm{T}}(t)u(t)\}=\int_0^{\infty}\sum_{n=0}^{\infty}\delta(t-nT)\mathrm{e}^{-st}\mathrm{d}t=\sum_{n=0}^{\infty}\mathrm{e}^{-nsT}=\frac{1}{1-\mathrm{e}^{-sT}},\mathrm{Re}\{s\}>0 \tag{6-45}$$

因为它的第一个周期的变换式等于 1，所以也可直接引用式(6-43)

$$\mathrm{L}\{\delta_{\mathrm{T}}(t)u(t)\}=\frac{1}{1-\mathrm{e}^{-sT}},\ \mathrm{Re}\{s\}>0 \tag{6-46}$$

若将连续信号 $x(t)$ 以时间间隔 T 进行冲激抽样，则被抽样后信号的表示式为

$$x_{\mathrm{s}}(t)=x(t)\delta_{\mathrm{T}}(t)u(t)=\sum_{n=0}^{\infty}x(nT)\delta(t-nT) \tag{6-47}$$

它的拉氏变换为

$$\mathrm{L}\{x_{\mathrm{s}}(t)\}=\int_0^{\infty}\left[\sum_{n=0}^{\infty}x(nT)\delta(t-nT)\right]\mathrm{e}^{-st}\mathrm{d}t=\sum_{n=0}^{\infty}x(nT)\int_0^{\infty}\delta(t-nT)\mathrm{e}^{-st}\mathrm{d}t$$
$$=\sum_{n=0}^{\infty}x(nT)(\mathrm{e}^{-sT})^n \tag{6-48}$$

如令 $\mathrm{e}^{sT}=z$，z 为复数，则有

$$\mathrm{L}\{x_{\mathrm{s}}(t)\}=\sum_{n=0}^{\infty}x(nT)z^{-n} \tag{6-49}$$

这就是说被抽样后信号的拉氏变换可表示为 z 的幂级数，在第 7 章将看到式(6-49) 正是一个离散时间信号 $x[n]$ 的 z 变换的定义式。

【例 6-10】 求指数抽样序列的拉氏变换

解 $x_{\mathrm{s}}(t)=\mathrm{e}^{-anT}\delta_{\mathrm{T}}(t)$

$$\mathrm{L}\{x_{\mathrm{s}}(t)\}=\sum_{n=0}^{\infty}\mathrm{e}^{-anT}\mathrm{e}^{-nsT}=\sum_{n=0}^{\infty}\mathrm{e}^{-(s+a)nT}=\frac{1}{1-\mathrm{e}^{-(a+s)T}}$$

6.5 拉氏反变换

拉氏反变换可利用式(6-6) 来求解，但由于要做复数积分，求解较复杂，本节仅讨论可以用有理函数表示的拉氏函数的反变换，有理的拉氏函数如式(6-9) 所示，即

$$X(s)=\frac{N(s)}{D(s)}=\frac{b_0+b_1s+\cdots+b_ms^m}{a_0+a_1s+\cdots+a_ns^n}$$

求解这类拉氏变换的反变换时，可用求傅里叶反变换所做的方法那样，采用部分分式展开的方法求解，即采用代数方法，把一个有理拉氏变换式展开成低阶项的线性组合，其中每一低阶项的反变换，由常用拉氏变对或直接查表得到，下面分几种情况说明。

(1) $X(s)$ 的分母多项式 $D(s)$ 有 n 个互异实根

$$X(s)=\frac{N(s)}{D(s)}=\frac{b_0+b_1s+\cdots+b_ms^m}{a_n(s-p_1)(s-p_2)\cdots(s-p_n)} \tag{6-50}$$

由部分分式法将式(6-50) 展开成部分分式

$$X(s)=\frac{k_1}{s-p_1}+\frac{k_2}{s-p_2}+\cdots+\frac{k_n}{s-p_n}=\sum_{i=1}^{n}\frac{k_i}{s-p_i} \tag{6-51}$$

式中，各系数 $$k_i=X(s)(s-p_i)\mid_{s=p_i} \tag{6-52}$$

【例 6-11】 求下列函数的反变换。

$$X(s)=\frac{10(s+2)(s+5)}{s(s+1)(s+3)},\ \mathrm{Re}\{s\}>0$$

解 将 $X(s)$ 写成部分分式展开形式

$$X(s)=\frac{c_1}{s}+\frac{c_2}{s+1}+\frac{c_3}{s+3}$$

分别求出 c_1，c_2，c_3

$$c_1=sX(s)\mid_{s=0}=\frac{10\times2\times5}{1\times3}=\frac{100}{3},\ \mathrm{Re}\{s\}>0$$

$$c_2=(s+1)X(s)\mid_{s=-1}=\frac{10\times(-1+2)\times(-1+5)}{(-1)\times(-1+3)}=-20,\ \mathrm{Re}\{s\}>-1$$

$$c_3=(s+3)X(s)\mid_{s=-3}=\frac{10\times(-3+2)\times(-3+5)}{(-3)\times(-3+1)}=-\frac{10}{3},\ \mathrm{Re}\{s\}>-3$$

$$X(s)=\frac{100}{3s}-\frac{20}{s+1}-\frac{10}{3(s+3)},\ \mathrm{Re}\{s\}>0$$

因为 $\mathrm{Re}\{s\}>0$，原信号为右边信号。根据基本信号的拉氏变换对（表 6-1），可求得

$$x(t)=\left(\frac{100}{3}-20\mathrm{e}^{-t}-\frac{10}{3}\mathrm{e}^{-3t}\right)u(t)$$

在以上的讨论中，假定$\frac{N(s)}{D(s)}$表示式中 $N(s)$ 的阶次低于 $D(s)$ 的阶次，即 $m<n$，如果不满足此条件，式(6-51) 不成立。对于 $m\geqslant n$ 的情况，可先用长除法将分子中的高次项提出，余下的部分满足 $m<n$，仍按以上方法求解。

【例 6-12】 求下列函数的反变换。

$$X(s)=\frac{s^3+5s^2+9s+7}{(s+1)(s+2)},\ \mathrm{Re}\{s\}>-1$$

解 用分子除以分母（长除法）得到

$$X(s)=s+2+\frac{s+3}{(s+1)(s+2)}$$

式中最后一项满足 $m<n$ 的要求，可按前述部分分式展开方法分解得到

$$X(s)=s+2+\frac{2}{s+1}-\frac{1}{s+2}$$

根据基本信号的拉氏变换对，可求得

$$x(t)=\delta'(t)+2\delta(t)+(2\mathrm{e}^{-t}-\mathrm{e}^{-2t})u(t)$$

（2）$D(s)$ 中包含有重根

$$X(s)=\frac{N(s)}{D(s)}=\frac{N(s)}{(s-p_1)^kD_1(s)} \tag{6-53}$$

上式中，在 $s=p_1$处，$D(s)$ 有 k 重根，即 p_1为 $X(s)$ 的 k 阶极点，将 $X(s)$ 写成展开式

$$X(s)=\frac{k_{11}}{(s-p_1)^k}+\frac{k_{12}}{(s-p_1)^{k-1}}+\cdots+\frac{k_{1k}}{(s-p_1)}+\frac{B(s)}{D_1(s)} \tag{6-54}$$

这里$\frac{B(s)}{D_1\ (s)}$表示展开式中与极点 p_1无关的其余部分，它的部分分式展开方法同前面。为求出 k_{11}，可将式(6-53) 两边同乘以 $(s-p_1)^k$，再以 $s=p_1$值代入，可得

$$k_{11}=X(s)(s-p_1)^k\mid_{s=p_1} \tag{6-55}$$

然后，要求出其他 k_{12}，k_{13}，…，k_{1k}等系数，不能采用以上类似方法，因为这样会导致分母中出现零值。为此引入函数

$$X_1(s)=(s-p_1)^kX(s) \tag{6-56}$$

于是

$$X_1(s)=k_{11}+k_{12}(s-p_1)+\cdots+k_{1k}(s-p_1)^{k-1}+\frac{B(s)(s-p)^k}{D(s)} \tag{6-57}$$

对式(6-57) 微分后得

$$\frac{\mathrm{d}X_1(s)}{\mathrm{d}s}=k_{12}+2k_{13}(s-p_1)+\cdots+k_{1k}(k-1)(s-p_1)^{k-1}+\cdots \tag{6-58}$$

于是可以得出

$$k_{12}=\left.\frac{\mathrm{d}X_1(s)}{\mathrm{d}s}\right|_{s=p_1} \tag{6-59}$$

同理
$$k_{13}=\left.\frac{1}{2}\frac{\mathrm{d}^2X_1(s)}{\mathrm{d}s^2}\right|_{s=p_1} \tag{6-60}$$

$$\vdots$$

最终有
$$k_{1i}=\left.\frac{1}{(i-1)!}\frac{\mathrm{d}^{(i-1)}X_1(s)}{\mathrm{d}s^{i-1}}\right|_{s=p_1},\ i=1,\ 2,\ \cdots,\ k \tag{6-61}$$

【例 6-13】 求以下函数的拉氏反变换。

$$X(s)=\frac{s-2}{s(s+1)^3},\ \mathrm{Re}\{s\}>0$$

解 将 $X(s)$ 写成展开式

$$X(s)=\frac{k_{11}}{(s+1)^3}+\frac{k_{12}}{(s+1)^2}+\frac{k_{13}}{(s+1)}+\frac{k_2}{s}$$

容易求得

$$k_2=sX(s)|_{s=0}=-2$$

为求出与重根有关的各系数，令

$$X_1(s)=(s+1)^3X(s)=\frac{s-2}{s}$$

引用式(6-58)，式(6-59) 和式(6-60) 可得

$$k_{11}=\left.\frac{s-2}{s}\right|_{s=-1}=3$$

$$k_{12}=\left.\frac{\mathrm{d}}{\mathrm{d}s}\left(\frac{s-2}{s}\right)\right|_{s=-1}=2$$

$$k_{13}=\left.\frac{1}{2}\frac{\mathrm{d}^2}{\mathrm{d}s^2}\left(\frac{s-2}{s}\right)\right|_{s=-1}=2$$

于是
$$X(s)=\frac{3}{(s+1)^3}+\frac{2}{(s+1)^2}+\frac{2}{s+1}-\frac{2}{s}$$

$$x(t)=\left(\frac{3}{2}t^2\mathrm{e}^{-t}+2t\mathrm{e}^{-t}+2\mathrm{e}^{-t}-2\right)u(t)$$

(3) $D(s)$ 中包含共轭复数极点

$$X(s)=\frac{N(s)}{D(s)}=\frac{N(s)}{D_1(s)(s^2+as+b)}=\frac{N(S)}{D_1(s)(s+\alpha+\mathrm{j}\beta)(s+\alpha-\mathrm{j}\beta)} \tag{6-62}$$

式中，共轭极点出现在$-\alpha\pm\mathrm{j}\beta$处；$D_1(s)$ 表示分母多项式中的其余部分，引入中间函数 $X_1(s)=\dfrac{N(s)}{D_1(s)}$，则式(6-62) 改写为

$$X(s)=\frac{X_1(s)}{(s+\alpha+\mathrm{j}\beta)(s+\alpha-\mathrm{j}\beta)}=\frac{k_1}{s+\alpha-\mathrm{j}\beta}+\frac{k_2}{s+\alpha+\mathrm{j}\beta}+\cdots \tag{6-63}$$

引用式(6-52) 可求得 k_1，k_2

$$k_1=(s+\alpha-\mathrm{j}\beta)X_1(s)|_{s=-\alpha+\mathrm{j}\beta}=\frac{X_1(-\alpha+\mathrm{j}\beta)}{2\mathrm{j}\beta} \tag{6-64}$$

$$k_2=(s+\alpha+\mathrm{j}\beta)X_1(s)|_{s=-\alpha-\mathrm{j}\beta}=\frac{X_1(-\alpha-\mathrm{j}\beta)}{-2\mathrm{j}\beta} \tag{6-65}$$

不难看出，k_1，k_2 呈共轭关系

$$k_2=k_1^* \tag{6-66}$$

共轭极点所对应的信号部分为

$$(k_1\mathrm{e}^{-(\alpha-\mathrm{j}\beta)t}+k_2\mathrm{e}^{-(\alpha+\mathrm{j}\beta)t})u(t)$$

另一种比较简单的方法是保留 $X(s)$ 分母多项式中的二次式 s^2+as+b，并将它写成相应的余弦或正弦的拉氏变换，然后再对 $X(s)$ 逐项进行反变换。下面举例说明。

【例 6-14】 设 $X(s)=\dfrac{s+3}{s^3+3s^2+7s+5}$，$\mathrm{Re}\{s\}>-1$ 求 $x(t)$。

解 将 $X(s)$ 展成部分分式

$$X(s)=\frac{s+3}{(s+1)(s^2+2s+5)}=\frac{s+3}{(s+1)[(s+1)^2+4]}=\frac{k_1}{s+1}+\frac{k_2s+k_3}{(s+1)^2+4}$$

由式(6-52) 可求得 $k_1=\dfrac{1}{2}$，将此值代入上式，整理得

$$X(s)=\frac{\left(k_2+\dfrac{1}{2}\right)s^2+(k_2+k_3+1)s+k_3+\dfrac{5}{2}}{(s+1)(s^2+2s+5)}$$

用比较系数法可确定 $k_2=-\dfrac{1}{2}$，$k_3=\dfrac{1}{2}$，因此

$$X(s)=\frac{\dfrac{1}{2}}{s+1}+\frac{-\dfrac{1}{2}s+\dfrac{1}{2}}{(s+1)^2+4}=\frac{\dfrac{1}{2}}{s+1}-\frac{1}{2}\frac{s+1}{(s+1)^2+4}+\frac{1}{2}\frac{2}{(s+1)^2+4},\ \mathrm{Re}\{s\}>-1$$

逐项进行反变换后，可得

$$x(t)=\left(\frac{1}{2}\mathrm{e}^{-t}-\frac{\mathrm{e}^{-t}}{2}\cos 2t+\frac{\mathrm{e}^{-t}}{2}\sin 2t\right)u(t)$$

综上所述，由拉氏变换式 $X(s)$ 及其收敛域求其反变换 $x(t)$ 的步骤如下。

① 用部分分式法将 $X(s)$ 展成低阶项，其具体方法将因 $X(s)$ 的分母多次项 $D(s)$ 为零的根（极点）为实根、复根或重根而异。

② 确定各低阶变换式的收敛域，主要依据是，该式的极点在其收敛域的边界上，且该收敛域必定包含 $X(s)$ 的收敛域。

③ 根据各低阶项及其收敛域，确定它的反变换，一般 $X(s)$ 的收敛域左边极点对应的项为右边信号，收敛域右边极点对应的项则都为左边信号。将各项反变换式相叠加即得到 $X(s)$的反变换 $x(t)$。

【例 6-15】 试求拉氏变换 $X(s)=\dfrac{1}{(s+1)(s+2)}$的收敛域分别是图 6-17 所示的三种情况的反变换 $x(t)$。

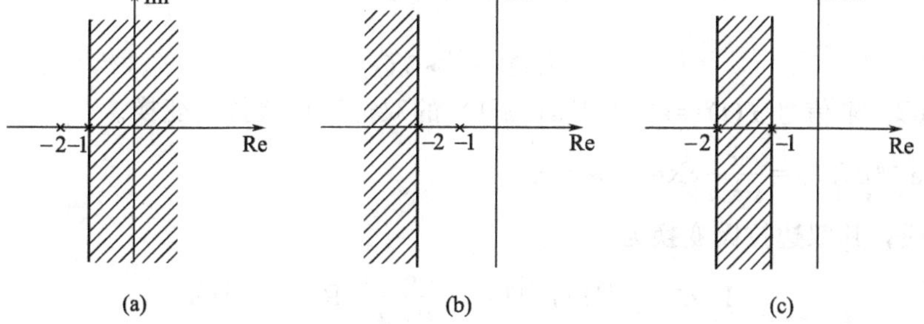

图 6-17　例 6-15 图

解 将 $X(s)$ 展成部分分式

$$X(s)=\frac{1}{(s+1)(s+2)}=\frac{1}{s+1}-\frac{1}{s+2}$$

① $\mathrm{Re}\{s\}>-1$ 因为各分式的收敛域必须包含 $\mathrm{Re}\{s\}>-1$，并以该式的极点为界，因此有

$$\frac{1}{s+1},\ \mathrm{Re}\{s\}>-1$$

$$\frac{1}{s+2},\ \mathrm{Re}\{s\}>-2$$

所以

$$x(t)=(\mathrm{e}^{-t}-\mathrm{e}^{-2t})u(t)$$

② $\mathrm{Re}\{s\}<-2$ 各分式的收敛域应包含 $\mathrm{Re}\{s\}<-2$，并以该式的极点为界，故有

$$\frac{1}{s+1},\ \mathrm{Re}\{s\}<-1$$

$$\frac{1}{s+2},\ \mathrm{Re}\{s\}<-2$$

所以

$$x(t)=(-\mathrm{e}^{-t}+\mathrm{e}^{-2t})u(-t)$$

③ $-1<\mathrm{Re}\{s\}<-2$ 各分式的收敛域应包含 $-2<\mathrm{Re}\{s\}<-1$，并以该式的极点为界，故有

$$\frac{1}{s+1},\ \mathrm{Re}\{s\}<-1$$

$$\frac{1}{s+2},\ \mathrm{Re}\{s\}>-2$$

所以

$$x(t)=-\mathrm{e}^{-t}u(-t)-\mathrm{e}^{-2t}u(t)$$

以上例子说明，在给出某信号的双边拉氏变换时，必须注明其收敛区，否则在取其逆变换求 $x(t)$ 时将出现混淆。因为不同的信号在各不相同的收敛域条件之下，可能得到相同的双边拉氏变换表达式。

6.6 单边拉氏变换及性质

前面几节所讨论的拉氏变换称为双边拉氏变换。实际问题中常遇到的是，当 $t>0$ 时，对系统和信号进行分析，要求求解 $t>0$ 时间段中系统对输入的响应，式(6-8) 表示的是单边拉氏变换的定义式。通常对式(6-8) 中积分下限的取法有 0^- 和 0^+ 两种。显然，当 $x(t)$ 中包含有在原点的冲激函数及其各阶导数时，两种取法的结果是不同的，这两种规定分别称为拉氏变换的 0^+ 系统和 0^- 系统。本书采用 0^- 系统，书写时用 0，其含意即为 0^-。单边拉氏变换在分析具有非零起始条件的线性微分方程描述的系统中起着重要作用。为方便起见，将单边拉氏变换的定义重新写为

$$\widetilde{X}(s)=\int_0^{\infty}x(t)\mathrm{e}^{-st}\,\mathrm{d}t \tag{6-67}$$

记为

$$x(t)\xleftrightarrow{\mathrm{uL}}\widetilde{x}(s)$$

【例 6-16】 求信号 $x(t)=\mathrm{e}^{-a(t+1)}u(t+1)$ 的双边和单边拉氏变换。

解 $\mathrm{L}\{\mathrm{e}^{-at}u(t)\}=\dfrac{1}{s+a},\mathrm{Re}\{s\}>-a$

根据时移性质，其双边拉氏变换为

$$\mathrm{L}\{\mathrm{e}^{-a(t+1)}u(t+1)\}=\frac{\mathrm{e}^{s}}{s+a},\ \mathrm{Re}\{s\}>-a$$

该信号的单边拉氏变换为

$$\begin{aligned}\mathrm{uL}\{\mathrm{e}^{-at}u(t)\}&=\int_0^{\infty}\mathrm{e}^{-a(t+1)}u(t+1)\mathrm{e}^{-st}\,\mathrm{d}t\\&=\mathrm{e}^{-a}\int_0^{\infty}\mathrm{e}^{-(s+a)t}\,\mathrm{d}t=\frac{\mathrm{e}^{-a}}{s+a},\mathrm{Re}\{s\}>-a\end{aligned}$$

本例表明，当 $t<0$，信号 $x(t)$ 不全为零时，它的单边和双边拉氏变换是不同的。

单边拉氏变换性质大部分与双边拉氏变换相同，主要区别在于时域微分和时域积分性质。这两个性质对于分析非零初始条件的系统十分有用。

(1) 时域微分性质

若
$$\mathrm{uL}\{x(t)\}=\widetilde{X}(s)$$

则
$$\mathrm{uL}\left\{\frac{\mathrm{d}x(t)}{\mathrm{d}t}\right\}=s\widetilde{X}(s)-x(0) \tag{6-68}$$

证明 利用分部积分法，有

$$\int_0^\infty \frac{\mathrm{d}x(t)}{\mathrm{d}t}\mathrm{e}^{-st}\,\mathrm{d}t = x(t)\mathrm{e}^{-st}\Big|_0^\infty + s\int_0^\infty x(t)\mathrm{e}^{-st}\,\mathrm{d}t = s\widetilde{X}(s)-x(0)$$

类似地，可以得到$\dfrac{\mathrm{d}^2x(t)}{\mathrm{d}t^2}$的单边拉氏变换为

$$\mathrm{uL}\left\{\frac{\mathrm{d}^2x(t)}{\mathrm{d}t^2}\right\}=s^2\widetilde{X}(s)-sx(0)-x'(0) \tag{6-69}$$

推广到 $x(t)$ 的 n 阶导数的单边拉氏变换，有

$$\mathrm{uL}\left\{\frac{\mathrm{d}x^n(t)}{\mathrm{d}t^n}\right\}=s^n\widetilde{X}(s)-s^{n-1}x(0)-s^{n-2}x'(0)\cdots-x^{(n-1)}(0) \tag{6-70}$$

式中，$x^{(n)}(t)$ 表示 $x(t)$ 的 n 阶导数。上式中 $x(0)$，…，$x^{(n-1)}(0)$ 中的 0 均指 0^- 时刻。

(2) 时域积分性质

若
$$\mathrm{uL}\{x(t)\}=\widetilde{X}(s)$$

则
$$\mathrm{uL}\left\{\int_{-\infty}^{t}x(\tau)\mathrm{d}\tau\right\}=\frac{1}{s}\widetilde{X}(s)+\frac{\int_{-\infty}^{0}x(\tau)\mathrm{d}\tau}{s} \tag{6-71}$$

式中，$\int_{-\infty}^{0}x(\tau)\mathrm{d}\tau$ 记为 x^{-1} (0) 是 $x(t)$ 积分式在 $t=0$ 的取值，这里用 $x^{-1}(0^-)$ 表示。

证明 由于 $\mathrm{uL}\left\{\int_{-\infty}^{t}x(\tau)\mathrm{d}\tau\right\}=\mathrm{uL}\left\{\int_{-\infty}^{0}x(\tau)\mathrm{d}\tau+\int_{0}^{t}x(\tau)\mathrm{d}\tau\right\}$，而第一项为常量，即

$$\int_{-\infty}^{0}x(\tau)\mathrm{d}\tau = x^{-1}(0)$$

所以
$$\mathrm{uL}\left\{\int_{-\infty}^{0}x(\tau)\mathrm{d}\tau\right\}=\frac{x^{-1}(0)}{s}$$

第二项可借助分部积分法求得

$$\mathrm{uL}\left\{\int_{0}^{t}x(\tau)\mathrm{d}\tau\right\}=\int_0^\infty\left[\int_0^t x(\tau)\mathrm{d}\tau\right]\mathrm{e}^{-st}\,\mathrm{d}t$$

$$=\left[-\frac{\mathrm{e}^{-st}}{s}\int_0^t x(\tau)\mathrm{d}\tau\right]_0^\infty+\frac{1}{s}\int_0^\infty x(t)\mathrm{e}^{-st}\,\mathrm{d}t=\frac{1}{s}\widetilde{X}(s)$$

所以
$$\mathrm{uL}\left\{\int_{-\infty}^{t}x(\tau)\mathrm{d}\tau\right\}=\frac{\widetilde{X}(s)}{s}+\frac{x^{-1}(0^-)}{s}$$

式(6-68)～式(6-71) 表明，单边拉氏变换的时域微分和时域积分性质，引入了信号的起始值 $x(0^-)$，$x'(0^-)$，…，当采用复频域分析方法对 LTI 系统进行分析时，将会自动计入起始条件，使系统响应的求解得以简化，这是单边拉氏变换分析起始状态不为零系统的优点所在，这将在后面作进一步的说明。

(3) 卷积特性

单边拉氏变换的卷积特性是，如 $x_1(t)$ 和 $x_2(t)$ 都是单边信号，即当 $t<0$，$x_1(t)=x_2(t)=0$ 时

$$x_1(t) * x_2(t) \longleftrightarrow \widetilde{X}_1(s)\widetilde{X}_2(s) \tag{6-72}$$

因此，分析一个输入在 $t<0$ 时为零的因果系统时，双边拉氏变换采用的分析方法都适用于单边拉氏变换。但是要注意的是，式(6-72) 仅在 $t<0$ 时，$x_1(t)$，$x_2(t)$ 都为零时才成立，如果 $x_1(t)$ 或 $x_2(t)$ 中有一个在 $t<0$ 时不为零，式(6-72) 就不成立。

6.7 连续时间 LTI 系统的复频域分析

拉氏变换法是连续时间系统分析的又一个重要工具，与傅氏分析法相比较，可涉及的信号和系统更广泛，尤其在分析非零起始状态的系统时，可自动计入非零起始状态，从而可一次解得零输入响应、零状态响应和全响应。它还可以通过系统函数判定系统的稳定性，并利用它来分析更为复杂的多输入多输出系统。

6.7.1 系统函数

在第 2 章中曾指出指数信号 e^{st} 是连续时间 LTI 系统的特征函数，并已证明当 e^{st} 信号激励一个单位冲激响应为 $h(t)$ 的系统时，它的响应为

$$y(t)=H(s)e^{st} \tag{6-73}$$

$H(s)$ 为一个复常数，其值与 s 有关，对某一给定的 s 值，$H(s)$ 是与特征函数 e^{st} 有关的特征值。从

$$H(s) = \int_{-\infty}^{+\infty} h(\tau)e^{-s\tau}\,d\tau \tag{6-74}$$

可以看出，$H(s)$ 与 $h(t)$ 是一对拉氏变换，它表示了系统在复频域的性质。对于稳定系统，当 $\sigma=0$ 时，$H(s)$ 就是 $H(j\omega)$，即频率域的频率响应。

通常称 $H(s)$ 为系统函数，这是它的一种定义方法，此外还可以从常微方分程出发及拉氏变换的卷积性质计算系统函数。

一个可实现的 N 阶连续时间 LTI 系统都可以用起始状态为零的线性常微分方程来表示，其一般形式为

$$\sum_{k=0}^{N} a_k \frac{d^k y(t)}{dt^k} = \sum_{r=0}^{M} b_r \frac{d^r x(t)}{dt^r} \tag{6-75}$$

将式(6-75) 两边进行双边拉氏变换，用 $X(s)$，$Y(s)$ 分别表示系统激励和零状态响应的拉氏变换，则有

$$\sum_{k=0}^{N} a_k s^k Y(s) = \sum_{r=0}^{M} b_r s^r X(s)$$

$$Y(s)\sum_{k=0}^{N} a_k s^k = X(s)\sum_{r=0}^{M} b_r s^r \tag{6-76}$$

根据拉氏变换的卷积特性，系统对输入信号的响应在复频域上可表示为

$$Y(s)=X(s)\cdot H(s)$$

因此，现在可给出一个连续时间 LTI 系统函数的另一种定义，它定义为系统零状态响应的拉氏变换与激励信号的拉氏变换之比，即

$$H(s)=\frac{Y_{zs}(s)}{X(s)} \tag{6-77a}$$

从式(6-75) 可求得线性常微分方程所表示的 LTI 系统的系统函数为

$$H(s) = \frac{Y_{zs}(s)}{X(s)} = \frac{\sum_{r=0}^{M} b_r s^r}{\sum_{k=0}^{N} a_k s^k} = \frac{N(s)}{D(s)} \tag{6-77b}$$

式(6-77b) 中，$N(s)$ 与 $D(s)$ 为 s 的多项式，故由线性常微分方程所描述的 LTI 系统，系

统函数总是有理的。有时也称系统函数为网络函数，由于激励和响应的不同，系统函数的量纲可以是阻抗或者是导纳，也可以是数值比。如一系统的激励与响应是在同一端口，则称网络函数为策动点函数，如不在同一端口，则称为转移函数或传输函数。

$H(s)$ 表示了系统的复频域的特性，LTI 系统的许多性质诸如因果性、稳定性和系统的频率响应等都与 $H(s)$ 零、极点在 S 平面上的位置分布有关。

(1) 系统函数 $H(s)$ 的零、极点与系统的稳定性和因果性

式(6-77) 还可以写成式(6-9) 那样因子相乘的形式

$$H(s)=H_{\infty}\frac{\prod_{i=1}^{M}(s-z_i)}{\prod_{j=1}^{N}(s-p_j)} \tag{6-78}$$

式中，$H_{\infty}=\dfrac{b_M}{a_N}$，$z_i$ 和 p_j 分别是系统函数 $H(s)$ 的零点和极点。

$H(s)$ 极点的几何位置与系统的稳定性和因果性有关。

① 因果性　对于一个因果 LTI 系统，当 $t<0$ 时，$h(t)$ 应为零，因此 $h(t)$ 是一个右边信号，故 $H(s)$ 的收敛域应在最右边极点的右半平面；但相反的结论不一定都成立，因为收敛域位于最右边极点的右边，只能保证 $h(t)$ 是右边的，不能保证系统是因果的，下面举例说明。

【例 6-17】 已知

$$H(s)=\frac{e^s}{s+1},\ \mathrm{Re}\{s\}>-1$$

对以上系统，其 *ROC* 位于最右边极点的右边，因此 $h(t)$ 是右边信号，利用拉氏变换时移特性和指数信号拉氏变换公式可求得

$$h(t)=e^{-(t+1)}u(t+1)$$

上式表示，$-1<t<0$ 时，$h(t)$ 不等于零，故不是因果系统。

对一个有理系统函数的系统来说，系统的因果性就等效于收敛域 *ROC* 位于最右边极点的右半平面。

② 稳定性　$H(s)$ 的极点和收敛域与系统的稳定性密切相关，第 2 章的系统时域分析中已经指出，稳定系统的冲激响应 $h(t)$ 应是绝对可积的，即满足

$$\int_{-\infty}^{\infty}|h(t)|\,dt<\infty \tag{6-79}$$

这表明稳定系统的频率响应 $H(j\omega)$ 收敛。$H(j\omega)$ 是 $h(t)$ 在 $j\omega$ 轴上的拉氏变换，所以稳定系统的 $H(s)$ 的收敛域必包含 $j\omega$ 轴。

一个系统是稳定的，但它的系统函数可以是非有理的，如例 6-17 中系统函数不是有理的，而它的 $h(t)$ 是绝对可积的或其收敛域包含 $j\omega$ 轴，这就表明系统是稳定的。

③ 因果稳定系统　同时满足因果性和稳定性的系统，称为因果稳定系统。而对一个因果的有理系统函数的系统，其稳定性是很容易用系统的极点分布来说明的，因果稳定系统的系统函数其全部极点都必须分布在 S 左半平面，即所有极点的实部都必须小于零。

【例 6-18】 某一 LTI 系统，其系统函数为

$$H(s)=\frac{s-1}{(s+1)(s-2)}$$

因为没有给出 *ROC*，故 *ROC* 存在几种可能，结果就会有几种不同的单位冲激响应与上式相联系。但是，如果已知有关系统的因果性或稳定性方面的信息，那就能确定相应的 *ROC*。例如，已知系统是因果系统，那就可知其 $h(t)$ 应为右边信号，故 $H(s)$ 的 *ROC* 如图 6-18(a)所示，这时系统的单位冲激响应为 $h(t)=\left(\frac{2}{3}e^{-t}+\frac{1}{3}e^{2t}\right)u(t)$，很显然这个 *ROC* 并未包括 $j\omega$ 轴，因此该系统是不稳定的，从 $h(t)$ 的表达式也可看出这一点。图 6-18(b) 表示

的收敛域包括了 jω 轴，这是个稳定系统，相应的单位冲激响应为

$$h(t)=\frac{2}{3}e^{-t}u(t)-\frac{1}{3}e^{2t}u(-t)$$

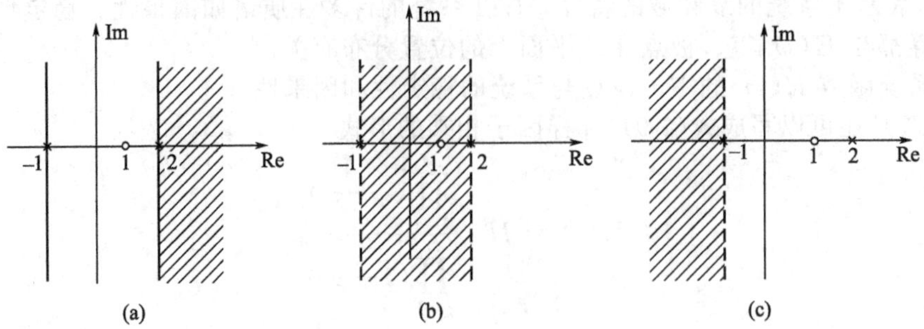

图 6-18　例 6-18 图

这是绝对可积的。当收敛域为图 6-18(c) 时，这时系统的单位冲激响应为

$$h(t)=-\left(\frac{2}{3}e^{-t}+\frac{1}{3}e^{2t}\right)u(-t)$$

系统是反因果，是不稳定的。

(2) 系统函数 $H(s)$与系统的频率响应 $H(j\omega)$

根据系统函数 $H(s)$ 在 S 平面上零点、极点的分布，可在 S 域上求出系统的频率响应 $H(j\omega)$。因为

$$H(s)=H_{\infty}\frac{\prod_{i=1}^{M}\overrightarrow{s-z_i}}{\prod_{j=1}^{N}\overrightarrow{s-p_j}} \tag{6-80}$$

分母中任一因子$\overrightarrow{s-p_j}$相当于由极点 p_j引向某点 s 的一个矢量，称为极点矢量；分子中任一因子$\overrightarrow{s-z_i}$相当于由零点 z_i引向某点 s 的一个矢量，称为零点矢量。上式中的 s 用 jω 代入，即表示系统的频率响应

$$H(j\omega)=H_{\infty}\frac{\prod_{i=1}^{M}\overrightarrow{j\omega-z_i}}{\prod_{j=1}^{N}\overrightarrow{j\omega-p_j}} \tag{6-81}$$

上式表示在 S 平面上 s 沿虚轴移动，就可得系统的频率响应。在图 6-19 画出的是由零点 z_1 与极点 p_1 与 jω 连接构成的两个矢量，N_1 为零点矢量的模，M_1 为极点矢量的模。对于任意零点 z_i，极点 p_i，相应的矢量都可表示为

零点矢量　$$\overrightarrow{j\omega-z_i}=N_i e^{j\varphi_i} \tag{6-82a}$$

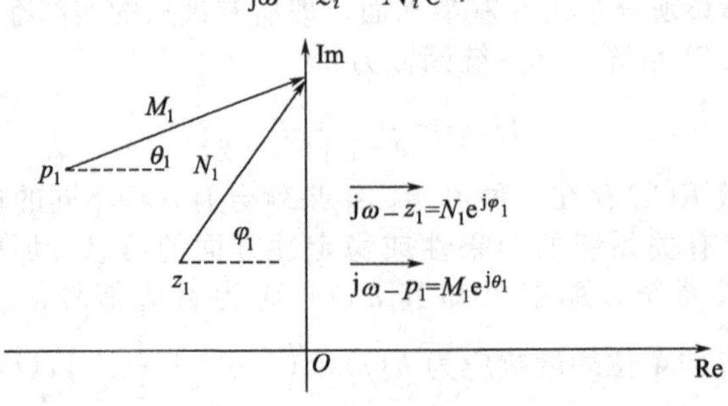

图 6-19　零点、极点矢量

极点矢量 $$\overrightarrow{j\omega - p_k} = M_j e^{j\theta_j} \tag{6-82b}$$

N_i，M_j分别表示两个矢量的模，φ_i，θ_j分别表示它们与实轴σ正方向之间的夹角，即表示两个矢量的幅角，于是式(6-81) 可改写为

$$H(j\omega) = H_\infty \frac{N_1 e^{j\varphi_1} N_2 e^{j\varphi_2} \cdots N_m e^{j\varphi_m}}{M_1 e^{j\theta_1} M_2 e^{j\theta_2} \cdots M_n e^{j\theta_n}} = H_\infty \frac{N_1 N_2 \cdots N_m}{M_1 M_2 \cdots M_n} e^{j[(\varphi_1+\varphi_2+\cdots+\varphi_m)-(\theta_1+\theta_2+\cdots+\theta_n)]}$$
$$= |H(j\omega)| e^{j\psi(\omega)} \tag{6-83}$$

式中 $$|H(j\omega)| = H_\infty \frac{N_1 N_2 \cdots N_m}{M_1 M_2 \cdots M_n} \tag{6-84}$$

$$\psi(\omega) = (\varphi_1 + \varphi_2 + \cdots + \varphi_m) - (\theta_1 + \theta_2 + \cdots + \theta_n) \tag{6-85}$$

当ω沿虚轴移动时，各矢量的模和幅角都随之改变，即可画出幅频特性和相频特性，下面以一阶系统举例说明。

【例 6-19】 研究图 6-20 所示 RC 高通滤波器的频响特性，该系统的系统函数可写成

$$H(S) = \frac{V_2(s)}{V_1(s)} = \frac{R}{R + \frac{1}{sC}} = \frac{s}{s + \frac{1}{RC}}$$

$$H(j\omega) = \frac{j\omega}{j\omega + \frac{1}{RC}}$$

显然 $H(s)$ 有一个零点在坐标原点，一个极点在$-\frac{1}{RC}$处，零极点分布图如图 6-21。

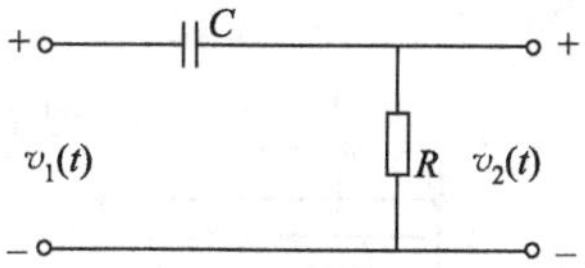

图 6-20 RC 高通滤波器

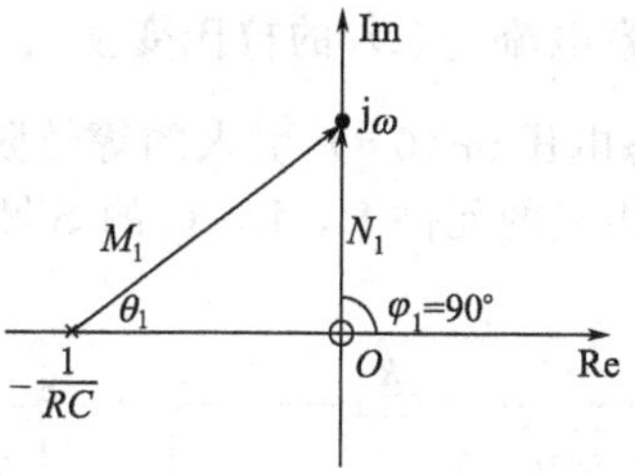

图 6-21 高通滤波器的零极点图

观察当ω从O沿虚轴向∞增长时，$H(j\omega)$ 如何变化。

当$\omega=0$时，$N_1=0$，$M_1=\frac{1}{RC}$，$\frac{N_1}{M_1}=0$，即$\frac{V_2}{V_1}=0$，$\psi_1=\varphi_1-\theta_1=90°-0°=90°$。

当$\omega=\frac{1}{RC}$时，$N_1=\frac{1}{RC}$，$\theta_1=45°$，$\psi_1=45°$，$M_1=\sqrt{2}/RC$，故$\frac{V_2}{V_1}=\frac{N_1}{M_1}=\frac{1}{\sqrt{2}}$，此点为高通滤波器的截止频率点。

最后当$\omega\to\infty$时，$N_1/M_1\to1$，$V_2/V_1=1$，$\theta_1\to90°$，$\psi_1\to0$，图 6-22 表示了该系统的幅频及相频特性。

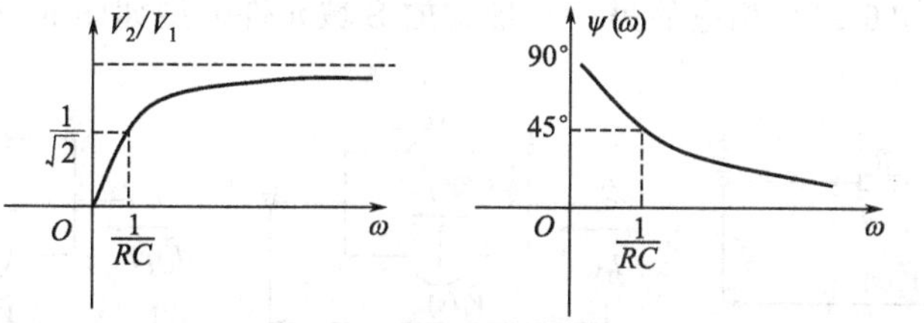

图 6-22 例 6-19 系统的幅频、相频特性

6.7.2 S 域的元件模型

用列写微分方程获取拉氏变换的方法分析电路虽然具有许多优点，但对于较复杂的网

络，可以采用类似于正弦稳态分析中的相量法，将电路中的时域元件模型转换为S域模型，给出网络的S域模型，再用欧姆定理，基尔霍夫第一、第二定律进行求解。这样，经过简单的代数运算后，便可得到输出的拉氏变换。

首先写出R，L，C上电压降与电流间关系的时域表示式

$$v_R(t)=Ri_R(t) \tag{6-86}$$

$$v_L(t)=L\frac{di_L(t)}{dt} \tag{6-87}$$

$$v_C(t)=\frac{1}{C}\int_{-\infty}^{t} i_C(\tau)d\tau \tag{6-88}$$

将以上三式分别进行单边拉氏变换，得到

$$\widetilde{V}_R(s)=\widetilde{R}I_R(s) \tag{6-89}$$

$$\widetilde{V}_L(s)=sL\cdot\widetilde{I}_L(s)-Li_L(0^-) \tag{6-90}$$

$$\widetilde{V}_C(s)=\frac{1}{sC}\widetilde{I}_C(s)+\frac{1}{s}v_C(0^-) \tag{6-91}$$

式(6-89) 是电阻元件伏安特性的S域形式，式(6-90)、式(6-91) 分别为电感元件和电容元件在非零状态下伏安特性的S域形式。式(6-90) 中 $\widetilde{V}_L(s)$ 和 $\widetilde{I}_L(s)$ 分别为电感的端电压 $v_L(t)$和电感电流 $i_L(t)$ 的拉氏变换式。sL 是电感元件的复频域阻抗，$-Li_L(0^-)$ 对应于非零的初始电流 $i(0^-)$ 引入的电压源。式(6-91) 中的 $\widetilde{V}_C(s)$ 和 $\widetilde{I}_C(s)$ 分别为电容端电压 $v_C(t)$和电容电流 $i_C(t)$ 的拉氏变换式，$\frac{1}{sC}$是电容元件的复频域阻抗，$\frac{v_C(0^-)}{s}$则是电容的非零起始状态电压 $v_C(0^-)$ 引入的等效阶跃电压 $v_C(0^-)\ u(t)$ 的拉氏变换式。与式(6-89)～式(6-91) 相应的元件R，L，C的S域模型如图6-23所示。

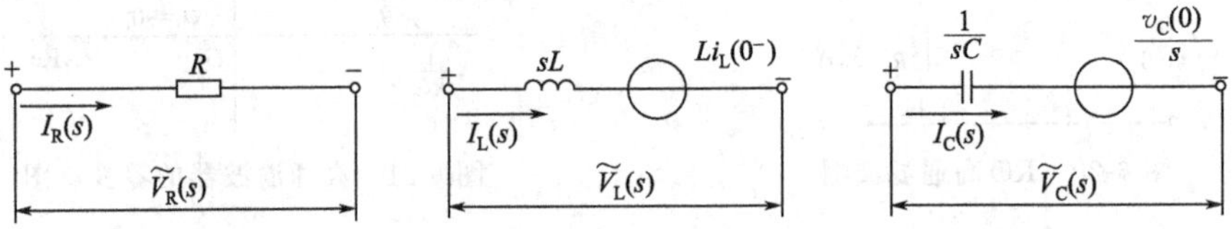

图6-23 元件的电压降与电流关系的S域模型（回路分析）

图6-23的所示S域模型并非是惟一的形式，如对电流求解则可得到

$$\widetilde{I}_R(s)=\frac{\widetilde{V}_R(s)}{R} \tag{6-92}$$

$$\widetilde{I}_L(s)=\frac{1}{sL}\widetilde{V}_L(s)+\frac{1}{s}i_L(0^-) \tag{6-93}$$

$$\widetilde{I}_C(s)=sC\widetilde{V}_C(s)-Cv_C(0^-) \tag{6-94}$$

与式(6-92)～式(6-94) 相应的另一种形式的S域元件模型如图6-24所示。

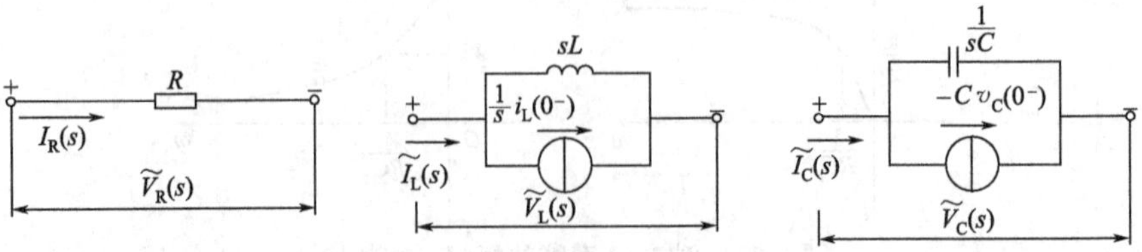

图6-24 S域元件模型（节点分析）

把网络中每个元件都用它的S域模型来代表，把信号源直接写作变换式，就得到网络的

S 域模型图，对该模型采用基尔霍夫定律分析即可求得输出的变换式，这时所进行的数学运算是代数关系。

【例 6-20】 RLC 串联电路如图 6-25(a) 所示。已知 $R=2\Omega$，$L=1\mathrm{H}$，$C=0.2\mathrm{F}$，$i(0^-)=1\mathrm{A}$，$v_C(0^-)=1\mathrm{V}$，输入 $v_S(t)=tu(t)$。求零状态响应 $i_{zs}(t)$，零输入响应 $i_{zi}(t)$ 以及全响应 $i(t)$ 和 $H(s)$。

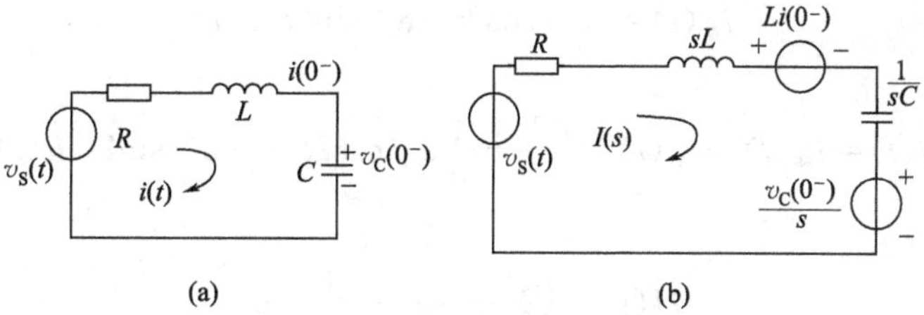

图 6-25 RLC 电路 S 域模型

解 先将图 6-25(a) 转换成 S 域模型电路，见图 6-25(b)，应用基尔霍夫定律可得

$$\tilde{I}(s)=\frac{\tilde{V}(s)+Li(0^-)-\dfrac{v_C(0^-)}{s}}{R+sL+\dfrac{1}{sC}}=\frac{\tilde{V}(s)}{R+sL+\dfrac{1}{sC}}+\frac{Li(0^-)-\dfrac{v_C(0^-)}{s}}{R+sL+\dfrac{1}{sC}}=\tilde{I}_{zs}(s)+\tilde{I}_{zi}(s)$$

上式第一项仅取决于输入，与非零起始状态无关，它是零状态响应 $i_{zs}(t)$ 的拉氏变换，记作 $\tilde{I}_{zs}(s)$；第二项仅取决于非零起始状态，与输入无关，它是零输入响应 $i_{zi}(t)$ 的拉氏变换，记作 $\tilde{I}_{zi}(s)$。

因为
$$\tilde{V}(s)=\mathrm{L}\{tu(t)\}=\frac{1}{s^2}$$

所以
$$\tilde{I}_{zs}(s)=\frac{\dfrac{1}{s^2}}{R+sL+\dfrac{1}{sC}}=\frac{1}{s(Ls^2+Rs+1/C)}$$

将给定的 RLC 元件值代入，并展成部分分式

$$\tilde{I}_{zs}(s)=\frac{1}{s(s^2+2s+5)}=\frac{C_1}{s}+\frac{C_2s+C_3}{(s+1)^2+4}$$

$$C_1=sI_{zs}(s)\big|_{s=0}=\frac{1}{5}$$

将 $c_1=\dfrac{1}{5}$ 代入原式，用系数比较法，整理可得

$$\frac{1}{5}(s^2+2s+5)+c_2s^2+c_3s=1$$

得
$$\frac{1}{5}+c_2=0,\quad \frac{2}{5}+c_3=0$$

于是
$$c_2=-\frac{1}{5},\quad c_3=\frac{2}{5}$$

有
$$\tilde{I}_{zs}(s)=\frac{1}{5s}+\frac{-\dfrac{1}{5}s-\dfrac{2}{5}}{(s+1)^2+4}=\frac{1}{5}\times\frac{1}{s}-\frac{1}{5}\frac{(s+1)}{(s+1)^2+4}-\frac{1}{10}\times\frac{2}{(s+1)+4}$$

对上式取反变换，得

$$i_{zs}(t)=\left(\frac{1}{5}-\frac{1}{5}\mathrm{e}^{-t}\cos 2t-\frac{1}{10}\mathrm{e}^{-t}\sin 2t\right)u(t)$$

同样可得到零输入响应的拉氏变换式

$$\tilde{I}_{zi}(s)=\frac{Li(0^-)-\dfrac{v_C(0^-)}{s}}{R+sL+\dfrac{1}{sC}}=\frac{s-1}{(s+1)^2+4}=\frac{s+1}{(s+1)^2+4}-\frac{2}{(s+1)^2+4}$$

对上式逐项取反变换，得零输入响应

$$i_{zi}(t)=(e^{-t}\cos 2t-e^{-t}\sin 2t)u(t)$$

全响应

$$i(t)=i_{zs}(t)+i_{zi}(t)=\left(\frac{1}{5}+\frac{4}{5}e^{-t}\cos 2t-\frac{11}{10}e^{-t}\sin 2t\right)u(t)$$

根据 $H(s)$ 定义

$$H(s)=\frac{I_{zs}(s)}{V(s)}=\frac{1}{R+sL+\dfrac{1}{sC}}$$

将电路数值代入后可得

$$H(s)=\frac{1}{2+s+\dfrac{1}{0.2s}}=\frac{s}{s^2+2s+5}$$

6.7.3 全响应的求解

如果系统的起始状态不为零，则可直接从微分方程的起始状态求出零输入响应，再加上 $Y_{zs}(s)=X(s)H(s)\rightarrow y_{zs}(t)=L^{-1}\{Y_{zs}(s)\}=L^{-1}\{X(s)H(s)\}$，即可得到全响应，也可以直接采用单边拉氏变换法，由于它自动计入起始状态，使求解变得简洁，下面举例说明。

【例 6-21】 设某因果 LTI 系统的微分方程如下

$$\frac{d^2y(t)}{dt^2}+3\frac{dy(t)}{dt}+2y(t)=e^{-t}u(t)$$

$$y(0^-)=y'(0^-)=0$$

求全响应 $y(t)$。

解 由给定的起始状态可知系统是零状态的，对以上方程取双边拉氏变换，得

$$s^2Y(s)+3sY(s)+2Y(s)=\frac{1}{s+1},\ \mathrm{Re}\{s\}>-1$$

由上式解得

$$Y(s)=\frac{1}{(s+1)^2(s+2)}=\frac{1}{s+2}-\frac{1}{s+1}+\frac{1}{(s+1)^2},\ \mathrm{Re}\{s\}>-1$$

考虑到输入的拉氏变换式的收敛域及系统的因果性，可知 $Y(s)$ 的收敛域为 $\mathrm{Re}\{s\}>-1$。计算 $Y(s)$ 的反变换，得

$$y(t)=(-e^{-t}+e^{-2t}+te^{-t})u(t)$$

对于非零起始状态的系统则要采用单边拉氏变换分析法，它的优点是在变换过程中会自动计入非零的起始状态，一次计算出系统的全响应，并可从中区别出零状态响应和零输入响应。

【例 6-22】 已知因果 LTI 系统的微分方程如下

$$\frac{d^2y(t)}{dt^2}+\frac{3}{2}\frac{dy(t)}{dt}+\frac{1}{2}y(t)=5e^{-3t}u(t)$$

已知 $y(0^-)=1$，$y'(0^-)=0$，求全响应 $y(t)$，$y_{zs}(t)$，$y_{zi}(t)$。

解 取微分方程两边的单边拉氏变换，得

$$[s^2Y(s)-sy(0)-y'(0)]+\frac{3}{2}[sY(s)-y(0)]+\frac{1}{2}Y(s)=\frac{5}{s+3}$$

所以
$$Y(s)=\frac{\frac{5}{s+3}+sy(0)+y'(0)+\frac{3}{2}y(0)}{s^2+\frac{3}{2}s+\frac{1}{2}}$$

将起始条件 $y(0)=1$，$y'(0)=0$ 代入上式，经整理得

$$Y(s)=\frac{\frac{5}{s+3}}{s^2+\frac{3}{2}s+\frac{1}{2}}+\frac{s+\frac{3}{2}}{s^2+\frac{3}{2}s+\frac{1}{2}}$$

显然，上式右端第一项是零状态响应的拉氏变换，因为它仅与激励有关，第二项是零输入响应的拉氏变换，将这两项分别记为 $Y_{zs}(s)$ 和 $Y_{zi}(s)$，有

$$Y_{zs}(s)=\frac{\frac{5}{s+3}}{s^2+\frac{3}{2}s+\frac{1}{2}},\quad Y_{zi}(s)=\frac{s+\frac{3}{2}}{s^2+\frac{3}{2}s+\frac{1}{2}}$$

将以上两式展成部分分式，取反变换，可得 $y_{zs}(t)$，$y_{zi}(t)$

$$Y_{zs}(s)=\frac{-5}{s+1}+\frac{4}{s+\frac{1}{2}}+\frac{1}{s+3},\ \mathrm{Re}\{s\}>-\frac{1}{2}$$

$$Y_{zi}(s)=\frac{-1}{s+1}+\frac{2}{s+\frac{1}{2}},\ \mathrm{Re}\{s\}>-\frac{1}{2}$$

$$y_{zs}(t)=\mathrm{L}^{-1}\{Y_{zs}(s)\}=(-5\mathrm{e}^{-t}+4\mathrm{e}^{-\frac{1}{2}t}+\mathrm{e}^{-3t})u(t)$$
$$y_{zi}(t)=\mathrm{L}^{-1}\{Y_{zi}(s)\}=(-\mathrm{e}^{-t}+2\mathrm{e}^{-\frac{1}{2}t})u(t)$$

系统的全响应

$$y(t)=y_{zs}(t)+y_{zi}(t)=[6(\mathrm{e}^{-\frac{1}{2}t}-\mathrm{e}^{-t})+\mathrm{e}^{-3t}]u(t)$$

6.7.4 系统函数代数属性和方框图表示

利用拉氏变换可以将微分、卷积和时移等时域运算用代数运算来代替，这在系统分析中有很多好处，这一节要讨论系统函数的另一种应用，即分析 LTI 系统的互联，以及用系统的基本构造单元的互联综合出复杂系统中的应用。系统的基本连接方式有并联连接、串联连接、反馈连接三种。

一个并联系统，如图 6-26(a)，系统函数为

$$H(s)=\frac{Y(s)}{X(s)}[H_1(s)+H_2(s)] \tag{6-95}$$

一个串联系统，如图 6-26(b)，系统函数为

$$H(s)=H_1(s)H_2(s) \tag{6-96}$$

反馈系统如图 6-26(c) 所示，它的系统函数为

$$Y(s)=H_1(s)E(s)$$
$$E(s)=X(s)-Y(s)H_2(s)$$
$$H(s)=\frac{Y(s)}{X(s)}=\frac{H_1(s)}{1+H_1(s)H_2(s)} \tag{6-97}$$

第 2 章曾讲过用三个基本运算单元，用加法器、乘法器和积分器来仿真微分方程所描述的连续时间 LTI 系统，用加法器、乘法器和延时器画出差分方程的方框图，用这三种基本运算单元能构造任意阶

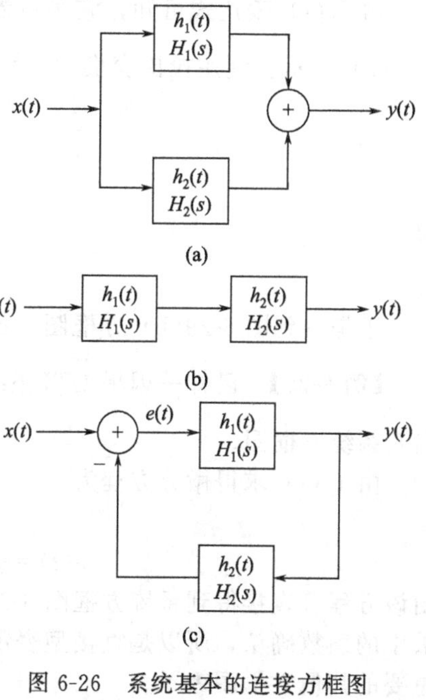

图 6-26 系统基本的连接方框图

系统的方框图，下面举例说明用系统函数表示的系统方框图。

【例 6-23】 已知一 LTI 系统的微分方程为 $y'+3y=x(t)$，画出其系统方框图。

解 以上微分方程可写成

$$y'=x(t)-3y$$

因为微分器不易实现，它对误差和噪声很敏感，一般都采用积分器，该系统的时域模拟框图可用图 6-27 表示。

如用积分器的系统函数$\frac{1}{s}$来表示积分器，则构成了 S 域的模拟方框图，如图 6-28 所示，实际上它可以看成是与图 6-26(c) 相同的反馈系统，其中 $H_1(s)=\frac{1}{s}$，$H_2(s)=3$，代入式(6-97) 可得

$$H(s)=\frac{\frac{1}{s}}{1+\frac{1}{s}\times 3}=\frac{1}{s+3}$$

而从微分方程直接写出的系统函数就与上式相同。

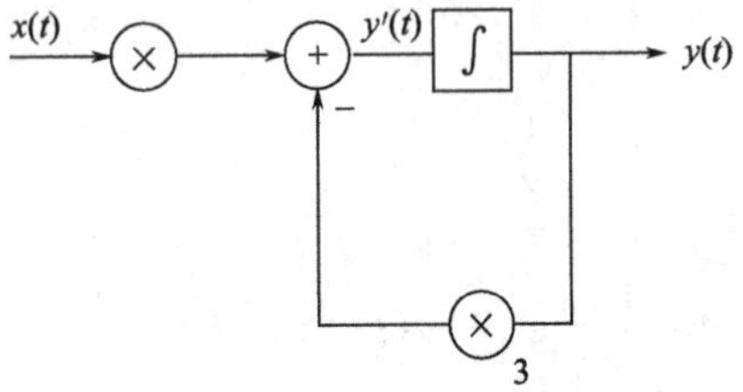

图 6-27 例 6-23 时域模拟框图

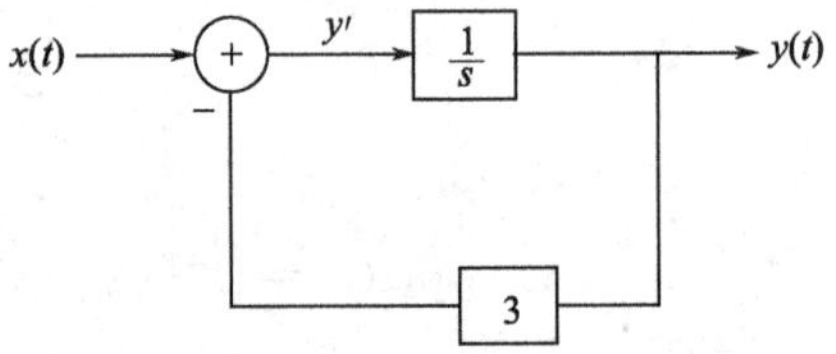

图 6-28 例 6-23 S 域模拟框图

【例 6-24】 已知一因果 LTI 系统，其系统函数为 $H(s)=\frac{s+2}{s+3}=(s+2)\frac{1}{s+3}$，画出其方框图。

由 $H(s)$ 表达式可知，它可以看成两个系统函数分别为$\frac{1}{s+3}$与 $(s+2)$ 的级联，如图 6-29(a) 所示。利用拉氏变换的线性和微分性质，还可以画成另一种形式的方框图。

$$y(t)=\frac{\mathrm{d}z}{\mathrm{d}t}+2z(t)$$

而

$$e(t)=\frac{\mathrm{d}z}{\mathrm{d}t}$$

故

$$y(t)=e(t)+2z(t)$$

于是得到图 6-29(b) 方框图，图中并不涉及任何信号的直接微分。

【例 6-25】 已知一因果 LTI 系统，其系统函数为 $H(s)=\frac{1}{(s+1)(s+2)}=\frac{1}{s^2+3s+2}$，画出其系统方框图。

由 $H(s)$ 求得微分方程为

$$y''+3y'+2y=x(t)$$

$$e(t)=y''(t)=x(t)-2y(t)-3y'(t)$$

由该方程可直接得到系统方框图 6-30(a)。因为在这个图上所出现的系数可以直接从系统函数中的系数确认，所以是直接型表示方式，如将对系统函数稍作变化，还可以得到实际中很重要的其他方框图表示。

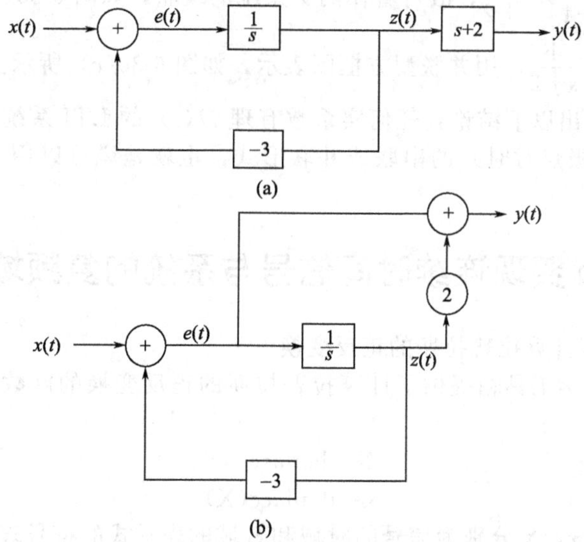

图 6-29　例 6-24 图

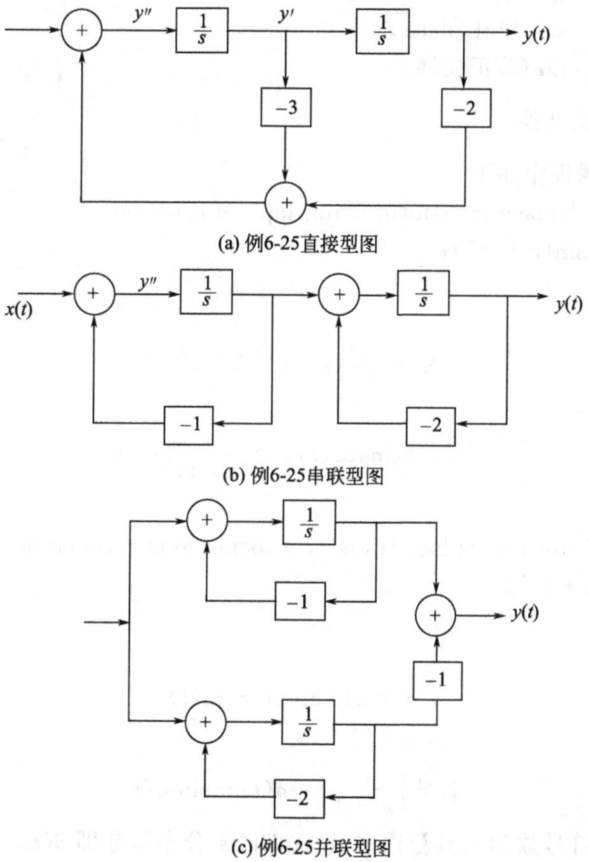

图 6-30　例 6-25 图

因为，$H(s)=\frac{1}{s+1}\times\frac{1}{s+2}$，故可看作两个系统的级联，如图 6-30(b) 所示。

将 $H(s)=\frac{1}{s+1}-\frac{1}{s+2}$，用并联型方框图表示，如图 6-30(c) 所示。

从例 6-25 可以得出以下结论：任何实系数有理 $H(s)$ 的 LTI 系统，都可分解为多个一阶或二阶（存在共轭极点对时）的串联或并联形式，也就是说可以用一阶或两阶 LTI 系统实现高阶 LTI 系统。

6.8 用 Matlab 实现连续时间信号与系统的复频域分析

(1) 利用 Matlab 计算拉普拉斯的正反变换

Matlab 的符号数学工具箱提供了计算拉普拉斯的正反变换的函数 laplace() 和 ilaplace()，其调用形式为

X=laplace(x)

x=ilaplace(X)

上述两式中，右边的 x，X 分别为信号的时域和 S 域的表示式的符号表达式，它们可以用函数 sym() 来实现，其调用形式是 S=sym(A)，式中，A 为待分析的数学表示式，S 代表 x，X。这里要注意的是符号数学工具箱函数给出的结果是解析表达式，不是一般的以向量表示的数值结果。下面举例说明。

【例 6-26】 用 laplace 和 ilaplace 求

① $x(t)=e^{-t}\sin(at)u(t)$正变换；

② $X(s)=\frac{s^2}{s^2+1}$反变换。

解 ① Matlab 源程序如下

```
% program 例 6-26-1 laplace transform using laplace function
x=sym('exp(-t) * sin(a * t)');
X=laplace(x);
```

运行结果为

X= a/((s+1)^2+a^2)

即有

$$L\{e^{-t}\sin atu(t)\}=\frac{a}{(s+1)^2+a^2}$$

② 源程序如下。

```
% program 例 6-26-2 inverse laplace transform using laplace function
X=sym ('s^2/(s^2+1)')
x=ilaplace(X);
```

运行结果为

x=Direct(t)-sin(t)

即有

$$L^{-1}\left\{\frac{s^2}{s^2+1}\right\}=\delta(t)-\sin tu(t)$$

其中的 Direct(t) 为符号数学工具箱中的 direc Delta 分布函数即 $\delta(t)$。

(2) 利用 Matlab 实现部分分式展开

利用 Matlab 中一个求留数的函数 residue() 可以直接得出复杂有理函数 $X(s)$ 的部分分式展开式的系数，其调用形式为

[r, p, k]=residue(b, a)

上式中，b，a 分别为 $X(s)$ 分子多项式和分母多项式的系数向量，r 为所得部分分式展开式的系数向量，p 为极点，k 为分式的直流分量。下面举例说明。

【例 6-27】 用 Matlab 求出 $X(s)$ 的原函数。

$$X(s)=\frac{s+2}{s^3+4s^2+3s},\ \mathrm{Re}\{s\}>0$$

解 源程序如下

```
%program 例 6-27 inverse laplace transform by partial- fraction expansion format rat;
% 将分数以近似的小整数之比的形式显示
b=[1 2];
a=[1 4 3 0 ];
[r,p]=residue (b, a);
```

运行结果为（r 和 p 均为列向量）

```
r'=-1/6        -1/2        2/3
p'=-3          -1          0
```

即得 $X(s)$ 的部分分式展开式

$$X(s)=\frac{2/3}{s}+\frac{-1/2}{s+1}+\frac{-1/6}{s+3}$$

于是可得

$$x(t)=\frac{2}{3}u(t)-\frac{1}{2}\mathrm{e}^{-t}u(t)-\frac{1}{6}\mathrm{e}^{-3t}u(t)$$

(3) 利用 Matlab 计算系统函数 $H(s)$ 的零、极点并画出零极点图，分析系统的稳定性

利用 Matlab 中的有些函数可以直接计算系统函数的 $H(s)$ 零极点并分析系统的稳定性。Matlab 中有一个 roots() 函数，利用它可求出系统函数 $H(s)$ 分子和分母多项式为零的根，即可求得 $H(s)$ 的零、极点。下面举例说明。

【例 6-28】 已知系统函数 $H(s)$ 为

$$H(s)=\frac{s-1}{s^2+2s+2}$$

解 用 Matlab 求出系统的零、极点，程序如下

```
%program 例 6-28 Pole-zero map of H(s) using plot function
b=[1 -1];          %分子多项式
a=[1 2 2];         %分母多项式
zs=roots(b) ;
ps=roots(a) ;
plot (real(zs),imag(zs),'o',real(ps),imag(ps),'x','markersize',8);
axis([-2  2  -2  2]);
```

结果如图 6-31 所示。此外，在 Matlab 中还有一个更简便的方法画系统的零极点分布图，即利用 Matlab 中的 pzmap() 函数来画，其调用形式为：pzmap(sys)。它表示画出由 sys 所描述的系统的零极点图。而 LTI 系统型 sys 可借助 tf() 函数，它的调用形式为

sys=tf(b,a)

上式中 b,a 分别是 $H(s)$ 分子、分母多项式的系数向量，故上例还可用下列程序实现

```
%program 例 6-28 Pole-zero map of H(s) using pzmap function
b=[1 -1];
a=[1  2  2];
sys=tf(b,a)
```

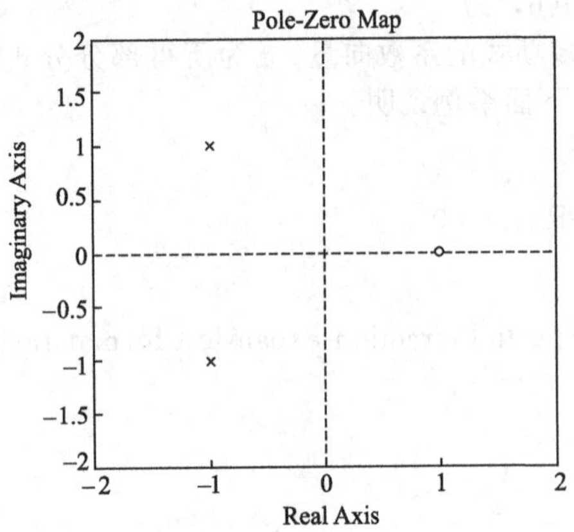

图 6-31 例 6-28 零极点图

pzmap(sys);

(4) 利用 Matlab 求系统的单位冲激响应 $h(t)$ 和幅频特性 $|H(j\omega)|$

利用 Matlab 控制系统工具箱提供的函数 impulse()，可求解系统的冲激响应 $h(t)$，而用 Matlab 信号处理工具箱中提供的 freqs() 函数可直接计算系统的频率响应 $H(j\omega)$，当然这个系统一定是稳定系统，否则频率响应 $H(j\omega)$ 不可能存在。其调用形式为

```
y=impulse(sys,t)
H=freqs(b,a,w)
```

上式的 b,a 分别是 $H(s)$ 分子和分母多项式的系数向量，w 为需计算的 $H(j\omega)$ 的频率抽样点向量（w 中至少需包含 2 个频率点）。如果没有输出参数，直接调用 freqs(b,a, w)，则 Matlab 会在当前窗口自动画出幅频和相频响应曲线。另一种调用形式是

```
[H,w]=freqs(b,a,N)
```

它表示由 Matlab 自动选择一组 N 个的频率点计算其频率响应，N 的缺省值为 200。下面举例说明。

【例 6-29】 已知一稳定系统的系统函数为

$$H(s)=\frac{1}{s^3+2s^2+2s+1}$$

用 Matlab 求出该系统的单位冲激响应 $h(t)$ 和幅频特性 $|H(j\omega)|$。

解 源程序如下

```
%求系统单位冲激响应和幅频特性
b=[1];a=[1 2 2 1];
sys=tf(b,a);
poles=roots(b);
figure(1);pzmap(sys);
t=0:0.02:10;
h=impulse(b,a,t);
figure(2);plot(t,h);
xlabel('t(s)');ylabel('h(t)');title('impulse');
[H, w]=freqs(b,a);
figure(3);plot(w,abs(H));
xlabel('角频率(rad/s)');ylabel('幅度响应');title('Magnitude Respone');
```

运行结果为(极点为列向量)

poles'=−1.0000 −0.5000−0.8660j −0.50000+0.8660j

图 6-32 分别表示的是该系统单位冲激响应 $h(t)$ 和幅频特性 $|H(j\omega)|$ 及系统的极点图。

(5) 利用 Matlab 求系统的输出响应

由微分方程可以利用 Malab 中控制系统工具箱的 tf 和 lsim 函数求出任意激励下的输出。下面举例说明。

【例 6-30】 已知一系统的微分方程为

$$\frac{d^3y}{dt^3}+4\frac{d^2y}{dt^2}+8\frac{dy}{dt}=\frac{d^2x}{dt^2}+2\frac{dx}{dt}+16x$$

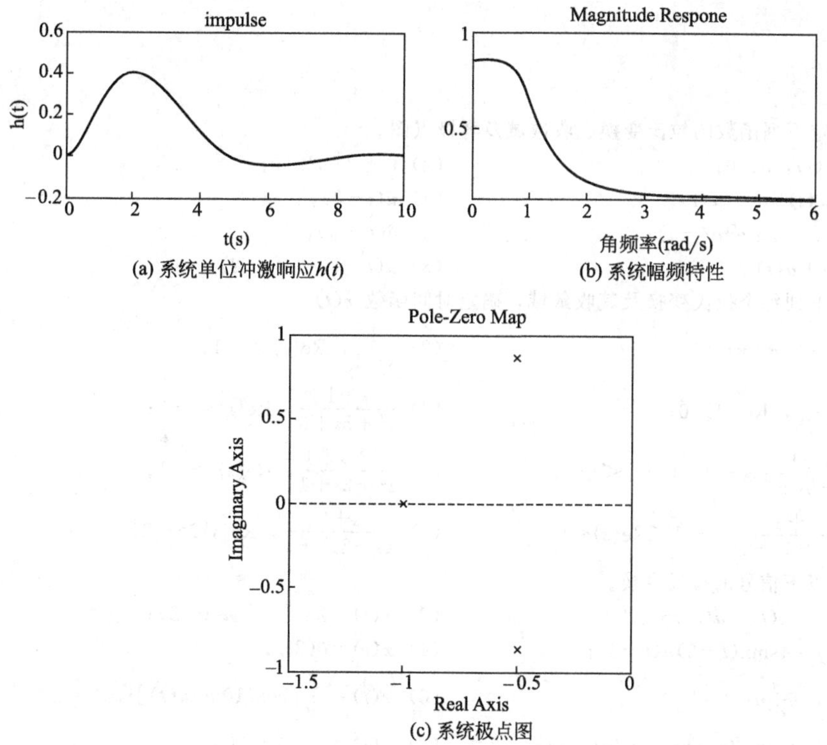

(a) 系统单位冲激响应$h(t)$　(b) 系统幅频特性

(c) 系统极点图

图 6-32　例 6-29 图

求当 $x(t)=e^{-2t}$ 时的输出 $y(t)$。

解　由微分方程可写出系统函数

$$H(s)=\frac{s^2+2s+16}{s^3+4s^2+8s}$$

Matlab 程序如下

```
b=[1 2 16 ];
a=[1 4 8 0];
sys=tf(b,a);
t=0：10/300：10;x=exp(-2 * t);
y=lsim(sys,x,t);
xlabel('t');ylabel('y(t)');title('系统输出');
plot(t,y);
```

运行结果如图 6-33 所示。

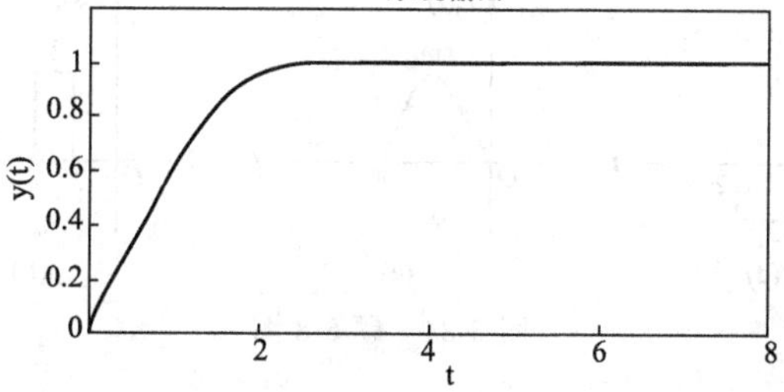

图 6-33　输出 $y(t)$，例 6-30 图

习题 6

6-1 确定下列函数的拉氏变换、收敛域及零极点图。

(1) $e^{at}u(t)$，$a>0$；　(2) $e^{-b|t|}$，$b>0$；

(3) $e^{-t}u(t)+e^{-2t}u(t)$；　(4) $u(t-3)$；

(5) $e^{3t}u(-t)+e^{5t}u(-t)$；　(6) $\delta(t-t_0)$；

(7) $\delta(t)+u(t)$　(8) $u(t-1)-u(t-2)$。

6-2 对下列每个拉氏变换及其收敛域，确定时间函数 $x(t)$。

(1) $\dfrac{1}{s^2+4}$，$\mathrm{Re}\{s\}>0$；　(2) $\dfrac{1}{s+1}$，$\mathrm{Re}\{s\}>-1$；

(3) $\dfrac{s}{s^2+25}$，$\mathrm{Re}\{s\}>0$；　(4) $\dfrac{s+1}{s^2+5s+6}$，$\mathrm{Re}\{s\}<-3$；

(5) $\dfrac{s+1}{s^2+5s+6}$，$-3<\mathrm{Re}\{s\}<-2$；　(6) $\dfrac{s^2-s+1}{s^2+2s+1}$，$\mathrm{Re}\{s\}>-1$；

(7) $\dfrac{s+1}{s(s^2+3s+2)}$，$-1<\mathrm{Re}\{s\}<0$；　(8) $\dfrac{s+2}{(s+2)^2+9}$，$\mathrm{Re}\{s\}>-2$。

6-3 求以下信号的拉氏变换。

(1) $x(t)=u(t)-u(t-5)$；　(2) $x(t)=2e^{-2(t-2)}u(t-2)$；

(3) $x(t)=4\sin\pi(t-3)u(t-3)$；　(4) $x(t)=\delta(2t)$；

(5) $x(t)=\dfrac{d}{dt}u(t)$；　(6) $x(t)=\dfrac{d}{dt}[\cos(10\pi t)u(t)]$；

(7) $x(t)=3e^{-7t}u(t)-12e^{4t}u(-t)$；　(8) $x(t)=50e^{-10|t|}$。

6-4 信号 $x(t)=e^{-5t}u(t)+e^{-\beta t}u(t)$ 的拉氏变换为 $X(s)$，若 $X(s)$ 的 ROC 是 $\mathrm{Re}\{s\}>-3$，对 β 的实部和虚部应附加什么限制？

6-5 求解下列函数的反变换，$\mathrm{Re}\{s\}>0$。

(1) $X(s)=\dfrac{12}{s(s+4)}$；　(2) $X(s)=\dfrac{s^2}{s^2-4s+4}$；　(3) $X(s)=\dfrac{s}{s+3}$；　(4) $X(s)=\dfrac{2}{s^2+6s+73}$。

6-6 利用拉氏变换求解下列信号的傅氏变换。

(1) $x(t)=5e^{-10t}u(t)$；　(2) $x(t)=2e^{-20t}\cos(100\pi t)u(t)$

6-7 设 $x(t)$ 是某信号，它有一个有理的拉氏变换，共有两个极点，分别是 $s=-1$，$s=-3$。若 $g(t)=e^{2t}x(t)$，其傅氏变换 $G(j\omega)$ 收敛，试问 $x(t)$ 是什么信号？右边，左边，双边？

6-8 求图 6-34 中各信号的拉氏变换。

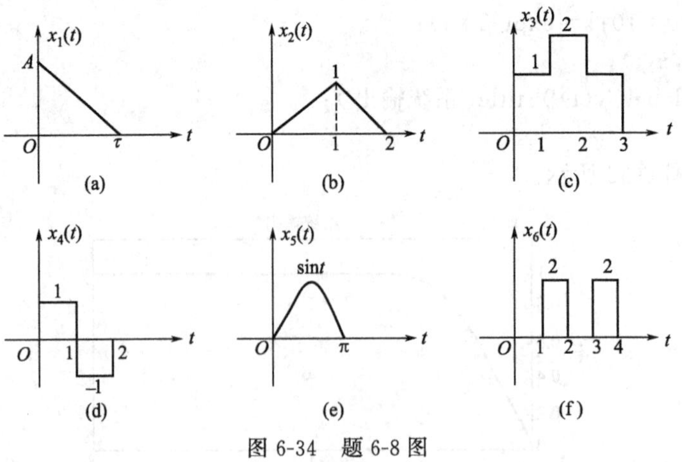

图 6-34　题 6-8 图

6-9 设 $y(t)=x(t)+Ax(-t)$，$x(t)=Be^{-t}u(t)$，$y(t)$ 的拉氏变换为 $Y(s)=\dfrac{s}{s^2-1}$，$-1<\mathrm{Re}\{s\}<1$ 试确定 A，B 的值。

6-10 有两个右边信号 $x(t)$，$y(t)$ 满足以下微分方程

$$\begin{cases}\frac{dx}{dt}=-2y(t)+\delta(t)\\ \frac{dy}{dt}=2x(t)\end{cases}$$

试求 $X(s)$，$Y(s)$ 及其收敛域。

6-11 求图 6-35 所示单边正弦半波整流和全波整流周期信号的拉氏变换。

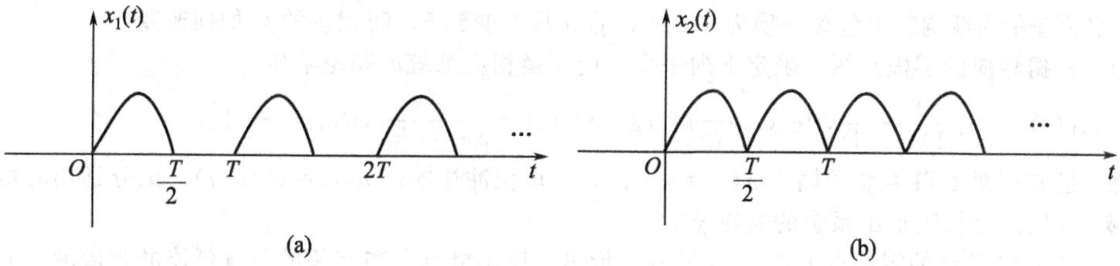

图 6-35 题 6-11 图

6-12 求图 6-36 所示信号的拉氏变换。

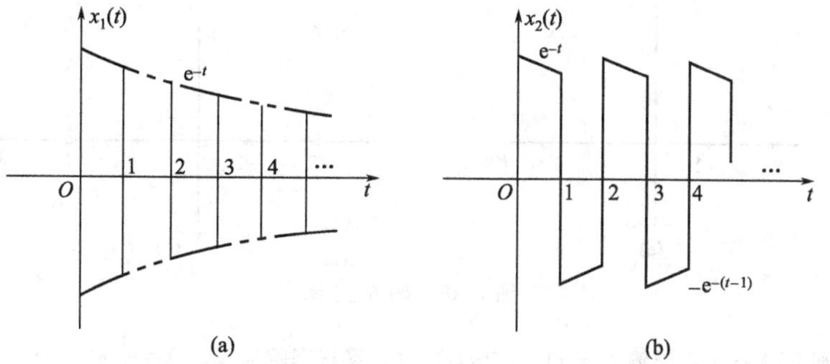

图 6-36 题 6-12 图

6-13 已知系统的微分方程为 $y''+2y'+5y=2x'+3x$，试求下列输入时的零状态响应 $y_{zs}(t)$。

(1) $x(t)=u(t)$；　(2) $x(t)=e^{-t}u(t)$。

6-14 已知某系统的系统函数 $H(s)$ 及起始条件，求零输入响应。

$$H(s)=\frac{s}{s^2+4},\quad y(0^-)=0,\quad y'(0^-)=1$$

6-15 已知某因果系统的微分方程模型及输入 $x(t)$，假设系统初始静止，求 y_{zs} 的初值 $y_{zs}(0^+)$ 和 $y_{zs}(\infty)$。

$$y''+3y'+y=x'+4x(t)$$
$$x(t)=e^{-t}u(t)$$

6-16 某因果 LTI 系统具有以下性质

① 当激励 $x(t)=e^{2t}$，对全部 t 输出 $y(t)=\frac{1}{6}e^{2t}$；

② $h(t)$ 满足下列微分方程

$$\frac{dh(t)}{dt}+2h(t)=e^{-4t}u(t)+bu(t)$$

式中，b 是一个未知常数。试求 b 和 $H(s)$。

6-17 已知某稳定的 LTI 系统，$t>0$，$x(t)=0$，$X(s)=\frac{s+2}{s-2}$，系统的输出 $y(t)=-\frac{2}{3}e^{2t}u(-t)+\frac{1}{3}e^{-t}u(t)$，试求 (1) $H(s)$ 及收敛域；(2) $h(t)$。

6-18 已知某因果的 LTI 系统的微分方程为

$$y''+3y'+2y=x(t)$$

$$y(0^-)=3,\ y'(0^-)=-5$$

求当 $x(t)=2u(t)$ 时系统的全响应、零输入响应和零状态响应。

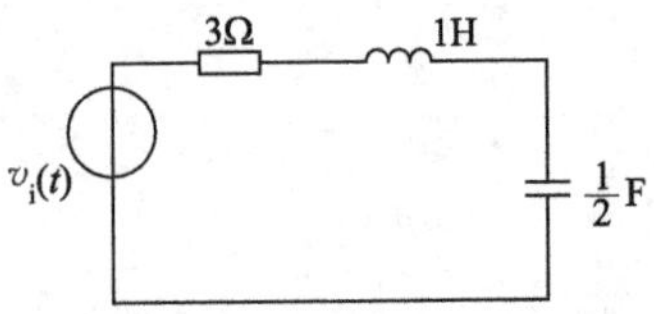

图 6-37　题 6-19 图

6-19　已知 RLC 电路如图 6-37 所示，写出描述系统的微分方程，并利用单边拉氏变换求出系统对 $v_i(t)=e^{-3t}u(t)$ 的全响应 $v_c(t)$，并用 S 域元件模型法验证其结果的正确性。

$$v_c(0^-)=1,\ v_c'(0^-)=2$$

6-20　已知某系统函数 $H(s)$ 的极点位于 $s=-3$ 处，零点在 $s=-a$，$H_\infty=1$，该系统的阶跃响应中包含一项为 k_1e^{-3t}，若 a 从 0 变到 5，问相应的 k_1 如何改变?

6-21　根据相应的零极点图，确定下列每个拉氏变换相应系统的频率响应。

(1) $H_1(s)=\dfrac{1}{(s+1)(s+3)}$, $\mathrm{Re}\{s\}>-1$；(2) $H_2(s)=\dfrac{s^2}{s^2+2s+1}$, $\mathrm{Re}\{s\}>-1$；

6-22　已知因果 LTI 系统的输入 $x(t)=e^{-3t}u(t)$，单位冲激响应 $h(t)=e^{-t}u(t)$，试分别用时域分析法和复频域（S 域）分析法求出系统的响应 $y(t)$。

6-23　某 LTI 系统的零极点如图 6-38 所示。指出与该零极点分布有关的所有可能的收敛域，并对每一个收敛域确定系统的稳定性和因果性。

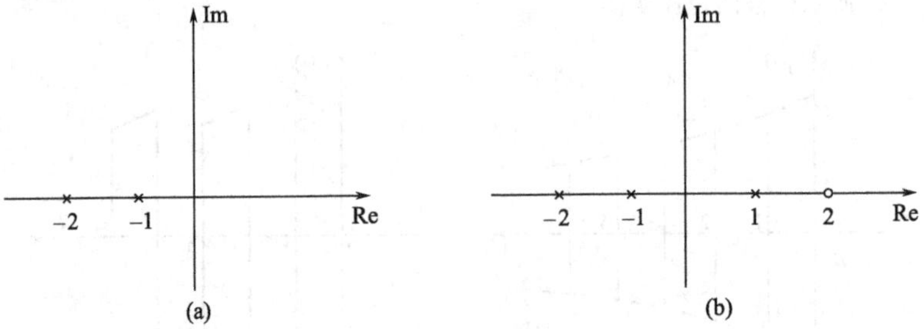

图 6-38　题 6-23 图

6-24　已知某 LTI 系统，当输入 $x(t)=e^{-t}u(t)$ 时，零状态响应 $y_{zs}(t)=\dfrac{1}{2}e^{-t}-e^{-2t}+2e^{3t}$，求该系统的 $h(t)$ 和 $H(s)$，并写出描述该系统的微分方程式。

6-25　已知某系统的单位阶跃响应 $s(t)=(1-e^{-2t})u(t)$，求输出响应 $y(t)=(-e^{-2t}+e^{-t})u(t)$时的输入信号 $x(t)$。

6-26　已知单边拉氏变换　$X(s)=\dfrac{s^2-3}{s+2}$，求其反变换 $h(t)$。

6-27　确定下列各信号的单边拉氏变换，并给出相应的收敛域。

(1) $x(t)=e^{-2t}u(t+1)$；(2) $x(t)=\delta(t+1)+\delta(t)+e^{-2(t+3)}u(t+1)$；

(3) $x(t)=e^{-2t}u(t)+e^{-4t}u(t)$；(4) $x(t)=\dfrac{1}{t}(1-e^{-at})$。

6-28　如图 6-39 所示反馈系统，试求

(1) $H(s)=V_2(s)/V_1(s)$；(2) k 满足什么条件时系统稳定?（3）在临界稳定条件下，求系统的 $h(t)$。

6-29　求出如图 6-40 所示系统的系统函数。

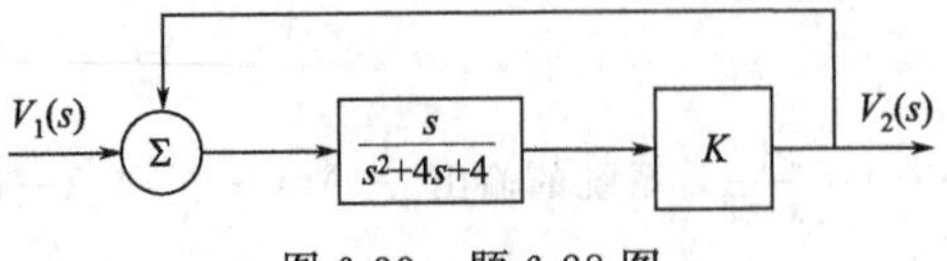

图 6-39　题 6-28 图

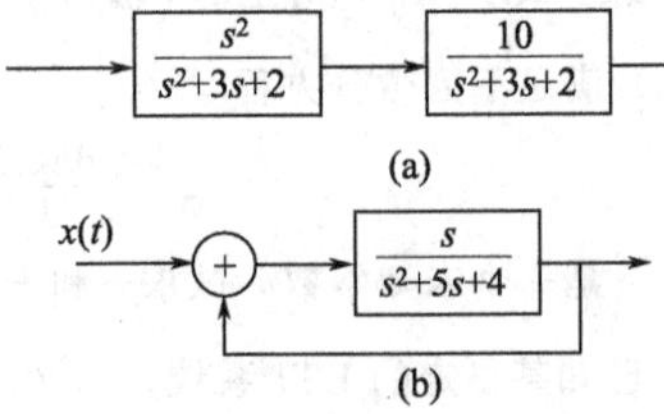

图 6-40　题 6-29 图

6-30　画出以下系统函数的直接Ⅱ型框图。

(1) $H(s)=\dfrac{-12}{s^2+3s+10}$；　　(2) $H(s)=\dfrac{s^2}{s^2+12s+32}$。

7 Z 变换

7.0 引言

对离散时间信号与系统而言，Z 变换所起的作用就相当于拉普拉斯变换对连续时间信号与系统所起的作用。拉普拉斯变换将微分方程变换为代数方程，Z 变换则把差分方程变换为代数方程，对代数方程的求解通常要容易得多，因此应用这两种变换可以分别简化对连续和离散时间 LTI 系统的分析。

正如拉普拉斯变换是连续时间傅里叶变换的一般化描述一样，Z 变换是离散时间傅里叶变换的一般化描述。Z 变换将离散时间傅里叶变换的复谐波 $e^{j\omega n}$ 表示推广至用复指数 $z^n(z=re^{j\omega})$ 来表示。这一推广使得 Z 变换能表示更为广泛的离散时间信号，包括一些不存在离散时间傅里叶变换的信号，例如指数增长的信号。对于不稳定系统或初始条件不为零系统的分析，离散时间傅里叶变换是无能为力的，而 Z 变换可用于分析不稳定系统，它的单边变换则可用于求解由初始条件引起的响应。因此，较之离散时间傅里叶变换，Z 变换可以对更多类型的信号和系统进行分析。

基于复指数信号 z^n 是离散时间 LTI 系统的特征函数这一特性，以及利用 LTI 系统的叠加性原理，就可以用代数的方法在 Z 域上对离散时间 LTI 系统进行分析和综合。本章将讨论 Z 变换、Z 变换的性质以及如何使用 Z 变换来描述和分析离散时间 LTI 系统，给出离散 LTI 系统 Z 域分析的主要概念和方法。最后结合具体例子，对利用 Matlab 进行 Z 域分析的一些基本函数的运用作了介绍。

7.1 双边 Z 变换

一个指数增长的离散时间信号(序列)$x[n]$的傅里叶变换是不存在的，它不满足傅里叶变换的收敛条件。如果将 $x[n]$乘以一衰减的实指数加权信号 $r^{-n}(r>0)$，使信号$x[n]r^{-n}$满足收敛条件。这样，计算 $x[n]r^{-n}$的傅里叶变换，得

$$X(re^{j\omega})=\sum_{n=-\infty}^{\infty}(x[n]r^{-n})e^{-j\omega n}=\sum_{n=-\infty}^{\infty}x[n](r^{-n}e^{-j\omega n})=\sum_{n=-\infty}^{\infty}x[n](re^{j\omega})^{-n} \quad (7\text{-}1)$$

可以将上述方法推广至一般信号，此时，指数加权信号可能随 n 的增加而衰减（$r<1$），也可以随 n 的增加而增长（$r>1$），但要求 $x[n]r^{-n}$满足傅里叶变换的收敛条件。

令复变量 $z=re^{j\omega}$，代入式(7-1)，则离散时间信号（序列）$x[n]$的 Z 变换 $X(z)$可定义为

$$X(z)=\sum_{n=-\infty}^{\infty}x[n]z^{-n} \quad (7\text{-}2)$$

$X(z)$是 z 的一个幂级数，可以看出，z^{-n}的系数就是 $x[n]$的值。为方便起见，上式可简写为 $X(z)=Z\{x[n]\}$。

上述讨论表明，离散时间信号（序列）的 Z 变换可以看作是 $x[n]$乘以一实指数加权信号r^{-n}后的傅里叶变换，它是傅里叶变换的推广。若取 $z=e^{j\omega}$，即$|z|=r=1$，Z 变换就变成了傅里叶变换，因此，在单位圆上计算一个信号的 Z 变换就得到了该信号的傅里叶变换。

根据式(7-1)，并假设 r 的取值使该式收敛，那么该式的傅里叶反变换可以表示为

$$x[n]r^{-n}=\mathrm{F}^{-1}\{X(r\mathrm{e}^{\mathrm{j}\omega})\} \tag{7-3}$$

上式两边乘以 r^n，得

$$x[n]=r^n\mathrm{F}^{-1}\{X(r\mathrm{e}^{\mathrm{j}\omega})\} \tag{7-4}$$

由傅里叶反变换的公式，可得

$$x[n]=r^n\frac{1}{2\pi}\int_{2\pi}X(r\mathrm{e}^{\mathrm{j}\omega})\mathrm{e}^{\mathrm{j}\omega n}\mathrm{d}\omega \tag{7-5}$$

将上式中的 r^n 移进积分号内，并与 $\mathrm{e}^{\mathrm{j}\omega n}$ 项合并成 $(r\mathrm{e}^{\mathrm{j}\omega})^n$，则有

$$x[n]=\frac{1}{2\pi}\int_{2\pi}X(r\mathrm{e}^{\mathrm{j}\omega})(r\mathrm{e}^{\mathrm{j}\omega})^n\mathrm{d}\omega \tag{7-6}$$

由 $z=r\mathrm{e}^{\mathrm{j}\omega}$，得 $\mathrm{d}z=\mathrm{j}r\mathrm{e}^{\mathrm{j}\omega}\mathrm{d}\omega=\mathrm{j}z\mathrm{d}\omega$，即 $\mathrm{d}\omega=(1/\mathrm{j})z^{-1}\mathrm{d}z$。这样，式(7-6) 对应于变量 z 以逆时针环绕 $|z|=r$ 的圆上一周的积分。因此，在 Z 平面内，式(7-6) 可重写为

$$x[n]=\frac{1}{2\pi\mathrm{j}}\oint X(z)z^{n-1}\mathrm{d}z \tag{7-7}$$

上式即为 Z 变换的反变换定义式，式中 $\oint$ 表示取半径为 r，以原点为中心的封闭圆上沿逆时针方向的围线积分。因此，将 Z 变换沿 r 固定而 ω 在一个 2π 区间内变化的闭合围线上求积分，就能够从 Z 变换 $X(z)$ 中恢复出 $x[n]$。至此，已得到 Z 变换对

$$X(z)=\sum_{n=-\infty}^{\infty}x[n]z^{-n} \tag{7-8}$$

$$x[n]=\frac{1}{2\pi\mathrm{j}}\oint X(z)z^{n-1}\mathrm{d}z \tag{7-9}$$

为方便起见，把 $x[n]$ 和它的 Z 变换 $X(z)$ 之间的关系记作

$$x[n]\overset{\mathrm{Z}}{\longleftrightarrow}X(z) \tag{7-10}$$

从式(7-1) 可知，为使 Z 变换收敛，要求信号 $x[n]r^{-n}$ 的傅里叶变换收敛。因此，对于某一离散时间信号（序列）的 Z 变换，存在着 z 的取值范围，在该范围内 $X(z)$ 收敛，称这样的一个取值范围为 Z 变换的收敛域（*ROC*）。式(7-7) 所表示的 Z 反变换的积分围线是位于 *ROC* 内的任何 $|z|=r$ 的圆。如果某一离散时间信号（序列）Z 变换的 *ROC* 包含单位圆，则表明该信号（序列）的傅里叶变换也收敛。与拉氏变换一样，对于某一具体的信号（序列）而言，除了给出 Z 变换的表达式外，必须同时给出它的收敛域。

【例 7-1】 有一序列 $x[n]=a^nu[n]$，计算该信号的 Z 变换。

解 由式(7-2) 可知

$$X(z)=\sum_{n=-\infty}^{\infty}a^nu[n]z^{-n}=\sum_{n=0}^{\infty}a^nz^{-n}=\sum_{n=0}^{\infty}(az^{-1})^n=\frac{1}{1-az^{-1}},|az^{-1}|<1$$

其中，$|az^{-1}|<1$ 是该几何级数收敛的条件。这样，$x[n]=a^nu[n]$ 的 Z 变换可写为

$$X(z)=\frac{1}{1-az^{-1}}=\frac{z}{z-a},\quad |z|>|a| \tag{7-11}$$

可以看到，式(7-11) 的 Z 变换是一个有理分式，和拉普拉斯变换一样，Z 变换也能够用其分子多项式的根（即 Z 变换的零点）和分母多项式的根（即 Z 变换的极点）来表示。对于 $0<a<1$，例 7-1 的收敛域如图 7-1 所示。

【例 7-2】 设序列 $x[n]=-a^nu[-n-1]$，求其 Z 变换。

解

$$X(z)=\sum_{n=-\infty}^{-1}(-a^nz^{-n})=-\sum_{n=1}^{\infty}a^{-n}z^n=1-\sum_{n=0}^{\infty}(a^{-1}z)^n$$

显然，上式只有当 $|a^{-1}z|<1$ 时，即 $|z|<|a|$ 时收敛。于是可得

$$X(z)=1-\frac{1}{1-a^{-1}z}=\frac{1}{1-az^{-1}}=\frac{z}{z-a},\quad |z|<|a| \tag{7-12}$$

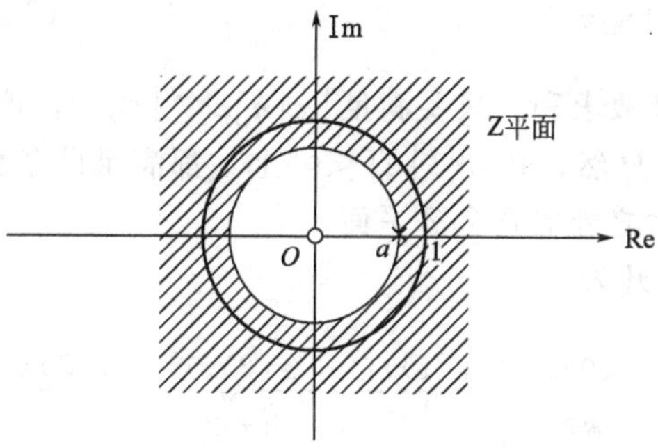

图 7-1 当 $0<a<1$ 时，例 7-1 的零极点和收敛域（阴影区）

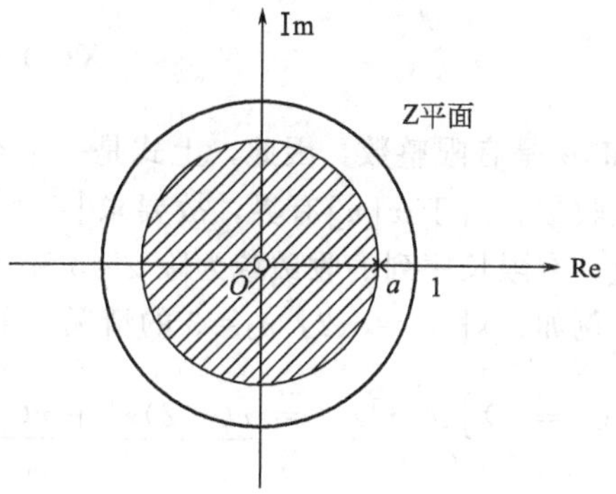

图 7-2 当 $0<a<1$ 时，例 7-2 的零极点和收敛域（阴影区）

当 $0<a<1$ 时，收敛域如图 7-2 所示。

将式(7-11) 和式(7-12) 以及图 7-1 和图 7-2 作一比较，可以看到，在例 7-1 和例 7-2 中，两者的 $X(z)$ 代数形式是一样的，不同的仅是 Z 变换的收敛域。因此，与拉普拉斯变换一样，一个信号的双边 Z 变换除了要求给出它的代数表达式外，还必须同时标明它的收敛域。此外，在这两个例子中还可以看到，序列都是指数信号，所得到的 Z 变换是有理的。事实上，只要 $x[n]$ 是实指数或复指数序列的线性组合，$X(z)$ 就一定是有理的。

7.2 Z 变换的收敛域

从式(7-2) Z 变换的定义可知，只有当级数收敛时，Z 变换才有意义。因此，必须讨论 Z 变换的收敛域问题。对于不同类型的信号，其对应的收敛域有着特殊的性质。

离散时间信号（序列）的 Z 变换可以看作是 $x[n]$ 乘以一实指数加权信号 r^{-n} 后的傅里叶变换，为使 Z 变换收敛，就要求信号 $x[n]r^{-n}$ 的傅里叶变换收敛。因此，Z 变换收敛就是要求级数（傅里叶变换式）$\sum\limits_{n=-\infty}^{\infty}(x[n]r^{-n})\mathrm{e}^{-\mathrm{j}\omega n}$ 收敛。对于任意一个给定的有界序列 $x[n]$ 来说，根据傅里叶变换的收敛条件，可以得到它的 Z 变换的 *ROC* 就是由这样一些 $z=r\mathrm{e}^{\mathrm{j}\omega}$ 的值所组成，在这些 z 值上，$x[n]r^{-n}$ 绝对可和，即

$$\sum_{n=-\infty}^{\infty}|x[n]|r^{-n}<\infty \tag{7-13}$$

因此，收敛域仅取决于 $r=|z|$，而与 ω 无关。由此可得，若某一具体的 z 值是在 *ROC* 内，那么位于以原点为圆心的同一圆上的全部 z 值（它们具有相同的模）也一定在该 *ROC* 内。这就保证了 $X(z)$ 的 *ROC* 是由在 Z 平面内以原点为中心的圆环所组成。事实上，*ROC* 必须仅由一个单一的圆环所组成。在某些情况下，圆环的内圆边界可以向内延伸到原点，而在另一些情况下，外圆边界在无穷远。

由于在极点处，$X(z)$ 为无穷大，因此，Z 变换在极点处不收敛。这就是说，*ROC* 内不能包含任何极点。事实上，对一个有理的 Z 变换 $X(z)$ 来说，其 *ROC* 总是以极点为界，当极点变化时，收敛域 *ROC* 也会改变。极点数的减少，可能会导致 *ROC* 的扩大。

具体来说，不同类型的序列其收敛域的特性是不同的，一般大致可分为以下几种情况，分别讨论如下。

(1) 有限长序列

这类序列是指在有限区间内 $n_1\leqslant n\leqslant n_2$，序列只有有限的非零值，在此区间外，序列值皆为零。此时，信号的 Z 变换为

$$X(z)=\sum_{n=n_1}^{n_2}x[n]z^{-n} \tag{7-14}$$

n_1 和 n_2 是有限整数，因此，上式是一个有限项级数求和。只要满足 $|x[n]z^{-n}|<\infty$，该级数就收敛。由于 $x[n]$ 有界，故要求 $|z^{-n}|<\infty$。显然，在 $0<|z|<\infty$ 上，都满足此条件。因此，有限长序列的收敛域为除 $z=0$ 和/或 $z=\infty$ 之外的整个 Z 平面。

例如，对 $n_1=-2$，$n_2=3$ 的情况，上式可展开为

$$X(z)=\sum_{n=-2}^{3}x[n]z^{-n}=\underbrace{x(-2)z^2+x(-1)z^1}_{|z|<\infty}+\underbrace{x(0)z^0}_{\text{常数}}+\underbrace{x(1)z^{-1}+x(2)z^{-2}+x(3)z^{-3}}_{|z|>0}$$

因此，其收敛域就是除 $z=0$ 和 $z=\infty$ 外的整个 Z 平面。

在 n_1 和 n_2 的不同取值范围下（设 $n_1<n_2$），收敛域有所不同；

若 $n_1>0$，则收敛域为 $|z|>0$，即除 $z=0$ 外的整个 Z 平面；

若 $n_2<0$，则收敛域为 $|z|<\infty$，即除 $z=\infty$ 外的整个 Z 平面；

若 $n_1<0$，$n_2>0$，则收敛域为 $0<|z|<\infty$，即，除 $z=0$ 和 $z=\infty$ 外的整个 Z 平面。

(2) 右边序列

这类序列是有始无终的序列，即当 $n<n_1$ 时，$x[n]=0$。此时 Z 变换为

$$X[z]=\sum_{n=n_1}^{\infty}x[n]z^{-n}=\sum_{n=n_1}^{-1}x[n]z^{-n}+\sum_{n=0}^{\infty}x[n]z^{-n} \tag{7-15}$$

上式右端第一项为有限长序列的 Z 变换，按前面的讨论可知，它的收敛域为除 $z=\infty$ 外的整个 Z 平面。第二项是 z 的负幂级数，按照级数收敛的阿贝尔（N. Abel）定理可推知，存在一个收敛半径 R_{x^-}，级数在以原点为中心，以 R_{x^-} 为半径的圆外任何点都绝对收敛。因此，综合此二项，可得右边序列的 Z 变换的收敛域为 $R_{x^-}<|z|<\infty$，如图 7-3 所示。若 $n_1\geqslant 0$，则式(7-15)右边不存在第一项，故收敛域包含 $z=\infty$，即 $|z|>R_{x^-}$。$n_1\geqslant 0$ 时，$x[n]$ 为一因果信号。因此，因果信号的 *ROC* 必含 $z=\infty$。例如，例 7-1 所示的右边序列 $x[n]=a^nu[n]$，其收敛域为 $|z|>|a|$，验证了这一性质。

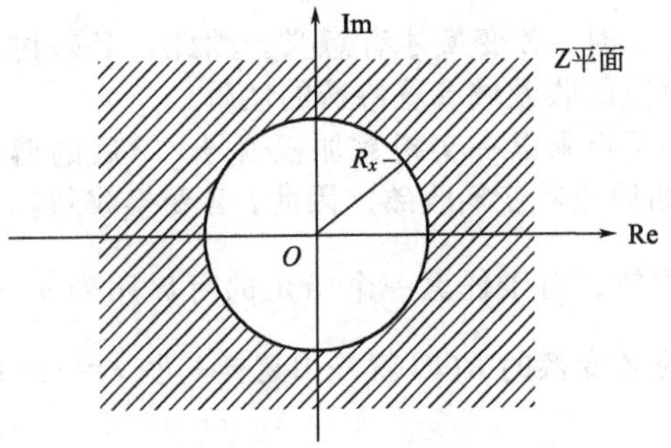

图 7-3 右边序列的 *ROC*

(3) 左边序列

这类序列是无始有终序列，即当 $n>n_2$ 时，$x[n]=0$。此时 Z 变换为

$$X(z)=\sum_{n=-\infty}^{n_2}x[n]z^{-n}=\sum_{n=-\infty}^{0}x[n]z^{-n}+\sum_{n=1}^{n_2}x[n]z^{-n} \tag{7-16}$$

上式右端第二项为有限长序列的 Z 变换，收敛域为除 $z=0$ 外的整个 Z 平面。右端第一项是正幂级数，按阿贝尔定理可推知，必有收敛半径 R_{x^+}，级数在以原点为中心，以 R_{x^+} 为半径的圆内任何点都绝对收敛。综合以上二项，可得左边序列的 Z 变换的收敛域为 $0<|z|<R_{x^+}$，如图7-4所示。若 $n_2\leqslant 0$，则式(7-16) 右边的第二项就不存在，故收敛域包括 $z=0$，即 $|z|<R_{x^+}$。例如，例 7-2 所示的左边序列 $x[n]=-a^nu[-n-1]$，其收敛域为 $|z|<|a|$，验证了此性质。

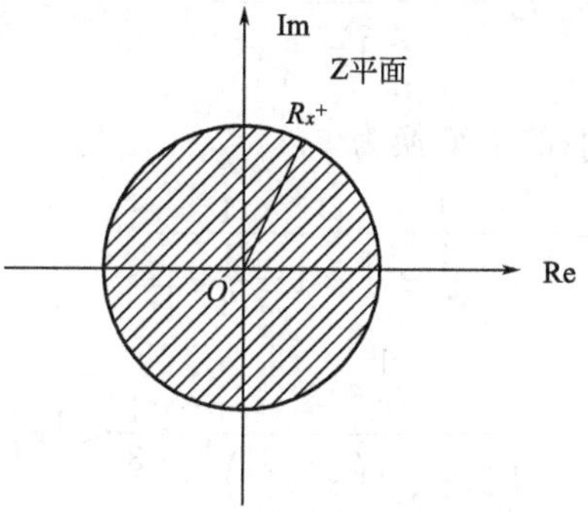

图 7-4　左边序列的 ROC

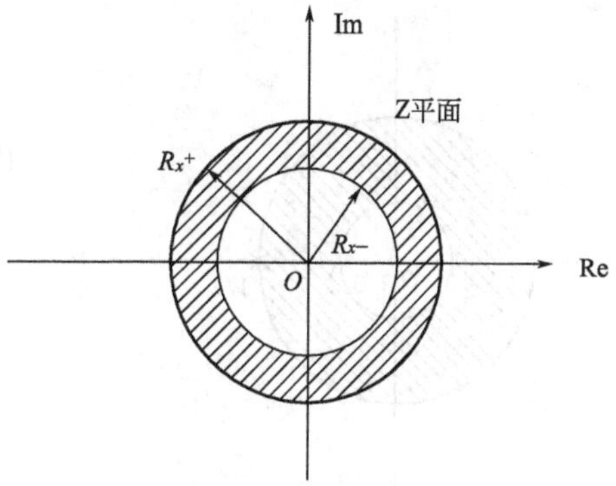

图 7-5　双边序列的 ROC

（4）双边序列

双边序列是从 $n=-\infty$ 延伸到 $n=+\infty$ 的序列，可以把它看成是一个右边序列和一个左边序列之和，即

$$X(z)=\sum_{n=-\infty}^{\infty}x[n]z^{-n}=\sum_{n=0}^{\infty}x[n]z^{-n}+\sum_{n=-\infty}^{-1}x[n]z^{-n} \tag{7-17}$$

因此，其收敛域是右边序列与左边序列收敛域的重叠部分。上式右边第一个级数要求收敛域为 $|z|>R_{x^-}$，第二个级数要求收敛域为 $|z|<R_{x^+}$，如果满足 $R_{x^-}<R_{x^+}$ 则存在公共收敛域，收敛域为 $R_{x^-}<|z|<R_{x^+}$，这是一个环状区域，如图 7-5 所示。

【例 7-3】 设双边序列 $x[n]=b^{|n|}$，$b>0$，求 Z 变换。

解　这个序列的 Z 变换可以将它表示成一个右边序列和一个左边序列之和来求得。因为

$$x[n]=b^{n}u[n]+b^{-n}u[-n-1] \tag{7-18}$$

根据例 7-1，有

$$b^{n}u[n]\overset{Z}{\longleftrightarrow}\frac{1}{1-bz^{-1}},\ |z|>b \tag{7-19}$$

根据例 7-2，有

$$b^{-n}u[-n-1]\overset{Z}{\longleftrightarrow}-\frac{1}{1-b^{-1}z^{-1}},\ |z|<b^{-1} \tag{7-20}$$

当 $b>1$ 时，式(7-19) 和式(7-20) 没有公共的 ROC，因此由式(7-18) 表示的序列没有 Z 变换，尽管此时其右边和左边序列都有单独的 Z 变换。当 $b<1$ 时，式(7-19) 和式(7-20) 的 ROC 有重叠区域，因此合成序列的 Z 变换是

$$X(z)=\frac{1}{1-bz^{-1}}-\frac{1}{1-b^{-1}z^{-1}},\ b<|z|<\frac{1}{b}$$

【例 7-4】 求序列 $x[n]=\delta[n]$ 的 Z 变换，并确定它的收敛域。

解　根据 Z 变换的定义式，得

$$X(z)=\sum_{n=-\infty}^{\infty}\delta[n]z^{-n}=1 \tag{7-21}$$

$X(z)=1$，与 z 无关，因此，它的收敛域为全 Z 平面。

【例 7-5】 求序列 $x[n]=\left(\frac{1}{2}\right)^{n}u[-n-1]+\left(\frac{1}{3}\right)^{n}u[n]$ 的 Z 变换，并确定它的收敛域。

解　参照前面的例子，可得

$$\left(\frac{1}{2}\right)^{n}u[-n-1]\overset{Z}{\longleftrightarrow}-\frac{1}{1-\frac{1}{2}z^{-1}},\quad |z|<\frac{1}{2}$$

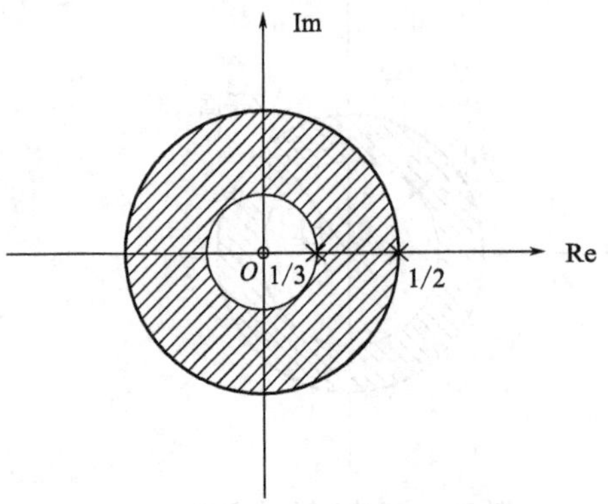

图 7-6　例 7-5 的 *ROC*

$$\left(\frac{1}{3}\right)^n u[n] \xleftrightarrow{Z} \frac{1}{1-\frac{1}{3}z^{-1}},\quad |z|>\frac{1}{3}$$

因此，$x[n]$ 的 Z 变换为

$$X(z)=-\frac{1}{1-\frac{1}{2}z^{-1}}+\frac{1}{1-\frac{1}{3}z^{-1}}$$

$$=-\frac{\frac{1}{6}z}{\left(z-\frac{1}{2}\right)\left(z-\frac{1}{3}\right)},\quad \frac{1}{3}<|z|<\frac{1}{2} \tag{7-22}$$

该例的 *ROC* 如图 7-6 所示。

7.3　Z 变换的几何表示：零极点图

一般地，信号 $x[n]$ 的 Z 变换 $X(z)$ 可表示成如下形式的有理函数

$$X(z)=\frac{N(z)}{D(z)} \tag{7-23}$$

式中 $N(z)$ 和 $D(z)$ 均是 z 的多项式。除去一个常数因子外，在一个有理 Z 变换式中，分子和分母多项式都能够用它们的根来表示。$N(z)$ 的根使 $X(z)=0$，称为 $X(z)$ 的零点。$D(z)$的根使 $X(z)$ 变成无界，称为 $X(z)$ 的极点。在 Z 平面内，画出 $X(z)$ 的零点（用圆圈“o”表示）和极点（用叉“×”表示）的图称为 $X(z)$ 的零极点图。标明 z 的收敛区域的图称为 *ROC* 图。零极点图和 *ROC* 图是一种描述 Z 变换的方便而直观的方法。图 7-6 画的就是例 7-5 中 Z 变换的零极点图和 *ROC* 图。

利用零极点图还可以进行 Z 变换的几何求值。具体方法是：收敛域内的任意一点 z_1 与 $X(z)$ 的零点构成一组零点矢量，与 $X(z)$ 的极点构成一组极点矢量；$X(z)$ 的值等于所有零点矢量的乘积除以所有极点矢量的乘积，并乘以一个常数因子。

以图 7-7 为例，零点矢量为

$$\overrightarrow{z_1-0}=A\mathrm{e}^{\mathrm{j}\theta} \tag{7-24}$$

极点矢量为

$$\overrightarrow{z_1-1/3}=B_1\mathrm{e}^{\mathrm{j}\varphi_1}$$

和

$$\overrightarrow{z_1-2}=B_2\mathrm{e}^{\mathrm{j}\varphi_2} \tag{7-25}$$

式中，A 和 B_i 分别是零点矢量和极点矢量的模，θ 和 φ_i 分别是它们的相位。于是图 7-7 所示 $X(z)$可以写为

$$X(z_1)=K\frac{A}{B_1B_2}\cdot\frac{\mathrm{e}^{\mathrm{j}\theta}}{\mathrm{e}^{\mathrm{j}(\varphi_1+\varphi_2)}} \tag{7-26}$$

当 z_1 位于 Z 平面的单位圆上时，用式(7-26)就可以求得 $x[n]$ 的频谱 $X(\mathrm{e}^{\mathrm{j}\omega})$。

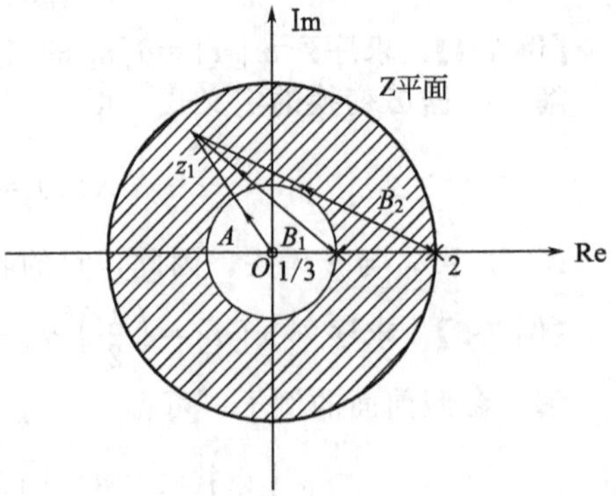

图 7-7　零极点矢量

7.4 Z变换的性质

Z变换有很多重要的性质，这些性质反映了离散时间信号的时域特性与Z域特性之间的关系。学习这些性质不仅能够加深对Z变换本质的理解，而且对简化信号的正变换和反变换的求取往往也是很有用的。通过本节的讨论，将会看到Z变换的许多性质与拉氏变换的性质是类似的，对比学习有助于掌握这些性质。

(1) 线性性质

若 $x[n] \overset{Z}{\longleftrightarrow} X(z),\quad R_{x^-}<|z|<R_{x^+}$

$y[n] \overset{Z}{\longleftrightarrow} Y(z),\quad R_{y^-}<|z|<R_{y^+}$

则
$$ax[n]+by[n] \overset{Z}{\longleftrightarrow} aX(z)+bY(z),\quad R_-<|z|<R_+ \tag{7-27}$$

其中a和b为任意常数。相加后序列的Z变换的收敛域一般为两个收敛域的重叠部分，即

$$R_-=\max(R_{x^-},R_{y^-}),\quad R_+=\min(R_{x^+},R_{y^+})$$

然而，如果这些线性组合导致某些零点和极点相抵消，使ROC的边界发生改变，那么就有可能导致收敛域扩大。下面举例说明。

【例 7-6】 求序列$x_1[n]=a^nu[n]-a^nu[n-1]$的Z变换。

解 令$x[n]=a^nu[n]$，$y[n]=a^nu[n-1]$

由Z变换定义式,得

$$X(z)=\sum_{n=-\infty}^{\infty}x[n]z^{-n}=\sum_{n=0}^{\infty}a^nz^{-n}=\frac{1}{1-az^{-1}}=\frac{z}{z-a},\quad |z|>|a|$$

$$Y(z)=\sum_{n=-\infty}^{\infty}y[n]z^{-n}=\sum_{n=1}^{\infty}a^nz^{-n}=\frac{az^{-1}}{1-az^{-1}}=\frac{a}{z-a},\quad |z|>|a|$$

所以

$$x_1[n] \overset{Z}{\longleftrightarrow} X(z)-Y(z)=\frac{z-a}{z-a}=1$$

此例中，由于零点和极点相消，导致了组合后的新序列$x_1[n]$的Z变换的ROC扩大，由原序列的$|z|>|a|$扩展到新序列的全Z平面。

【例 7-7】 求$x[n]=\cos(\omega_0 n)u[n]$的Z变换。

解 由欧拉公式得

$$\cos(\omega_0 n)u[n]=\frac{1}{2}(e^{j\omega_0 n}+e^{-j\omega_0 n})u[n]$$

在例7-1中已得到

$$a^nu[n] \overset{Z}{\longleftrightarrow} \frac{1}{1-az^{-1}},\quad |z|>|a|$$

因此，有

$$e^{j\omega_0 n}u[n] \overset{Z}{\longleftrightarrow} \frac{1}{1-e^{j\omega_0}z^{-1}},\quad |z|>|e^{j\omega_0}|=1$$

$$e^{-j\omega_0 n}u[n] \overset{Z}{\longleftrightarrow} \frac{1}{1-e^{-j\omega_0}z^{-1}},\quad |z|>|e^{-j\omega_0}|=1$$

这样，得到

$$\cos(\omega_0 n)u[n] \overset{Z}{\longleftrightarrow} \frac{1}{2}\left(\frac{1}{1-e^{j\omega_0}z^{-1}}+\frac{1}{1-e^{-j\omega_0}z^{-1}}\right)=\frac{1-z^{-1}\cos\omega_0}{1-2z^{-1}\cos\omega_0+z^{-2}}$$

$$=\frac{z(z-\cos\omega_0)}{z^2-2z\cos\omega_0+1},\quad |z|>1$$

(2) 移位性质

移位性质表示序列移位后其Z变换与原序列Z变换之间的关系。在实际中，可能遇到序列的左移（超前）或右移（延迟）两种不同情况。

若 $$x[n]\xleftrightarrow{Z}X(z),\quad R_{x^-}<|z|<R_{x^+}$$

则 $$x[n-m]\xleftrightarrow{Z}z^{-m}X(z),\quad R_{x^-}<|z|<R_{x^+} \tag{7-28}$$

式中，m 为任意整数，m 为正则为延迟，m 为负则为超前。

证 按Z变换的定义

$$x[n-m]\xleftrightarrow{Z}\sum_{n=-\infty}^{\infty}x[n-m]z^{-n}=z^{-m}\sum_{k=-\infty}^{\infty}x[k]z^{-k}=z^{-m}X(z)$$

上式推导过程中，应用了变量置换，即令 $k=n-m$。从式(7-28) 可以看出时域移位 m 后，Z域乘以 z^{-m}，当 $m>0$ 时，z^{-m}将会引入极点 $z=0$，而这些极点可能会抵消 $X(z)$ 在 $z=0$ 时的零点。因此，虽然 $z=0$ 可以不是 $X(z)$ 的一个极点，但却可以是 $z^{-m}X(z)$ 的一个极点。在此情况下，$z^{-m}X(z)$ 的 ROC 等于 $X(z)$ 的 ROC，但原点可能要除去。类似地，若 $m<0$，z^{-m}将在 $z=0$ 处引入零点，它可以抵消 $X(z)$ 在 $z=0$ 时的极点。这样，当 $z=0$ 不是 $X(z)$ 的一个极点时，却可以是 $z^{-m}X(z)$ 的一个零点。在这种情况下，$z=\infty$可能是 $z^{-m}X(z)$ 的一个极点，因此 $z^{-m}X(z)$ 的 ROC 等于 $X(z)$ 的 ROC，但 $z=\infty$可能要除去。如果 $x[n]$ 是双边序列，$X(z)$ 的收敛域为环形区域，即 $R_{x^-}<|z|<R_{x^+}$。在这种情况下，序列的移位并不会使Z变换的收敛区域发生变化。

(3) 序列线性加权（Z域微分）性质

若 $$x[n]\xleftrightarrow{Z}X(z),\quad R_{x^-}<|z|<R_{x^+}$$

则 $$nx[n]\xleftrightarrow{Z}-z\frac{\mathrm{d}}{\mathrm{d}z}X(z),\quad R_{x^-}<|z|<R_{x^+} \tag{7-29}$$

证 按Z变换定义 $$X(z)=\sum_{n=-\infty}^{\infty}x[n]z^{-n}$$

将上式两端对Z求导，得

$$\frac{\mathrm{d}X(z)}{\mathrm{d}z}=\frac{\mathrm{d}}{\mathrm{d}z}\sum_{n=-\infty}^{\infty}x[n]z^{-n}$$

变换求和与求导的次序，上式变为

$$\frac{\mathrm{d}X(z)}{\mathrm{d}z}=\sum_{n=-\infty}^{\infty}x[n]\frac{\mathrm{d}}{\mathrm{d}z}(z^{-n})=-z^{-1}\sum_{n=-\infty}^{\infty}nx[n]z^{-n}=-z^{-1}\mathrm{Z}\{nx[n]\}$$

所以有

$$nx[n]\xleftrightarrow{Z}-z\frac{\mathrm{d}X(z)}{\mathrm{d}z},\quad R_{x^-}<|z|<R_{x^+}$$

由此可见，序列线性加权（乘 n）等效于对原序列的Z变换求导并乘以$-z$。

同理可得 $$n^m x[n]\xleftrightarrow{Z}\left(-z\frac{\mathrm{d}}{\mathrm{d}z}\right)^{(m)}X(z),\quad R_{x^-}<|z|<R_{x^+} \tag{7-30}$$

式中符号$\left(-z\frac{\mathrm{d}}{\mathrm{d}z}\right)^{(m)}$表示$-z\frac{\mathrm{d}}{\mathrm{d}z}\left(-z\frac{\mathrm{d}}{\mathrm{d}z}\left(-z\frac{\mathrm{d}}{\mathrm{d}z}\cdots\left(-z\frac{\mathrm{d}}{\mathrm{d}z}X(z)\right)\right)\right)$，共求导 m 次。

【例 7-8】 已知 $u[n]\xleftrightarrow{Z}\frac{z}{z-1}$，$|z|>1$，求斜变序列 $nu[n]$ 的Z变换。

解 $$nu[n]\xleftrightarrow{Z}-z\frac{\mathrm{d}}{\mathrm{d}z}\left(\frac{z}{z-1}\right)=\frac{z}{(z-1)^2},\quad |z|>1$$

(4) 序列指数加权（Z域尺度变换）性质

若 $$x[n] \xleftrightarrow{Z} X(z),\quad R_{x^-}<|z|<R_{x^+}$$

则 $$a^n x[n] \xleftrightarrow{Z} X\left(\frac{z}{a}\right),\quad R_{x^-}<\left|\frac{z}{a}\right|<R_{x^+} \tag{7-31}$$

式中，a 是常数，它可以是复数。

证 按定义

$$a^n x[n] \xleftrightarrow{Z} \sum_{n=-\infty}^{\infty} a^n x[n] z^{-n} = \sum_{n=-\infty}^{\infty} x[n]\left(\frac{z}{a}\right)^{-n} = X\left(\frac{z}{a}\right),\quad R_{x^-}<\left|\frac{z}{a}\right|<R_{x^+}$$

可见，$x[n]$ 乘以指数序列等效于Z平面尺度变换。这就是说，若 z 是 $X(z)$ 在 ROC 内的一点，那么点 $|a|z$ 就在 $X\left(\frac{z}{a}\right)$ 的 ROC 内。同样，若 $X(z)$ 在 $z=z_0$ 处有一极点（或零点），那么 $X\left(\frac{z}{a}\right)$ 就有一个极点（或零点）在 $z=az_0$ 处。特别地，当 $a=-1$ 时，对应于 $X(z)$ 在Z平面的反褶 $X(-z)$，即

$$(-1)^n x[n] \xleftrightarrow{Z} X(-z) \tag{7-32}$$

(5) 时域扩展性质

离散时间信号的时域扩展性质在信号和系统分析中起着重要的作用。由于离散时间变量仅仅定义在整数值上，因此，离散时间的时域扩展可定义为

$$x_{(k)}[n]=\begin{cases} x[n/k], & \text{当 } n=rk \text{ 时} \\ 0, & \text{当 } n\neq rk \text{ 时} \end{cases} \tag{7-33}$$

式中，r 为整数。$x_{(k)}[n]$ 相当于在原有序列 $x[n]$ 的各连续值之间插入了 $(k-1)$ 个零值。当 $k<0$ 时，它在原有序列 $x[n]$ 上还有一次时间反转变换。

若 $$x[n] \xleftrightarrow{Z} X(z),\quad R_{x^-}<|z|<R_{x^+}$$

则 $$x_{(k)}[n] \xleftrightarrow{Z} X(z^k),\quad R_{x^-}^{1/k}<|z|<R_{x^+}^{1/k} \tag{7-34}$$

由于 $$X(z^k)=\sum_{n=-\infty}^{\infty} x[n]z^{-kn} = \sum_{n=-\infty}^{\infty} x_1[n]z^{-n}$$

从上式中可以看出，$X(z^k)$ 所对应的原信号 $x_1[n]$ 仅在 kn 值上非零，且等于 $x[n]$，而在其他 n 值上为零。因此，$x_1[n]$ 就是式(7-33) 所定义的 $x_{(k)}[n]$。这就证明了式(7-34)。

若取 $k=-1$，则有

$$x[-n] \xleftrightarrow{Z} X(1/z),\quad R_{x^-}<|1/z|<R_{x^+} \tag{7-35}$$

上式称为时间反转性质。

(6) 卷积性质（卷积定理）

若 $$x[n] \xleftrightarrow{Z} X(z),\quad R_{x^-}<|z|<R_{x^+}$$

$$y[n] \xleftrightarrow{Z} Y(z),\quad R_{y^-}<|z|<R_{y^+}$$

则 $$x[n]*y[n] \xleftrightarrow{Z} X(z)Y(z),\quad \max\{R_{x^-},R_{y^-}\}<|z|<\min\{R_{x^+},R_{y^+}\} \tag{7-36}$$

可见两序列在时域中的卷积等效于在Z域中两序列Z变换的乘积，乘积的收敛域是 $X(z)$ 和 $Y(z)$ 的收敛域的重叠部分。如果出现零点与极点相互抵消，则可能导致收敛域扩大。

证 $$x[n]*y[n] \xleftrightarrow{Z} \sum_{n=-\infty}^{\infty}(x[n]*y[n])z^{-n} = \sum_{n=-\infty}^{\infty}\left[\sum_{m=-\infty}^{\infty}(x[m]y[n-m])\right]z^{-n}$$

$$= \sum_{m=-\infty}^{\infty} x[m]\sum_{n=-\infty}^{\infty} y[n-m]z^{-n} = \sum_{m=-\infty}^{\infty} x[m]z^{-m}Y(z) = Y(z)\sum_{m=-\infty}^{\infty} x[m]z^{-m}$$

$$= X(z)Y(z),\quad \max\{R_{x^-},R_{y^-}\}<|z|<\min\{R_{x^+},R_{y^+}\}$$

该性质与拉氏变换的时域卷积性质具有完全相同的形式，它在建立 LTI 系统时域和 Z 域的联系中起着十分重要的作用。若 $x[n]$ 与 $h[n]$ 分别为离散时间 LTI 系统的输入信号和单位样值（脉冲）响应，那么在求解系统的零状态响应时，就可以避免直接求时域的卷积。借助于式(7-36)，通过计算 $X(z)H(z)$ 的逆变换求得系统的零状态响应，这种方法往往比较简单。

【例 7-9】 设 $x[n]=a^n u[n]$，$y[n]=b^n u[n]-ab^{n-1}u[n-1]$，求它们的卷积和 $x[n]*y[n]$。

解 由于
$$X(z)=\frac{1}{1-az^{-1}}=\frac{z}{z-a},\quad |z|>|a|$$
$$Y[z]=\frac{1}{1-bz^{-1}}-\frac{az^{-1}}{1-bz^{-1}}=\frac{z}{z-b}-\frac{a}{z-b}=\frac{z-a}{z-b},\quad |z|>|b|$$
根据卷积定理
$$x[n]*y[n]\xleftrightarrow{Z}X(z)Y(z)=\frac{z}{z-b}=\frac{1}{1-bz^{-1}},\quad |z|>|b|$$

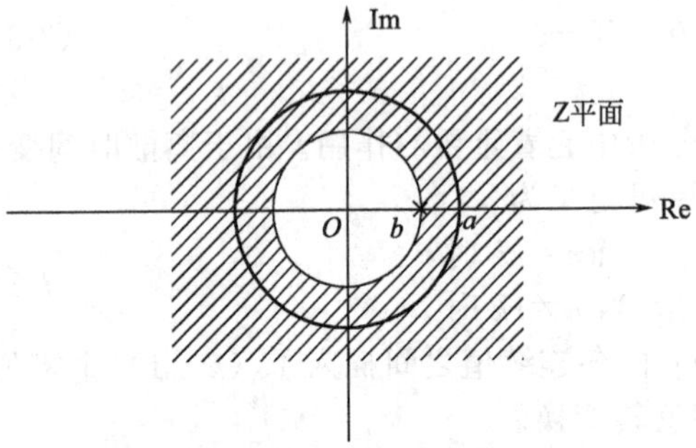

图 7-8 例 7-9 的 ROC 图形

求反变换，得
$$x[n]*y[n]=b^n u[n]$$
上述求解过程中，在 $z=a$ 处，$X(z)$ 的极点与 $Y(z)$ 的零点相消。若 $|b|<|a|$，则卷积运算后，信号的 Z 变换的收敛域比 $X(z)$ 和 $Y(z)$ 的公共收敛域要大，如图 7-8 所示。

(7) 共轭性质

一个复序列 $x[n]$ 的共轭序列记为 $x^*[n]$。

若 $x[n]\xleftrightarrow{Z}X(z),\quad R_{x^-}<|z|<R_{x^+}$

则
$$x^*[n]\xleftrightarrow{Z}X^*(z^*),\quad R_{x^-}<|z|<R_{x^+} \tag{7-37}$$

证 按定义
$$x^*[n]\xleftrightarrow{Z}\sum_{n=-\infty}^{\infty}x^*[n]z^{-n}=\sum_{n=-\infty}^{\infty}[x[n](z^*)^{-n}]^*$$
$$=\left[\sum_{n=-\infty}^{\infty}x[n](z^*)^{-n}\right]^*=X^*(z^*),\quad R_{x^-}<|z|<R_{x^+}$$

(8) 累加性质

若
$$x[n]\xleftrightarrow{Z}X(z),\quad ROC=R$$
则
$$\sum_{k=-\infty}^{n}x[k]\xleftrightarrow{Z}\frac{1}{1-z^{-1}}X(z),\quad ROC\text{ 至少包含 }R\cap(|z|>1) \tag{7-38}$$

证 由于
$$\sum_{k=-\infty}^{n}x[k]=u[n]*x[n] \tag{7-39}$$
又因为
$$u[n]\xleftrightarrow{Z}\frac{1}{1-z^{-1}},\quad |z|>1$$
因此，根据卷积性质，有
$$\sum_{k=-\infty}^{n}x[k]=u[n]*x[n]\xleftrightarrow{Z}\frac{1}{1-z^{-1}}X(z),\quad ROC\text{ 至少为 }R\cap(|z|>1) \tag{7-40}$$
当式(7-38) 的右边有零极点相消时，收敛域可能扩大。

Z 变换的主要性质列于表 7-1。

表 7-1 Z 变换的主要性质

序号	性质名称	时域	Z 变换	收敛域
		$x[n]$	$X(z)$	$ROC=R_x:R_{x^-}<\|z\|<R_{x^+}$
		$y[n]$	$Y(z)$	$ROC=R_y:R_{y^-}<\|z\|<R_{y^+}$
1	线性	$a_1x[n]+a_2y[n]$	$a_1X(z)+a_2Y(z)$	至少 $R_x\cap R_y$
2	移位	$x[n-m]$	$z^{-m}X(z)$	$R_{x^-}<\|z\|<R_{x^+}$
3	线性加权	$nx[n]$ $n^m x[n]$	$-z\frac{\mathrm{d}}{\mathrm{d}z}X(z)$ $\left(-z\frac{\mathrm{d}}{\mathrm{d}z}\right)^{(m)}X(z)$	$R_{x^-}<\|z\|<R_{x^+}$
4	时间扩展	$x_{(k)}=\begin{cases}x[n/k], n=rk\\0, \quad n\neq rk\end{cases}$ r 为整数	$X(z^k)$	$R_x^{1/k}$
5	时间反转	$x[-n]$	$X(z^{-1})$	R_x^{-1}
6	差分	$x[n]-x[n-1]$	$(1-z^{-1})X(z)$	至少 $R_x\cap\|z\|>0$
7	Z 域尺度变换	$e^{j\omega_0 n}x[n]$ $z_0^n x[n]$	$X(e^{-j\omega_0}z)$ $X(z/z_0)$	R_x z_0R_x
8	卷积定理	$x[n]*y[n]$	$X(z)Y(z)$	至少 $R_x\cap R_y$
9	共轭	$x^*[n]$	$X^*(z^*)$	R_x
10	累加	$\sum_{k=-\infty}^{n}x[k]$	$\frac{1}{1-z^{-1}}X(z)$	至少 $R_x\cap\|z\|>1$
11	初值定理	$x[0]=\lim_{z\to\infty}X(z)$		$x[n]$为因果序列，$\|z\|>R_x^-$
12	终值定理	$x[\infty]=\lim_{z\to 1}(z-1)X(z)$		$x[n]$为因果序列，且当 $\|z\|\geqslant 1$ 时，$(z-1)X(z)$收敛

7.5 常用信号的 Z 变换对

与拉普拉斯变换一样，熟练掌握一些常用信号的 Z 变换对，对求取复杂信号的 Z 变换和反变换是非常有益的。表 7-2 列出了几种常用序列的 Z 变换对。

表 7-2 常用序列的 Z 变换对

序号	序列	Z 变换	收敛域
1	$\delta[n]$	1	整个 Z 平面
2	$u[n]$	$\frac{1}{1-z^{-1}}$	$\|z\|>1$
3	$-u[-n-1]$	$\frac{1}{1-z^{-1}}$	$\|z\|<1$
4	$\delta[n-m]$	z^{-m}	除去 0(若 $m>0$)或 ∞(若 $m<0$)的所有 z
5	$a^n u[n]$	$\frac{1}{1-az^{-1}}$	$\|z\|>\|a\|$
6	$-a^n u[-n-1]$	$\frac{1}{1-az^{-1}}$	$\|z\|<\|a\|$

续表

序号	序列	Z变换	收敛域
7	$na^n u[n]$	$\dfrac{az^{-1}}{(1-az^{-1})^2}$	$\lvert z\rvert>\lvert a\rvert$
8	$-na^n u[-n-1]$	$\dfrac{az^{-1}}{(1-az^{-1})^2}$	$\lvert z\rvert<\lvert a\rvert$
9	$\cos\omega_0 n\cdot u[n]$	$\dfrac{1-\cos\omega_0\cdot z^{-1}}{1-2\cos\omega_0\cdot z^{-1}+z^{-2}}$	$\lvert z\rvert>1$
10	$\sin\omega_0 n\cdot u[n]$	$\dfrac{\sin\omega_0\cdot z^{-1}}{1-2\cos\omega_0\cdot z^{-1}+z^{-2}}$	$\lvert z\rvert>1$
11	$r^n\cos\omega_0 n\cdot u[n]$	$\dfrac{1-r\cos\omega_0\cdot z^{-1}}{1-2r\cos\omega_0\cdot z^{-1}+r^2z^{-2}}$	$\lvert z\rvert>r$
12	$r^n\sin\omega_0 n\cdot u[n]$	$\dfrac{r\sin\omega_0\cdot z^{-1}}{1-2r\cos\omega_0\cdot z^{-1}+r^2z^{-2}}$	$\lvert z\rvert>r$

7.6 Z反变换

从给定的Z变换表达式 $X(z)$ 中求出原序列 $x[n]$ 称为Z反变换，表示为

$$x[n]=\mathcal{Z}^{-1}\{X(z)\} \tag{7-41}$$

从式(7-2) 可以看出，这实质上是求 $X(z)$ 的幂级数展开系数。当然也可以按式(7-7) 的Z反变换公式求解 $x[n]$。求Z反变换的常用方法有三种：幂级数展开法、部分分式展开法和围线积分法。分别介绍如下。

7.6.1 幂级数展开法（长除法）

由Z变换的定义

$$X(z)=\sum_{n=-\infty}^{\infty}x[n]z^{-n}=\underbrace{\cdots+x[-2]z^2+x[-1]z^1}_{z\text{的正幂}}+x[0]z^0+$$
$$\underbrace{x[1]z^{-1}+x[2]z^{-2}+\cdots+x[k]z^{-k}+\cdots}_{z\text{的负幂}} \tag{7-42}$$

不难看出，若把已知的 $X(z)$ 在给定的收敛域内展开成 z 的幂级数之和，则该级数的各个系数就是序列 $x[n]$的值。

当 $X(z)=\dfrac{N(z)}{D(z)}$是一个有理分式，分子和分母都是 z 的多项式时，则可以直接用分子多项式除以分母多项式，得到幂级数展开式，从而得到 $x[n]$。前面已经讨论过，$X(z)$ 的闭合形式表达式加上它的收敛域，才能惟一确定序列 $x[n]$。因此，在利用长除法作Z反变换时，首先要根据收敛域来判断 $x[n]$ 的特性（例如是因果序列还是左边序列等)，然后再展开成相应的 z 的幂级数。如果 $X(z)$ 的收敛域是 $|z|>R_{x^-}$，则 $x[n]$ 必然是因果序列，此时 $N(z)$ 和 $D(z)$ 按 z 的降幂（或 z^{-1} 的升幂）次序进行排列。如果收敛域是 $|z|<R_{x^+}$，则$x[n]$必然是左边序列，此时 $N(z)$ 和 $D(z)$ 按 z 的升幂（或 z^{-1} 的降幂）次序进行排列。然后利用长除法，便可将 $X(z)$ 展开成幂级数，所得系数即为 $x[n]$。下面用例子来说明这一方法。

【例 7-10】 已知 $X(z)=\dfrac{z}{(z-1)^2}$，收敛域为 $|z|>1$，求 $x[n]$。

解 由于 $X(z)$ 的收敛域是在Z平面的单位圆外，因而 $x[n]$必然是因果序列。此时

$X(z)$的分子和分母多项式按 z^{-1} 的升幂次序排成下列形式

$$X(z)=\frac{z^{-1}}{1-2z^{-1}+z^{-2}} \tag{7-43}$$

进行长除，得

$$\begin{array}{r l}
 & z^{-1}+2z^{-2}+3z^{-3}+\cdots \\
1-2z^{-1}+z^{-2} & \overline{)z^{-1}} \\
 & \underline{z^{-1}-2z^{-2}+z^{-3}} \\
 & \quad 2z^{-2}-z^{-3} \\
 & \quad \underline{2z^{-2}-4z^{-3}+2z^{-4}} \\
 & \qquad 3z^{-3}-2z^{-4} \\
 & \qquad \underline{3z^{-3}-6z^{-4}+3z^{-5}} \\
 & \qquad\quad 4z^{-4}-3z^{-5} \\
 & \qquad\qquad \vdots
\end{array} \tag{7-44}$$

因此，有 $$X(z)=z^{-1}+2z^{-2}+3z^{-3}+\cdots=\sum_{n=0}^{\infty}nz^{-n}$$

于是，求得 $$x[n]=nu[n] \tag{7-45}$$

实际应用中，如果只需求序列 $x[n]$的前几个值，幂级数展开法就很方便。使用幂级数展开法的缺点是不易求得 $x[n]$的闭式解。

【例 7-11】 已知 $X(z)=\dfrac{z}{(z-1)^2}$，收敛域为$|z|<1$，求 $x[n]$。

解 由于 $X(z)$ 的收敛域是在 Z 平面的单位圆内，因此 $x[n]$必然是反因果序列。此时 $X(z)$ 的分子和分母多项式按 z 的升幂次序排列成如下形式

$$X(z)=\frac{z}{1-2z+z^2} \tag{7-46}$$

进行长除运算，得

$$\begin{array}{r l}
 & z+2z^2+3z^3+\cdots \\
1-2z+z^2 & \overline{)z} \\
 & \underline{z-2z^2+z^3} \\
 & \quad 2z^2-z^3 \\
 & \quad \underline{2z^2-4z^3+2z^4} \\
 & \qquad 3z^3-2z^4 \\
 & \qquad \underline{3z^3-6z^4+3z^5} \\
 & \qquad\quad 4z^4-3z^5 \\
 & \qquad\qquad \vdots
\end{array} \tag{7-47}$$

所以，有 $$X(z)=z^1+2z^2+3z^3+\cdots=\sum_{n=-\infty}^{-1}-nz^{-n}$$

于是，得到 $$x[n]=-nu[-n-1] \tag{7-48}$$

当 Z 变换为非有理函数时，用幂级数展开法来求解反变换就显得特别有用。

【例 7-12】 求如下 $X(z)$ 的反变换。

$$X(z)=\ln(1+az^{-1}),\quad |z|>|a| \tag{7-49}$$

解 由$|z|>|a|$，可得$|az^{-1}|<1$，因此，可将式(7-49) 用泰勒级数展开为

$$\ln(1+az^{-1})=\sum_{n=1}^{\infty}\frac{(-1)^{n+1}(az^{-1})^n}{n},\quad |az^{-1}|<1 \tag{7-50}$$

即

$$X(z)=\sum_{n=1}^{\infty}\frac{(-1)^{n+1}a^n z^{-n}}{n},\quad |az^{-1}|<1 \tag{7-51}$$

据此，可确定 $x[n]$ 为

$$x[n]=\begin{cases}(-1)^{n+1}\dfrac{a^n}{n}, & n\geqslant 1\\ 0, & n\leqslant 0\end{cases} \tag{7-52}$$

或写为

$$x[n]=\frac{-(-a)^n}{n}u[n-1]$$

7.6.2 部分分式展开法

若 $X(z)$ 具有如下形式的有理分式

$$X(z)=\frac{N(z)}{D(z)}=\frac{b_m z^{-M}+\cdots+b_1 z^{-1}+b_0}{a_n z^{-N}+\cdots+a_1 z^{-1}+a_0} \tag{7-53}$$

式中，$N(z)$，$D(z)$ 都是变量 z^{-1} 的实系数多项式，并且没有公因式。一般情况下（假设无重根），可以将 $X(z)$ 展开成如下所示的部分分式形式

$$X(z)=\sum_{n=0}^{M-N}B_n z^{-n}+\sum_{k=1}^{N}\frac{A_k}{1-z_k z^{-1}} \tag{7-54}$$

式中，z_k 为 $X(z)$ 的一阶极点，B_n 是 $X(z)$ 的整式部分的系数，当 $M\geqslant N$ 时，存在 B_n（$M=N$ 时只有 B_0 项），$M<N$ 时，$B_n=0$。B_n 可用长除法求得。

【例 7-13】 已知 $X(z)=\dfrac{10z}{z^2-3z+2}$，$|z|>2$，试用部分分式展开法求其反变换。

解

$$X(z)=\frac{10z}{z^2-3z+2}=\frac{10z^{-1}}{(1-z^{-1})(1-2z^{-1})}$$

将此式展开成部分分式，即

$$X(z)=\frac{-10}{1-z^{-1}}+\frac{10}{1-2z^{-1}}$$

利用表 7-2，并根据收敛域可得 $x[n]=10(2^n-1)u[n]$。

【例 7-14】 已知 $X(z)=\dfrac{2z+4}{(z-1)(z-2)^2}$，$|z|>2$，试用部分分式展开法求其反变换。

解 将 $X(z)$ 两端同除以 z 并展开成部分分式得

$$\frac{X(z)}{z}=\frac{2z+4}{z(z-1)(z-2)^2}=\frac{A_1}{z}+\frac{A_2}{z-1}+\frac{C_1}{z-2}+\frac{C_2}{(z-2)^2} \tag{7-55}$$

各个部分分式中的待定系数为

$$A_1=z\frac{2z+4}{z(z-1)(z-2)^2}\bigg|_{z=0}=-1$$

$$A_2=(z-1)\frac{2z+4}{z(z-1)(z-2)^2}\bigg|_{z=1}=6$$

$$C_2=(z-2)^2\frac{2z+4}{z(z-1)(z-2)^2}\bigg|_{z=2}=4$$

可通过令 $z=-2$，代入式(7-55) 来求 C_1，即有

$$0=\frac{A_1}{-2}+\frac{A_2}{-3}+\frac{C_1}{-4}+\frac{C_2}{16}$$

解得

$$C_1=-5$$

因此，得

$$\frac{X(z)}{z}=\frac{-1}{z}+\frac{6}{z-1}+\frac{-5}{z-2}+\frac{4}{(z-2)^2}$$

$$X(z)=-1+\frac{6z}{z-1}-5\frac{z}{z-2}+2\frac{2z}{(z-2)^2}$$

$$X(z)=-1+\frac{6}{1-z^{-1}}-\frac{5}{1-2z^{-1}}+2\frac{2z^{-1}}{(1-2z^{-1})^2}$$

利用表 7-2，根据收敛域得

$$x[n]=-\delta[n]+6u[n]-5\cdot 2^n u[n]+2\cdot n2^n u[n] \tag{7-56}$$

7.6.3 围线积分法（留数法）

$X(z)$ 反变换的围线积分表示式为

$$x[n]=\frac{1}{2\pi \mathrm{j}}\oint_C X(z)z^{n-1}\mathrm{d}z \tag{7-57}$$

式中，围线 C 为逆时针方向。根据留数定理，$X(z)z^{n-1}$沿围线 C 的积分等于 $X(z)z^{n-1}$在围线 C 内各极点的留数之和，当收敛域$|z|>a$ 时，用公式表示就是

$$x[n]=\begin{cases}0, & n<n_0\\ \sum\limits_m \mathrm{Res}[X(z)z^{n-1}]_{z=p_m}, & n\geqslant n_0\end{cases} \tag{7-58}$$

式中，p_m 是逆时针方向围线 C 内 $X(z)z^{n-1}$的极点，$\mathrm{Res}[\cdot]_{z=p_m}$为对应于该极点 p_m 的留数。此时，$x[n]$是一右边序列。

同样，当收敛域$|z|<a$ 时，有

$$x[n]=\begin{cases}-\sum\limits_m \mathrm{Res}[X(z)z^{n-1}]_{z=p_m}, & n<n_0\\ 0, & n\geqslant n_0\end{cases} \tag{7-59}$$

尽管当收敛域$|z|<a$ 时，极点在围线 C 的外部，式中的极点 p_m 可以看作是顺时针方向围线 C 内 $X(z)z^{n-1}$的极点。由于积分路径相反，可推得式(7-59)。此时，$x[n]$ 是一左边序列。

现在来讨论如何求得 $X(z)z^{n-1}$在任一极点 p_m处的留数。

一般来说 $X(z)z^{n-1}$是有理分式，如果 $X(z)z^{n-1}$在 $z=p_m$处是 L 阶极点，围线 C 为逆时针方向，则

$$\mathrm{Res}[X(z)z^{n-1}]_{z=p_m}=\frac{1}{(L-1)!}\left[\frac{\mathrm{d}^{L-1}}{\mathrm{d}z^{L-1}}(z-p_m)^L X(z)z^{n-1}\right]_{z=p_m} \tag{7-60}$$

如果 $z=p_m$仅是一阶极点，即 $L=1$，则有

$$\mathrm{Res}[X(z)z^{n-1}]_{z=p_m}=[(z-p_m)X(z)z^{n-1}]_{z=p_m} \tag{7-61}$$

在利用式(7-60) 和式(7-61) 时，应当注意收敛域内的围线所包围的极点情况，以及对应于不同的 n 值，在 $z=0$ 处的极点可能具有不同的阶次。

【例 7-15】 已知 $X(z)=\dfrac{z^2}{(z-1)(z+2)}$，收敛域为$|z|>2$，用围线积分法求 Z 反变换。

解 因为 $X(z)$的收敛域$|z|>2$，所以 $x[n]$必为因果序列。

由 $X(z)z^{n-1}=\dfrac{z^2}{(z-1)(z+2)}z^{n-1}$，当 $n\geqslant -1$，$X(z)z^{n-1}$只有 $p_1=1$，$p_2=-2$ 两个极点，得

$$\mathrm{Res}[X(z)z^{n-1}]_{z=1}=\frac{z^{n+1}}{z+2}\Big|_{z=1}=\frac{1}{3}$$

$$\mathrm{Res}[X(z)z^{n-1}]_{z=-2}=\left.\frac{z^{n+1}}{z-1}\right|_{z=-2}=\frac{2}{3}(-2)^n$$

于是，得
$$x[n]=\left[\frac{1}{3}+\frac{2}{3}(-2)^n\right]u[n+1] \tag{7-62}$$

实际上，当 $n=-1$ 时，$x[n]=0$，因此上式可简化为

$$x[n]=\left[\frac{1}{3}+\frac{2}{3}(-2)^n\right]u[n] \tag{7-63}$$

当 $n<-1$ 时，在 $z=0$ 处有极点存在，不难求得该极点与其他两个极点的留数总和为零。实际上，由于收敛域为 $|z|>2$，包含∞，因此 Z 变换不可能包含正幂次项，即 $n\leqslant-1$ 时，$x[n]=0$。最终得到的答案即为式(7-63)。

7.7 单边 Z 变换

本章至此所讨论的 Z 变换称为双边 Z 变换，n 的求和域是从 $-\infty$ 至 $+\infty$。和拉氏变换一样，Z 变换也有另外一种形式，称为单边 Z 变换。单边 Z 变换在分析具有非零初始条件的 LTI 系统时是特别有用的。

序列的单边 Z 变换定义为

$$X(z)=\sum_{n=0}^{\infty}x[n]z^{-n} \tag{7-64}$$

一个序列和它的单边 Z 变换可简单地记为

$$x[n] \xleftrightarrow{\text{UZ}} X(z) \tag{7-65}$$

单边 Z 变换与双边 Z 变换的差别在于，求和仅在 n 的非负值上进行，而不管 $n<0$ 时 $x[n]$ 是否为 0。因此，$x[n]$ 的单边 Z 变换就可以看作是 $x[n]u[n]$ 的双边 Z 变换。对于任何因果序列（即 $n<0$ 时，序列本身的值为零），单边 Z 变换和双边 Z 变换是一致的。单边 Z 变换的收敛域总是位于某一个圆的外边。

由于单边 Z 变换和双边 Z 变换有着紧密的联系，因此单边 Z 变换和双边 Z 变换的计算方法也相似，只是要注意在变换求和中对 n 的求和域是 $n\geqslant0$。单边 Z 反变换和双边 Z 反变换的计算方法也基本相同，只要考虑到对单边而言，收敛域总是位于某一个圆的外部。

【例 7-16】 求序列 $x[n]=a^nu[n+1]$ 的单边 Z 变换。

解 按单边 Z 变换的定义

$$X(z)=\sum_{n=0}^{\infty}x[n]z^{-n}=\sum_{n=0}^{\infty}a^nu[n+1]z^{-n}=\sum_{n=0}^{\infty}a^nz^{-n}=\frac{1}{1-az^{-1}},\quad |z|>|a|$$

【例 7-17】 求单边 Z 变换 $X(z)=\dfrac{10z^2}{(z-1)(z+1)}$ 的反变换。

解 由于 Z 变换的两个极点在单位圆上，对于单边 Z 变换，其收敛域必为单位圆的外边，因此对应的序列为因果序列。用部分分式展开法，得

$$X(z)=\frac{5z}{z-1}+\frac{5z}{z+1},\quad |z|>1$$

由表 7-2 得

$$x[n]=5u[n]+5(-1)^nu[n]$$

采用幂级数展开法来求反变换的方法同样适用于单边 Z 反变换。但要注意，在单边情况下必须满足的一种限制是：对变换的幂级数展开式中不能包括 z 的正幂次项，这可从定义式(7-64) 中看出。例如对下式

$$X(z)=\frac{1}{1-az^{-1}} \tag{7-66}$$

进行长除，可有两种不同的方式，分别得到表达式

$$X(z)=-az-a^2z^2-\cdots \tag{7-67a}$$

$$X(z)=1+az^{-1}+a^2z^{-2}+\cdots \tag{7-67b}$$

式(7-67b) 中无 z 的正幂次项，收敛域为区域 $|z|>|a|$，它代表了 $X(z)$ 的一个单边变换。

7.8 单边 Z 变换的性质

单边 Z 变换有许多重要性质，其中大部分性质是与双边 Z 变换相似的，下面将着重介绍两者不同的性质。

(1) 移位性质

若 $x[n]$ 是一双边序列，其单边 Z 变换为

$$x[n] \xleftrightarrow{\text{UZ}} X(z) \tag{7-68}$$

则序列左移后，它的单边 Z 换为

$$x[n+m]u[n] \xleftrightarrow{\text{UZ}} z^m\left(X(z)-\sum_{k=0}^{m-1}x[k]z^{-k}\right) \tag{7-69}$$

证 根据单边 Z 变换的定义，可得

$$\begin{aligned}
\mathrm{Z}\,\{x[n+m]u[n]\} &= \sum_{n=0}^{\infty}x[n+m]z^{-n} = z^m\sum_{n=0}^{\infty}x[n+m]z^{-(n+m)} \\
&= z^m\sum_{k=m}^{\infty}x[k]z^{-k} = z^m\left(\sum_{k=0}^{\infty}x[k]z^{-k}-\sum_{k=0}^{m-1}x[k]z^{-k}\right) \\
&= z^m\left(X(z)-\sum_{k=0}^{m-1}x[k]z^{-k}\right)
\end{aligned}$$

同样，可以推得右移序列的单边 Z 变换为

$$\mathrm{Z}\{x[n-m]u[n]\} = z^{-m}\left(X(z)+\sum_{k=-m}^{-1}x[k]z^{-k}\right) \tag{7-70}$$

如果 $x[n]$ 是一因果序列，则式(7-70) 右边的 $\sum\limits_{k=-m}^{-1}x[k]z^{-k}$ 项都为零，因此右移序列的单边 Z 变换为

$$\mathrm{Z}\{x[n-m]u[n]\} = z^{-m}X(z) \tag{7-71}$$

而左移序列的单边 Z 变换仍为

$$\mathrm{Z}\{x[n+m]u[n]\} = z^m\left(X(z)-\sum_{k=0}^{m-1}x[k]z^{-k}\right) \tag{7-72}$$

在实际应用中经常遇到的是因果序列，所以式(7-71) 和式(7-72) 是最常用的。

【例 7-18】 已知系统的一阶差分方程为

$$y[n]-\frac{1}{4}y[n-1]=x[n] \tag{7-73}$$

输入 $x[n]=4^nu[n]$，初始条件 $y[-1]=4$，试求系统的响应 $y[n]$。

解 对差分方程求单边 Z 变换，得

$$Y(z)-\frac{1}{4}z^{-1}(Y(z)+y[-1]z)=X(z) \tag{7-74}$$

代入初始值 $y[-1]=4$，有

$$Y(z)-\frac{1}{4}z^{-1}(Y(z)+4z)=X(z)\text{，其中 } X(z)=\frac{1}{1-4z^{-1}}, \quad |z|>4$$

整理，得

$$Y(z)=\frac{1}{1-\frac{1}{4}z^{-1}}\cdot\left(\frac{1}{1-4z^{-1}}+1\right)=\frac{2-4z^{-1}}{\left(1-\frac{1}{4}z^{-1}\right)(1-4z^{-1})}$$

对上式进行部分分式展开，得

$$Y(z)=\frac{\frac{14}{15}}{1-\frac{1}{4}z^{-1}}+\frac{\frac{16}{15}}{1-4z^{-1}}, \quad |z|>4$$

由 Z 反变换，求得

$$y[n]=\left[\frac{14}{15}\left(\frac{1}{4}\right)^n+\frac{16}{15}(4)^n\right]u[n] \tag{7-75}$$

上式中第一项为零输入响应，是完全由系统的起始状态决定的；第二项为零状态响应，是由系统的输入引起的。

（2）初值定理

对于因果序列 $x[n]$，即 $x[n]=0$，$n<0$。

若 $x[n]\xleftrightarrow{Z}X(z)$ （单边、双边 Z 变换相同）

则

$$x[0]=\lim_{z\to\infty}X(z) \tag{7-76}$$

证 根据定义 $X(z)=\sum_{n=0}^{\infty}x[n]z^{-n}=x[0]+x[1]z^{-1}+x[2]z^{-2}+\cdots$

当 $z\to\infty$ 时，等式右边除了第一项 $x[0]$ 外，其他各项都趋于零，故

$$x[0]=\lim_{z\to\infty}X(z)$$

（3）终值定理

对于因果序列 $x[n]$，若其 Z 变换 $X(z)$ 的极点落于单位圆内（单位圆上最多在 $z=1$ 处有一阶极点），则有

$$\lim_{n\to\infty}x[n]=\lim_{z\to1}[(z-1)X(z)] \tag{7-77}$$

证 因果序列的单边、双边 Z 变换是相同的。利用 Z 变换的线性性质和因果序列单边 Z 变换的右移性质可得

$$Z\{x[n+1]-x[n]\}=zX(z)-zx[0]-X(z)=(z-1)X(z)-zx[0]$$

对上式两边取极限，得

$$\begin{aligned}\lim_{z\to1}[(z-1)X(z)]&=x[0]+\lim_{z\to1}\sum_{n=0}^{\infty}(x[n+1]-x[n])z^{-n}\\&=x[0]+(x[1]-x[0])+(x[2]-x[1])+\cdots\\&=x[0]-x[0]+x[\infty]=x[\infty]\end{aligned}$$

这个性质表明，序列 $x[n]$ 在 $n\to\infty$ 时的终值 $x[\infty]$ 可以直接通过单边 Z 变换 $X(z)$ 乘以 $(z-1)$ 再取 $z\to1$ 的极限来得到，它建立了 $x[n]$ 在无限远处的值与 $X(z)$ 在 $z\to1$ 处的值之间的关系。从推导中可以看出，终值定理只有当 $n\to\infty$ 时 $x[n]$ 收敛才有意义，也就是说要求 $X(z)$ 的极点必须落在单位圆之内（在单位圆上 $z=1$ 处只能有一阶极点）。

单边 Z 变换的主要性质见表 7-3。

表 7-3 单边 Z 变换的主要性质

序号	性质名称	时域	单边 Z 变换
		$x[n]$	$X(z)$
		$y[n]$	$Y(z)$
1	线性	$a_1x[n]+a_2y[n]$	$a_1X(z)+a_2Y(z)$
2	移位	$x[n-1]$ $x[n-m]$ $x[n+1]$ $x[n+m]$	$z^{-1}X(z)+x[-1]$ $z^{-m}[X(z)+\sum_{k=-m}^{-1}x[k]z^{-k}]$ $zX(z)-zx[0]$ $z^m[X(z)-\sum_{k=0}^{m-1}x[k]z^{-k}]$
3	Z 域微分	$nx[n]$ $n^mx[n]$	$-z\frac{d}{dz}X(z)$ $(-z\frac{d}{dz})^{(m)}X(z)$
4	时间扩展	$x_{(k)}[n]=\begin{cases}x[n/k], n=rk\\0, \quad n\neq rk\end{cases}$, r 为整数	$X(z^k)$
5	Z 域尺度变换	$e^{j\omega_0 n}x[n]$ $z_0^nx[n]$	$X(e^{-j\omega_0}z)$ $X(z/z_0)$
6	差分	$x[n]-x[n-1]$	$(1-z^{-1})X(z)$
7	卷积定理 (假设 $n<0$ 时 $x[n]$ 和 $y[n]$ 均为零)	$x[n]*y[n]$	$X(z)Y(z)$
8	共轭性	$x^*[n]$	$X^*(z^*)$
9	累加	$\sum_{k=0}^{n}x[k]$	$\frac{1}{1-z^{-1}}X(z)$
10	初值定理	$x[0]=\lim_{z\to\infty}X(z)$	
11	终值定理	$x[\infty]=\lim_{z\to1}(z-1)X(z)$	

7.9 LTI系统的Z域分析

在分析连续时间 LTI 系统时，通过拉氏变换将微分方程转变成代数方程求解，并且由系统函数能够较为方便地求出 LTI 系统的零状态响应分量。对于离散时间 LTI 系统的分析，情况也如此。通过 Z 变换把差分方程转化为代数方程，由系统函数也可以方便地求出离散时间 LTI 系统在外加激励作用下的零状态响应分量。

7.9.1 系统函数与系统性质

一个单位样值（脉冲）响应为 $h[n]$ 的离散时间 LTI 系统可表示为

$$X(z)\longrightarrow\boxed{H(z)}\longrightarrow Y(z)$$

其中 $H(z)$ 为单位脉冲响应 $h[n]$ 的 Z 变换，即

$$h[n]\xleftrightarrow{Z}H(z) \tag{7-78}$$

通常将式(7-78) 所定义的 $H(z)$ 称为离散时间 LTI 的系统函数，显然它也是特征函数 z^n 的特征值。根据卷积性质，输出信号的 Z 变换 $Y(z)$ 满足以下关系

$$Y(z)=X(z)H(z) \tag{7-79}$$

或等价地表示为

$$H(z)=\frac{Y(z)}{X(z)} \tag{7-80}$$

式(7-80)是离散时间LTI系统函数的另一种定义式，上述两个定义是完全等价的。在离散时间LTI系统的分析中，如同与 $h[n]$ 和 $H(e^{j\omega})$ 一样，系统函数 $H(z)$ 也完全可以表征它所描述的LTI系统。离散时间LTI系统的很多性质也能够方便地借助于它来反映。

(1) 因果性

一个因果离散时间LTI系统的单位样值（脉冲）响应 $h[n]$ 满足

$$h[n]=h[n]u[n] \tag{7-81}$$

因此，它的Z变换（系统函数）可表示为

$$H(z)=\sum_{n=0}^{\infty}h[n]z^{-n} \tag{7-82}$$

从式(7-81)和式(7-82)可知，因果离散时间LTI系统的单位样值（脉冲）响应 $h[n]$ 是一因果序列，$H(z)$ 的幂级数不会包含任何 z 的正幂次项。因此可以推得，$H(z)$ 的 ROC 必包含∞。这样，可以总结出如下性质。

一个离散LTI系统当且仅当它的系统函数 $H(z)$ 的 ROC 是在某一个圆的外部，且包含无穷远点∞，该系统才是因果的。

【例 7-19】 考察一系统的因果性，其系统函数是

$$H(z)=\frac{z\left(2z^2-\frac{3}{2}z\right)}{z^2-\frac{3}{2}z+\frac{1}{2}}$$

解 由于系统函数 $H(z)$ 的分子的阶数大于分母的阶数，表明它的 ROC 不包含∞，这不符合因果性的条件。因此，该系统不是因果的。实际上，$H(z)$ 可展开为如下部分分式形式

$$H(z)=\frac{z}{1-\frac{1}{2}z^{-1}}+\frac{z}{1-z^{-1}} \tag{7-83}$$

按上式求其反变换，如果 ROC 在圆外，可得单位脉冲响应 $h[n]$ 为

$$h[n]=\left[\left(\frac{1}{2}\right)^{n+1}+1\right]u[n+1] \tag{7-84}$$

显然，$h[n]$ 不是一个因果序列。

因此，一个因果的有理系统函数 $H(z)$，除了满足 ROC 是某一个圆的外部之外，还必须满足 $H(z)$ 的分子的阶次不大于分母的阶次。

【例 7-20】 考察一系统的因果性，其系统函数表达式是

$$H(z)=\frac{1}{1-\frac{1}{2}z^{-1}}+\frac{1}{1-z^{-1}} \tag{7-85}$$

解 其收敛域 ROC 可分成以下三种情况。

① $|z|<\frac{1}{2}$，$h[n]$ 是一左边信号，因此，系统不是因果系统。

② $\frac{1}{2}<|z|<1$，$h[n]$ 是一双边信号，因此，系统不是因果系统。

③ $|z|>1$，$h[n]$ 是一因果信号，因此，系统是因果系统。

(2) 稳定性

一个稳定离散时间LTI系统要求其单位样值（脉冲）响应 $h[n]$ 满足

$$\sum_{n=-\infty}^{\infty}|h[n]|<\infty \tag{7-86}$$

在这种情况下，$h[n]$ 的傅里叶变换收敛，也就是说，系统函数 $H(z)$ 的 ROC 必须包含单位圆。在Z域上式(7-86)可等价地描述为：一个离散时间LTI系统是稳定的，当且仅当它的系统函数 $H(z)$ 的 ROC 包含单位圆。因此，在Z域上判断离散时间LTI系统的稳定性是非常简便的。

(3) 因果稳定离散时间LTI系统

综合以上讨论结果，可得因果稳定离散时间LTI系统的判据：一个离散LTI系统是因果稳定的，当且仅当它的系统函数 $H(z)$ 的 ROC 是某一个圆的外部且包含单位圆和无穷远点。

【例 7-21】 考察一系统的因果性和稳定性，其系统函数表达式是

$$H(z)=\frac{3}{1-\frac{1}{2}z^{-1}}+\frac{2}{1-\frac{1}{3}z^{-1}}$$

解 根据以上判据，可知当 ROC：$|z|>\frac{1}{2}$ 时，$h[n]$ 是一因果稳定系统。该系统函数 $H(z)$ 的两个极点都落在单位圆内。推广至一般情况，可以得到如下性质。

一个因果的离散时间LTI系统是稳定的，当且仅当它的系统函数 $H(z)$ 的全部极点都位于单位圆内。

7.9.2 线性常系数差分方程的Z域求解

(1) 系统函数

系统函数 $H(z)$ 可直接由差分方程的Z变换得到。下面从差分方程出发，推导系统函数 $H(z)$ 的表示式。先以二阶系统为例，再推广至 N 阶系统。

一个二阶系统的差分方程可表示为

$$y[n]+a_1y[n-1]+a_2y[n-2]=b_0x[n]+b_1x[n-1]+b_2x[n-2] \tag{7-87}$$

对上式进行双边Z变换，并同时应用移位性质，得

$$Y(z)+a_1z^{-1}Y(z)+a_2z^{-2}Y(z)=b_0X(z)+b_1z^{-1}X(z)+b_2z^{-2}X(z) \tag{7-88}$$

合并整理，有

$$(1+a_1z^{-1}+a_2z^{-2})Y(z)=(b_0+b_1z^{-1}+b_2z^{-2})X(z) \tag{7-89}$$

这样，可得二阶系统的系统函数

$$H(z)=\frac{Y(z)}{X(z)}=\frac{b_0+b_1z^{-1}+b_2z^{-2}}{1+a_1z^{-1}+a_2z^{-2}} \tag{7-90}$$

同理，对于一个二阶系统的前向差分方程

$$y[n+2]+a_1y[n+1]+a_0y[n]=b_2x[n+2]+b_1x[n+1]+b_0x[n] \tag{7-91}$$

对上式进行双边Z变换，并同时应用移位性质，得

$$z^2Y(z)+a_1zY(z)+a_0Y(z)=b_2z^2X(z)+b_1zX(z)+b_0X(z) \tag{7-92}$$

合并整理，可得该二阶系统的系统函数为

$$H(z)=\frac{Y(z)}{X(z)}=\frac{b_2z^2+b_1z+b_0}{z^2+a_1z+a_0} \tag{7-93}$$

【例 7-22】 已知描述LTI系统的二阶后向差分方程为

$$y[n]+y[n-1]-6y[n-2]=x[n-1]$$

求该系统的系统函数和单位样值响应。

解 对差分方程作Z变换，可得

$$H(z)=\frac{Y(z)}{X(z)}=\frac{z^{-1}}{1+z^{-1}-6z^{-2}} \tag{7-94}$$

将上式进行部分分式展开，有

$$H(z)=\frac{1}{5}\frac{1}{1-2z^{-1}}-\frac{1}{5}\frac{1}{1+3z^{-1}} \tag{7-95}$$

作反变换，求得单位样值（脉冲）响应

$$h[n]=\frac{1}{5}\left[2^n-(-3)^n\right]u[n] \tag{7-96}$$

上述讨论可推广至 N 阶系统，对于一个 N 阶系统，系统的差分方程可以表示为

$$\sum_{k=0}^{N}a_k y[n\pm k]=\sum_{k=0}^{M}b_k x[n\pm k] \tag{7-97}$$

对上式两边作 Z 变换，有

$$H(z)=\frac{Y(z)}{X(z)}=\frac{\sum\limits_{k=0}^{M}b_k z^{\pm k}}{\sum\limits_{k=0}^{N}a_k z^{\pm k}} \tag{7-98}$$

式(7-98) 为一个 N 阶离散时间 LTI 系统的系统函数，它表示了系统的零状态响应的 Z 变换 $Y(z)$ 与激励函数 $x[n]$ 的 Z 变换 $X(z)$ 的比值。若上式中不发生零极点相消，则系统函数与差分方程是一一对应的，且这种对应关系非常直观。

（2）线性常系数差分方程的 Z 域求解

在离散时间系统的分析中，既可以采用时域方法，也可以采用 Z 域分析法，但采用后者往往较为简便。Z 域方法是基于 Z 变换的线性和移位性质，把差分方程转换成代数方程。

描述离散时间系统的线性常系数差分方程的一般形式是

$$\sum_{k=0}^{N}a_k y[n-k]=\sum_{k=0}^{M}b_k x[n-k],\quad a_0=1 \tag{7-99}$$

将上式两边取单边 Z 变换，并利用 Z 变换的线性和移位性质可以得到

$$\sum_{k=0}^{N}a_k z^{-k}\left(Y(z)+\sum_{l=-k}^{-1}y[l]z^{-l}\right)=\sum_{k=0}^{M}b_k z^{-k}\left(X(z)+\sum_{m=-k}^{-1}x[m]z^{-m}\right) \tag{7-100}$$

于是，得

$$Y(z)=\frac{-\sum\limits_{k=0}^{N}\left(a_k z^{-k}\sum\limits_{l=-k}^{-1}y[l]z^{-l}\right)+\sum\limits_{k=0}^{M}b_k z^{-k}\left(X(z)+\sum\limits_{m=-k}^{-1}x[m]z^{-m}\right)}{\sum\limits_{k=0}^{N}a_k z^{-k}} \tag{7-101}$$

若 $x[n]$ 为因果序列（实际应用中通常可满足该条件），上式可写成

$$\begin{aligned}Y(z)&=\frac{-\sum\limits_{k=0}^{N}\left(a_k z^{-k}\sum\limits_{l=-k}^{-1}y[l]z^{-l}\right)+\left(\sum\limits_{k=0}^{M}b_k z^{-k}\right)X(z)}{\sum\limits_{k=0}^{N}a_k z^{-k}}\\&=\frac{-\sum\limits_{k=0}^{N}\left(a_k z^{-k}\sum\limits_{l=-k}^{-1}y[l]z^{-l}\right)}{\sum\limits_{k=0}^{N}a_k z^{-k}}+\frac{\sum\limits_{k=0}^{M}b_k z^{-k}}{\sum\limits_{k=0}^{N}a_k z^{-k}}X(z)\\&=\underbrace{\frac{-\sum\limits_{k=0}^{N}\left(a_k z^{-k}\sum\limits_{l=-k}^{-1}y[l]z^{-l}\right)}{\sum\limits_{k=0}^{N}a_k z^{-k}}}_{\text{零输入响应}}+\underbrace{X(z)H(z)}_{\text{零状态响应}}\end{aligned} \tag{7-102}$$

将起始条件代入式(7-102) 可解得 $Y(z)$，再经Z反变换求出系统的输出序列 $y[n]$。下面用一个具体的例子来说明线性常系数差分方程的Z域求解方法。

【例 7-23】 已知描述离散时间系统的二阶差分方程为

$$y[n]+y[n-1]-6y[n-2]=x[n]$$

输入 $x[n]=4^n u[n]$，起始条件 $y[-2]=0$，$y[-1]=1$，试求系统的响应 $y[n]$。

解 对给定的差分方程作单边Z变换，得

$$Y(z)+z^{-1}(Y(z)+y[-1]z)-6z^{-2}(Y(z)+y[-2]z^2+y[-1]z)=X(z)$$

代入起始条件 $y[-2]=0$，$y[-1]=1$，和 $X(z)=\dfrac{1}{1-4z^{-1}}$，$|z|>4$，有

$$Y(z)+z^{-1}(Y(z)+z)-6z^{-2}(Y(z)+z)=\frac{1}{1-4z^{-1}}$$

整理得

$$\begin{aligned}Y(z)&=\frac{1}{(1+z^{-1}-6z^{-2})(1-4z^{-1})}+\frac{-1+6z^{-1}}{(1+z^{-1}-6z^{-2})}\\&=\underbrace{\frac{1}{(1-2z^{-1})(1+3z^{-1})(1-4z^{-1})}}_{\text{零状态响应}}+\underbrace{\frac{-1+6z^{-1}}{(1-2z^{-1})(1+3z^{-1})}}_{\text{零输入响应}},\quad |z|>4\qquad(7\text{-}103)\\&=\underbrace{\frac{A_1}{(1-2z^{-1})}+\frac{A_2}{(1+3z^{-1})}+\frac{A_3}{(1-4z^{-1})}}_{\text{零状态响应}}+\underbrace{\frac{B_1}{(1-2z^{-1})}+\frac{B_2}{(1+3z^{-1})}}_{\text{零输入响应}}\end{aligned}$$

其中

$$A_1=-\frac{2}{5},\ A_2=\frac{9}{35},\ A_3=\frac{8}{7};\quad B_1=\frac{4}{5},\ B_2=-\frac{9}{5}$$

进行Z反变换，求得

$$\begin{aligned}y[n]&=\underbrace{\left[-\frac{2}{5}\times 2^n+\frac{9}{35}(-3)^n+\frac{8}{7}\times 4^n\right]u[n]}_{\text{零状态响应}}+\underbrace{\left[\frac{4}{5}\times 2^n-\frac{9}{5}(-3)^n\right]u[n]}_{\text{零输入响应}}\\&=\left[\frac{2}{5}\times 2^n-\frac{54}{35}(-3)^n+\frac{8}{7}\times 4^n\right]u[n]\qquad(7\text{-}104)\end{aligned}$$

【例 7-24】 已知描述离散时间系统的二阶前向差分方程为

$$y[n+2]-5y[n+1]+6y[n]=x[n+2]-3x[n]$$

初始条件 $y[0]=2$，$y[1]=3$，试求系统的零输入响应 $y[n]$。

解 令 $x[n]=0$，对给定的差分方程作单边Z变换，有

$$z^2(Y(z)-y[0]-z^{-1}y[1])-5z(Y(z)-y[0])+6Y(z)=0$$

整理得

$$Y(z)=\frac{y[0]z^2+(y[1]-5y[0])z}{z^2-5z+6}$$

代入初始条件 $y[0]=2$，$y[1]=3$，可得

$$Y(z)=\frac{2-7z^{-1}}{1-5z^{-1}+6z^{-2}}$$

对上式进行部分分式展开，有

$$Y(z)=\frac{3}{1-2z^{-1}}-\frac{1}{1-3z^{-1}}$$

进行Z反变换，求得零输入响应

$$y[n]=[3(2)^n-3^n]u[n]\qquad(7\text{-}105)$$

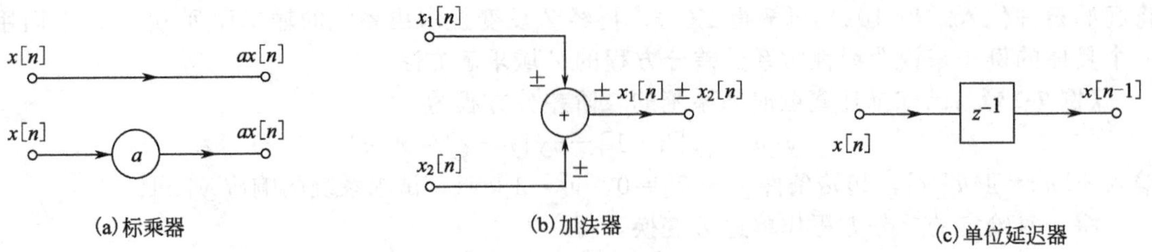

图 7-9　离散系统的三个基本运算单元

7.9.3 系统函数的方框图表示

离散系统的三个基本运算单元为：乘法器、加法器和单位延迟器。任意一个用线性常系数差分方程所描述的离散时间系统都可以由这三个基本运算单元来实现。在这一小节，将讨论离散时间系统的Z域模拟方框图表示。三个基本运算单元的Z域表示形式，如图 7-9 所示。由于在Z域中，可将线性常系数差分方程，以及卷积和移位运算表示成代数运算形式，这给系统的分析和综合带来了很大的方便。例如图 7-10 所示为一反馈系统，根据图中各信号间的关系，有

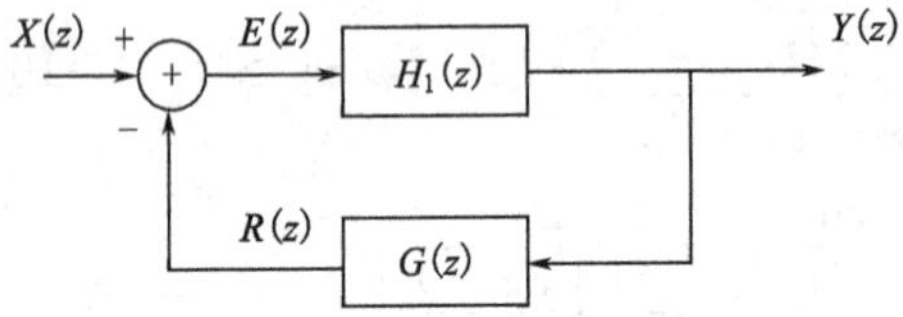

图 7-10　基本 LTI 反馈系统

$$
\begin{aligned}
R(z)&=Y(z)G(z)\\
E(z)&=X(z)-R(z)\\
Y(z)&=E(z)H_1(z)
\end{aligned}
\tag{7-106}
$$

整理后，得该反馈系统的系统函数

$$H(z)=\frac{Y(z)}{X(z)}=\frac{H_1(z)}{1+G(z)H_1(z)} \tag{7-107}$$

一个 N 阶的离散系统的差分方程可表示为

$$\sum_{k=0}^{N}a_k y[n-k]=\sum_{k=0}^{M}b_k x[n-k],\quad a_0\neq 0 \tag{7-108}$$

该式所对应的系统函数是

$$H(z)=\frac{\sum\limits_{k=0}^{M}b_k z^{-k}}{\sum\limits_{k=0}^{N}a_k z^{-k}}=\frac{b_M z^{-M}+b_{M-1}z^{-(M-1)}+\cdots+b_1 z^{-1}+b_0}{a_N z^{-N}+a_{N-1}z^{-(N-1)}+\cdots+a_1 z^{-1}+a_0} \tag{7-109}$$

若上式中不发生零极点相消的情况，则式(7-109) 所表示的系统函数与式(7-108) 所描述的差分方程是一一对应的。利用第 2 章所得到的 N 阶离散系统的直接Ⅱ型模拟框图（图 2-31），就可以得到式(7-109) 所表示的系统函数的直接Ⅱ型模拟框图，如图 7-11 所示。在直接Ⅱ型模拟框图的基础上，还可以得到系统的级联型和并联型的框图表示，下面用一例子来说明具体的实现方法。

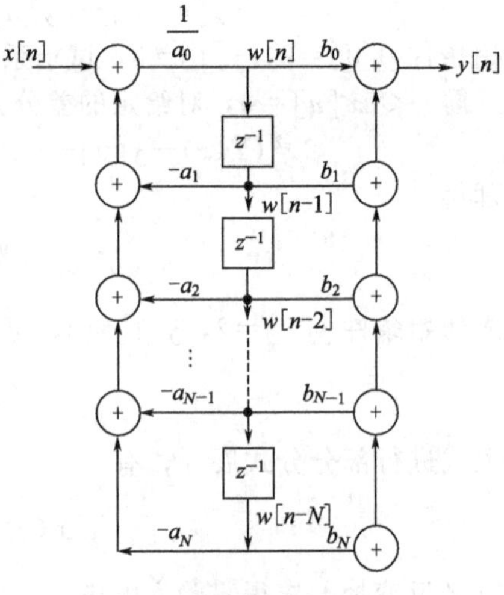

图 7-11　N 阶离散系统的Z域直接Ⅱ型模拟框图

【例 7-25】 试画出由下式给出的系统函数的框图表示。

$$H(z)=\frac{1-\frac{7}{4}z^{-1}-\frac{1}{2}z^{-2}}{1+\frac{1}{4}z^{-1}-\frac{1}{8}z^{-2}} \tag{7-110}$$

解　根据式(7-110) 给出的系统函数的各系数，可得到该系统的直接Ⅱ型框图，如图 7-12(a) 所示。

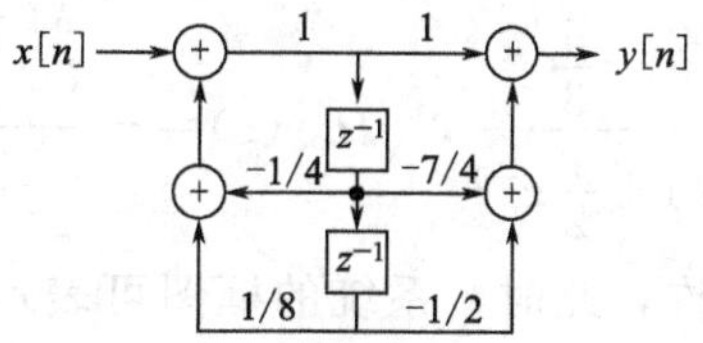

(a)直接Ⅱ型

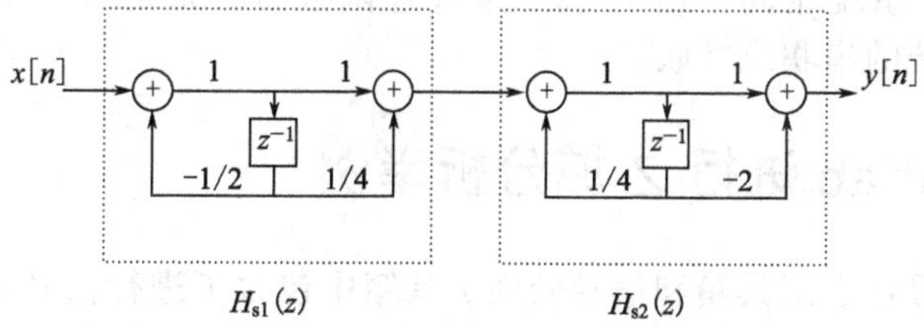

(b)级联型

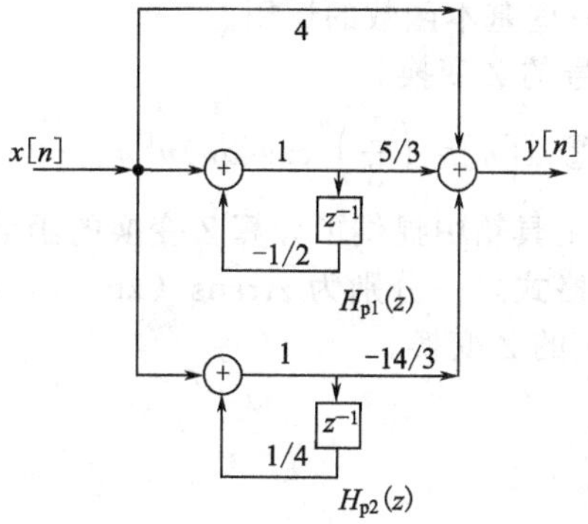

(c)并联型

图 7-12 例 7-25 系统的 Z 域框图表示

该系统函数的两个零点分别是 $z_1=-\dfrac{1}{4}$和 $z_2=2$，两个极点分别是 $p_1=-\dfrac{1}{2}$和 $p_2=\dfrac{1}{4}$，因此，可将式(7-110) 写成

$$H(z)=\frac{1+\frac{1}{4}z^{-1}}{1+\frac{1}{2}z^{-1}}\cdot\frac{1-2z^{-1}}{1-\frac{1}{4}z^{-1}}=H_{s1}(z)H_{s2}(z) \tag{7-111}$$

其中

$$H_{s1}(z)=\frac{1+\frac{1}{4}z^{-1}}{1+\frac{1}{2}z^{-1}},\quad H_{s2}(z)=\frac{1-2z^{-1}}{1-\frac{1}{4}z^{-1}}$$

式(7-111) 表示 $H(z)$ 可由 $H_{s1}(z)$ 和 $H_{s2}(z)$ 两个系统的级联来实现，此时，所对应的系统框图即为级联型，如图 7-12(b) 所示，图中 $H_{s1}(z)$ 和 $H_{s2}(z)$ 是两个一阶系统，并均采用直接Ⅱ型实现。

$H(z)$ 也可以表示成部分分式展开形式

$$H(z)=4+\frac{\frac{5}{3}}{1+\frac{1}{2}z^{-1}}-\frac{\frac{14}{3}}{1-\frac{1}{4}z^{-1}}=4+H_{p1}(z)+H_{p2}(z) \tag{7-112}$$

其中

$$H_{p1}(z)=\frac{\frac{5}{3}}{1+\frac{1}{2}z^{-1}},\quad H_{p2}(z)=-\frac{\frac{14}{3}}{1-\frac{1}{4}z^{-1}}$$

式(7-112) 表示了系统的并联结构，此时，系统的框图可表示为并联型，如图 7-12(c) 所示。同样，$H_{p1}(z)$ 和 $H_{p2}(z)$ 也是两个一阶系统，采用直接Ⅱ型表示。

与连续时间 LTI 系统相同，当 $H(z)$ 是有理函数时，系统可分解为多个一阶或二阶(有共轭极点时) 系统的串联或并联。

7.10 利用 Matlab 进行 Z 域分析举例

在 Matlab 的符号数学工具箱和信号处理工具箱中包含了进行信号与系统的 Z 域分析的函数。这些程序为计算较复杂信号的 Z 变换以及实现可视化分析带来了便利。本节通过具体例子讨论与这一章相关的一些基本函数的运用。

【例 7-26】 计算下列信号的 Z 变换。

① $x[n]=\frac{a^n}{n+1}u[n]$；② $x[n]=\left(\frac{1}{3}\right)^n\cos(an)u[n]$。

解 Matlab 的符号数学工具箱中提供了计算 Z 变换的函数 ztrans() 和计算 Z 反变换的函数 iztrans()。它们的调用格式之一分别为 ztrans (xn, n, z) 和 iztrans (xz, z, n)，其中 xn 为时域序列，xz 为对应的 Z 变换。

① 程序和运行结果如下

```
>>syms a n z
>>xn=a^n/(n+1)
>>xz=ztrans(xn,n,z)
xz=
-z/a*log(1-1/z*a)
```

② 程序和运行结果如下

```
>>syms a n z
>>xn=(1/3)^n*cos(a*n)
>>xz=ztrans(xn,n,z)
xz=
3*(3*z-cos(a))*z/(9*z^2-6*z*cos(a)+1)
```

Matlab 总是用 z 的正次幂形式来表示运算结果。

【例 7-27】 已知 $X(z)=\frac{z}{(z-1)(z-2)^2}$，$|z|>2$，求 $x[n]$。

解 计算 Z 反变换的程序和运行结果如下

```
>>syms n z
>>xz=z/((z-1)*(z-2)^2)
>>xn=iztrans(xz,z,n)
xn=
-2^n+1/2*2^n*n+1
```

上述运算结果适用于 $n\geqslant 0$。

【例 7-28】 已知 $X(z)=\frac{2z+4}{(z-1)(z-2)^2}$，$|z|>2$，试对 $X(z)$ 作部分分式展开，并求 $x[n]$。

解 在Matlab的信号处理工具箱中提供的函数residuez()可用于计算Z变换的部分分式展开式，即可求得$X(z)$的留数、极点和直接项。它的调用格式之一为[r，p，k]=residuez(b，a)，其中b和a分别表示$X(z)$的分子和分母多项式的系数，并要求按z的降幂次序排列；返回值r为留数，p为极点，k包含直接项系数。若$X(z)$为真有理分式，则k为零。由于residuez()函数要求分子和分母的多项式按z的降幂次序排列，因此可首先将$X(z)$改写为

$$X(z)=\frac{2z^{-2}+4z^{-3}}{1-5z^{-1}+8z^{-2}-4z^{-3}}$$

应用residuez()函数实现部分分式展开的程序和运行结果如下

```
>>b=[0,0,2,4]
>>a=[1,-5,8,-4]
>>[r,p,k]=residuez(b,a)
r=
    -7.0000
    2.0000
    6.0000
p=
    2.0000
    2.0000
    1.0000
k=
    -1
```

上述计算结果中$\boldsymbol{p}$向量的第一个值和第二个值均为2，表明它是一个二阶极点，它们的展开系数分别对应于$\boldsymbol{r}$向量中的第一个值和第二个值。因此$X(z)$具有如下的展开形式

$$X(z)=\frac{-7}{1-2z^{-1}}+\frac{2}{(1-2z^{-1})^2}+\frac{6}{1-z^{-1}}-1$$

上式可写为

$$X(z)=\frac{-7}{1-2z^{-1}}+\frac{z\cdot 2z^{-1}}{(1-2z^{-1})^2}+\frac{6}{1-z^{-1}}-1$$

这样由表7-2，可得

$$x[n]=-7(2)^n u[n]+(n+1)(2)^{n+1}u[n+1]+6u[n]-\delta[n]$$

由于当$n=-1$时上式中等号后面第二项为零，因此可进一步化简为

$$x[n]=-5(2)^n u[n]+2n(2)^n u[n]+6u[n]-\delta[n]$$

这一结果与例7-14是一致的。该例也可以采用例7-27的方法，直接调用iztrans( )函数来获得反变换。

【例7-29】 已知某一离散时间LTI系统的单位样值响应为$h[n]=\left(\frac{1}{2}\right)^n u[n]$，求当输入$x[n]=\left(\frac{1}{4}\right)^n u[n]$时，系统的零状态响应，并画出输出波形。

解 系统的零状态响应为$x[n]$与$h[n]$的卷积，但Matlab符号工具箱没有提供直接进行符号卷积运算的函数。因此，根据卷积定理，可以首先将信号作Z变换，在Z域实现两者相乘，然后通过反变换求得时域解。该例的程序和运行结果如下

```
>>syms n z
>>xn=(1/4)^n
>>hn=(1/2)^n
```

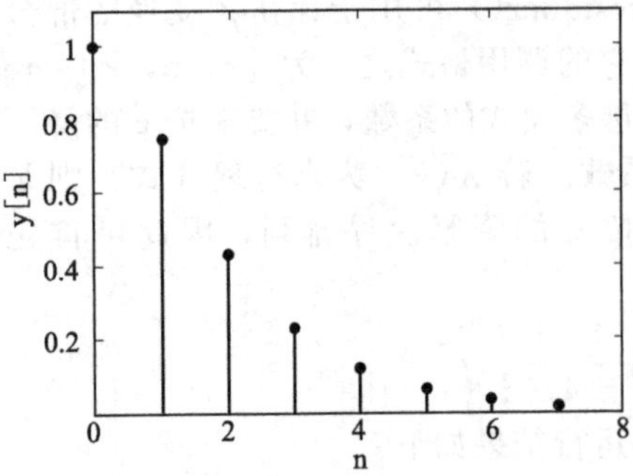

图 7-13　例 7-29 零状态响应波形

```
>>xz=ztrans(xn,n,z)
>>hz=ztrans(hn,n,z)
>>yz=xz * hz
>>yn=iztrans(yz,z,n)
yn=
2 * (1/2)^n-(1/4)^n
```

运行结果适用于 $n \geqslant 0$。获取输出波形的程序如下

```
>>n=0:8
>>y=2 * (1/2).^n-(1/4).^n
>>stem(n,y,'filled')
>>xlabel('n')
>>ylabel('y[n]')
```

程序运行输出波形如图 7-13 所示。

【例 7-30】 已知 $X(z)=\dfrac{1-(2z^{-1})^8}{1-2z^{-1}}$，试画出零极点图。

解　在 Matlab 的信号处理工具箱中提供的 zplane( ) 函数可直接用于在 Z 平面内绘制出零点和极点，零点用○表示，极点用×表示，该函数同时给出用作参考的单位圆。zplane( ) 函数的调用格式之一为 zplane(b，a)，其中 b 和 a 分别表示由 $X(z)$ 的分子和分母多项式的系数所构成的行向量。该例的程序如下

```
>>b=[1,0,0,0,0,0,0,0,-256]
>>a=[1,-2]
>>zplane(b,a)
```

程序运行结果如图 7-14 所示。图中在 $z=0$ 处有一个 7 阶极点（“×”边上的数字标明了极点的阶数），在 $z=2$ 处有 1 个极点和 1 个零点相消。$X(z)$ 的其他零点位置为

$$z_k=2e^{j2\pi k/8},k=1,\cdots,7$$

【例 7-31】 已知某因果离散时间 LTI 系统的系统函数为

$$H(z)=\frac{z^2-z}{z^3-\frac{1}{2}z^2+\frac{1}{4}}$$

计算 $H(z)$ 的零点和极点，画出零极点图，并判断系统是否稳定。

解　对于多项式的根可以应用 Matlab 中的 roots( ) 函数来求得。该例的程序如下

```
>>b=[0,1,-1,0]
>>a=[1,-1/2,0,1/4]
>>zs=roots(b)
>>ps=roots(a)
>>zplane(b,a)
zs=
0
1
ps=
0.5000+0.5000i
0.5000-0.5000i
-0.5000
```

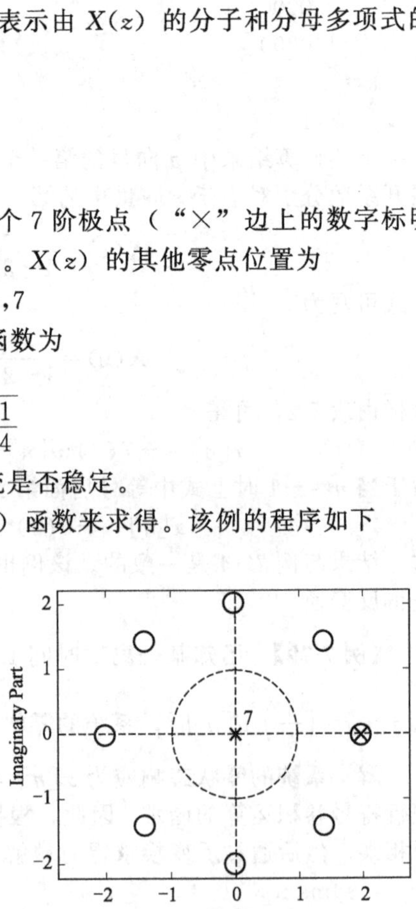

图 7-14　例 7-30 零极点图

程序运行得到的 zs 和 ps 分别为零点和极点的列向量。运行 zplane 后的结果如图 7-15 所示，图中的虚线为单位圆。由图可以看出，该因果系统的极点都落于单位圆之内，因此该系统是稳定的。

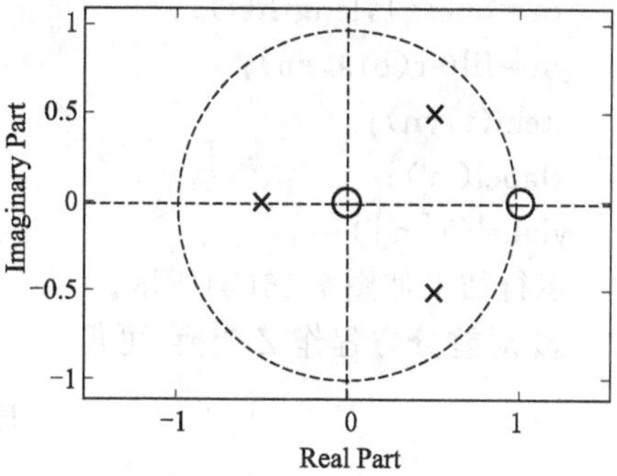

图 7-15 例 7-31 零极点图

【例 7-32】 已知某因果离散时间 LTI 系统的差分方程为

$$y[n]-0.4y[n-1]=x[n]$$

① 求单位样值响应 $h[n]$；

② 求单位阶跃响应 $s[n]$；

③ 求系统函数 $H(z)$ 和系统的频率响应 $H(e^{j\omega})$，并画出幅频特性和相频特性曲线。

解 ① 在 Matlab 的信号处理工具箱中提供的 impz( )函数可直接用于求解离散系统的单位样值响应，其调用格式之一为 impz(b,a,n1:n2)，其中 b 和 a 分别为差分方程中输入变量和未知变量的系数向量。程序如下。

```
% impz( )函数求解离散系统的单位样值响应
b=[1];
a=[1,-0.4];
impz(b,a,0:6);
axis([0,6,0,1.2]);
xlabel('n');
ylabel('h[n]');
```

运行结果如图 7-16(a)所示。

② 利用 Matlab 信号处理工具箱中的 filter( )函数可计算出由差分方程描述的 LTI 系统在输入信号的指定时间范围内所产生的输出信号的数值解。其调用格式之一为 filter(b,a,x)，其中 x 为输入信号非零值构成的行向量。程序如下。

```
% 用 filter( )函数计算出由差分方程描述的 LTI 系统的输出信号的数值解
b=[1];
a=[1,-0.4];
t=0:10;
```

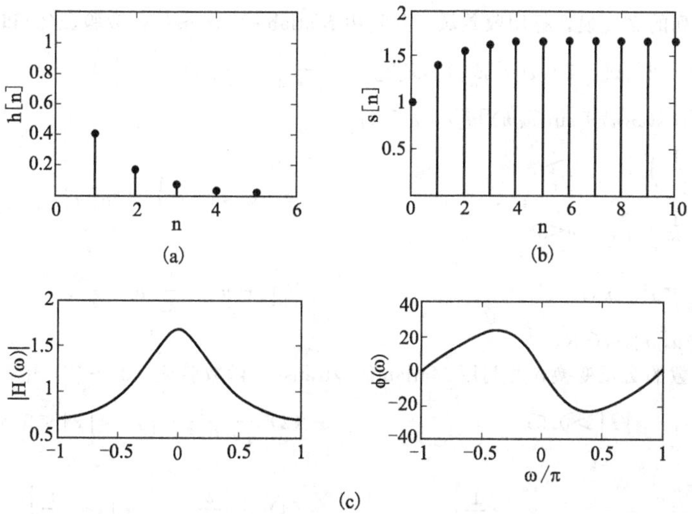

图 7-16 例 7-32 图

```
xn=ones(1,length(t));
yn=filter(b,a,xn);
stem(t,yn);
xlabel('n');
ylabel('s[n]');
```

运行结果如图 7-16(b)所示。

③ 对差分方程作 Z 变换,可得

$$H(z)=\frac{1}{1-\frac{2}{5}z^{-1}}$$

在 Matlab 信号处理工具箱中提供了求系统频率响应的函数 freqz()，其调用格式之一为 H=freqz(b,a,omega)，其中 b,a 分别为系统函数的分子和分母多项式的系数向量。此函数返回由 omega 指定的频率点上的频率响应。程序如下。

```
% 用函数 freqz() 求系统频率响应
b=[1,0];
a=[1,-2/5];
omega=-pi:pi/200:pi;
H=freqz(b,a,omega);
subplot(2,1,1);
plot(omega/pi,abs(H));
ylabel('|H(\omega)|');
subplot(2,1,2);
plot(omega/pi,180/pi * unwrap(angle(H)));
xlabel('\omega/\pi');
ylabel('\phi(\omega)');
```

运行结果如图 7-16(c) 所示。

习题 7

7-1 求下列序列的 Z 变换，标明收敛域，并利用 Matlab 的 ztrans()函数验证(2)和(7)中的结果。

(1) $x[n]=\{x[-2],x[-1],x[0],x[1],x[2]\}=\left\{-\frac{1}{4},-\frac{1}{2},1,\frac{1}{2},\frac{1}{4}\right\}$;

(2) $x[n]=a^n[\cos(\omega_0 n)+\sin(\omega_0 n)]u[n], a\in \mathrm{R}$;

(3) $x[n]=\begin{cases}\left(\frac{1}{4}\right)^n, & n\geqslant 0\\ \left(\frac{1}{2}\right)^{-n}, & n<0\end{cases}$;

(4) $x[n]=(\frac{1}{3})^{-n}u[n]$;

(5) $x[n]=(\frac{1}{3})^n u[-n]$;

(6) $x[n]=\frac{1}{2}nu[-n]$;

(7) $x[n]=ne^{an}u[n]$, $a\in \mathrm{R}$。

7-2 求下列函数的 Z 反变换，并利用 Matlab 的 iztrans() 函数验证 (3)～(7) 中的结果。

(1) $\frac{1}{1+0.5z^{-1}}$, $|z|>0.5$;

(2) $\frac{1}{1-0.5z^{-1}}$, $|z|<0.5$;

(3) $\frac{1-\frac{1}{2}z^{-1}}{1+\frac{3}{4}z^{-1}+\frac{1}{8}z^{-2}}$, $|z|>\frac{1}{2}$;

(4) $\frac{z-a}{1-az}$, $|z|>\left|\frac{1}{a}\right|$;

(5) $\dfrac{z^2+z+1}{z^2+3z+2}$，　$|z|>2$；　　(6) $\dfrac{z}{(z-1)(z^2-1)}$，　$|z|>1$；

(7) $\dfrac{z^2-az}{(z-a)^3}$，　$|z|>|a|$。

7-3　利用Z变换的性质求下列序列的Z变换 $X(z)$，并利用Matlab的ztrans()函数验证（1）和（3）中的结果。

(1) $(-1)^n nu[n]$；　　(2) $(n-1)^2 u[n-1]$；

(3) $\dfrac{\alpha^n}{n+1}u[n]$；　　(4) $\sum\limits_{i=0}^{k}(-1)^i$；

(5) $(n+1)(u[n]-u[n-3])*(u[n]-u[n-4])$。

7-4　分别用长除法、留数定理和部分分式展开法求下列 $X(z)$ 的反变换。

(1) $X(z)=\dfrac{1-\frac{1}{2}z^{-1}}{1-\frac{1}{4}z^{-2}}$，　$|z|>\dfrac{1}{2}$；　　(2) $X(z)=\dfrac{1-2z^{-1}}{1-\frac{1}{4}z^{-1}}$，　$|z|<\dfrac{1}{4}$。

7-5　利用Z域微分性质求反变换。

(1) $X(z)=\ln(1-2z)$，　$|z|<\dfrac{1}{2}$；　　(2) $X(z)=\ln\left(1-\dfrac{1}{2}z^{-1}\right)$，　$|z|>\dfrac{1}{2}$。

7-6　试画出 $X(z)=\dfrac{-3z^{-1}}{2-5z^{-1}+2z^{-2}}$ 的零极点图，并讨论在下列三种收敛域情况下，何者为左边序列、右边序列、双边序列？同时写出各自所对应的序列。

(1) $|z|>2$；　　(2) $|z|<0.5$；　　(3) $0.5<|z|<2$。

7-7　已知因果序列的Z变换 $X(z)$，试分别求序列的初值 $x[0]$ 和终值 $x[\infty]$。

(1) $X(z)=\dfrac{1+z^{-1}+z^{-2}}{(1-z^{-1})(1-2z^{-1})}$；　　(2) $X(z)=\dfrac{1}{(1-0.5z^{-1})(1+0.5z^{-1})}$；

(3) $X(z)=\dfrac{z^{-1}}{1-1.5z^{-1}+0.5z^{-2}}$。

7-8　已知序列 $x_1[n]$ 的Z变换为 $X_1(z)$，序列 $x_2[n]$ 的Z变换为 $X_2(z)$，且 $x_1[n]$ 和 $x_2[n]$ 满足如下关系

$$x_2[n]=x_1[-n]$$

试证明 $X_2(z)=X_1\left(\dfrac{1}{z}\right)$，并且如果 $X_1(z)$ 有一个极点（或零点）在 $z=z_0$ 处，则 $X_2(z)$ 有一个极点（或零点）在 $z=\dfrac{1}{z_0}$ 处。

7-9　用Matlab的zplane()函数画出下列Z变换的零极图，用residuez()函数对下列Z变换进行部分分式展开，并求反变换。

(1) $F(z)=\dfrac{1-z^{-1}}{1-z^{-1}-2z^{-2}}$；　　(2) $F(z)=\dfrac{z+1}{(z-1)^2}$；

(3) $F(z)=\dfrac{z^2}{z^2+3z+2}$；　　(4) $F(z)=\dfrac{z^2+z+1}{z^2+z-2}$。

7-10　如果 $\widetilde{X}(z)$ 表示 $x[n]$ 的单边Z变换，试用 $\widetilde{X}(z)$ 表示下列信号的单边Z变换。

(1) $x[n+1]$；　　(2) $x[n-3]$；　　(3) $\sum\limits_{k=-\infty}^{n}x[k]$。

7-11　已知一个因果离散时间LTI系统的差分方程为

$$y[n]-y[n-1]-y[n-2]=x[n-1]$$

(1) 求系统函数 $H(z)$，画出其零极点图并标明收敛域；

(2) 求该系统的单位样值响应，并用Matlab的impz()函数验证得到的结果；

(3) 该系统是一个不稳定系统，试找出一个满足上述差分方程的稳定的（非因果）系统的单位样值响应。

7-12　已知一个因果离散时间LTI系统的差分方程为

$$y[n]-y[n-1]+\frac{1}{2}y[n-2]=x[n-1]$$

(1) 求系统函数 $H(z)$，用 Matlab 的 zplane() 函数画出其零极点图，并判断稳定性；

(2) 求单位样值响应 $h[n]$，并用 Matlab 的 impz() 函数验证得到的结果；

(3) 若已知激励 $x[n]=5\cos(n\pi)$，求系统的响应。

7-13 求下列差分方程所描述的离散时间 LTI 系统的系统函数 $H(z)$ 和单位样值响应 $h[n]$ 并用 Matlab 的 impz() 函数验证得到的结果。

(1) $y[n]-5y[n-1]+6y[n-2]=x[n]-3x[n-2]$；

(2) $8y[n+2]-2y[n+1]-3y[n]=x[n+1]+2x[n]$。

7-14 (1) 对下列由差分方程所描述的因果系统，在给定的输入信号和初始条件下，求系统的响应$y[n]$。

① $y[n]+3y[n-1]=x[n]$， $x[n]=(\frac{1}{2})^n u[n]$， $y[-1]=1$；

② $y[n]-\frac{1}{2}y[n-1]=x[n]-\frac{1}{2}x[n-1]$， $x[n]=u[n]$， $y[-1]=0$；

③ $y[n]-\frac{1}{2}y[n-1]=x[n]-\frac{1}{2}x[n-1]$， $x[n]=u[n]$， $y[-1]=1$。

(2) 用 Matlab 的 impz() 函数和 filter() 函数求上述差分方程所描述的因果系统的单位样值响应和单位阶跃响应。

7-15 用 Z 变换法求解下列差分方程所描述的因果系统。

(1) $y[n]-0.9y[n-1]=0.05u[n]$， $y[-1]=1$；

(2) $y[n]-y[n-1]-2y[n-2]=u[n-2]$， $y[0]=1, y[1]=1$；

(3) $y[n+2]+3y[n+1]+2y[n]=3^n u[n]$， $y[0]=0, y[1]=0$；

(4) $y[n]+2y[n-1]=(n-2)u[n]$， $y[0]=1$；

(5) $y[n+2]+y[n+1]+y[n]=u[n]$， $y[0]=1, y[1]=2$。

7-16 某因果 LTI 系统的差分方程为

$$y[n]-2ry[n-1]\cos\theta+r^2y[n-2]=x[n]$$

当激励 $x[n]=a^n u[n]$时，试用 Z 变换法求解系统的响应。

7-17 对于某一离散 LTI 系统，当输入 $x[n]=u[n]$时，其零状态响应 $y_{zs}[n]=2(1-0.5^n)u[n]$。试求当输入 $x[n]=0.5^n u[n]$时，该系统的零状态响应。

7-18 已知某离散时间 LTI 系统，当输入 $x[n]=u[n]$时，其零状态响应为

$$y_{zs}[n]=2u[n]-0.5^n u[n]+(-1.5)^n u[n]$$

试求该系统的系统函数 $H(z)$ 和差分方程。

7-19 已知某离散时间 LTI 系统的差分方程为

$$y[n]-ay[n-1]=x[n], \qquad 0<a<1$$

(1) 试画出该系统的 Z 域模拟框图；

(2) 求 $H(z)$，并画出零极点图；

(3) 若该系统是稳定的，求频率响应 $H(e^{j\omega})$ 和单位样值响应 $h[n]$。

7-20 已知离散 LTI 系统的单位样值响应为

$$h[n]=(1+0.3^n+0.6^n)u[n]$$

(1) 求该系统的系统函数 $H(z)$，并画出其零极点图；

(2) 写出该系统的差分方程；

(3) 试分别画出该系统的直接Ⅱ型实现、并联型实现和级联型实现的 Z 域模拟框图。

7-21 已知某一因果离散时间系统的差分方程为

$$y[n]+0.5y[n-1]=0.5x[n]$$

(1) 若 $y[-1]=2$，求系统的零输入响应 $y_{zi}[n]$；

(2) 若 $x[n]=\left(\frac{1}{4}\right)^n u[n]$，求系统的零状态响应 $y_{zs}[n]$；

(3) 若 $y[-1]=1, x[n]=3\left(\frac{1}{4}\right)^n u[n]$，求 $n\geqslant 0$ 时系统的响应；

(4) 用 Matlab 的 freqz() 函数画出该系统的幅频特性和相频特性曲线。

7-22 已知某一因果离散时间系统的差分方程为

$$y[n]-\frac{5}{6}y[n-1]+\frac{1}{6}y[n-2]=x[n]+ax[n-1]$$

(1) 若输入 $x[n]=(-1)^n$，输出 $y[n]=2(-1)^n$，求系统函数；

(2) 若 $x[n]=u[n]$，求系统的零状态响应；

(3) 若输入 $x[n]=(-2)^n$时，对所有的 n，求 $y[n]$；

(4) 利用 Matlab 的 filter() 函数验证 (2) 中的结果。

8 系统理论

8.0 引言

前几章讨论了信号与LTI系统的时域、频域和变换域的分析方法，引出了LTI系统的卷积、单位冲激（脉冲）响应、频率响应和系统函数等概念。卷积给出了LTI系统求解响应的一般方法，而LTI系统的单位冲激（脉冲）响应、频率响应和系统函数分别从时域、频域和变换域（S域、Z域）等不同方面描述了同一系统，它们的特性决定了系统的性质，其中系统函数更具有普遍意义。

我们已经知道，LTI系统的因果性和稳定性与其系统函数 $H(s)$ 或 $H(z)$ 有着密切的关系。一个因果连续时间LTI系统，其冲激响应满足 $t<0$ 时，$h(t)=0$，而其系统函数 $H(s)$的 ROC 一定是S平面的右半部分：$\mathrm{Re}\{s\}>\sigma_0$。一个稳定连续时间LTI系统的充要条件是其单位冲激响应 $h(t)$ 绝对可积，$\int_{-\infty}^{\infty}|h(t)|\,\mathrm{d}t<\infty$，对应于系统函数 $H(s)$ 则是其 ROC 包含 $\mathrm{j}\omega$ 轴。结合以上两点结果，可得因果稳定连续时间LTI系统，其系统函数 $H(s)$ 的所有极点的实部都必须是负的。离散时间LTI系统，也有类似结果：①因果系统的充要条件是单位脉冲响应 $h[n]$ 满足 $h[n]=0$，$n<0$，其系统函数 $H(z)$ 的 ROC 为某内界圆的外部，即 $|z|>r_0$；②稳定系统的充要条件是其单位脉冲响应绝对可和，$\sum\limits_{k=-\infty}^{\infty}|h[n]|<\infty$，或系统函数 $H(z)$ 的 ROC 包含单位圆；③因果稳定离散时间LTI系统的系统函数 $H(z)$ 的所有极点必须落在单位圆内部。

因此，可以通过系统函数，很方便地了解系统的因果性和稳定性。不仅如此，系统函数已经成为系统分析和综合的基本方法。本章将在前几章论述的基础上，针对LTI系统分析和综合中的一些基本问题，进一步讨论系统函数应用中的一些基本方法、概念和系统理论。

8.1 系统函数与时域特性

LTI系统的响应可分解为自由响应和强迫响应，其中自由响应的形式与单位冲激响应相同。因此，LTI系统的单位冲激响应 $h(t)$（或 $h[n]$）表征着系统的时域特性，而 $h(t)$（或 $h[n]$）的变化规律完全由系统函数 $H(s)$(或 $H(z)$）的零、极点位置决定。因此，本节就此问题分别对因果连续时间和离散时间的LTI系统进行讨论。

8.1.1 连续时间LTI系统

一个 n 阶因果连续时间系统的系统函数可表示为

$$H(s)=\frac{B(s)}{A(s)}=\frac{b_m s^m+b_{m-1}s^{m-1}+\cdots+b_1 s+b_0}{a_n s^n+a_{n-1}s^{n-1}+\cdots+a_1 s+a_0} \tag{8-1}$$

假设式(8-1) 的 n 个极点为 $p_1,p_2,\cdots,p_n$，m 个零点为 $z_1,z_2,\cdots,z_m$，则上式可改写为

$$H(s)=\frac{B(s)}{A(s)}=K\frac{(s-z_1)(s-z_2)\cdots(s-z_m)}{(s-p_1)(s-p_2)\cdots(s-p_n)}=K\frac{\prod\limits_{j=1}^{m}(s-z_j)}{\prod\limits_{i=1}^{n}(s-p_i)} \tag{8-2}$$

式中，$K=\frac{b_m}{a_n}$为比例常数。极点 p_i 和零点 z_j 的数值有两种情况：实根与复根。通常 $H(s)$ 的分子 $B(s)$ 和分母 $A(s)$ 中的系数 $a_i(i=0,1,2,\cdots,n)$和 $b_j(j=0,1,2,\cdots,m)$都是实数，因此，零、极点中如果有复根，一定是共轭成对出现的，即形式为：$\alpha\pm j\beta$。

由拉普拉斯逆变换可知，有理形式的 $H(s)$ 可按其极点展开成部分分式。因此，单位冲激响应 $h(t)$ 的形式仅取决于 $H(s)$ 的极点，而幅度和相角将由极点和零点共同决定。也就是说，$h(t)$ 完全取决于 $H(s)$ 的零、极点在 S 平面的几何位置的分布状况。按 $H(s)$ 的极点在 S 平面上的几何位置可分为：左半开平面、虚轴和右半开平面三种情况。

(1) 一阶极点

如果 $H(s)$ 的极点 $p_1,p_2,\cdots,p_n$都是一阶的，则式(8-1) 可展开成部分分式形式

$$H(s)=\sum_{i=1}^{n}\frac{k_i}{s-p_i}=\sum_{i=1}^{n}H_i(s) \tag{8-3}$$

式中
$$H_i(s)=\frac{k_i}{s-p_i}$$

以及
$$h(t)=\left(\sum_{i=1}^{n}k_i e^{p_i t}\right)u(t)=\sum_{i=1}^{n}h_i(t) \tag{8-4}$$

式中，$h_i(t)$ 为极点 p_i所对应的时间函数项。

$$h_i(t)=k_i e^{p_i t}u(t) \tag{8-5}$$

若极点 p_i为实数，根据 $p_i<0$，$p_i=0$ 和 $p_i>0$ 三种不同情况，其极点分别在左半开平面、虚轴和右半开平面上，其对应的时间函数如图 8-1 所示。

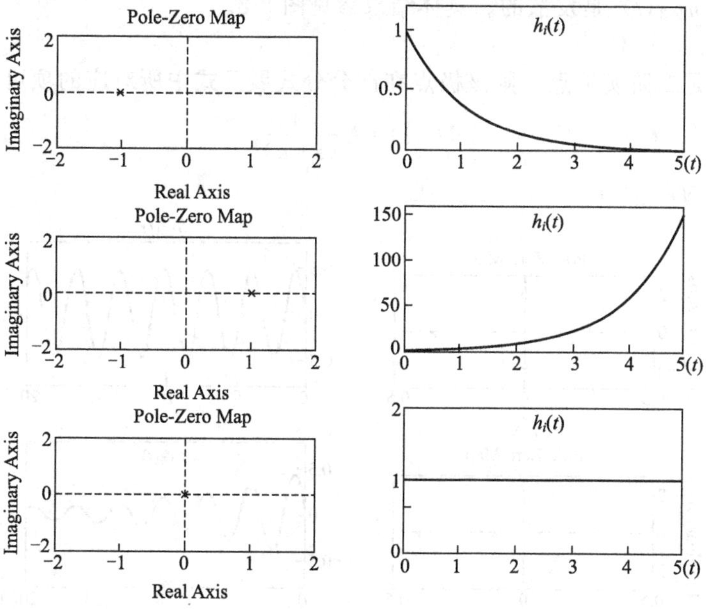

图 8-1 一阶实极点对应的时间函数

在 Matlab 中，分别可以通过函数 pzmap（与 impulse）以获取系统的零极点图与单位冲激响应，产生图 8-1 的 Matlab 代码如下。

```
t=0:0.02:5;                                          %设置抽样时间
a=[1];b1=[1 1];b2=[1 -1];b3=[1 0];
sys1=tf(a,b1);sys2=tf(a,b2);sys3=tf(a,b3);           %设置连续时间 LTI 系统
```

```
subplot(3,2,1);pzmap(sys1,'k');axis([-2,2,-2,2]);    %绘制系统 1 的零极点图
subplot(3,2,3);pzmap(sys2,'k');axis([-2,2,-2,2]);    %绘制系统 2 的零极点图
subplot(3,2,5);pzmap(sys3,'k');axis([-2,2,-2,2]);    %绘制系统 3 的零极点图
h1=impulse(a,b1,t);                                  %求系统 1 的单位冲激响应
h2=impulse(a,b2,t);                                  %求系统 2 的单位冲激响应
h3=impulse(a,b3,t);                                  %求系统 3 的单位冲激响应
subplot(3,2,2);plot(t,h1,'k');axis([0,5,0,1.2]);     %绘制系统 1 的单位冲激响应
subplot(3,2,4);plot(t,h2,'k');axis([0,5,0,160]);     %绘制系统 2 的单位冲激响应
subplot(3,2,6);plot(t,h3,'k');axis([0,5,0,2]);       %绘制系统 3 的单位冲激响应
```

若极点为复根，且以一对共轭极点 $p_{1,2}=\alpha\pm j\beta$ 的形式出现。这时式(8-3)中该对极点所对应的项可合并为一项，即

$$\frac{k_1}{s-(\alpha+j\beta)}+\frac{k_2}{s-(\alpha-j\beta)}=k\,\frac{s+b}{(s-\alpha)^2+\beta^2} \tag{8-6}$$

所对应的时间函数为

$$h_{1,2}(t)=k\,\frac{\sqrt{(\alpha+b)^2+\beta^2}}{\beta}\mathrm{e}^{\alpha t}\sin(\beta t+\varphi)u(t) \tag{8-7}$$

其中 $\varphi=\arctan\dfrac{\beta}{\alpha+b}$，$k=2\mathrm{Re}\{k_1\}$，$b=\dfrac{\mathrm{Im}\{k_1\}}{\mathrm{Re}\{k_1\}}-\alpha$

若 $\alpha<0$，则极点在左半开平面，这时 $h_{1,2}(t)$ 为衰减振荡，满足 $\lim\limits_{t\to+\infty}h_{1,2}(t)=0$；若 $\alpha=0$，则极点在虚轴上，这时 $h_{1,2}(t)$ 为等幅振荡；若 $\alpha>0$，则极点在右半开平面，$h_{1,2}(t)$ 为增幅振荡，这时 $h_{1,2}(t)$ 是发散的。具体结果参见图 8-2。

(2) 二阶极点

如果 $p_i=a$ 是二阶实极点，则该极点在部分分式展开式中所对应的项可表示为

$$H_i(s)=k\,\frac{s+b}{(s-a)^2} \tag{8-8}$$

对应的时间函数为

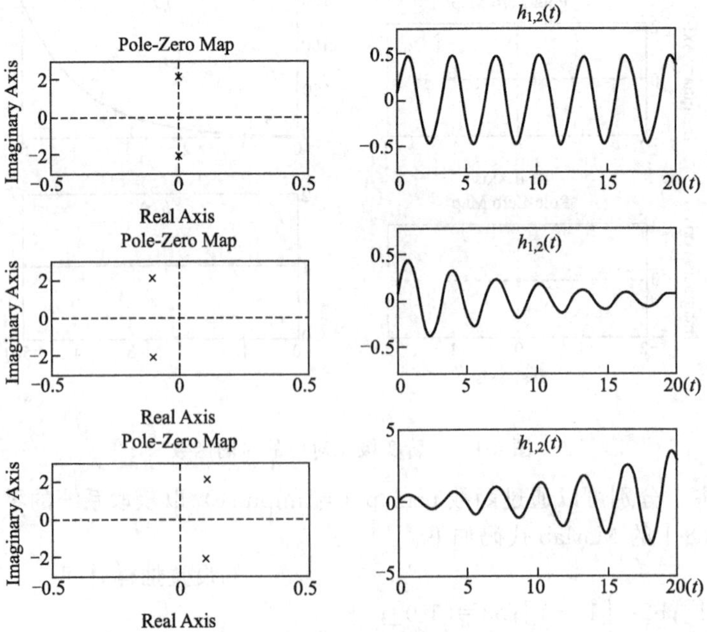

图 8-2　一阶共轭复极点对应的时间函数

$$h_i(t)=k[(a+b)t+1]e^{at}u(t) \tag{8-9}$$

若 $a<0$，则极点在左半平面的负实轴上，在 t 较小时，$h_i(t)$ 随 t 的增大而增大，当 t 到达某一时刻时，$h_i(t)$ 达到最大值，随后，$h_i(t)$ 是衰减的，满足 $\lim_{t\to+\infty} h_i(t)=0$。若 $a=0$ 或 $a>0$，极点在原点或右半开平面的实轴上，$h_i(t)$ 是一增长函数，并满足 $\lim_{t\to+\infty} h_i(t)=\infty$。

若 $H(s)$ 有二阶共轭极点 $\beta_{1,2}=\alpha\pm j\beta$，则该对二阶共轭极点在部分分式展开中对应项的分母为 $[(s-\alpha)^2+\beta^2]^2$，其对应的时间函数为

$$h_{1,2}(t)=C_1te^{\alpha t}\cos(\beta t+\theta)+C_2e^{\alpha t}\cos(\beta t+\varphi) \tag{8-10}$$

式中，C_1，C_2，θ，φ 都是常数，其值与极点和零点位置有关。若 $\alpha<0$，则极点在左半开平面，由于 $e^{\alpha t}$ 是衰减的，因此，当 t 较大时，式(8-10) 中的两项都是衰减振荡，满足 $\lim_{t\to+\infty} h_{1,2}(t)=0$。若 $\alpha=0$ 或 $\alpha>0$，则极点在虚轴或右半开平面，由于 $e^{\alpha t}$ 为常数或增长函数，因此 $h_{1,2}(t)$ 是增长振荡函数，当 $t\to\infty$ 时，其振荡幅度也趋向于 ∞。

对于更高阶极点，其对应的时间函数的变化规律与二阶极点相似，这里不再赘述。综上所述，可得出以下结论：连续时间 LTI 系统的自由响应分量或单位冲激响应的形式仅取决于系统函数的极点位置，而系统函数的零点会影响到它们的幅度和相位。具体地说，一阶极点的时域特性可参阅图 8-2。实部大于等于零的二阶以及二阶以上的极点所对应的时间函数的幅度，随时间的增大而增大，最终其幅度趋向于无穷。

8.1.2 离散时间 LTI 系统

一个 n 阶的因果离散时间 LTI 系统的系统函数可表示为

$$H(z)=k\frac{\prod_{i=1}^{m}(1-z_iz^{-1})}{\prod_{i=1}^{n}(1-p_iz^{-1})} \tag{8-11}$$

其中 z_i 和 p_i 分别为其零点和极点。假如 p_i 均为一阶极点，则 $H(z)$ 可展开为

$$H(z)=\sum_{i=1}^{n}\frac{A_i}{1-p_iz^{-1}}=\sum_{i=1}^{n}H_i(z) \tag{8-12}$$

系统的单位脉冲响应 $h[n]$ 为

$$h[n]=\sum_{i=1}^{n}h_i[n]=\left(\sum_{i=1}^{n}A_ip_i^n\right)u[n] \tag{8-13}$$

显然，与连续时间的情况一样，系统函数 $H(z)$ 的极点决定了 $h[n]$ 的形式，而零点影响 $h[n]$ 的幅度和相位。离散系统的系统函数 $H(z)$ 的极点，按其在 Z 平面的位置可分为在单位圆内、单位圆上和单位圆外三类。下面将分别讨论之。

(1) 单位圆内的极点

单位圆内的极点可分为实极点和共轭极点两种。如果 $H(z)$ 有一阶实极点 $p_i=a$，那么 $H(z)$ 的部分分式展开式中将含有

$$H_i(z)=\frac{A_i}{1-az^{-1}},\quad |a|<1 \tag{8-14}$$

相应的单位脉冲响应中对应的响应项为

$$h_i[n]=A_ia^nu[n] \tag{8-15}$$

由于 $|a|<1$，所以该对应项是衰减的。图 8-3(a) 和 (b) 分别绘出了 $a>0$ 和 $a<0$ 时，$h_i[n]$ 对应的波形。

需要注意的是，在 Matlab 中，计算离散时间 LTI 系统的单位脉冲响应的函数为 impz( )。以下给出了产生图 8-3 的 Matlab 代码。

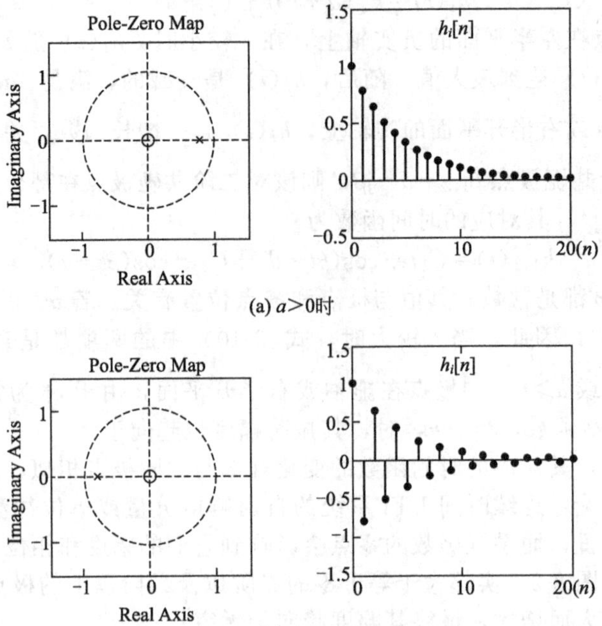

(a) $a>0$时

(b) $a<0$

图 8-3　单位圆的一阶实极点及其对应的时间信号

```
a=[1 0];b1=[1 -0.8];b2=[1 0.8];
sys1=tf(a,b1,-1);sys2=tf(a,b2,-1);          %设置离散时间 LTI 系统
subplot(2,2,1);pzmap(sys1,'k');              %绘制系统 1 的零极点图
subplot(2,2,3);pzmap(sys2,'k');              %绘制系统 2 的零极点图
h1=impz(a,b1);h2=impz(a,b2);                 %计算系统 1 与系统 2 的单位脉冲响应
subplot(2,2,2);stem((0:43),h1,'filled','k'); %绘制系统 1 的单位脉冲响应
subplot(2,2,4);stem((0:43),h2,'filled','k'); %绘制系统 2 的单位脉冲响应
```

如果 $H(z)$ 在单位圆内有二阶实极点 $p_i=a$，则 $H(z)$ 的部分分式中应含有

$$H_i(z)=\frac{A_{i1}}{1-az^{-1}}+\frac{A_{i2}}{(1-az^{-1})^2},\quad |a|<1 \tag{8-16}$$

在 $h[n]$ 中对应的响应分量为

$$h_i[n]=A_{i1}a^n u[n]+A_{i2}(n+1)a^n u[n] \tag{8-17}$$

由于$|a|<1$，所以当 n 较大时仍是衰减的，且有$\lim\limits_{n\to\infty}h_i[n]=0$。同样，若 $H(z)$ 在单位圆内有高阶实极点，则其对应的响应分量在 n 较大时仍是衰减的，且当 n 趋向∞时，该极点对应的响应分量趋向于零。

如果 $H(z)$ 的分子多项式和分母多项的系数都为实数，此时复极点一定是共轭成对的。假定，单位圆内有一对共轭复极点 $r_0\mathrm{e}^{\pm\mathrm{j}\omega_0}$，则展开式中包含

$$H_i(z)=\frac{A}{1-r_0\mathrm{e}^{\mathrm{j}\omega_0}z^{-1}}+\frac{A^*}{1-r\mathrm{e}^{-\mathrm{j}\omega_0}z^{-1}} \tag{8-18}$$

式中，$r_0<1$，$A=|A|\mathrm{e}^{\mathrm{j}\theta}$为复常数。

求反 Z 变换，可得其在 $h[n]$ 中对应的响应项为

$$h_i[n]=2|A|r_0^n[\cos(\omega_0 n+\theta)]u[n] \tag{8-19}$$

此时极点分布及其时域序列如图 8-4 所示，它是一个指数衰减的正弦序列。如果在单位圆内有高阶共轭极点，所对应的单位脉冲响应分量，在 n 较大时仍是衰减的。因此，单位圆内极点所对应的响应项，是一衰减序列，且满足 n 趋向于∞时，趋向于零。

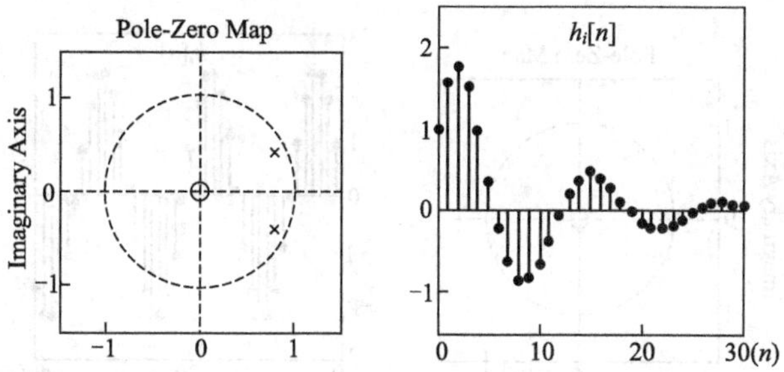

图 8-4 单位圆内一阶共轭复极点及其对应的时间信号

(2) 单位圆上的极点

单位圆上的实极点只有 1 或 −1 两种情况。因此 $H(z)$ 在单位圆上有一阶实极点，则 $H(z)$的展开式一定包含

$$H_i(z)=\frac{A_i}{1\pm z^{-1}} \tag{8-20}$$

相应的单位脉冲响应分量为

$$h_i[n]=A_i(\pm 1)^n u[n] \tag{8-21}$$

如图 8-5 和图 8-6 所示。

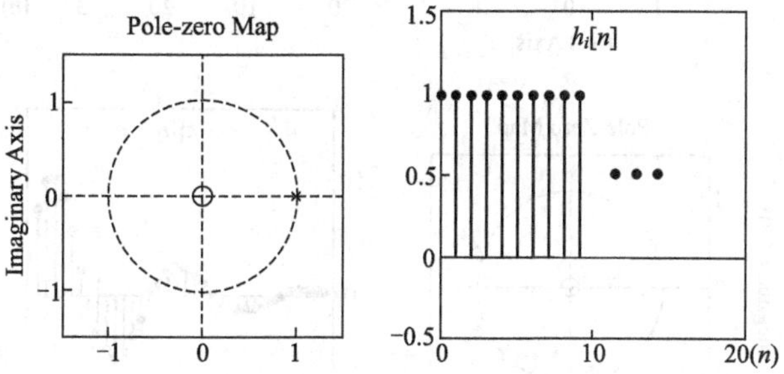

图 8-5 极点为+1 及其对应的时间信号

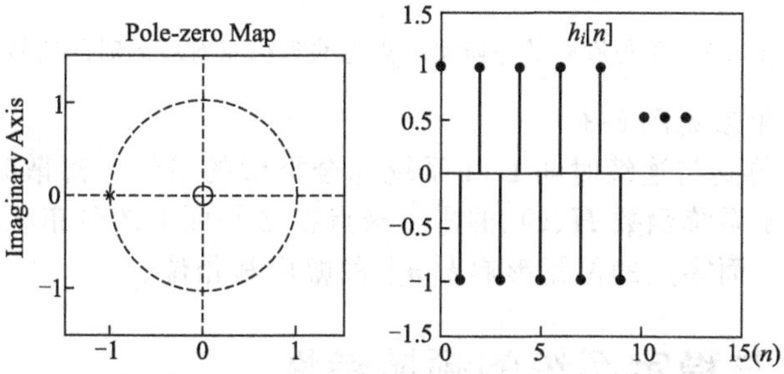

图 8-6 极点为−1 及其对应的时间信号

如果 $H(z)$ 在单位圆上有一阶共轭极点 $e^{\pm j\omega_0}$，则 $H(z)$ 的展开式中必有

$$H_i(z)=\frac{A}{1-e^{j\omega_0}z^{-1}}+\frac{A^*}{1-e^{-j\omega_0}z^{-1}}，A\text{ 为复常数，且 }A=|A|e^{j\theta} \tag{8-22}$$

其对应的响应项为

$$h_i[n]=2|A|\cos(\omega_0 n+\theta)u[n] \tag{8-23}$$

它是一个等幅正弦振荡序列，此时极点分布及其时域序列如图 8-7 所示。

此外，对于单位圆上的高阶极点和单位圆外的极点所对应的响应项，在 n 趋于∞时，均

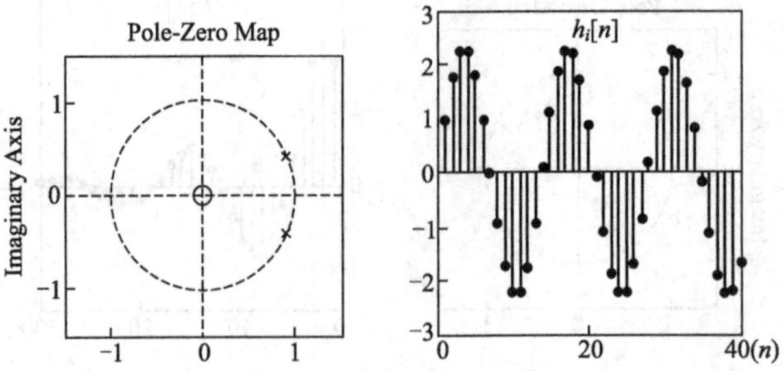

图 8-7　单位圆上一阶共轭极点及其对应的时间信号

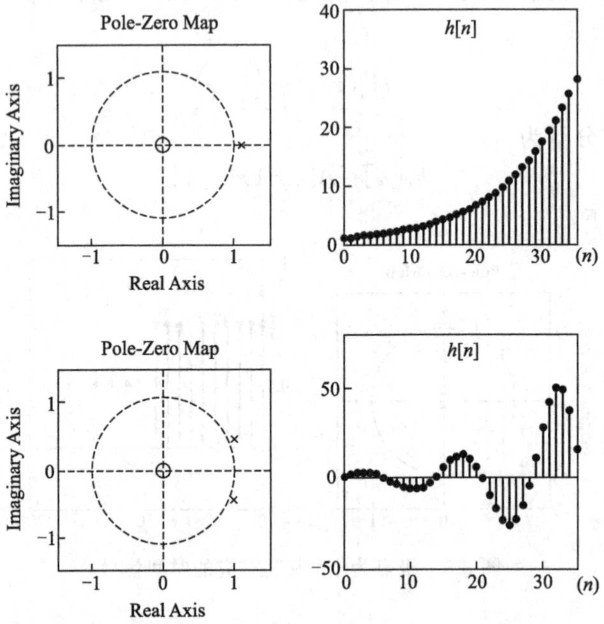

图 8-8　单位圆外的一阶实极点与共轭极点对应的时间信号

趋于无穷大，具体结果参见图 8-8。

由以上讨论可以得到与连续时间 LTI 系统完全类似的结论：离散时间 LTI 系统的单位脉冲响应 $h[n]$ 取决于系统函数 $H(z)$ 的零、极点在 Z 平面上的分布状况，即极点的位置决定 $h[n]$ 的函数形式，而零点的位置影响 $h[n]$ 的幅度和相位。

8.2　系统函数与稳定系统的频域特性

8.2.1　连续时间 LTI 系统

对于连续时间 LTI 系统，如果其系统函数 $H(s)$ 的 ROC 包含 $\mathrm{j}\omega$ 轴，那么式(8-2) 所表示的系统的频率响应为

$$H(\mathrm{j}\omega)=H(s)\big|_{s=\mathrm{j}\omega}=K\frac{\prod\limits_{i=1}^{m}(\mathrm{j}\omega-z_i)}{\prod\limits_{i=1}^{n}(\mathrm{j}\omega-p_i)}\tag{8-24}$$

对于任意极点 p_i 和零点 z_i，令

$$\begin{cases}\overrightarrow{j\omega-p_i}=A_i e^{j\theta_i}\\ \overrightarrow{j\omega-z_i}=B_i e^{j\varphi_i}\end{cases} \tag{8-25}$$

式中，A_i 和 B_i 分别是极点矢量 $\overrightarrow{j\omega-p_i}$ 和零点矢量 $\overrightarrow{j\omega-z_i}$ 的模；θ_i 和 φ_i 分别是它们的相角，如图 8-9 所示。

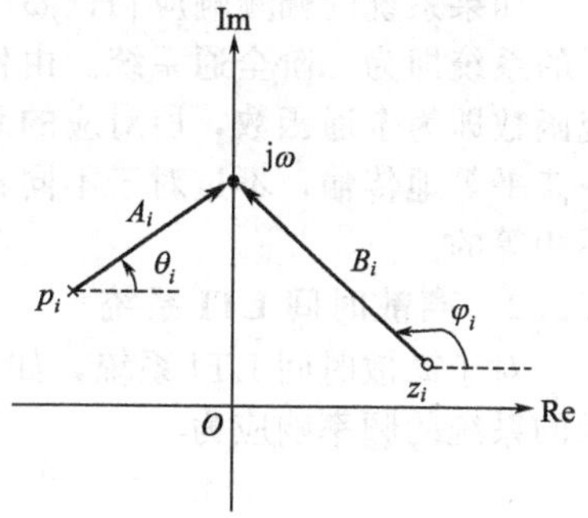

图 8-9 零极点矢量图

于是式(8-24) 可以写为

$$H(j\omega)=K\frac{B_1B_2\cdots B_m}{A_1A_2\cdots A_n}\frac{e^{j(\varphi_1+\varphi_2+\cdots+\varphi_m)}}{e^{j(\theta_1+\theta_2+\cdots+\theta_n)}}=|H(j\omega)|e^{j\psi(\omega)} \tag{8-26}$$

其中系统的幅频特性为

$$|H(j\omega)|=K\frac{B_1B_2\cdots B_m}{A_1A_2\cdots A_n} \tag{8-27}$$

而相频特性为

$$\psi(\omega)=(\varphi_1+\varphi_2+\cdots\varphi_m)-(\theta_1+\theta_2+\cdots+\theta_n) \tag{8-28}$$

当 ω 从 0（或 $-\infty$）沿虚轴变化至 $+\infty$ 时，各矢量的模和相角都将随之变化，根据式(8-27) 和式(8-28) 就能获得其幅频特性曲线和相频特性曲线。

【例 8-1】 二阶系统函数为 $H(s)=\dfrac{(s-s_1^*)(s-s_1)}{(s+s_1)(s+s_1^*)}$，其中 $s_1=a+j\beta$，$a>0$。粗略画出其幅频、相频特性。

解 根据题意可知，该系统函数 $H(s)$ 的零点和极点关于 $j\omega$ 轴是镜像对称，如图 8-10 所示，其频率特性为

$$H(j\omega)=\frac{(j\omega-s_1^*)(j\omega-s_1)}{(j\omega+s_1)(j\omega+s_1^*)}=\frac{B_1B_2}{A_1A_2}e^{j(\varphi_1+\varphi_2-\theta_1-\theta_2)} \tag{8-29}$$

由图 8-10 可见，对于所有的 ω 有 $A_1=B_1$，$A_2=B_2$，所以幅频特性为

$$|H(j\omega)|=1$$

其相频特性为

$$\begin{aligned}\varphi(\omega)&=\varphi_1+\varphi_2-\theta_1-\theta_2=2\pi-2\left[\arctan\left(\frac{\omega+\beta}{a}\right)+\arctan\left(\frac{\omega-\beta}{a}\right)\right]\\&=2\pi-2\arctan\left(\frac{2a\omega}{a^2+\beta^2-\omega^2}\right)\end{aligned}$$

由图 8-10 可见，当 $\omega=0$ 时，$\theta_1+\theta_2=0$，$\varphi_1+\varphi_2=2\pi$，故 $\varphi(\omega)=2\pi$；当 $\omega\to\infty$ 时，$\theta_1=\theta_2=\varphi_1=\varphi_2=\dfrac{\pi}{2}$，故 $\varphi(\omega)=0$。其幅频和相频特性如图 8-11 所示。

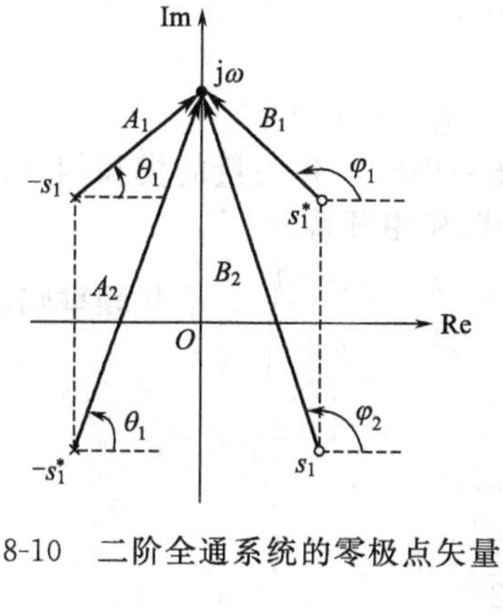

图 8-10 二阶全通系统的零极点矢量图

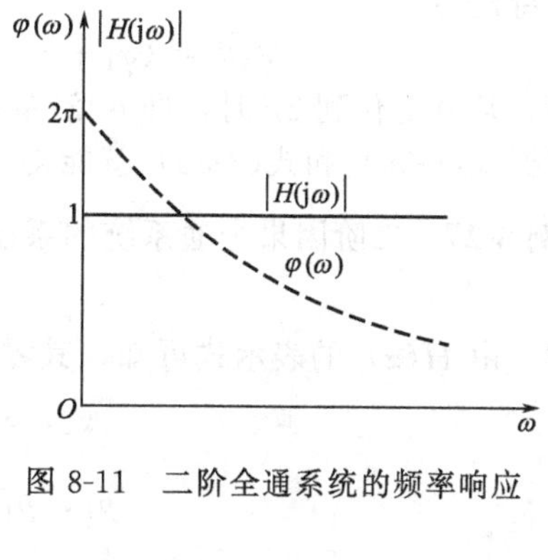

图 8-11 二阶全通系统的频率响应

如果系统的幅频响应$|H(j\omega)|$对所有的ω均为常数，则称该系统为全通系统。例 8-1 所示的系统即为二阶全通系统。由例 8-1 可知，当所有零点与极点以 $j\omega$ 轴为镜像对称时的系统函数即为全通函数，所对应的系统为全通系统。对于全通系统，对所有不同频率的信号都一律平等地传输，不过对于不同频率的信号，通过全通系统后，各自的延迟时间一般来说是不相等的。

8.2.2 离散时间 LTI 系统

对于离散时间 LTI 系统，如果系统函数 $H(z)$ 的 ROC 包含单位圆，那么式(8-11) 所示的系统的频率响应为

$$H(e^{j\omega})=H(z)\big|_{z=e^{j\omega}}=k\frac{\prod_{i=1}^{m}(1-z_i e^{-j\omega})}{\prod_{i=1}^{n}(1-p_i e^{-j\omega})}$$

假定 $n\geqslant m$，则上式可表示为

$$H(e^{j\omega})=k(e^{j\omega})^{n-m}\frac{\prod_{i=1}^{m}(e^{j\omega}-z_i)}{\prod_{i=1}^{n}(e^{j\omega}-p_i)} \tag{8-30}$$

式中，$(e^{j\omega})^{n-m}$表示$H(z)$ 有 $(n-m)$ 阶 $z=0$ 的零点，将 $z=0$ 的 $(n-m)$ 阶零点与其他零点 z_i统一用z_i表示，其中 $i=1,2,\cdots,n$，则式(8-30) 可表示为

$$H(e^{j\omega})=k\frac{\prod_{i=1}^{n}(e^{j\omega}-z_i)}{\prod_{i=1}^{n}(e^{j\omega}-p_i)} \tag{8-31}$$

对于任意极点 p_i和零 z_i，令它们所对应的极点矢量和零点矢量为

$$\begin{cases}\overrightarrow{j\omega-p_i}=A_i e^{j\theta_i}\\ \overrightarrow{j\omega-z_i}=B_i e^{j\varphi_i}\end{cases} \tag{8-32}$$

式中，A_i，B_i分别是极点矢量和零点矢量的模，θ_i和 φ_i是它们的相角。于是式(8-32) 可以写为

$$H(e^{j\omega})=|H(e^{j\omega})|e^{j\psi(\omega)}=k\frac{B_1B_2\cdots B_n}{A_1A_2\cdots A_n}\frac{e^{j(\varphi_1+\varphi_2+\cdots+\varphi_n)}}{e^{j(\theta_1+\theta_2+\cdots+\theta_n)}} \tag{8-33}$$

其幅频特性为

$$|H(e^{j\omega})|=k\frac{B_1B_2\cdots B_n}{A_1A_2\cdots A_n} \tag{8-34}$$

而相频特性为

$$\psi(\theta)=(\varphi_1+\varphi_2+\cdots+\varphi_n)-(\theta_1+\theta_2+\cdots+\theta_n) \tag{8-35}$$

当ω从 0 变化到 2π 时，即 $e^{j\omega}$沿单位圆逆时针旋转一周时，各矢量的模和相角也随之变化，根据式(8-34) 和式(8-35) 就能得到系统的幅频特性和相频特性。

【例 8-2】 二阶因果全通系统的系统函数为 $H(z)=\dfrac{z^2-2z+4}{z^2-\frac{1}{2}z+\frac{1}{4}}$，求其频率响应。

解 由 $H(z)$ 的表示式可知，其零、极点分别为

$$z_1,\ z_1^*=1\pm j\sqrt{3}=2e^{\pm j\frac{\pi}{3}}$$

$$p_1,\ p_1^*=\frac{1}{4}\pm j\frac{\sqrt{3}}{4}=\frac{1}{2}e^{\pm j\frac{\pi}{3}}$$

可见，上述极点 p_1, p_1^* 和零点 z_1, z_1^* 有如下关系：$z_1 = \dfrac{1}{p_1^*}$ 或 $z_1^* = \dfrac{1}{p_1}$，其零极分布如图 8-12(a)所示。

由于极点都在单位圆内，故其频率响应为

$$H(e^{j\omega}) = H(z)\Big|_{z=e^{j\omega}} = \left.\frac{(z-z_1)(z-z_1^*)}{(z-p_1)(z-p_1^*)}\right|_{z=e^{j\omega}} \tag{8-36}$$

将 $z_1 = \dfrac{1}{p_1^*}$ 和 $z_1^* = \dfrac{1}{p_1^*}$ 代入上式，有

$$\begin{aligned} H(e^{j\omega}) &= \frac{\left(e^{j\omega} - \dfrac{1}{p_1^*}\right)\left(e^{j\omega} - \dfrac{1}{p_1}\right)}{(e^{j\omega}-p_1)(e^{j\omega}-p_1^*)} = \frac{(e^{-j\omega})^2}{p_1^* p_1} \frac{(p_1^* - e^{-j\omega})(p_1 - e^{-j\omega})}{(e^{j\omega}-p_1)(e^{j\omega}-p_1^*)} \\ &= \frac{e^{-j2\omega}}{p_1^* p_1} \frac{(e^{-j\omega}-p_1^*)(e^{-j\omega}-p_1)}{(e^{j\omega}-p_1)(e^{j\omega}-p_1^*)} \end{aligned} \tag{8-37}$$

由于 $p_1^* p_1 = |p_1|^2 = \dfrac{1}{4}$，于是上式可表示为

$$H(e^{j\omega}) = 4e^{-j2\omega} \frac{(e^{-j\omega}-p_1^*)(e^{-j\omega}-p_1)}{(e^{j\omega}-p_1)(e^{j\omega}-p_1^*)} = 4e^{-j2\omega} \frac{(e^{j\omega}-p_1)^*(e^{j\omega}-p_1^*)^*}{(e^{j\omega}-p_1)(e^{j\omega}-p_1^*)} \tag{8-38}$$

由上式可知，$H(e^{j\omega})$ 的模为一常数，其值为 4，即幅频特性为

$$|H(e^{j\omega})| = 4 \tag{8-39}$$

将 p_1 值代入式(8-38)，可得 $H(e^{j\omega})$ 具体的表示式

$$H(e^{j\omega}) = 4\frac{(5\cos\omega - 2) - j3\sin\omega}{(5\cos\omega - 2) + j3\sin\omega} \tag{8-40}$$

可得其相频特性为

$$\varphi(\omega) = -2\arctan\left(\frac{3\sin\omega}{5\cos\omega - 2}\right) \tag{8-41}$$

按式(8-39) 和式(8-41) 可画出幅频、相频特性如图 8-12(b) 所示。由幅频特性可知，该系统是一离散时间的全通系统。

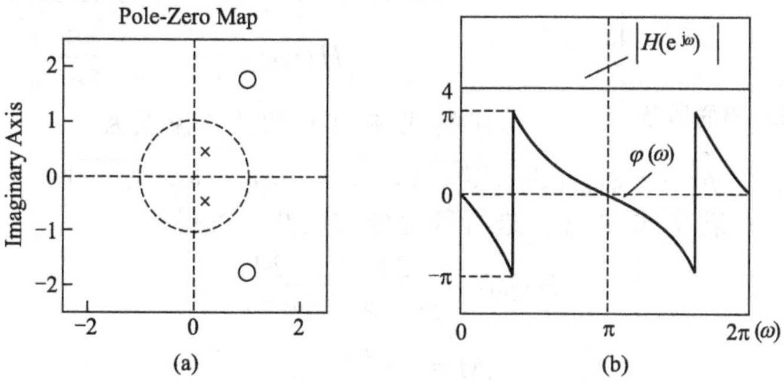

图 8-12 二阶全通系统的频率响应

由本例可知，稳定、因果的全通离散时间系统，其系统函数的所有极点都应在单位圆内部，而零点在单位圆外部，并且零极点有 $z_i = \dfrac{1}{p_i^*}$ 的对应关系，这种对应关系被称之为零点与极点一一镜像对称于单位圆，这相当于连续时间系统情况下，在 S 平面上零、极点镜像对称于虚轴（$j\omega$ 轴）。

在 Matlab 中有专门用于计算系统频率响应的函数 freqz()，所以本题可以无需求出 $H(e^{j\omega})$的闭式解，以下给出了产生图 8-12 的 Matlab 代码。

```
a1=[1 -2 4]; b1=[1-0.5 0.25];
sys1=tf(a1, b1, -1);                          %设置离散时间全通系统
subplot(1, 2, 1); pzmap(sys1, 'k');            %绘制全通系统的零极点图
axis([-2.5, 2.5, -2.5, 2.5]);
[hw1, hw2]=freqz(a1, b1, 'whole');             %计算系统的频率响应
subplot(1, 2, 2); plot(hw2, abs(hw1), 'k');    %绘制系统的幅频响应
hold on; plot(hw2, angle(hw1), 'k');           %绘制系统的相位响应
axis([0, 2*pi, -6, 6]);
```

8.2.3 二阶系统

(1) 连续时间二阶系统

连续时间二阶因果稳定系统的系统函数的一般形式可表示为,

$$H(s)=k\frac{s^2+\beta_1 s+\beta_0}{s^2+2\xi\omega_n s+\omega_n^2},\ \xi>0 \tag{8-42}$$

现在来讨论二阶系统在S平面上没有零点的情况，并假设 $k=\omega_n^2$，即

$$H(s)=\frac{\omega_n^2}{s^2+2\xi\omega_n s+\omega_n^2} \tag{8-43}$$

上式 $H(s)$ 所描述系统的微分方程为

$$\frac{d^2y(t)}{dt^2}+2\xi\omega_n\frac{dy(t)}{dt}+\omega_n^2 y(t)=\omega_n^2 x(t) \tag{8-44}$$

这种数学模型可以描述很多物理系统，包括机械和电气系统，例如对图 8-13 所示的 RLC 串联电路，可以列出它所描述的微分方程为

$$\frac{d^2u_C(t)}{dt^2}+\frac{R}{L}\frac{du_C(t)}{dt}+\frac{1}{LC}u_C(t)=\frac{1}{LC}e(t) \tag{8-45}$$

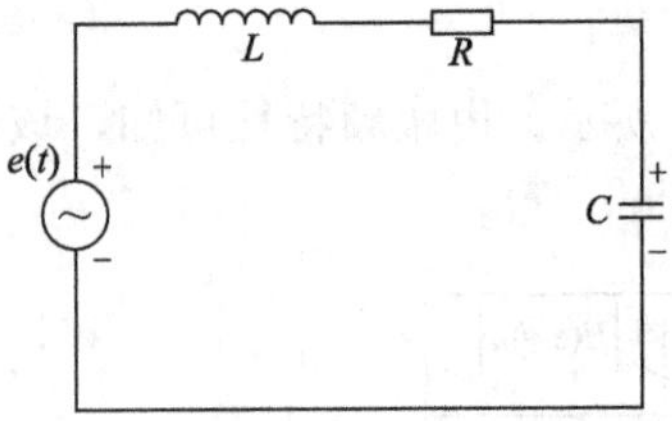

图 8-13 RLC 串联回路

如果令 $\omega_n^2=\frac{1}{LC}$，$\xi=\frac{R}{2}\sqrt{\frac{C}{L}}$，则式(8-45) 也可改写成式(8-44) 的形式。

根据式(8-43) 可写出二阶系统的频率响应为

$$H(j\omega)=\frac{\omega_n^2}{(j\omega)^2+2\xi\omega_n(j\omega)+\omega_n^2} \tag{8-46}$$

可求得式(8-46) 的两个极点为

$$p_1=-\xi\omega_n+\omega_n\sqrt{\xi^2-1},\ p_2=-\xi\omega_n-\omega_n\sqrt{\xi^2-1}$$

若 $\xi\neq1$，则 $p_1\neq p_2$，若将式(8-46) 进行部分分式展开，可得

$$H(j\omega)=\frac{M}{j\omega-p_1}-\frac{M}{j\omega-p_2} \tag{8-47}$$

其中

$$M=\frac{\omega_n}{2\sqrt{\xi^2-1}} \tag{8-48}$$

系统的单位冲激响应为

$$h(t)=M(e^{p_1 t}-e^{p_2 t})u(t) \tag{8-49}$$

如果 $\xi=1$，则 $p_1=p_2=-\omega_n$，这时有

$$H(j\omega)=\frac{\omega_n^2}{(j\omega+\omega_n)^2} \tag{8-50}$$

可求得，这时的单位冲激响应为

$$h(t)=\omega_n^2 te^{-\omega_n t}u(t) \tag{8-51}$$

由式(8-49) 和式(8-51) 可注意到，$h(t)/\omega_n$ 是 $\omega_n t$ 的函数。实际上，式(8-43) 可改写为

$$H(\mathrm{j}\omega)=\frac{1}{\left(\mathrm{j}\frac{\omega}{\omega_{\mathrm{n}}}\right)^2+2\xi\left(\mathrm{j}\frac{\omega}{\omega_{\mathrm{n}}}\right)+1} \tag{8-52}$$

相当于对以下频率响应

$$H_1(\mathrm{j}\omega)=\frac{1}{(\mathrm{j}\omega)^2+2\xi(\mathrm{j}\omega)+1} \tag{8-53}$$

作了一次频域上的$\frac{1}{\omega_{\mathrm{n}}}$的尺度变换，对应于在时域上则应为 ω_{n} 系数的尺度变换。如式(8-53)的冲激响应为 $h_1(t)$，则式(8-52) 的冲激响应为 $h(t)=h_1(\omega_{\mathrm{n}}t)$，即为 $\omega_{\mathrm{n}}t$ 的函数。

一般将参数 ξ 称为阻尼系数，ω_{n} 称为无阻尼自然频率。根据式(8-47)，当 $0<\xi<1$ 时，p_1 和 p_2 都是复数，因此，可以将式(8-49) 的单位冲激响应写成

$$h(t)=\frac{\omega_{\mathrm{n}}\mathrm{e}^{-\xi\omega_{\mathrm{n}}t}}{2\mathrm{j}\sqrt{1-\xi^2}}(\mathrm{e}^{\mathrm{j}\omega_{\mathrm{n}}\sqrt{1-\xi^2}t}-\mathrm{e}^{-\mathrm{j}\omega_{\mathrm{n}}\sqrt{1-\xi^2}t})u(t)=\frac{\omega_{\mathrm{n}}\mathrm{e}^{-\xi\omega_{\mathrm{n}}t}}{\sqrt{1-\xi^2}}\left[\sin(\omega_{\mathrm{n}}\sqrt{1-\xi^2}t)\right]u(t) \tag{8-54}$$

因此，式(8-54) 表明，当 $0<\xi<1$ 时，二阶系统的单位冲激响应是一个衰减的振荡。这时的系统称为欠阻尼。如果 $\xi>1$，则 p_1 和 p_2 都是实数，且是负的，单位冲激响应是两个衰减的指数信号之差，这时系统称为过阻尼。当 $\xi=1$ 时，$p_1=p_2$，这时系统称为临界阻尼。二阶系统在不同的 ξ 值下的单位冲激响应，如图 8-14(a) 所示。

对于 $\xi\neq1$，二阶系统的阶跃响应可由式(8-49) 算出

$$s(t)=h(t)*u(t)=\left[1+M\left(\frac{\mathrm{e}^{p_1t}}{p_1}-\frac{\mathrm{e}^{p_2t}}{p_2}\right)\right]u(t) \tag{8-55}$$

对于 $\xi=1$，利用式(8-51) 可算得

$$s(t)=h(t)*u(t)=(1-\mathrm{e}^{-\omega_{\mathrm{n}}t}-\omega_{\mathrm{n}}t\mathrm{e}^{-\omega_{\mathrm{n}}t})u(t) \tag{8-56}$$

如图 8-14(b) 所示，图中给出了在几种不同 ξ 值下，二阶系统的阶跃响应。

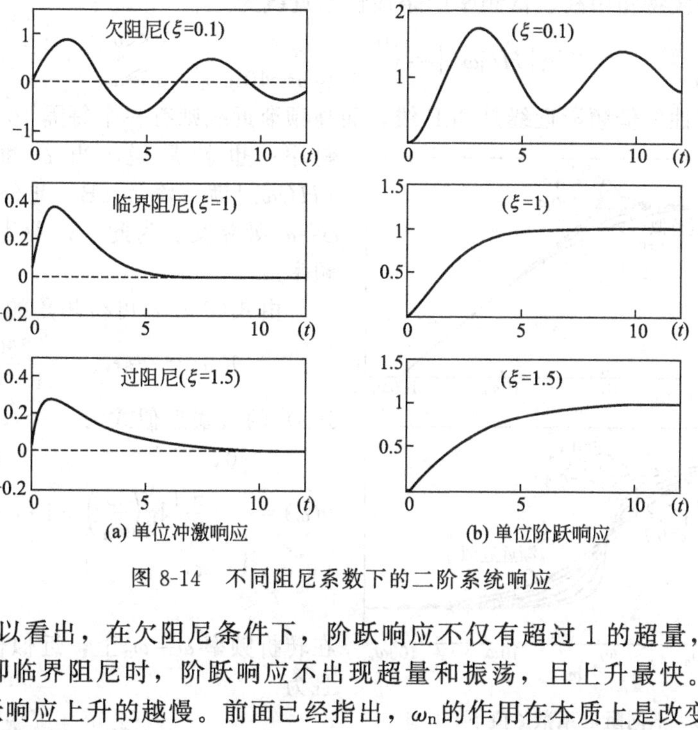

图 8-14　不同阻尼系数下的二阶系统响应

从图 8-14 可以看出，在欠阻尼条件下，阶跃响应不仅有超过 1 的超量，而且呈现出衰减振荡。$\xi=1$，即临界阻尼时，阶跃响应不出现超量和振荡，且上升最快。在过阻尼条件下，ξ 越大则阶跃响应上升的越慢。前面已经指出，ω_{n} 的作用在本质上是改变了 $h(t)$ 和 $s(t)$ 的时间尺度。在欠阻尼时，ω_{n} 越大，$h(t)$ 和 $s(t)$ 就越向原点压缩，也就是说它们的振荡频

率就越高。从式(8-54) 可看出，$h(t)$ 和 $s(t)$ 的振荡频率为 $\omega_n\sqrt{1-\xi^2}$，它是随 ω_n 增大而升高的。该振荡频率与 ξ 有关，只是在 $\xi=0$ 时，即系统无阻尼时，振荡频率才等于 ω_n。正因为如此，将 ω_n 称为无阻尼自然振荡频率。对于上述 RLC 回路来说，当电阻 $R=0$ 时，该回路的振荡频率就等于 ω_n；而电阻 R 不等于零时，振荡频率下降。

在 Matlab 中，可以通过调用函数 step() 获取 LTI 系统的单位阶跃响应，产生图 8-14 的 Matlab 代码如下。

```
t=0:0.1:12;                                                    %设置抽样时间
a=[1];kesi1=0.1;kesi2=1;kesi3=1.5;
b1=[1 2*kesi1 1];b2=[1 2*kesi2 1];b3=[1 2*kesi3 1];
sys1=tf(a,b1);sys2=tf(a,b2);sys3=tf(a,b3);                     %欠阻尼、临界阻尼
                                                               %与过阻尼系统
h1=impulse(sys1,t);h2=impulse(sys2,t);h3=impulse(sys3,t);      %求单位冲激响应
subplot(3,2,1);plot(t,h1,'k');axis([0,12,-1.2,1.5]);           %显示单位冲激响应
subplot(3,2,3);plot(t,h2,'k');axis([0,12,-0.2,0.5]);
subplot(3,2,5);plot(t,h3,'k');axis([0,12,-0.2,0.5]);
s1=step(sys1,t);s2=step(sys2,t);s3=step(sys3,t);               %求单位阶跃响应
subplot(3,2,2);plot(t,s1,'k');axis([0,12,0,2]);                %显示单位阶跃响应
subplot(3,2,4);plot(t,s2,'k');axis([0,12,0,1.5]);
subplot(3,2,6);plot(t,s3,'k');axis([0,12,0,1.5]);
```

在图 8-15 中画出了由式(8-43) 给出的频率响应对应于几个不同的 ξ 值下的波特图（波特图的画法参见 8.7 节）。在波特图中，对数频率坐标导出了对数模特性的高、低频率的线性渐近线。由式(8-43) 可得

$$20\lg|H(j\omega)|=-10\lg\{[1-(\omega/\omega_n)^2]^2+4\xi^2(\omega/\omega_n)^2\} \tag{8-57}$$

从上式可以导出波特图中高、低频率两条线性渐近线为

$$20\lg|H(j\omega)|=\begin{cases}0, & \omega\ll\omega_n\\ -40\lg\omega+40\lg\omega_n, & \omega\gg\omega_n\end{cases} \tag{8-58}$$

可见，对数模特性的低频渐近线是 0dB 线，而高频渐近线则有一个每隔 10 倍频程 −40dB 的斜率；也就是说，当 ω 每增加 10 倍时，$|H(j\omega)|$ 就下降 40dB。此外，两条渐近线在 $\omega=\omega_n$ 处相交。为此，ω_n 称为二阶系统的转折频率。

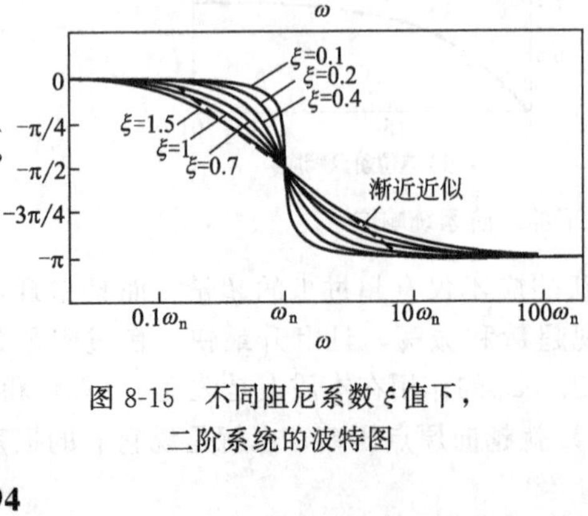

图 8-15 不同阻尼系数 ξ 值下，二阶系统的波特图

由式(8-43) 可得相角的表达式为

$$\theta(\omega)=-\arctan\left[\frac{2\xi(\omega/\omega_n)}{1-(\omega/\omega_n)^2}\right] \tag{8-59}$$

$\theta(\omega)$ 的直线近似式为

$$\theta(\omega)=\begin{cases}0, & \omega\leqslant 0.1\omega_n\\ -\dfrac{\pi}{2}\left[\lg\left(\dfrac{\omega}{\omega_n}\right)+1\right], & 0.1\omega_n<\omega\leqslant 10\omega_m\\ -\pi, & \omega>10\omega_n\end{cases} \tag{8-60}$$

在转折频率 $\omega=\omega_n$ 上，近似值和真正值相等，且为

$$\theta(\omega)=-\frac{\pi}{2} \tag{8-61}$$

注意到式(8-58) 和式(8-60) 所示渐近线与 ξ 无关，而实际上 $H(j\omega)$ 肯定是与 ξ 有关的。因此，渐近线在 $\omega=\omega_n$ 附近无法体现出精确的特性图。这个差别在 ξ 值小时最为明显，因为在这种情况下，真正的对数模特性在 $\omega=\omega_n$ 附近有一个峰值。事实上，利用式(8-57) 通过直接计算可以证明，当 $\xi<\frac{\sqrt{2}}{2}$ 时，$|H(j\omega)|$ 在如下频率处有峰值

$$\omega_{\max}=\omega_n\sqrt{1-2\xi^2} \tag{8-62}$$

该峰值为

$$|H(j\omega_{\max})|=\frac{1}{2\xi\sqrt{1-\xi^2}} \tag{8-63}$$

而且，系统的阻尼系数越小，该峰值就越尖锐。对于 RLC 回路来说，峰值的出现表明回路发生了谐振。此时，系统呈现带通特性，可作为频率选择滤波器。对于由式(8-44) 描述的二阶电路，可用品质因数 Q 来衡量峰值的尖锐程度，Q 通常取为

$$Q=\frac{1}{2\xi} \tag{8-64}$$

然后，对于 $\xi>0.707$，$H(j\omega)$ 从 $\omega=0$ 开始，随 ω 的增加而单调衰减。

(2) 离散时间二阶系统

考察一个二阶因果 LTI 系统，其差分方程为

$$y[n]-2r\cos\theta y[n-1]+r^2y[n-2]=x[n] \tag{8-65}$$

式中，$0<r<1$；$0\leqslant\theta\leqslant\pi$。式(8-65) 所描述系统的频率响应为

$$H(e^{j\omega})=\frac{1}{1-2r\cos\theta e^{-j\omega}+r^2e^{-j2\omega}}=\frac{1}{(1-re^{j\theta}e^{-j\omega})(1-re^{-j\theta}e^{-j\omega})} \tag{8-66}$$

当 $\theta\neq0$ 或 $\theta\neq\pi$ 时，可展开为

$$H(e^{j\omega})=\frac{A}{1-re^{j\theta}e^{-j\omega}}+\frac{B}{1-re^{-j\theta}e^{-j\omega}} \tag{8-67}$$

式中

$$A=\frac{e^{j\theta}}{2j\sin\theta},\quad B=\frac{-e^{-j\theta}}{2j\sin\theta}=A^* \tag{8-68}$$

这时，可求得系统的单位脉冲响应和阶跃响应为

$$h[n]=[A(re^{j\theta})^n+B(re^{-j\theta})^n]u[n]=r^n\frac{\sin[(n+1)\theta]}{\sin\theta}u[n] \tag{8-69}$$

$$s[n]=h[n]*u[n]=\left[A\frac{1-(re^{j\theta})^{n+1}}{1-re^{j\theta}}+B\frac{1-(re^{-j\theta})^{n+1}}{1-re^{-j\theta}}\right]u[n] \tag{8-70}$$

当 $\theta=0$ 时

$$H(e^{j\omega})=\frac{1}{(1-re^{-j\omega})^2} \tag{8-71}$$

以及

$$h[n]=(n+1)r^nu[n] \tag{8-72}$$

$$s[n]=\left[\frac{1}{(r-1)^2}-\frac{r}{(r-1)^2}r^n+\frac{r}{r-1}(n+1)r^n\right]u[n] \tag{8-73}$$

当 $\theta=\pi$ 时

$$H(e^{j\omega})=\frac{1}{(1+re^{-j\omega})^2} \tag{8-74}$$

以及

$$h[n]=(n+1)(-r)^nu[n] \tag{8-75}$$

$$s[n]=\left[\frac{1}{(r+1)^2}+\frac{r}{(r+1)^2}(-r)^n+\frac{r}{r+1}(n+1)(-r)^n\right]u[n] \tag{8-76}$$

图 8-16 给出了 r 和 θ 取不同值时，二阶系统的单位脉冲响应，而图 8-17 则给出了对应于一组 r 和 θ 的不同取值的阶跃响应。

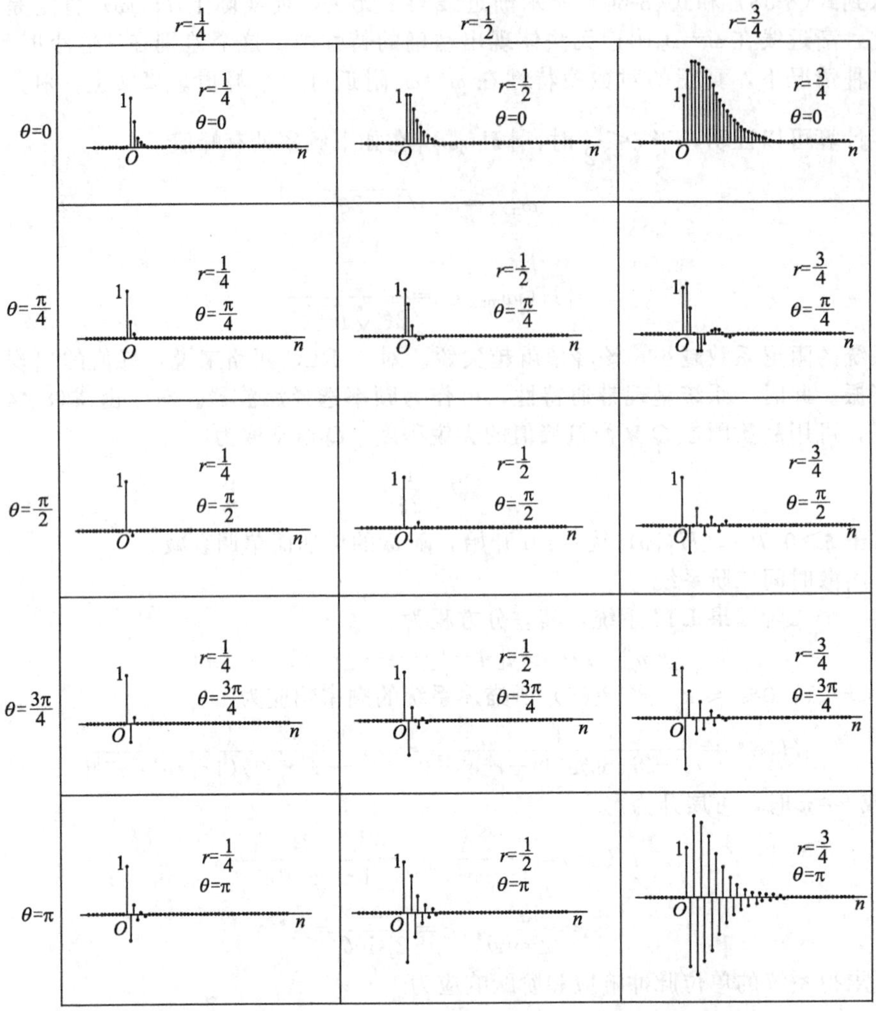

图 8-16　由方程式(8-65) 表示的二阶系统的单位脉冲响应

在 Matlab 中，离散时间 LTI 系统的单位阶跃响应可以通过调用函数 stepz() 获得，以下给出了当 $r=0.75$，$\theta=\frac{\pi}{4}$时，求取系统单位脉冲响应与单位阶跃响应的代码。

```
r=0.75; sita=pi/4;                          %设置系统参数
a=[1-2*r*cos(sita)r^2]; b=[1];
k=-5: 15; h=impz(b,a,k);                    %求取系统单位脉冲响应
subplot(2,1,1); stem(k,h, 'filled', 'k');   %显示系统单位脉冲响应
[s, T]=stepz(b, a);                         %求取系统单位阶跃响应
subplot(2,1,2); stem(T,s, 'filled', 'k');   %显示系统单位阶跃响应
```

由式(8-65) 所描述的离散时间二阶系统是欠阻尼情况下的二阶系统，而在 $\theta=0$ 的特殊情况下就是临界阻尼情况。因此，和连续时间情况类似，对于不等于零的 θ 值，单位脉冲响应都有一个衰减振荡的特性，阶跃响应则呈现超量和起伏。对于一组不同的 r 和 θ 值时，该系统的频率响应如图 8-18 所示。从该图可见，系统在某一频率范围内具有放大作用，并且 r 决定了在这一段频率范围内频率响应的尖锐程度。

由式(8-65) 定义的二阶系统的部分分式展开式具有复系数因子（除了 $\theta=0$ 或 π），但是二阶系统也可以具有实系数因子。可考虑如下实系数因子的 $H(e^{j\omega})$

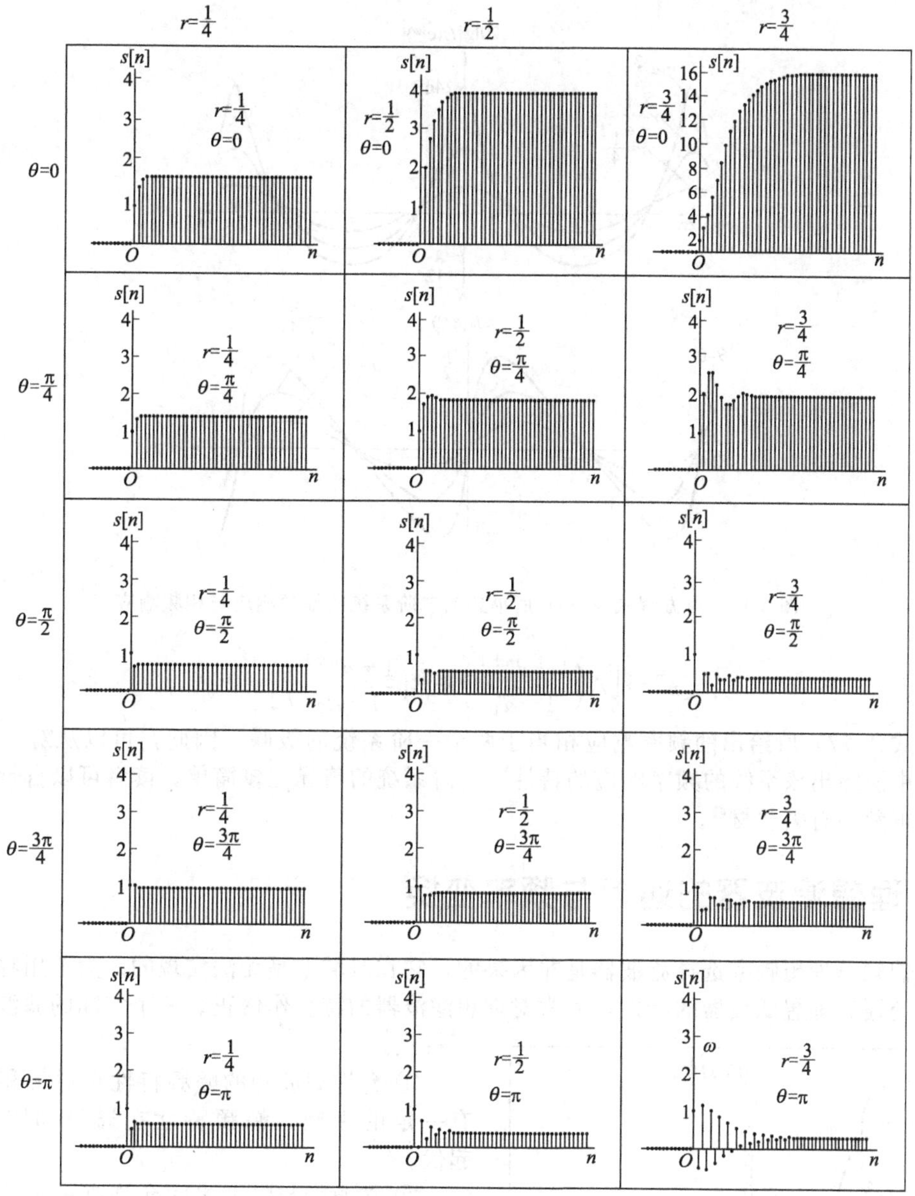

图 8-17　由方程式(8-65) 表示的二阶系统的单位阶跃响应

$$H(\mathrm{e}^{\mathrm{j}\omega})=\frac{1}{(1-d_1\mathrm{e}^{-\mathrm{j}\omega})(1-d_2\mathrm{e}^{-\mathrm{j}\omega})} \tag{8-77}$$

式中，d_1和d_2都是实数，且$|d_1|$，$|d_2|$均小于1。式(8-77) 所对应的差分方程为

$$y[n]-(d_1+d_2)y[n-1]+d_1d_2y[n-2]=x[n] \tag{8-78}$$

在该情况下（$d_1\neq d_2$）

$$H(\mathrm{e}^{\mathrm{j}\omega})=\frac{A}{(1-d_1\mathrm{e}^{-\mathrm{j}\omega})}+\frac{B}{(1-d_2\mathrm{e}^{-\mathrm{j}\omega})} \tag{8-79}$$

其中

$$A=\frac{d_1}{d_1-d_2},\ B=\frac{d_2}{d_2-d_1} \tag{8-80}$$

可得

$$h[n]=(Ad_1^n+Bd_2^n)u[n] \tag{8-81}$$

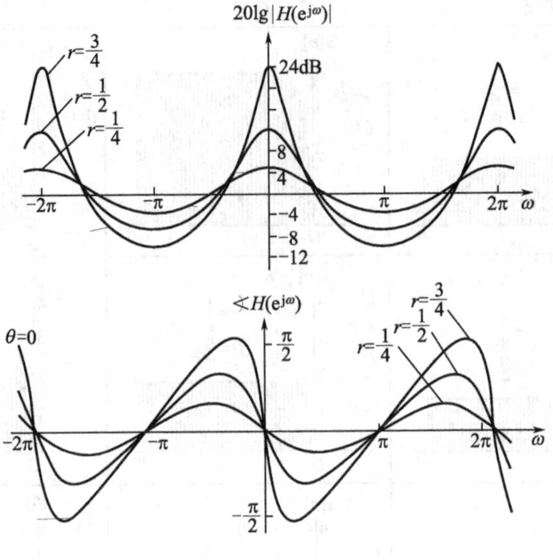

图 8-18　由方程式(8-65) 所描述的二阶系统的幅频响应与相频响应

$$s[n]=\left[A\left(\frac{1-d_1^{n+1}}{1-d_1}\right)+B\left(\frac{1-d_2^{n+1}}{1-d_2}\right)\right]u[n] \tag{8-82}$$

由式(8-77) 所给出的频率响应相当于两个一阶系统的级联。因此，可以从对一阶系统的研究中演绎出该系统的频率响应的特性。一阶系统的情况比较简单，读者可以自行进行研究，也可参阅有关教材❶。

8.3　理想滤波器的逼近与频率变换

我们知道理想频率选择滤波器是非因果的，它在时域上是无法实现的。为了用物理可实现的系统逼近理想滤波器的特性，通常对理想滤波器的特性作修正。一个实际的滤波器有以下特点。

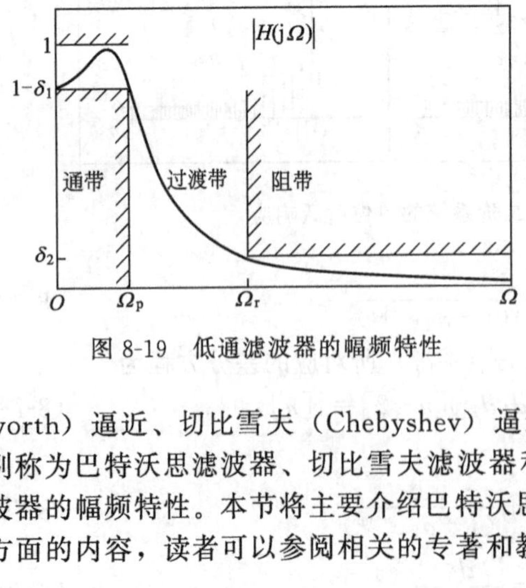

图 8-19　低通滤波器的幅频特性

① 允许滤波器的幅频特性在通带和阻带内有一定的衰减，幅频特性在通带和阻带内有起伏。

② 在通带与阻带之间允许有一定范围的过渡带。

图 8-19 给出了一实际低通滤波器的幅频特性。图中 δ_1 为通带容限，δ_2 为阻带容限，$\Omega_r-\Omega_p$ 为过渡带。

工程中常用的逼近方式有巴特沃思（Butterworth）逼近、切比雪夫（Chebyshev）逼近和椭圆函数逼近。相应地，所设计的滤波器分别称为巴特沃思滤波器、切比雪夫滤波器和椭圆函数滤波器。图 8-20 给出了这三种低通滤波器的幅频特性。本节将主要介绍巴特沃思滤波器。有关切比雪夫滤波器和椭圆函数滤波器方面的内容，读者可以参阅相关的专著和教材。

❶ 可参阅 ALAN V. OPPENHEIM 所著的《Signals & Systems》第 6 章第 5 节。

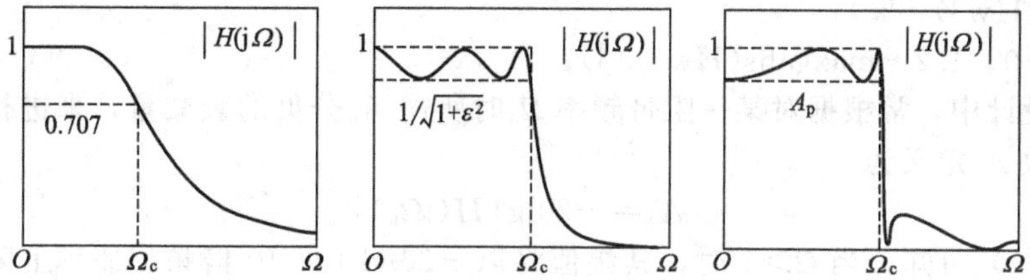

(a) 巴特沃思低通滤波器 (b) 切比雪夫低通滤波器 (c) 椭圆函数低通滤波器

图 8-20 三种常用的低通滤波器的幅频特性

8.3.1 巴特沃思滤波器

巴特沃思滤波器的幅频特性为

$$|H(j\omega)|^2=\frac{1}{1+(\omega/\omega_c)^{2n}} \tag{8-83}$$

其中，n 为滤波器的阶数；ω_c为滤波器的截止频率。为讨论和应用的方便，将式(8-83) 进行归一化频率处理。令归一化频率为 $\Omega=\omega/\omega_c$，则式(8-83) 变为

$$|H(j\Omega)|^2=\frac{1}{1+\Omega^{2n}} \tag{8-84}$$

式(8-84) 和式(8-83) 之间可通过频域的尺度变换进行相互转化。例如式(8-84) 在频域上作 $\frac{1}{\omega_c}$尺度因子的尺度变换，就可得到式(8-83)，认识到这一点在实际滤波器设计中是非常重要的，这样通过式(8-84)，可得到任意截止频率 ω_c的巴特沃思低通滤波器。

当 $\Omega=1$ 时，巴特沃思的幅频特性 $|H(j\Omega)|=1/\sqrt{2}$，即下降 3dB，后随 Ω 的增大而逐渐趋向于零。其通带衰减为 3dB，且与阶数 n 无关。随着阶数 n 的增大，其幅频特性越来越接近于理想滤波器的幅频特性。图 8-23 给出了 $n=2$，5，10 时的巴特沃思近似的幅频特性。

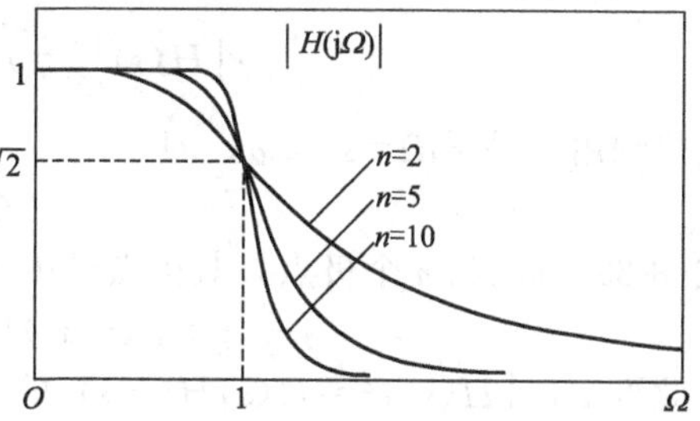

图 8-21 $n=2$，5，10 时的巴特沃思滤波器的幅频特性

在 Matlab 中，可以通过函数 buttap() 获得巴特沃思滤波器的零极点分布，进而通过函数 ploy() 获得相应滤波器的系统函数，产生图 8-21 的 Matlab 代码如下。

```
w=0：0.01：pi；                          %设置频率采样点
[z1，p1，k1]=buttap(2)；                 %计算 2 阶巴特沃思滤波器的零极点
[z2，p2，k2]=buttap(5)；                 %计算 5 阶巴特沃思滤波器的零极点
[z3，p3，k3]=buttap(10)；                %计算 10 阶巴特沃思滤波器的零极点
b1=poly(z1)；a1=poly(p1)；               %根据零极点计算 2 阶滤波器的系统函数
Hw1=freqs(b1，a1，w)*k1；                %计算 2 阶巴特沃思滤波器的频率响应
b2=poly(z2)；a2=poly(p2)；               %根据零极点计算 5 阶滤波器的系统函数
Hw2=freqs(b2，a2，w)*k2；                %计算 5 阶巴特沃思滤波器的频率响应
b3=poly(z3)；a3=poly(p3)；               %根据零极点计算 10 阶滤波器的系统函数
Hw3=freqs(b3，a3，w)*k3；                %计算 10 阶巴特沃思滤波器的频率响应
plot(w，abs(Hw1)，'k')；hold on；         %绘制巴特沃思滤波器的幅频响应
plot(w，abs(Hw2)，'k')；
```

```
plot(w, abs(Hw3), 'k');
axis([0, pi, 0, 1.2*max(abs(Hw1))]);
```

在工程设计中，常根据对某一阻带频率Ω_s时所需A_s分贝的衰减量，来进行滤波器的设计。衰减函数A_s定义为

$$A_s=-20\lg|H(j\Omega_s)| \tag{8-85}$$

从式(8-84)可知，当$\Omega>1$时，其幅值将以$-20n$dB每10倍频程速率下降。因此，对于巴特沃思滤波器而言，其衰减量A_s可近似写为

$$A_s=20n\lg\Omega_s \tag{8-86}$$

满足上式所需的阶数n为

$$n=\frac{A_s}{20\lg\Omega_s}\quad（取大的整数） \tag{8-87}$$

【例 8-3】 假设$\Omega_s=2$时，要求衰减量$A_s>40$dB，试确定巴特沃思滤波器的阶数。

解 根据式(8-87)，可求得

$$n=\frac{A_s}{20\lg\Omega_s}=\frac{40}{20\lg2}=6.6$$

取$n=7$，即巴特沃思低通滤波器的阶数$n=7$时，能满足例8-3所要求的衰减量。

为求得巴特沃思低通滤波器的系统函数$H(s)$，考虑到该滤波器的单位冲激响应$h(t)$应为因果实信号，利用频域的共轭对称性，式(8-84)可写为

$$|H(j\Omega)|^2=H(j\Omega)H^*(j\Omega)=H(j\Omega)H(-j\Omega)=\frac{1}{1+\Omega^{2n}} \tag{8-88}$$

将上式关系解析开拓到S平面，可得

$$|H(s)|^2=H(s)H(-s)=\frac{1}{1+(-s^2)^n} \tag{8-89}$$

上式利用了关系$j\Omega=s|_{s=j\Omega}$，即

$$\Omega^2=-s^2|_{s=j\Omega}$$

式(8-89)具有$2n$个极点，其极点可由下式得到

$$1+(-s^2)^n=0\ 或\ 1+(-1)^n s^{2n}=0 \tag{8-90}$$

由此可知，$|H(s)|^2=H(s)H(-s)$的$2n$个极点均匀分布在S平面的单位圆上，且左、右平面是对称的，如图8-22所示。为了满足可实现条件，即稳定因果条件，可以认为n个左半平面极点为$H(s)$的极点，n个右半平面的极点是$H(-s)$的。根据式(8-90)，左半平面的极点可写为

$$p_k=\exp\left[j\left(\frac{2k-1+n}{2n}\right)\pi\right],\ k=1,2,\cdots,n \tag{8-91}$$

因而巴特沃思低通滤波器的系统函数$H(s)$为

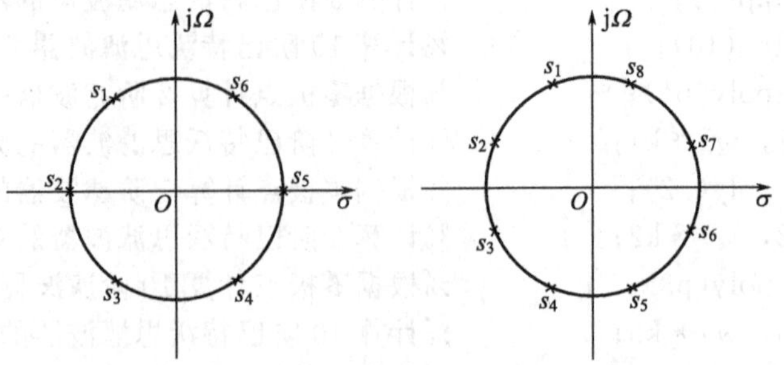

图 8-22 巴特沃思低通滤波器$|H(s)|^2$的极点分布

$$H(s)=\frac{1}{\prod_{k=1}^{n}(s-p_k)} \tag{8-92}$$

为方便起见，上式可进一步写为

n 为偶数时

$$H(s)=\frac{1}{\prod_{k=1}^{n/2}[s^2+(2\cos\theta_k)s+1]}=\frac{1}{\prod_{k=1}^{n/2}(s^2+a_{1k}s+1)} \tag{8-93}$$

式中
$$a_{1k}=2\cos\theta_k，\ \theta_k=\frac{2k-1}{2n}\pi \tag{8-94}$$

n 为奇数时

$$H(s)=\frac{1}{(s+1)\prod_{k=1}^{(n-1)/2}[s^2+(2\cos\theta_k)s+1]}=\frac{1}{(s+1)\prod_{k=1}^{(n-1)/2}(s^2+a_{1k}s+1)} \tag{8-95}$$

式中
$$a_{1k}=2\cos\theta_k，\theta_k=\frac{k\pi}{n} \tag{8-96}$$

根据式(8-93)～式(8-96) 可得 a_{1k} 和 $H(s)$。表 8-1 列出了 n 从 2～10 的 a_{1k} 值。根据 a_{1k} 值，可以直接写出巴特沃思低通滤波器的系统函数 $H(s)$。

【例 8-4】 求 $n=5$ 的巴特沃思归一化频率滤波器的系统函数。

解 当 $n=5$ 时，查表 8-1 可得

$$a_{11}=0.618，a_{12}=1.618$$

由式(8-95) 得系统函数为

$$H(s)=\frac{1}{(s+1)(s^2+0.618s+1)(s^2+1.618s+1)}$$

表 8-1 巴特沃思系统函数 $H(s)$ 系数 a_{1k}

n	a_{11}	a_{12}	a_{13}	a_{14}	a_{15}
2	1.414				
3	1.000				
4	0.765	1.848			
5	0.618	1.618			
6	0.518	1.414	1.932		
7	1.802	1.247	0.445		
8	0.390	1.111	1.663	1.962	
9	0.348	1.000	1.532	1.879	
10	0.312	0.908	1.414	1.782	1.975

对于 $n\leqslant 10$ 的巴特沃思低通滤波器的幅频特性，如图 8-23 所示。图中角频率坐标为归一化角频率 Ω。

8.3.2 频率变换

在实际工程中需要设计高通、带通、带阻滤波器时，通常是通过对相应的低通滤波进行“频率变换”得到。用于演变出其他滤波的低通滤波器被称为“低通原型”。一般是首先确定待设计的滤波器的设计指标，由此获得所需的归一化频率的低通原型的设计指标。并根据设计指标，求得归一化频率的低通原型。根据频率变换，将该低通原型转换为待设计的滤波器，最后进行去归一化频率（即频域尺度变换）获得实际所需的滤波器。

(1) 高通滤波器：低通到高通的变换

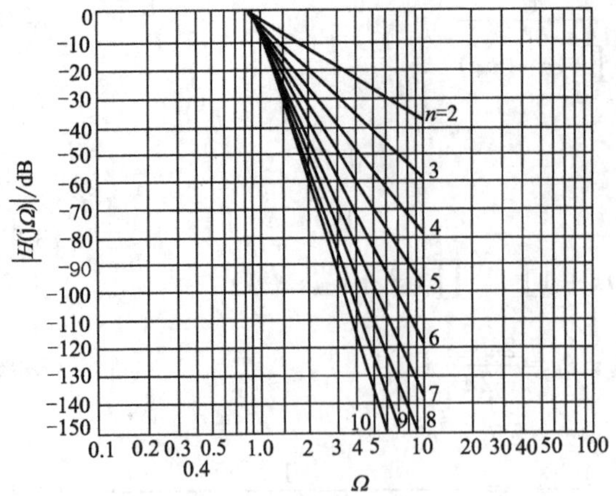

图 8-23　巴特沃思滤波器的幅频特性（波特图）

设归一化频率的巴特沃思低通滤波器的系统函数为 $H_{\mathrm{L}}(s)$，将该式中的 s 用 $\frac{1}{s}$ 进行变换，就可得到归一化频率的巴特沃思高通滤波器的系统函数 $H_{\mathrm{H}}(s)$

$$H_{\mathrm{H}}(s)=H_{\mathrm{L}}(s)\big|_{s=\frac{1}{s}}=H_{\mathrm{L}}\left(\frac{1}{s}\right) \tag{8-97}$$

图 8-24 表示了变换后两者的幅频关系。它们归一化截止频率都是 1。在低通阻带衰减值 A_{s} 和高通阻带衰减值 A_{s} 相同的条件下，低通归一化阻带频率 Ω_{s} 和高通归一化阻带频率 Ω_{sH} 的关系为

$$\Omega_{\mathrm{s}}=\frac{1}{\Omega_{\mathrm{sH}}}=\frac{f_{\mathrm{cH}}}{f_{\mathrm{sH}}} \tag{8-98}$$

式中，f_{cH} 为高通截止频率；f_{sH} 为高通阻带频率。式(8-98）表明，可以把实际要求的高通滤波器的衰减特性，变换成相应的归一化低通滤波器的衰减特性。

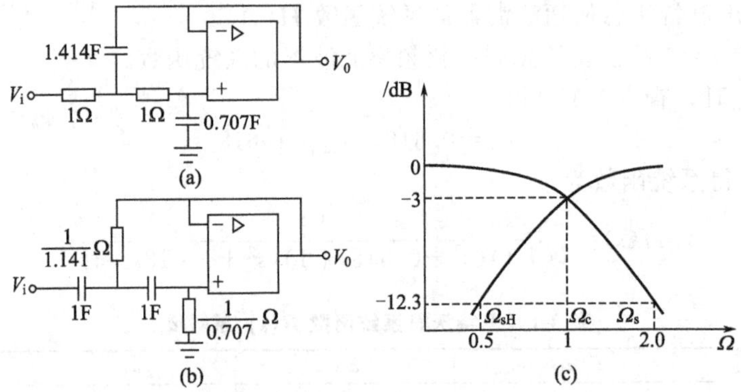

图 8-24　低通与高通滤波器的幅频特性

【例 8-5】 设计一个巴特沃思高通滤波器，要求截止频率 $f_{\mathrm{cH}}=4\mathrm{kHz}$；阻带频率 $f_{\mathrm{sH}}=2\mathrm{kHz}$ 时，阻带衰减量 $A_{\mathrm{s}}\geqslant 15\mathrm{dB}$。

解　首先对高通进行频率归一化，得

归一化阻带频率　$\Omega_{\mathrm{sH}}=\dfrac{f_{\mathrm{sH}}}{f_{\mathrm{cH}}}=0.5$

归一化截止频率　$\Omega_{\mathrm{cH}}=1$

根据式(8-98)，可得相应低通原型归一化截止频率和阻带频率分别为

$$\Omega_{\mathrm{c}}=\frac{1}{\Omega_{\mathrm{cH}}}=1 \text{ 和 } \Omega_{\mathrm{s}}=\frac{1}{\Omega_{\mathrm{sH}}}=2$$

由式(8-87)，可求得低通原型的阶数为

$$n=\frac{A_{\mathrm{s}}}{20\lg\Omega_{\mathrm{s}}}=\frac{15}{20\lg 2}\approx 2.5$$

取 $n=3$，查表 8-1，可得三阶的低通原型的归一化巴特沃思低通滤波器的系统函数为

$$H_{\mathrm{L}}(s)=\frac{1}{s^3+2s^2+2s+1} \tag{8-99}$$

再根据式(8-97)，对上式作变量替换 $s\rightarrow\frac{1}{s}$，即可得归一化的高通滤波器的系统函数为

$$H_H(s)=H_L(s)\big|_{s=\frac{1}{s}}=\frac{s^3}{s^3+2s^2+2s+1} \tag{8-100}$$

最后作尺度变换 $s=s/\omega_{cH}$ 代入上式即完成去频率归一化，可得实际高通滤波器的系统函数为

$$H_H(s)=H_H(s)\big|_{s=\frac{s}{\omega_{cH}}}=\frac{s^3}{s^3+2\omega_{cH}s^2+2\omega_{cH}^2 s+\omega_{cH}^3} \tag{8-101}$$

和频率响应

$$H_H(j\omega)=\frac{j\omega^3}{j\omega^3+2\omega_{cH}\omega^2-2j\omega_{cH}^2\omega-\omega_{cH}^3} \tag{8-102}$$

式中

$$\omega_{cH}=2\pi f_{cH}=2\pi\times 4\times 10^3\,\text{rad/s}$$

(2) 带通变换

设计带通滤波器最常用的方法是利用从低通到带通的几何变换，其方法是：将归一化频率的低通的系统函数中的变量 s 用 $\frac{\omega_0}{B}\left(\frac{s}{\omega_0}+\frac{\omega_0}{s}\right)$ 来代替，即变换关系为 $s_L=\frac{\omega_0}{B}\left(\frac{s}{\omega_0}+\frac{\omega_0}{s}\right)$。经这样变换后，即可得中心角频率为 ω_0，3dB 带宽为 B 的带通滤波器的系统函数。将 $s=j\Omega$ 代入上式，即可得到低通原型和带通频率变量之间关系为

$$\Omega_L=\frac{\omega_B^2-\omega_0^2}{B\omega_B} \tag{8-103}$$

式中，Ω_L 和 ω_B 分别表示归一化低通原型和带通滤波器的频率响应函数的频率变量，并有以下关系

$$\omega_0=\sqrt{\omega_1\omega_2},\ B=\omega_2-\omega_1 \tag{8-104}$$

上式中，ω_1 和 ω_2 分别代表带通滤波器的上、下通带的截止频率。通过频率变换设计带通滤波器，也要先将带通的技术指标转换为低通原型的指标。

【例 8-6】 用巴特沃思设计满足下列指标的带通滤波器。

① 通带中心频率 $\omega_0=10^6\,\text{rad/s}$；

② dB 带宽 $B=10^5\,\text{rad/s}$；

③ 阻带频率 $\omega_2=1250\times 10^3\,\text{rad/s}$ 时，衰减量 $A_s\geqslant 40\text{dB}$。

解 由式(8-103) 可求得归一化低通滤波器的阻带频率 Ω_s 为

$$\Omega_s=\frac{\omega_2^2-\omega_0^2}{B\omega_2^2}=\frac{(1.25\times 10^6)^2-(10^6)^2}{10^5\times 1.25\times 10^6}=4.5$$

再根据式(8-87)，可求得巴特沃思低通原型的阶数 n 为

$$n=\frac{A_s}{20\lg\Omega_s}=\frac{40}{20\lg 4.5}=3.06$$

取 $n=4$，可以得到归一化巴特沃思低通原型的系统函数为

$$H_L(s)=\frac{1}{s^4+2.613s^3+3.414s^2+2.613s+1}$$

最后进行几何变换，将上式中的 s 用 $\frac{\omega_0}{B}\left(\frac{s}{\omega_0}+\frac{\omega_0}{s}\right)=\frac{s^2+10^{12}}{10^5 s}$ 代替，即可得题中所要求的带通滤波器的系统函数。

(3) 带阻变换

带阻滤波器与带通滤波器特性之间的关系，正如高通与低通之间的关系一样，因此将带通变换的关系颠倒一下，即可得到归一化低通到带阻的变换关系

$$s_L=\frac{Bs}{s^2+\omega_0^2} \tag{8-105}$$

式中，s_L和 s 分别是低通原型和带阻系统函数的变量；ω_0和 B 分别是带阻的中心频率和阻带宽度，并满足关系：$\omega_0=\sqrt{\omega_2\omega_1}$和 $B=\omega_2-\omega_1$，其中 ω_2为阻带上截止频率，ω_1为阻带下截止频率。根据式(8-105) 可得，归一化低通原型与阻带滤波之间的频率变换关系

$$\Omega_L=-\frac{B\omega_R}{\omega_R^2-\omega_0^2} \tag{8-106}$$

式中，变量 Ω_L和 ω_R分别是归一化低通原型和阻带滤波器的频率响应函数的频率变量。根据式(8-106) 可将阻带设计的频域指标转换成归一化低通原型的设计指标。

8.4 因果系统的稳定性准则

8.4.1 因果连续时间系统的稳定性准则

因果连续时间系统的系统函数

$$H(s)=\frac{B(s)}{A(s)} \tag{8-107}$$

式中
$$A(s)=a_ns^{n-1}+a_{n-1}s^{n-2}+\cdots+a_1s+a_0 \tag{8-108}$$

$H(s)$ 的极点就是 $A(s)=0$ 的根，因此为判断系统是否稳定，亦即 $H(s)$ 的极点是否都在左半开平面，只需判断 $A(s)=0$ 的根，即特征根是否都在左半开平面，并不需要知道各特征根的确切位置。所有根均在左半开平面的多项式称为霍尔维兹多项式。罗斯和霍尔维兹提出了判断多项式是否为霍尔维兹多项式的准则，称之为罗斯-霍尔维兹准则。

对于特征根为实根$-a$ 和共轭复根$-a\pm j\beta$，多项式 $A(s)$ 可分解为许多一次因子 $s+a$ 和二次因子 $(s+a)^2+\beta^2$的乘积。如果特征根都在左半开平面，则要求各因子中 $a>0$，从而多项式 $A(s)$ 的所有系数 $a_i>0$ $(i=0,1,2,\cdots,n)$。也就是说，如果 $A(s)$ 中任何一个或多个系数为零或负值，那么它就不是霍尔维兹多项式。上述条件是必要条件，而不是充分条件。罗斯提出了一种列表的方法，常称为罗斯阵列。其方法如表 8-2 所示，将多项式 $A(s)$ 的系数按下表的规律排列在 1,2 行。

表 8-2 罗 斯 阵 列

行					
1	a_n	a_{n-2}	a_{n-4}	…	…
2	a_{n-1}	a_{n-3}	a_{n-5}	…	…
3	c_{n-1}	c_{n-3}	c_{n-5}	…	…
4	d_{n-1}	d_{n-3}	d_{n-5}	…	…
⋮	⋮	⋮	⋮	⋮	⋮
$n+1$	…	…	…	…	…

罗斯阵列中第 3 行及以后的各行，按以下规则计算，

$$c_{n-1}=\frac{-1}{a_{n-1}}\begin{vmatrix}a_n & a_{n-2}\\ a_{n-1} & a_{n-3}\end{vmatrix},\ c_{n-3}=\frac{-1}{a_{n-1}}\begin{vmatrix}a_n & a_{n-4}\\ a_{n-1} & a_{n-5}\end{vmatrix},\ \cdots \tag{8-109}$$

$$d_{n-1}=\frac{-1}{c_{n-1}}\begin{vmatrix}a_{n-1} & a_{n-3}\\ c_{n-1} & c_{n-3}\end{vmatrix},\ d_{n-3}=\frac{-1}{c_{n-1}}\begin{vmatrix}a_{n-1} & a_{n-5}\\ c_{n-1} & c_{n-5}\end{vmatrix},\ \cdots \tag{8-110}$$

依次类推，一直排列到第 $n+1$ 行（以后各行为零）。

罗斯准则指出：多项式 $A(s)$ 是霍尔维兹多项式的充分和必要条件是罗斯阵列中第一列元素的值均大于零，它保证了 $A(s)=0$ 的根都在 S 平面的左半开平面。如果第一列元素的符号不完全相同，那么变号的次数就是在右半开平面根的数目。

对于二阶系统

$$A(s)=a_2s^2+a_1s+a_0$$

若 $a_2>0$，根据上述稳定性准则，可得 $A(s)$ 为霍尔维兹多项式的充要条件为

$$a_1>0,\ a_0>0 \tag{8-111}$$

【例 8-7】 已知某系统的系统函数为 $H(s)=\dfrac{1}{s^3+3s^2+3s+1+k}$，为使系统稳定，常数 k 应满足什么条件？

解 将 $H(s)$ 的特征多项式 $A(s)=s^3+3s^2+3s+1+k$ 的系数排成罗斯阵列

$$\begin{array}{cc} 1 & 3 \\ 3 & 1+k \\ \dfrac{8-k}{3} & \\ 1+k & \end{array}$$

如果系统是稳定的，根据罗斯准则，以上阵列中的第一列元素的值应为正值，即

$$\frac{8-k}{3}>0 \quad 和 \quad 1+k>0$$

解得

$$-1<k<8$$

因此，当 $-1<k<8$ 时，系统是稳定的。

8.4.2 因果离散时间系统的稳定性准则

因果离散时间系统的系统函数

$$H(z)=\frac{B(z)}{A(z)} \tag{8-112}$$

$$A(z)=a_nz^n+a_{n-1}z^{n-1}+\cdots+a_1z+a_0 \tag{8-113}$$

要判别系统的稳定性，就需判别特征方程 $A(z)=0$ 所有根的模是否都小于 1。朱里提出了一种列表的判定方法，称之为朱里准则。

表 8-3 朱里阵列

行							
1	a_n	a_{n-1}	a_{n-2}	…	a_2	a_1	a_0
2	a_0	a_1	a_2	…	a_{n-2}	a_{n-1}	a_n
3	c_{n-1}	c_{n-2}	c_{n-3}	…	c_1	c_0	
4	c_0	c_1	c_2	…	c_{n-2}	c_{n-1}	
5	d_{n-2}	d_{n-3}	d_{n-4}	…	d_0		
6	d_0	d_1	d_2	…	d_{n-2}		
⋮	⋮	⋮	⋮				
$2n-3$	r_2	r_1	r_0				

将 $A(z)$ 的系数如表 8-3 所示排列在第 1，2 行。表中第 1 行是 $A(z)$ 的系数，第 2 行也是 $A(z)$ 的系数，但按反序排列。第 3 行按下列规则求出

$$c_{n-1}=\begin{vmatrix} a_n & a_0 \\ a_0 & a_n \end{vmatrix},\ c_{n-2}=\begin{vmatrix} a_n & a_1 \\ a_0 & a_{n-1} \end{vmatrix},\ c_{n-3}=\begin{vmatrix} a_n & a_2 \\ a_0 & a_{n-2} \end{vmatrix},\ \cdots \tag{8-114}$$

第 4 行将第 3 行的各元素按反序排列。由第 3、4 行的元素再用上述规则求第 5 行和第 6 行的元素为

$$d_{n-2}=\begin{vmatrix} c_{n-1} & c_0 \\ c_0 & c_{n-1} \end{vmatrix},\ d_{n-3}=\begin{vmatrix} c_{n-1} & c_1 \\ c_0 & c_{n-2} \end{vmatrix},\ \cdots \tag{8-115}$$

依次类推，一直排到第 $2n-3$ 行。

朱里准则指出，$A(z)=0$ 的所有根都在单位圆内的充要条件是

$$\begin{cases} A(1)>0 \\ (-1)^n A(-1)>0 \\ a_n>|a_0| \\ c_{n-1}>|c_0| \\ d_{n-2}>|d_0| \\ \vdots \\ r_2>|r_0| \end{cases} \tag{8-116}$$

上式关于阵列中元素的条件是：各奇数行，其第一个元素的值必须大于最后一个元素的绝对值。

【例 8-8】 若系统的特征多项式为 $A(z)=4z^4-4z^3+2z-1$，该系统是否稳定？

解 首先将 $A(z)$ 的系数排成朱里阵列表。

行					
1	4	−4	0	2	−1
2	−1	2	0	−4	4
3	15	−14	0	4	
4	4	0	−14	15	
5	209	−210	56		

根据 $A(z)$ 及上表，有

$$\begin{aligned} &A(1)=4-4+2-1>0 \\ &(-1)^4 A(-1)=4+4-2-1=5>0 \\ &4>|-1| \\ &15>|4| \\ &209>|56| \end{aligned}$$

因此，根据式(8-116)，可判定该系统是稳定的。

8.5 线性反馈系统的根轨迹分析法

8.5.1 线性反馈系统

很久以前人们就意识到引用反馈可获得许多益处。所谓反馈就是利用一个系统的输出去控制或改变系统输入。现在反馈系统的应用非常广泛，例如可用于改善系统的灵敏度、改善放大系统的频响特性、逆系统的设计和使不稳定系统变为稳定等。

近代反馈理论的形成大约是在 20 世纪 30 年代，美国贝尔电话实验室的布莱克（H. S. Black）及其合作者奈奎斯特（H. Nyquist）和波特（H. W. Bode）等人都曾为此理论的形成作出了贡献。到了 20 世纪 40 年代至 50 年代期间，反馈理论已经成为控制系统设计的一种基本方法而得到更为广泛的应用。

LTI 反馈系统的一般结构可以用图 8-25 来表示。图 8-25(a) 中的 $H(s)$ 或图 8-25(b) 中的 $H(z)$ 称之为正向通路系统函数；而 $G(s)$ 或 $G(z)$ 则称为反馈通路的系统函数。图 8-25 中整个系统的系统函数称为闭环系统函数，特记为 $Q(s)$ 或 $Q(z)$，它们分别可表示为

$$Q(s)=\frac{Y(s)}{X(s)}=\frac{H(s)}{1+G(s)H(s)} \tag{8-117}$$

$$Q(z)=\frac{Y(z)}{X(z)}=\frac{H(z)}{1+G(z)H(z)} \tag{8-118}$$

式(8-117) 和式(8-118) 是 LTI 反馈系统的基本方程。本节将以这两个系统函数方程为基础，对反馈系统的性质进行深入的探讨，并建立分析反馈系统的几种方法。

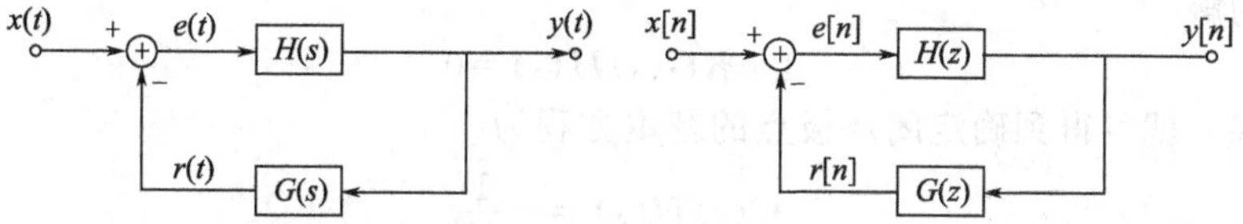

(a) 连续时间系统　　(b) 离散时间系统

图 8-25　基本 LTI 反馈系统结构

观察式(8-117)，若前向通路函数 $H(s)=K$，且增益 K 足够大，满足 $H(s)G(s)=KG(s)\gg 1$，则有

$$Q(s)=\frac{1}{G(s)} \tag{8-119}$$

于是图 8-25(a) 的反馈系统就可近似为系统函数为 $G(s)$ 的逆系统。从式(8-119) 可以发现，只要 $H(s)=K$ 的增益足够大，即使其增益的绝对量有波动变化，对整个系统的影响将是很小的，这是因为，此时，系统的特性将主要受反馈系统的影响。而在实际应用中，反馈通路系统一般都比前向放大通路系统更稳定。因此，合理使用反馈系统可使系统性能更稳定可靠。

反馈系统的特性取决于闭环系统函数特性。由反馈系统的闭环系统函数 $Q(s)$ 或 $Q(z)$ 的极点、零点分布可以了解有关反馈系统特性的许多重要信息。如果反馈环路中有某个可调节的增益，随着此增益参数 K 的变化，闭环系统的极点位置将随之变化。K 的变化过程中，系统可能从非稳定状态进入稳定状态或者反过来。

本节将讨论一种方法来检查随着可调增益的变化，闭环系统的极点在 S 平面内的轨迹路径。这种方法称为根轨迹法，它是把一个有理函数 $Q(s)$ 或 $Q(z)$ 的闭环极点作为增益 K 的函数画出来的一种图示方法。该方法是由伊文思（W. R. Evans）于 1948 年首先提出的。按照根轨迹理论，可以导出一些基本的作图规则，借助这些规则可较方便地绘制根轨迹图形。这一方法对连续时间系统和离散时间系统是同样有效的。

8.5.2 闭环极点方程

对于简单的系统，闭环极点的根轨迹图是很容易画出来的，因为闭环极点作为增益参数的函数可以有比较简单的显式确定。然后，随着增益变化，就能画出极点的位置。对于较为复杂的系统，闭环极点作为增益参数的函数，其数学形式往往不是很简单的形式。然而，根据根轨迹理论，不用真正地求解出任何一个具体增益值所对应的所有极点在复平面上的几何位置，能够准确地勾画出随增益变化的极点的轨迹。一旦确定了根轨迹图，就有一个相当直接的方法来确定系统所需的合适的增益参数值。以下将只用 S 域变量 s 来讨论，对离散情况同样也是适用的。

图 8-26 是图 8-25(a) 基本反馈系统的变形图，它在闭环回路中串联了可调节增益 K 的放大器。可调节增益 K，可放在正向通路上，也可放在反馈通路上。图 8-26(a) 和 (b) 分别为上述两种情况，它们的闭环系统函数的分母都是 $1+KG(s)H(s)$。因此，闭环系统极点

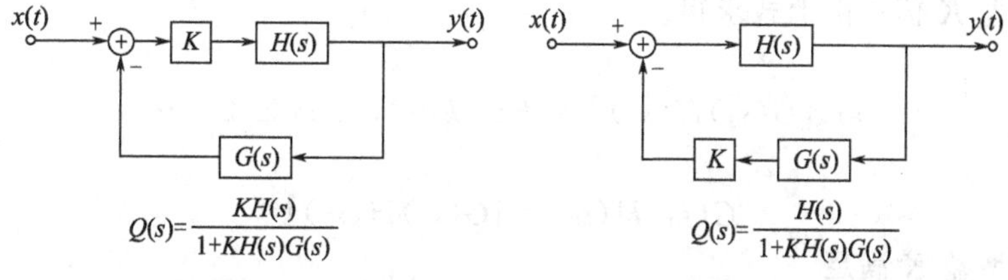

(a) 可调增益位于正向通路　　(b) 可调增益位于反向通路

图 8-26　包含一个可调增益的反馈系统

是下列方程的解

$$1+KG(s)H(s)=0 \tag{8-120}$$

重新改写上式，就可得到确定闭环极点的基本方程为

$$G(s)H(s)=-\frac{1}{K} \tag{8-121}$$

根据上式方程的性质和解，就可画出根轨迹图。本节的剩下部分将讨论上述方程的性质，并给出如何利用这些性质来确定根轨迹图。

对于离散时间系统而言，确定闭环极点的基本方程为

$$G(z)H(z)=-\frac{1}{K} \tag{8-122}$$

8.5.3 根轨迹的端点：$K=0$ 和 $|K|=+\infty$ 时的闭环极点

特别是对于 $K=0$，此时 $\frac{1}{K}=\infty$，因此，式(8-121) 的闭环极点的基本方程的解必定是 $G(s)H(s)$ 的极点。

现在再考虑 $|K|=\infty$ 的情况，这时 $\frac{1}{K}=0$，式(8-121) 的基本方程的解必趋于 $G(s)H(s)$ 的零点。如果 $G(s)H(s)$ 分子的阶数小于分母的阶数，除了有界的零点外，还有一些（其个数等于分母、分子阶数的差）零点将在无穷远处。

上面的讨论提供了在 K 等于 0 或∞两个极限值情况下，有关闭环极点位置的基本情况，即 $G(s)H(s)$ 极点和零点是分别对应于上述两种情况的闭环极点。

8.5.4 角判据：根轨迹的相角条件

假设 s_0 是一个闭环极点，则有

$$G(s_0)H(s_0)=-\frac{1}{K} \tag{8-123}$$

因为上式方程的右边是一个实数，其值为 $-\frac{1}{K}$，所以 $G(s_0)H(s_0)$ 也应是个实数。将它表示为极坐标形式

$$G(s_0)H(s_0)=|G(s_0)H(s_0)|\mathrm{e}^{\mathrm{j}\arg[G(s_0)H(s_0)]} \tag{8-124}$$

则 $G(s_0)H(s_0)$ 成为实数的条件为

$$\mathrm{e}^{\mathrm{j}\arg[G(s_0)H(s_0)]}=\pm 1 \tag{8-125}$$

上式表明，要使 s_0 能成为一个闭环极点，就必须满足

$$\arg[G(s_0)H(s_0)]=k\pi,\ k=0,\ \pm 1,\ \pm 2,\ \cdots \tag{8-126}$$

设 s_0 满足

$$\arg[G(s_0)H(s_0)]=(2k+1)\pi,\ k=0,\ \pm 1,\ \pm 2,\ \cdots \tag{8-127}$$

则 $\mathrm{e}^{\mathrm{j}\arg[G(s_0)H(s_0)]}=-1$，代入闭环极点基本方程有

$$K=\frac{1}{|G(s_0)H(s_0)|}>0 \tag{8-128}$$

即对应 s_0 的增益 K 值可由上式求得。

设 s_0 满足

$$\arg[G(s_0)H(s_0)]=2k\pi,\ k=0,\ \pm 1,\ \pm 2,\ \cdots \tag{8-129}$$

那么

$$G(s_0)H(s_0)=|G(s_0)H(s_0)|$$

于是，对应的增益 K 满足

$$K=-\frac{1}{|G(s_0)H(s_0)|} \tag{8-130}$$

上述讨论的结果可归纳为：闭环系统的根轨迹，当 K 从 $-\infty$ 到 $+\infty$ 变化时，就是满足式(8-126) 的那些点的集合。可归纳如下。

① $K>0$ 时，s_0 为闭环极点的相角条件为

$$\arg[G(s_0)H(s_0)]=(2k+1)\pi,\ k=0,\ \pm1,\ \pm2,\ \cdots \tag{8-131}$$

对应的增益 K 值满足以下幅值条件

$$K=\frac{1}{|G(s_0)H(s_0)|} \tag{8-132}$$

② $K<0$ 时，s_0 为闭环极点的相角条件为

$$\arg[G(s_0)H(s_0)]=2k\pi,\ k=0,\ \pm1,\ \pm2,\ \cdots \tag{8-133}$$

对应的增益 K 值满足以下幅值条件

$$K=-\frac{1}{|G(s_0)H(s_0)|} \tag{8-134}$$

【例 8-9】 已知 $H(s)=\dfrac{1}{s+4}$，$G(s)=\dfrac{1}{s+1}$，试画出闭环极点的根轨迹图。

解 根据拉普拉斯变换的几何求值理论，图 8-27 为该例求满足角判据的几何方法。由图可知

$$\arg[G(s_0)H(s_0)]=-(\theta+\phi) \tag{8-135}$$

① $K<0$ 时 如 s_0 位于上半面平时，由于

$$0<\theta<\pi,\ 0<\phi<\pi$$

于是有

$$-2\pi<\arg[G(s_0)H(s_0)]<0 \tag{8-136}$$

因此，在上半平面，没有任何一点能够满足角判据条件式(8-133)。同理，在下半平面，也没有任何一点能够满足角判据条件。但是，当 s_0 位于实轴 -1 的右边时，此时有

$$\theta=\phi=0 \tag{8-137}$$

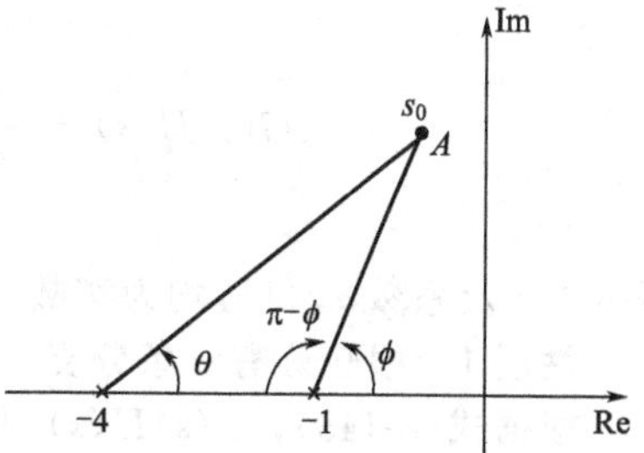

图 8-27 求满足角判据的几何方法

由此可得

$$\arg[G(s_0)H(s_0)]=0=0\times\pi \tag{8-138}$$

满足式(8-133) 所要求的为 π 的偶数倍。因此，s_0 为实数且大于 -1 的所有点位于 $K<0$ 的根轨迹上。同样，当 s_0 位于实轴 -4 的左边时，此时有

$$\phi=\theta=\pi \tag{8-139}$$

由此可得

$$\arg[G(s_0)H(s_0)]=-2\pi \tag{8-140}$$

因此，s_0 为实数且小于 -4 的所有点也是位于 $K<0$ 的根轨迹上的。

② $K>0$ 时 根据角判据式(8-131)，此时要求满足

$$\arg[G(s_0)H(s_0)]=\theta+\phi=\pm\pi \tag{8-141}$$

当 s_0 位于上半平面时，上式可写为

$$\arg[G(s_0)H(s_0)]=-(\theta+\phi)=-\pi \tag{8-142}$$

或者

$$\theta=\pi-\phi \tag{8-143}$$

由上式可以看出，图 8-27 中由两极点矢量构成的三角形必为等腰三角形。因此，根轨迹为极点 -4 和 -1 的垂直平分线。当 s_0 位于下半平面时，同理可得出上述结果。此外，当 s_0 为实数且位于 -4 和 -1 之间时，θ 和 ϕ 角值分别为

$$\theta=0,\ \phi=\pi$$

于是有

$$\arg[G(s_0)H(s_0)] = -(\theta+\phi) = -\pi \tag{8-144}$$

满足角判据式(8-131)，因此实轴段 [−4，−1] 也位于 $K>0$ 的根轨迹上。根据以上分析，最终可作出根轨迹图，如图 8-28 所示。

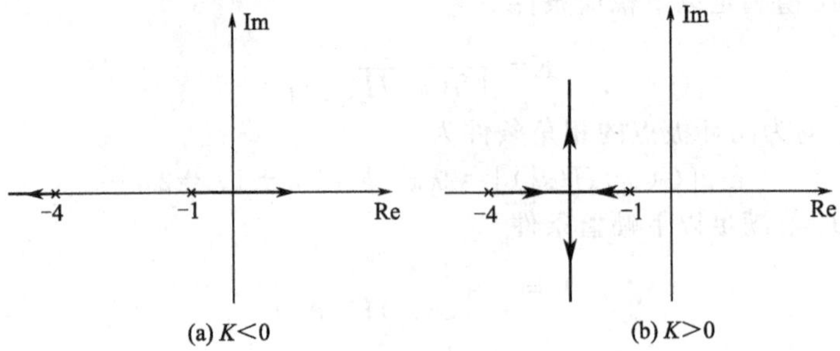

图 8-28 例 8-9 的根轨迹

8.5.5 根轨迹的性质

本节将讨论根轨迹的几何性质，运用这些性质将使得根轨迹的绘制大为简化。

假设 $G(s)H(s)$ 为有理函数形式，即

$$G(s)H(s) = \frac{s^m + b_{m-1}s^{m-1} + \cdots + b_0}{s^n + a_{n-1}s^{n-1} + \cdots + a_0} = \frac{\prod_{k=1}^{m}(s-z_k)}{\prod_{k=1}^{n}(s-p_k)} \tag{8-145}$$

且 $n\geqslant m$ 及系数 a_k 和 b_k 均为实数。

性质 1 根轨迹有 n 条分支，其中每条分支都始于 $G(s)H(s)$ 的一个极点（$K=0$）。

根据式(8-145)，$G(s)H(s)$ 共有 n 个极点，当 K 改变时，特征方程的极点数目不会改变，因此，根轨迹曲线有 n 条分支。由于当 $K=0$ 时，闭环极点为 $G(s)H(s)$ 的极点，因此，根轨迹曲线的 n 条分支，分别始于 $G(s)H(s)$ 的 n 个极点。

性质 2 随着 $|K|\to\infty$，根轨迹的每一分支都趋于 $G(s)H(s)$ 的一个零点。因为假设 $m\leqslant n$，所以这些零点中的 $(n-m)$ 个在无限远处。

由 8.5.3 节的内容可知，$|K|=\infty$ 时根轨迹的端点，就是 $G(s)H(s)$ 的零点。因此，随着 $|K|\to\infty$，每条根轨迹将趋于 $G(s)H(s)$ 的一个零点。

性质 3 位于 $G(s)H(s)$ 的奇数个实极点和零点左边的实轴部分是在 $K>0$ 时的根轨迹图上；位于 $G(s)H(s)$ 偶数个（包括零个）实极点和零点左边的实轴部分是在 $K<0$ 时的根轨迹图上。

显然，例 8-9 的结果支持该性质。由拉普拉斯的几何求值方法可知，$\arg[G(s_0)H(s_0)]$ 是分别由极点矢量和零点矢量的相角所贡献的，即

$$\arg[G(s_0)H(s_0)] = \sum_{i=1}^{m}\phi_i - \sum_{i=1}^{n}\theta_i \tag{8-146}$$

式中，ϕ_i 是由零点所贡献；θ_i 由极点所贡献。

当 s_0 位于实轴时，由图 8-29 可知，那些成共轭对关系的极点和零点对 $\arg[G(s_0)H(s_0)]$ 的贡献均为 2π，在计算 $\arg[G(s_0)H(s_0)]$ 时可以不予考虑。例如，对图中共轭极点对 (p_3, p_4)，有

$$\theta_3+\theta_4=2\pi \tag{8-147}$$

其他的极点和零点情况也是这样的。

① 所有位于 s_0 右边的极点和零点，其对应的相角 θ_i 和 ϕ_i 值都将是 π。

② 所有位于 s_0 左边的极点和零点，其对应的相角 θ_i 和 ϕ_i 值都将是零。

因此，当 s_0 位于实轴时，$\arg[G(s_0)H(s_0)]$ 的值将由位于 s_0 右边的极点和零点的数目所决定。假定位于 s_0 右边的极点数为 R，零点数为 l，则

$$\arg[G(s_0)H(s_0)]=l\pi-R\pi \tag{8-148}$$

由于 π 与 $-\pi$ 是等价的，上式可改写为

$$\arg[G(s_0)H(s_0)]=(l+R)\pi \tag{8-149}$$

因此，当 $(l+R)$ 为奇数时，即位于 s_0 右边的极点数和零点数为奇数时，s_0 位于 $K>0$ 时的根轨迹上，也就是说位于 $G(s)H(s)$ 奇数个实极点和零点左边的实轴部分是在 $K>0$ 时的根轨迹图上的。同样，当 $(l+R)$ 为偶数时，s_0 位于 $K<0$ 时的根轨迹上，即位于 $G(s)H(s)$ 偶数个实极点和零点左边的实轴部分是在 $K<0$ 的根轨迹图上的。

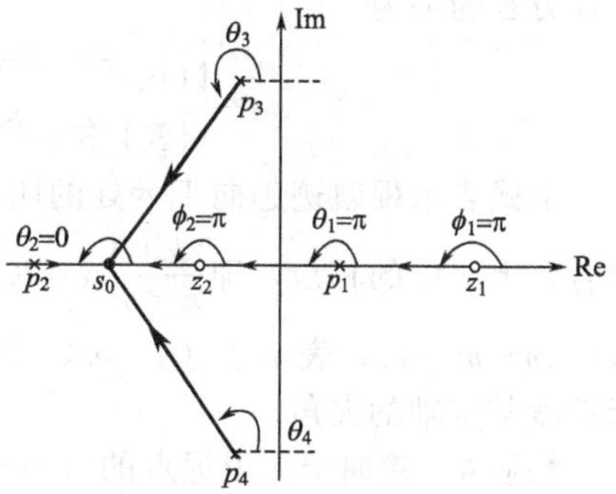

图 8-29 检验实轴上的根轨迹

性质 4 当 $|K|$ 足够大时，两个实极点之间的根轨迹必然分裂而进入复平面，且根轨迹对 S 平面的实轴呈镜像对称。

根据性质 1，根轨迹始于极点，现考虑两极点间没有零点和其他极点。根据性质 3，这两个极点的实轴部对应于某个正的或者负的 K 值范围的根轨迹。因此，随着 $|K|$ 从零开始增加，开始于这两个极点的根轨迹的两条分支将沿着这两个极点间的实轴段相向移动。根据性质 2，随着 $|K|$ 的增加到无穷大，根轨迹的每条分支都趋向于某一个零点。由于这两个极点间没有零点，惟一的结果是当 $|K|$ 增加到一定程度，这两条分支在实轴段突然分开，并进入复平面，最终当 $|K|=\infty$ 时，趋于其归宿点——某一零点。

由于 $G(s)H(s)$ 是关于 s 的实有理函数，所以式(8-121) 所描述的闭环极点方程

$$G(s)H(s)=-\frac{1}{K} \tag{8-150}$$

的解或为实数，或为共轭复数，它们都是对称于实轴，即根轨迹具有实轴镜像对称性。当 K 值变化时，虽然根的位置随之移动，但是根轨迹的实轴镜像对称的特性不变。

根据性质 2 知道，根轨迹的 $(n-m)$ 个分支都要趋于无穷远点。实际上这些分支都是沿某一渐近线趋向于无穷大的。这 $(n-m)$ 条渐近线都是具有某一确定角度的直线，而这些角度以及与实轴的交点都是可以计算的。以下的几个性质主要是与这些渐近线有关的，它们能方便根轨迹的作图。

性质 5 当 $K>0$ 时，根轨迹的 $(n-m)$ 条支路以角度

$$\frac{(2k+1)\pi}{n-m},\ k=0,1,\cdots,n-m-1 \tag{8-151}$$

趋向无限远点。式(8-151) 所求得的角度，也是这 $(n-m)$ 条支路的渐近线与实轴的夹角。

当 $K<0$ 时，根轨迹的 $(n-m)$ 条支路以角度

$$\frac{2k\pi}{n-m},\ k=0,1,2,\cdots,n-m-1 \tag{8-152}$$

趋向无限远点，该角度也是 $(n-m)$ 条支路的渐近线与实轴的夹角。

下面给出本性质的证明。当 $s\to\infty$ 时，式(8-145) 可写为

$$\lim_{s\to\infty}G(s)H(s)=\frac{s^m}{s^n}=s^{m-n} \tag{8-153}$$

此时，闭环极点的基本方程式(8-121)，可写为

$$s^{m-n}=-\frac{1}{K},\ s\to\infty \tag{8-154}$$

上式方程的根为

$$s_0=\begin{cases}|K|^{\frac{1}{n-m}}e^{j\frac{2k+1}{n-m}\pi},\ k=0,1,2,\cdots,n-m-1,\ K>0\\ |K|^{\frac{1}{n-m}}e^{j\frac{2k}{n-m}\pi},\ k=0,1,2,\cdots,n-m-1,\ K<0\end{cases}\tag{8-155}$$

上式表示根轨迹趋向于∞处的闭环极点 $G(s)H(s)$ 零点的位置，这时根轨迹与渐近线重合，上式中的相角，即 $\frac{2k+1}{n-m}\pi$（$K>0$，$k=0,1,\cdots,n-m-1$）和 $\frac{2k}{n-m}\pi$（$K<0$，$k=0,1,\cdots,n-m-1$），表示了（$n-m$）条支路趋向于无穷远点的角度，或者是对应的($n-m$)条渐近线与实轴的夹角。

性质 6 趋向于无限远点的（$n-m$）条根轨迹支路的渐近线相交于实轴上的一点，此点称为渐近线重心，其坐标为

$$\sigma_0=\frac{\sum_{i=1}^{n}p_i-\sum_{i=1}^{m}z_i}{n-m}\tag{8-156}$$

渐近线方程可表示为

$$s-\sigma_0=A_0e^{j\theta_0}=\begin{cases}|K|^{\frac{1}{n-m}}e^{j\frac{2k+1}{n-m}\pi},\ k=0,1,2,\cdots,n-m-1,\ K>0\\ |K|^{\frac{1}{n-m}}e^{j\frac{2k}{n-m}\pi},\ k=0,1,2,\cdots,n-m-1,\ K<0\end{cases}\tag{8-157}$$

上式可改写为

$$\frac{1}{(s-\sigma_0)^{n-m}}=-\frac{1}{K}\tag{8-158}$$

将 $G(s)H(s)$ 改写为

$$G(s)H(s)=\frac{1}{s^{n-m}+(a_{n-1}-b_{m-1})s^{n-m-1}+\cdots}\tag{8-159}$$

由式(8-145)，可得

$$a_{n-1}=-\sum_{i=1}^{n}p_i,\qquad b_{m-1}=-\sum_{i=1}^{m}z_i\tag{8-160}$$

借助代数二项式定理有

$$(s-\sigma_0)^{n-m}=s^{n-m}-(n-m)\sigma_0s^{n-m-1}+\cdots\tag{8-161}$$

当 $s\to\infty$ 时，式(8-157) 所示的渐近线应与根轨迹重合，也就是说式(8-157) 的解应与式(8-150) 的闭环极点方程的解相同，即有

$$\lim_{s\to\infty}\frac{1}{(s-\sigma_0)^{n-m}}=\lim_{s\to\infty}G(s)H(s)\tag{8-162}$$

将式(8-158) 和式(8-161)，分别代入上式，并忽略其他负的低幂次项，有

$$-(n-m)\sigma_0=a_{n-1}-b_{m-1}\tag{8-163}$$

将式(8-160) 代入上式，可得

$$\sigma_0=\frac{\sum_{i=1}^{n}p_i-\sum_{i=1}^{m}z_i}{n-m}\tag{8-164}$$

上述推导过程中没有涉及具体的哪条渐近线，因此，式(8-164) 表明（$n-m$）条渐近线都通过重心点 σ_0 处。

性质 7 两支根轨迹的交点是下列方程的解

$$\frac{d}{ds}[G(s)H(s)]=0\tag{8-165}$$

所谓交点是指两条或多条根轨迹在此点会合然后由此分离的点。显然满足交点的那些点

是闭环极点方程的重根，由此，可直接证明性质 7（略）。

【例 8-10】 设 $G(s)H(s)=\dfrac{s-1}{(s+1)(s+2)}$，试画出闭环极点的根轨迹图。

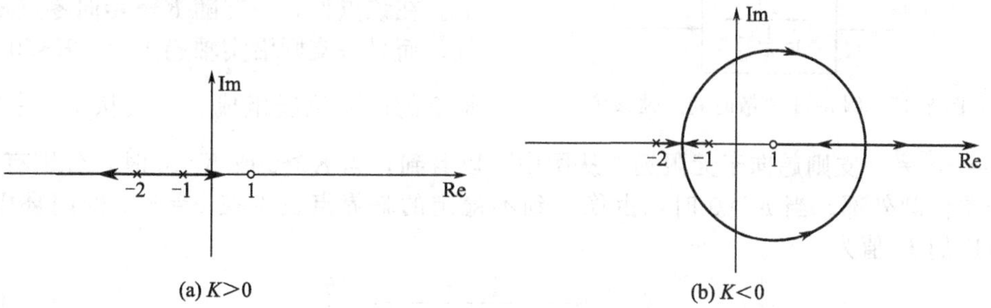

图 8-30 例 8-10 的根轨迹

解 根据题意，可先求得 $G(s)H(s)$ 的极点和零点

$$z_1=1 \quad 和 \quad p_1=-1,\ p_2=-2 \tag{8-166}$$

根据性质 1 和性质 2，K 为正和 K 为负的根轨迹开始于 $s=-1$ 和 $s=-2$ 这两个极点。一个分支终止于零点 $s=1$，另一个终止于无穷远。

① $K>0$ 首先由性质 3 确认出位于实轴部分的根轨迹，即 $\mathrm{Re}\{s\}<-2$ 和 $-1<\mathrm{Re}\{s\}<1$ 的实轴区域。其中一支起始于 $s=-1$，且随着 $K\to+\infty$，沿实轴趋向于零点 $s=1$；另一支开始于 $s=-2$，随着 $K\to+\infty$，沿实轴向左延伸一直到无穷远点。如图 8-30(a) 所示。由图可见，有一条根轨迹进入了 S 平面的右半平面，即当 K 足够大的话，系统将变为不稳定。由于 $s=0$ 这一点是系统随 K 从零增加，从稳定状态进入非稳定状态的临界点，该点对应的 K 值为

$$K=\frac{1}{|G(0)H(0)|}=2 \tag{8-167}$$

于是，这个反馈系统在 $0\leqslant K<2$ 时是稳定的，而对 $K\geqslant 2$ 是不稳定的。

② $K<0$ 根据性质 3 可得，位于根轨迹上的实轴部分是 $\mathrm{Re}\{s\}>1$ 和 $-2<\mathrm{Re}\{s\}<-1$。因此，根轨迹是分别从 $s=-1$ 和 $s=-2$ 开始，移入 $-2<\mathrm{Re}\{s\}<-1$ 的实轴区域。在某点上，根轨迹分裂为两支而进入复平面，并沿着某一根轨迹图回到 $s>1$ 的实轴上。一旦回到实轴某一点（即为两根轨迹的交点），一支向左沿实轴移到 $s=1$ 为止，另一支一直向右移到无穷远点，如图 8-30(b) 所示。从图中可知，对于 $K<0$，当 $|K|$ 足够大时系统也能变成不稳定。图 8-30(b) 中，根轨迹离开和进入实轴的点，即为两根轨迹的交点，这两点的坐标位置可根据性质 7——式(8-165) 求得

$$\frac{\mathrm{d}}{\mathrm{d}s}[G(s)H(s)]=\frac{s^2-2s-5}{(s+1)^2(s+2)^2}=0 \tag{8-168}$$

由上式，解得这两点的几何坐标值为

$$s_1=1-\sqrt{6},\ s_2=1+\sqrt{6} \tag{8-169}$$

【例 8-11】 考虑图 8-31 所示的离散时间反馈系统，其中有

$$G(z)H(z)=\frac{z^{-1}}{\left(1-\dfrac{1}{2}z^{-1}\right)\left(1-\dfrac{1}{4}z^{-1}\right)}=\frac{z}{\left(z-\dfrac{1}{2}\right)\left(z-\dfrac{1}{4}\right)} \tag{8-170}$$

解 离散时间反馈系统的根轨迹图的作法和连续时间情况是一样的。因此，根据根轨迹的性质，可以推断出该例中根轨迹的基本形式。与上例连续时间系统情况相类似，该例的根轨迹图如图 8-32 所示。对于 $K>0$，位于两个数点$\left(z=\dfrac{1}{4}和\ z=\dfrac{1}{2}\right)$之间的实轴部分是在根

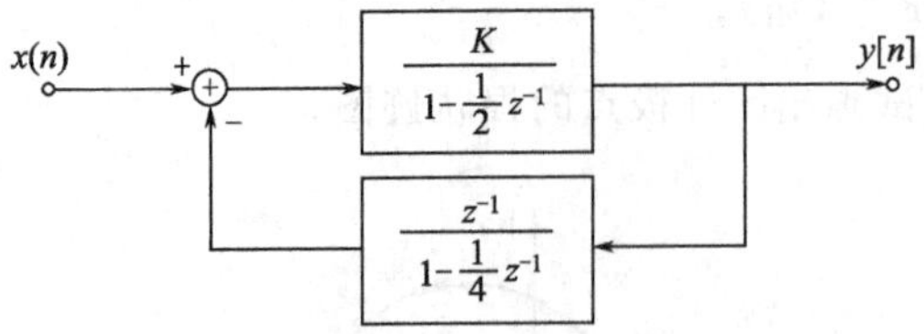

图 8-31　例 8-11 离散时间反馈系统

轨迹上的，并且随着 K 的增加，根轨迹分裂为二而进入复平面，各沿着其中一条根轨迹，并在左半平面实轴上的某一点重新回到实轴上。在该点处，一支随 $K\to\infty$ 向零点 $z=0$ 逼近，而另一支则沿实轴趋于∞。$K<0$ 时由实轴上的两支轨线组成，一支从 $z=\frac{1}{4}$ 趋向于零点 $z=0$，另一支则趋向于无限远。从图中可以看到，当 $K>0$ 或 $K<0$ 时，分别有一支轨线趋于单位圆外部。当 $K>0$ 时，由稳定到不稳定的临界点发生在 $z=-1$ 的闭环极点上，这时对应的 K 值为

$$K=\frac{1}{|G(-1)H(-1)|}=\frac{15}{8} \tag{8-171}$$

$K<0$ 时，由稳定到不稳定的临界点发生在闭环极点 $z=1$ 时，而此时对应的 K 值为

$$K=-\frac{1}{|G(1)H(1)|}=-\frac{3}{8} \tag{8-172}$$

将上述结果综合起来，有

若
$$-\frac{3}{8}<K<\frac{15}{8}$$

则系统稳定，而其他范围的 K 值系统是不稳定的。

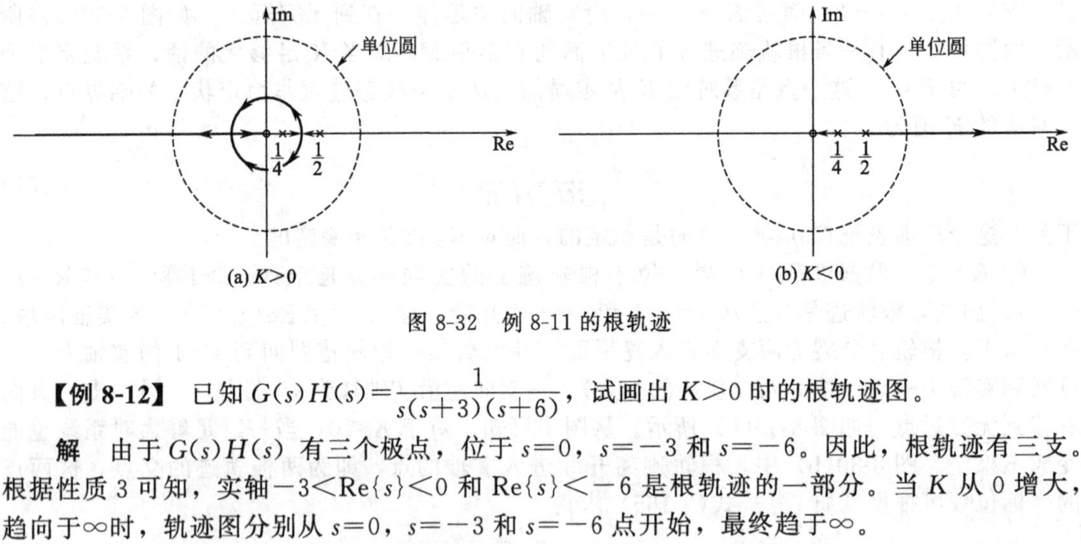

图 8-32　例 8-11 的根轨迹

【例 8-12】　已知 $G(s)H(s)=\frac{1}{s(s+3)(s+6)}$，试画出 $K>0$ 时的根轨迹图。

解　由于 $G(s)H(s)$ 有三个极点，位于 $s=0$，$s=-3$ 和 $s=-6$。因此，根轨迹有三支。根据性质 3 可知，实轴 $-3<\text{Re}\{s\}<0$ 和 $\text{Re}\{s\}<-6$ 是根轨迹的一部分。当 K 从 0 增大，趋向于∞时，轨迹图分别从 $s=0$，$s=-3$ 和 $s=-6$ 点开始，最终趋于∞。

渐近线的重心可借助式(8-164) 求出

$$\sigma_0=\frac{\sum_{i=1}^{n}p_i-\sum_{i=1}^{m}z_i}{n-m}=\frac{-3-6}{3-0}=-3 \tag{8-173}$$

同时利用式(8-152) 求得渐近线与实轴的夹角为

$$\frac{(2k+1)\pi}{n-m}=\frac{2k+1}{3}\pi,\ k=0,1,2 \tag{8-174}$$

算出夹角分别是 $\frac{1}{3}\pi$，π，$\frac{5}{3}\pi$。

根据以上结果，大致可画出根轨迹图，如图 8-33 所示。从图中可发现，当 K 足够大时，有两支轨迹进入右半面，引起系统不稳定。根轨迹与虚轴的交点，是系统随 K 值增大

时，从稳定进入非稳定的转折点。根据基本方程，该满足方程

$$G(\mathrm{j}\omega)H(\mathrm{j}\omega^2)=-\frac{1}{K}$$

即

$$(\mathrm{j}\omega)^3+9(\mathrm{j}\omega)^2+18\mathrm{j}\omega+K=0$$

$$-\mathrm{j}\omega^3-9\omega^2+18\mathrm{j}\omega+K=0$$

上式左端实部与虚部分别为零，于是有

$$\begin{cases}K-9\omega^2=0\\18\omega-\omega^3=0\end{cases}\tag{8-175}$$

解得

$$\begin{cases}\omega=\pm 3\sqrt{2}\\K=9\times 18=162\end{cases}\quad 和 \quad \begin{cases}\omega=0\\K=0\end{cases}\tag{8-176}$$

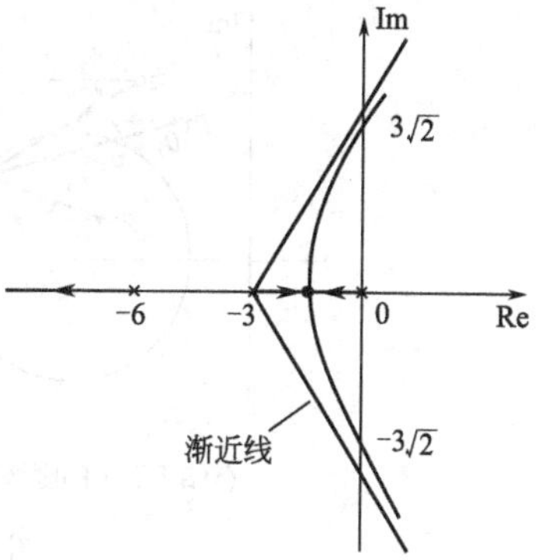

图 8-33 例 8-12 的根轨迹

其中，$\omega=0$ 和 $K=0$ 为轨迹图的起始点 $s=0$，略去。最终得轨迹图与虚轴的交点及对应 K 值如式(8-176) 所示，这两交点是系统从稳定进入非稳定的转折点。因此，$0<K<162$ 时，反馈系统是稳定的，而其他范围的 K 值是不稳定的。

8.6 奈奎斯特稳定性判据

这一节将介绍另一种方法：奈奎斯特判据。这种方法与根轨迹相比有三个基本的区别。

① 奈奎斯特判据可以适用于非有理函数的情况，且对正向和反馈通路系统函数非解析表述的情况也是可用的；

② 奈奎斯特判据只是确定对应具体的 K 值系统是否稳定，而不给出闭环极点的坐标位置信息；

③ 对于连续时间和离散时间系统而言，两者的奈奎斯特判据的具体形式是有所不同的。

8.6.1 围线映射的基本性质

考虑一个一般的有理复函数 $F(s)$，这里 s 是一个复变量。在前几节中讨论的闭环极点方程

$$G(s)H(s)+\frac{1}{K}=0$$

就是一个具体的复函数的例子。以下将要讨论如何在 S 平面内沿一条顺时针方向的封闭围线上的 s 值画出 $F(s)$。不失一般性，可以考虑有理函数的情况；此时，$F(s)$ 的值是由其极点矢量和零点矢量所决定的，当计算某一围线上 s 值所映射的 $F(s)$ 值时，$F(s)$ 值是由围线上所形成的极点矢量和零点矢量所决定，特别是将 $F(s)$ 表示成极坐标时，有

$$F(s)=r(s)\mathrm{e}^{\mathrm{j}\theta(s)}\tag{8-177}$$

其相角 $\theta(s)$ 是上述的零点矢量的相角之和减去极点矢量相角之和的差值。

图 8-34 显示了一个围线映射的例子。图 8-34(a) 中示出了在 S 平面上的一条顺时针方向的闭合路径 C，假设 $F(s)$ 的一个极点和零点在闭合围线内部，另一个极点和零点在闭合围线外部；图 8-34(b) 则是当 s 沿 C 变化一周时，画出 $F(s)$ 值的一条闭合围线。注意到，当 s 绕 C 围线一周时，围线内部零点矢量的相角 ϕ_1 和极点矢量的相角 θ_1 有一个净 -2π 的变化或累积。而围线 C 外的零点矢量的相角 ϕ_2 和极点矢量的相角 θ_2 在绕围线一周时，其净变化为零。也就是说，当 s 绕围线顺时针一周时，围线内零点矢量 $\mathbf{v}_1$ 对 $F(s)$ 相位的净变化提供的贡献是 -2π，围线内极点矢量对 $F(s)$ 相位的净变化的贡献是 2π；而围线外的零点矢量和极点矢量对 $F(s)$ 相位的净变化的贡献为零。上述结果推广到更一般情况是，对任意有理

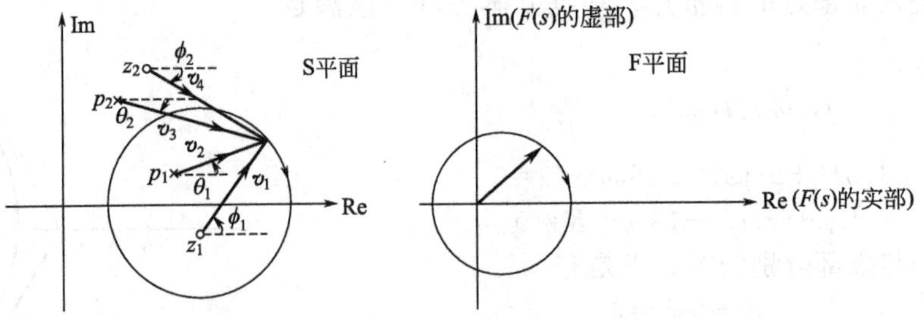

(a) S平面上的围线C　　(b) 对应于围线C的F(s)

图 8-34　从 S 平面到 F 平面的围线映射

函数 $F(s)$，当 s 以顺时针方向沿某一闭合围线一周时，位于围线外的 $F(s)$ 任何的极点和零点对 $F(s)$ 相位的净变化没有贡献，而在围线内的每一个极点对 $F(s)$ 相位的净变化提供的贡献是 2π，而在围线内的每一个零点对 $F(s)$ 相位的净变化的贡献则是 -2π。因此，当 s 以顺时针沿某一围线一周时，$F(s)$ 相位的净变化是 2π 的整数倍。因为相位上的 -2π 的净变化，就相当于 $F(s)$ 顺时针绕原点一周，因此可以给出如下围线映射的基本性质。

围线映射性质　当在 S 平面内，以顺时针方向沿一闭合路径 C 绕一周时，该闭合路径上 s 值所对应的 $F(s)$ 的图以顺时针方向环绕原点的净次数等于在 S 平面上闭合路径 C 内的 $F(s)$ 的零点数减去它的极点数。

在应用这个性质时，如闭合路径 C 内的零点数少于极点数，即 $F(s)$ 相位的净变化是 2π 的正整数倍时，$F(s)$ 被看成是一个逆时针方向的围线。

【例 8-13】　考虑函数 $F(s)=\dfrac{s-1}{(s+1)(s^2+s+1)}$。

根据围线性质，在图 8-35 中，在 S 平面内画出了几个闭合围线，以及沿每一条闭合围线的 $F(s)$ 的轨迹图。

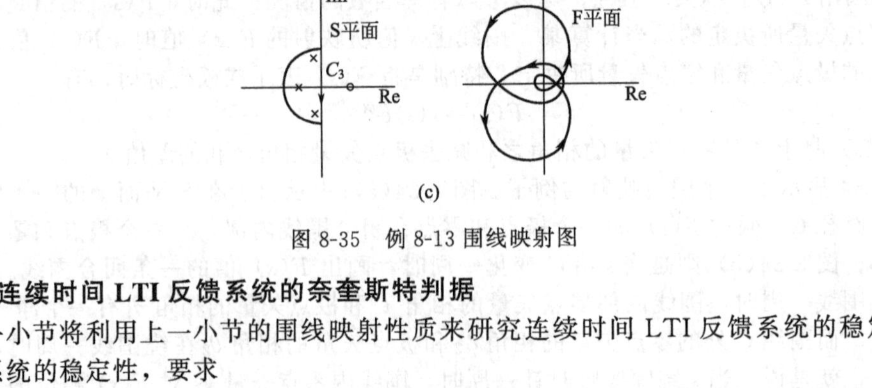

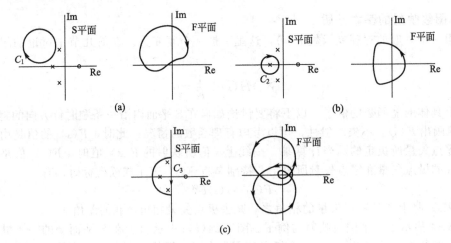

图 8-35　例 8-13 围线映射图

8.6.2　连续时间 LTI 反馈系统的奈奎斯特判据

这一小节将利用上一小节的围线映射性质来研究连续时间 LTI 反馈系统的稳定性。根据反馈系统的稳定性，要求

$$1+KG(s)H(s) \tag{8-178}$$

或等效函数

$$R(s)=\frac{1}{K}+G(s)H(s) \tag{8-179}$$

在S复平面的右半平面内没有零点。因此，可以考虑如图 8-36 所示的一条半圆围线。当 s 沿这条围线 C 顺时针旋转一周时，由 $R(s)$ 的轨迹围线顺时针绕原点的次数，可得出围线 C 内所包括的 $R(s)$ 的零点个数和极点个数的差值。随着 M 增加至无穷大值时，对应的围线 C 就是沿 $\mathrm{j}\omega$ 轴从 $-\infty$ 到 $+\infty$ 的半径为 ∞ 的半圆曲线，此时围线 C 包括了整个右半平面，且围线 C 变为整个虚轴 $\mathrm{j}\omega$。

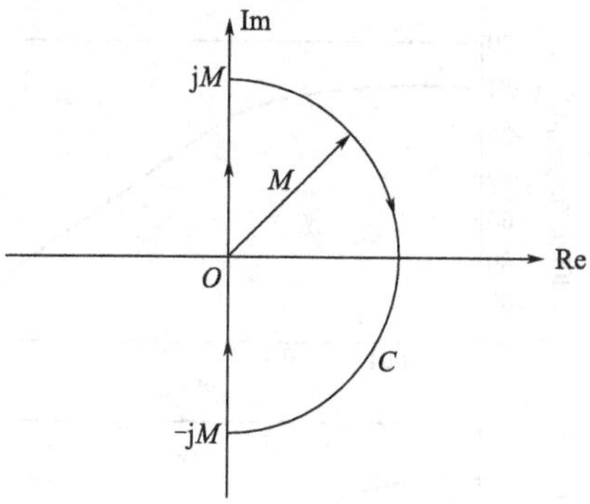

图 8-36　包括右半平面的半圆闭合围线，当 $M\to\infty$ 时，该围线包括了整个右半平面

为了保证随 M 增加，围线 C 的半圆延伸至整个右半平面时，$R(s)$ 仍然是有界的。该条件要求 $R(s)$ 的极点数要大于等于它的零点数。这时

$$\lim_{M\to\infty}R(s)=\lim_{s\to\infty}R(s)=\lim_{s\to\infty}\frac{b_n s^n+b_{n-1}s^{n-1}+\cdots+b_0}{a_n s^n+a_{n-1}s^{n-1}+\cdots+a_0}=\frac{b_n}{a_n} \tag{8-180}$$

为一常数。

当 $R(s)$ 极点阶数大于零点阶数时，上述值也零。因此，当 M 增加到无穷大时，沿着这个围线 C 半圆部分的 $R(s)$ 值不再变化，为一常数。

当 $M\to\infty$ 时，图 8-36 所示的围线 C 与虚轴 $\mathrm{j}\omega$ 重合，对应的 $R(s)$ 图就是当 ω 从 $-\infty$ 变到 $+\infty$ 时 $R(\mathrm{j}\omega)$ 的图。如果正向和反馈通路的系统函数是稳定的，那么 $G(\mathrm{j}\omega)$ 和 $H(\mathrm{j}\omega)$ 分别是这两支路系统的频率响应函数。

注意到 $F(s)$ 的围线性质只是复变函数的一个性质，不涉及 ROC 的问题。这样，即使正向和反馈通路的系统不稳定，也可用上述方法，检查 $R(\mathrm{j}\omega)$ 在 $-\infty<\omega<\infty$ 范围内的图，用于计算 $R(s)$ 位于右半平面内的零点数和极点数之差。

再者，由式(8-179) 可知，$R(s)$ 绕原点的次数，就是 $G(s)H(s)$ 绕点 $-1/K$ 的次数。即 $R(\mathrm{j}\omega)$ $(-\infty<\omega<\infty)$ 绕原点的次数，就是 $G(\mathrm{j}\omega)H(\mathrm{j}\omega)$ $(-\infty<\omega<\infty)$ 围绕点 $-1/K$ 的次数。当 ω 从 $-\infty<\omega<\infty$ 时，$G(\mathrm{j}\omega)H(\mathrm{j}\omega)$ 的图就称为奈奎斯特图。注意到，$R(s)$ 的极点就是 $G(s)H(s)$ 的极点，而 $R(s)$ 的零点是闭环极点。因此，根据围线映射性质可得如下结论。

奈奎斯特图顺时针绕 $-1/K$ 点的净次数等于右半平面内闭环极点数减去 $G(s)H(s)$ 在右半平面内的极点数。

由上述结果可得，如果反馈系统是稳定的，那么奈奎斯特图顺时绕 $-1/K$ 点的净次数等于 $G(s)H(s)$ 在右半平面内的极点数，且是逆时针方向的。由此，就可得出连续时间奈奎斯特稳定性判据。

连续时间奈奎斯特稳定性判据　如 $G(\mathrm{j}\omega)H(\mathrm{j}\omega)$ 的奈奎斯特图顺时针方向环绕 $-1/K$ 点的净次数等于 $G(s)H(s)$ 的右半平面极点数的负值，或者说逆时针方向绕 $-1/K$ 点的净次数等于 $G(s)H(s)$ 在右半平面极点数，则闭环系统是稳定的，否则闭环系统不稳定。

如果正向和反馈通路的系统是稳定的，那么 $G(\mathrm{j}\omega)$ 和 $H(\mathrm{j}\omega)$ 分别是它们频率响应，它们的幅频特性 $|G(\mathrm{j}\omega)H(\mathrm{j}\omega)|$ 和相频特性 $\arg[G(\mathrm{j}\omega)H(\mathrm{j}\omega)]$，则构成了奈奎斯特图的极坐标表示形式。

【例 8-14】　设 $G(s)=\dfrac{1}{s+1}$，$H(s)=\dfrac{1}{0.5s+1}$，试画出奈奎斯特图并确定使反馈系统稳定的 K 的取值范围。

解　$G(\mathrm{j}\omega)H(\mathrm{j}\omega)$ 的波特图如图 8-37 所示。由于 $G(\mathrm{j}\omega)H(\mathrm{j}\omega)$ 的幅频特性 $|G(\mathrm{j}\omega)H(\mathrm{j}\omega)|$ 和相

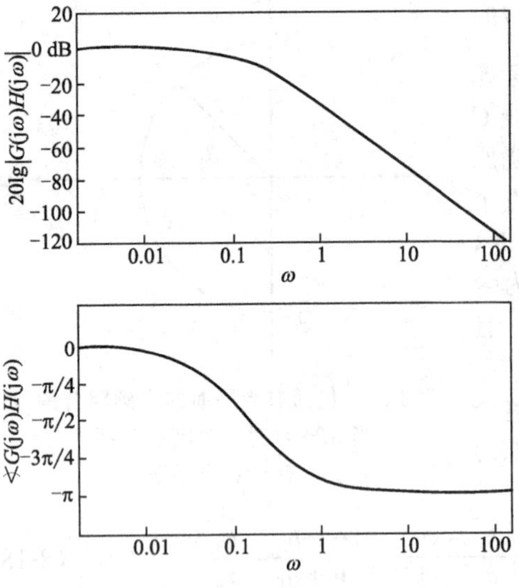

图 8-37　例 8-14 的 $G(\mathrm{j}\omega)H(\mathrm{j}\omega)$ 的波特图

频特性 $\arg[G(\mathrm{j}\omega)H(\mathrm{j}\omega)]$ 是奈奎斯特图的极坐标形式，因此，可从图 8-37 所示的波特图直接画出所对应的奈奎斯特图，如图 8-38 所示。根据共轭对称性可知，$|G(-\mathrm{j}\omega)H(-\mathrm{j}\omega)|=|G(\mathrm{j}\omega)H(\mathrm{j}\omega)|$ 和 $\arg[G(-\mathrm{j}\omega)H(-\mathrm{j}\omega)]=-\arg[G(\mathrm{j}\omega)H(\mathrm{j}\omega)]$，所以 $\omega\leqslant0$ 时的奈奎斯特图与 $\omega\geqslant0$ 时的图是关于实轴镜像对称的。由于 ω 从 0 变化至 $+\infty$ 时，$\arg[G(\mathrm{j}\omega)H(\mathrm{j}\omega)]$ 净变化 $-\pi$，因此图 8-38 所示的奈奎斯特图为一简单的闭合曲线。由于 $G(\mathrm{j}\omega)H(\mathrm{j}\omega)$ 的两个极点为 -1 和 -2，在右半平面没有极点，所以对稳定性来说，奈奎斯特判据要求对点 $-1/K$ 没有净围绕。从图 8-38 所示可知，如果 $-1/K$ 点落在奈奎斯特围线外边，这个闭环系统就是稳定的，即

$$-\frac{1}{K}\leqslant0 \text{ 或 } -\frac{1}{K}>1 \tag{8-181}$$

从上式可求得

$$K\geqslant0 \text{ 或 } 0>K>-1 \tag{8-182}$$

因此，只要 $K>-1$，这个闭环系统一定是稳定的。

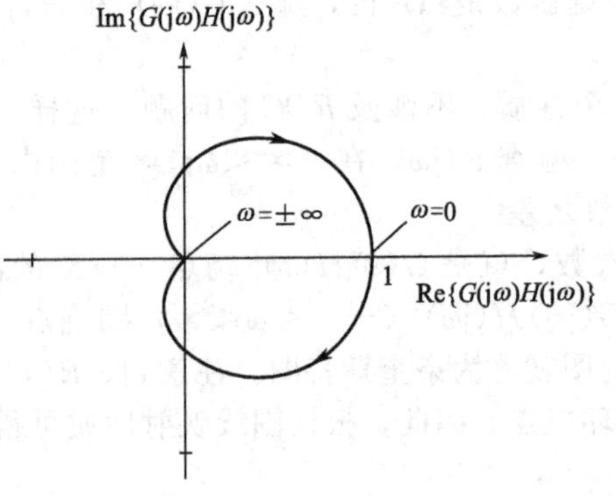

图 8-38　例 8-14 的 $G(\mathrm{j}\omega)H(\mathrm{j}\omega)$ 的奈奎斯特图

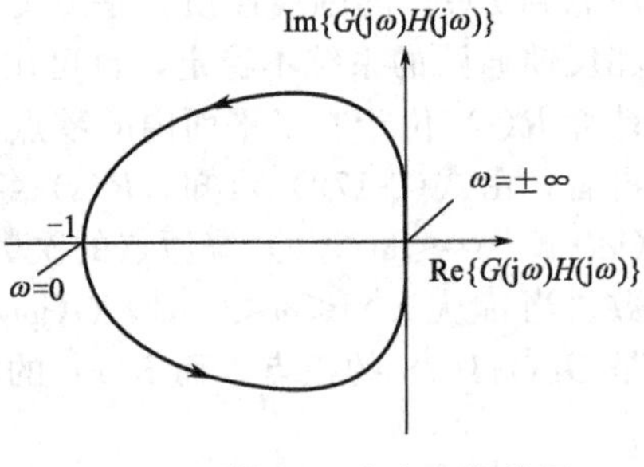

图 8-39　例 8-15 的奈奎斯特图

【例 8-15】 设 $G(s)H(s)=\dfrac{s+1}{(s-1)(0.5s+1)}$，重新考虑例 8-14 的问题。

解　从 $G(\mathrm{j}\omega)H(\mathrm{j}\omega)$ 的表示式，可知

① $\omega=0$ 时，$G(\mathrm{j}\omega)H(\mathrm{j}\omega)|_{\omega=0}=-1$；

② $\omega=\infty$ 时，$G(\mathrm{j}\omega)H(\mathrm{j}\omega)|_{\omega=0}=0$；

③ 当 ω 从 0 变化到 $+\infty$ 时，相角 $\sphericalangle G(\mathrm{j}\omega)H(\mathrm{j}\omega)$ 单调从 $-\pi$ 变化至 $-\dfrac{\pi}{2}$，因此，$\omega>0$ 时，对应的奈奎斯特图应在第Ⅲ象限内。根据镜像对称性，可知 $\omega<0$ 时所对应的奈奎斯特图应在第Ⅱ象限内。

根据以上讨论，可画出例 8-15 的奈奎斯特图如图 8-39 所示。对于该例，$G(\mathrm{j}\omega)H(\mathrm{j}\omega)$ 有一个右半平面的极点 $p_1=1$。因此，根据奈奎斯特稳定性判据，要求奈奎斯特图逆时针围绕 $-1/K$ 点一次，这样就要求 $-1/K$ 点落在这条围线的里面。由图 8-39 可知，要 $-1/K$ 点落在围线内，即要求 K 满足

$$-1<-1/K<0 \tag{8-183}$$

亦即
$$K>1 \tag{8-184}$$
系统稳定。

8.6.3　离散时间 LTI 反馈系统的奈奎斯特判据

对于离散时间系统情况，闭环反馈系统的稳定性要求
$$R(z)=\frac{1}{K}+G(z)H(z) \tag{8-185}$$
在单位圆外没有零点。与连续时间情况相同，$R(z)$ 的极点也就是 $G(z)H(z)$ 的极点。

由于围线性质将任何给定的围线内的极点和零点的关系联系起来，在单位圆上有 $z=e^{j\omega}$ 和 $\frac{1}{z}=e^{-j\omega}$。做变量替换：$z_1=z^{-1}$，可将单位圆外的极点和零点映射到单位圆内部，且顺时针的单位圆围线经变量替换后变为逆时针方向的单位圆围线。因此，当围线是顺时针方向的单位圆时，其围绕次数与单位圆内部的极点数和零点数目有关；当围线是逆时针方向的单位圆时，其围绕次数与单位圆闭合围线的外部的极点数目和零点数目有关。为考察 $R(z)$ 在单位圆内是否有零点，一般取单位圆上逆时针方向的围线，此时该围线上的 $R(z)=R(e^{j\omega})$，变量 ω 从 0 变化至 2π。

根据围线性质，有以下关系。

以逆时针方向在单位圆上绕过一周时（即 ω 从 0 变化至 2π），$R(e^{j\omega})$ 值的图顺时针绕原点的次数等于 $R(z)$ 在单位圆外的零点数减去单位圆外的极点数。

和连续时间情况完全一样，计算 $R(e^{j\omega})$ 包围原点的次数等效于计算 $G(e^{j\omega})H(e^{j\omega})$ 图包围 $-1/K$ 点的次数。与连续时间情况相同，把 $G(e^{j\omega})H(e^{j\omega})$ 的图也称为奈奎斯特图。因此，奈奎斯特图顺时针包围 $-1/K$ 点的次数就等于单位圆外 $R(z)$ 的零点数目（即为闭环极点数目）减去单位圆外的 $R(z)$ 的极点数目（即为 $G(z)H(z)$ 的极点数目）。为使闭环系统成为稳定的，就要求单位圆外没有闭环极点，即 $R(z)$ 在单位圆外的零点数目为零，于是就可得出离散时间奈奎斯特稳定性判据。

离散时间奈奎斯特稳定性判据　若当 ω 从 0 变化到 2π 时，奈奎斯特图 $G(e^{j\omega})H(e^{j\omega})$ 顺时针包围 $-1/K$ 点的净次数等于 $G(z)H(z)$ 在单位圆外极点数的负值，或者等效为逆时针方向包围 $-1/K$ 点的净次数等于 $G(z)H(z)$ 在单位圆外的极点数，则闭环系统稳定；否则闭环系统不稳定。

【例 8-16】　设 $G(z)H(z)=\frac{z^{-2}}{1+0.5z^{-1}}=\frac{1}{z(z+0.5)}$，试画出其奈奎斯特并判断使闭环系统稳定的 K 的取值范围。

解　根据离散时间傅里叶变换的共轭对称性，有 $|G(e^{-j\omega})H(e^{-j\omega})|=|G(e^{j\omega})H(e^{j\omega})|$ 以及 $\arg[G(e^{-j\omega})H(e^{-j\omega})]=-\arg[G(e^{j\omega})H(e^{j\omega})]$，因此，奈奎斯特图是关于实轴对称的。

根据 $G(e^{j\omega})H(e^{j\omega})$ 表达式可求得数据如下。

① 围线与实轴的交点所对应的 ω_0 值，必使 $G(e^{j\omega_0})H(e^{j\omega_0})$ 为实值，即 $G(e^{j\omega_0})H(e^{j\omega_0})$ 的虚部为零，也就是说 $e^{j\omega_0}\left(e^{j\omega_0}+\frac{1}{2}\right)=e^{j2\omega_0}+\frac{1}{2}e^{j\omega_0}$ 的虚部为零。因此有
$$e^{j2\omega_0}+\frac{1}{2}e^{j\omega_0}=\cos2\omega_0+j\sin2\omega_0+\frac{1}{2}(\cos\omega_0+j\sin\omega_0)$$
得
$$\sin2\omega_0+\frac{1}{2}\sin\omega_0=0$$
化简得
$$\sin\omega_0\left(\cos\omega_0+\frac{1}{4}\right)=0$$
解得
$$\sin\omega_0=0，即\ \omega_0=0，\omega_0=\pi\ 或\ \omega_0=2\pi \tag{8-186}$$
$$\cos\omega_0=-\frac{1}{4}，即\ \omega_0=\arccos\left(-\frac{1}{4}\right)\approx0.58\pi\ 或\ \omega_0=2\pi-\arccos\left(-\frac{1}{4}\right) \tag{8-187}$$

代入 $G(e^{j\omega_0})H(e^{j\omega_0})$ 可求得

$$\omega_0=0\text{ 时，}G(e^{j\omega_0})H(e^{j\omega_0})=\frac{1}{\cos2\omega_0+\frac{1}{2}\cos\omega_0}=\frac{2}{3}$$

$$\omega_0=2\pi\text{ 时，}G(e^{j\omega_0})H(e^{j\omega_0})=\frac{1}{\cos2\omega_0+\frac{1}{2}\cos\omega_0}=\frac{2}{3}$$

$$\omega_0=\pi\text{ 时，}G(e^{j\omega_0})H(e^{j\omega_0})=\frac{1}{\cos2\omega_0+\frac{1}{2}\cos\omega_0}=2$$

$\omega_0=\arccos\left(-\frac{1}{4}\right)$或 $\omega_0=2\pi-\arccos\left(-\frac{1}{4}\right)$时，

$$G(e^{j\omega_0})H(e^{j\omega_0})=\frac{1}{\cos2\omega_0+\frac{1}{2}\cos\omega_0}=\frac{1}{2\cos^2\omega_0-1+\frac{1}{2}\cos\omega_0}=-1$$

② 当 ω 从 0 变化至 2π 时，$\arg[G(e^{j\omega})H(e^{j\omega})]$ 从 0 值变化至 -4π，此时，奈奎斯特图绕原点的次数是顺时针两次。

根据以上分析，可大致画出该例的奈奎斯特图，如图 8-40 所示。因为 $G(z)H(z)$ 在单位圆外无极点，因此闭环系统要稳定，$G(e^{j\omega})H(e^{j\omega})$ 顺时针围绕 $-1/K$ 的净次数为零，即围线不能包围 $-1/K$ 点。因此 $-1/K$ 点必须落在围线外部，即

$$-\frac{1}{K}<-1 \quad \text{或} \quad -\frac{1}{K}>2 \tag{8-188}$$

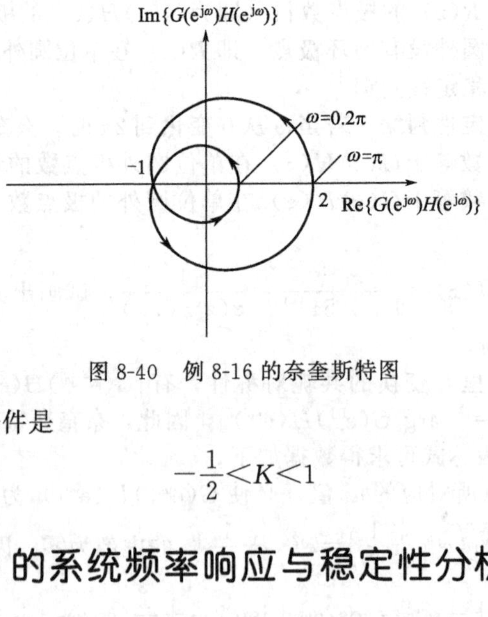

图 8-40　例 8-16 的奈奎斯特图

解得，系统稳定的条件是

$$-\frac{1}{2}<K<1 \tag{8-189}$$

8.7　基于 Matlab 的系统频率响应与稳定性分析方法

Matlab 为 LTI 系统的频率响应分析与稳定性分析提供了许多方便、快捷的库函数，本节将介绍其中三种常用的库函数：①用于频率响应分析的波特图；②用于稳定性分析的奈奎斯特图；③用于稳定性分析的根轨迹。

8.7.1　波特图

波特图又称对数频率特性图，由对数幅频特性图与对数相频特性图组成。波特图的横坐标为角频率 ω，按常用对数 $\lg\omega$ 分度。幅频响应的波特图的纵坐标为幅频响应的对数值，单位为分贝（dB），线性分度。相频响应的波特图的纵坐标为相位 $\varphi(\omega)$，单位为度

(°)，线性分度。绘制波特图的 Matlab 函数为 freqs( )，其具体的调用方法可参见例 8-17 与例 8-18。

【例 8-17】 绘制一阶系统 $H(s)=\frac{1}{4s+1}$ 的波特图。

解 Matlab 代码如下，结果如图 8-41 所示。

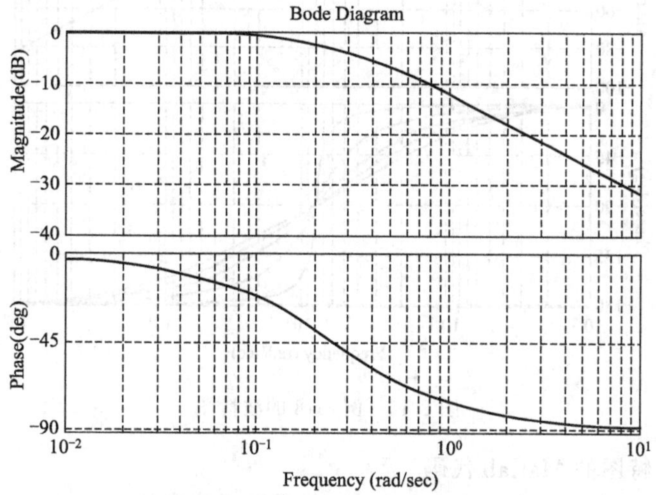

图 8-41 例 8-17 的波特图

```
%绘制 LTI 系统的波特图的 Matlab 代码
num=[1];                  %系统函数的分子系数矢量
den=[4,1];                %系统函数的分母系数矢量
sys=tf(num,den);          %合成系统函数
bode(sys); grid on;       %绘制频率响应的波特图
```

【例 8-18】 绘制二阶系统 $H(s)=\frac{\omega_n^2}{s^2+2\xi\omega_n s+\omega_n^2}$ 的波特图，其中 $\omega_n=0.8$，$\xi=0.1$，0.5，1，1.5，2。

解 Matlab 代码如下，结果如图 8-42 所示。

```
%绘制 LTI 系统的波特图的 Matlab 代码
wn=0.8;                                                  %设置系统参数
for zeta=[0.1, 0.5, 1, 1.5, 2]
  sys=tf([wn * wn], [1, 2 * zeta * wn, wn * wn]);        %生成系统函数
  bode(sys); grid on;                                    %绘制波特图
  hold on;
end
```

8.7.2 奈奎斯特图

奈奎斯特图又称为极坐标图或幅相频率特性图，它是以角频率 ω 为参量，在复平面上表示开环频率响应的一种方法。在 Matlab 中，可以通过调用函数 nyquist ( ) 来绘制开环系统的奈奎斯特图，其具体的调用方法可参见例 8-19。

【例 8-19】 已知一系统的传递函数为 $H(s)=\frac{K}{5s^2+3s+1}$，$K=0.3$，0.7，1.1，1.5，试绘出 K 不断变大时，该系统的奈奎斯特图。

解 Matlab 代码如下，结果如图 8-43 所示。

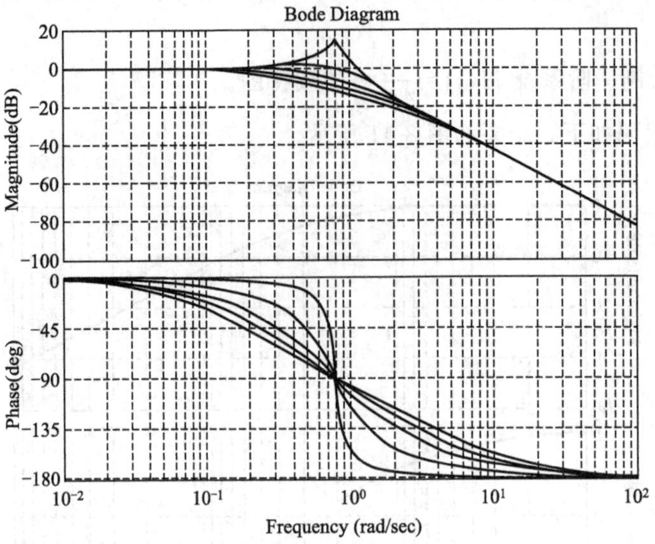

图 8-42　例 8-18 的波特图

```
%绘制奈奎斯特图的 Matlab 代码
for k= [0.3, 0.7, 1.1, 1.5]              %设置系统参数
    H=tf (k, [5, 3, 1]);                  %生成系统函数
    nyquist (H);                          %绘制奈奎斯特图
    hold on;
end
```

8.7.3 根轨迹

根轨迹是指闭环系统的增益 K 由 0 变化至∞时，闭环特征方程的根在 S 平面上的变化轨迹，根轨迹对于判断闭环系统的稳定性非常有用。在 Matlab 中，可以通过调用函数 rlocus( ) 来绘制闭环系统的根轨迹，其具体的调用方法可参见例 8-20。

【例 8-20】 已知系统的开环传递函数为 $H(s)G(s)=\dfrac{s^3+s^2+4}{s^3+3s^2+7s}$，试绘制其根轨迹。

解 Matlab 代码如下，结果如图 8-44 所示。

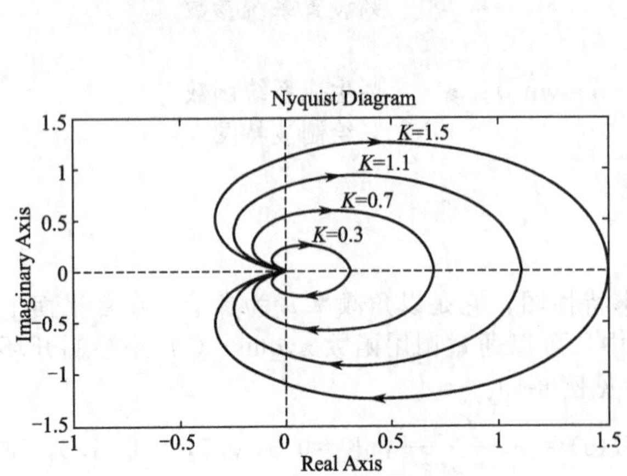

图 8-43　例 8-19 的奈奎斯特图

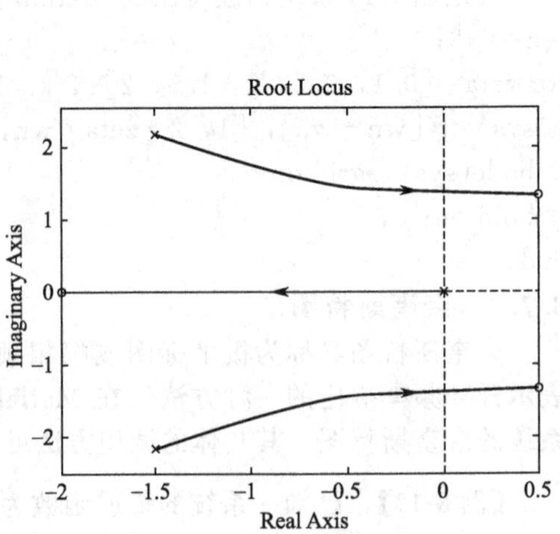

图 8-44　例 8-20 的根轨迹

```
%绘制根轨迹的 Matlab 代码
num=[1 1 0 4];                %设置系统函数的分子系数矢量
den=[1 3 7 0];                %设置系统函数的分母系数矢量
sys=tf(num, den);             %生成系统函数
rlocus(sys);                  %绘制根轨迹
```

习题 8

8-1 设系统函数 $H(s)$ 只有一对一阶的共轭极点，其中一个极点位于图 8-45 所示的 S 平面中的各个方框所处的位置时，画出对应的 $h(t)$ 的波形（填入方框中）。如果极点位于实轴，则假定 $H(s)$ 只有一个一阶的实极点。

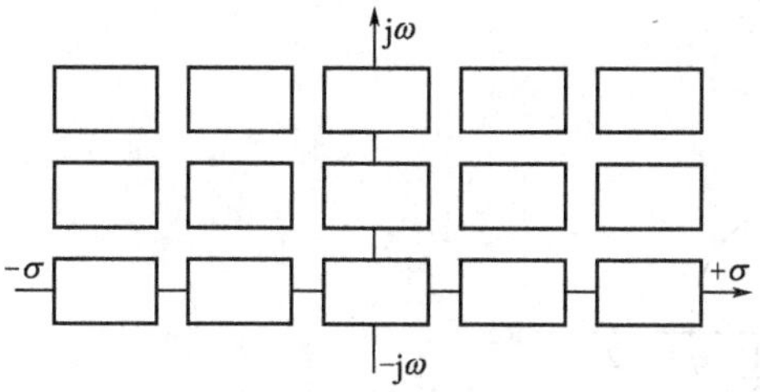

图 8-45 题 8-1 图

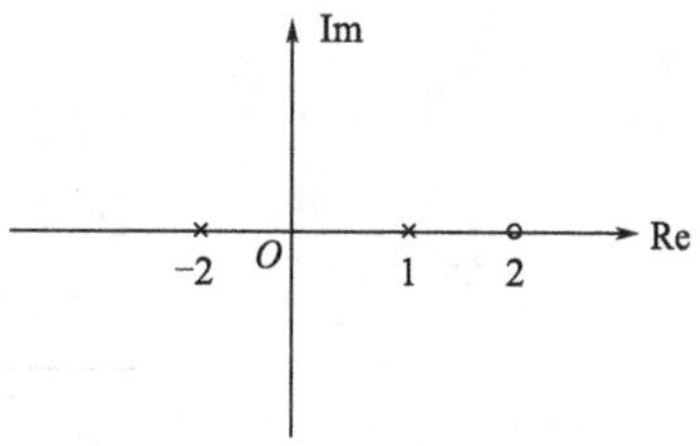

图 8-46 题 8-2 图

8-2 连续时间 LTI 系统的系统函数 $H(s)$ 的零、极点分布如图 8-46 所示，在下列情况下，求出 $H(s)$ 与 $h(t)$。

(1) $t<0$ 时，$h(t)=0$，且 $\lim\limits_{s\to\infty} sH(s)=1$；

(2) $\lim\limits_{s\to\pm\infty} h(t)=0$，且 $H(0)=2$。

8-3 离散时间 LTI 系统的系统函数 $H(z)$ 的零、极点分布如图 8-47 所示，在下列情况下，求出 $H(z)$ 与 $h[n]$。

(1) $\lim\limits_{n\to\pm\infty} h[n]=0$，且对 1 的响应为 2；

(2) $n<0$ 时，$h[n]=0$，且 $h[n]=1$。

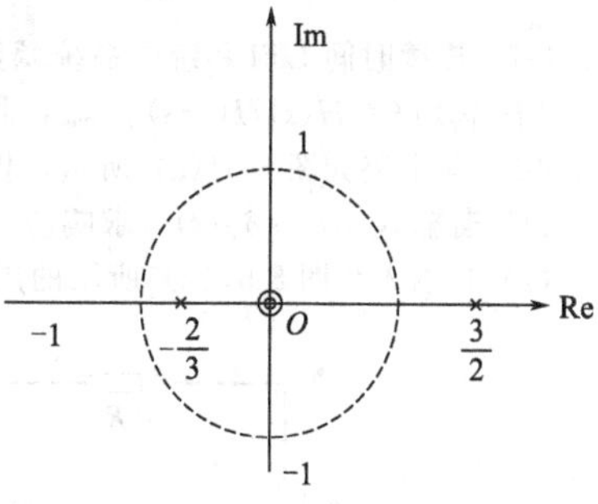

图 8-47 题 8-3 图

8-4 因果二阶系统的系统函数 $H(s)$ 的零、极点分布如图 8-48 所示，在下列情况下，求出 $H(s)$ 及其幅频特性 $|H(j\omega)|$。

(1) 对于图 (a) 有 $H(s)|_{s=0}=1$；

(2) 对于图 (b) 有 $H(s)|_{s=j\sqrt{5}}=1$；

(3) 对于图 (c) 有 $H(\infty)=1$。

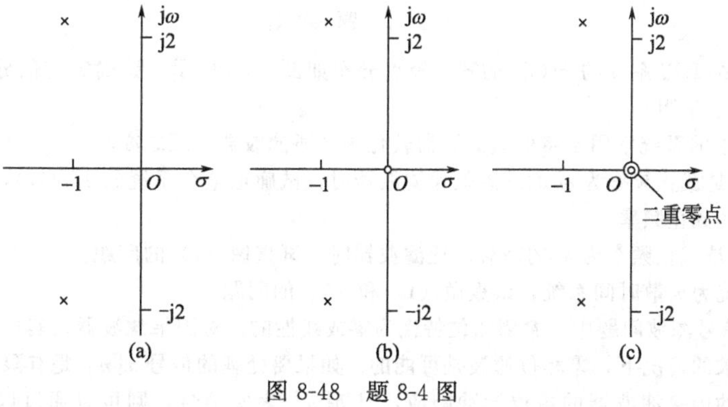

图 8-48 题 8-4 图

8-5 因果离散系统的系统函数 $H(z)$ 的零、极点分布如图 8-49 所示，已知 $\lim\limits_{z\to\infty} H(z)=1$。

(1) 求系统函数 $H(z)$；

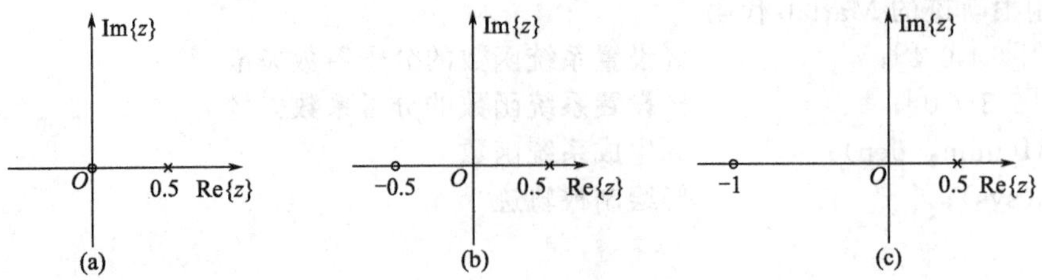

图 8-49　题 8-5 图

（2）求幅频特性 $|H(e^{j\omega})|$，并粗略画出 $-\pi\leqslant\theta\leqslant\pi$（或 $0\leqslant\theta\leqslant 2\pi$）的幅频响应。

8-6　某稳定离散 LTI 系统的系统函数 $H(z)$ 的零、极点分布如图 8-50 所示，已知系统对 $(-1)^n$ 的响应为 $\frac{2}{9}(-1)^n$。求系统函数 $H(z)$、系统的频响 $H(e^{j\omega})$ 与单位脉冲响应 $h[n]$。

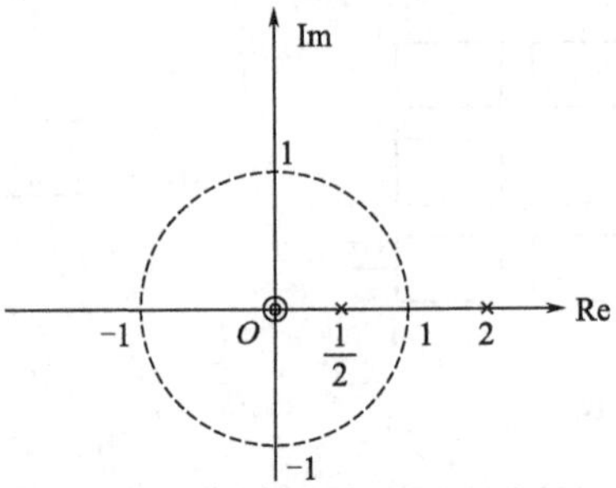

图 8-50　题 8-6 图

8-7　连续时间 LTI 系统的系统函数 $H(s)$ 在虚轴上收敛，且其幅频特性为 $|H(j\omega)|$，试证明以下关系：$|H(j\omega)|^2=H(s)H(-s)|_{s=j\omega}$，假设该系统的单位冲激响应 $h(t)$ 为实信号。

8-8　某电路如图 8-51(a) 所示，根据极点与时域特性关系求

（1）若输入 $e(t)=\delta_T(t)$，求响应 $v_o(t)$；

（2）若输入为图 8-51(b) 所示的周期矩形脉冲，求响应 $v_o(t)$。

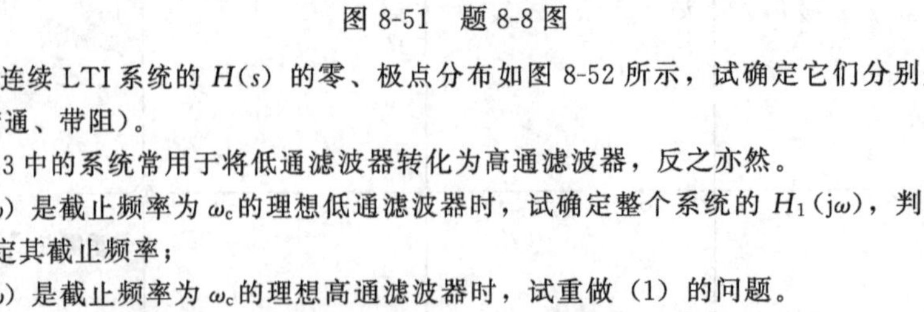

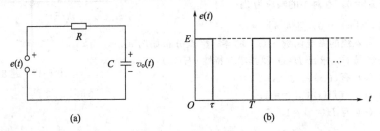

图 8-51　题 8-8 图

8-9　某因果连续 LTI 系统的 $H(s)$ 的零、极点分布如图 8-52 所示，试确定它们分别是哪种滤波网络（低通、高通、带通、带阻）。

8-10　图 8-53 中的系统常用于将低通滤波器转化为高通滤波器，反之亦然。

（1）当 $H(j\omega)$ 是截止频率为 ω_c 的理想低通滤波器时，试确定整个系统的 $H_1(j\omega)$，判断其为什么类型的滤波器，并确定其截止频率；

（2）当 $H(j\omega)$ 是截止频率为 ω_c 的理想高通滤波器时，试重做（1）的问题。

（3）若上述系统为离散时间系统，试重做（1）和（2）的问题。

8-11　在许多信号滤波问题中，希望相位特性为零或线性的。对因果滤波器，实现零相位是不可能的。然而，在非实时要求的情况下，零相位滤波是可能的。如果要处理的信号 $x[n]$ 是有限长的，$h[n]$ 是一个具有任意相位特性的因果滤波器的单位脉冲响应，且 $h[n]$ 为实信号，则可以通过以下两种方法实现对 $x[n]$ 的零相位滤波。

（1）按图 8-54(a) 所示的三个步骤进行；

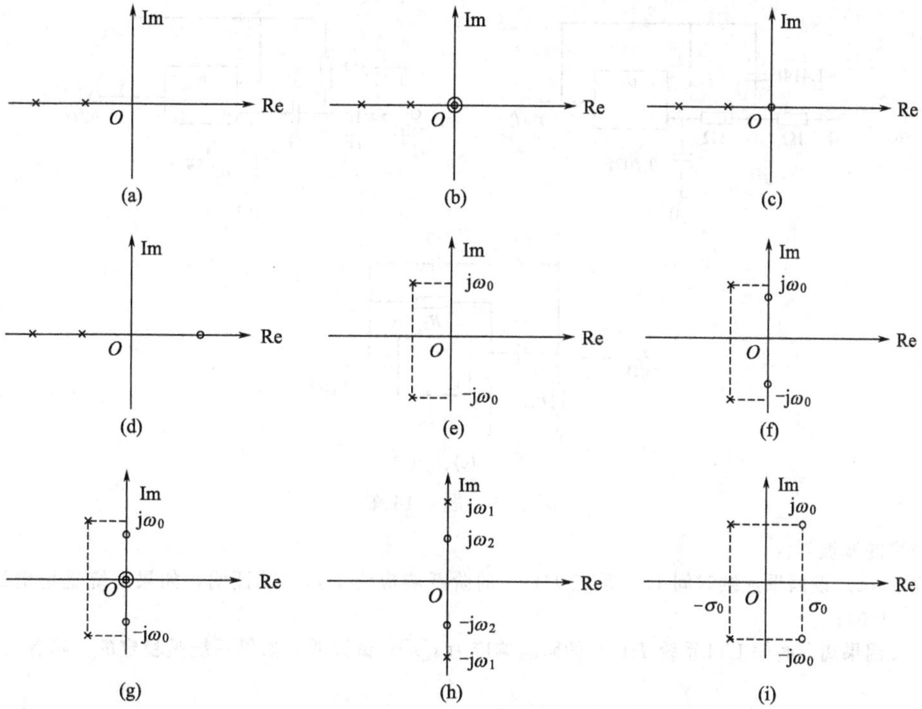

图 8-52 题 8-9 图

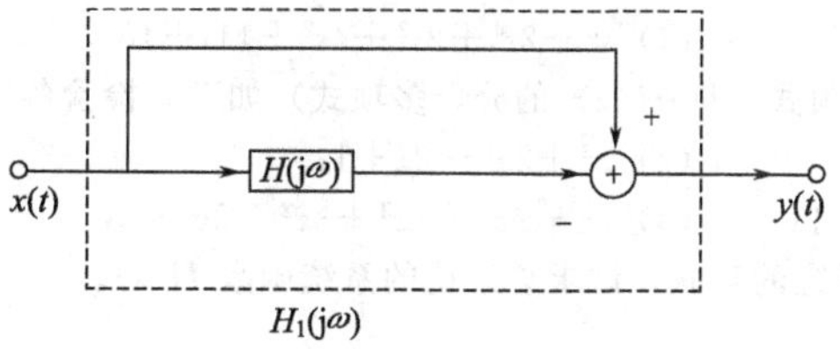

图 8-53 题 8-10 图

(2) 按图 8-54(b) 所示的三个步骤进行。

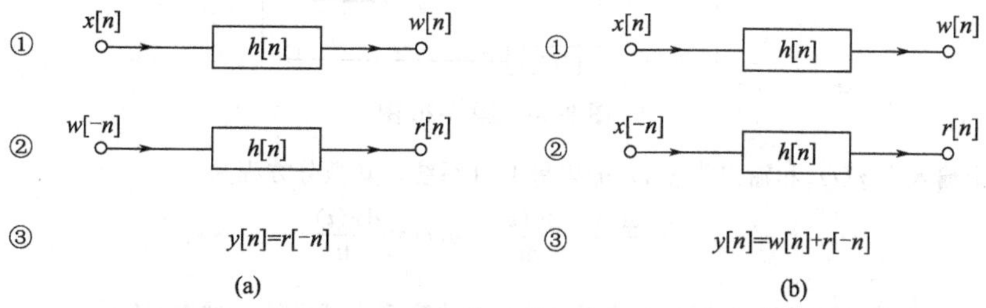

图 8-54 题 8-11 图

8-12 设计一个巴特沃思模拟低通滤波器，技术指标为 $f_c=2\text{kHz}$，$A_c=3\text{dB}$，$f_s=4\text{kHz}$，$A_s\geqslant 30\text{dB}$。

8-13 设计一个巴特沃思模拟高通滤波器，主要参数：

(1) 截止频率 $f_c=100\text{Hz}$； (2) 阻带频率 $f_{sH}=33.3\text{Hz}$ 时，其衰减 $A_s\geqslant 40\text{dB}$。

8-14 设计一个六阶巴特沃思模拟带通滤波器，主要参数：

(1) 中心频率 $f_0=1000\text{Hz}$； (2) 3dB 带宽 $B=100\text{Hz}$。

8-15 设计一个模拟带阻滤波器，主要参数：

(1) 阻带中心频率 $f_0=3600\text{Hz}$； (2) 阻带 3dB 带宽 $B=300\text{Hz}$；

(3) 衰减 $A_s=40\text{dB}$ 时，阻带宽度 $B_s=60\text{Hz}$。

8-16 求出图 8-55 所示的有源滤波器电路的系统函数 $H(s)$。大致绘出其幅频响应，并说明它们分别

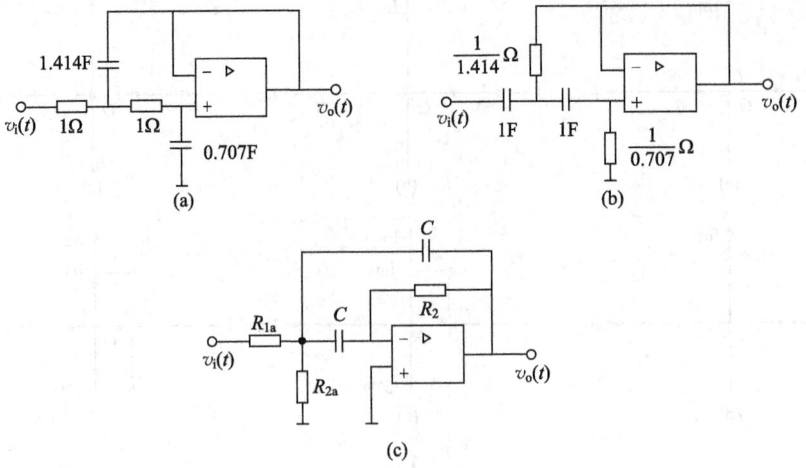

图 8-55　题 8-16 图

是什么类型的滤波器。

8-17　(1) 设因果连续时间 LTI 系统 $H(s)$ 的阶跃响应为 $s(t)$，试证明，如果系统是稳定的，则有 $s(+\infty)=H(0)$；

(2) 设因果离散时间 LTI 系统 $H(z)$ 的阶跃响应为 $s[n]$，试证明，如果系统是稳定的，则有 $s[+\infty]=H(1)$。

8-18　检验以下多项式是否为霍尔维兹多项式。

(1) s^3+s^2+s+6；　　(2) s^3+3s^2+4s+2；

(3) $s^4+2s^3+3s^2+2s+1$；　　(4) $s^5+2s^4+2s^3+4s^2+11s+10$。

8-19　离散系统的特征多项式（即 $H(z)$ 的分母多项式）如下，检验各系统是否稳定。

(1) $2z^3-1$；　　(2) z^3+2z^2+2z+1；

(3) $2z^4+2z^3-3z^2+3z+1$；　　(4) $z^5+2z^4+3z^3+3z^2+2z+1$。

8-20　考虑图 8-56 所示系统的互联，试求总系统的系统函数 $H(s)$。

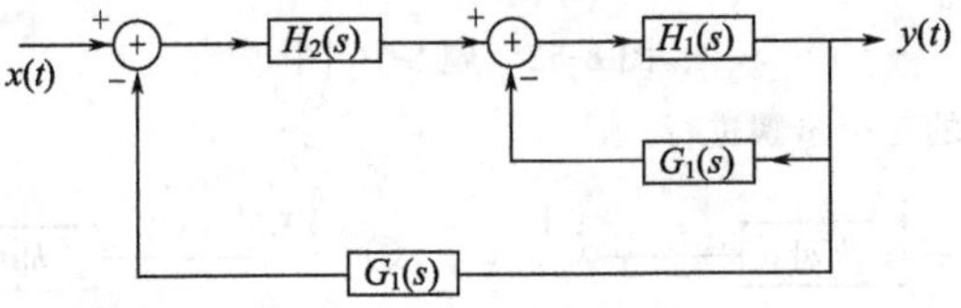

图 8-56　题 8-20 图

8-21　一个输入为 $x(t)$ 和输出为 $y(t)$ 的因果 LTI 系统，其微分方程为

$$\frac{d^2y(t)}{dt^2}+\frac{dy(t)}{dt}+y(t)=\frac{dx(t)}{dt}$$

现在要用 $H(s)=\frac{1}{s+1}$ 的图 8-25(a) 所示的反馈互联系统来实现上述系统，试求 $G(s)$。

8-22　考虑图 8-25(b) 所示的离散时间反馈系统，其中 $H(z)=\frac{1}{1-\frac{1}{2}z^{-1}}$ 和 $G(z)=1-bz^{-1}$，对于什么样的 b 值，该反馈系统是稳定的？

8-23　考虑图 8-25(a) 所示的连续时间反馈系统，其中 $H(s)=\frac{1}{s-1}$ 和 $G(s)=s-b$，对于什么样的 b 值，该反馈系统是稳定的？

8-24　假设一个反馈系统的闭环极点满足 $\frac{1}{(s+1)(s+2)}=-\frac{1}{K}$，利用根轨迹法确定保证该反馈系统稳定的 K 值的范围。

8-25　假设一个反馈系统的闭环极点满足$\frac{s-1}{(s+1)(s+2)}=-\frac{1}{K}$，利用根轨迹法确定保证该反馈系统稳定的 K 值的范围。

8-26　假设一个反馈系统的闭环极点满足$\frac{(s+1)(s+3)}{(s+2)(s+4)}=-\frac{1}{K}$，利用根轨迹法确定：是否存在可调节增益 K 的任何值，使得该系统的单位冲激响应含有 $e^{-at}\cos(\omega_0 t+\phi)$ 形式的振荡分量？这里 $\omega_0\neq 0$。

8-27　对应于 $H(s)G(s)=-\frac{1}{K}$ 的根轨迹如图 8-57 所示。图中对于根轨迹的每一分支的起点（$K=0$）和终点都用符号“·”标出，试标出 $H(s)G(s)$ 的零点与极点。

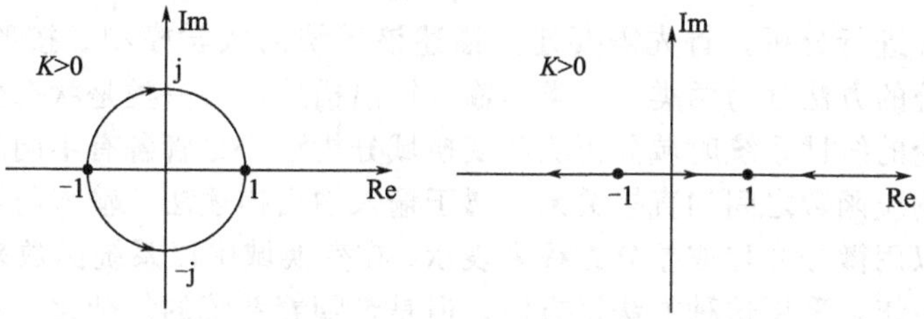

图 8-57　题 8-27 图

8-28　假设一个离散时间反馈系统的闭环极点满足$\frac{z^{-2}}{(1-\frac{1}{2}z^{-1})(1+\frac{1}{2}z^{-1})}=-\frac{1}{K}$，利用根轨迹法确定保证该反馈系统是稳定的 K 的正值范围。

8-29　$z=\frac{1}{2}$，$z=\frac{1}{4}$，$z=0$ 和 $z=-\frac{1}{2}$ 中的每一个都是 $H(z)G(z)$ 的一个一阶极点或零点，此外还知道 $H(z)G(z)$ 只有两个极点。根据对全部的 K 值，对应于 $H(z)G(z)=-\frac{1}{K}$ 的根轨迹都位于实轴上这一事实，问关于 $H(z)G(z)$ 的极点和零点能够得到什么样的信息？

8-30　考虑图 8-58 所示的离散时间系统，利用根轨迹法确定保证该系统稳定的 K 值。

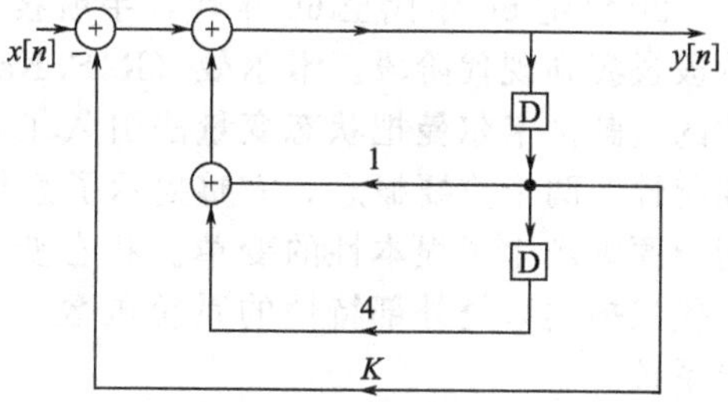

图 8-58　题 8-30 图

8-31　设 C 是一条闭合路径，它位于 P 平面的单位圆上，现将 p 以顺时针方向绕 C 一周以求得 $W(p)$。对于下列每一个 $W(p)$ 的表示式，确定 $W(p)$ 的图以顺时针方向环绕原点的净次数。

(1) $W(p)=\frac{1-\frac{1}{2}p^{-1}}{1-\frac{1}{4}p^{-1}}$；(2) $W(p)=\frac{1-2p^{-1}}{\left(1-\frac{1}{2}p^{-1}\right)(1-2p^{-1}+4p^{-2})}$。

8-32　考虑一连续时间反馈系统，其闭环极点满足 $H(s)G(s)=\frac{1}{s+1}=-\frac{1}{K}$，利用奈奎斯特图与奈奎斯特稳定性判据确定该闭环系统稳定的 K 值的范围。

8-33　考虑一连续时间反馈系统，其闭环极点满足 $H(s)G(s)=\frac{10}{(s+1)(s+10)}=-\frac{1}{K}$，利用奈奎斯特图与奈奎斯特稳定性判据确定该闭环系统稳定的 K 值的范围。

8-34　考虑一连续时间反馈系统，其闭环极点满足 $H(s)G(s)=\frac{1}{(s+1)^4}=-\frac{1}{K}$，利用奈奎斯特图与奈奎斯特稳定性判据确定该闭环系统稳定的 K 值的范围。

8-35　考虑一离散时间反馈系统，其闭环极点满足 $H(z)G(z)=z^{-3}=-\frac{1}{K}$，利用奈奎斯特图与奈奎斯特稳定性判据确定该闭环系统稳定的 K 值的范围。

8-36　考虑一反馈系统，可以是连续时间的，也可以是离散时间的，假设该系统的奈奎斯特图穿过 $-\frac{1}{K}$ 点，试问对于这个增益值，该系统是稳定的，还是不稳定的？并说明理由。

9 状态变量分析

9.0 引言

要对一个系统进行分析，首先需要建立描述该系统的数学模型。按照采用何种数学模型，可将描述系统的方法分为两类：一类是输入输出描述；另一类是状态变量描述。

前面各章讨论的线性系统时域分析法和变换域分析法，尽管各有不同的特点，但都是着眼于激励函数和响应函数之间的直接关系，属于输入输出描述法。输入与输出信号之间的关系，在时域中可以用微分方程或差分方程来表示，在变换域中以系统函数来描述。对于简单的单输入单输出系统，采用这种方法很方便。但是，随着系统的复杂化，系统的输入和输出往往是多个的，这时采用输入输出描述法就比较困难。另一方面，输入输出描述法只关心系统的输入与输出之间的关系，对系统内部一些参量的变化规律无法进行描述。因此，当需要揭示系统的内部变化规律和特性时，输入输出法已难以适应要求。此时需要有一种能够有效地描述系统内部状态的方法，这就是状态变量描述法。

20 世纪 50 年代至 60 年代，宇航技术的蓬勃兴起，推动了线性系统理论逐步从经典阶段过渡到现代阶段。卡尔曼（R. E. Kalman）为现代系统与控制理论的形成作出了奠基性的贡献。卡尔曼把状态变量法引入了这一领域，并提出了系统的“可观察性”与“可控制性”两个重要概念，完整揭示了系统的内部特性，从而促使控制系统分析与设计的指导原则产生了根本性的变革。状态变量法的特点是利用描述系统内部特性的状态变量取代仅描述系统外部特性的系统函数，并且可将这种描述十分便捷地运用于多输入多输出系统。

状态变量法是分析各类系统的一种系统化方法，它不但能给出系统的外部特性而且着重于系统内部特性的描述，采用状态变量分析法有如下优点。

① 描述系统的动力学方程（含状态方程和输出方程）都具有统一的规范化的表达形式，例如，状态方程可表示为一阶矢量微分方程形式：$\dot{x}(t)=Ax(t)+Be(t)$，输出方程可表示为$y(t)=Cx(t)+De(t)$的形式。

② 数学处理方便，一阶常微分方程组或一阶差分方程组可很方便地利用计算机求解。

③ 它提供了系统的更多信息，它不仅给出系统的输出响应，而且还可以给出系统内部所需要的各种情况。从而使人们对系统的性能有更深入更本质的理解，并能够采取一定的措施来改善系统的性能。

④ 有时研究一个系统并不一定要知道其全部输出，而只需定性地研究系统是否稳定，怎样控制各个参数使系统的性能达到最佳状态等，状态变量可以作为这些关键性参数来进行研究。

⑤ 适用范围广泛，它不仅适用于复杂的线性非时变系统，而且也可以用来分析线性时变系统和非线性动态系统。

本章将讨论用状态变量法分析 LTI 系统的基本概念和方法。重点讨论状态模型的建立途径和方法，状态方程的时域和变换域解法，状态矢量的线性变换以及系统的可控性和可观测性。最后结合具体例子，对利用 Matlab 进行状态空间分析的一些基本函数的运用作一介绍。

9.1 系统的状态与状态变量

下面给出系统状态变量分析法中的几个名词的定义。

状态 动态系统的状态，是指能够完全描述系统时间域动态行为的一组最少变量（称为状态变量），状态变量的个数等于系统的阶数。若要完全描述 n 阶系统，就需要 n 个状态变量。这 n 个状态变量对于连续系统，通常记为 $x_1(t)$，$x_2(t)$，…，$x_n(t)$；对于离散系统，常记为 $x_1[n],x_2[n],\cdots,x_n[n]$。只要知道 $t=t_0$（或 $n=n_0$）时刻这组状态变量的值和 $t\geqslant t_0$（或 $n\geqslant n_0$）时的输入，那么就能够完全确定系统在 $t\geqslant t_0$（或 $n\geqslant n_0$）后的行为特征。

状态变量 能够表示系统状态的那些变量称为状态变量。

状态矢量 能够完全描述一个系统行为的 n 个状态变量，可以看作矢量 $\boldsymbol{x}(t)$ 或 $\boldsymbol{x}[n]$ 的各个分量的坐标。以系统的 n 个状态变量为分量，构成一个 n 维变量向量。

$$\boldsymbol{x}(t)=\begin{bmatrix}x_1(t)\\x_2(t)\\\vdots\\x_n(t)\end{bmatrix}=[x_1(t)\quad x_2(t)\quad\cdots\quad x_n(t)]^{\mathrm{T}}$$

或

$$\boldsymbol{x}[n]=\begin{bmatrix}x_1[n]\\x_2[n]\\\vdots\\x_n[n]\end{bmatrix}=[x_1[n]\quad x_2[n]\quad\cdots\quad x_n[n]]^{\mathrm{T}}$$

状态空间 状态矢量所在的空间。

对一个给定的系统，状态变量的选择方法并不是惟一的。一般而言，状态变量的选取要对应于物理上的可测量或者是可以使计算更方便。

9.2 系统的信号流图表示

前面几章已经介绍过，采用系统的模拟框图可以描述系统的特性。但当系统较复杂时，对模拟框图的化简就比较麻烦。本节要介绍的信号流图同样也起到了描述系统特性的作用，而且恰当地应用信号流图和梅逊（Mason）公式可以方便地求得系统函数 $H(s)$ 或 $H(z)$ 的表达式。

(1) 信号流图

系统的信号流图，就是用一些点和有向支路来描述系统。例如，对于图 9-1(a) 所示的一个二阶系统的模拟框图，可以用图 9-1(b) 所示的信号流图来表示。

(2) 信号流图的一些常用术语

节点 表示系统中变量和信号的点，用“o”表示节点。

支路 连接两个节点之间的定向线段。

支路系统函数 连接该支路节点之间的系统函数。

源节点 只有输出支路的节点，通常代表输入信号。

阱节点 只有输入支路的节点，通常代表

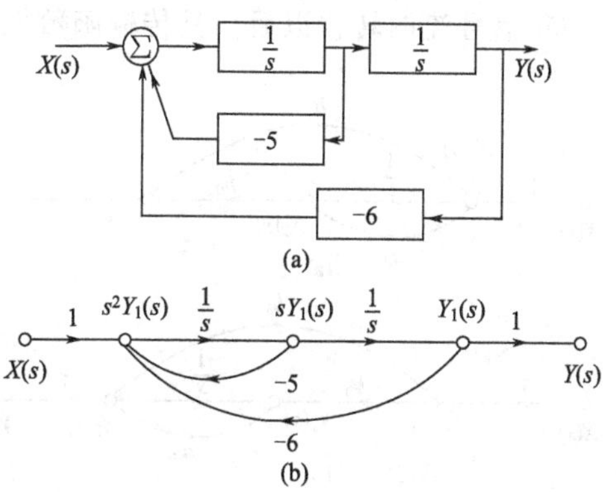

图 9-1 系统的模拟框图和信号流图表示

输出信号。

混合节点 既有输入支路，又有输出支路的节点。

通路 沿支路箭头方向通过各相连支路的途径。

开通路 通路与任一节点相交不多于一次。

闭通路 通路的终点即是通路的起点，且与其他任何节点相交不多于一次，它又称为环路。

自环路 仅含有一个支路的环路。

不接触环路 两条环路之间无任何公共节点。

环路增益 环路中各支路系统函数的乘积。

前向通路 从输入节点到输出节点方向的通路上，通过任何节点不多于一次的路径。

(3) 信号流图的性质

在运用信号流图时，必须遵守流图的一些性质。

① 信号只能沿支路上的箭头方向通过。支路表示了一个信号与另一个信号之间的关系，如图 9-2 所示。

② 节点可以把所有输入支路的信号叠加，并把叠加后的信号传送到所有输出支路，如图 9-3 所示。

③ 具有输入和输出支路的混合节点，通过增加一个具有单位增益的支路，可以把它变成输出节点，如图 9-4 所示。图中 x_{30} 和 x_{31} 实际上是一个节点，x_{31} 节点是通过增加一个具有单位增益的支路而分离出来的一个节点。

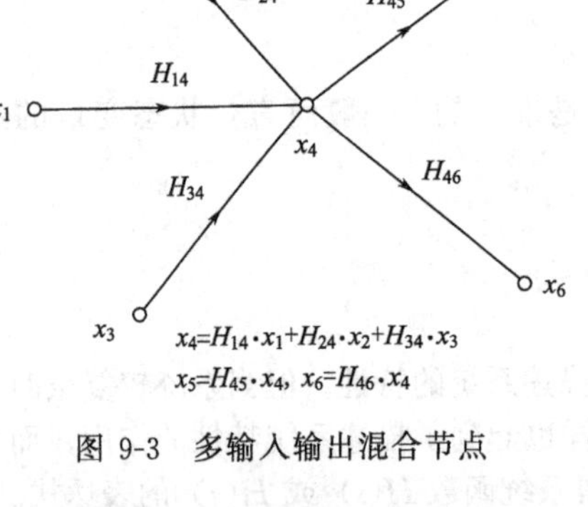

图 9-3 多输入输出混合节点

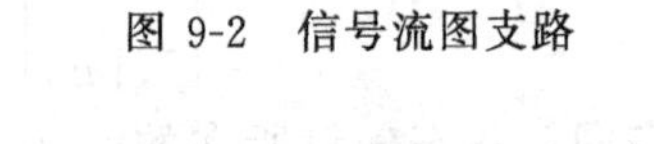

图 9-2 信号流图支路

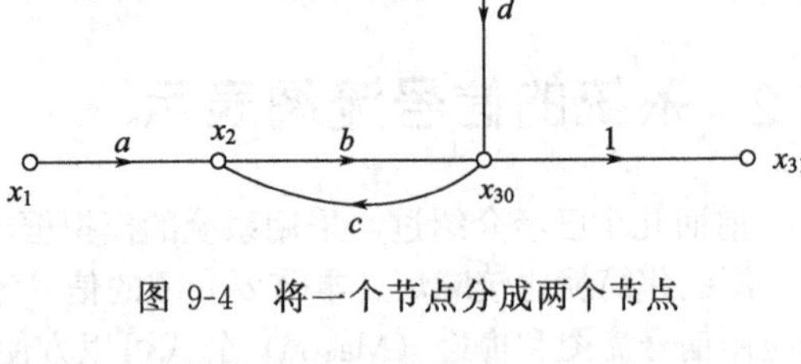

图 9-4 将一个节点分成两个节点

④ 信号流图的形式不是惟一的，这是因为同一系统的方程可以表示成不同的形式，因而可以画出不同的信号流图。

⑤ 信号流图转置以后，其传输函数保持不变。如图 9-5(a)、(b)，它们代表了同一个系统，系统函数为 $H(s)=\dfrac{b_1 s+b_0}{s+a_0}$。所谓转置就是把流图中各支路的信号传输方向取反，同时把输入输出节点对换。

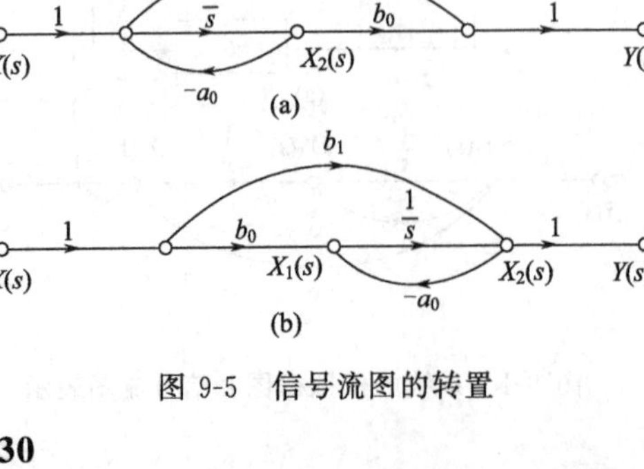

图 9-5 信号流图的转置

(4) 化简规则

流图代表了某一线性系统，因而和系统的框图一样，可按一些代数运算规则进行化简。

① 串联支路的化简 串联支路的总传输值，等于所有各支路传输值的乘积，如图 9-6(a) 所示。

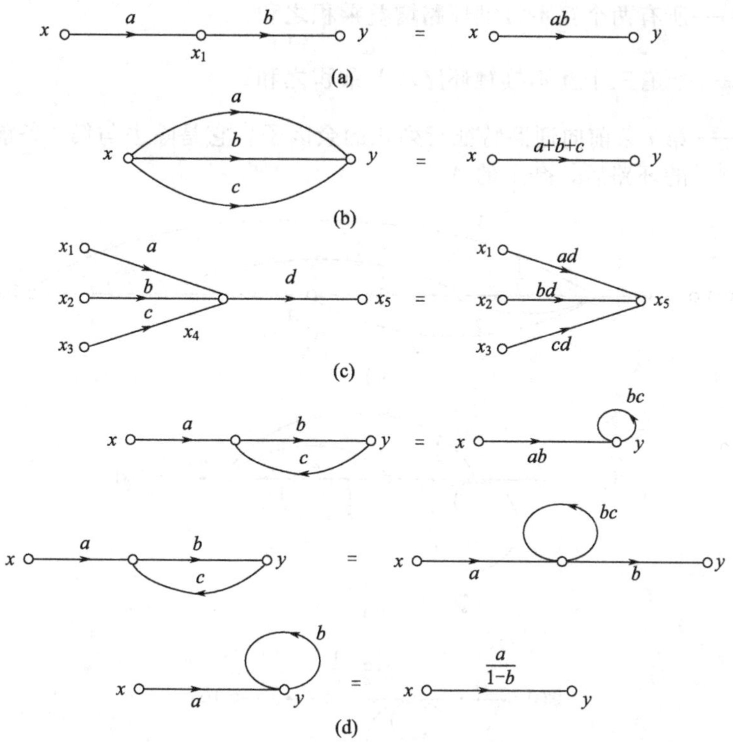

图 9-6 流图的化简规则

② 并联支路的化简 通过并联相加可以把并联支路合并为单一支路，其传输值等于各支路传输值相加，如图 9-6(b) 所示。

③ 混合节点的消除 混合节点可按图 9-6(c) 所示的方法予以消除。

④ 环路和自环路的消除 环路和自环路可按图 9-6(d) 所示的方法予以消除。自环路所在节点，所有输入支路的传输值除以$(1-t)$，其中 t 为自环路增益。

利用这些信号流图的代数运算，最终在源节点和阱节点之间可简化为仅有一条支路的信号流图。此支路的传输值就是原信号流图输入到输出之间的总传输值，从而确定了系统的系统函数。

图 9-7(a) 给出了一个系统的信号流图表示，其全部化简过程如图 9-7(b)～(d) 所示。

(5) 梅逊（Mason）公式

利用信号流图的化简规则可简化流图并最终求出系统的系统函数（转移函数），但其化简过程比较繁琐。梅逊公式可以用来求系统输出与输入之间的系统函数（转移函数）。

梅逊公式表明，源节点和阱节点之间的传输函数可表示为

$$H(s)=\frac{Y(s)}{X(s)}=\frac{1}{\Delta}\sum_{i=1}^{n}P_i\Delta_i \tag{9-1}$$

式中 P_i——第 i 条前向通路的传输函数（增益）；

Δ——信号流图的特征行列式。

$$\Delta=1-\sum_{a}L_a+\sum_{b,c}L_bL_c-\sum_{d,e,f}L_dL_eL_f+\cdots \tag{9-2}$$

式中 $\sum_{a}L_a$——所有不同环路的增益之和；

$\sum_{b,c} L_b L_c$ ——所有两个互不接触环路增益乘积之和；

$\sum_{d,e,f} L_d L_e L_f$ ——所有三个互不接触环路增益乘积之和；

Δ_i ——第 i 条前向通路特征行列式的余因子。它是除去与第 i 条前向通路相接触的环路后，余下的 Δ。

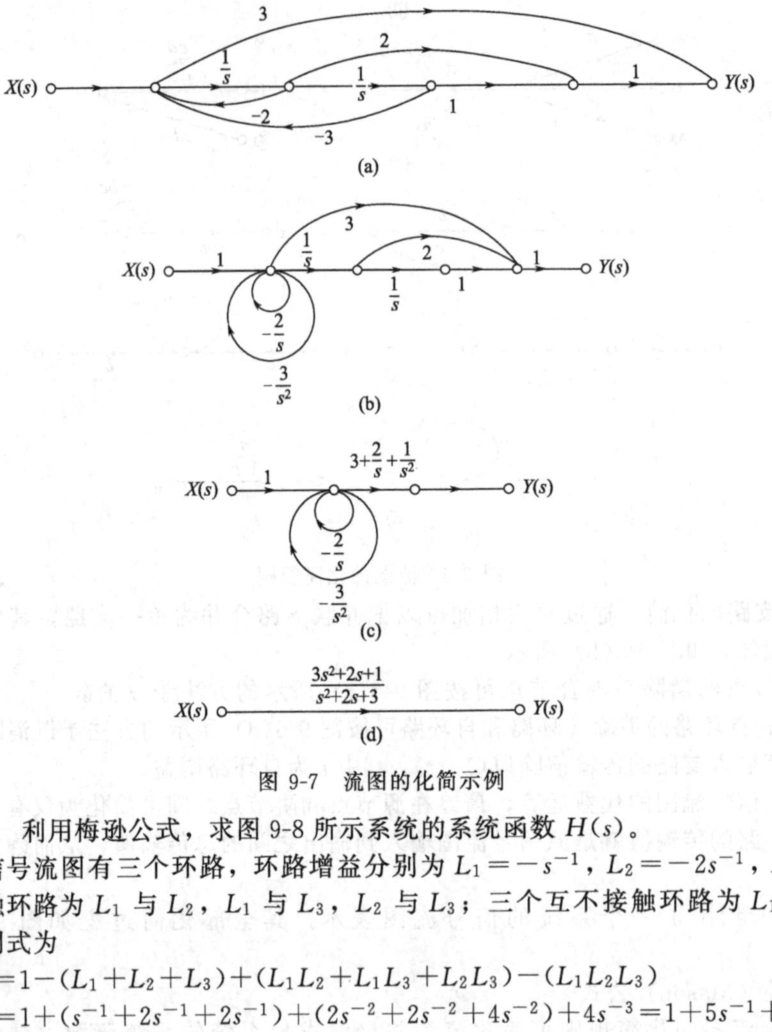

图 9-7　流图的化简示例

【例 9-1】　利用梅逊公式，求图 9-8 所示系统的系统函数 $H(s)$。

解　该信号流图有三个环路，环路增益分别为 $L_1=-s^{-1}$，$L_2=-2s^{-1}$，$L_3=-2s^{-1}$。两两互不接触环路为 L_1 与 L_2，L_1 与 L_3，L_2 与 L_3；三个互不接触环路为 L_1，L_2 与 L_3。于是特征行列式为

$$\Delta=1-(L_1+L_2+L_3)+(L_1L_2+L_1L_3+L_2L_3)-(L_1L_2L_3)$$
$$=1+(s^{-1}+2s^{-1}+2s^{-1})+(2s^{-2}+2s^{-2}+4s^{-2})+4s^{-3}=1+5s^{-1}+8s^{-2}+4s^{-3}$$

前向通路有四条，分别为

通路 1　$\Delta_1=\Delta$，$P_1=3s^{-1}$

通路 2　$\Delta_2=1-(L_2+L_3)+(L_2L_3)=1+4s^{-1}+4s^{-2}$，$P_2=2s^{-1}$

通路 3　$\Delta_3=1-(L_1+L_3)+(L_1L_3)=1+3s^{-1}+2s^{-2}$，$P_3=-2s^{-1}$

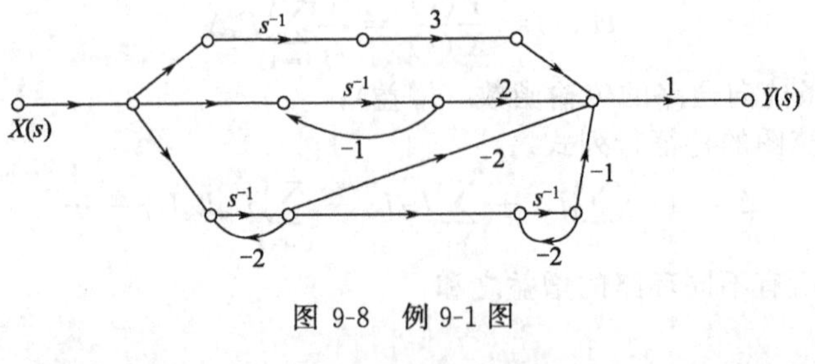

图 9-8　例 9-1 图

通路 4 $\Delta_4=1-(L_1)=1+s^{-1}$，$P_4=-s^{-2}$

因此系统函数为

$$H(s)=\frac{1}{\Delta}(P_1\Delta_1+P_2\Delta_2+P_3\Delta_3+P_4\Delta_4)=\frac{3s^3+16s^2+27s+12}{s^4+5s^3+8s^2+4s} \tag{9-3}$$

【例 9-2】 求图 9-9 所示信号流图的系统函数（转移函数）。

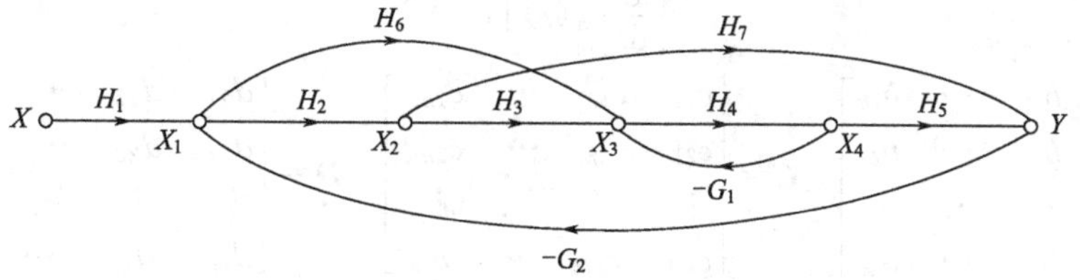

图 9-9 例 9-2 图

解 ① 共有四条环路

$$L_1=(X_3\rightarrow X_4\rightarrow X_3)=-H_4G_1$$
$$L_2=(X_2\rightarrow Y\rightarrow X_1\rightarrow X_2)=-H_7G_2H_2$$
$$L_3=(X_1\rightarrow X_3\rightarrow X_4\rightarrow Y\rightarrow X_1)=-H_6H_4H_5G_2$$
$$L_4=(X_1\rightarrow X_2\rightarrow X_3\rightarrow X_4\rightarrow Y\rightarrow X_1)=-H_2H_3H_4H_5G_2$$

两两互不接触环路

$$L_1L_2=H_2H_4H_7G_1G_2$$

因此 $\Delta=1+(H_4G_1+H_2H_7G_2+H_4H_5H_6G_2+H_2H_3H_4H_5G_2)+H_2H_4H_7G_1G_2$

② 前向通路共有三条。

第一条通路 $X\rightarrow X_1\rightarrow X_2\rightarrow X_3\rightarrow X_4\rightarrow Y$，$P_1=H_1H_2H_3H_4H_5$

与第一条通路不接触的环路没有，因此

$$\Delta_1=1$$

第二条通路 $X\rightarrow X_1\rightarrow X_3\rightarrow X_4\rightarrow Y$，$P_2=H_1H_6H_4H_5$

与第二条通路不接触的环路没有，因此

$$\Delta_2=1$$

第三条通路 $X\rightarrow X_1\rightarrow X_2\rightarrow Y$，$P_3=H_1H_2H_7$

与第三条通路不接触的环路是 L_1，因此

$$\Delta_3=1+H_4G_1$$

利用式(9-1)，最后得系统函数（转移函数）

$$H(s)=\frac{Y}{X}=\frac{H_1H_2H_3H_4H_5+H_1H_6H_4H_5+H_1H_2H_7(1+H_4G_1)}{1+H_4G_1+H_2H_7G_2+H_4H_5H_6G_2+H_2H_3H_4H_5G_2+H_2H_4H_7G_1G_2} \tag{9-4}$$

9.3 连续时间系统状态方程的建立

连续时间系统状态方程的标准形式是一组一阶联立微分方程。方程式左端是各状态变量的一阶导数，右端是状态变量和激励函数的某种组合，即

状态方程 $$\dot{\boldsymbol{x}}(t)=\left[\frac{\mathrm{d}}{\mathrm{d}t}\boldsymbol{x}(t)\right]_{n\times1}=\boldsymbol{A}_{n\times n}\boldsymbol{x}_{n\times1}(t)+\boldsymbol{B}_{n\times k}\boldsymbol{e}_{k\times1}(t) \tag{9-5}$$

输出方程 $$[\boldsymbol{y}(t)]_{m\times1}=\boldsymbol{C}_{m\times n}\boldsymbol{x}_{n\times1}(t)+\boldsymbol{D}_{m\times k}\boldsymbol{e}_{k\times1}(t) \tag{9-6}$$

其中

$$\boldsymbol{x}(t)=\begin{bmatrix}x_1(t)\\x_2(t)\\\vdots\\x_n(t)\end{bmatrix},\ \dot{\boldsymbol{x}}(t)=\frac{\mathrm{d}}{\mathrm{d}t}\boldsymbol{x}(t)=\begin{bmatrix}\frac{\mathrm{d}}{\mathrm{d}t}x_1(t)\\\frac{\mathrm{d}}{\mathrm{d}t}x_2(t)\\\vdots\\\frac{\mathrm{d}}{\mathrm{d}t}x_n(t)\end{bmatrix}=\begin{bmatrix}\dot{x}_1\\\dot{x}_2\\\vdots\\\dot{x}_n\end{bmatrix},\ \boldsymbol{A}=\begin{bmatrix}a_{11}&a_{12}&\cdots&a_{1n}\\a_{21}&a_{22}&\cdots&a_{2n}\\\vdots&\vdots&\ddots&\vdots\\a_{n1}&a_{n2}&\cdots&a_{nn}\end{bmatrix}$$

$$\boldsymbol{B}=\begin{bmatrix}b_{11}&b_{12}&\cdots&b_{1k}\\b_{21}&b_{22}&\cdots&b_{2k}\\\vdots&\vdots&\ddots&\vdots\\b_{n1}&b_{n2}&\cdots&b_{nk}\end{bmatrix},\ \boldsymbol{C}=\begin{bmatrix}c_{11}&c_{12}&\cdots&c_{1n}\\c_{21}&c_{22}&\cdots&c_{2n}\\\vdots&\vdots&\ddots&\vdots\\c_{m1}&c_{m2}&\cdots&c_{mn}\end{bmatrix},\ \boldsymbol{D}=\begin{bmatrix}d_{11}&d_{12}&\cdots&d_{1k}\\d_{21}&d_{22}&\cdots&d_{2k}\\\vdots&\vdots&\ddots&\vdots\\d_{m1}&d_{m2}&\cdots&d_{mk}\end{bmatrix}$$

$$\boldsymbol{y}(t)=\begin{bmatrix}y_1(t)\\y_2(t)\\\vdots\\y_m(t)\end{bmatrix},\ \boldsymbol{e}(t)=\begin{bmatrix}e_1(t)\\e_2(t)\\\vdots\\e_k(t)\end{bmatrix}\tag{9-7}$$

与上列方程相对应，可画出系统的状态变量分析示意图，如图 9-10 所示。

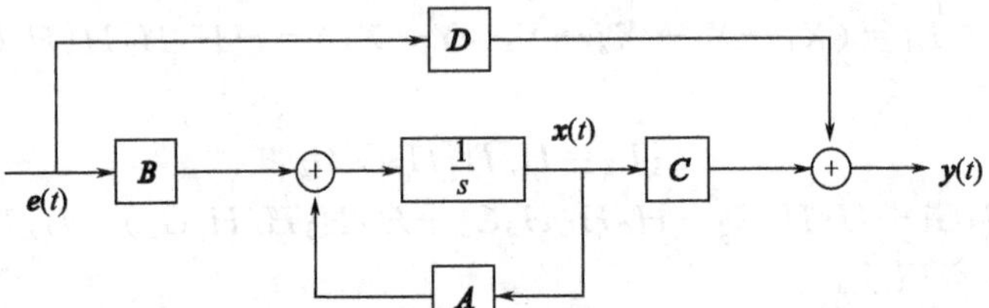

图 9-10 系统状态变量分析示意图

对于电系统或线性时不变系统，导出状态方程一般有三种方法：根据电路图直接建立状态方程；以高阶微分方程或高阶差分方程来建立状态方程；从系统的方框图或信号流图来建立状态方程。状态变量的个数 n 即为系统的阶数，所确定的每个状态变量应当是独立的。

9.3.1 由电路图直接建立状态方程

对于简单的电网络，一般选取电容上的电压和电感中的电流作为状态变量；对于复杂的电网络，如果存在全电容回路或全电感割集，则要考虑总的储能元件中物理量的相关性，状态变量只需选取其中一部分即可。举例如下。

【例 9-3】 如图 9-11 所示的电路，列出状态方程。

解 选取电容两端的电压 v_C 和电感中的电流 i_L 为状态变量，并记作 $x_1(t)=v_C(t)$，$x_2(t)=i_L(t)$。由此构成一组状态变量为

$$\boldsymbol{x}(t)=\begin{bmatrix}x_1(t)\\x_2(t)\end{bmatrix}=\begin{bmatrix}v_C(t)\\i_L(t)\end{bmatrix}$$

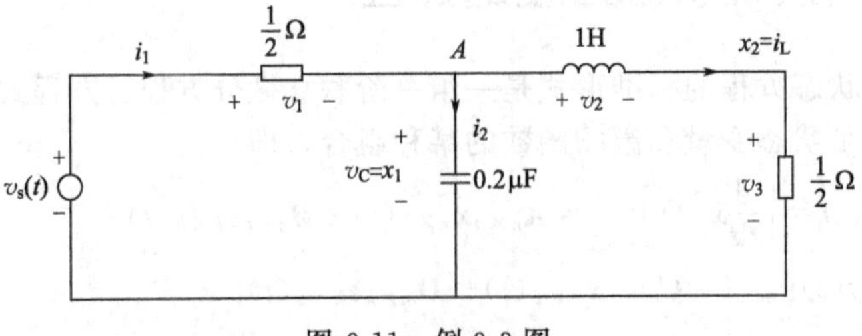

图 9-11 例 9-3 图

根据图中所标出的端电压 v_1, v_2, v_3, v_C 和各支路电流 i_1, i_2, i_L 的正方向，对于节点 A，有下面的电流方程

$$i_2(t)=i_1(t)-x_2(t)$$

其中 $i_1(t)=2[v_s(t)-x_1(t)]$，将 $i_2(t)=C\dfrac{dv_C(t)}{dt}=0.2\dot{x}_1(t)$ 代入上式，有

$$0.2\dot{x}_1(t)=2v_s(t)-2x_1(t)-x_2(t)$$

即

$$\dot{x}_1(t)=10v_s(t)-10x_1(t)-5x_2(t)$$

按图中所定义的正方向，可列出右边回路（由电容 C，电感 L 和电阻值为 $1/2\Omega$ 的电阻所构成的回路）的 KVL 方程为

$$L\frac{di_L(t)}{dt}+\frac{1}{2}i_L(t)-v_C(t)=0$$

即

$$\dot{x}_2(t)+\frac{1}{2}x_2(t)-x_1(t)=0$$

从而得到状态方程为

$$\dot{x}_1(t)=-10x_1(t)-5x_2(t)+10v_s(t) \tag{9-8a}$$

$$\dot{x}_2(t)=x_1(t)-\frac{1}{2}x_2(t) \tag{9-8b}$$

写成矩阵形式

$$\dot{\boldsymbol{x}}(t)=\boldsymbol{A}\boldsymbol{x}(t)+\boldsymbol{B}\boldsymbol{e}(t) \tag{9-9}$$

其中

$$\boldsymbol{A}=\begin{bmatrix}-10 & -5\\ 1 & -0.5\end{bmatrix},\ \boldsymbol{B}=\begin{bmatrix}10\\ 0\end{bmatrix},\ \boldsymbol{e}(t)=[v_s(t)]$$

进一步可以用状态变量 $x_1(t)$，$x_2(t)$ 来表示所有的端电压和支路电流

$$\begin{aligned}
&v_1(t)=v_s(t)-x_1(t)\\
&i_1(t)=2[v_s(t)-x_1(t)]\\
&i_2(t)=i_1(t)-i_L(t)=2v_s(t)-2x_1(t)-x_2(t)\\
&v_2(t)=x_1(t)-0.5x_2(t)\\
&v_3(t)=0.5x_2(t)
\end{aligned}$$

如果对某些端电压或支路电流感兴趣，就可以将其作为输出变量。例如对 $i_2(t)$ 感兴趣，可令 $y(t)=i_2(t)$，则输出方程为

$$\boldsymbol{y}(t)=[-2\quad -1]\begin{bmatrix}x_1(t)\\ x_2(t)\end{bmatrix}+[2]\ [v_s(t)] \tag{9-10}$$

写成一般形式

$$\boldsymbol{y}(t)=\boldsymbol{C}\boldsymbol{x}(t)+\boldsymbol{D}\boldsymbol{e}(t) \tag{9-11}$$

【例 9-4】 写出图 9-12 所示电路的状态方程，并列出以流过 R_4 的电流 i_4 为输出信号时的输出方程。

解 电路中有三个储能元件，因此可取电感中电流 $i_2(t)$，电容 C_1 和 C_2 两端的电压 $v_{C1}(t)$ 和 $v_{C2}(t)$ 为状态变量，分别记为 $x_1(t)=i_2(t)$，$x_2(t)=v_{C1}(t)$，$x_3(t)=v_{C2}(t)$，对节点 B 可列出 KCL

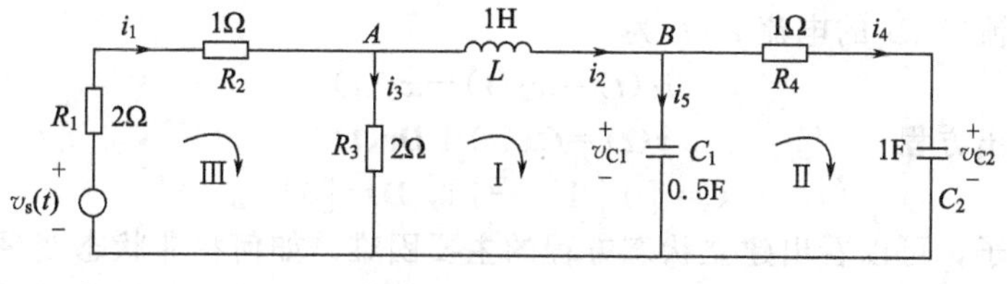

图 9-12　例 9-4 图

方程

$$C_1\frac{\mathrm{d}v_{C1}(t)}{\mathrm{d}t}+i_4(t)-i_2(t)=0 \tag{9-12a}$$

对回路Ⅰ列出 KVL 方程

$$L\frac{\mathrm{d}i_2(t)}{\mathrm{d}t}+v_{C1}(t)-R_3i_3(t)=0 \tag{9-12b}$$

对节点 A 列出 KCL 方程

$$C_2\frac{\mathrm{d}v_{C2}(t)}{\mathrm{d}t}+C_1\frac{\mathrm{d}v_{C1}(t)}{\mathrm{d}t}+i_3(t)-i_1(t)=0 \tag{9-12c}$$

式(9-12a)、式(9-12b) 和式 (9-12c) 是描述该电路性能的基本微分方程，是导出状态方程的出发点。

将元件参数值代入式(9-12a) 可得

$$0.5\frac{\mathrm{d}x_2(t)}{\mathrm{d}t}+i_4(t)-x_1(t)=0 \tag{9-13a}$$

将元件参数值代入式(9-12b) 可得

$$\frac{\mathrm{d}x_1(t)}{\mathrm{d}t}+x_2(t)-2i_3(t)=0 \tag{9-13b}$$

将元件参数值代入式(9-12c) 可得

$$\frac{\mathrm{d}x_3(t)}{\mathrm{d}t}+0.5\frac{\mathrm{d}x_2(t)}{\mathrm{d}t}+i_3(t)-i_1(t)=0 \tag{9-13c}$$

$i_1(t)$，$i_3(t)$ 和 $i_4(t)$ 为非状态变量，可以进一步找到它们与状态变量之间的关系。

列出回路Ⅱ的 KVL 方程，并代入参数值，可得

$$i_4(t)=x_2(t)-x_3(t)$$

列出回路Ⅲ的 KVL 方程，并代入参数值，可得

$$v_s(t)=2i_3(t)+3i_1(t)$$

对节点 A 列出 KCL 方程，可得

$$x_1(t)+i_3(t)-i_1(t)=0$$

将上述关系式代入式(9-13a)～式(9-13c)，即消去非状态变量。整理后可得如下一阶微分方程组

$$\begin{cases}\dfrac{\mathrm{d}x_1(t)}{\mathrm{d}t}=-1.2x_1(t)-x_2(t)+0.4v_s(t)\\ \dfrac{\mathrm{d}x_2(t)}{\mathrm{d}t}=2x_1(t)-2x_2(t)+2x_3(t)\\ \dfrac{\mathrm{d}x_3(t)}{\mathrm{d}t}=x_2(t)-x_3(t)\end{cases}$$

写成规范化的状态方程 $\dot{\boldsymbol{x}}(t)=\boldsymbol{A}\boldsymbol{x}(t)+\boldsymbol{B}\boldsymbol{e}(t)$

式中 $\boldsymbol{A}=\begin{bmatrix}-1.2 & -1 & 0\\ 2 & -2 & 2\\ 0 & 1 & -1\end{bmatrix}$，$\boldsymbol{B}=\begin{bmatrix}0.4\\ 0\\ 0\end{bmatrix}$，$\boldsymbol{e}(t)=[v_s(t)]$

电路的输出，即流经 R_4 的电流 $i_4(t)$ 为

$$i_4(t)=x_2(t)-x_3(t)$$

写成规范化的输出方程 $\boldsymbol{y}(t)=\boldsymbol{C}\boldsymbol{x}(t)+\boldsymbol{D}\boldsymbol{e}(t)$

式中 $\boldsymbol{C}=[0\quad 1\quad -1]$，$\boldsymbol{D}=[0]$

通过这个例子，可以看出建立状态方程的主要困难是如何将非状态变量用状态变量来表示。状态变量的选取方式有多种多样的形式。状态方程的编写可归纳成以下步骤。

① 选择每个独立电容两端的电压和独立电感中的电流作为状态变量；

② 对每一个独立电容和独立电感，分别写出节点电流方程和回路电压方程；

③ 消除非状态变量，整理成标准形式。

9.3.2 由微分方程来建立状态方程

在连续系统分析中，如果已知用于描述系统的微分方程，就可以通过选择适当的状态变量把微分方程转化为关于状态变量的一阶微分方程组。

在高阶微分方程中，如果不出现输入信号的导数项，那么这种转化就会比较简单，否则采用这种方法还是有点麻烦的。下面举例加以说明。

【例 9-5】 已知描述系统的微分方程由下式给出，试分别列出系统的状态方程和输出方程。

$$\frac{d^3y(t)}{dt^3}+a_2\frac{d^2y(t)}{dt^2}+a_1\frac{dy(t)}{dt}+a_0y(t)=e(t) \tag{9-14}$$

解 如果 $y(t)$，$\frac{dy(t)}{dt}$和$\frac{d^2y(t)}{dt^2}$在 $t=0$ 时刻的值和 $t\geqslant0$ 时的输入 $e(t)$ 为已知，则系统未来的状态就能完全确定。因此，可以选取以下变量作为状态变量

$$\boldsymbol{x}(t)=\begin{bmatrix}x_1(t)\\x_2(t)\\x_3(t)\end{bmatrix}=\begin{bmatrix}y(t)\\\frac{dy(t)}{dt}\\\frac{d^2y(t)}{dt^2}\end{bmatrix} \tag{9-15}$$

其中

$$\frac{dx_1(t)}{dt}=\frac{dy(t)}{dt}=x_2(t) \tag{9-16a}$$

$$\frac{dx_2(t)}{dt}=\frac{d^2y(t)}{dt^2}=x_3(t) \tag{9-16b}$$

根据式(9-14)，得

$$\begin{aligned}\frac{dx_3(t)}{dt}=\frac{d^3y(t)}{dt^3}&=-a_2\frac{d^2y(t)}{dt^2}-a_1\frac{dy(t)}{dt}-a_0y(t)+e(t)\\&=-a_0x_1(t)-a_1x_2(t)-a_2x_3(t)+e(t)\end{aligned} \tag{9-17}$$

把它写成标准的状态方程形式，即

$$\begin{bmatrix}\frac{dx_1(t)}{dt}\\\frac{dx_2(t)}{dt}\\\frac{dx_3(t)}{dt}\end{bmatrix}=\begin{bmatrix}0&1&0\\0&0&1\\-a_0&-a_1&-a_2\end{bmatrix}\begin{bmatrix}x_1(t)\\x_2(t)\\x_3(t)\end{bmatrix}+\begin{bmatrix}0\\0\\1\end{bmatrix}[e(t)] \tag{9-18}$$

输出方程为

$$y(t)=x_1(t)$$

写成标准形式，即

$$\boldsymbol{y}(t)=[1\quad0\quad0]\begin{bmatrix}x_1(t)\\x_2(t)\\x_3(t)\end{bmatrix} \tag{9-19}$$

【例 9-6】 设描述系统的微分方程有下式给出，试分别列出系统的状态方程和输出方程。

$$\frac{d^3y(t)}{dt^3}+a_2\frac{d^2y(t)}{dt^2}+a_1\frac{dy(t)}{dt}+a_0y(t)=b_2\frac{d^2e(t)}{dt^2}+b_1\frac{de(t)}{dt}+b_0e(t) \tag{9-20}$$

解 由于上式右端出现了输入信号的一阶和二阶导数项，此时需设法消去等式右边的导数项。设所选择的状态变量为

$$\boldsymbol{x}(t)=[x_1(t),x_2(t),x_3(t)]^{\mathrm{T}}$$

设第一个状态变量

$$x_1(t)=y(t) \tag{9-21}$$

设第二个状态变量

$$x_2(t)=\frac{\mathrm{d}x_1(t)}{\mathrm{d}t}-b_2e(t) \tag{9-22}$$

则有

$$\frac{\mathrm{d}x_1(t)}{\mathrm{d}t}=\frac{\mathrm{d}y(t)}{\mathrm{d}t}=x_2(t)+b_2e(t) \tag{9-23}$$

$$\frac{\mathrm{d}^2y(t)}{\mathrm{d}t^2}=\frac{\mathrm{d}x_2(t)}{\mathrm{d}t}+b_2\frac{\mathrm{d}e(t)}{\mathrm{d}t}$$

$$\frac{\mathrm{d}^3y(t)}{\mathrm{d}t^3}=\frac{\mathrm{d}^2x_2(t)}{\mathrm{d}t^2}+b_2\frac{\mathrm{d}^2e(t)}{\mathrm{d}t^2}$$

代入式(9-20)，有

$$\frac{\mathrm{d}^2x_2(t)}{\mathrm{d}t^2}+a_2\frac{\mathrm{d}x_2(t)}{\mathrm{d}t}+a_1x_2(t)=(b_1-a_2b_2)\frac{\mathrm{d}e(t)}{\mathrm{d}t}+(b_0-a_1b_2)e(t)-a_0x_1(t) \tag{9-24}$$

设第三个状态变量

$$x_3(t)=\frac{\mathrm{d}x_2(t)}{\mathrm{d}t}-(b_1-a_2b_2)e(t)$$

则有

$$\frac{\mathrm{d}x_2(t)}{\mathrm{d}t}=x_3(t)+(b_1-a_2b_2)e(t) \tag{9-25}$$

$$\frac{\mathrm{d}^2x_2(t)}{\mathrm{d}t^2}=\frac{\mathrm{d}x_3(t)}{\mathrm{d}t}+(b_1-a_2b_2)\frac{\mathrm{d}e(t)}{\mathrm{d}t}$$

代入式(9-24)，有

$$\frac{\mathrm{d}x_3(t)}{\mathrm{d}t}=-a_0x_1(t)-a_1x_2(t)-a_2x_3(t)+[(b_0-a_1b_2)-a_2(b_1-a_2b_2)]e(t) \tag{9-26}$$

由式(9-22)、式(9-25) 和式(9-26) 便可得出如下状态方程

$$\begin{bmatrix}\dfrac{\mathrm{d}x_1(t)}{\mathrm{d}t}\\ \dfrac{\mathrm{d}x_2(t)}{\mathrm{d}t}\\ \dfrac{\mathrm{d}x_3(t)}{\mathrm{d}t}\end{bmatrix}=\begin{bmatrix}0&1&0\\0&0&1\\-a_0&-a_1&-a_2\end{bmatrix}\begin{bmatrix}x_1(t)\\x_2(t)\\x_3(t)\end{bmatrix}+\begin{bmatrix}b_2\\b_1-a_2b_2\\(b_0-a_1b_2)-a_2(b_1-a_2b_2)\end{bmatrix}[e(t)] \tag{9-27}$$

从此例可以看出，状态变量的选取有多种方式，状态变量的选取不同，所导出的状态方程也不相同。例 9-6 的方法可以推广至高阶情况。通过此例也可以发现，直接由微分方程列写状态方程还是比较麻烦的。如果首先将微分方程转化为方框图或信号流程图，再列写状态方程就比较方便。下面介绍如何从系统函数（传递函数）出发来建立系统的状态方程。

9.3.3 由系统函数来建立状态方程

若已知系统函数为

$$H(s)=\frac{2s+8}{s^3+6s^2+11s+6} \tag{9-28}$$

对于上述系统函数可有多种不同的实现结构，如串联实现、并联实现、可控规范型实现、可观规范型实现等，现分别加以介绍。

(1) 串联实现

$H(s)$ 可写成如下三个子系统函数的乘积

$$H(s)=\frac{2}{s+1}\cdot\frac{s+4}{s+2}\cdot\frac{1}{s+3} \tag{9-29}$$

将这三个乘积项$\frac{2}{s+1}$，$\frac{s+4}{s+2}\left(=1+\frac{2}{s+2}\right)$和$\frac{1}{s+3}$所对应的一阶子系统串接后，如图 9-13 所示。

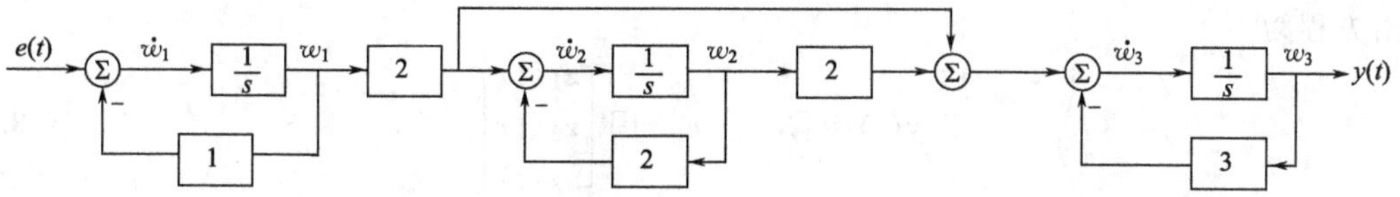

图 9-13　串联实现

将三个积分器的输出取作状态变量，并分别记为 w_1，w_2 和 w_3。从图中可得

$$\dot{w}_1(t)=-w_1(t)+e(t)$$
$$\dot{w}_2(t)=-2w_2(t)+2w_1(t)$$
$$\dot{w}_3(t)=2w_2(t)+2w_1(t)-3w_3(t)$$

写成规范形式的状态方程为

$$\begin{bmatrix}\dot{w}_1(t)\\ \dot{w}_2(t)\\ \dot{w}_3(t)\end{bmatrix}=\begin{bmatrix}-1 & 0 & 0\\ 2 & -2 & 0\\ 2 & 2 & -3\end{bmatrix}\begin{bmatrix}w_1(t)\\ w_2(t)\\ w_3(t)\end{bmatrix}+\begin{bmatrix}1\\ 0\\ 0\end{bmatrix}[e(t)] \tag{9-30}$$

输出方程为

$$\boldsymbol{y}(t)=[0\quad 0\quad 1]\begin{bmatrix}w_1(t)\\ w_2(t)\\ w_3(t)\end{bmatrix} \tag{9-31}$$

(2) 并联实现

将 $H(s)$ 部分分式展开，得

$$H(s)=\frac{3}{s+1}-\frac{4}{s+2}+\frac{1}{s+3} \tag{9-32}$$

因此，可以把 $H(s)$ 看做是 3 个一阶系统的并联，如图 9-14 所示。选取三个积分器的输出 z_1，z_2 和 z_3 为状态变量，有

$$\dot{z}_1(t)=-z_1(t)+e(t)$$
$$\dot{z}_2(t)=-2z_2(t)+e(t)$$
$$\dot{z}_3(t)=-3z_3(t)+e(t)$$
$$y(t)=3z_1(t)-4z_2(t)+z_3(t)$$

得状态方程的标准形式为

$$\begin{bmatrix}\dot{z}_1(t)\\ \dot{z}_2(t)\\ \dot{z}_3(t)\end{bmatrix}=\begin{bmatrix}-1 & 0 & 0\\ 0 & -2 & 0\\ 0 & 0 & -3\end{bmatrix}\begin{bmatrix}z_1(t)\\ z_2(t)\\ z_3(t)\end{bmatrix}+\begin{bmatrix}1\\ 1\\ 1\end{bmatrix}[e(t)] \tag{9-33a}$$

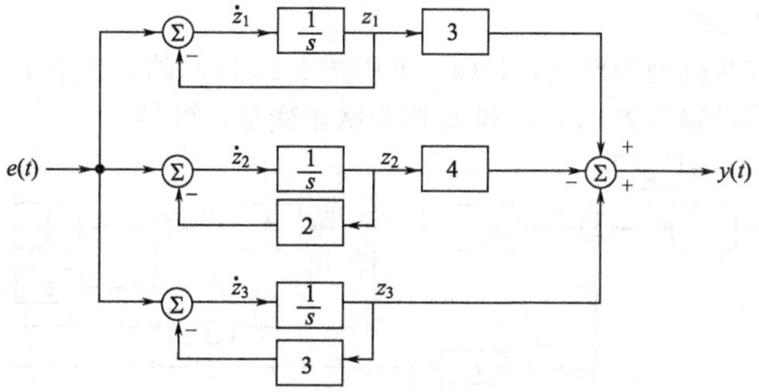

图 9-14　并联实现

即 $$\dot{\boldsymbol{x}}(t)=\boldsymbol{A}\boldsymbol{x}(t)+\boldsymbol{B}e(t)$$

输出方程为

$$y(t)=\begin{bmatrix}3 & -4 & 1\end{bmatrix}\begin{bmatrix}z_1(t)\\ z_2(t)\\ z_3(t)\end{bmatrix} \tag{9-33b}$$

即 $$\boldsymbol{y}(t)=\boldsymbol{C}\boldsymbol{x}(t)+\boldsymbol{D}e(t)$$

可以发现，对于并联型结构，状态方程中 **A** 矩阵为一对角阵。

(3) 可控规范型实现

$H(s)$ 可用图 9-15 所示的结构实现，在这种结构中，各个积分器直接级联。

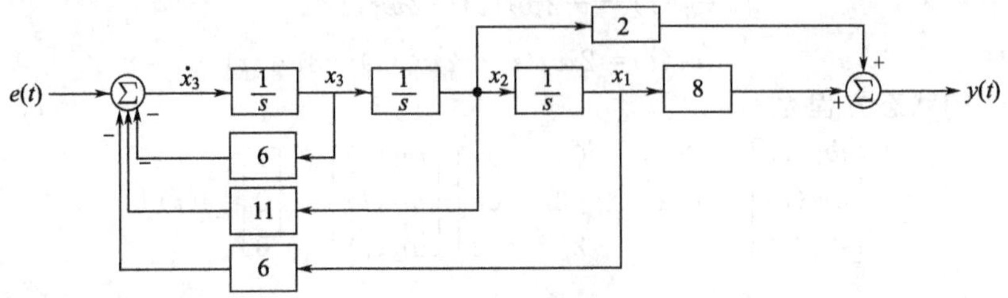

图 9-15 可控规范型实现

选定三个积分器的输出作为状态变量，则有

$$\dot{x}_1(t)=x_2(t)$$
$$\dot{x}_2(t)=x_3(t)$$
$$\dot{x}_3(t)=-6x_1(t)-11x_2(t)-6x_3(t)+e(t) \tag{9-34a}$$

输出方程为

$$y(t)=8x_1(t)+2x_2(t) \tag{9-34b}$$

将状态方程写成矩阵形式，即

$$\begin{bmatrix}\dot{x}_1(t)\\ \dot{x}_2(t)\\ \dot{x}_3(t)\end{bmatrix}=\begin{bmatrix}0 & 1 & 0\\ 0 & 0 & 1\\ -6 & -11 & -6\end{bmatrix}\begin{bmatrix}x_1(t)\\ x_2(t)\\ x_3(t)\end{bmatrix}+\begin{bmatrix}0\\ 0\\ 1\end{bmatrix}\begin{bmatrix}e(t)\end{bmatrix} \tag{9-35a}$$

即 $$\dot{\boldsymbol{x}}(t)=\boldsymbol{A}\boldsymbol{x}(t)+\boldsymbol{B}e(t)$$

写成矩阵形式的输出方程为

$$\boldsymbol{y}(t)=\begin{bmatrix}8 & 2 & 0\end{bmatrix}\begin{bmatrix}x_1(t)\\ x_2(t)\\ x_3(t)\end{bmatrix} \tag{9-35b}$$

即 $\boldsymbol{y}(t)=\boldsymbol{C}\boldsymbol{x}(t)+\boldsymbol{D}e(t)$

(4) 可观规范型实现

这一结构与可控规范型相对应，$H(s)$ 可用图 9-16 所示的结构来实现。

选择三个积分器的输出为 v_1，v_2 和 v_3 作为状态变量，可得

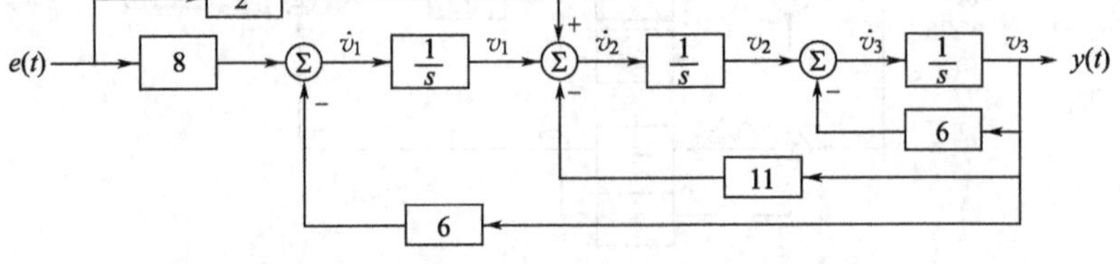

图 9-16 可观规范型

$$\begin{cases}\dot{v}_1(t)=-6v_3(t)+8e(t)\\ \dot{v}_2(t)=v_1(t)-11v_3(t)+2e(t)\\ \dot{v}_3(t)=v_2(t)-6v_3(t)\end{cases}\tag{9-36a}$$

输出方程为

$$y(t)=v_3(t)\tag{9-36b}$$

状态方程的矩阵形式为

$$\begin{bmatrix}\dot{v}_1(t)\\ \dot{v}_2(t)\\ \dot{v}_3(t)\end{bmatrix}=\begin{bmatrix}0&0&-6\\1&0&-11\\0&1&-6\end{bmatrix}\begin{bmatrix}v_1(t)\\ v_2(t)\\ v_3(t)\end{bmatrix}+\begin{bmatrix}8\\2\\0\end{bmatrix}[e(t)]\tag{9-37a}$$

即 $\dot{\boldsymbol{v}}(t)=\boldsymbol{A}^{\circ}\boldsymbol{v}(t)+\boldsymbol{B}^{\circ}\boldsymbol{e}(t)$

输出方程的矩阵形式为

$$\boldsymbol{y}(t)=[0\quad 0\quad 1]\begin{bmatrix}v_1(t)\\ v_2(t)\\ v_3(t)\end{bmatrix}\tag{9-37b}$$

即 $\boldsymbol{y}(t)=\boldsymbol{C}^{\circ}\boldsymbol{v}(t)+\boldsymbol{D}^{\circ}\boldsymbol{e}(t)$

比较式(9-35)和式(9-37)可以看出，$\boldsymbol{A}^{\mathrm{T}}=\boldsymbol{A}^{\circ}$，$\boldsymbol{B}^{\mathrm{T}}=\boldsymbol{C}^{\circ}$，$\boldsymbol{C}^{\mathrm{T}}=\boldsymbol{B}^{\circ}$。可控标准型与可观标准型具有对偶关系。

事实上，可用图 9-17 所示的信号流图来替代图 9-13～图 9-16，信号流图比框图表示更简便。上述方法可以推广至一般的系统。

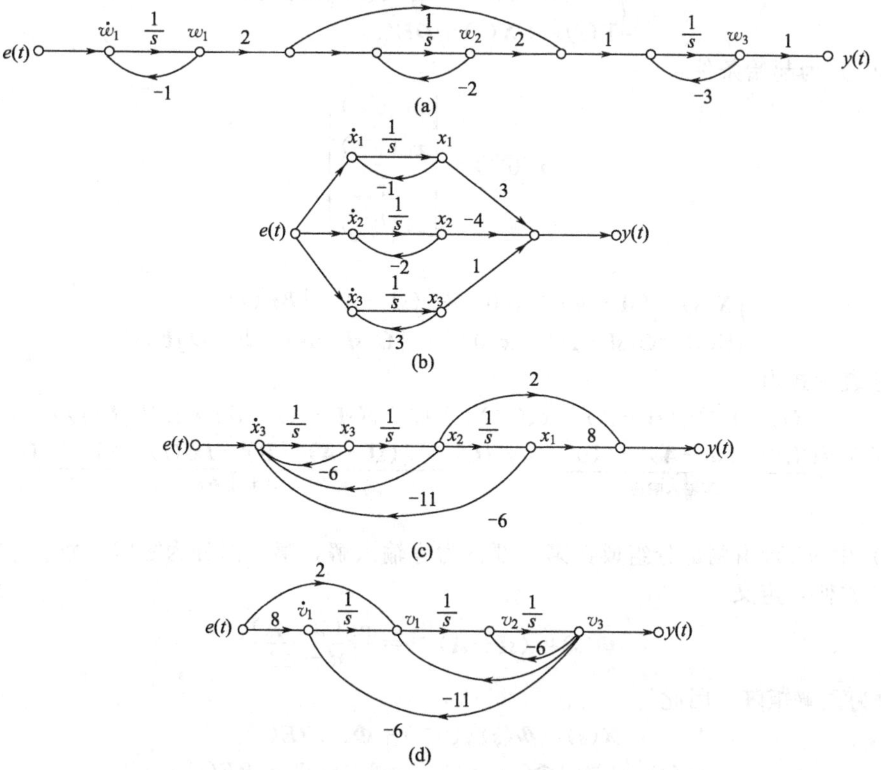

图 9-17　用信号流图来表示系统

9.4 连续时间系统状态方程的求解

系统的状态方程和输出方程建立以后，进一步的问题是如何求解这些方程。解输出方程只是代数运算，无须作特别研究。关键是求解作为状态方程的一组联立一阶微分方程，求解状态方程的方法有两种：一种是基于拉氏变换的复频域求解，另一种是采用时域法求解。

9.4.1 用拉氏变换求解状态变量与输出响应

给定状态方程与输出方程

$$\begin{cases}\dfrac{\mathrm{d}}{\mathrm{d}t}\boldsymbol{x}(t)=\boldsymbol{A}\boldsymbol{x}(t)+\boldsymbol{B}\boldsymbol{e}(t)\\ \boldsymbol{y}(t)=\boldsymbol{C}\boldsymbol{x}(t)+\boldsymbol{D}\boldsymbol{e}(t)\end{cases} \tag{9-38}$$

设状态矢量 $\boldsymbol{x}(t)$ 的分量 $x_i(t)$（$i=1,2,\cdots,n$）的拉氏变换为 $X_i(s)$，即

$$\mathrm{L}\{x_i(t)\}=X_i(s)$$

这样，状态矢量 $\boldsymbol{x}(t)$ 的拉氏变换为

$$\mathrm{L}\{\boldsymbol{x}(t)\}=[\mathrm{L}\{x_1(t)\},\mathrm{L}\{x_2(t)\},\cdots,\mathrm{L}\{x_n(t)\}]^{\mathrm{T}}$$

可简单地记为

$$\boldsymbol{X}(s)=L\{\boldsymbol{x}(t)\} \tag{9-39}$$

这是一个 n 维列矢量。输入、输出的拉氏变换同样可简单地记为

$$\boldsymbol{E}(s)=\mathrm{L}\{\boldsymbol{e}(t)\} \tag{9-40}$$

$$\boldsymbol{Y}(s)=\mathrm{L}\{\boldsymbol{y}(t)\} \tag{9-41}$$

它们分别是 k 维和 m 维列矢量。

对式(9-38) 两边取拉氏变换，并利用拉氏变换的微分性质，有

$$\begin{cases}s\boldsymbol{X}(s)-\boldsymbol{x}(0^-)=\boldsymbol{A}\boldsymbol{X}(s)+\boldsymbol{B}\boldsymbol{E}(s)\\ \boldsymbol{Y}(s)=\boldsymbol{C}\boldsymbol{X}(s)+\boldsymbol{D}\boldsymbol{E}(s)\end{cases} \tag{9-42}$$

式中 $\boldsymbol{x}(0^-)$ 为起始条件

$$\boldsymbol{x}(0^-)=\begin{bmatrix}x_1(0^-)\\ x_2(0^-)\\ \vdots\\ x_n(0^-)\end{bmatrix}$$

整理得

$$\begin{cases}\boldsymbol{X}(s)=(s\boldsymbol{I}-\boldsymbol{A})^{-1}\boldsymbol{x}(0^-)+(s\boldsymbol{I}-\boldsymbol{A})^{-1}\boldsymbol{B}\boldsymbol{E}(s)\\ \boldsymbol{Y}(s)=\boldsymbol{C}(s\boldsymbol{I}-\boldsymbol{A})^{-1}\boldsymbol{x}(0^-)+[\boldsymbol{C}(s\boldsymbol{I}-\boldsymbol{A})^{-1}\boldsymbol{B}+\boldsymbol{D}]\boldsymbol{E}(s)\end{cases} \tag{9-43}$$

因而时域表示式为

$$\begin{gathered}\boldsymbol{x}(t)=\mathrm{L}^{-1}\{(s\boldsymbol{I}-\boldsymbol{A})^{-1}\boldsymbol{x}(0^-)\}+\mathrm{L}^{-1}\{(s\boldsymbol{I}-\boldsymbol{A})^{-1}\boldsymbol{B}\}*\mathrm{L}^{-1}\{\boldsymbol{E}(s)\}\\ \boldsymbol{y}(t)=\underbrace{\boldsymbol{C}\mathrm{L}^{-1}\{(s\boldsymbol{I}-\boldsymbol{A})^{-1}\boldsymbol{x}(0^-)\}}_{\text{零输入响应}}+\underbrace{\{\boldsymbol{C}\mathrm{L}^{-1}\{(s\boldsymbol{I}-\boldsymbol{A})^{-1}\boldsymbol{B}\}+\boldsymbol{D}\delta(t)\}*\mathrm{L}^{-1}\{\boldsymbol{E}(s)\}}_{\text{零状态响应}}\end{gathered} \tag{9-44}$$

式(9-44) 中 $\boldsymbol{y}(t)$ 由两部分组成，第一部分为零输入解，第二部分为零状态解。

为了方便，定义

$$\boldsymbol{\Phi}(s)=(s\boldsymbol{I}-\boldsymbol{A})^{-1}=\frac{\mathrm{adj}(s\boldsymbol{I}-\boldsymbol{A})}{|s\boldsymbol{I}-\boldsymbol{A}|} \tag{9-45}$$

$\boldsymbol{\Phi}(s)$ 称为预解矩阵。因此

$$\boldsymbol{X}(s)=\boldsymbol{\Phi}(s)\boldsymbol{x}(0^-)+\boldsymbol{\Phi}(s)\boldsymbol{B}\boldsymbol{E}(s) \tag{9-46}$$

$$\boldsymbol{x}(t)=\mathrm{L}^{-1}\underbrace{\{\boldsymbol{\Phi}(s)\}\boldsymbol{x}(0^-)}_{\text{零输入响应}}+\mathrm{L}^{-1}\underbrace{\{\boldsymbol{\Phi}(s)\boldsymbol{B}\boldsymbol{E}(s)\}}_{\text{零状态响应}}$$

【例 9-7】 已知状态方程和输出方程为

$$\dot{\boldsymbol{x}}(t)=\boldsymbol{A}\boldsymbol{x}(t)+\boldsymbol{B}\boldsymbol{e}(t)$$
$$\boldsymbol{y}(t)=\boldsymbol{C}\boldsymbol{x}(t)+\boldsymbol{D}\boldsymbol{e}(t)$$

其中

$$\boldsymbol{A}=\begin{bmatrix}1 & 0\\1 & -3\end{bmatrix},\ \boldsymbol{B}=\begin{bmatrix}1\\0\end{bmatrix},\ \boldsymbol{C}=\begin{bmatrix}-\frac{1}{4} & 1\end{bmatrix},\boldsymbol{D}=0$$

$$\boldsymbol{e}(t)=\boldsymbol{u}(t),\ \boldsymbol{x}(0^-)=\begin{bmatrix}x_1(0^-)\\x_2(0^-)\end{bmatrix}=\begin{bmatrix}1\\2\end{bmatrix}$$

试求系统的解。

解 根据式(9-45)，有

$$\boldsymbol{\Phi}(s)=(s\boldsymbol{I}-\boldsymbol{A})^{-1}=\begin{bmatrix}s-1 & 0\\-1 & s+3\end{bmatrix}^{-1}=\frac{1}{(s-1)(s+3)}\begin{bmatrix}s+3 & 0\\1 & s-1\end{bmatrix}$$
$$=\begin{bmatrix}\frac{1}{s-1} & 0\\\frac{1}{(s-1)(s+3)} & \frac{1}{s+3}\end{bmatrix}$$

$$\boldsymbol{x}(0^-)+\boldsymbol{B}\boldsymbol{E}(s)=\begin{bmatrix}1+\frac{1}{s}\\2\end{bmatrix}$$

$$\boldsymbol{X}(s)=\boldsymbol{\Phi}(s)\left[\boldsymbol{x}(0^-)+\boldsymbol{B}\boldsymbol{E}(s)\right]=\begin{bmatrix}\frac{s+1}{s(s-1)}\\\frac{s+1}{s(s-1)(s+3)}+\frac{2}{s+3}\end{bmatrix}=\begin{bmatrix}\frac{-1}{s}+\frac{2}{s-1}\\\frac{-\frac{1}{3}}{s}+\frac{\frac{1}{2}}{s-1}+\frac{\frac{11}{6}}{s+3}\end{bmatrix}$$

取拉氏反变换，得

$$\begin{bmatrix}x_1(t)\\x_2(t)\end{bmatrix}=\begin{bmatrix}(-1+2e^t)u(t)\\(-\frac{1}{3}+\frac{1}{2}e^t+\frac{11}{6}e^{-3t})u(t)\end{bmatrix}$$

由式(9-43)，得

$$\boldsymbol{Y}(s)=\boldsymbol{C}\boldsymbol{\Phi}(s)\boldsymbol{x}(0^-)+\left[\boldsymbol{C}\boldsymbol{\Phi}(s)\boldsymbol{B}+\boldsymbol{D}\right]\boldsymbol{E}(s)$$
$$=\begin{bmatrix}-\frac{1}{4} & 1\end{bmatrix}\begin{bmatrix}\frac{1}{s-1} & 0\\\frac{1}{(s-1)(s+3)} & \frac{1}{s+3}\end{bmatrix}\begin{bmatrix}1\\2\end{bmatrix}+\begin{bmatrix}-\frac{1}{4} & 1\end{bmatrix}\begin{bmatrix}\frac{1}{s-1} & 0\\\frac{1}{(s-1)(s+3)} & \frac{1}{s+3}\end{bmatrix}\begin{bmatrix}1\\0\end{bmatrix}\frac{1}{s}$$
$$=\frac{-\frac{1}{12}}{s}+\frac{\frac{11}{6}}{s+3}$$

得系统的完全响应

$$y(t)=\left[\frac{11}{6}e^{-3t}-\frac{1}{12}\right]u(t)$$

在零状态条件下，系统输出信号的拉氏变换与输入信号的拉氏变换之比定义为系统函数。因此，矩阵 $\boldsymbol{C\Phi}(s)\boldsymbol{B}+\boldsymbol{D}$ 称为系统函数（传递函数）矩阵 $\boldsymbol{H}(s)$，它是一个 $m\times k$ 的矩阵

$$\boldsymbol{H}(s)=\boldsymbol{C}(s\boldsymbol{I}-\boldsymbol{A})^{-1}\boldsymbol{B}+\boldsymbol{D}=\boldsymbol{C}\boldsymbol{\Phi}(s)\boldsymbol{B}+\boldsymbol{D} \tag{9-47a}$$

系统的单位冲激响应矩阵为

$$\boldsymbol{h}(t)=\mathrm{L}^{-1}\{\boldsymbol{C}(s\boldsymbol{I}-\boldsymbol{A})^{-1}\boldsymbol{B}\}+\boldsymbol{D}\delta(t)=\mathrm{L}^{-1}\{\boldsymbol{C}\boldsymbol{\Phi}(s)\boldsymbol{B}\}+\boldsymbol{D}\delta(t) \tag{9-47b}$$

用拉氏变换求解状态方程时，矩阵 $\boldsymbol{\Phi}(s)=(s\boldsymbol{I}-\boldsymbol{A})^{-1}$ 具有重要的作用。在式(9-46)中，当激励为零时，即 $\boldsymbol{E}(s)=0$ 时，有

$$\boldsymbol{X}(s)=\boldsymbol{\Phi}(s)\boldsymbol{x}(0^-) \tag{9-48}$$

对上式两边取拉氏反变换，得零输入状态变量

$$\boldsymbol{x}(t)=\boldsymbol{\phi}(t)\boldsymbol{x}(0^-) \tag{9-49}$$

其中

$$\boldsymbol{\phi}(t)=\mathrm{L}^{-1}\{\boldsymbol{\Phi}(s)\}=\mathrm{L}^{-1}\{(s\boldsymbol{I}-\boldsymbol{A})^{-1}\} \tag{9-50}$$

式(9-49) 说明，一个零输入的系统，它在 $t=0^-$ 时的状态可通过与矩阵中 $\boldsymbol{\phi}(t)$ 相乘而转变到任何 $t\geqslant 0$ 时的状态。矩阵 $\boldsymbol{\phi}(t)$ 起着从系统的一个状态过渡到另一个状态的联系作用，所以把 $\boldsymbol{\phi}(t)$ 称为状态转移矩阵，也称特征矩阵。它可以实现系统在任意两时刻之间的状态转变。

【例 9-8】 已知某系统的状态方程和输出方程为

$$\begin{bmatrix}\dot{x}_1(t)\\ \dot{x}_2(t)\end{bmatrix}=\begin{bmatrix}0 & 1\\ -2 & -3\end{bmatrix}\begin{bmatrix}x_1(t)\\ x_2(t)\end{bmatrix}+\begin{bmatrix}1 & 0\\ 1 & 1\end{bmatrix}\begin{bmatrix}e_1(t)\\ e_2(t)\end{bmatrix}$$

$$\begin{bmatrix}y_1(t)\\ y_2(t)\\ y_3(t)\end{bmatrix}=\begin{bmatrix}1 & 0\\ 1 & 1\\ 0 & 2\end{bmatrix}\begin{bmatrix}x_1(t)\\ x_2(t)\end{bmatrix}+\begin{bmatrix}0 & 0\\ 1 & 0\\ 0 & 1\end{bmatrix}\begin{bmatrix}e_1(t)\\ e_2(t)\end{bmatrix} \tag{9-51}$$

试求系统的 $\boldsymbol{\Phi}(s)$，$\boldsymbol{\phi}(t)$ 和系统函数（转移函数）矩阵 $\boldsymbol{H}(s)$。

解

$$\boldsymbol{\Phi}(s)=(s\boldsymbol{I}-\boldsymbol{A})^{-1}=\frac{1}{(s+1)(s+2)}\begin{bmatrix}s+3 & 1\\ -2 & s\end{bmatrix}$$

对上式进行拉氏反变换，得

$$\boldsymbol{\phi}(t)=\mathrm{L}^{-1}\{\boldsymbol{\Phi}(s)\}=\begin{bmatrix}2\mathrm{e}^{-t}-\mathrm{e}^{-2t} & \mathrm{e}^{-t}-\mathrm{e}^{-2t}\\ -2\mathrm{e}^{-t}+2\mathrm{e}^{-2t} & -\mathrm{e}^{-t}+2\mathrm{e}^{-2t}\end{bmatrix}u(t)$$

系统函数（转移函数）矩阵

$$\begin{aligned}\boldsymbol{H}(s)=\boldsymbol{C\Phi}(s)\boldsymbol{B}+\boldsymbol{D}&=\begin{bmatrix}1 & 0\\ 1 & 1\\ 0 & 2\end{bmatrix}\frac{1}{(s+1)(s+2)}\begin{bmatrix}s+3 & 1\\ -2 & s\end{bmatrix}\begin{bmatrix}1 & 0\\ 1 & 1\end{bmatrix}+\begin{bmatrix}0 & 0\\ 1 & 0\\ 0 & 1\end{bmatrix}\\ &=\frac{1}{(s+1)(s+2)}\begin{bmatrix}s+4 & 1\\ (s+4)(s+1) & s+1\\ 2(s-2) & s^2+5s+2\end{bmatrix}\end{aligned} \tag{9-52}$$

9.4.2 状态方程的时域解法

(1) 状态方程的时域求解

为了求解矩阵方程，首先介绍矩阵指数函数 $\mathrm{e}^{\boldsymbol{A}t}$ 以及几个矩阵运算的关系。

矩阵指数函数 $\mathrm{e}^{\boldsymbol{A}t}$ 定义为

$$\mathrm{e}^{\boldsymbol{A}t}=\boldsymbol{I}+\boldsymbol{A}t+\frac{\boldsymbol{A}^2t^2}{2!}+\cdots+\frac{\boldsymbol{A}^nt^n}{n!}+\cdots=\sum_{k=0}^{\infty}\frac{\boldsymbol{A}^kt^k}{k!} \tag{9-53}$$

$\boldsymbol{A}$ 是 n 阶矩阵，很显然 $\mathrm{e}^{\boldsymbol{A}t}$ 也是 n 阶矩阵。对上式逐项求导，可证明

$$\begin{aligned}\frac{\mathrm{d}}{\mathrm{d}t}\mathrm{e}^{\boldsymbol{A}t}&=\boldsymbol{A}+\boldsymbol{A}^2t+\frac{\boldsymbol{A}^2t^2}{2!}+\cdots+\frac{\boldsymbol{A}^nt^n}{n!}+\cdots=\boldsymbol{A}\left[\boldsymbol{I}+\boldsymbol{A}t+\frac{\boldsymbol{A}^2t^2}{2!}+\cdots\right]\\ &=\boldsymbol{A}\mathrm{e}^{\boldsymbol{A}t}=\left[\boldsymbol{I}+\boldsymbol{A}t+\frac{\boldsymbol{A}^2t^2}{2!}+\cdots\right]\boldsymbol{A}=\mathrm{e}^{\boldsymbol{A}t}\boldsymbol{A}\end{aligned} \tag{9-54}$$

因此

$$\frac{\mathrm{d}}{\mathrm{d}t}\mathrm{e}^{\boldsymbol{A}t}=\boldsymbol{A}\mathrm{e}^{\boldsymbol{A}t}=\mathrm{e}^{\boldsymbol{A}t}\boldsymbol{A} \tag{9-55}$$

对式(9-53)，令 $t=0$ 有

$$\mathrm{e}^{0}=\boldsymbol{I} \tag{9-56a}$$

若对式(9-53)e^{At}的无穷项级数左乘或右乘 e^{-At}，可得

$$e^{-At}e^{At}=e^{At}e^{-At}=\boldsymbol{I} \tag{9-56b}$$

根据以上关系，并应用两矩阵相乘的导数公式

$$\frac{d}{dt}(\boldsymbol{PQ})=\frac{d\boldsymbol{P}}{dt}\boldsymbol{Q}+\boldsymbol{P}\frac{d\boldsymbol{Q}}{dt} \tag{9-57}$$

可有

$$\begin{aligned}\frac{d}{dt}(e^{-At}\boldsymbol{x}(t))&=e^{-At}\dot{\boldsymbol{x}}(t)+\left(\frac{d}{dt}e^{-At}\right)\boldsymbol{x}(t)\\&=e^{-At}\dot{\boldsymbol{x}}(t)-e^{-At}\boldsymbol{A}\boldsymbol{x}(t)\end{aligned} \tag{9-58}$$

利用式(9-54)～式(9-58)，就可以按解标量微分方程的办法来解状态方程了。矩阵形式的状态方程

$$\dot{\boldsymbol{x}}(t)=\boldsymbol{A}\boldsymbol{x}(t)+\boldsymbol{B}\boldsymbol{e}(t)$$

将上式两边用 e^{-At}左乘，得

$$e^{-At}\dot{\boldsymbol{x}}(t)=e^{-At}\boldsymbol{A}\boldsymbol{x}(t)+e^{-At}\boldsymbol{B}\boldsymbol{e}(t)$$

或写成

$$e^{-At}\dot{\boldsymbol{x}}(t)-e^{-At}\boldsymbol{A}\boldsymbol{x}(t)=e^{-At}\boldsymbol{B}\boldsymbol{e}(t)$$

上式左端恰好是$\frac{d}{dt}[e^{-At}\boldsymbol{x}(t)]$，故状态方程可写成

$$\frac{d}{dt}[e^{-At}\boldsymbol{x}(t)]=e^{-At}\boldsymbol{B}\boldsymbol{e}(t)$$

对上式从 0^- 到 t 积分，得

$$e^{-At}\boldsymbol{x}(t)\Big|_{0^-}^{t}=\int_{0^-}^{t}e^{-A\tau}\boldsymbol{B}\boldsymbol{e}(\tau)d\tau \tag{9-59a}$$

$$e^{-At}\boldsymbol{x}(t)=\boldsymbol{x}(0^-)+\int_{0^-}^{t}e^{-A\tau}\boldsymbol{B}\boldsymbol{e}(\tau)d\tau \tag{9-59b}$$

两边再左乘 e^{At}，得到

$$\boldsymbol{x}(t)=e^{At}\boldsymbol{x}(0^-)+\int_{0^-}^{t}e^{A(t-\tau)}\boldsymbol{B}\boldsymbol{e}(\tau)d\tau \tag{9-60}$$

式(9-60) 即为状态方程时域解的公式。

零输入响应分量为

$$e^{At}\boldsymbol{x}(0^-)=L^{-1}\{\boldsymbol{\Phi}(s)\}\boldsymbol{x}(0^-) \tag{9-61a}$$

零状态响应分量为

$$\int_{0^-}^{t}e^{A(t-\tau)}\boldsymbol{B}\boldsymbol{e}(\tau)d\tau=L^{-1}\{\boldsymbol{\Phi}(s)\boldsymbol{B}\boldsymbol{E}(s)\} \tag{9-61b}$$

显然，e^{At}和 $\boldsymbol{\Phi}(s)$ 构成了一个拉氏变换对，即

$$\boldsymbol{\Phi}(s)=L\{e^{At}\} \tag{9-62}$$

为把式(9-60) 写成卷积形式，先定义矩阵卷积。矩阵卷积和矩阵相乘的定义类似，只是把后者的乘法运算换成卷积运算。例如，对于两个矩阵 F、G

$$\boldsymbol{F}*\boldsymbol{G}=\begin{bmatrix}f_1 & f_2\\ f_3 & f_4\end{bmatrix}*\begin{bmatrix}g_1 & g_2\\ g_3 & g_4\end{bmatrix}=\begin{bmatrix}f_1*g_1+f_2*g_3 & f_1*g_2+f_2*g_4\\ f_3*g_1+f_4*g_3 & f_3*g_2+f_4*g_4\end{bmatrix}$$

上述公式可推广至一般情况。

利用矩阵卷积的定义，就可以把式(9-60) 表示为卷积形式

$$\boldsymbol{x}(t)=e^{At}\boldsymbol{x}(0^-)+e^{At}*\boldsymbol{B}\boldsymbol{e}(t) \tag{9-63}$$

如果积分时间从 t_0开始，则有

$$\boldsymbol{x}(t)=\mathrm{e}^{\boldsymbol{A}(t-t_0)}\boldsymbol{x}(t_0)+\int_{t_0}^{t}\mathrm{e}^{\boldsymbol{A}(t-\tau)}\boldsymbol{B}\boldsymbol{e}(\tau)\mathrm{d}\tau,\quad t\geqslant t_0 \tag{9-64}$$

(2) 矩阵 $\mathrm{e}^{\boldsymbol{A}t}$ 的计算

从式(9-63) 可以看出，在时域中求解状态变量的关键是计算矩阵指数 $\mathrm{e}^{\boldsymbol{A}t}$。常见的有两种计算方法。

① 由 $\boldsymbol{\Phi}(s)$ 求拉氏反变换，即

$$\mathrm{e}^{\boldsymbol{A}t}=\mathrm{L}^{-1}\{\boldsymbol{\Phi}(s)\}$$

② 用凯莱-哈密尔顿定理求解。

凯莱-哈密尔顿定理：任一矩阵符合其本身的特征方程。

设 n 阶矩阵 $\boldsymbol{A}$ 的特征方程为

$$Q(\lambda)=\lambda^n+c_{n-1}\lambda^{n-1}+\cdots+c_1\lambda+c_0=0 \tag{9-65}$$

则有

$$Q(\boldsymbol{A})=\boldsymbol{A}^n+c_{n-1}\boldsymbol{A}^{n-1}+\cdots+c_1\boldsymbol{A}+c_0=0 \tag{9-66}$$

对上式稍作变化，有

$$\boldsymbol{A}^n=-c_{n-1}\boldsymbol{A}^{n-1}-\cdots-c_1\boldsymbol{A}-c_0$$

上式说明矩阵 $\boldsymbol{A}^n$ 可用不高于 n 次幂的矩阵的线性组合来表示。$\mathrm{e}^{\boldsymbol{A}t}$ 是包含有无穷项的矩阵 $\boldsymbol{A}$ 的幂级数，应用凯莱-哈密尔顿定理可表示为

$$\begin{aligned}\mathrm{e}^{\boldsymbol{A}t}&=\boldsymbol{I}+t\boldsymbol{A}+\frac{t^2}{2!}\boldsymbol{A}^2+\frac{t^3}{3!}\boldsymbol{A}^3+\cdots=\alpha_0\boldsymbol{I}+\alpha_1\boldsymbol{A}+\alpha_2\boldsymbol{A}^2+\cdots+\alpha_{n-1}\boldsymbol{A}^{n-1}\\&=\sum_{i=0}^{n-1}\alpha_i\boldsymbol{A}^i\end{aligned} \tag{9-67}$$

式中，系数 α_i 都是时间的函数。按凯莱-哈密尔顿定理，矩阵 $\boldsymbol{A}$ 满足其本身的特征方程，所以式(9-67) 中用 $\boldsymbol{A}$ 的特征值代入时也应该满足。这样可求出各系数 $\alpha_i(i=0,\cdots n-1)$。式(9-67) 提供了一个求 $\mathrm{e}^{\boldsymbol{A}t}$ 的简便算法的基础，人们无需计算无穷项级数，而只需计算有限项幂级数之和。下面运用例子加以说明。

【例 9-9】 已知 $\boldsymbol{A}=\begin{bmatrix}0&1\\0&-2\end{bmatrix}$，求 $\mathrm{e}^{\boldsymbol{A}t}$。

解 特征方程为

$$|\lambda\boldsymbol{I}-\boldsymbol{A}|=\begin{vmatrix}\lambda&-1\\0&\lambda+2\end{vmatrix}=\lambda(\lambda+2)=0$$

求得特征根 $\lambda_1=0$，$\lambda_2=-2$。代入式(9-67)，有

$$\begin{cases}1=\alpha_0+0\alpha_1\\ \mathrm{e}^{-2t}=\alpha_0-2\alpha_1\end{cases}$$

解得 $\alpha_0=1$，$\alpha_1=\dfrac{1}{2}-\dfrac{1}{2}\mathrm{e}^{-2t}$

因而 $\mathrm{e}^{\boldsymbol{A}t}=\alpha_0\boldsymbol{I}+\alpha_1\boldsymbol{A}=\begin{bmatrix}1&0\\0&1\end{bmatrix}+\left(\dfrac{1}{2}-\dfrac{1}{2}\mathrm{e}^{-2t}\right)\begin{bmatrix}0&1\\0&-2\end{bmatrix}=\begin{bmatrix}1&\dfrac{1}{2}-\dfrac{1}{2}\mathrm{e}^{-2t}\\0&\mathrm{e}^{-2t}\end{bmatrix}$

【例 9-10】 已知 $\boldsymbol{A}=\begin{bmatrix}0&1&0\\0&0&1\\2&3&0\end{bmatrix}$，求 $\mathrm{e}^{\boldsymbol{A}t}$。

解 特征方程为

$$|\lambda\boldsymbol{I}-\boldsymbol{A}|=\begin{vmatrix}\lambda&-1&0\\0&\lambda&-1\\-2&-3&\lambda\end{vmatrix}=\lambda^3-3\lambda-2=(\lambda-2)(\lambda+1)^2=0$$

特征值 $\lambda_1=2,\ \lambda_2=\lambda_3=-1$

于是 $e^{At}=\alpha_0 I+\alpha_1 A+\alpha_2 A^2$

对 λ_1 有 $e^{\lambda_1 t}=\alpha_0+\alpha_1\lambda_1+\alpha_2\lambda_1^2$

对 λ_2 有 $e^{\lambda_2 t}=\alpha_0+\alpha_1\lambda_2+\alpha_2\lambda_2^2$

对于有重根情况，第三个方程可利用上式对 λ_2 求一次导数来建立，即

$$\alpha_1+2\alpha_2\lambda_2=te^{\lambda_2 t}$$

于是，求得

$$\alpha_0=\frac{1}{9}(e^{2t}+8e^{-t}+6te^{-t})$$

$$\alpha_1=\frac{1}{9}(2e^{2t}-2e^{-t}+3te^{-t})$$

$$\alpha_2=\frac{1}{9}(e^{2t}-e^{-t}-3te^{-t})$$

将上述值代入式(9-67)，即可求得 e^{At}。

在这里需要说明的是，如果 A 的特征根 λ_i 有 m 阶重根，则重根部分方程为

$$e^{\lambda_i t}=\alpha_0+\alpha_1\lambda_i+\alpha_2\lambda_i^2+\cdots+\alpha_{n-1}\lambda_i^{n-1}$$

$$\frac{d}{d\lambda}e^{\lambda t}\Big|_{\lambda=\lambda_i}=te^{\lambda_i t}=\alpha_1+2\alpha_2\lambda_i+\cdots+(n-1)\alpha_{n-1}\lambda_i^{n-2}$$

$$\vdots$$

$$\frac{d^{m-1}}{d\lambda^{m-1}}e^{\lambda t}\Big|_{\lambda=\lambda_i}=t^{m-1}e^{\lambda_i t}=(m-1)!\,\alpha_{m-1}+m!\,\alpha_m\lambda_i+\frac{(m+1)!}{2!}\alpha_{m+1}\lambda_i^2+\cdots+\frac{(n-1)!}{(n-m)!}\alpha_{n-1}\lambda_i^{n-m} \tag{9-68}$$

(3) 矩阵 e^{At} 的性质

状态转移矩阵 e^{At} 在系统分析中起着很重要的作用，一般记为 $\boldsymbol{\phi}(t)$。它有以下性质。

① $\boldsymbol{\phi}(t_1+t_2)=\boldsymbol{\phi}(t_1)\boldsymbol{\phi}(t_2)$ (9-69)

证

$$\begin{aligned}\boldsymbol{\phi}(t_1)\boldsymbol{\phi}(t_2)&=e^{At_1}e^{At_2}=\left(I+At_1+\frac{1}{2!}A^2t_1^2+\cdots\right)\left(I+At_2+\frac{1}{2!}A^2t_2^2+\cdots\right)\\&=I+A(t_1+t_2)+A^2\left(\frac{1}{2!}t_1^2+t_1t_2+\frac{1}{2!}t_2^2\right)\\&\quad+A^3\left(\frac{t_1^3}{3!}+\frac{1}{2!}t_1^2t_2+\frac{1}{2!}t_1t_2^2+\frac{1}{3!}t_2^3\right)+\cdots\\&=I+A(t_1+t_2)+A^2\frac{1}{2!}(t_1+t_2)^2+A^3\frac{1}{3!}(t_1+t_2)^3+\cdots\\&=\sum_{k=0}^{\infty}A^k\frac{(t_1+t_2)^k}{k!}=e^{A(t_1+t_2)}=\boldsymbol{\phi}(t_1+t_2)\end{aligned}$$

② $\boldsymbol{\phi}(0)=I$ (9-70)

证 在式(9-69)中，令 $t_1=-t_2$ 即可证得。

③

$$[\boldsymbol{\phi}(t)]^n=\boldsymbol{\phi}(nt) \tag{9-71}$$

证

$$[\boldsymbol{\phi}(t)]^2=\boldsymbol{\phi}(t)\boldsymbol{\phi}(t)=\boldsymbol{\phi}(t+t)=\boldsymbol{\phi}(2t)$$

$$[\boldsymbol{\phi}(t)]^3=\boldsymbol{\phi}(t)\boldsymbol{\phi}(t)^2=\boldsymbol{\phi}(t)\boldsymbol{\phi}(2t)=\boldsymbol{\phi}(t+2t)=\boldsymbol{\phi}(3t)$$

依此类推，得

$$[\boldsymbol{\phi}(t)]^n=\boldsymbol{\phi}(nt)$$

④

$$[\boldsymbol{\phi}(t_2-t_1)][\boldsymbol{\phi}(t_1-t_0)]=\boldsymbol{\phi}(t_2-t_0)=[\boldsymbol{\phi}(t_1-t_0)][\boldsymbol{\phi}(t_2-t_1)] \tag{9-72}$$

证明

$$\begin{aligned}[\boldsymbol{\phi}(t_2-t_1)][\boldsymbol{\phi}(t_1-t_0)]&=[\boldsymbol{\phi}(t_2)][\boldsymbol{\phi}(-t_1)][\boldsymbol{\phi}(t_1)][\boldsymbol{\phi}(-t_0)]\\&=[\boldsymbol{\phi}(t_2)][\boldsymbol{\phi}(t_1)]^{-1}[\boldsymbol{\phi}(t_1)][\boldsymbol{\phi}(-t_0)]=[\boldsymbol{\phi}(t_2)][\boldsymbol{\phi}(-t_0)]=\boldsymbol{\phi}(t_2-t_0)\end{aligned}$$

另外

$$[\boldsymbol{\phi}(t_2-t_1)][\boldsymbol{\phi}(t_1-t_0)]=\boldsymbol{\phi}(t_2-t_1+t_1-t_0)=\boldsymbol{\phi}[(t_1-t_0)+(t_2-t_1)]=[\boldsymbol{\phi}(t_1-t_0)][\boldsymbol{\phi}(t_2-t_1)]$$

式（9-72）说明$[\boldsymbol{\phi}(t_1)][\boldsymbol{\phi}(t_2)]$是可以交换的。

⑤ 微分性质
$$\frac{\mathrm{d}}{\mathrm{d}t}\mathrm{e}^{\boldsymbol{A}t}=\boldsymbol{A}\mathrm{e}^{\boldsymbol{A}t}=\mathrm{e}^{\boldsymbol{A}t}\boldsymbol{A} \tag{9-73}$$

该性质已在式(9-54) 中给出了证明。

9.5 离散时间系统状态方程的建立

离散系统是用差分方程来描述的。同 n 阶线性常系数微分方程可以转化为 n 维空间中的矢量函数的一阶微分方程类似，n 阶线性常系数差分方程也可以转化为 n 维空间中的矢量函数的一阶差分方程，这组方程就是离散时间系统的状态方程。

对于一个有 r 个输入、m 个输出的 n 阶离散系统，其状态方程的一般形式为

$$\begin{bmatrix} x_1(k+1) \\ x_2(k+1) \\ \vdots \\ x_n(k+1) \end{bmatrix}=\begin{bmatrix} a_{11} & a_{12} & \cdots & a_{1n} \\ a_{21} & a_{22} & \cdots & a_{2n} \\ \vdots & \vdots & \ddots & \vdots \\ a_{n1} & a_{n2} & \cdots & a_{nn} \end{bmatrix}\begin{bmatrix} x_1(k) \\ x_2(k) \\ \vdots \\ x_n(k) \end{bmatrix}+\begin{bmatrix} b_{11} & b_{12} & \cdots & b_{1r} \\ b_{21} & b_{22} & \cdots & b_{2r} \\ \vdots & \vdots & \ddots & \vdots \\ b_{n1} & b_{n2} & \cdots & b_{nr} \end{bmatrix}\begin{bmatrix} e_1(k) \\ e_2(k) \\ \vdots \\ e_r(k) \end{bmatrix} \tag{9-74}$$

输出方程为

$$\begin{bmatrix} y_1(k) \\ y_2(k) \\ \vdots \\ y_m(k) \end{bmatrix}=\begin{bmatrix} C_{11} & C_{12} & \cdots & C_{1n} \\ C_{21} & C_{22} & \cdots & C_{2n} \\ \vdots & \vdots & \ddots & \vdots \\ C_{m1} & C_{m2} & \cdots & C_{mn} \end{bmatrix}\begin{bmatrix} x_1(k) \\ x_2(k) \\ \vdots \\ x_n(k) \end{bmatrix}+\begin{bmatrix} d_{11} & d_{12} & \cdots & d_{1r} \\ d_{21} & d_{22} & \cdots & d_{2r} \\ \vdots & \vdots & \ddots & \vdots \\ d_{m1} & d_{m2} & \cdots & d_{mr} \end{bmatrix}\begin{bmatrix} e_1(k) \\ e_2(k) \\ \vdots \\ e_r(k) \end{bmatrix} \tag{9-75}$$

以上二式可简单地记为

$$\begin{aligned} \boldsymbol{x}[k+1]&=\boldsymbol{A}\boldsymbol{x}[k]+\boldsymbol{B}\boldsymbol{e}[k] \\ \boldsymbol{y}[k]&=\boldsymbol{C}\boldsymbol{x}[k]+\boldsymbol{D}\boldsymbol{e}[k] \end{aligned} \tag{9-76}$$

其中

$$\begin{aligned} \boldsymbol{x}[k]&=[x_1[k],x_2[k],\cdots,x_n[k]]^{\mathrm{T}} \\ \boldsymbol{e}[k]&=[e_1[k],e_2[k],\cdots,e_r[k]]^{\mathrm{T}} \\ \boldsymbol{y}[k]&=[y_1[k],y_2[k],\cdots,y_m[k]]^{\mathrm{T}} \end{aligned}$$

分别是状态矢量、输入矢量和输出矢量，其各分量都是离散序列。系数矩阵 $\boldsymbol{A}$ 称为系统矩阵，$\boldsymbol{B}$ 称为控制矩阵，$\boldsymbol{C}$ 称为输出矩阵。对线性时不变系统而言，它们都是常量矩阵。

与上述方程相对应，可画出离散系统的状态变量分析示意图，如图 9-18 所示。下面用例子来说明离散系统状态方程的建立方法。

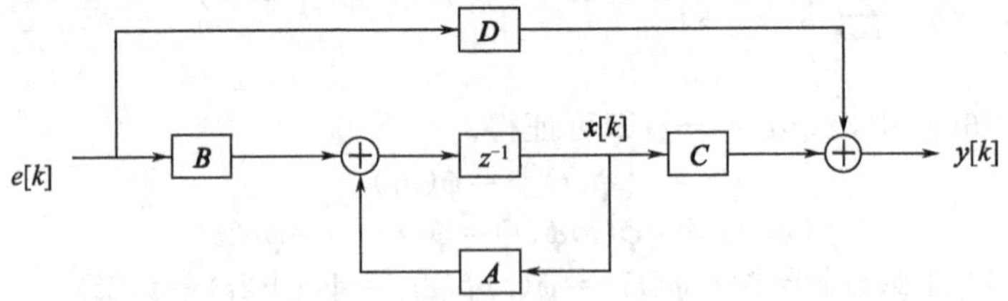

图 9-18 离散系统状态变量分析的示意图

9.5.1 由差分方程来建立状态方程

若已知离散时间 LTI 系统的差分方程描述，则可直接将其转换为状态方程。

【例 9-11】 描述离散系统的差分方程有下式给出，试列出其状态方程和输出方程。

$$y[k]+5y[k-1]+6y[k-2]+3y[k-3]=e[k] \tag{9-77}$$

解　如果 $y[-3]$、$y[-2]$、$y[-1]$和 $k\geqslant 0$ 时的输入 $e[k]$ 已知，就能完全确定该系统未来的状态。因此，可选 $y[k-3]$，$y[k-2]$和 $y[k-1]$作为状态变量。令

$$x_1[k]=y[k-3]$$
$$x_2[k]=y[k-2]$$
$$x_3[k]=y[k-1]$$

则有

$$\begin{cases}x_1[k+1]=y[k-2]=x_2[k]\\x_2[k+1]=y[k-1]=x_3[k]\end{cases}\tag{9-78a}$$

由式(9-77) 可得

$$x_3[k+1]=y[k]=-3y[k-3]-6y[k-2]-5y[k-1]+e[k]=-3x_1[k]-6x_2[k]-5x_3[k]+e[k]\tag{9-78b}$$

式(9-78) 即为该离散系统的状态方程。将它写成矩阵形式，即

$$\begin{bmatrix}x_1[k+1]\\x_2[k+1]\\x_3[k+1]\end{bmatrix}=\begin{bmatrix}0&1&0\\0&0&1\\-3&-6&-5\end{bmatrix}\begin{bmatrix}x_1[k]\\x_2[k]\\x_3[k]\end{bmatrix}+\begin{bmatrix}0\\0\\1\end{bmatrix}e[k]\tag{9-79}$$

其输出方程为

$$y[k]=[-3\quad -6\quad -5]\begin{bmatrix}x_1[k]\\x_2[k]\\x_3[k]\end{bmatrix}+e[k]\tag{9-80}$$

通过这个例子可以看出，由差分方程列写状态方程的方法与连续系统很相似。

9.5.2　由系统函数来建立状态方程

下面的例子介绍从离散系统的系统函数导出状态方程的方法。

【例 9-12】　一个 n 阶离散系统的差分方程为

$$\begin{aligned}&y[k]+a_{n-1}y[k-1]+a_{n-2}y[k-2]+\cdots+a_1y[k-n+1]+a_0y[k-n]\\&=b_me[k-n+m]+b_{m-1}e[k-n+(m-1)]+\cdots+b_1e[k-n+1]+b_0e[k-n],n>m\end{aligned}\tag{9-81}$$

其系统函数可写为

$$H(z)=\frac{b_mz^{-(n-m)}+b_{m-1}z^{-(n-m+1)}+\cdots+b_1z^{-(n-1)}+b_0z^{-n}}{1+a_{n-1}z^{-1}+\cdots+a_1z^{-(n-1)}+a_0z^{-n}}\tag{9-82}$$

试列出该系统的可控规范型状态方程。

解　该系统的可控规范型实现，如图 9-19 所示。

取 n 个延时单元的输出 $x_1[k]$，$x_2[k]$，…，$x_n[k]$ 作为状态变量，由图可得

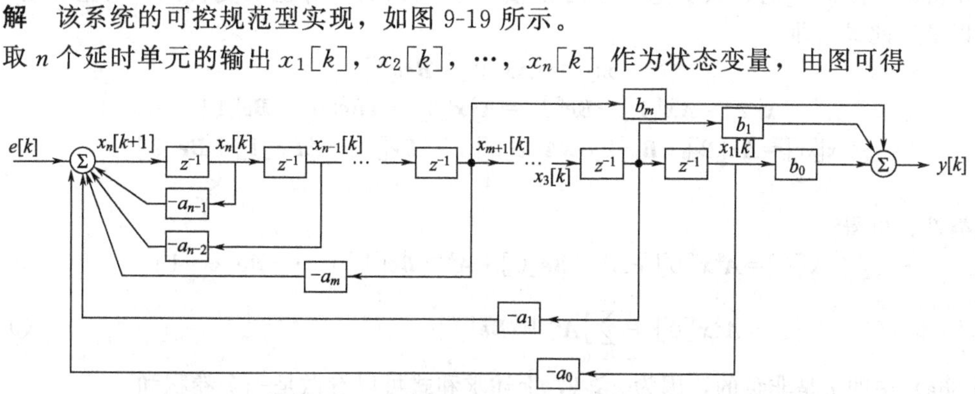

图 9-19　离散系统的可控规范型实现

$$
\begin{aligned}
&x_1[k+1]=x_2[k]\\
&x_2[k+1]=x_3[k]\\
&\qquad\vdots\\
&x_{n-1}[k+1]=x_n[k]\\
&x_n[k+1]=-a_0x_1[k]-a_1x_2[k]-\cdots-a_{n-1}x_n[k]+e[k]\\
&y[k]=b_0x_1[k]+b_1x_2[k]+\cdots+b_mx_{m+1}[k]
\end{aligned}
$$

状态方程的矩阵形式为

$$
\begin{bmatrix} x_1[k+1] \\ x_2[k+1] \\ \vdots \\ x_{n-1}[k+1] \\ x_n[k+1] \end{bmatrix}=\begin{bmatrix} 0 & 1 & 0 & \cdots & 0 \\ 0 & 0 & 1 & \cdots & 0 \\ \vdots & \vdots & \vdots & \ddots & \vdots \\ 0 & 0 & 0 & \cdots & 1 \\ -a_0 & -a_1 & -a_2 & \cdots & -a_{n-1} \end{bmatrix}\begin{bmatrix} x_1[k] \\ x_2[k] \\ \vdots \\ x_{n-1}[k] \\ x_n[k] \end{bmatrix}+\begin{bmatrix} 0 \\ 0 \\ \vdots \\ 0 \\ 1 \end{bmatrix}e[k] \tag{9-83a}
$$

输出方程为

$$
y[k]=[b_0 \quad b_1 \quad \cdots \quad b_m]\begin{bmatrix} x_1[k] \\ x_2[k] \\ \vdots \\ x_m[k] \\ x_{m+1}[k] \end{bmatrix} \tag{9-83b}
$$

与连续时间系统的实现方式一样，离散系统也可以采用串联型、并联型和可观测规范型来实现。无论以何种结构实现，状态变量总是取自于延迟器的输出。

9.6 离散时间系统状态方程的求解

离散系统状态方程的一般形式为

$$
\boldsymbol{x}[k+1]=\boldsymbol{A}\boldsymbol{x}[k]+\boldsymbol{B}\boldsymbol{e}[k] \tag{9-84}
$$

$$
\boldsymbol{y}[k]=\boldsymbol{C}\boldsymbol{x}[k]+\boldsymbol{D}\boldsymbol{e}[k] \tag{9-85}
$$

式中，$\boldsymbol{x}[k]$，$\boldsymbol{e}[k]$和 $\boldsymbol{y}[k]$分别称为状态矢量、输入矢量和输出矢量。矩阵 $\boldsymbol{A}$，$\boldsymbol{B}$，$\boldsymbol{C}$ 和 $\boldsymbol{D}$ 是系数矩阵，对于线性非时变系统，它们是常量矩阵。状态方程的求解有时域法和变换域法。

(1) 状态方程的时域解

求解矢量差分方程的方法之一是迭代法或递推法。当式(9-84) 中给定了输入激励函数 $\boldsymbol{e}[k]$和初始条件 $\boldsymbol{x}[0]$时，只要把式中的 k 依次用 $0,1,2,\cdots$等值反复代入，直至 k 值为止，就可以求解此式。即

$$
\begin{aligned}
\boldsymbol{x}[1]&=\boldsymbol{A}\boldsymbol{x}[0]+\boldsymbol{B}\boldsymbol{e}[0]\\
\boldsymbol{x}[2]&=\boldsymbol{A}\boldsymbol{x}[1]+\boldsymbol{B}\boldsymbol{e}[1]=\boldsymbol{A}^2\boldsymbol{x}[0]+\boldsymbol{A}\boldsymbol{B}\boldsymbol{e}[0]+\boldsymbol{B}\boldsymbol{e}[1]\\
\boldsymbol{x}[3]&=\boldsymbol{A}\boldsymbol{x}[2]+\boldsymbol{B}\boldsymbol{e}[2]=\boldsymbol{A}^3\boldsymbol{x}[0]+\boldsymbol{A}^2\boldsymbol{B}\boldsymbol{e}[0]+\boldsymbol{A}\boldsymbol{B}\boldsymbol{e}[1]+\boldsymbol{B}\boldsymbol{e}[2]\\
&\ \ \vdots
\end{aligned}
$$

依此类推，可得

$$
\begin{aligned}
\boldsymbol{x}[k]&=\boldsymbol{A}^k\boldsymbol{x}[0]+\boldsymbol{A}^{k-1}\boldsymbol{B}\boldsymbol{e}[0]+\boldsymbol{A}^{k-2}\boldsymbol{B}\boldsymbol{e}[1]+\cdots+\boldsymbol{B}\boldsymbol{e}[k-1]\\
&=\boldsymbol{A}^k\boldsymbol{x}[0]+\sum_{j=0}^{k-1}\boldsymbol{A}^{k-1-j}\boldsymbol{B}\boldsymbol{e}[j]
\end{aligned} \tag{9-86a}
$$

式(9-86a) 中的 j 是非负的，因为 $k\geqslant1$，上述求和式可以看做是一个卷积和

$$
\boldsymbol{A}^{k-1}\boldsymbol{u}(k-1)*\boldsymbol{B}\boldsymbol{e}(k)
$$

因此

$$x[k]=A^k x[0]+A^{k-1}u[k-1]*Be[k] \tag{9-86b}$$

如果记

$$\Phi[k]=A^k$$

则有

$$x[k]=\Phi[k]x[0]+\Phi[k-1]u[k-1]*Be[k] \tag{9-86c}$$

系统的输出

$$\begin{aligned}y[k]&=CA^k x[0]+CA^{k-1}u[k-1]*Be[k]+De[k]\\&=C\Phi[k]x[0]+C\Phi[k-1]u[k-1]*Be[k]+De[k]\end{aligned} \tag{9-87a}$$

式(9-86b) 和(9-87a) 中，右边第一项仅由初始状态决定而与输入激励无关，故为零输入响应；右边第二项仅由输入激励决定而与初始状态无关，为零状态响应。把此式与连续时间系统状态方程的时域解相比较，可以看出两者的相似关系。在上述两个式子中，A^k 与 e^{At} 相当。在这里也称 $\Phi[k]$为状态转移矩阵，或特征矩阵。

由式(9-87a) 可以看出，在零状态响应中，若令 $e[k]=\delta[k]$，则系统的单位样值（单位脉冲）响应矩阵为

$$h[k]=CA^{k-1}Bu[k-1]+D\delta[k] \tag{9-87b}$$

式(9-87a) 也可以表示为如下的卷积形式

$$y[k]=CA^k x[0]+h[k]*e[k] \tag{9-87c}$$

矩阵卷积的计算方法与连续时间的矩阵卷积相类似。

关于状态转移矩阵 A^k 的计算。根据凯莱-哈密尔顿定理，有

$$A^k=\alpha_0 I+\alpha_1 A+\alpha_2 A^2+\cdots+\alpha_{n-1}A^{n-1}，(k\geqslant n) \tag{9-88}$$

分别用 A 的特征值代入式(9-88)，解联立方程式，可求出系数 α_0，α_1，…，α_{n-1}。

若 A 的特征值为重根的情况，处理方法类似于在连续系统中所采用的方法。设 λ_i 为 m 阶重根，则对重根部分的计算公式为

$$\lambda_i^k=\alpha_0+\alpha_1\lambda_i+\alpha_2\lambda_i^2+\cdots+\alpha_{n-1}\lambda_i^{n-1}$$

$$\frac{d}{d\lambda}\lambda^k\bigg|_{\lambda=\lambda_i}=k\lambda_i^{k-1}=\alpha_1+2\alpha_2\lambda_i+\cdots+(n-1)\alpha_{n-1}\lambda_i^{n-2}$$

$$\vdots$$

$$\begin{aligned}\frac{d^{m-1}}{d\lambda^{m-1}}\lambda^k\bigg|_{\lambda=\lambda_i}&=\frac{k!}{[k-(m-1)]!}\lambda_i^{k-(m-1)}\\&=(m-1)!\,\alpha_{m-1}+m!\,\alpha_m\lambda_i+\frac{(m+1)!}{2!}\alpha_{m+1}\lambda_i^2+\cdots+\frac{(n-1)!}{(n-m)!}\alpha_{n-1}\lambda_i^{n-m}\end{aligned} \tag{9-89}$$

【例 9-13】 某离散系统的状态方程和输出方程为

$$\begin{bmatrix}x_1[k+1]\\x_2[k+1]\end{bmatrix}=\begin{bmatrix}\frac{1}{2} & 0\\ \frac{1}{4} & \frac{1}{4}\end{bmatrix}\begin{bmatrix}x_1[k]\\x_2[k]\end{bmatrix}+\begin{bmatrix}1\\1\end{bmatrix}e[k]$$

$$y[k]=\begin{bmatrix}-1 & 5\end{bmatrix}\begin{bmatrix}x_1[k]\\x_2[k]\end{bmatrix}$$

若输入 $e[k]=u[k]$，初始条件为 $x_1[0]=1, x_2[0]=0$，试求输出 $y[k]$。

解 为求其解，必须首先确定 A^k。A 的特征方程为

$$|\lambda I-A|=\begin{vmatrix}\lambda-\frac{1}{2} & 0\\ -\frac{1}{4} & \lambda-\frac{1}{4}\end{vmatrix}=\left(\lambda-\frac{1}{2}\right)\left(\lambda-\frac{1}{4}\right)=0$$

$\boldsymbol{A}$ 的特征根 $$\lambda_1=\frac{1}{2},\ \lambda_2=\frac{1}{4}$$

由凯莱-哈密尔顿定理

$$\boldsymbol{A}^k=\alpha_0\boldsymbol{I}+\alpha_1\boldsymbol{A}$$

可以得到

$$\begin{cases}\left(\frac{1}{2}\right)^k=\alpha_0+\frac{1}{2}\alpha_1\\ \left(\frac{1}{4}\right)^k=\alpha_0+\frac{1}{4}\alpha_1\end{cases}$$

解得 $$\begin{cases}\alpha_0=2(4)^{-k}-2^{-k}\\ \alpha_1=2^{-k+2}-4^{-k+1}\end{cases}$$

于是，得

$$\boldsymbol{A}^k=\begin{bmatrix}2^{-k} & 0\\ 2^{-k}-4^{-k} & 4^{-k}\end{bmatrix} \tag{9-90}$$

为求 $\boldsymbol{y}[k]$，需使用式(9-87)，其中

$$\boldsymbol{CA}^k=[-1\quad 5]\boldsymbol{A}^k=[4(2)^{-k}-5(4)^{-k}\quad 5(4)^{-k}] \tag{9-91}$$

因此，得零输入响应为

$$\boldsymbol{CA}^k\boldsymbol{x}[0]=4(2)^{-k}-5(4)^{-k} \tag{9-92}$$

由于 $\boldsymbol{D}=0$，因此零状态响应就由 $\boldsymbol{CA}^{k-1}\boldsymbol{u}[k-1]$ 和 $\boldsymbol{Be}[k]$ 的卷积和来给出。先计算$\boldsymbol{CA}^k\boldsymbol{u}[k]*\boldsymbol{Be}[k]$

$$\begin{aligned}\boldsymbol{CA}^k\boldsymbol{u}[k]*\boldsymbol{Be}[k]&=[4(2)^{-k}-5(4)^{-k}\quad 5(4)^{-k}]*\begin{bmatrix}u[k]\\ u[k]\end{bmatrix}\\ &=4(2)^{-k}*\boldsymbol{u}[k]=[8-4(2)^{-k}]\,\boldsymbol{u}[k]\end{aligned}$$

因此，零状态响应为

$$\boldsymbol{CA}^{k-1}\boldsymbol{u}[k-1]*\boldsymbol{Be}[k]=[8-4(2)^{-k+1}]\,\boldsymbol{u}[k-1] \tag{9-93}$$

最后，得完全响应

$$\boldsymbol{y}[k]=[4(2)^{-k}-5(4)^{-k}]\,\boldsymbol{u}[k]+[8-4(2)^{-k+1}]\,\boldsymbol{u}[k-1]=[-4(2)^{-k}-5(4)^{-k}+8]\,\boldsymbol{u}[k] \tag{9-94}$$

(2) 状态方程的 Z 域求解

对式(9-84) 和式(9-85) 两边取 Z 变换

$$z\boldsymbol{X}(z)-z\boldsymbol{x}[0]=\boldsymbol{AX}(z)+\boldsymbol{BE}(z)$$
$$\boldsymbol{Y}(z)=\boldsymbol{CX}(z)+\boldsymbol{DE}(z)$$

整理得

$$\begin{cases}\boldsymbol{X}(z)=(z\boldsymbol{I}-\boldsymbol{A})^{-1}z\boldsymbol{x}[0]+(z\boldsymbol{I}-\boldsymbol{A})^{-1}\boldsymbol{BE}(z)\\ \boldsymbol{Y}(z)=\boldsymbol{C}(z\boldsymbol{I}-\boldsymbol{A})^{-1}z\boldsymbol{x}[0]+\boldsymbol{C}(z\boldsymbol{I}-\boldsymbol{A})^{-1}\boldsymbol{BE}(z)+\boldsymbol{DE}(z)\end{cases} \tag{9-95}$$

取反变换，即得时域表达式为

$$\begin{cases}\boldsymbol{x}[k]=\mathrm{Z}^{-1}\{(\boldsymbol{I}-z^{-1}\boldsymbol{A})^{-1}\}\boldsymbol{x}[0]+\mathrm{Z}^{-1}\{(z\boldsymbol{I}-\boldsymbol{A})^{-1}\boldsymbol{BE}(z)\}\\ \boldsymbol{y}[k]=\mathrm{Z}^{-1}\{\boldsymbol{C}(\boldsymbol{I}-z^{-1}\boldsymbol{A})^{-1}\}\boldsymbol{x}[0]+\mathrm{Z}^{-1}\{\boldsymbol{C}(z\boldsymbol{I}-\boldsymbol{A})^{-1}\boldsymbol{B}+\boldsymbol{D}\}*\mathrm{Z}^{-1}\{\boldsymbol{E}(z)\}\end{cases} \tag{9-96}$$

式(9-96) 与式(9-86c) 相比较可得出，状态转移矩阵即为

$$\boldsymbol{A}^k=\mathrm{Z}^{-1}\{(z\boldsymbol{I}-\boldsymbol{A})^{-1}z\}=\mathrm{Z}^{-1}\{(\boldsymbol{I}-z^{-1}\boldsymbol{A})^{-1}\} \tag{9-97}$$

由式(9-95) 中 $\boldsymbol{Y}(z)$的零状态分量，可得系统函数为

$$\boldsymbol{H}(z)=\boldsymbol{C}(z\boldsymbol{I}-\boldsymbol{A})^{-1}\boldsymbol{B}+\boldsymbol{D}$$

计算 Z 反变换，即得系统的单位样值（单位脉冲）响应矩阵

$$\boldsymbol{h}[k]=\mathrm{Z}^{-1}\{\boldsymbol{H}(z)\}$$

【例 9-14】 试利用 Z 域方法求取例 9-13 中的系统响应 $y[k]$。

解 $$(z\boldsymbol{I}-\boldsymbol{A})^{-1}=\begin{bmatrix} z-\frac{1}{2} & 0 \\ -\frac{1}{4} & z-\frac{1}{4} \end{bmatrix}^{-1}=\frac{1}{\left(z-\frac{1}{2}\right)\left(z-\frac{1}{4}\right)}\begin{bmatrix} z-\frac{1}{4} & 0 \\ \frac{1}{4} & z-\frac{1}{2} \end{bmatrix}$$

代入式(9-95)

$$\boldsymbol{Y}(z)=[-1\quad 5]\frac{z}{\left(z-\frac{1}{2}\right)\left(z-\frac{1}{4}\right)}\begin{bmatrix} z-\frac{1}{4} & 0 \\ \frac{1}{4} & z-\frac{1}{2} \end{bmatrix}\begin{bmatrix} 1 \\ 0 \end{bmatrix}+$$

$$[-1\quad 5]\frac{1}{(z-\frac{1}{2})(z-\frac{1}{4})}\begin{bmatrix} z-\frac{1}{4} & 0 \\ \frac{1}{4} & z-\frac{1}{2} \end{bmatrix}\begin{bmatrix} 1 \\ 1 \end{bmatrix}\frac{z}{z-1}=\frac{-4z}{z-\frac{1}{2}}-\frac{5z}{z-\frac{1}{4}}+\frac{8z}{z-1}$$

计算 z 反变换，得

$$y[k]=[-4(2)^{-k}-5(4)^{-k}+8]u[k]$$

9.7 由状态方程判断系统的稳定性

(1) 连续系统

对于连续系统，如果系统矩阵 $\boldsymbol{A}$ 的所有特征值的实部均小于 0，即 $\mathrm{Re}\{\alpha_i\}<0$，则系统稳定。系统矩阵的特征值由解下面的方程得到

$$|\alpha\boldsymbol{I}-\boldsymbol{A}|=0 \tag{9-98}$$

有时，直接求解方程式(9-98) 很困难，但只要知道了它的根 $\mathrm{Re}\{\alpha_i\}<0$，即落在 S 平面的左半平面，即可确定系统的稳定情况。这时可以应用一些判别准则，例如，罗斯-霍尔维兹准则就是一种有效的判别准则。

罗斯-霍尔维兹准则是利用特征多项式的系数写出罗斯矩阵，如果矩阵第一列的每一项均大于 0，则系统稳定。

【例 9-15】 判定如下系统的稳定性

$$\begin{bmatrix} \dot{x}_1(t) \\ \dot{x}_2(t) \\ \dot{x}_3(t) \end{bmatrix}=\begin{bmatrix} -1 & 1 & a \\ 0 & -2 & 1 \\ 1 & 0 & -3 \end{bmatrix}\begin{bmatrix} x_1(t) \\ x_2(t) \\ x_3(t) \end{bmatrix}+\begin{bmatrix} 0 \\ 0 \\ 1 \end{bmatrix}e(t)$$

解 系统的特征多项式为

$$|\lambda\boldsymbol{I}-\boldsymbol{A}|=\begin{vmatrix} \lambda+1 & -1 & -a \\ 0 & \lambda+2 & -1 \\ -1 & 0 & \lambda+3 \end{vmatrix}=0$$

即 $$\lambda^3+6\lambda^2+(11-a)\lambda+5-2a=0$$

罗斯阵列为

$$\begin{array}{ll} 1 & 11-a \\ 6 & 5-2a \\ \multicolumn{2}{l}{\dfrac{6\ (11-a)\ -\ (5-2a)}{6}} \\ 5-2a & \end{array}$$

要使系统稳定，则罗斯阵列第一列各项必须大于 0，即

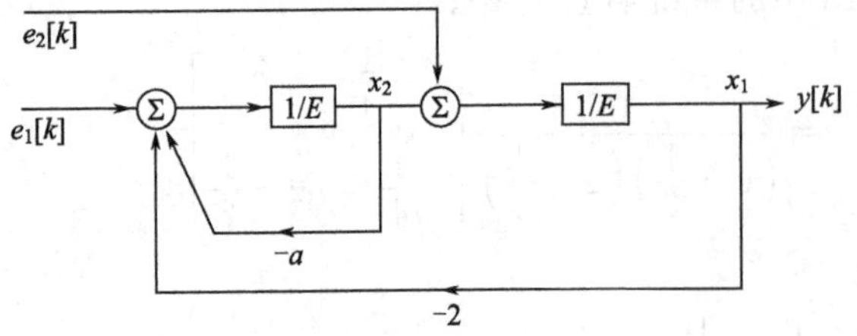

图 9-20 例 9-16 图

$$\frac{6(11-a)-(5-2a)}{6}>0$$

$$5-2a>0$$

得 $a<2.5$ 时系统稳定。

(2) 离散系统

一个因果离散系统是稳定的，其系数矩阵 $\boldsymbol{A}$ 的特征值 $|\alpha_i|<1$，即系统的特征根必须位于单位圆内。$\boldsymbol{A}$ 矩阵的特征值与系统转移函数特征多项式的根位置要求相同，因而判别准则也相同。可用朱里准则进行判别（请查阅 8.4 节）。

【例 9-16】 给定图 9-20 所示系统，问 $|a|<2\sqrt{2}$时，系统是否稳定？

解 由图可得系统的状态方程为

$$\begin{bmatrix} x_1[k+1] \\ x_2[k+1] \end{bmatrix} = \begin{bmatrix} 0 & 1 \\ -2 & -a \end{bmatrix} \begin{bmatrix} x_1[k] \\ x_2[k] \end{bmatrix} + \begin{bmatrix} 0 & 1 \\ 1 & 0 \end{bmatrix} \begin{bmatrix} e_1[k] \\ e_2[k] \end{bmatrix}$$

系统的特征多项式为

$$|\lambda \boldsymbol{I}-\boldsymbol{A}| = \begin{vmatrix} \lambda & -1 \\ 2 & \lambda+a \end{vmatrix} = 0$$

即

$$\lambda^2+a\lambda+2=0$$

系统的特征根为

$$\lambda_{1,2} = \frac{-a \pm \sqrt{a^2-8}}{2}$$

根据已知条件得：$a^2<8$，即 $a^2-8<0$。因此，系统的特征根为共轭复根。为保证系统稳定，两根的模必须小于 1。但本例中两根的模为

$$\sqrt{\left(\frac{a}{2}\right)^2+\left(\frac{\sqrt{a^2-8}}{2}\right)^2}=\sqrt{2}>1$$

因此，该系统不稳定。

9.8 状态矢量的线性变换

在建立系统的状态方程一节中已经看到，同一系统可以选择不同的状态矢量，从而会得到不同的状态方程。这些不同的方程所描述的是同一系统，因此每种状态矢量之间存在着线性变换关系。这种线性变换对于简化系统分析是有用的。

对于状态方程

$$\begin{aligned} \dot{\boldsymbol{x}}(t) &= \boldsymbol{A}\boldsymbol{x}(t)+\boldsymbol{B}\boldsymbol{e}(t) \\ \boldsymbol{y}(t) &= \boldsymbol{C}\boldsymbol{x}(t)+\boldsymbol{D}\boldsymbol{e}(t) \end{aligned} \tag{9-99}$$

引入一个新的状态矢量，$\boldsymbol{w}(t)=[w_1(t),w_2(t),\cdots,w_n(t)]^{\mathrm{T}}$。$\boldsymbol{x}(t)$ 与 $\boldsymbol{w}(t)$ 之间有一个线性变换关系

$$\boldsymbol{x}(t)=\boldsymbol{P}\boldsymbol{w}(t) \tag{9-100}$$

将式(9-100) 求导，并和式(9-100) 一并代入式(9-99) 得

$$\dot{\boldsymbol{w}}(t)=\boldsymbol{P}^{-1}\boldsymbol{A}\boldsymbol{P}\boldsymbol{w}(t)+\boldsymbol{P}^{-1}\boldsymbol{B}\boldsymbol{e}(t) \tag{9-101a}$$

$$\boldsymbol{y}(t)=\boldsymbol{C}\boldsymbol{P}\boldsymbol{w}(t)+\boldsymbol{D}\boldsymbol{e}(t) \tag{9-101b}$$

因此，在新的状态变量下，原来的 $\boldsymbol{A}$，$\boldsymbol{B}$，$\boldsymbol{C}$ 和 $\boldsymbol{D}$ 矩阵相应地变为

$$\begin{cases}\hat{\boldsymbol{A}}=\boldsymbol{P}^{-1}\boldsymbol{AP}\\ \hat{\boldsymbol{B}}=\boldsymbol{P}^{-1}\boldsymbol{B}\\ \hat{\boldsymbol{C}}=\boldsymbol{CP}\\ \hat{\boldsymbol{D}}=\boldsymbol{D}\end{cases}\tag{9-102}$$

由式(9-102) 可以看出，实际上 $\hat{\boldsymbol{A}}$ 是 $\boldsymbol{A}$ 的相似变换，因此它们具有相同的特征根。

【例 9-17】 给定系统的状态方程为

$$\begin{bmatrix}\dot{x}_1(t)\\ \dot{x}_2(t)\end{bmatrix}=\begin{bmatrix}0 & 1\\ -2 & -3\end{bmatrix}\begin{bmatrix}x_1(t)\\ x_2(t)\end{bmatrix}+\begin{bmatrix}1\\ 2\end{bmatrix}e(t)$$

选定另一组状态变量 $w_1(t)$，$w_2(t)$，其中

$$w_1(t)=\frac{1}{2}x_1(t)+\frac{1}{2}x_2(t)$$

$$w_2(t)=\frac{1}{2}x_1(t)-\frac{1}{2}x_2(t)$$

试求出用 $w_1(t)$，$w_2(t)$表示的状态方程。

解 给定的变换矩阵为

$$\boldsymbol{P}^{-1}=\begin{bmatrix}\frac{1}{2} & \frac{1}{2}\\ \frac{1}{2} & -\frac{1}{2}\end{bmatrix}$$

由式(9-102) 求出

$$\hat{\boldsymbol{A}}=\boldsymbol{P}^{-1}\boldsymbol{AP}=\begin{bmatrix}\frac{1}{2} & \frac{1}{2}\\ \frac{1}{2} & -\frac{1}{2}\end{bmatrix}\begin{bmatrix}0 & 1\\ -2 & -3\end{bmatrix}\begin{bmatrix}1 & 1\\ 1 & -1\end{bmatrix}=\begin{bmatrix}-2 & 0\\ 3 & -1\end{bmatrix}$$

$$\hat{\boldsymbol{B}}=\boldsymbol{P}^{-1}\boldsymbol{B}=\begin{bmatrix}\frac{1}{2} & \frac{1}{2}\\ \frac{1}{2} & -\frac{1}{2}\end{bmatrix}\begin{bmatrix}1\\ 2\end{bmatrix}=\begin{bmatrix}\frac{3}{2}\\ -\frac{1}{2}\end{bmatrix}$$

因此，在给定变换下新的状态方程为

$$\begin{bmatrix}\dot{w}_1(t)\\ \dot{w}_2(t)\end{bmatrix}=\begin{bmatrix}-2 & 0\\ 3 & -1\end{bmatrix}\begin{bmatrix}w_1(t)\\ w_2(t)\end{bmatrix}+\begin{bmatrix}\frac{3}{2}\\ -\frac{1}{2}\end{bmatrix}e(t)$$

系统函数（转移函数）矩阵和状态方程分别是描述系统的两种不同方法。状态矢量经线性变换以后，并不改变系统的物理本质，因此对同一系统不同状态矢量的选择，系统函数（转移函数）是不变的。当用状态矢量 $\boldsymbol{w}(t)$描述时，系统函数（转移函数）设为 $\boldsymbol{H}_{\mathrm{w}}(s)$，则

$$\boldsymbol{H}_{\mathrm{w}}(s)=\hat{\boldsymbol{C}}(s\boldsymbol{I}-\hat{\boldsymbol{A}})^{-1}\hat{\boldsymbol{B}}+\hat{\boldsymbol{D}}\tag{9-103}$$

将式(9-102) 代入上式，并利用矩阵运算公式得

$$\begin{aligned}\boldsymbol{H}_{\mathrm{w}}(s)&=\boldsymbol{CP}(s\boldsymbol{I}-\boldsymbol{P}^{-1}\boldsymbol{AP})^{-1}\boldsymbol{P}^{-1}\boldsymbol{B}+\boldsymbol{D}=\boldsymbol{C}(\boldsymbol{P}^{-1})^{-1}(s\boldsymbol{I}-\boldsymbol{P}^{-1}\boldsymbol{AP})^{-1}(\boldsymbol{P})^{-1}\boldsymbol{B}+\boldsymbol{D}\\ &=\boldsymbol{C}[\boldsymbol{P}(s\boldsymbol{I}-\boldsymbol{P}^{-1}\boldsymbol{AP})\boldsymbol{P}^{-1}]^{-1}\boldsymbol{B}+\boldsymbol{D}=\boldsymbol{C}[s\boldsymbol{PIP}^{-1}-\boldsymbol{PP}^{-1}\boldsymbol{APP}^{-1}]^{-1}\boldsymbol{B}+\boldsymbol{D}\\ &=\boldsymbol{C}[s\boldsymbol{I}-\boldsymbol{A}]^{-1}\boldsymbol{B}+\boldsymbol{D}=\boldsymbol{H}(s)\end{aligned}$$

以上是以连续系统为例说明了状态矢量线性变换的特性，所得结论同样适用于离散系统。当系统的特征根全是单根时，常用的线性变换是将 $\boldsymbol{A}$ 变换为对角阵。$\boldsymbol{A}$ 矩阵的对角化，是将系统变换成并联结构形式，这种结构形式使得每一状态变量之间互不相关，因而可以独

立研究系统参数对状态变量的影响。

【例 9-18】 若描述连续系统的状态方程和输出方程为

$$\begin{cases}\begin{bmatrix}\dot{x}_1(t)\\ \dot{x}_2(t)\end{bmatrix}=\begin{bmatrix}5 & 6\\ -2 & -2\end{bmatrix}\begin{bmatrix}x_1(t)\\ x_2(t)\end{bmatrix}+\begin{bmatrix}2\\ -1\end{bmatrix}\boldsymbol{e}(t)\\ \boldsymbol{y}(t)=\begin{bmatrix}-1 & -2\end{bmatrix}\begin{bmatrix}x_1(t)\\ x_2(t)\end{bmatrix}+e(t)\end{cases} \tag{9-104}$$

试将系统矩阵 **A** 对角化，并写出相应的状态方程和输出方程。

解 将矩阵 **A** 对角化也就是寻找 **A** 的特征矢量，为此先求 **A** 的特征值

$$|\alpha \boldsymbol{I}-\boldsymbol{A}|=\begin{vmatrix}\alpha-5 & -6\\ 2 & \alpha+2\end{vmatrix}=(\alpha-1)(\alpha-2)=0$$

求得特征值为

$$\alpha_1=1,\ \alpha_2=2$$

对应于 $\alpha_1=1$ 的特征矢量，设为

$$\boldsymbol{\xi}_1=\begin{bmatrix}\xi_{11}\\ \xi_{21}\end{bmatrix}$$

由

$$[\alpha_1\boldsymbol{I}-\boldsymbol{A}]\begin{bmatrix}\xi_{11}\\ \xi_{21}\end{bmatrix}=0$$

得

$$\begin{bmatrix}1-5 & -6\\ 2 & 1+2\end{bmatrix}\begin{bmatrix}\xi_{11}\\ \xi_{21}\end{bmatrix}=0$$

或

$$\begin{cases}-4\xi_{11}-6\xi_{21}=0\\ 2\xi_{11}+3\xi_{21}=0\end{cases}$$

选取 $\xi_{11}=3$，则 $\xi_{21}=-2$。

同样，对应于 $\alpha_2=2$ 的特征向量，设为

$$\boldsymbol{\xi}_2=\begin{bmatrix}\xi_{12}\\ \xi_{22}\end{bmatrix}$$

由

$$[\alpha_2\boldsymbol{I}-\boldsymbol{A}]\begin{bmatrix}\xi_{12}\\ \xi_{22}\end{bmatrix}=0$$

得

$$\begin{bmatrix}2-5 & -6\\ 2 & 2+2\end{bmatrix}\begin{bmatrix}\xi_{12}\\ \xi_{22}\end{bmatrix}=0$$

或

$$\begin{cases}-3\xi_{12}-6\xi_{22}=0\\ 2\xi_{12}+4\xi_{22}=0\end{cases}$$

选取 $\xi_{12}=2$，则 $\xi_{22}=-1$。

由此构成的变换阵

$$\boldsymbol{P}=\begin{bmatrix}\xi_{11} & \xi_{12}\\ \xi_{21} & \xi_{22}\end{bmatrix}=\begin{bmatrix}3 & 2\\ -2 & -1\end{bmatrix}$$

$$\boldsymbol{P}^{-1}=\begin{bmatrix}-1 & -2\\ 2 & 3\end{bmatrix}$$

最后得

$$\hat{\boldsymbol{A}}=\boldsymbol{P}^{-1}\boldsymbol{A}\boldsymbol{P}=\begin{bmatrix}-1 & -2\\ 2 & 3\end{bmatrix}\begin{bmatrix}5 & 6\\ -2 & -2\end{bmatrix}\begin{bmatrix}3 & 2\\ -2 & -1\end{bmatrix}=\begin{bmatrix}1 & 0\\ 0 & 2\end{bmatrix}$$

$$\hat{\boldsymbol{B}}=\boldsymbol{P}^{-1}\boldsymbol{B}=\begin{bmatrix}-1 & -2\\ 2 & 3\end{bmatrix}\begin{bmatrix}2\\ -1\end{bmatrix}=\begin{bmatrix}0\\ 1\end{bmatrix}$$

$$\hat{C}=CP=[-1\quad -2]\begin{bmatrix}3 & 2\\ -2 & -1\end{bmatrix}=[1\quad 0]$$

因此，得到变换后的状态方程和输出方程为

$$\begin{cases}\begin{bmatrix}\dot{w}_1(t)\\ \dot{w}_2(t)\end{bmatrix}=\begin{bmatrix}1 & 0\\ 0 & 2\end{bmatrix}\begin{bmatrix}w_1(t)\\ w_2(t)\end{bmatrix}+\begin{bmatrix}0\\ 1\end{bmatrix}e(t)\\ \boldsymbol{y}(t)=[1\quad 0]\begin{bmatrix}w_1(t)\\ w_2(t)\end{bmatrix}+e(t)\end{cases} \tag{9-105}$$

9.9 系统的可控制性和可观察性

动态系统的可控制性和可观测性是系统的两个基本结构特性。系统可控制性指的是控制作用对被控系统的状态和输出进行控制的可能性；可观测性指的是通过对系统的观察所获得信息可以知道系统状态的可能性。

(1) 系统的可控制性

状态可控性反映输入 $\boldsymbol{e}(t)$对系统内部状态 $\boldsymbol{x}(t)$的控制能力。如果系统的状态变量 $\boldsymbol{x}(t)$由任意初始时刻的初始状态起的运动都能由输入来影响并能在有限时间内控制到系统原点或所要求的状态，则称系统是可控制的，或者更确切地说，是状态可控制的；否则，就称系统为不完全可控制的。

讨论系统的可控制性问题时，只考虑系统在输入 $\boldsymbol{e}(t)$作用下，状态 $\boldsymbol{x}(t)$的转移变化问题，与输出 $\boldsymbol{y}(t)$无关，所以只需依据系统状态方程来讨论系统的可控制性。

对线性时不变连续系统

$$\dot{\boldsymbol{x}}(t)=\boldsymbol{A}\boldsymbol{x}(t)+\boldsymbol{B}\boldsymbol{e}(t)$$

式中，$\boldsymbol{x}(t)$为 n 维矢量，$\boldsymbol{e}(t)$为 r 维矢量，$\boldsymbol{A}$ 为 $n\times n$ 维矩阵，$\boldsymbol{B}$ 为 $n\times r$ 维矩阵。其状态方程的时域解的表达式为

$$\boldsymbol{x}(t)=\mathrm{e}^{\boldsymbol{A}t}\boldsymbol{x}(0^-)+\int_{0^-}^{t}\mathrm{e}^{\boldsymbol{A}(t-\tau)}\boldsymbol{B}\boldsymbol{e}(\tau)\mathrm{d}\tau$$

设需使状态到达原点的终止时刻为 t_1，则有

$$\boldsymbol{x}(t_1)=0=\mathrm{e}^{\boldsymbol{A}t_1}\boldsymbol{x}(0^-)+\int_{0^-}^{t_1}\mathrm{e}^{\boldsymbol{A}(t_1-\tau)}\boldsymbol{B}\boldsymbol{e}(\tau)\mathrm{d}\tau$$

即

$$-\boldsymbol{x}(0^-)=\int_{0^-}^{t_1}\mathrm{e}^{-\boldsymbol{A}\tau}\boldsymbol{B}\boldsymbol{e}(\tau)\mathrm{d}\tau \tag{9-106}$$

注意到 $\mathrm{e}^{-\boldsymbol{A}\tau}$可写成有限项级数的形式

$$\mathrm{e}^{-\boldsymbol{A}\tau}=\sum_{k=0}^{n-1}\boldsymbol{\alpha}_k(\tau)\boldsymbol{A}^k \tag{9-107}$$

将式(9-107) 代入式(9-106)，得

$$-\boldsymbol{x}(0^-)=\sum_{k=0}^{n-1}\boldsymbol{A}^k\boldsymbol{B}\int_{0^-}^{t_1}\boldsymbol{\alpha}_k(\tau)\boldsymbol{e}(\tau)\mathrm{d}\tau \tag{9-108}$$

记

$$\int_{0^-}^{t_1}\boldsymbol{\alpha}_k(\tau)\boldsymbol{e}(\tau)\mathrm{d}\tau=\boldsymbol{\beta}_k(t_1)=\begin{bmatrix}\beta_0(t_1)\\ \beta_1(t_1)\\ \vdots\\ \beta_{n-1}(t_1)\end{bmatrix}$$

式中，$\boldsymbol{\beta}_k$是 n 维矢量，于是式(9-106) 变为

$$-\boldsymbol{x}(0^-)=\sum_{k=0}^{n-1}\boldsymbol{A}^k\boldsymbol{B}\boldsymbol{\beta}_k(t_1)=[\boldsymbol{B}\quad \boldsymbol{AB}\quad \boldsymbol{A}^2\boldsymbol{B}\quad \cdots\quad \boldsymbol{A}^{n-1}\boldsymbol{B}]\begin{bmatrix}\beta_0(t_1)\\ \beta_1(t_1)\\ \vdots\\ \beta_{n-1}(t_1)\end{bmatrix} \tag{9-109}$$

记可控性矩阵

$$\boldsymbol{Q}_0=[\boldsymbol{B}\quad \boldsymbol{AB}\quad \boldsymbol{A}^2\boldsymbol{B}\quad \cdots\quad \boldsymbol{A}^{n-1}\boldsymbol{B}] \tag{9-110}$$

则有

$$-\boldsymbol{x}(0^-)=\boldsymbol{Q}_0\begin{bmatrix}\beta_0(t_1)\\ \beta_1(t_1)\\ \vdots\\ \beta_{n-1}(t_1)\end{bmatrix}$$

若要使系统以 $\boldsymbol{x}(0^-)$转移到原点，只有当矩阵 $\boldsymbol{Q}_0$ 满秩时，才能找到惟一的一组解。因此可控性矩阵 $\boldsymbol{Q}_0$ 为满秩是系统状态可控的充要条件。

【例 9-19】 试判断如下系统的状态可控性

$$\begin{bmatrix}\dot{x}_1(t)\\ \dot{x}_2(t)\\ \dot{x}_3(t)\end{bmatrix}=\begin{bmatrix}1&3&2\\0&2&0\\0&1&3\end{bmatrix}\begin{bmatrix}x_1(t)\\x_2(t)\\x_3(t)\end{bmatrix}+\begin{bmatrix}2&1\\1&1\\-1&-1\end{bmatrix}\boldsymbol{e}(t)$$

解 状态可控性矩阵

$$[\boldsymbol{B}\quad \boldsymbol{AB}\quad \boldsymbol{A}^2\boldsymbol{B}]=\begin{bmatrix}2&1&3&2&5&4\\1&1&2&2&4&4\\-1&-1&-2&-2&-4&-4\end{bmatrix}$$

将上述矩阵的第三行加到第二行中去，则可得矩阵

$$\begin{bmatrix}2&1&3&2&5&4\\1&1&2&2&4&4\\0&0&0&0&0&0\end{bmatrix}$$

显然其秩为 2，而系统的状态变量的维数 $n=3$，所以该系统状态不完全可控。

对于离散时间系统，可控性的判别方法与连续时间系统完全相同。即如果式(9-110) 的可控性矩阵 $\boldsymbol{Q}_0$ 满秩，则系统完全可控。

【例 9-20】 试判断如下离散系统的状态可控性

$$\boldsymbol{x}[k+1]=\begin{bmatrix}0&1\\-1&0\end{bmatrix}\boldsymbol{x}[k]+\begin{bmatrix}1\\3\end{bmatrix}\boldsymbol{e}[k]$$

解 状态可控性矩阵

$$\boldsymbol{Q}_0=[\boldsymbol{B}\quad \boldsymbol{AB}]=\left[\begin{bmatrix}1\\3\end{bmatrix}\begin{bmatrix}0&1\\-1&0\end{bmatrix}\begin{bmatrix}1\\3\end{bmatrix}\right]=\begin{bmatrix}1&3\\3&-1\end{bmatrix}$$

显然，该系统可控性矩阵是满秩的。因而，系统完全可控。

(2) 系统的可观测性

状态可观性反映了从系统外部可通过直接或间接测量输出 $\boldsymbol{y}(t)$和输入 $\boldsymbol{e}(t)$来确定或识别系统状态。如果系统的任何内部状态变化都可由系统的外部输出和输入惟一地确定，那么称系统是可观测的，或者更确切地说，是状态可观的；否则，就称系统为状态不完全可观测的。

对线性系统而言，由于输入控制是给定的，为了简化问题的讨论，可令 $\boldsymbol{e}(t)$为零。因此，状态可观性可考虑只与系统的输出 $\boldsymbol{y}(t)$，以及系统矩阵 $\boldsymbol{A}$ 和输出矩阵 $\boldsymbol{C}$ 有关，与系统的输入 $\boldsymbol{e}(t)$和输入矩阵 $\boldsymbol{B}$ 无关。也就是说，讨论状态可观性时，只需考虑系统的自由运动。

$e(t)$为零时，系统的状态方程和输出方程为

$$\dot{\boldsymbol{x}}(t)=\boldsymbol{A}\boldsymbol{x}(t)$$
$$\boldsymbol{y}(t)=\boldsymbol{C}\boldsymbol{x}(t)$$

对于系统的每一个初始状态 $\boldsymbol{x}(0^-)$，如能在有限的时间间隔$(0,t)$内通过对系统输出$\boldsymbol{y}(t)$的观测来确定，则称系统完全可观。

$$\boldsymbol{y}(t)=\boldsymbol{C}e^{\boldsymbol{A}t}\boldsymbol{x}(0^-)$$

而
$$e^{\boldsymbol{A}t}=\sum_{k=0}^{n-1}\boldsymbol{\alpha}_k(t)\boldsymbol{A}^k$$

所以有

$$\boldsymbol{y}(t)=\sum_{k=0}^{n-1}\boldsymbol{\alpha}_k(t)\boldsymbol{C}\boldsymbol{A}^k\boldsymbol{x}(0^-)=\begin{bmatrix}\alpha_0(t) & \alpha_1(t) & \cdots & \alpha_{n-1}(t)\end{bmatrix}\begin{bmatrix}\boldsymbol{C}\\ \boldsymbol{CA}\\ \vdots\\ \boldsymbol{CA}^{n-1}\end{bmatrix}\boldsymbol{x}(0^-)$$

对于观测时刻 $0\leqslant t_0\leqslant t_1\leqslant\cdots\leqslant t_{n-1}\leqslant t$，由上式得

$$\boldsymbol{y}(t_0)=\begin{bmatrix}\alpha_0(t_0) & \alpha_1(t_0) & \cdots & \alpha_{n-1}(t_0)\end{bmatrix}\begin{bmatrix}\boldsymbol{C} & \boldsymbol{CA} & \cdots & \boldsymbol{CA}^{n-1}\end{bmatrix}^{\mathrm{T}}\boldsymbol{x}(0^-)$$
$$\boldsymbol{y}(t_1)=\begin{bmatrix}\alpha_0(t_1) & \alpha_1(t_1) & \cdots & \alpha_{n-1}(t_1)\end{bmatrix}\begin{bmatrix}\boldsymbol{C} & \boldsymbol{CA} & \cdots & \boldsymbol{CA}^{n-1}\end{bmatrix}^{\mathrm{T}}\boldsymbol{x}(0^-)$$
$$\vdots$$
$$\boldsymbol{y}(t_{n-1})=\begin{bmatrix}\alpha_0(t_{n-1}) & \alpha_1(t_{n-1}) & \cdots & \alpha_{n-1}(t_{n-1})\end{bmatrix}\begin{bmatrix}\boldsymbol{C} & \boldsymbol{CA} & \cdots & \boldsymbol{CA}^{n-1}\end{bmatrix}^{\mathrm{T}}\boldsymbol{x}(0^-)$$

即
$$\begin{bmatrix}y(t_0)\\ y(t_1)\\ \vdots\\ y(t_{n-1})\end{bmatrix}=\begin{bmatrix}\alpha_0(t_0) & \alpha_1(t_0) & \cdots & \alpha_{n-1}(t_0)\\ \alpha_0(t_1) & \alpha_1(t_1) & \cdots & \alpha_{n-1}(t_1)\\ \vdots & \vdots & \ddots & \vdots\\ \alpha_0(t_{n-1}) & \alpha_1(t_{n-1}) & \cdots & \alpha_{n-1}(t_{n-1})\end{bmatrix}\begin{bmatrix}\boldsymbol{C}\\ \boldsymbol{CA}\\ \vdots\\ \boldsymbol{CA}^{n-1}\end{bmatrix}\boldsymbol{x}(0^-) \quad (9\text{-}111)$$

记可观测性矩阵 $\boldsymbol{Q}_c$为

$$\boldsymbol{Q}_c=\begin{bmatrix}\boldsymbol{C}\\ \boldsymbol{CA}\\ \vdots\\ \boldsymbol{CA}^{n-1}\end{bmatrix} \quad (9\text{-}112)$$

由式(9-111) 可看出，若 $\boldsymbol{Q}_c$满秩，则在 $0\sim t$ 的时间间隔内，可惟一地由 $\boldsymbol{y}(t)$的各个测量值 $y(t_0),y(t_1),\cdots,y(t_{n-1})$确定出 $\boldsymbol{x}(0_-)$。

【例 9-21】 试判断如下系统的状态可观性

$$\begin{bmatrix}\dot{x}_1(t)\\ \dot{x}_2(t)\end{bmatrix}=\begin{bmatrix}-4 & 5\\ 1 & 0\end{bmatrix}\begin{bmatrix}x_1(t)\\ x_2(t)\end{bmatrix}$$
$$\boldsymbol{y}(t)=\begin{bmatrix}1 & -1\end{bmatrix}\begin{bmatrix}x_1(t)\\ x_2(t)\end{bmatrix}$$

解 可观测性矩阵

$$\mathrm{rank}\boldsymbol{Q}_c=\mathrm{rank}\begin{bmatrix}\boldsymbol{C}\\ \boldsymbol{CA}\end{bmatrix}=\mathrm{rank}\begin{bmatrix}1 & -1\\ -5 & 5\end{bmatrix}=1$$

而系统的状态变量的维数 $n=2$，所以系统状态不完全可观。

对于离散时间系统，可观性的判别方法与连续时间系统完全相同。即如果式(9-112) 的可观测性矩阵 $\boldsymbol{Q}_c$满秩，则系统是完全可观测的。

【例 9-22】 试判断如下系统的状态可观性。

$$\begin{cases}\boldsymbol{x}[k+1]=\begin{bmatrix}0 & 1\\ -1 & 0\end{bmatrix}\boldsymbol{x}[k]+\begin{bmatrix}1\\ 3\end{bmatrix}\boldsymbol{e}[k]\\ \boldsymbol{y}[k]=\begin{bmatrix}1 & 0\end{bmatrix}\boldsymbol{x}[k]\end{cases}$$

解 可观测性矩阵

$$Q_c=\begin{bmatrix}C\\CA\end{bmatrix}=\begin{bmatrix}[1 & 0]\\ [1 & 0]\begin{bmatrix}0 & 1\\-1 & 0\end{bmatrix}\end{bmatrix}=\begin{bmatrix}1 & 0\\0 & 1\end{bmatrix}$$

所以 $\mathrm{rank}Q_c=2$，即可观测性矩阵满秩。因此，系统完全可观。

9.10 利用 Matlab 进行状态空间分析举例

由于矩阵和矢量运算是 Matlab 的核心，因此它非常适用于状态变量分析。本节通过具体例子讨论与这一章相关的一些基本函数的运用。

【例 9-23】 已知系统的微分方程为

$$y'''(t)+6y''(t)+11y'(t)+6y(t)=2e'(t)+8e(t)$$

试写出状态方程和输出方程。

解 在 Matlab 的工具箱中提供了一个 tf2ss()函数，它的功能是将系统函数转换为状态方程。其调用格式为[A,B,C,D]=tf2ss(num,den)，其中 num 和 den 分别为系统函数分子和分母多项式系数行向量，A，B，C，D 为状态方程和输出方程系数矩阵。

由微分方程可求得系统函数为

$$H(s)=\frac{2s+8}{s^3+6s^2+11s+6}$$

程序和运行结果如下。

```
>> num=[2,8]
>> den=[1,6,11,6]
>>[A,B,C,D]=tf2ss(num,den)
A=
    -6   -11   -6
     1     0    0
     0     1    0
B=
    1
    0
    0
C=
    0  2  8
D=
    0
```

由此可得系统的状态方程为

$$\begin{bmatrix}\dot{x}_1(t)\\\dot{x}_2(t)\\\dot{x}_3(t)\end{bmatrix}=\begin{bmatrix}-6 & -11 & -6\\1 & 0 & 0\\0 & 1 & 0\end{bmatrix}\begin{bmatrix}x_1(t)\\x_2(t)\\x_3(t)\end{bmatrix}+\begin{bmatrix}1\\0\\0\end{bmatrix}e(t)$$

输出方程为

$$y(t)=[0 \quad 2 \quad 8]\begin{bmatrix}x_1(t)\\x_2(t)\\x_3(t)\end{bmatrix}$$

上述方程与由图 9-15 所得到的结果是一致的。

【例 9-24】 已知一离散时间系统的状态方程和输出方程为

$$\begin{bmatrix} x_1[k+1] \\ x_2[k+1] \end{bmatrix} = \begin{bmatrix} -3 & -2 \\ 1 & 0 \end{bmatrix} \begin{bmatrix} x_1[k] \\ x_2[k] \end{bmatrix} + \begin{bmatrix} 1 \\ 0 \end{bmatrix} e[k]$$

$$y[k] = [1 \quad 1] \begin{bmatrix} x_1[k] \\ x_2[k] \end{bmatrix}$$

试求该系统的差分方程。

解 Matlab 工具箱中提供的 ss2tf()函数，可实现将状态方程转换为系统函数。其调用格式之一为[num,den]=ss2tf(A,B,C,D,k)，其中 A，B，C，D 为状态方程和输出方程系数矩阵，k 表示与第 k 个输入相关的系统函数。返回值 num 表示第 k 列的 m 个元素的分子多项式，den 为系统函数的分母多项式系数。

程序和运行结果如下。

```
>> A=[-3,-2;1,0]
>> B=[1;0]
>> C=[1,1]
>>D=0
>>[num,den]=ss2tf(A,B,C,D)
num=
    0    1    1
den=
    1    3    2
>>Hz=tf(num,den,-1)
Transfer function:
    z+1
…………
z^2+3z+2
```

程序中 tf()函数用于显示系统函数。运行结果表明

$$H(z) = \frac{z+1}{z^2+3z+2}$$

这样，可得系统的差分方程为

$$y[n+2]+3y[n+1]+2y[n]=x[n+1]+x[n]$$

【例 9-25】 已知某一连续系统的状态方程和输出方程系数矩阵为

$$\boldsymbol{A} = \begin{bmatrix} 0 & 1 \\ -2 & -3 \end{bmatrix}, \quad \boldsymbol{B} = \begin{bmatrix} 1 & 0 \\ 1 & 1 \end{bmatrix}, \quad \boldsymbol{C} = \begin{bmatrix} 1 & 0 \\ 1 & 1 \\ 0 & 2 \end{bmatrix}, \quad \boldsymbol{D} = \begin{bmatrix} 0 & 0 \\ 1 & 0 \\ 0 & 1 \end{bmatrix}$$

① 求系统的预解矩阵 $\boldsymbol{\Phi}(s)$ 和状态转移矩阵 $\boldsymbol{\phi}(t)$；

② 求 $\boldsymbol{H}(s)$。

解 计算预解矩阵 $\boldsymbol{\Phi}(s)$ 和状态转移矩阵 $\boldsymbol{\phi}(t)$ 的公式为

$$\boldsymbol{\Phi}(s) = (s\boldsymbol{I} - \boldsymbol{A})^{-1}, \quad \boldsymbol{\phi}(t) = \mathrm{L}^{-1}\{\boldsymbol{\Phi}(s)\}$$

程序和运行结果如下。

```
>> syms s t
>> A=[0,1;-2,-3]
>> B=[1,0;1,1]
>> C=[1,0;1,1;0,2]
>> D=[0,0;1,0;0,1]
```

```
>> Phis=inv(s*eye(2)-A)
Phis=
[(s+3)/(s^2+3*s+2),  1/(s^2+3*s+2)]
[-2/(s^2+3*s+2),     s/(s^2+3*s+2)]
>> Phit=ilaplace (Phis)
Phit=
[-exp(-2*t)+2*exp(-t),         2*exp(-3/2*t)*sinh(1/2*t)]
[-4*exp(-3/2*t)*sinh(1/2*t),    2*exp(-2*t)-exp(-t)]
```

上述运行结果表明

$$\boldsymbol{\Phi}(s)=\begin{bmatrix}\dfrac{s+3}{s^2+3s+2} & \dfrac{1}{s^2+3s+2}\\ \dfrac{-2}{s^2+3s+2} & \dfrac{s}{s^2+3s+2}\end{bmatrix}$$

其反变换中 sinh()为双曲正弦函数。因此，可得

$$\boldsymbol{\phi}(t)=\mathrm{e}^{\boldsymbol{A}t}=\begin{bmatrix}2\mathrm{e}^{-t}-\mathrm{e}^{-2t} & \mathrm{e}^{-t}-\mathrm{e}^{-2t}\\ -2\mathrm{e}^{-t}+2\mathrm{e}^{-2t} & -\mathrm{e}^{-t}+2\mathrm{e}^{-2t}\end{bmatrix}\boldsymbol{u}(t)$$

下面语句可以得到 $\boldsymbol{H}(s)$的第一列。

```
>> [num1,den1]=ss2tf(A,B,C,D,1)
num1=
        0   1.0000    4.0000
   1.0000   5.0000    4.0000
        0   2.0000   -4.0000
den1=
   1  3  2
```

num1 包含 $\boldsymbol{H}(s)$第一列分子多项式的系数，den1 为分母多项式系数。

下面语句可以得到 $\boldsymbol{H}(s)$的第二列。

```
>>[num2,den2]=ss2tf(A,B,C,D,2)
num2=
        0   0.0000   1.0000
        0   1.0000   1.0000
   1.0000   5.0000   2.0000
den2=
   1      3      2
```

num2 包含 $\boldsymbol{H}(s)$第二列分子多项式的系数。

上述结果即为

$$\boldsymbol{H}(s)=\frac{1}{s^2+3s+2}\begin{bmatrix}s+4 & 1\\ s^2+5s+4 & s+1\\ 2s-4 & s^2+5s+2\end{bmatrix}$$

本例所得到的结果与例 9-8 是一致的。

【例 9-26】 已知连续系统的状态方程为

$$\begin{bmatrix}\dot{x}_1(t)\\ \dot{x}_2(t)\end{bmatrix}=\begin{bmatrix}-5 & -4\\ 4 & 3\end{bmatrix}\begin{bmatrix}x_1(t)\\ x_2(t)\end{bmatrix}+\begin{bmatrix}1\\ 0\end{bmatrix}e(t)$$

其中输入 $e(t)=\mathrm{e}^{-t}u(t)$，初始状态 $x_1(0^-)=1$，$x_2(0^-)=0$，求状态方程的解。

解 利用拉氏变换求解状态方程的公式为

$$x(t)=\mathrm{L}^{-1}\{\boldsymbol{\Phi}(s)[\boldsymbol{x}(0^-)+\boldsymbol{BE}(s)]\}$$

程序和运行结果如下。

```
>> syms s
>> A=[-5,-4;4,3]
>> B=[1;0]
>> x0=[1;0]
>> Es=1/(s+1)
>> x=ilaplace(inv(s* eye(2)-A)* (x0+B* Es))
x=
    (-2* t^2-3* t+1)* exp(-t)
    2* (2* t+t^2)* exp(-t)
```

上述结果表明状态方程的解为

$$\begin{bmatrix}x_1(t)\\x_2(t)\end{bmatrix}=\begin{bmatrix}(-2t^2-3t+1)\mathrm{e}^{-t}u(t)\\(2t^2+4t)\mathrm{e}^{-t}u(t)\end{bmatrix}$$

【例 9-27】 已知某一连续系统的状态方程和输出方程系数矩阵为

$$\boldsymbol{A}=\begin{bmatrix}-3&1\\-2&0\end{bmatrix},\ \boldsymbol{B}=\begin{bmatrix}1\\0\end{bmatrix},\ \boldsymbol{C}=[0\quad 1],\ \boldsymbol{D}=0$$

且
$$e(t)=u(t),\ \boldsymbol{x}(0^-)=\begin{bmatrix}2\\0\end{bmatrix}$$

求系统的零输入响应和零状态响应。

解 利用拉氏变换计算零输入响应 $\boldsymbol{y}_{zi}(t)$ 和零状态响应 $\boldsymbol{y}_{zs}(t)$ 的公式分别为

$$\boldsymbol{y}_{zi}(t)=\mathrm{L}^{-1}\{\boldsymbol{C\Phi}(s)\boldsymbol{x}(0^-)\}$$

$$\boldsymbol{y}_{zs}(t)=\mathrm{L}^{-1}\{[\boldsymbol{C\Phi}(s)\boldsymbol{B}+\boldsymbol{D}]\boldsymbol{E}(s)\}$$

程序和运行结果如下。

```
>> syms s
>> A=[-3,1;-2,0]
>> B=[1;0]
>> C=[0,1]
>> D=0
>> Es=1/s
>> x0=[2;0]
>> yzi=ilaplace(C* inv(s* eye(2)-A)* x0)
yzi=
-8* exp(-3/2* t)* sinh(1/2* t)
>> yzs=ilaplace(C* inv(s* eye(2)-A)* B* Es)
yzs=
-exp(-2* t)+2* exp(-t)-1
```

上述运行结果表明系统的零输入响应为

$$y_{zi}(t)=4(\mathrm{e}^{-2t}-\mathrm{e}^{-t})u(t)$$

零状态响应为

$$y_{zs}(t)=(2\mathrm{e}^{-t}-\mathrm{e}^{-2t}-1)u(t)$$

事实上，可以直接使用 Matlab 提供的 lsim() 函数来获得状态方程和输出方程的数值解。该函数的调用格式之一为[y,x]=lsim(A,B,C,D,e,t,x0)，其中 A，B，C，D 为状态方程和输出方程系数矩阵；e(:,k)为第 k 个输入信号在 t 上的采样值；x0 为系统的初始状态。函

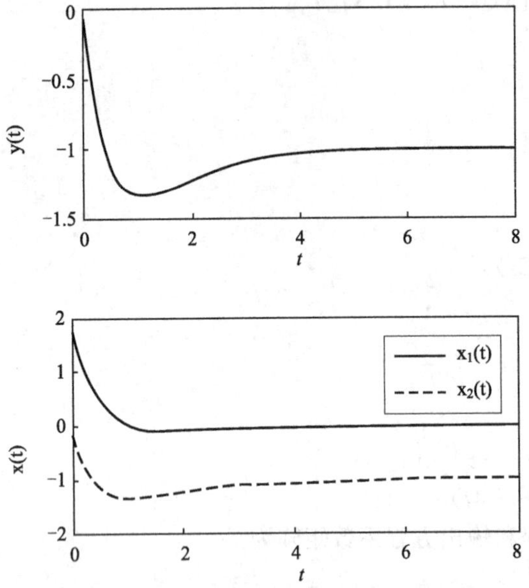

图 9-21 例 9-27 输出变量和状态变量响应曲线

数返回值 y(:,k)为第 k 个输出信号的数值解；x(:,k)为系统的第 k 个状态变量的数值解。

下面的程序可以进一步计算上例中状态变量和输出变量的数值解。

```
% 用 lsim()函数求状态方程和输出方程
%的数值解
t=0:0.01:8;
e=ones(length(t),1);
[y,x]=lsim(A,B,C,D,e,t,x0);
subplot(2,1,1);plot(t,y,'k');xlabel('t');
ylabel('y(t)')
subplot(2,1,2);plot(t,x(:,1),'k',t,x(:,
2),'k--');xlabel('t');ylabel('x(t)');
legend('x_1(t)','x_2(t)')
```

程序运行结果如图 9-21 所示，其中 $y(t)$为输出响应曲线，$x_1(t)$,$x_2(t)$为状态变量响应曲线。

【例 9-28】 已知连续系统的状态方程和输出方程分别为

$$\dot{\boldsymbol{x}}(t)=\begin{bmatrix}3&0&0\\1&5&2\\0&2&1\end{bmatrix}\boldsymbol{x}(t)+\begin{bmatrix}1&0\\2&0\\0&5\end{bmatrix}\boldsymbol{e}(t)$$

$$\boldsymbol{y}(t)=\begin{bmatrix}3&0&1\\6&2&0\end{bmatrix}\boldsymbol{x}(t)$$

若进行状态矢量的线性变换 $\boldsymbol{x}(t)=\boldsymbol{P}\boldsymbol{w}(t)$，其中

$$\boldsymbol{P}=\begin{bmatrix}1&0&0\\0&2&0\\0&0&3\end{bmatrix}$$

求变换后的系数矩阵 $\hat{\boldsymbol{A}}$，$\hat{\boldsymbol{B}}$，$\hat{\boldsymbol{C}}$，$\hat{\boldsymbol{D}}$。

解 Matlab 提供的 ss2ss()函数可实现状态矢量的线性变换。其调用格式为[Â,B̂,Ĉ,D̂]=ss2ss(A,B,C,D,T)，其中 A，B，C，D 为原状态空间的系数矩阵，Â，B̂，Ĉ，D̂ 为新状态空间的系数矩阵，T 为变换矩阵，即 $\boldsymbol{w}(t)=\boldsymbol{T}\boldsymbol{x}(t)$。

程序和运行结果如下。

```
>> A=[3,0,0;1,5,2;0,2,1]
>> B=[1,0;2,0;0,5]
>> C=[3,0,1;6,2,0]
>> D=zeros(2,2)
>> P=[1,0,0;0,2,0;0,0,3]
>> [Ahat,Bhat,Chat,Dhat]=ss2ss(A,B,C,D,inv(P))
Ahat=
    3.0000         0         0
    0.5000    5.0000    3.0000
         0    1.3333    1.0000
```

```
Bhat=
    1.0000       0
    1.0000       0
         0  1.6667
Chat=
    3    0    3
    6    4    0
Dhat=
    0    0
    0    0
```

上述运行结果显示

$$\hat{\boldsymbol{A}}=\begin{bmatrix}3&0&0\\1/2&5&3\\0&4/3&1\end{bmatrix},\ \hat{\boldsymbol{B}}=\begin{bmatrix}1&0\\1&0\\0&5/3\end{bmatrix},\ \hat{\boldsymbol{C}}=\begin{bmatrix}3&0&3\\6&4&0\end{bmatrix},\ \hat{\boldsymbol{D}}=0$$

【例 9-29】 已知离散系统的状态方程和输出方程系数矩阵为

$$\boldsymbol{A}=\begin{bmatrix}1/2&0\\1/4&1/4\end{bmatrix},\ \boldsymbol{B}=\begin{bmatrix}1\\1\end{bmatrix},\ \boldsymbol{C}=[-1\quad 5],\ \boldsymbol{D}=0$$

且 $e[n]=u[n]$，$\boldsymbol{x}[0]=\begin{bmatrix}1\\0\end{bmatrix}$，求状态方程和输出方程的解。

解 利用 Z 变换求解状态方程和输出方程的公式分别为

$$\boldsymbol{x}[n]=\mathcal{Z}^{-1}\{(z\boldsymbol{I}-\boldsymbol{A})^{-1}z\boldsymbol{x}[0]+(z\boldsymbol{I}-\boldsymbol{A})^{-1}\boldsymbol{B}\boldsymbol{E}(z)\}$$

$$\boldsymbol{y}[n]=\mathcal{Z}^{-1}\{\boldsymbol{C}(z\boldsymbol{I}-\boldsymbol{A})^{-1}z\boldsymbol{x}[0]+\boldsymbol{C}(z\boldsymbol{I}-\boldsymbol{A})^{-1}\boldsymbol{B}\boldsymbol{E}(z)+\boldsymbol{D}\boldsymbol{E}(z)\}$$

程序和运行结果如下。

```
>> syms z
>> A=[1/2,0;1/4,1/4]
>> B=[1;1]
>> C=[-1,5]
>> D=0
>> Ez=z/(z-1)
>> x0=[1;0]
>> xn=iztrans(inv(z*eye(2)-A)*(z*x0+B*Ez))
xn=
         2-(1/2)^n
 2-(1/4)^n-(1/2)^n
>>yn=iztrans((C*(inv(z*eye(2)-A))*(z*x0+B*Ez))+D*Ez)
yn=
8-5*(1/4)^n-4*(1/2)^n
```

上述结果表明状态方程的解为

$$\boldsymbol{x}[n]=\begin{bmatrix}2-\left(\frac{1}{2}\right)^n\\2-\left(\frac{1}{4}\right)^n-\left(\frac{1}{2}\right)^n\end{bmatrix}u[n]$$

输出方程的解为

$$y[n]=\left[8-5\left(\frac{1}{4}\right)^n-4\left(\frac{1}{2}\right)^n\right]u[n]$$

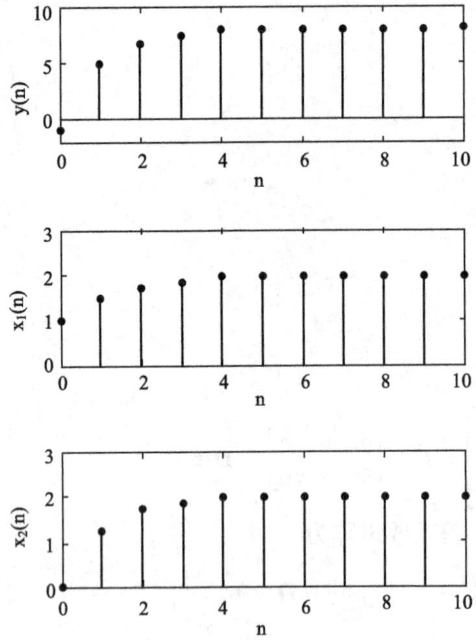

图 9-22　例 9-29 输出变量和状态变量响应曲线

上述结果与例 9-13 是一致的。

Matlab 提供了一个 dlsim()函数来获得离散系统状态方程和输出方程的数值解。该函数的调用格式之一为[y, x]=dlsim(A, B, C, D, e, x0)，其中 A，B，C，D 为状态方程和输出方程系数矩阵；e(:, k)为第 k 个输入序列；x0 为系统的初始状态。函数返回值 y(:, k)为第 k 个输出信号的数值解；x(:, k)为系统的第 k 个状态变量的数值解。

下面的程序可以进一步计算上例中状态变量和输出变量的数值解。

```
%用 dlsim()函数求离散系统状态方程和输出
%方程的数值解
n=0:1:10;
e=ones(1,length(n));
[y,x]=dlsim(A,B,C,D,e,x0);
subplot(3,1,1);
stem(n,y,'filled');
xlabel('n');
ylabel('y(n)');
subplot(3,1,2);stem(n,x(:,1),'filled');xlabel('n'); ylabel('x_1(n)')
subplot(3,1,3);stem(n,x(:,2),'filled');xlabel('n');ylabel('x_2(n)')
```

程序运行结果如图 9-22 所示，其中 $y[n]$为输出响应曲线，$x_1[n]$，$x_2[n]$为状态变量响应曲线。

习题 9

9-1　电路如图 9-23 所示。试以电压 $v_1(t)$ 为输入，电压 $v_2(t)$ 为输出，列出系统的状态空间表达式。

9-2　列写图 9-24 所示电路的状态方程，电压 $v_C(t)$为输出。

9-3　列写图 9-25 所示电路的状态方程和输出方程，电压 $v(t)$为输出。

9-4　将下列微分方程变换为状态方程和输出方程，并用 Matlab 的 tf2ss()函数验证结果。

(1) $\dfrac{d^3y(t)}{dt^3}+2\dfrac{d^2y(t)}{dt^2}+7\dfrac{dy(t)}{dt}+6y(t)=2e(t)$；　(2) $2\dfrac{d^3y(t)}{dt^3}-3y(t)=\dfrac{d^2e(t)}{dt^2}-2e(t)$；

(3) $\dfrac{d^2y(t)}{dt^2}+4y(t)=e(t)$；

(4) $\dfrac{d^3y(t)}{dt^3}+3\dfrac{d^2y(t)}{dt^2}+4\dfrac{dy(t)}{dt}+2y(t)=2\dfrac{d^3e(t)}{dt^3}-\dfrac{d^2e(t)}{dt^2}+4\dfrac{de(t)}{dt}+e(t)$。

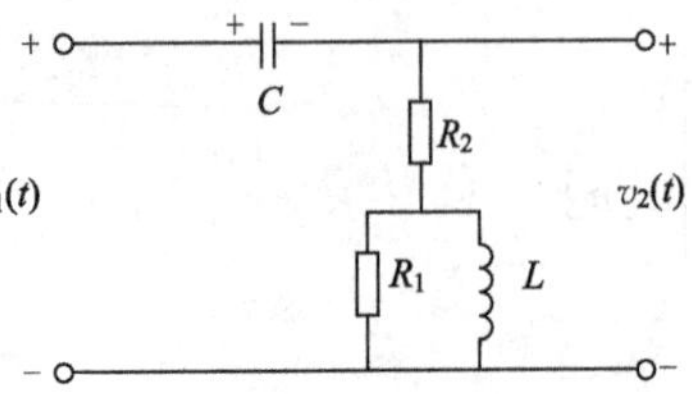

图 9-23　题 9-1 图

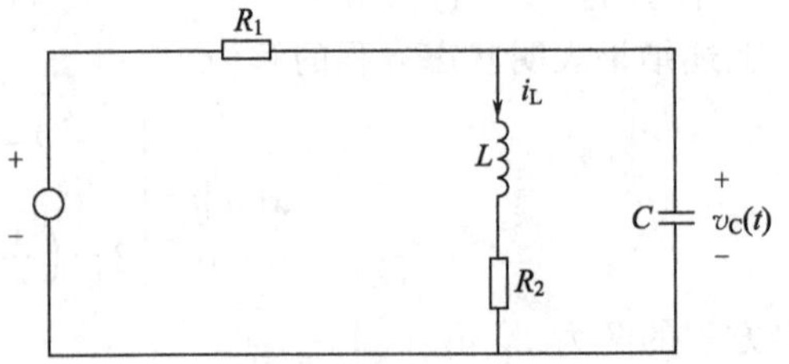

图 9-24　题 9-2 图

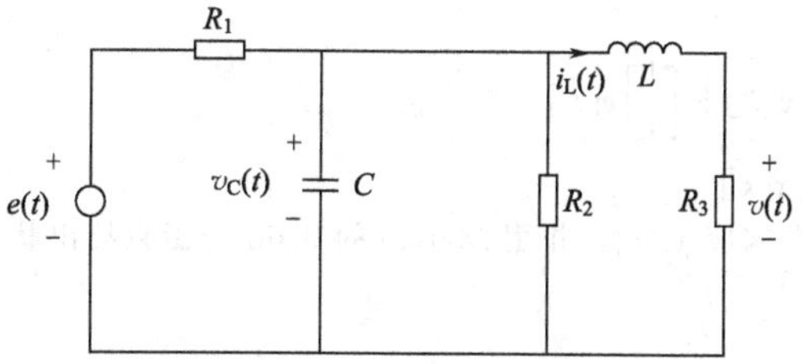

图 9-25　题 9-3 图

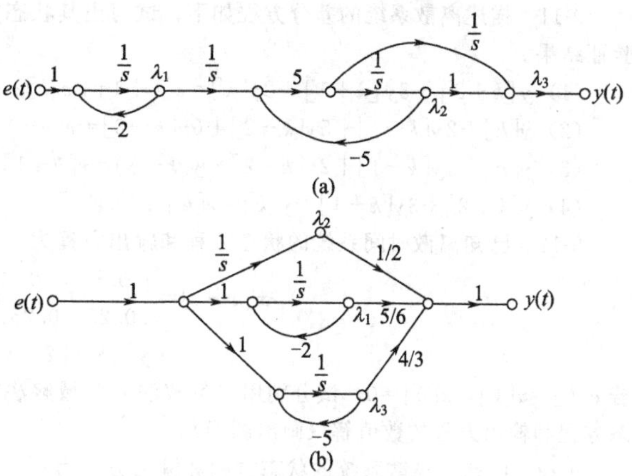

图 9-26　题 9-7 图

9-5　将下面微分方程组变换为状态方程。

(1) $2\dfrac{\mathrm{d}y_1(t)}{\mathrm{d}t}+3\dfrac{\mathrm{d}y_2(t)}{\mathrm{d}t}+y_2(t)=2e_1(t)$

$\dfrac{\mathrm{d}y_2(t)}{\mathrm{d}t}+2\dfrac{\mathrm{d}y_1(t)}{\mathrm{d}t}+y_2(t)+y_1(t)=e_1(t)+e_2(t)$；

(2) $\dfrac{\mathrm{d}^2y_1(t)}{\mathrm{d}t^2}+y_2(t)=e(t)$　　　$\dfrac{\mathrm{d}^2y_2(t)}{\mathrm{d}t^2}+y_1(t)=e(t)$。

9-6　已知系统的传递函数如下，试用部分分式法将其变换为状态空间表达式。

(1) $H(s)=\dfrac{s^2+2s+1}{s^2+5s+6}$；　　(2) $H(s)=\dfrac{3s^2+2s-2}{2s^3+10s^2+16s+8}$；

(3) $H(s)=\dfrac{2s^2+9s}{s^2+4s+29}$。

9-7　试写出流图 9-26(a)、(b) 所示系统的状态方程和输出方程。

9-8　已知系统矩阵 $\boldsymbol{A}$，试分别用两种方法求状态转移矩阵 $\mathrm{e}^{\boldsymbol{A}t}$，指出系统的自然频率，并用 Matlab 验证结果。

(1) $\boldsymbol{A}=\begin{bmatrix}1 & 2\\ 0 & -2\end{bmatrix}$；　　(2) $\boldsymbol{A}=\begin{bmatrix}-4 & -3\\ 1 & 0\end{bmatrix}$；

(3) $\boldsymbol{A}=\begin{bmatrix}a & 1\\ 0 & a\end{bmatrix}$；　　(4) $\boldsymbol{A}=\begin{bmatrix}2 & 0 & 0\\ 0 & 1 & 0\\ 0 & 0 & 3\end{bmatrix}$；

(5) $\boldsymbol{A}=\begin{bmatrix}1 & 0 & 1\\ 0 & -1 & 2\\ 0 & 0 & 0\end{bmatrix}$。

9-9　已知系统矩阵和方程参数值如下，求系统函数矩阵 $\boldsymbol{H}(s)$ 及零输入响应和零状态响应，并用 Matlab 验证结果。

(1) $\boldsymbol{A}=\begin{bmatrix}-3 & 1\\ -2 & 0\end{bmatrix}$，$\boldsymbol{B}=\begin{bmatrix}1\\ 0\end{bmatrix}$，$\boldsymbol{C}=[0\quad 1]$，$\boldsymbol{D}=0$，$e(t)=u(t)$，$\boldsymbol{x}(0^-)=\begin{bmatrix}2\\ 0\end{bmatrix}$；

(2) $\boldsymbol{A}=\begin{bmatrix}-1 & 1\\ -1 & -1\end{bmatrix}$，$\boldsymbol{B}=\begin{bmatrix}0\\ 1\end{bmatrix}$，$\boldsymbol{C}=[1\quad 1]$，$\boldsymbol{D}=1$，$e(t)=u(t)$，$\boldsymbol{x}(0^-)=\begin{bmatrix}2\\ 1\end{bmatrix}$。

9-10　某系统的状态方程为

$$\begin{bmatrix}\dot{x}_1(t)\\ \dot{x}_2(t)\end{bmatrix}=\begin{bmatrix}-5 & -4\\ 4 & 3\end{bmatrix}\begin{bmatrix}x_1(t)\\ x_2(t)\end{bmatrix}+\begin{bmatrix}1\\ 0\end{bmatrix}[\mathrm{e}^{-t}]$$

初始状态 $x_1(0^-)=1, x_2(0^-)=0$，试求状态方程的解，并用 Matlab 的 lsim() 函数给出状态方程的数值解（画出图形）。

9-11 描述离散系统的差分方程如下，试写出其状态方程和输出方程，并用 Matlab 的 tf2ss( ) 函数验证结果。

(1) $y[k+2]+3y[k+1]+2y[k]=e[k+1]+e[k]$；

(2) $y[k]+2y[k-1]+5y[k-2]+6y[k-3]=e[k-3]$；

(3) $y[k]+3y[k-1]+2y[k-2]+y[k-3]=e[k-1]+2e[k-2]+e[k-3]$；

(4) $y[k+2]+3y[k+1]+y[k]=e[k+1]+e[k]$。

9-12 已知离散时间系统的状态方程和输出方程为

$$\boldsymbol{x}[k+1]=\begin{bmatrix}0.5 & 0\\ 0.25 & 0.25\end{bmatrix}\boldsymbol{x}[k]+\begin{bmatrix}1\\ 1\end{bmatrix}e[k]$$

$$\boldsymbol{y}[k]=\begin{bmatrix}2 & 3\end{bmatrix}\boldsymbol{x}[k]$$

若 $\boldsymbol{e}[k]=\boldsymbol{u}[k]$，$\boldsymbol{x}[0]=0$，试分别用 Z 域解法和时域解法求响应 $\boldsymbol{y}[k]$，并用 Matlab 的 dlsim()函数给出状态方程和输出方程的数值解（画出图形）。

9-13 已知一离散系统的状态方程和输出方程为

$$\boldsymbol{x}[k+1]=\begin{bmatrix}0 & 1\\ a & b\end{bmatrix}\boldsymbol{x}[k]$$

$$\boldsymbol{y}[k]=\begin{bmatrix}3 & 1\end{bmatrix}\boldsymbol{x}[k]$$

已知当 $k\geqslant 0$ 时，系统输出 $y[k]=(-1)^k+3(3)^k$。

(1) 求系数 a 和 b；　　(2) 求状态方程解 $\boldsymbol{x}[k]$。

9-14 判断下列系统的稳定性

(1) $H(s)=\dfrac{2s+8}{s^4+3s^3+10s^2+5s+1}$；

(2) 系统特征方程为 $\lambda^5+2\lambda^4+\lambda^3+3\lambda^2+4\lambda+5=0$；

(3) $\dot{\boldsymbol{x}}(t)=\begin{bmatrix}-1 & 0 & -1\\ 0 & -1 & 1\\ 1/2 & -1/2 & 0\end{bmatrix}\boldsymbol{x}(t)+\begin{bmatrix}0\\ 1\\ 1\end{bmatrix}\boldsymbol{e}(t)$。

9-15 k 为何值时，下面的系统是稳定的？

$$\dot{\boldsymbol{x}}(t)=\begin{bmatrix}0 & 1 & 0\\ -k & -1 & -k\\ 0 & -1 & -4\end{bmatrix}\boldsymbol{x}(t)+\begin{bmatrix}0 & 0\\ 0 & k\\ 1 & 0\end{bmatrix}\boldsymbol{e}(t)$$

9-16 某因果线性时不变系统如图 9-27 所示。

(1) 求差分方程；　　(2) 判断该系统的稳定性。

9-17 已知系统的状态空间表达式为

$$\dot{\boldsymbol{x}}(t)=\begin{bmatrix}3 & 0 & 0\\ 1 & 5 & 2\\ 0 & 2 & 1\end{bmatrix}\boldsymbol{x}(t)+\begin{bmatrix}1 & 0\\ 2 & 0\\ 0 & 5\end{bmatrix}\boldsymbol{e}(t)$$

$$\boldsymbol{y}(t)=\begin{bmatrix}3 & 0 & 1\\ 6 & 2 & 0\end{bmatrix}\boldsymbol{x}(t)$$

现用 $\boldsymbol{x}(t)=\boldsymbol{P}\boldsymbol{w}(t)$ 进行状态变换，其变换矩阵

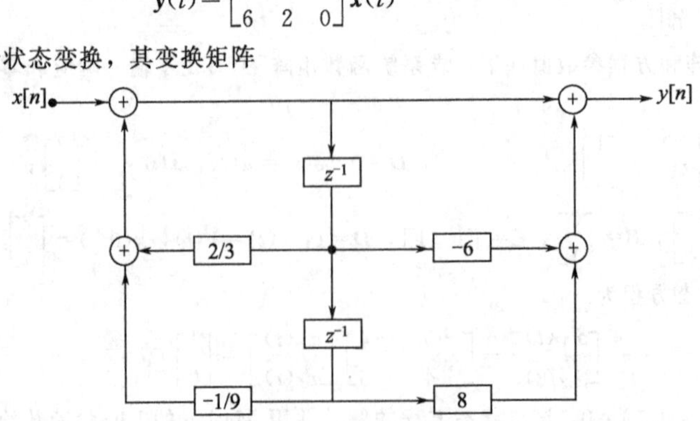

图 9-27 题 9-16 图

$$\boldsymbol{P}=\begin{bmatrix}1 & 0 & 0\\0 & 2 & 0\\0 & 0 & 3\end{bmatrix}$$

试写出状态变换后的状态方程和输出方程，并用Matlab提供的ss2ss()函数验证结果。

9-18 线性时不变系统的状态方程和输出方程分别为

$$\frac{\mathrm{d}\boldsymbol{x}(t)}{\mathrm{d}t}=\boldsymbol{A}\boldsymbol{x}(t)+\boldsymbol{B}\boldsymbol{e}(t)$$

$$\boldsymbol{y}(t)=\boldsymbol{C}\boldsymbol{x}(t)$$

其中 $\boldsymbol{A}=\begin{bmatrix}-2 & 2 & -1\\0 & -2 & 0\\1 & -4 & 0\end{bmatrix}$，$\boldsymbol{B}=\begin{bmatrix}0\\1\\1\end{bmatrix}$，$\boldsymbol{C}=\begin{bmatrix}1 & 0 & 0\end{bmatrix}$

(1) 检查系统的可控性和可观性；　(2) 求系统的转移函数。

9-19 离散系统的状态方程为

$$\boldsymbol{x}[n+1]=\begin{bmatrix}-3 & 1\\-2 & 0\end{bmatrix}\boldsymbol{x}[n]+\begin{bmatrix}0\\1\end{bmatrix}e[n]$$

设其初始状态 $x_1[0]=1$，$x_2[0]=1$，问系统是否可控？如果是可控的，试找到一个适当的输入 $e[n]$，使得系统在 $n=2$ 时的状态为 $x_1[2]=0$，$x_2[2]=0$。

9-20 若离散系统的状态方程和输出方程分别为

$$\boldsymbol{x}[n+1]=\begin{bmatrix}0 & 1\\2 & -1\end{bmatrix}\boldsymbol{x}[n]+\begin{bmatrix}0\\1\end{bmatrix}e[n]$$

$$\boldsymbol{y}[n]=\begin{bmatrix}0 & 1\end{bmatrix}\boldsymbol{x}[n]$$

问该系统是否完全可观测的？若已知输入 $e[0]=0$，$e[1]=1$，观测值 $y[1]=1$，$y[2]=6$，试确定初始状态 $x_1[0]$，$x_2[0]$。

9-21 确定使下面系统同时为状态完全可控和完全可观时待定参数的取值要求。

$$\dot{\boldsymbol{x}}(t)=\begin{bmatrix}-1 & 1 & a\\0 & -2 & 1\\0 & 0 & -3\end{bmatrix}\boldsymbol{x}(t)+\begin{bmatrix}0\\0\\1\end{bmatrix}e(t)$$

$$\boldsymbol{y}(t)=\begin{bmatrix}1 & 0 & 0\end{bmatrix}\boldsymbol{x}(t)$$

部分习题答案

习题 1

1-2 (a) $x_1(t)=u(t+1)-2u(t)+u(t-1)$; (b) $x_2(t)=(t+1)u(t+1)-2tu(t)+(t-1)u(t-1)$;
(c) $x_3(t)=\sin[\pi(t-1)]u(t-1)$; (d) $x_4(t)=tu(t)+(1-t)u(t-1)+(3-t)u(t-3)+(t-4)u(t-4)$;
(e) $x_5(t)=u(t)+(t-1)u(t-1)+(4-2t)u(t-2)+(t-3)u(t-3)-u(t-4)$。

1-3 (1) $5\mathrm{e}^{-2\mathrm{j}t-3}$; (2) $5\mathrm{e}^{2t-11}$; (3) $5\mathrm{e}^{-\frac{1}{4}t-7}$; (4) $5\mathrm{e}^{-7}$。

1-13 (1) $x_1(t)$是能量信号；(2) $x_2(t)$是功率信号。

1-14 (1) $x(t)$是周期信号，周期为 $T=\pi/2$;
(2) 当 a 为实数时，$x(t)$是非周期信号；
(3) 单边正弦信号，非周期信号；
(4) 正弦序列，$\omega_0=1/4$，$2\pi/\omega_0=8\pi$ 为无理数，非周期序列；
(5) 正弦序列，$\frac{2\pi}{\omega_0}=\frac{7}{4}$为有理数，周期序列，周期为 $T=7$;
(6) 周期序列，周期为 $T=24$。

1-15 $x_1(t)$的周期为 T_1，即有 $x_1(t)=x_1(t+T_1)$，$x_2(t)$的周期为 T_2，即有 $x_2(t)=x_2(t+T_2)$，当 T_1/T_2 为有理数，即可以表示为 $T_1/T_2=n/m$ 时，$x_1(t)+x_2(t)$为周期信号，周期为 $T=mT_1=nT_2$。

1-16 (1) 无记忆系统，因果系统，非线性系统，时不变系统，稳定系统；
(2) 记忆系统，因果系统，非线性系统，时不变系统，稳定系统；
(3) 记忆系统，因果系统，线性系统，时不变系统，不稳定系统；
(4) 记忆系统，非因果系统，线性系统，时不变系统，稳定系统；
(5) 无记忆系统，因果系统，线性系统，时变系统，稳定系统；
(6) 记忆系统，非因果系统，线性系统，时变系统，稳定系统。

1-17 (1) 记忆系统；(2) 输出为零。

1-18 (1) $y_1(t)=\cos 3t$; (2) $y_2(t)=\cos(3t-1)$。

1-19 (a) $x[n]=u[n+1]-u[n-4]$;
(b) $x[n]=\frac{n+1}{2}(u[n]-u[n-5])$;
(c) $x[n]=(2n+2)u[n]+(4-2n)u[n-2]+(8-2n)u[n-5]+(2n-14)u[n-7]$。

1-20 (1) 8; (2) 1; (3) 4。

1-22 $y_1(t)=\mathrm{e}^{-(t-1)}u(t-1)+u(-t)-\mathrm{e}^{-(t-2)}u(t-2)-u(1-t)$。

1-23 $x_2(t)=x_1(t)-x_1(t-2)$，由于是 LTI 系统，有 $y_2(t)=y_1(t)-y_1(t-2)$;
$x_3(t)=x_1(t+1)+x_1(t)$，于是有 $y_3(t)=y_1(t+1)+y_1(t)$。

1-24 $y[n]=(-1)^{n+1}u[n-1]$。

1-25 (1) $y[n]=x[n]+\frac{1}{4}x[n-1]$; (2) 图示三个系统的级联等效系统是 LTI 系统。

1-28 $y_2(t)=\mathrm{e}^{-at}\delta(t)-a\mathrm{e}^{-at}u(t)=\delta(t)-a\mathrm{e}^{-at}u(t)$

习题 2

2-1 (1) $\frac{1}{a}(1-\mathrm{e}^{-at})u(t)$; (2) $\cos\omega_0 t+\sin\omega_0 t$;
(3) $\left(t+\frac{t^2}{2}\right)u(t)-\left(t+\frac{t^2}{2}-\frac{3}{2}\right)u(t-1)-\left(\frac{t^2}{2}-t\right)u(t-2)+\left(\frac{t^2}{2}-t-\frac{3}{2}\right)u(t-3)$;

(4) $\frac{1-\cos 2t}{2}u(t)$；(5) $\frac{1}{2}(e^{2t}-2e^{2(t-2)}+e^{2(t-4)})$；(6) $at+b$。

2-2 (1) $(n-2)u[n-2]$；(2) $(2^{n+1}-1)u[n]$；(3) $\frac{2^{-|n|}}{3}$；(4) $\frac{\beta^{n+1}-\alpha^{n+1}}{\beta-\alpha}u[n]$；

(5) $\frac{(-1)^n-1}{2}(u[n+7]-2u[n-1]+u[n-9])$。

2-3 (1) $x_1(t+5)+x_1(t-5)$；(2) $y\left(t+\frac{1}{2}\right)+y\left(t-\frac{1}{2}\right)$；(3) $x_1\left(t+\frac{1}{2}\right)+x_1\left(t-\frac{1}{2}\right)$。

2-4 证明 $y(t)=e^{-t}u(t)*\sum_{k=-\infty}^{\infty}\delta(t-3k)=\sum_{k=-\infty}^{\infty}e^{-t}u(t)*\delta(t-3k)=\sum_{k=-\infty}^{\infty}e^{-(t-3k)}u(t-3k)$，

当 $0\leqslant t\leqslant 3$ 时，有 $y(t)=\sum_{k=-\infty}^{0}e^{-(t-3k)}=e^{-t}\sum_{k=-\infty}^{0}e^{3k}=\frac{e^{-t}}{1-e^{-3}}=Ae^{-t}$，其中 $A=\frac{1}{1-e^{-3}}$。

2-5 (a) $\begin{cases}t+2, & -2\leqslant t<0\\ 2-t, & 0\leqslant t<2\\ 0, & \text{其他}\end{cases}$；(b) $\begin{cases}2(1-t), & 0\leqslant t<1\\ t+2, & -2\leqslant t<0\\ 0, & \text{其他}\end{cases}$

(c) $\begin{cases}1, & t<0\\ 2-e^{-t}, & t\geqslant 0\end{cases}$；(d) $\begin{cases}1+\cos t, & \pi\leqslant t<3\pi\\ -1-\cos t, & 3\pi\leqslant t<5\pi\\ 0, & \text{其他}\end{cases}$；

(e) $\begin{cases}-2t^2-2t, & -1\leqslant t<0\\ 2t^2-2t, & 0\leqslant t<1\end{cases}$，且为周期信号，其周期 $T=2$。

2-7 (1) $A=\frac{1}{2}$；(2) $h_1[n]=\delta[n]-\frac{1}{2}\delta[n-1]$；

(3) $2^n(u[n]-u[n-4])-2^{n-2}(u[n-1]-u[n-5])$。

2-8 (1) $3y_0(t)$；(2) $y_0(t)-y_0(t-2)$；(3) $y_0(t-1)$；(4) $y_0(-t)$；(5) $\frac{dy_0(t)}{dt}$；(6) $\frac{d^2y_0(t)}{dt^2}$。

2-9 $(\alpha^n+\beta^n)u[n]$。

2-10 (1) $2(1-0.5^{n+4})u[n+3]$；(2) $2(1-0.5^{n+4})u[n+3]-2(1-0.5^{n+3})u[n+2]$；

(3) $\delta[n+3]$。

2-11 (1) $h[n]=h_1[n]*(h_2[n]-h_3[n]*h_4[n])+h_5[n]$；(2) $\begin{cases}0, & n<0\\ 5, & n=0\\ 6, & n=1\\ 7, & n=2\\ 3, & n=3\\ 7, & n>3\end{cases}$。

2-12 (1) $e^{-(t-2)}u(t-2)$；(2) $(1-e^{1-t})u(t-1)-(1-e^{4-t})u(t-4)$。

2-13 (1) $u(t)-u(t-1)$；(2) $(t+1)u(t+1)-tu(t)-(t-2)u(t-2)+(t-3)u(t-3)$。

2-14 (1) 因果，稳定；(2) 非因果，不稳定；(3) 非因果，稳定；(4) 非因果，稳定；

(5) 非因果，稳定；(6) 因果，稳定；(7) 因果，不稳定。

2-15 (1) 因果，稳定；(2) 非因果，稳定；(3) 非因果，不稳定；(4) 非因果，稳定；

(5) 因果，不稳定；(6) 非因果，稳定；(7) 因果，稳定。

2-16 (1) 正确；(2) 正确；(3) 错误；(4) 错误；(5) 正确；(6) 错误；(7) 错误；

(8) 错误；(9) 正确。

2-17 $u(t)-4u(t-1)+5u(t-2)-5u(t-4)+4u(t-5)-u(t-6)$。

2-18 $\frac{1-\cos\pi t}{\pi}[u(t)-u(t-2)]$。

2-19 (1) $\frac{d^2i(t)}{dt^2}+\frac{1}{2}\frac{di(t)}{dt}+\frac{1}{2}i(t)=5\delta(t)$；(2) $i(t)=\frac{20}{\sqrt{7}}e^{-\frac{t}{4}}\sin\frac{\sqrt{7}}{4}t$。

2-20 (1) 零输入响应 $y_{zi}(t)=4e^{-2t}-3e^{-3t}$；零状态响应 $y_{zs}(t)=-\frac{1}{2}e^{-2t}+\frac{1}{3}e^{-3t}+\frac{1}{6}$；

完全响应 $y(t)=y_{zi}(t)+y_{zs}(t)=\frac{7}{2}e^{-2t}-\frac{8}{3}e^{-3t}+\frac{1}{6}$，$t>0$；自由响应 $\left(\frac{7}{2}e^{-2t}-\frac{8}{3}e^{-3t}\right)u(t)$；

强迫响应 $\frac{1}{6}u(t)$。

(2) 零输入响应 $y_{zi}(t)=2e^{-t}-e^{-2t}$；零状态响应 $y_{zs}(t)=-e^{-t}+\frac{3}{2}e^{-2t}+\frac{1}{2}$；

完全响应 $y(t)=y_{zi}(t)+y_{zs}(t)=e^{-t}+\frac{1}{2}e^{-2t}+\frac{1}{2}$，$t>0$；自由响应 $(e^{-t}+\frac{1}{2}e^{-2t})u(t)$；

强迫响应 $\frac{1}{2}u(t)$。

(3) 零输入响应 $y_{zi}(t)=2e^{-t}-e^{-2t}$；零状态响应 $y_{zs}(t)=\frac{1}{2}e^{-t}-3e^{-2t}+\frac{7}{2}e^{-3t}$；

完全响应 $y(t)=y_{zi}(t)+y_{zs}(t)=\frac{5}{2}e^{-t}-4e^{-2t}+\frac{7}{2}e^{-3t},t>0$；

自由响应 $(\frac{5}{2}e^{-t}-4e^{-2t})u(t)$；强迫响应 $\frac{7}{2}e^{-3t}u(t)$。

(4) 零输入响应 $y_{zi}(t)=-e^{-2t}+\frac{2}{3}e^{-3t}$；零状态响应 $y_{zs}(t)=11e^{-2t}-\frac{34}{3}e^{-3t}+\frac{1}{3}$；

完全响应 $y(t)=y_{zi}(t)+y_{zs}(t)=10e^{-2t}-\frac{32}{3}e^{-3t}+\frac{1}{3}$，$t>0$；

自由响应 $\left(10e^{-2t}-\frac{32}{3}e^{-3t}\right)u(t)$；强迫响应 $\frac{1}{3}u(t)$。

(5) 零输入响应 $y_{zi}(t)=e^{-2t}$；零状态响应 $y_{zs}(t)=2e^{-2t}$；
完全响应 $y(t)=3e^{-2t}$；自由响应为 $3e^{-2t}u(t)$；强迫响应为 0。

2-21 (1) $h(t)=-6e^{-3t}u(t)+2\delta(t)$；

(2) $s(t)=\left[e^{-\frac{t}{2}}\left(-\cos\frac{\sqrt{3}}{2}t+\frac{1}{\sqrt{3}}\sin\frac{\sqrt{3}}{2}t\right)+1\right]u(t)$；

$$h(t)=\frac{ds(t)}{dt}=e^{-\frac{t}{2}}\left(\cos\frac{\sqrt{3}}{2}t+\frac{1}{\sqrt{3}}\sin\frac{\sqrt{3}}{2}t\right)u(t)；$$

(3) $s(t)=\delta(t)-\left(\frac{1}{2}e^{-2t}-\frac{3}{2}\right)u(t)$；

$$h(t)=\frac{ds(t)}{dt}=\delta'(t)+\delta(t)+e^{-2t}u(t)；$$

(4) $s(t)=\left(-e^{-t}+\frac{3}{2}e^{-2t}+\frac{1}{2}\right)u(t)$；

$$h(t)=\frac{ds(t)}{dt}=\delta(t)+(e^{-t}-3e^{-2t})u(t)。$$

2-22 (1) $h[n]=\delta[n]-3\delta[n-1]+3\delta[n-2]-3\delta[n-3]$；

(2) $h[n]=3\left(-\frac{1}{2}\right)^n-2\left(-\frac{1}{3}\right)^n$，即 $h[n]=\left[3\left(-\frac{1}{2}\right)^n-2\left(-\frac{1}{3}\right)^n\right]u[n]$；

(3) $h[n]=\frac{3^{n+1}-1}{2}u[n]+(3^{n-1}-1)u[n-2]$。

2-23 (1) 完全响应即为零输入响应，即 $y_{zi}[n]=[-12(-2)^n+4(-1)^n]u[n]$；
自由响应为 $[-12(-2)^n+4(-1)^n]u[n]$；强迫响应为 0。

(2) 零输入响应 $y_{zi}[n]=\left[-2(-1)^n+\frac{1}{2}\left(-\frac{1}{2}\right)^n\right]u[n]$；

零状态响应 $y_{zs}[n]=\left[(-1)^n-\frac{1}{3}\left(-\frac{1}{2}\right)^n+\frac{1}{3}\right]u[n]$；

完全响应 $y[n]=y_{zi}[n]+y_{zs}[n]=\left[-(-1)^n+\frac{1}{6}\left(-\frac{1}{2}\right)^n+\frac{1}{3}\right]u[n]$；

自由响应 $\left[-(-1)^n+\frac{1}{6}\left(-\frac{1}{2}\right)^n\right]u[n]$；强迫响应 $\frac{1}{3}u[n]$。

(3) 零输入响应 $y_{zi}[n]=0$；零状态响应 $y_{zs}[n]=\left[\left(\frac{7}{16}+\frac{n}{4}\right)(-1)^n+\frac{9}{16}3^n\right]u[n]$；

完全响应 $y[n]=y_{zs}[n]=\left[\left(\frac{7}{16}+\frac{n}{4}\right)(-1)^n+\frac{9}{16}3^n\right]u[n]$；

自由响应 $\left(\frac{7}{16}+\frac{n}{4}\right)(-1)^n u[n]$；强迫响应 $y_{zs}[n]=\frac{9}{16}3^n u[n]$。

（4）零输入响应 $y_{zi}[n]=-\frac{1}{3}\left(-\frac{1}{2}\right)^n u[n]$；零状态响应 $y_{zs}[n]=\left[\frac{2}{3}\left(-\frac{1}{2}\right)^n+\frac{4}{3}\right]u[n]$；

完全响应 $y[n]=y_{zi}[n]+y_{zs}[n]=\left[\frac{1}{3}\left(-\frac{1}{2}\right)^n+\frac{4}{3}\right]u[n]$；

自由响应 $\frac{1}{3}\left(-\frac{1}{2}\right)^n u[n]$；强迫响应：$\frac{4}{3}u[n]$。

2-24 （1）$y_{zi}[n]=-2^n u[n]$；（2）$y_3[n]=y_{zi}[n]+y_{3zs}[n]=-(\frac{1}{2})^{n+1}u[n]$。

2-25 （1）$4\frac{d^2y(t)}{dt^2}+2\frac{dy(t)}{dt}=x(t)-3\frac{d^2x(t)}{dt^2}$；（2）$\frac{d^4y(t)}{dt^4}=x(t)-2\frac{dx(t)}{dt}$；

（3）$\frac{d^3y(t)}{dt^3}+2\frac{d^2y(t)}{dt^2}-2\frac{dy(t)}{dt}=\frac{d^2x(t)}{dt^2}+\frac{dx(t)}{dt}+3x(t)$。

2-26 （1）$2y[n]-y[n-1]+y[n-3]=x[n]-5x[n-4]$；

（2）$y[n]=x[n]-x[n-1]+2x[n-3]-3x[n-4]$。

习题 3

3-1 （1）E；（2）$\sum_{k=-4}^{4}y_k(t)=\sum_{k=-4}^{4}\left(1-\frac{|k|}{5}\right)a_k e^{jk\pi t}$。

3-2 （1）$x(t)=\frac{1}{2}e^{j2t}+\frac{1}{2}e^{-j2t}+\frac{1}{2j}e^{j4t}-\frac{1}{2j}e^{-j4t}$；

（2）$k\neq0$ 时，$c_k=\frac{E[1-(-1)^k]}{j2k\pi}$，$k=0$ 时，$c_0=0$；（3）$c_k=\frac{1}{2}\mathrm{Sa}\left(\frac{k\pi}{2}\right)$，$c_0=0$；

（4）$c_k=\frac{j(-1)^kE}{2k\pi}$，$c_0=0$；（5）$c_k=\frac{2-e^{-j\frac{k\pi}{2}}-e^{-jk\pi}}{j2k\pi}$，$c_0=\frac{3}{4}$；

3-3 （1）$\omega_0\sum_{k=-\infty}^{\infty}\delta(\omega-k\omega_0)=\omega_0\delta_{\omega_0}(\omega)$；（2）$y(t)=\frac{1}{2}\sum_{k=-\infty}^{\infty}\mathrm{Sa}\left(\frac{k\pi}{2}\right)e^{jk\omega_0 t}$；

3-5 （1）$\frac{e^{-j2\omega}}{j\omega+2}$；（2）$\frac{4e^{-j3\omega}}{4+\omega^2}$；（3）$2\cos(\omega\pi)$；（4）$2j\sin(2\omega)$；（5）$\frac{1-e^{-(1+j\omega)}}{1+j\omega}$；

（6）$2\mathrm{Sa}(\omega)+\mathrm{Sa}(\omega-\pi)+\mathrm{Sa}(\omega+\pi)$。

3-6 （1）$\cos(3\pi t)$；（2）$-\frac{6}{\pi}\mathrm{Sa}[3(t-\frac{3}{2})]$。

3-7 $X(-j\omega)e^{-j3\omega}$；$\frac{1}{3}X(j\frac{\omega}{3})$。

3-8 （1）(a) $-jE\sum_{\substack{k=-\infty\\k\neq0}}^{\infty}\frac{1-(-1)^k}{k}\delta(\omega-k\omega_0)$；(b) $\pi\sum_{\substack{k=-\infty\\k\neq0}}^{\infty}\mathrm{Sa}\left(\frac{k\pi}{2}\right)\delta(\omega-k\omega_0)$；

(c) $jE\sum_{\substack{k=-\infty\\k\neq0}}^{\infty}\frac{(-1)^k}{k}\delta(\omega-k\omega_0)$；(d) $-j\sum_{k=-\infty}^{\infty}\frac{2-e^{-j\frac{k\pi}{2}}-e^{-jk\pi}}{k}\delta(\omega-k\omega_0)$。

（2）$\frac{a+j\omega}{(a+j\omega)^2+\omega_0^2}$；（3）$\frac{3}{9+(\omega-2)^2}+\frac{3}{9+(\omega+2)^2}$；（4）$\sum_{k=0}^{\infty}a_k e^{-jkT\omega}$；

（5）$j\omega+\frac{1}{2}e^{-j\frac{3}{2}\omega}$；（6）$\frac{(1+j\omega)^2-16}{[(1+j\omega)^2+16]^2}$（时域微分）；

（7）$-\frac{j}{2\pi}(1+e^{-j\omega})[u(\omega+3\pi)-u(\omega+\pi)-u(\omega-\pi)+u(\omega-3\pi)]$；

（8）$\frac{1-2e^{-j\omega}+e^{-j2\omega}}{j\omega}$；（9）$\frac{2[\mathrm{Sa}(\omega)-\cos\omega]}{j\omega}$；（10）$\pi(2+e^{j\omega})\sum_{k=-\infty}^{\infty}\delta(\omega-k\pi)$；

（11）$2\mathrm{Sa}(\omega)-\mathrm{Sa}^2(\frac{\omega}{2})$。

3-9 （1）复信号（实部、虚部都不为零），且实部偶对称，虚部奇对称；

（2）虚奇信号；（3）纯虚信号，但非奇对称，非偶对称；（4）实偶信号。

3-10 （1）$x(t)=\begin{cases}e^{j\pi t}, & |t|<3\\ 0, & 其他\end{cases}$；（2）$x(t)=\frac{1}{2}[\delta(t+4)+\delta(t-4)]$；

（3）$x(t)=\frac{1}{2}[e^{j\frac{\pi}{3}}\delta(t+2)+e^{-j\frac{\pi}{3}}\delta(t-2)]$；（4）$x(t)=\frac{(t-3)\sin(t-3)+\cos(t-3)-1}{\pi(t-3)^2}$。

3-11 $X(j\omega)=\frac{\tau_1}{4}\left[\mathrm{Sa}^2\left(\frac{\omega-\omega_0}{4}\tau_1\right)+\mathrm{Sa}^2\left(\frac{\omega+\omega_0}{4}\tau_1\right)\right]$。

3-12 (a) $c_{1k}=\frac{1}{2j}[c_{0(k-2)}-c_{0(k+2)}]=\frac{1-(-1)^k}{(4-k^2)\pi}$；

(b) $\sum_{l=-\infty}^{\infty}\frac{-4}{(2l-1)(2l+3)}\delta\left(\omega-\frac{2l+1}{2}\pi\right)+\frac{\pi}{2j}[\delta(\omega-\pi)-\delta(\omega+\pi)]$。

3-13 $(a_{-k}+a_k)e^{-jk\omega_0}$。

3-14 （1）$x_2(t)$与$x_3(t)$为实信号；（2）$x_2(t)$为实偶信号。

3-15 $x(t)=\frac{1}{\sqrt{2}}\pm\cos\pi t$。

3-16 $x(t)=2\sqrt{3}(e^{-t}-e^{-2t})u(t)$。

3-17 $x(t)=2e^{-t}u(t)$。

3-18 （1）$-\frac{\omega\tau}{2}$；（2）$E\tau$；（3）$E\pi$；（4）$\begin{cases}0, & \tau<1\\ 2\pi E(\tau-1), & 1\leqslant\tau<3\\ 4\pi E, & \tau\geqslant 3\end{cases}$；（5）$2\pi E^2\tau$；

（6）$\frac{E}{2}\left[u\left(t+\frac{\tau}{2}\right)-u\left(t-\frac{\tau}{2}\right)\right]$。

3-19 $\begin{cases}0.5, & |t|<2\\ 0.25, & 2\leqslant|t|<4\\ 0, & |t|\geqslant 4\end{cases}$。

3-20 $e^{-4t}u(t)$。

3-21 （1）$\frac{d^2y(t)}{dt^2}+3\frac{dy(t)}{dt}+2y(t)=\frac{dx(t)}{dt}$；（2）$(2e^{-2t}-e^{-t})u(t)$；

（3）$E(e^{-t}-e^{-2t})u(t)-E[e^{-(t-\tau)}-e^{-2(t-\tau)}]u(t-\tau)$。

3-22 （1）$(2e^{-3t}-e^{-2t})u(t)$；（2）$\frac{1}{2}(e^{-t}-2e^{-2t}+e^{-3t})u(t)$；（3）$(2e^{-2t}-te^{-2t}-2e^{-3t})u(t)$；

（4）$\frac{1}{6}+\sum_{\substack{k=-5\\k\neq 0}}^{5}\left(\frac{1}{2}\right)^{k+1}\left(\frac{2}{3+j100k\pi}-\frac{1}{2+j100k\pi}\right)e^{j100k\pi}$。

3-23 （1）$\frac{1}{2}(e^{-t}-e^{-3t})u(t)$；（2）$\frac{1}{4}(2te^{-t}-e^{-t}+e^{-3t})u(t)$；

（3）$\begin{cases}2\left(1-\frac{|t|}{2}\right), & |t|\leqslant 2\\ 0, & |t|>2\end{cases}$。

3-24 （1）$\sum_{k=-\infty}^{\infty}a_kX(j(\omega-k\omega_0))$；

（2）① $\frac{1}{2}[X(j(\omega-\frac{1}{2}))+X(j(\omega+\frac{1}{2}))]$；② $\frac{1}{2}[X(j(\omega-1))+X(j(\omega+1))]$；

③ $\frac{1}{2}[X(j(\omega-2))+X(j(\omega+2))]$；④ $\frac{1}{\pi}\sum_{k=-\infty}^{\infty}X(j(\omega-2k))$；

⑤ $x(t)p(t)=\frac{1}{2\pi}\sum_{k=-\infty}^{\infty}x(t)e^{jkt}\xleftrightarrow{FT}\frac{1}{2\pi}\sum_{k=-\infty}^{\infty}X(j(\omega-k))=\frac{1}{\pi}$；

⑥ $\frac{1}{4\pi}\sum_{k=-\infty}^{\infty}X\left(j\left(\omega-\frac{k}{2}\right)\right)$。

3-25 (1) $\frac{1.5}{j\omega+2}+\frac{1.5}{j\omega+4}$；(2) $\frac{3}{2}(e^{-2t}+e^{-4t})u(t)$；

(3) $\frac{d^2y(t)}{dt^2}+6\frac{dy(t)}{dt}+8y(t)=3\frac{dx(t)}{dt}+9x(t)$。

3-27 (1) 0； (2) $\sum_{k=1}^{5}\frac{1}{k^2}\sin k(t-1)$； (3) $\frac{\sin 5t}{\pi t}$； (4) $\left[\frac{\sin\frac{5}{2}(t-1)}{\pi(t-1)}\right]^2$。

3-29 (1) $-\frac{1}{1+j\omega}$； (2) $y'(t)+y(t)=-x(t)$； (3) $-\frac{1}{\sqrt{2}}\cos\left(t-\frac{\pi}{4}\right)$。

3-30 (1) $\frac{1}{(j\omega)^2+j\omega+1}$； (2) $y''(t)+y'(t)+y(t)=x(t)$； (3) $-\cos t$。

3-31 (1) $2\pi\sum_{k=-\infty}^{\infty}\frac{2}{1+(2k\pi)^2}\delta(\omega-2k\pi)$； (2) $\pi\sum_{k=-\infty}^{\infty}\frac{1-\cos k\pi}{1+(k\pi)^2}\delta(\omega-k\pi)$；

(3) $2\pi\sum_{k=-\infty}^{\infty}a_k\frac{2}{1+(k\omega_0)^2}\delta(\omega-k\omega_0)$，$\omega_0=\frac{2\pi}{T}$，$a_k=\frac{E}{2}\mathrm{Sa}\left(\frac{k\pi}{2}\right)$，而 $a_0=0$。

3-32 (1) $H(j\omega)=\frac{R_1+j\omega(1+R_1R_2)+(j\omega)^2R_2}{1+j\omega(R_1+R_2)+(j\omega)^2}$；

(2) $H(j\omega)=1$，$R_1=1\Omega$，$R_2=1\Omega$。

3-33 $\frac{2\sin\omega_c(t-t_0)\cos\omega_0 t}{\pi(t-t_0)}$。

习题 4

4-1 (1) $\frac{1}{3}\left|\cos\left(\frac{k\pi}{2}\right)+\cos\left(\frac{k\pi}{6}\right)\right|$；(2) $\frac{1}{6}\left|1+4\cos\left(\frac{k\pi}{3}\right)-2\cos\left(\frac{2k\pi}{3}\right)\right|$；

(3) $\sqrt{\left(\frac{1}{2}+\cos\frac{k\pi}{2}\right)^2+\left(\sin\frac{k\pi}{2}\right)^2}$；(4) $|a_0|=0$，$|a_1|=|a_{-1}|=\frac{\sqrt{2}}{2}$；

(5) $\frac{1}{4}\left|1+(2-\sqrt{2})\cos\frac{k\pi}{2}\right|$。

4-2 (1) $-4\leqslant n<4$ 时，$x[-3]=4j$，$x[-1]=4$，$x[1]=4$，$x[3]=-4j$，其他 $x[n]=0$；

(2) $-4\leqslant n<4$ 时，$x[-1]=4j$，$x[1]=-4j$，其他 $x[n]=0$；(3) $1+2\cos\frac{n\pi}{2}$；

(4) $2+2\cos\frac{n\pi}{4}+\cos\frac{n\pi}{2}+\frac{1}{2}\cos\frac{3n\pi}{4}$；(5) $\begin{cases}0, & n=2k\\(-1)^k, & n=2k+1\end{cases}$。

4-5 (1) $\frac{e^{-j\omega}}{1-\frac{1}{3}e^{-j\omega}}$；(2) $\frac{1}{1-\frac{1}{2}e^{j\omega}}$；(3) $\frac{e^{-j\omega}}{1-\frac{1}{2}e^{-j\omega}}+\frac{1}{2-e^{j\omega}}$；(4) $2\cos 2\omega$；

(5) $e^{-j3\omega}$；(6) $e^{-j\frac{5}{2}\omega}\frac{\sin 2\omega}{\sin\omega/2}$；(7) $\frac{1-ae^{-j\omega}\cos\omega_0}{1-2ae^{-j\omega}\cos\omega_0+a^2e^{-j2\omega}}$；(9) $\frac{2e^{-j\omega}}{(2-e^{-j\omega})^2}$；

(11) $\frac{1-e^{-j5\omega}}{1-e^{-j\omega}}$；(12) $X(e^{j\omega})=2+3\cos\omega+2\cos 2\omega+\cos 3\omega$。

4-6 (1) $\frac{\sin(\omega_c n)}{\pi n}$；(2) $\delta[n]-\delta[n-1]+2\delta[n-2]-3\delta[n-3]+4\delta[n-4]$；

(3) $\frac{\sin\left(n-\frac{1}{2}\right)\pi}{\left(n-\frac{1}{2}\right)\pi}$；(4) $\frac{1}{2}\delta[n]+\frac{1}{4}\delta[n+2]+\frac{1}{4}\delta[n-2]+\frac{1}{2}\delta[n+3]-\frac{1}{2}\delta[n-3]$；

(5) $\frac{1}{2\pi}\left[1+(-1)^n-2\cos\frac{\pi n}{2}\right]$；(6) $\left[-3\left(\frac{1}{2}\right)^n+4\left(\frac{1}{3}\right)^n\right]u[n]$；(7) $2^{-n}(u[n]-u[n-8])$。

4-8 （1）6；（2）4π；（3）2；（4）$\frac{x[n]+x[-n]}{2}$；（5）28π；（6）316π。

4-10 （1）$\begin{cases}\frac{1}{4}, & |\omega|<\frac{\pi}{12}\\ \frac{7}{24}-\frac{|\omega|}{2\pi}, & \frac{\pi}{12}<|\omega|<\frac{7}{12}\pi\\ 0, & \frac{7\pi}{12}<|\omega|<\pi\end{cases}$；（2）$\frac{1}{(1-a\mathrm{e}^{-\mathrm{j}\omega})^2}$；（3）$\frac{E}{(N_1-1)^2}\left[\frac{\sin\left(\frac{N_1-1}{2}\omega\right)}{\sin\left(\frac{\omega}{2}\right)}\right]^2$。

4-11 （1）$a_k\mathrm{e}^{-\mathrm{j}k\frac{2\pi}{N}n_0}$；（2）$a_k(1-\mathrm{e}^{-\mathrm{j}k\frac{2\pi}{N}})$；（3）$a_k[1-(-1)^k]$；（4）$2a_{2k}$；（5）$a_k^*$；（6）$a_{k-\frac{N}{2}}$。

4-12 $A=10$，$B=\frac{\pi}{5}$，$C=0$。

4-13 （1）$2X(\mathrm{e}^{-\mathrm{j}\omega})\cos\omega$；（2）$\frac{1}{2}[X(\mathrm{e}^{-\mathrm{j}(\omega-\omega_0)})+X(\mathrm{e}^{-\mathrm{j}(\omega+\omega_0)})]$；（3）$\mathrm{Re}\{X(\mathrm{e}^{\mathrm{j}\omega})\}$；

（4）$-\frac{\mathrm{d}^2X(\mathrm{e}^{\mathrm{j}\omega})}{\mathrm{d}\omega^2}-\mathrm{j}2\frac{\mathrm{d}X(\mathrm{e}^{\mathrm{j}\omega})}{\mathrm{d}\omega}+X(\mathrm{e}^{\mathrm{j}\omega})$。

4-14 （1）纯虚信号，非奇非偶；（2）实奇信号；（3）纯实信号，非奇非偶。

4-17 $\begin{cases}0, & n<-1\\ n+2, & -1\leqslant n\leqslant 1\\ 3, & n>1\end{cases}$。

4-18 $x[n]=\delta[n]+\delta[n+1]-\delta[n+2]$。

4-19 （1）$\frac{\pi}{2}<|\omega_c|<\pi$；（2）$\frac{3\pi}{4}<|\omega_c|<\pi$。

4-20 （b）$(-1)^nx[n]$；（c）$-\mathrm{j}\frac{\pi}{2}nx[n]$；（d）$x[n]-\mathrm{j}\frac{\pi}{2}nx[n]$；（e）$x[n]+(-1)^nx[n]$；

（f）$x[-n]+\mathrm{j}\frac{n\pi}{2}x[-n]$。

4-21 $-\frac{\mathrm{j}}{2}(x[n]-x[-n])+\frac{1}{2}(x[n-1]+x[-n+1])$。

4-24 $\frac{(-1)^k}{2}$。

4-25 （1）$\frac{1-\mathrm{e}^{-\mathrm{j}\omega}}{1+\frac{1}{6}\mathrm{e}^{-\mathrm{j}\omega}-\frac{1}{6}\mathrm{e}^{-\mathrm{j}2\omega}}$；（2）$\left[\frac{9}{5}\left(-\frac{1}{2}\right)^n-\frac{4}{5}\left(\frac{1}{3}\right)^n\right]u[n]$；

（3）$\left[\frac{6}{5}\left(-\frac{1}{2}\right)^n+3\left(\frac{1}{4}\right)^n-\frac{16}{5}\left(\frac{1}{3}\right)^n\right]u[n]$。

4-26 （1）$\frac{2\mathrm{e}^{-\mathrm{j}\omega}}{3-2\mathrm{e}^{-\mathrm{j}\omega}}$；（2）$3y[n]-2y[n-1]=2x[n-1]$。

4-27 （1）$\frac{16}{17}\delta[n]-\frac{1}{17}\delta[n-2]$；（2）$\frac{16}{17}x[n]-\frac{1}{17}x[n-2]$；（3）$\frac{16}{17}u[n]-\frac{1}{17}u[n-2]$。

4-28 （1）0；（2）$\sin\left(\frac{3\pi n}{8}+\frac{\pi}{4}\right)$；（3）0。

4-29 $H(\mathrm{e}^{\mathrm{j}0})=H(\mathrm{e}^{\mathrm{j}\pi})=0$，$H(\mathrm{e}^{\mathrm{j}\frac{\pi}{2}})=2\mathrm{e}^{\mathrm{j}\frac{\pi}{4}}$，$H(\mathrm{e}^{\mathrm{j}\frac{3\pi}{2}})=2\mathrm{e}^{-\mathrm{j}\frac{\pi}{4}}$。

4-30 （1）$\frac{1}{2\mathrm{j}}\left(\frac{\mathrm{e}^{\mathrm{j}\frac{\pi}{4}n}}{1-0.5\mathrm{e}^{-\mathrm{j}\frac{\pi}{4}}}-\frac{\mathrm{e}^{-\mathrm{j}\frac{\pi}{4}n}}{1-0.5\mathrm{e}^{\mathrm{j}\frac{\pi}{4}}}\right)$；

（2）$\frac{1}{2}\left(\frac{\mathrm{e}^{\mathrm{j}\frac{\pi}{4}n}}{1-0.5\mathrm{e}^{\mathrm{j}\frac{\pi}{4}}}+\frac{\mathrm{e}^{-\mathrm{j}\frac{\pi}{4}n}}{1-0.5\mathrm{e}^{-\mathrm{j}\frac{\pi}{4}}}\right)+\frac{1}{2\mathrm{j}}\left(\frac{\mathrm{e}^{\mathrm{j}\frac{\pi}{2}n}\mathrm{e}^{\mathrm{j}\frac{\pi}{4}}}{1-0.5\mathrm{e}^{\mathrm{j}\frac{\pi}{2}}}-\frac{\mathrm{e}^{-\mathrm{j}\frac{\pi}{2}n}\mathrm{e}^{-\mathrm{j}\frac{\pi}{4}}}{1-0.5\mathrm{e}^{-\mathrm{j}\frac{\pi}{2}}}\right)+\frac{1}{2\mathrm{j}}\left(\frac{\mathrm{e}^{\mathrm{j}\frac{3\pi}{4}n}\mathrm{e}^{\mathrm{j}\frac{\pi}{3}}}{1-0.5\mathrm{e}^{\mathrm{j}\frac{3\pi}{4}}}-\frac{\mathrm{e}^{-\mathrm{j}\frac{3\pi}{4}n}\mathrm{e}^{-\mathrm{j}\frac{\pi}{3}}}{1-0.5\mathrm{e}^{-\mathrm{j}\frac{3\pi}{4}}}\right)$。

4-31 （1）$\frac{1}{4}+\frac{1}{2}\cos\left(\frac{\pi n}{2}\right)$；（2）$\frac{\sin\frac{7}{12}\pi(n+2)}{\pi(n+2)}+\frac{\sin\frac{7}{12}\pi(n-2)}{\pi(n-2)}$；

（3）$\frac{5}{8}+\frac{\sin\left(\frac{5\pi}{8}\right)}{4\sin\left(\frac{\pi}{8}\right)}\cos\left(\frac{\pi n}{4}\right)-\frac{1}{4}\cos\left(\frac{\pi n}{2}\right)$；（4）$\frac{1}{8}-\frac{1}{4}\tan\left(\frac{\pi}{8}\right)\cos\left(\frac{\pi n}{4}\right)-\frac{1}{4}\cos\left(\frac{\pi n}{2}\right)$。

4-32　$H_1(e^{j\omega})H_2(e^{j\omega})-H_1(e^{j\omega})H_3(e^{j\omega})+H_3(e^{j\omega})$，$16\left(\dfrac{\sin\dfrac{\pi n}{4}}{\pi n}\right)^2\cos\left(\dfrac{\pi n}{2}\right)$。

4-33　（1）$H(e^{j\omega})=\dfrac{1}{1-0.5e^{-j\omega}}$，$h[n]=\left(\dfrac{1}{2}\right)^n u[n]$，$y[n]-0.5y[n-1]=x[n]$；

（2）$H(e^{j\omega})=1+0.5e^{-j\omega}$，$h[n]=\delta[n]+0.5\delta[n-1]$，$y[n]=x[n]+0.5x[n-1]$；

（3）$H(e^{j\omega})=\dfrac{1+\dfrac{5}{4}e^{-j\omega}-\dfrac{1}{8}e^{-j2\omega}}{1-\dfrac{1}{4}e^{-j\omega}-\dfrac{1}{8}e^{-j2\omega}}$，$h[n]=\delta[n]+2\left(\dfrac{1}{2}\right)^n u[n]-2\left(-\dfrac{1}{4}\right)^n u[n]$，

$y[n]-\dfrac{1}{4}y[n-1]-\dfrac{1}{8}y[n-2]=x[n]+\dfrac{5}{4}x[n-1]-\dfrac{1}{8}x[n-2]$；

（4）$H(e^{j\omega})=1+\dfrac{5}{4}e^{-j\omega}-\dfrac{1}{8}e^{-j2\omega}$，$h[n]=\delta[n]+\dfrac{5}{4}\delta[n-1]-\dfrac{1}{8}\delta[n-2]$，

$y[n]=x[n]+\dfrac{5}{4}x[n-1]-\dfrac{1}{8}x[n-2]$。

4-34　（1）$y[n]-\dfrac{5}{6}y[n-1]+\dfrac{1}{6}y[n-2]=x[n]-x[n-1]$；（2）$\dfrac{1-e^{-j\omega}}{1-\dfrac{5}{6}e^{-j\omega}+\dfrac{1}{6}e^{-j2\omega}}$；

（3）$4\left(\dfrac{1}{3}\right)^n u[n]-3\left(\dfrac{1}{2}\right)^n u[n]$。

4-35　（1）$b=-a$；（2）$-\arctan\left(\dfrac{3\sin\omega}{4+5\cos\omega}\right)$；（3）$\arctan\left(\dfrac{3\sin\omega}{4-5\cos\omega}\right)$；

（4）$\dfrac{5}{4}\left(\dfrac{1}{2}\right)^n u[n]-\dfrac{3}{4}\left(-\dfrac{1}{2}\right)^n u[n]$。

习题 5

5-1　（1）（3）（4）满足条件，情况（2）不满足。

5-2　（1）6000π；（2）$2\omega_c$；（3）$\omega_s=4\omega_c$；（4）2000π；（5）6000π。

5-3　（1）刚好会发生频谱混叠；（2）$\sum\limits_{k=1}^{4}\dfrac{\sin(k\pi t)}{2^k}=\dfrac{1}{2j}\sum\limits_{k=1}^{4}\dfrac{(e^{jk\pi t}-e^{-jk\pi t})}{2^k}$。

5-4　$Sa^2(0.2\pi)\cos2\pi t+\sum\limits_{k=1}^{\infty}[Sa^2(k\pi+0.2\pi)\cos(10k+2)\pi t]+\sum\limits_{k=1}^{\infty}[Sa^2(k\pi-0.2\pi)\cos(10k-2)\pi t]$。

5-6　（1）$\dfrac{1}{600}$s；（2）0.01s；（3）$\dfrac{1}{1200}$s；（4）0.005s；（5）$T_{max}=\dfrac{1}{400}$s。

5-7　$\Delta>\dfrac{T}{2}$，$x(at)=A+B\cos\left(\dfrac{2a\pi}{T}t+\theta\right)$，$a=\dfrac{\Delta}{T+\Delta}$。

5-9　$N<\dfrac{7}{3}$，可取 $N=2$。

5-10　$H(e^{j\omega})=\begin{cases}4, & |\omega|<\dfrac{\pi}{4}\\ 0, & \dfrac{\pi}{4}\leqslant|\omega|\leqslant\pi\end{cases}$。

5-11　$\dfrac{\pi}{3}\leqslant|\omega|\leqslant\pi$ 时，有 $X(e^{j\omega})=0$。

5-12　（1）实函数；（2）为 T，即 10^{-3}；（3）当 $|\omega|\geqslant750\pi$ 时，$X_c(j\omega)=0$。

（4）$X_c(j\omega)=X_c(j(\omega-1000\pi))$。

5-13　（1）$y[n]=\dfrac{\sin\dfrac{5}{3}\omega_1 n}{5\pi n}$；（2）$y[n]=\dfrac{\delta[n]}{5}$。

5-14　先 $L=3$ 的内插，后 $M=14$ 的抽取。

5-17　$h_d[n]=Th_c(nT)=\dfrac{n\omega_c T\cos(n\omega_c T)-\sin(n\omega_c T)}{\pi n^2 T}$。

5-18 $\dfrac{1}{1-\dfrac{1}{3}e^{-j\omega T}}$。

5-19 $\dfrac{1}{2}(\sin300\pi t-\sin100\pi t)$。

5-20 $\dfrac{1}{2}[G(j(\omega-\Omega_0))+G(j(\omega+\Omega_0))]$；$\sum\limits_{k=-\infty}^{\infty}a_k G(j(\omega-k\omega_0))$。

习题 6

6-2 (1) $\dfrac{1}{2}\sin2tu(t)$；(2) $e^{-t}u(t)$；(3) $\cos5tu(t)$；(4) $-2e^{-3t}u(-t)+e^{-2t}u(-t)$；

(5) $2e^{-3t}u(t)+e^{-2t}u(-t)$；(6) $\delta(t)-3e^{-t}u(t)+3te^{-t}u(t)$；(8) $e^{-2t}\cos3tu(t)$。

6-3 (1) $\dfrac{1-e^{-5s}}{s}$；(2) $\dfrac{2e^{-2s}}{s+2}$，$\mathrm{Re}\{s\}>-2$；(3) $\dfrac{4e^{-3s}}{s^2+\pi^2}$，$\mathrm{Re}\{s\}>0$；(4) $\dfrac{1}{2}$；(5) 1；

(6) $\dfrac{10s^2}{s^2+(15\pi)^2}\mathrm{Re}\{s\}>0$；(7) $\dfrac{3(5s+24)}{s^2+3s-28}$，$-7<\mathrm{Re}\{s\}<-4$；(8) $\dfrac{-1000}{s^2-100}$，$-10<\mathrm{Re}\{s\}<10$。

6-4 $\mathrm{Re}\{\beta\}=3$，$\mathrm{Im}\{\beta\}$任意。

6-5 (1) $(3e^{-t}-3e^{-4t})u(t)$；(2) $\delta(t)+4e^{2t}(t+1)u(t)$；(3) $\delta(t)-3e^{-3t}u(t)$；

(4) $\dfrac{1}{4}e^{-3t}\cdot\sin8t\cdot u(t)$。

6-6 (1) $\dfrac{5}{j\omega+10}$；(2) $\dfrac{j\omega+20}{(j\omega+20)^2+(100\pi)^2}$。

6-7 双边。

6-8 (a) $\dfrac{A}{s}-\dfrac{A}{\tau}\dfrac{(1-e^{-s\tau})}{s^2}$；(b) $\dfrac{(1-e^{-s})^2}{s^2}$；(c) $\dfrac{1}{s}(1+e^{-s}-e^{-2s}-e^{-3s})$；(d) $\dfrac{1}{s}-\dfrac{2}{s}e^{-s}+\dfrac{e^{-2s}}{s}$；

(e) $\dfrac{1}{1+s^2}(1-e^{-\pi s})$；(f) $\dfrac{2}{s}e^{-\frac{s}{2}}(1-e^{-4s})$。

6-9 $A=-1$，$B=\dfrac{1}{2}$。

6-10 $X(s)=\dfrac{s}{s^2+4}$，$\mathrm{Re}\{s\}>0$，$Y(s)=\dfrac{2}{s^2+4}$，$\mathrm{Re}\{s\}>0$

6-11 (a) $\dfrac{\frac{2\pi}{T}}{s^2+\left(\frac{2\pi}{T}\right)^2}\cdot\dfrac{1}{1-e^{-\frac{T}{2}s}}$；(b) $\dfrac{\frac{2\pi}{T}}{s^2+\left(\frac{2\pi}{T}\right)^2}\cdot\dfrac{1+e^{-\frac{T}{2}s}}{1-e^{-\frac{T}{2}s}}$。

6-12 (a) $\dfrac{1}{s+1}\cdot\dfrac{1-e^{-(s+1)}}{1+e^{-(s+1)}}$；(b) $\dfrac{1}{1+s}\cdot\dfrac{1-e^{-(s+1)}}{1+e^{-s}}$。

6-13 (1) $\left(\dfrac{5}{4}e^{t}-\dfrac{1}{4}e^{-3t}-1\right)u(t)$；(2) $\left(\dfrac{5}{8}e^{t}+\dfrac{3}{2}e^{-3t}-\dfrac{1}{4}\right)u(t)$。

6-14 $-\dfrac{1}{2}\sin t$。

6-15 $y_{zs}(0^+)=y_{zs}(\infty)=0$。

6-16 $b=1$，$H(s)=\dfrac{2}{s(s+4)}$。

6-17 (1) $H(s)=\dfrac{s}{(s+1)(s+2)}$，$\mathrm{Re}\{s\}>-1$；(2) $h(t)=(2e^{-2t}-e^{-t})u(t)$。

6-18 $y_{zi}(t)=(e^{-t}+2e^{-2t})u(t)$；$y_{zs}(t)=(1-e^{-t}+e^{-2t})u(t)$；$y(t)=(1+3e^{-2t})u(t)$

6-19 $(5e^{-t}-5e^{-2t}+e^{-3t})u(t)$。

6-20 $k_1=-\dfrac{a-3}{3}$，k_1 从 1 变到 $-\dfrac{2}{3}$。

6-22 $\left(-\dfrac{1}{2}e^{-3t}+\dfrac{1}{2}e^{-t}\right)u(t)$。

6-23 (a) $ROC>1$，因果，不稳定；$-1<\mathrm{Re}\{s\}<1$ 稳定，非因果；
(b) $-2<\mathrm{Re}\{s\}<-1$ 非因果，不稳定；$\mathrm{Re}\{s\}<-2$ 非因果，不稳定。

6-24 $2y''-2y'-12y=3x''+15x'+8x$。$h(t)=\frac{3}{2}\delta(t)+\mathrm{e}^{-2t}\omega(t)+8\mathrm{e}^{3t}\omega(t)$，$H(s)=\frac{3s^2+15s+8}{2s^2-2s-12}$

6-25 $(1/2)\mathrm{e}^{-t}u(t)$。

6-26 $\delta'(t)-2\delta(t)+\mathrm{e}^{-2t}u(t)$。

6-27 (1) $X(s)=\frac{1}{s+2}$，$\mathrm{Re}\{s\}>-2$；(2) $X(s)=1+\frac{\mathrm{e}^{-6}}{s+2}$，$\mathrm{Re}\{s\}>-2$；(3) $X(s)=\frac{2s+6}{(s+2)(s+4)}$，$\mathrm{Re}\{s\}>-2$；(4) $-\lg\left(\frac{s}{s+a}\right)$。

6-28 (1) $\frac{Ks}{s^2+(4-K)s+4}$；(2) $K\leqslant 4$；(3) $4\cos 2t u(t)$。

6-29 (a) $\frac{10s^2}{(s+1)^2(s+2)^2}$；(b) $\frac{s}{s^2+6s+4}$。

习题 7

7-1 (1) $X(z)=-\frac{1}{4}z^2-\frac{1}{2}z+1+\frac{1}{2}z^{-1}+\frac{1}{4}z^{-2}$，$0<|z|<\infty$；

(2) $X(z)=\frac{1-(a\cos\omega_0)z^{-1}+(a\sin\omega_0)z^{-1}}{1-(2a\cos\omega_0)z^{-1}+a^2z^{-2}}$，　$|z|>a$；

(3) $X(z)=\frac{1}{1-\frac{1}{4}z^{-1}}-\frac{1}{1-2z^{-1}}$，　$\frac{1}{4}<|z|<2$；

(4) $X(z)=\frac{1}{1-3z^{-1}}$，　$|z|>3$；

(5) $X(z)=1-\frac{1}{1-3z^{-1}}=\frac{-3z^{-1}}{1-3z^{-1}}$，　$|z|<3$；

(6) $X(z)=-\frac{1}{2}\frac{z^{-1}}{(1-z^{-1})^2}$，　$|z|<1$；

(7) $X(z)=\frac{\mathrm{e}^a z^{-1}}{(1-\mathrm{e}^a z^{-1})^2}$，　$|z|>\mathrm{e}^a$。

7-2 (1) $x[n]=(-0.5)^n u[n]$；
(2) $x[n]=-0.5^n u[-n-1]$；
(3) $x[n]=\left[4\left(-\frac{1}{2}\right)^n-3\left(-\frac{1}{4}\right)^n\right]u[n]$；
(4) $x[n]=-\left(\frac{1}{a}\right)^{n+1}u[n]+\left(\frac{1}{a}\right)^{n-1}u[n-1]$；
(5) $x[n]=\frac{1}{2}\delta[n]-\left[(-1)^n-\frac{3}{2}(-2)^n\right]u[n]$；
(6) $x[n]=\left[\frac{1}{4}(-1)^n+\frac{1}{2}n-\frac{1}{4}\right]u[n]$；
(7) $x[n]=na^{n-1}u[n]$。

7-3 (1) $X(z)=-\frac{z}{(z+1)^2}$；
(2) $X(z)=\frac{z+1}{(z-1)^3}$；
(3) $X(z)=-\frac{z}{\alpha}\ln(1-\alpha z^{-1})$；
(4) $X(z)=\frac{1}{(1-z^{-1})(1+z^{-1})}$；
(5) $X(z)=\frac{(z^3+z^2-1)(z^2+1)(z+1)}{z^5(z-1)}$。

7-4 (1) $x[n]=\left(-\frac{1}{2}\right)^n u[n]$；

(2) $x[n]=-\left(\frac{1}{4}\right)^n u[-n-1]+2\left(\frac{1}{4}\right)^{n-1} u[-n]$。

7-5 (1) $x[n]=\frac{1}{n}\left(\frac{1}{2}\right)^n u[-n-1]$；

(2) $x[n]=-\frac{1}{n}\left(\frac{1}{2}\right)^n u[n-1]$。

7-6 (1) $x[n]=\left(\frac{1}{2}\right)^n u[n]-2^n u[n]$；

(2) $x[n]=-\left(\frac{1}{2}\right)^n u[-n-1]+2^n u[-n-1]$；

(3) $x[n]=\left(\frac{1}{2}\right)^n u[n]+2^n u[-n-1]$。

7-7 (1) $x[0]=1, x[\infty]=-3$；

(2) $x[0]=1, x[\infty]=0$；

(3) $x[0]=0, x[\infty]=2$。

7-9 当 $f[n]$ 是因果序列时，有

(1) $f[n]=\frac{1}{3}2^n u[n]+\frac{2}{3}(-1)^n u[n]$；

(2) $f[n]=u[n-1]+2(n-1)u[n-1]$；

(3) $f[n]=[-(-1)^n+2(-2)^n]u[n]$；

(4) $f[n]=\delta[n]-(-2)^{n-1}u[n-1]+u[n-1]$。

7-10 (1) $z\widetilde{X}(z)-zx[0]$；

(2) $z^{-3}\left(\widetilde{X}(z)+\sum_{k=-3}^{-1} x[k]z^{-k}\right)$；

(3) $\frac{1}{1-z^{-1}}\widetilde{X}(z)$。

7-11 (1) $H(z)=\frac{z^{-1}}{1-z^{-1}-z^{-2}}$；

(2) $h[n]=\frac{1}{\alpha_1-\alpha_2}(\alpha_1^n-\alpha_2^n)u[n]$，其中 $\alpha_1=\frac{1+\sqrt{5}}{2}$，$\alpha_2=\frac{1-\sqrt{5}}{2}$；

(3) $h[n]=\frac{1}{\alpha_1-\alpha_2}(-\alpha_1^n u[-n-1]-\alpha_2^n u[n])$。

7-12 (1) $H(z)=\frac{z^{-1}}{1-z^{-1}+\frac{1}{2}z^{-2}}$，稳定；

(2) $h[n]=2\left(\frac{\sqrt{2}}{2}\right)^n \sin\frac{n\pi}{4}u[n]$；

(3) $y[n]=-2\cos\pi n$。

7-13 (1) $H(z)=\frac{1-3z^{-2}}{1-5z^{-1}+6z^{-2}}$；

$h[n]=-\frac{1}{2}\delta[n]+2\times 3^n u[n]-\frac{1}{2}\times 2^n u[n]$，$|z|>3$；

$h[n]=-\frac{1}{2}\delta[n]-2\times 3^n u[-n-1]-\frac{1}{2}\times 2^n u[n]$，$2<|z|<3$；

$h[n]=-\frac{1}{2}\delta[n]-2\times 3^n u[-n-1]+\frac{1}{2}\times 2^n u[-n-1]$，$|z|<2$。

(2) $H(z)=\frac{z+2}{8z^2-2z-3}$；

$$h[n]=-\frac{2}{3}\delta[n]+\frac{3}{10}\left(-\frac{1}{2}\right)^n u[n]+\frac{11}{30}\left(\frac{3}{4}\right)^n u[n],\ |z|>\frac{3}{4};$$

$$h[n]=-\frac{2}{3}\delta[n]+\frac{3}{10}\left(-\frac{1}{2}\right)^n u[n]-\frac{11}{30}\left(\frac{3}{4}\right)^n u[-n-1],\ -\frac{1}{2}<|z|<\frac{3}{4};$$

$$h[n]=-\frac{2}{3}\delta[n]-\frac{3}{10}\left(-\frac{1}{2}\right)^n u[-n-1]-\frac{11}{30}\left(\frac{3}{4}\right)^n u[-n-1],\ |z|<-\frac{1}{2}。$$

7-14 (1) ① $y[n]=\left[\frac{1}{7}\left(\frac{1}{2}\right)^n-\frac{15}{7}(-3)^n\right]u[n]$;

② $y[n]=u[n]$;

③ $y[n]=\left[1+\left(\frac{1}{2}\right)^{n+1}\right]u[n]$。

7-15 (1) $y[n]=\left[\frac{1}{2}+0.45(0.9)^n\right]u[n]$;

(2) $y[n]=\left[-\frac{1}{2}+\frac{1}{2}(-1)^n+2^n\right]u[n]$;

(3) $y[n]=\left[\frac{1}{20}(3)^n-\frac{1}{4}(-1)^n+\frac{1}{5}(-2)^n\right]u[n]$;

(4) $y[n]=\frac{13}{9}(-2)^n u[n]-\frac{7}{9}u[n]+\frac{1}{3}(n+1)u[n+1]$;

(5) $y[n]=\left[\frac{1}{3}+\frac{2}{3}\cos\left(\frac{2}{3}\pi n\right)+\frac{4}{\sqrt{3}}\sin\frac{2}{3}\pi n\right]u[n]$。

7-16 $y[n]=\dfrac{r^{n+2}\sin(n+1)\theta-ar^{n+1}\sin(n+2)\theta+a^{n+2}\sin\theta}{(r^2-2ar\cos\theta+a^2)\sin\theta}$, $n\geqslant 0$。

7-17 $y_{zs}[n]=2n\left(\frac{1}{2}\right)^n u[n]$。

7-18 $H(z)=\dfrac{2+\frac{1}{2}z^{-2}}{1+z^{-1}-\frac{3}{4}z^{-2}}$;

$y[n]+y[n-1]-\frac{3}{4}y[n-2]=2x[n]+\frac{1}{2}x[n-2]$。

7-19 (1)略;

(2) $H(z)=\dfrac{1}{1-az^{-1}}=\dfrac{z}{z-a}$, $|z|>a$;

(3) $H(z)\big|_{z=e^{j\omega}}=H(e^{j\omega})=\dfrac{e^{j\omega}}{e^{j\omega}-a}$, $h[n]=a^n u[n]$。

7-20 (1) $H(z)=\dfrac{z}{z-1}+\dfrac{z}{z-0.3}+\dfrac{z}{z-0.6}=\dfrac{3z^3-3.8z^2+1.08z}{(z-1)(z-0.3)(z-0.6)}$, $|z|>1$;

(2) $y[n]-1.9y[n-1]+1.08y[n-2]-0.18y[n-3]=3x[n]-3.8x[n-1]+1.08x[n-2]$。

7-21 (1) $y_{zi}[n]=-\left(-\frac{1}{2}\right)^n u[n]$;

(2) $y_{zs}[n]=\frac{1}{6}\left(\frac{1}{4}\right)^n u[n]+\frac{1}{3}\left(-\frac{1}{2}\right)^n u[n]$;

(3) $y[n]=\frac{1}{2}\left[\left(\frac{1}{4}\right)^n+\left(-\frac{1}{2}\right)^n\right]u[n]$。

7-22 (1) $H(z)=\dfrac{1-3z^{-1}}{1-\frac{5}{6}z^{-1}+\frac{1}{6}z^{-2}}$;

(2) $y_{zs}[n]=\left[15\left(\frac{1}{2}\right)^n-8\left(\frac{1}{3}\right)^n-6\right]u[n]$;

(3) $y[n]=\frac{12}{7}(-2)^n$，对所有 n。

习题 8

8-2 (1) $H(s)=\frac{s-2}{(s-1)(s+2)}$，$h(t)=\left(-\frac{e^{-t}}{3}+\frac{4e^{-2t}}{3}\right)u(t)$；

(2) $H(s)=\frac{2(s-2)}{(s-1)(s+2)}$，$h(t)=\frac{2e^{t}}{3}u(-t)+\frac{8e^{-2t}}{3}u(t)$。

8-3 (1) $H(z)=\frac{1}{\left(1-\frac{3}{2}z^{-1}\right)\left(1+\frac{2}{3}z^{-1}\right)}$，$h[n]=\left[\frac{9}{13}\left(\frac{3}{2}\right)^n+\frac{4}{13}\left(-\frac{2}{3}\right)^n\right]u[n]$；

(2) $H(z)=\frac{5/3}{\left(1-\frac{3}{2}z^{-1}\right)\left(1+\frac{2}{3}z^{-1}\right)}$，$h[n]=\frac{15}{13}\left(\frac{3}{2}\right)^n u[-n-1]-\frac{20}{39}\left(-\frac{2}{3}\right)^n u[n]$。

8-4 (1) $H(s)=\frac{5}{(s+1)^2+4}$，$|H(j\omega)|=\frac{5}{\sqrt{\omega^4-6\omega^2+25}}$；

(2) $H(s)=\frac{2s}{(s+1)^2+4}$，$|H(j\omega)|=\frac{2|\omega|}{\sqrt{\omega^4-6\omega^2+25}}$；

(3) $H(s)=\frac{s^2}{(s+1)^2+4}$，$|H(j\omega)|=\frac{\omega^2}{\sqrt{\omega^4-6\omega^2+25}}$。

8-5 (a) $H(z)=\frac{1}{1-0.5z^{-1}}$，$|H(e^{j\omega})|=\frac{1}{\sqrt{1.25-\cos\omega}}$；

(b) $H(z)=\frac{1+0.5z^{-1}}{1-0.5z^{-1}}$，$|H(e^{j\omega})|=\sqrt{\frac{1.25+\cos\omega}{1.25-\cos\omega}}$；

(c) $H(z)=\frac{1+z^{-1}}{1-0.5z^{-1}}$，$|H(e^{j\omega})|=\sqrt{\frac{2+2\cos\omega}{1.25-\cos\omega}}$。

8-6 $H(z)=\frac{1}{(1-0.5z^{-1})(1-2z^{-1})}$；$H(e^{j\omega})=\frac{1}{(1-0.5e^{-j\omega})(1-2e^{-j\omega})}$；

$h[n]=-\frac{0.5^n}{3}u[n]-\frac{4}{3}2^n u[-n-1]$。

8-9 (a) 低通；(b) 高通；(c) 带通；(d) 低通；(e) 低通；(f) 带阻；(g) 高通；(i) 全通。

8-10 (1) (2) $H_1(j\omega)=1-H(j\omega)$，截止频率为 ω_c。

8-12 $H(s)=\frac{\omega_c^5}{(s+\omega_c)(s^2+0.618\omega_c s+\omega_c^2)(s^2+1.618\omega_c s+\omega_c^2)}$，$\omega_c=4000\pi\text{rad/s}$。

8-13 $H(s)=\frac{s^5}{(s+\omega_{cH})(s^2+0.618\omega_{cH}s+\omega_{cH}^2)(s^2+1.618\omega_{cH}s+\omega_{cH}^2)}$，$\omega_{cH}=200\pi\text{rad/s}$。

8-16 (a) $H(s)=\frac{1}{s^2+1.41s+1}$；(b) $H(s)=\frac{s^2}{s^2+1.41s+1}$；

(c) $H(s)=\frac{sR_2C}{R_{1a}R_2C^2s^2+2R_{1a}Cs+1+\frac{R_{1a}}{R_{2a}}}$。

8-18 (1) 非霍尔维兹多项式；(2) 是霍尔维兹多项式；(3) 是霍尔维兹多项式；

(4) 非霍尔维兹多项式。

8-19 (1) 稳定；(2) 不稳定；(3) 不稳定；(4) 不稳定。

8-20 $H(s)=\frac{H_1(s)H_2(s)}{1+H_1(s)G_1(s)+H_1(s)H_2(s)G_2(s)}$。

8-21 $G(s)=\frac{1}{s}$。

8-22 当 $-2.5<b<1.5$ 时，系统稳定。

8-23 当 $b<-1$ 时，系统稳定。

8-24 当 $K>-2$ 时，系统稳定。

8-25 当 $-3<K<2$ 时，系统稳定。

8-28 当 $0<K<\frac{5}{4}$ 时，系统稳定。

8-32　当 $K>-1$ 时，系统稳定。
8-33　当 $K>-1$ 时，系统稳定。
8-34　当 $-1<K<1$ 时，系统稳定。

习题 9

9-1　$$\begin{bmatrix}\frac{d}{dt}v_C(t)\\ \frac{d}{dt}i_L(t)\end{bmatrix}=\begin{bmatrix}-\frac{1}{R_1C+R_2C} & \frac{R_1}{R_1C+R_2C}\\ -\frac{1}{L}\frac{R_1C}{R_1C+R_2C} & -\frac{1}{L}\frac{R_1R_2C}{R_1C+R_2C}\end{bmatrix}\begin{bmatrix}v_C(t)\\ i_L(t)\end{bmatrix}+\begin{bmatrix}\frac{1}{R_1C+R_2C}\\ \frac{1}{L}\frac{R_1C}{R_1C+R_2C}\end{bmatrix}v_1(t),$$

$$v_2(t)=\begin{bmatrix}-1 & 0\end{bmatrix}\begin{bmatrix}v_C(t)\\ i_L(t)\end{bmatrix}+v_1(t)。$$

9-2　$$\begin{bmatrix}\frac{d}{dt}i_L(t)\\ \frac{d}{dt}v_C(t)\end{bmatrix}=\begin{bmatrix}-\frac{R_2}{L} & \frac{1}{L}\\ -\frac{1}{C} & -\frac{1}{R_1C}\end{bmatrix}\begin{bmatrix}i_L(t)\\ v_C(t)\end{bmatrix}+\begin{bmatrix}0\\ \frac{1}{R_1C}\end{bmatrix}e(t)。$$

9-3　$$\begin{bmatrix}\frac{d}{dt}v_C(t)\\ \frac{d}{dt}i_L(t)\end{bmatrix}=\begin{bmatrix}-\frac{1}{R_1C}-\frac{1}{R_2C} & -\frac{1}{C}\\ \frac{1}{L} & -\frac{R_3}{L}\end{bmatrix}\begin{bmatrix}v_C(t)\\ i_L(t)\end{bmatrix}+\begin{bmatrix}\frac{1}{R_1C}\\ 0\end{bmatrix}e(t),\ v(t)=\begin{bmatrix}0 & R_3\end{bmatrix}\begin{bmatrix}v_C(t)\\ i_L(t)\end{bmatrix}。$$

9-4　(1) $$\begin{bmatrix}\dot{x}_1(t)\\ \dot{x}_2(t)\\ \dot{x}_3(t)\end{bmatrix}=\begin{bmatrix}0 & 1 & 0\\ 0 & 0 & 1\\ -6 & -7 & -2\end{bmatrix}\begin{bmatrix}x_1(t)\\ x_2(t)\\ x_3(t)\end{bmatrix}+\begin{bmatrix}0\\ 0\\ 1\end{bmatrix}e(t),\ y(t)=\begin{bmatrix}2 & 0 & 0\end{bmatrix}\begin{bmatrix}x_1(t)\\ x_2(t)\\ x_3(t)\end{bmatrix};$$

(2) $$\begin{bmatrix}\dot{x}_1(t)\\ \dot{x}_2(t)\\ \dot{x}_3(t)\end{bmatrix}=\begin{bmatrix}0 & 1 & 0\\ 0 & 0 & 1\\ 1.5 & 0 & 0\end{bmatrix}\begin{bmatrix}x_1(t)\\ x_2(t)\\ x_3(t)\end{bmatrix}+\begin{bmatrix}0\\ 0\\ 1\end{bmatrix}e(t),\ y(t)=\begin{bmatrix}-1 & 0 & 0.5\end{bmatrix}\begin{bmatrix}x_1(t)\\ x_2(t)\\ x_3(t)\end{bmatrix};$$

(3) $$\begin{bmatrix}\dot{x}_1(t)\\ \dot{x}_2(t)\end{bmatrix}=\begin{bmatrix}0 & 1\\ -4 & 0\end{bmatrix}\begin{bmatrix}x_1(t)\\ x_2(t)\end{bmatrix}+\begin{bmatrix}0\\ 1\end{bmatrix}e(t),\ y(t)=\begin{bmatrix}1 & 0\end{bmatrix}\begin{bmatrix}x_1(t)\\ x_2(t)\end{bmatrix};$$

(4) $$\begin{bmatrix}\dot{x}_1(t)\\ \dot{x}_2(t)\\ \dot{x}_3(t)\end{bmatrix}=\begin{bmatrix}0 & 1 & 0\\ 0 & 0 & 1\\ -2 & -4 & -3\end{bmatrix}\begin{bmatrix}x_1(t)\\ x_2(t)\\ x_3(t)\end{bmatrix}+\begin{bmatrix}0\\ 0\\ 1\end{bmatrix}e(t),\ y(t)=\begin{bmatrix}-3 & -4 & -7\end{bmatrix}\begin{bmatrix}x_1(t)\\ x_2(t)\\ x_3(t)\end{bmatrix}+2e(t)。$$

9-5　(1) $$\dot{\boldsymbol{x}}(t)=\begin{bmatrix}-\frac{3}{4} & -\frac{1}{2}\\ \frac{1}{2} & 0\end{bmatrix}\begin{bmatrix}x_1(t)\\ x_2(t)\end{bmatrix}+\begin{bmatrix}\frac{1}{4} & \frac{3}{4}\\ \frac{1}{2} & -\frac{1}{2}\end{bmatrix}\begin{bmatrix}e_1(t)\\ e_2(t)\end{bmatrix},\ \boldsymbol{y}(t)=\begin{bmatrix}1 & 0\\ 0 & 1\end{bmatrix}\begin{bmatrix}x_1(t)\\ x_2(t)\end{bmatrix};$$

(2) $$\dot{\boldsymbol{x}}(t)=\begin{bmatrix}0 & 1 & 0 & 0\\ 0 & 0 & -1 & 0\\ 0 & 0 & 0 & 1\\ -1 & 0 & 0 & 0\end{bmatrix}\begin{bmatrix}x_1(t)\\ x_2(t)\\ x_3(t)\\ x_4(t)\end{bmatrix}+\begin{bmatrix}0\\ 1\\ 0\\ 1\end{bmatrix}\boldsymbol{e}(t),\ \boldsymbol{y}(t)=\begin{bmatrix}1 & 0 & 0 & 0\\ 0 & 0 & 1 & 0\end{bmatrix}\begin{bmatrix}x_1(t)\\ x_2(t)\\ x_3(t)\\ x_4(t)\end{bmatrix}。$$

9-6　(1) $\boldsymbol{A}=\begin{bmatrix}0 & 1\\ -6 & -5\end{bmatrix}$，$\boldsymbol{B}=\begin{bmatrix}0\\ 1\end{bmatrix}$，$\boldsymbol{C}=\begin{bmatrix}-5 & -3\end{bmatrix}$，$\boldsymbol{D}=1$；

(2) $\boldsymbol{A}=\begin{bmatrix}0 & 1 & 0\\ 0 & 0 & 1\\ -4 & -8 & -5\end{bmatrix}$，$\boldsymbol{B}=\begin{bmatrix}0\\ 0\\ 1\end{bmatrix}$，$\boldsymbol{C}=\begin{bmatrix}-1 & 1 & 1.5\end{bmatrix}$，$\boldsymbol{D}=0$；

(3) $\boldsymbol{A}=\begin{bmatrix}0 & 1\\ -29 & -4\end{bmatrix}$，$\boldsymbol{B}=\begin{bmatrix}0\\ 1\end{bmatrix}$，$\boldsymbol{C}=\begin{bmatrix}-58 & 1\end{bmatrix}$，$\boldsymbol{D}=2$。

9-7　(a) $$\begin{bmatrix}\dot{\lambda}_1(t)\\ \dot{\lambda}_2(t)\\ \dot{\lambda}_3(t)\end{bmatrix}=\begin{bmatrix}-2 & 0 & 0\\ 1 & 0 & 0\\ 0 & 5 & -25\end{bmatrix}\begin{bmatrix}\lambda_1(t)\\ \lambda_2(t)\\ \lambda_3(t)\end{bmatrix}+\begin{bmatrix}1\\ 0\\ 0\end{bmatrix}e(t),\ y(t)=\begin{bmatrix}0 & 0 & 2\end{bmatrix}\begin{bmatrix}\lambda_1(t)\\ \lambda_2(t)\\ \lambda_3(t)\end{bmatrix};$$

(b) $\begin{bmatrix}\dot{\lambda}_1(t)\\ \dot{\lambda}_2(t)\\ \dot{\lambda}_3(t)\end{bmatrix}=\begin{bmatrix}-2&0&0\\0&0&0\\0&0&-5\end{bmatrix}\begin{bmatrix}\lambda_1(t)\\ \lambda_2(t)\\ \lambda_3(t)\end{bmatrix}+\begin{bmatrix}1\\1\\1\end{bmatrix}e(t)$，$y(t)=\begin{bmatrix}5/6 & 1/2 & 4/3\end{bmatrix}\begin{bmatrix}\lambda_1(t)\\ \lambda_2(t)\\ \lambda_3(t)\end{bmatrix}$。

9-8 (1) $e^{At}=\begin{bmatrix}e^t & \frac{2}{3}(e^t-e^{-2t})\\ 0 & e^{-2t}\end{bmatrix}$，$\lambda_1=1$，$\lambda_2=-2$；

(2) $e^{At}=\begin{bmatrix}\frac{1}{2}(3e^{-3t}-e^{-t}) & \frac{3}{2}(e^{-3t}-e^{-t})\\ \frac{1}{2}(-e^{-3t}+e^{-t}) & \frac{1}{2}(-e^{-3t}+3e^{-t})\end{bmatrix}$，$\lambda_1=-1$，$\lambda_2=-3$；

(3) $e^{At}=\begin{bmatrix}e^{at} & te^{at}\\ 0 & e^{at}\end{bmatrix}$，$\lambda_1=\lambda_2=a$；(4) $e^{At}=\begin{bmatrix}e^{2t}&0&0\\0&e^t&0\\0&0&e^{3t}\end{bmatrix}$，$\lambda_1=1$，$\lambda_2=2$，$\lambda_3=3$；

(5) $e^{At}=\begin{bmatrix}e^t&0&e^t-1\\0&e^{-t}&2-2e^{-t}\\0&0&1\end{bmatrix}$，$\lambda_1=1$，$\lambda_2=-1$，$\lambda_3=0$。

9-9 (1) $H(s)=\dfrac{-2}{(s+1)(s+2)}$，$y_{zi}(t)=4(e^{-2t}-e^{-t})u(t)$，$y_{zs}(t)=(2e^{-t}-e^{-2t}-1)u(t)$；

(2) $H(s)=\dfrac{s^2+3s+4}{s^2+2s+2}$，$y_{zi}(t)=[3e^{-t}\cos t-e^{-t}\sin t]u(t)$，$y_{zs}(t)=[1-e^{-t}\cos t]u(t)$。

9-10 $\begin{bmatrix}x_1(t)\\x_2(t)\end{bmatrix}=\begin{bmatrix}(1-3t-2t^2)e^{-t}\\(4t+2t^2)e^{-t}\end{bmatrix}u(t)$

9-11 (1) $\begin{bmatrix}x_1[k+1]\\x_2[k+1]\end{bmatrix}=\begin{bmatrix}0&1\\-2&-3\end{bmatrix}\begin{bmatrix}x_1[k]\\x_2[k]\end{bmatrix}+\begin{bmatrix}0\\1\end{bmatrix}e[k]$，$y[k]=\begin{bmatrix}1&1\end{bmatrix}\begin{bmatrix}x_1[k]\\x_2[k]\end{bmatrix}$；

(2) $\begin{bmatrix}x_1[k+1]\\x_2[k+1]\\x_3[k+1]\end{bmatrix}=\begin{bmatrix}0&1&0\\0&0&1\\-6&-5&-2\end{bmatrix}\begin{bmatrix}x_1[k]\\x_2[k]\\x_3[k]\end{bmatrix}+\begin{bmatrix}0\\0\\1\end{bmatrix}e[k]$，$y[k]=\begin{bmatrix}1&0&0\end{bmatrix}\begin{bmatrix}x_1[k]\\x_2[k]\\x_3[k]\end{bmatrix}$；

(3) $\begin{bmatrix}x_1[k+1]\\x_2[k+1]\\x_3[k+1]\end{bmatrix}=\begin{bmatrix}0&1&0\\0&0&1\\-1&-2&-3\end{bmatrix}\begin{bmatrix}x_1[k]\\x_2[k]\\x_3[k]\end{bmatrix}+\begin{bmatrix}0\\0\\1\end{bmatrix}e[k]$，$y[k]=\begin{bmatrix}1&2&1\end{bmatrix}\begin{bmatrix}x_1[k]\\x_2[k]\\x_3[k]\end{bmatrix}$；

(4) $\begin{bmatrix}x_1[k+1]\\x_2[k+1]\end{bmatrix}=\begin{bmatrix}0&1\\-1&-3\end{bmatrix}\begin{bmatrix}x_1[k]\\x_2[k]\end{bmatrix}+\begin{bmatrix}0\\1\end{bmatrix}e[k]$，$y[k]=\begin{bmatrix}1&1\end{bmatrix}\begin{bmatrix}x_1[k]\\x_2[k]\end{bmatrix}$。

9-12 $y[k]=\begin{bmatrix}2&3\end{bmatrix}\begin{bmatrix}x_1[k]\\x_2[k]\end{bmatrix}=10(1-0.5^k)u[k]$。

9-13 (1) $a=3$，$b=2$；(2) $\begin{bmatrix}x_1[k]\\x_2[k]\end{bmatrix}=\begin{bmatrix}\frac{1}{2}(-1)^k+\frac{1}{2}(3)^k\\-\frac{1}{2}(-1)^k+\frac{3}{2}(3)^k\end{bmatrix}u[k]$。

9-14 (1) 稳定；(2) 不稳定；(3) 稳定。

9-15 $0<k<20$。

9-16 (1) $y[k+2]-\frac{2}{3}y[k+1]+\frac{1}{9}y[k]=e[k+2]-6e[k+1]+8e[k]$；

(2) 稳定。

9-17 $\dot{\boldsymbol{w}}(t)=\begin{bmatrix}3&0&0\\1/2&5&3\\0&4/3&1\end{bmatrix}\boldsymbol{w}(t)+\begin{bmatrix}1&0\\1&0\\0&5/3\end{bmatrix}\boldsymbol{e}(t)$，$\boldsymbol{y}(t)=\begin{bmatrix}3&0&3\\6&4&0\end{bmatrix}\boldsymbol{w}(t)$。

9-18 (1) 可控，不可观；

(2) $H(s)=\dfrac{1}{(s+1)^2}$。

9-19 可控，$e[0]=-4$，$e[1]=-4$。

9-20 可观，$x_1[0]=2$，$x_2[0]=3$。

9-21 $a\neq\pm1$。

参 考 文 献

[1] A. V. Oppenheim，A. S. Willsky with S. Hamid Nawab. Singals and Systems. Second Edition. Prentice-Hall，Inc.，1997.

[2] 郑君里，应启珩，杨为理．信号与系统．北京：人民教育出版社，2000.

[3] 管致中，夏恭恪．信号与线性系统．北京：高等教育出版社，1992.

[4] 吴大正，杨林耀，张永瑞．信号与线性系统分析．北京：高等教育出版社，1998.

[5] 吴琼等．信号与线性系统分析．长沙：国防科技大学出版社，1999.

[6] 阎鸿森，王新凤，田惠生等．信号与线性系统．西安：西安交通大学出版社，1999.

[7] 杨林耀，张永瑞．信号与系统．北京：中国人民大学出版社，2000.

[8] 丙坤生．信号分析与处理．北京：高等教育出版社，1993

[9] 柳重堪．信号处理与数学方法．南京：东南大学出版社，1992.

[10] A. V. Oppenheim，R. W. Schafer. 离散时间信号处理．黄建国，刘树裳译．北京：科学出版社，1998.

[11] L. B. Jackson. Signals，Systems and Transforms. Addison-Wesley Publishing Company，1991.

[12] W. McC. Siebert. Circuits，(Singals and Systems). The MIT Press McGraw-Hill Book Company，1986.

[13] C. D. McGillem and G. R. Cooper. Continuous and Discrete Signals and Systems Analysis. Third edition. Holt，Rinehart and Winston，Inc. 1991.

[14] R. E. Ziemer，W. H. Tranter and D. R. Fannin. Singals and Systems：Continuous and Discrete. Fourth Edition. Prentice-Hall，Inc.，1998.

[15] 吴麒．自动控制原理（上、下）．北京：清华大学出版社，1992.

[16] H. Stark，F. B. Tuteur. 现代电信理论与系统（上、下）．郭庆勋等译．北京：人民教育出版社，1982.

[17] M. Atans 等．系统、网络与计算：多变量法．宗孔德等译．北京：人民教育出版社，1979.

[18] 舒贤林，范书学，李西平．信号与系统学习指导书．北京：中央广播电视大学出版社，1988.

[19] 王宝祥．信号与系统．哈尔滨：哈尔滨工业大学出版社，1988.

[20] 管致中、夏恭恪．“信号与系统”上机实验．北京：科学出版社，1999.

[21] 吴新余等．信号与系统——时域、频域分析及 MATLAB 软件的应用．北京：电子工业出版社，1999.

[22] 范世贵．信号与系统典型题解析及自测试题．西安：西北工业大学出版社，2001.

[23] 胡光锐等．“信号与系统”解题指南．北京：科学出版社，1999.

[24] Edward W. Kamen，Bonnie S. Heck. Fundamentals of Signals and Systems—Using the Web and MATLAB. Second Edition. Pearson Education，Prentice Hall.

[25] Rodger E. Ziemer William H. Tranter D. Ronald Fannin. Signals and Systems. Fourth Edition. Pearson Education，Prentice Hall.

[26] 于慧敏，凌明芳，胡中功．信号与系统．北京：化学工业出版社，2002.

[27] 于慧敏，凌明芳，杭国强，史笑兴．信号与系统学习指导．北京：化学工业出版社，2004.